指挥信息系统

（第3版）

曹 雷　杜晓明　汤 伟　权冀川　牛彦杰　著

国防工业出版社

·北京·

内 容 简 介

本书是一本全面介绍指挥信息系统理论、技术、系统、运用，及分析其对信息化战争影响的著作。全书共分9章，围绕指挥信息系统这一核心概念，主要阐述了指挥信息系统基本概念、指挥控制理论、指挥信息系统技术体系，分析了态势感知、军事通信、指挥控制、综合保障等指挥信息系统的系统组成，明确了指挥信息系统组织运用的基本方法、原则和流程，最后介绍了美国、俄罗斯、印度和我国台湾等外（台）军指挥信息系统。

本书可作为相关专业本科生、研究生的教材，也可作为广大国防科技科研人员、军队信息化建设与保障部队、机关人员及军事爱好者的参考用书。

图书在版编目（CIP）数据

指挥信息系统/曹雷等著. —3版. —北京：国防工业出版社，2024.3
国防信息类规划教材
ISBN 978-7-118-12537-5

Ⅰ.①指… Ⅱ.①曹… Ⅲ.①作战指挥系统-信息系统-教材 Ⅳ.①E141.1-39

中国国家版本馆 CIP 数据核字（2024）第 013971 号

※

国防工业出版社出版发行
（北京市海淀区紫竹院南路23号 邮政编码100048）
雅迪云印（天津）科技有限公司印刷
新华书店经售
*
开本 787×1092 1/16 印张 32½ 字数 725 千字
2024年3月第3版第1次印刷 印数 1—5000 册 定价 99.00 元

（本书如有印装错误，我社负责调换）

国防书店：(010)88540777	书店传真：(010)88540776
发行业务：(010)88540717	发行传真：(010)88540762

国防信息类专业规划教材
编审委员会

主　任　戴　浩
委　员　（按姓氏笔画排序）
　　　　刁兴春　王智学　刘晓明　张东戈
　　　　张宏军　郝文宁　曹　雷　徐　伟
　　　　董　强　裘杭萍　鲍广宇

序

　　信息化战争使信息成为影响和支配战争胜负的主要因素,催化着战争形态和作战方式的演变。近20年来在世界范围内爆发的几场局部战争,已充分显现出信息化战争的巨大威力,并引发了以信息化建设为核心的新军事变革浪潮。为顺应时代潮流,迎接未来挑战,中央军委审时度势,提出了"建设信息化军队、打赢信息化战争"的战略目标,并着重强调提高基于信息系统的体系作战能力。为此,我们除了要装备一大批先进的信息化主战武器系统外,还需要研制相应的指挥信息系统。

　　指挥信息系统又称综合电子信息系统、指挥自动化系统,即外军的C^4ISR系统,其核心是指挥控制系统,或C^2系统、指挥所信息系统。我军指挥信息系统建设已有30多年的历史,此间积累了宝贵的经验教训。梳理深化对指挥信息系统建设规律的认识,有助于我们在新的起点上继续前进。

　　早在20世纪90年代中后期,我军有关部门就曾分别组织编写过指挥自动化系列丛书、军队指挥自动化专业统编系列教材,21世纪初又有人编写过指挥与控制技术丛书,至于近十多年来,有关指挥信息系统方面的专著、译著,更是络绎不绝,异彩纷呈。鉴于信息技术的发展日新月异,系统工程建设水平的日益提高,虽然系统工程的基础理论、基本原理没有根本的变化,但其实现技术、工程方法却不断有新的内容补充进来。所以众多论著的出版。既是信息系统自身演进特点的使然,也是加强我军信息化人才队伍建设实际需求的反映。

　　2012年,解放军理工大学组织一批专家学者,编写出版了一套国防信息类专业系列教材,包括《指挥信息系统》《指挥信息系统需求工程方法》《战场信息管理》《指挥所系统》《军事运筹学》《作战模拟基础》《作战仿真数据工程》和《作战模拟系统概论》共8本,受到了军队院校、军工研究所及广大读者的热烈欢迎和好评。4年来,军事信息技术仍在不断地发展中,为反映这些军事信息领域的技术发展与变化,他们又编写了《战场数据通信网》《信息分析与处理》《指挥控制系统软件技术》《系统可靠性原理》《指挥信息系统评估理论与方法》《虚拟现实技术及其应用》《军事数据工程》等7本教材,并对《指挥信息系统》教材进行了较大幅度的修订与完善。

　　与已有出版物相比,我深感这套系列教材有如下特点。

　　一是覆盖面广、内容丰富。该系列教材中,既有对指挥信息系统的全面介绍,如《指挥信息系统》《指挥信息系统需求工程方法》《指挥信息系统评估理论与方法》《战场信息管理》《战场数据通信网》;也有针对指挥控制系统的专门论著,如《指挥所系统》《指挥控制系统软件技术》；还有针对军事信息系统的相关理论与技术，如《信息分析与处理》《系统可靠性原理》《军事数据工程》；以及军事系统仿真方面的有关教材，如《军事运筹学》《作战模拟基础》《虚拟现实技术及其应用》等。它们涵盖了基本概念、基础理论与技术、系统建设、军事应用等方面的内容，涉及军事需求工程、系统设计原理、综合集成开发方法、数据工程、信息管理及作战模拟仿真等热点技术。系列教材取材合理、相互配合，涵盖了作战和训练领域的主要内容，构成了指挥信息系统的基础知识体系。

二是军事特色鲜明，紧贴军队信息化建设的需要。教材的编著者多年来一直承担全军作战和训练领域重大科研任务，长期奋战在军队信息化建设第一线，是军队指挥信息系统建设的参与者和见证人。他们利用其在信息技术领域的优势，将工程建设的实践总结提炼成书本知识。因此，该套教材能紧密结合我军指挥信息系统建设的实际，是对我军已有理论研究成果的继承、总结和提升。

三是注重教材的基础性和科学性。作者在教材的编著过程中，强调运用科学方法分析指挥信息系统原理，在一定程度上避免了以往同类教材过于注重应用而缺乏基础性、原理性、科学性的问题。系列教材除大量引用了军内外系统工程的建设案例外，还瞄准国际前沿，参考了外军最新理论研究成果，增强了该套教材的前瞻性和先进性。

总之，本系列教材内容丰富、体系结构严谨、概念清晰、军事特色鲜明、理论与实践结合紧密，符合读者的认知规律，既适合国防信息类专业的课堂教学，也可用作全军广大在职干部提升信息化素养的自学读物。

中国工程院院士

戴浩

2016 年 8 月

第1版前言

信息化战争是人类战争史上全新的战争形态,信息成为战争制胜的主导因素,而指挥信息系统则是信息在战争中发挥效用的关键物质基础,是基于信息系统体系作战的支撑平台。正因为如此,指挥信息系统已成为我军信息化建设的核心。

我军指挥信息系统是由指挥自动化系统发展而来。回顾指挥自动化系统自20世纪50年代末开始的半个多世纪的发展历程,实际上就是人类社会从工业社会步入信息化社会的时代变迁在军事领域的映射。指挥自动化系统的建设发展对我军现代化进程做出了不可磨灭的贡献。同时,在军事教育领域,也极大地推进了军事通信学学科领域的发展和相关专业的建设。

近十年来,指挥信息系统随着我军信息化建设的不断深入而飞速发展。随之而来的是指挥信息系统的理论技术、系统建设及作战运用发生了深刻的变化。军事理论与信息技术的交织融合不断催生出新的信息化指挥控制理论,指挥信息系统的发展必须满足与适应信息化军事理论指导下的作战需求,从支持以武器平台为中心的作战运用,发展到支持以网络为中心的作战运用。

指挥信息系统的发展对学科专业建设提出了更高的要求。目前,从已出版的相关著作来看,有的没有反映出指挥信息系统建设的时代特征,有的偏向于系统的描述、缺乏理论根基,有的偏向于作战运用、缺乏技术基础,真正能够满足相关专业需求的指挥信息系统教材非常非常缺乏。

为及时反映出指挥信息系统这些年的发展变化,满足军队相关专业人才培养的需要,我们编著了本教材。本教材的编写试图站在世界新军事变革的高度,从军事牵引与技术推动两个方面,深入介绍指挥信息系统的基本概念、系统组成、关键技术、分析设计、组织应用、安全防护等内容,力图在分析比较不同学术观点的基础上全面、清晰地阐述指挥信息系统,在军事与技术、理论与实践的结合上有所突破。

本书编写组成员长期从事指挥信息系统的教学、科研及学术研究,具有丰富的理论与实践经验,为本书的顺利完成奠定了良好的基础。本书第1章由曹雷编写,第2章及第6章由姜志平编写,第3及第8章由鲍广宇编写,第4章及第5章由陈国友编写,第7章由裘杭萍编写,第9章由姚轶编写,第10章由牛彦杰编写。全书由鲍广宇统稿,刘晓明教授进行了主审,提出了很多宝贵而富有建设性的建议。

本书可作为相关专业的本科生教材,也可作为国防科技科研人员和军事爱好者的参考读物。

由于时间仓促及编者水平有限，书中错误及不足之处在所难免，诚恳地欢迎读者批评指正。

作者

于解放军理工大学

2012 年 1 月

第 2 版前言

本书出版后,受到了广大读者的热烈欢迎,第 1 版已 4 次印刷。为进一步提高本书质量,本书作者对第 1 版进行了大幅度修订:改正了第 1 版中出现的错误;对全文进行了进一步的梳理,对前后不一致的概念进行了修正;对部分章节进行了大幅度的修改;对指挥信息系统新发展新动向进行了一定篇幅的介绍。总之,通过一年多的修订工作。试图使本书质量更上一个台阶,以回馈广大读者对本书的信任和喜爱。

本次再版,曹雷负责第 1 章、第 2 章、第 6 章的修订工作,鲍广宇负责第 3 章、第 8 章、第 9 章的修订工作,陈国友负责第 4 章、第 5 章的修订工作,裘杭萍负责第 7 章的修订工作,牛彦杰负责第 10 章的修订工作。

具体修订内容如下。

第 1 章的指挥信息系统分类与地位作用等内容与第 3 章相关内容合并,使得整体逻辑和内容更加紧凑合理,同时修改了某些表达方式,改正了一些错误。

第 2 章原有关态势感知与情报侦察监视的内容与第 4 章相关内容切割不尽合理,在概念表述上存在前后不一致的问题。本次修订将第 2 章、第 4 章有关态势感知的概念进行了统一,将情报侦察监视的具体定义移至第 4 章,并明确态势获取由情报侦察与预警探测两种手段实现,以适应我国现状。

第 3 章除了将指挥信息系统分类与地位作用等内容与第 1 章合并以外,同时对"系统""复杂系统""指挥信息系统战技指标""指挥信息系统的信息基础设施"等重要概念进行了文字修订,加强阐述了一些概念和原理,结合技术发展补充了一些内容。此外,根据近年来军队改革的发展趋势,对指挥信息系统结构部分内容进行了修订。考虑到安全保密问题,有些地方在修改过程中,并未完全按照我军现行最新机制撰文,有意保持了适当的滞后性,这一点并不影响专业人员教学使用。

第 4 章除了与第 2 章有关内容进行了重新梳理和整合外,对态势信息获取技术从技术分类的角度进行了梳理,去掉了侦察技术(情报侦察、人力侦察、电子侦察、网络侦察),将其合并到感知技术(新增电子信号感知技术、网络信息感知技术);原敌我识别技术改为目标识别技术,增加了战场目标识别的概念;将原态势信息处理、态势信息的集成与共享等内容进行重新梳理,合并为态势信息处理与分发技术;增加了具体的态势感知系统介绍,包括情报侦察系统和预警探测系统。

第 5 章主要加强了通信网系相关知识的介绍,具体修订内容包括:对通信基础中一些必要的基本知识进行了补充和加强;更新了军事通信信道部分图示;对军用通信网概念进行了较大幅度改写,有助于读者加深对通信网系概念的整体认知。

第6章除了对部分表述进行了局部修改外,未作大的变动。

第7章对原来的章节逻辑结构进行了较大幅度的修改,使得各章节间逻辑关系更加清晰、合理;充实了"赛博空间与赛博行动",并将其作为独立的一节;重新撰写了指挥信息系统对抗的发展趋势。

第8章主要修订内容是引用了新版的《中国人民解放军军语》和有关条令条例,重新梳理了章节内容,在部分小节添加了增强本章逻辑完整性和内容完整性的文字,添加了"指挥信息系统组织运用对军队信息化建设的影响"章节。此外,还修改了第1版中的一些文字错误,以及与其他章节不一致的部分文字表述。考虑到安全保密问题,本章内容仍然保持第1版的特点。即"外军尽可能详细,我军只阐述大略"。

第9章根据读者和业内专家的意见,以及教学实施过程中的经验教训,本章进行了较大幅度的修订,其主体部分基本上为重新撰写,修改了章节名,系统阐述了指挥信息系统建设开发与分析设计的一般过程和主要方法,分别对指挥信息系统需求分析、体系结构设计、方案设计与评估进行了阐述,重点介绍了数据流图、IDEF、UML等图形化工具,以及基于DoDAF、MoDAF的体系结构设计方法。由于篇幅等问题,原来第1版中关于指挥信息系统评估技术的内容事实上无法介绍清楚,本版干脆进行了大幅缩减,改为介绍指挥信息系统的方案评估,这也与本章的核心主题"指挥信息系统建设开过程中的重要概念与关键技术"相一致,也更加符合全书的脉络与逻辑。关于指挥信息系统本身的评估技术,则已纳入我校另外组织专家编写的专门教材中进行阐述。

第10章针对第1版内容较陈旧、美军指挥信息系统的发展脉络叙述不清楚等问题,进行较大幅度的修订。修订内容主要包括,重新梳理美军指挥信息系统发展脉络,进行了内容重构,使得读者清晰地理解美军每一代系统产生的原因以及存在的问题;细化JC^2的内容;增加目标GIG体系结构系统构想、联合信息环境等新内容;去掉联合监视与目标攻击雷达达系统的内容,将陆军指挥信息系统单列出来,将原陆军战术指挥控制系统纳入陆军作战指挥系统,并按发展将陆军作战指挥系统分三个阶段进行说明;增加了陆军未来作战系统、联合战场控制系统、陆战网等新内容,列入陆军其他系统说明;重绘了部分图示。

由于作者水平有限,书中难免有错误之处,欢迎广大读者提出宝贵意见。

作者

于解放军理工大学

2016年6月

第 3 版前言

本书第 2 版出版至今已有 5 年了。在这五年里,信息技术飞速发展,人工智能技术取得了突破性进展,新的作战概念层出不穷,敏捷、全域、智能指挥控制成为世界新军事变革的核心。我军"三化"(机械化、信息化、智能化)建设不断向前推进,以网络信息体系为抓手的军队信息化建设也已初见成效。本书作者作为近几年陆军机动作战部队指挥信息系统建设与相关重大活动的重要参与者,对陆战场网络信息体系及指挥信息系统又有了新的认识与理解。为了反映近几年指挥控制领域最新发展与实践,我们对第 2 版内容进行了大幅度的修订及重新撰写,试图在指挥控制理论、技术与实践上有所突破与创新。

本次再版,曹雷负责第 1 章、第 2 章和第 8 章的修订与新著工作,其中第 2 章和第 8 章内容基本重新撰写;权冀川在第 2 版第 3 章和第 9 章的基础上重新撰写了第 3 章内容;杜晓明重新撰写了第 4 章和第 5 章内容;汤伟重新撰写了第 6 章和第 7 章内容;牛彦杰修订了第 9 章内容。

具体修订与撰写情况如下:

第 1 章为指挥信息系统概述。删除了原 1.4 节内容,增加了网络信息体系有关知识的阐述。

第 2 章为指挥控制理论。本章内容为新著内容。介绍了军队指挥的基本概念和知识,论述了指挥控制的基本概念、指挥与控制的辩证统一关系,在此基础上构建了指挥控制的三层理论体系,并阐述了指挥控制基础理论和典型指挥控制作战理论,分析了智能化指挥控制的发展方向。本章内容具有一定学术研究的成分,其中的一些观点也只是作者个人的观点,仅供参考。

第 3 章为指挥信息系统技术基础。本章从体系的视角对指挥信息系统的关键技术进行了梳理和介绍,将指挥信息系统技术体系划分为基础技术、支撑技术和工程技术 3 个层次。与第 2 版相比,第 3 版把相关的关键技术集中到一章中阐述,并且从技术体系的视角对各种技术进行了梳理和组织,有利于读者更系统地了解各种技术的概念内涵及关联关系;另外,第 3 版增加了对指挥信息系统发展演化过程中出现的一系列新技术的介绍和讨论,包括面向服务计算、云计算、边缘计算、传感器网络、测绘、机器学习、虚拟现实、增强现实、系统工程、体系工程等,以便于读者准确把握指挥信息系统技术发展的前沿方向。

第 4 章为态势感知系统。本章内容结合近些年指挥信息系统的技术发展,对原有内容进行了系统梳理与增添补全。理论部分加强了对态势、态势图、态势感知及其系统之间逻辑关系的论述,并将原第2章态势感知模型合并至本章节,使态势感知理论更为系统完整;技术部分增加了相关技术的原理图与实装图,更利于增进对感知技术的理解与认识;系统部分在原第2版情报侦察和预警探测系统基础上,对态势感知整个系统组成进行了补充完善,加强了对我情信息处理及推送分发过程论述;最后增加了外军态势感知系统的介绍。

第5章为军事通信系统。本章内容在原第2版内容基础上减少了对军事通信原理及基础性知识的描述,结合我军当前军事通信网及相关技术发展,适当增加了对战术互联网相关技术与系统的论述。技术部分增加了被复线远传通信、ATM交换技术原理的阐述;系统部分增加了战术互联网、卫星通信系统、空中平台中继系统、数据链系统、散射通信系统和集群移动通信系统等相关内容,从而增强了本章内容的实用性;最后补充了对外军典型军事通信系统的介绍。

第6章为指挥控制系统。本章内容结合近年来指挥控制技术的发展,对原书第2版内容进行了重新梳理和更新。概述部分增加了指挥控制系统与指挥控制模型的关系描述;功能组成部分按照战场感知、作战筹划、行动控制、综合保障4个域对系统功能进行了阐述;系统组成部将原书第2版主要装备章节融入至系统硬件组成部分,不再单独成节;原书关键技术章节内容调整至新版第3章;发展趋势部分内容结合智能化等新技术的发展做了补充和更新。

第7章为综合保障系统。综合保障系统是指挥信息系统的重要组成部分,基于此原因,本次修订新增加了综合保障系统章节。主要阐述了综合保障系统的地位、作用及典型系统组成;介绍了气象水文、测绘导航、频谱管理、后勤保障、装备保障5类重要保障业务的信息系统组成和功能。

第8章为指挥信息系统组织运用。本章在保留了第2版少量内容的基础上,进行了重新撰写。本章内容将指挥信息系统组织运用划分为指挥信息系统构建、组织信息服务与作战运用3个层次,回答的是指挥信息系统怎么建、怎么管(指信息如何组织、管理、服务)、怎么用的问题。并选取了伊拉克战争中侦察、通信和指控3个环节的典型战例来进一步论述指挥信息系统的组织运用问题。

第9章为外(台)军指挥信息系统。本章介绍了外军的指挥信息系统,在第2版的基础上进行了结构调整,并增加了外军指挥信息系统的最新发展。主要修订内容是在美军战略级指挥信息系统中增加联合全球指挥控制系统的内容;将美陆军指挥信息系统单独成节,删去陆战网,增加陆军斯特瑞克旅C^4系统;将全球信息栅格、联合信息环境和新增的通用操作环境单独成节,作为美军指挥信息系统基础环境进行整体介绍;删去北约指挥信息系统,新增印军指挥信息系统;修订俄罗斯、日本和我国台湾指挥信息系统的内容;新增外军指挥信息系统的发展趋势等。

感谢戴浩院士对本书撰写工作的指导与帮助。

感谢第1版和第2版作者鲍广宇、姜志平、陈国友和裘杭萍,他们为本书前两版的出版做出了重要的贡献、付出了辛勤的劳动。由于各种原因,他们未参与本版的撰写工作,但第3版的顺利出版离不开他们的贡献,本版仍然保留了他们的部分成果。

最后,感谢王小燕女士花费了大量的精力为本书设计、绘制了大部分的插图。感谢王军博士、赵芷若硕士、熊丽琴硕士、魏竞毅硕士、秦强硕士等同学的认真审读和校对。

由于作者水平有限，书中难免有错误之处，欢迎广大读者提出宝贵意见。

作者
于陆军工程大学
2023 年 4 月

主要缩略语

A2/AD	Anti-Access/Area Denial	反介入/区域拒止
ABCS	Army Battle Command System	陆军作战指挥系统
ABMS	Advanced Battle Management System	先进战斗管理系统
ADOCS	Automated Deep Operations Coordination System	自动纵深作战协调系统
ADSL	Asymmetric Digital Subscriber Line	不对称数字用户线
AF	Architecture Framework	体系结构框架
AFATDS	Advanced Field Artillery Tactical Data System	高级野战炮兵战术数据系统
AHP	Analytic Hierarchy Process	层次分析法
AI	Artificial Intelligence	人工智能
ALSP	Aggregate Level Simulation Protocol	聚合级仿真协议
AM	Amplitude Modulation	幅度调制,调幅
ANN	Artificial Neural Network	人工神经网络
API	Application Program Interface	应用程序接口
AR	Augmented Reality	增强现实
ASAS	All Source Analysis System	全源分析系统
ASK	Amplitude Shift Keying	幅度键控
ATCCS	Army Tactical Command and Control System	陆军战术指挥控制系统
ATM	Asynchronous Time Division Multiplexing	异步传送模式
AV	All-Views	全视图
BADGE	Base Air Defense Ground Environment	航空自卫队指挥信息系统
BFT	Blue Force Tracking	"蓝军"跟踪系统
BCS^3	Battle Command and Sustainment Support System	战场指挥与勤务支援系统
BPM	Business Process Management	业务流程管理
BPMS	Business Process Management Systems	业务流程管理系统
C/S	Client/Server	客户机/服务器
C^2	Command and Control	指挥控制系统
CAS	Complex Adaptive System	复杂适应性系统
CCA	Command and Control Approaches	指挥控制方法

(续)

CCIR	Command's Critical Information Requirement	指挥官关键信息需求
CCRP	Command and Control Research Plan	指挥与控制研究计划
CDC	Core Data Center	核心数据中心
CDMA	Code Division Multiplexing Access	码分多路复用,码分复用
CEC	Cooperative Engagement Capability	协同作战能力
CEP	Cooperative Engagement Processor	协同作战处理器
CES	Core Enterprise Service	核心全局/企业服务
CGF	Computer Generated Force	计算机生成兵力
CNN	Convolution Neural Network	卷积神经网络
CNR	Combat Network Radio	战斗网电台
COA	Course of Action	行动序列
COE	Common Operating Environment	通用操作环境
COI	Community of Interest	利益共同体
COM	Common Object Model	公共对象模型
COOP	Continuity of Operations Plan	作战计划决策
COP	Common Operational Picture	通用作战态势图
CORBA	Common Object Request Broker Architecture	公共对象请求代理体系结构
CPOF	Command Post of the Future	未来指挥所
CSDE	Combat Support Data Environment	作战支援数据环境
CSBA	Center for strategic and Budgetary Assessments	美国战略预算评估中心
CSS	Combat Support System	作战支援系统
CSSCS	Combat Service Support Control System	战斗勤务支援控制系统
CU	Cooperative Unit	协同单元
CV	Computer Vision	计算机视觉
CVS	Commander's Virtual Staff	指挥官虚拟参谋
DaaS	Data as a Service	数据即服务
DARPA	Defense Advanced Research Projects Agency	美国国防部高级计划研究局
DCOM	Distributed Common Object Model	分布式COM技术
DDS	Data Distribute System	数据分发系统
DF	Data Fusion	数据融合
DFD	Data Flow Diagram	数据流图
DII	Defense Information Infrastructure	国防信息基础设施
DIS	Distributed Interactive Simulation	分布式交互仿真
DISA	Defense Information System Agency	国防信息系统局
DISN	Defense Information Systems Network	国防信息网
DJC^2	Deployable JC^2	机动部署JC^{2}系统
DL	Deep Learning	深度学习

(续)

DMS	Defense Message System	国防文电系统
DMSO	Defense Modeling & Simulation Office	（美国）国防部建模与仿真办公室
DoDAF	DoD Architecture Framework	美国国防部体系结构框架
DP	Dimensional Parameter	尺度参数
DSS	Decision Support System	决策支持系统
DSSS	Direct Sequence Spread Spectrum	直接序列扩频
DSTS	US Army Dismounted Solider Training System	美国陆军步兵训练系统
DTS	DataTerminal System	数据终端系统（设备）
DUROC	Dynamically Updated Request Online Coallocator	动态更新请求在线协同分配器
EATI	Entity, Action, Task, Interaction	实体、行为、任务、交互
EINSTein	Enhanced ISAAC Neural Simulation Toolkit	增强的ISSAC神经仿真工具
EPLRS	Enhanced Position Location and Reporting System	增强型定位报告系统
E-R	Entity-Relationship	实体关系（联系）
ES	Expert System	专家系统
ESB	Enterprise Service Bus	企业服务总线
FAAD C^{2}I	Front Area Aerial Defense System of Command Control and Intelligence	前沿防空指挥与情报系统
FBCB^2	Force XXI Battle Command Brigade-and-Below	21世纪旅及旅以下作战指挥系统
FCS	Future Combat System	未来作战系统
FDM	Frequency Division Multiplexing	频分多路复用,频分复用
FHSS	Frequency Hopping Spread Spectrum	跳频扩频
flops	floating point operations per second	每秒执行的浮点运算次数
FM	Frequency Modulation	频率调制,调频
FOM	Federation Object Model	联邦对象模型
FSK	Frequency Shift Keying	频移键控
FTP	Foiled Twisted Pair	金属箔双绞
GCCS	Global Command and Control System	全球指挥控制系统
GCCS-A	Global Command and Control System-Army	陆军全球指挥控制系统
GCCS-AF	Global Command and Control System-Airforce	空军全球指挥控制系统
GCCS-M	Global Command and Control System-Marine	海军全球指挥控制系统
GCCS-J	Global Command and Control System-Jiont	联合全球指挥控制系统
GCSS	Global Combat Support System	全球作战支援系统
GEM	Globus Execution Management	Globus执行管理模块
GIG	Global Information Grid	全球信息栅格
GIS	Geographic Information System	地理信息系统
GLONASS	Global Navigation Satellite System	格洛纳斯系统
GNSS	Global Navigation Satellite System	全球卫星导航系统

(续)

GPS	Global Positioning System	全球定位系统
GRAM	Globus Resource Allocation Manager	资源分配管理器
GTN	Global Transportation Network	全球运输网
HDSL	High Digital Subscriber Line	高速率数字用户线
HLA	High Level Architecture	高层体系结构
IaaS	Infrastructure as a Service	基础设施即服务
ICAM	Integrated Computer Aided Manufacturing	集成计算机辅助制造
ICCRTS	International Command and Control Research and Technology Symposium	国际指挥控制研究与技术论坛
ICT	Information and Communication Technology	信息通信技术
IdAM	Identity and Access Management	识别和访问控制
IDEF	ICAM DEFinition	基于集成定义方法
IDSS	Intelligent DSS	智能决策支持系统
IETF	Internet Engineering Task Force	互联网工程特别小组
IF	Information Fusion	信息融合
ISAAC	Irreducible Semi-Autonomous Adaptive Combat	最简半自治适应性作战
ISR	Intelligence, Surveillance and Reconnaissance	情报、监视与侦察
IT	Information Technology	信息技术
ITRF	International Terrestrial Reference Frame	国际地面参考(坐标)框架
ITRS	International Terrestrial Reference System	国际地面参考(坐标)系统
IUGG	International Union of Geodesy and Geophysics	国际大地测量和地球物理联合会
JADC^2	Joint All Domain Command and Control	联合全域指挥控制
JCA	Joint Capability Area	联合能力域
JC^2	Joint Command and Control	联合指挥控制系统
JDL	Joint Directors of Laboratories	联合指导委员会
JIE	Joint Information Environment	联合信息环境
JOPES	Joint Operation Planning and Execution System	联合作战计划与执行系统
JOPP	Joint Operation Planning Process	联合作战规划流程
JMPS	Joint Mission Planning System	联合任务规划系统
JSPS	Joint Strategic Planning System	联合战略规划系统
JTAV	Joint Total Asset Visibility	联合资源可视化系统
JTRS	Joint Tactical Radio System	联合战术无线电系统
LRAS	Long Range Advanced Scout Surveillance System	远程先进侦察监视系统
MAC	Media Access Control	介质访问控制
MAS	Multi-Agent System	多智能体系统
MCS	Maneuver Control System	机动控制系统
MCTS	Monte Carlo Tree Search	蒙特卡罗搜索树

(续)

MDC^2	Multi Domain Command and Control	多域指挥控制
MDP	Markov Decision Processes	马尔可夫决策过程
MDS	Meta-computing Directory Service	元计算目标服务
MIMD	Multiple Instruction Multiple Data	多指令流多数据流
ML	Machine Learning	机器学习
MOE	Measures of Effectiveness	效能度量
MOFE	Measures of Force Effectiveness	作战效能度量
MOM	Management Object Model	管理对象模型
MOP	Measures of Performance	性能度量
MP-CDL	Multi-platform Common Data Link	多平台通用数据链
MR	Mixed Reality	混合现实
MSE	Mobile Subscriber Equipment	移动用户设备
MSMP	Modeling & Simulation Master Plan	建模与仿真主计划
N^{2}C^{2}M^2	NATO Network Enabled Capability C^2 Maturity Model	北约网络赋能的指挥控制成熟度模型
NATO	North Atlantic Treaty Organization	北约
NCES	Network Centric CES	网络中心化的全局/企业服务
NCW	Network Centric Warfare	网络中心战
NDSA	National Defense Space Architecture	国防空间架构
NECC	Network Enabled Command Capability	网络驱动的指挥能力
NLP	Natural Language Processing	自然语言处理
OA	Office Automation	办公自动化
ODSI	Orbit Deep Space Imager	轨道深空成像卫星
OLAP	Online Analytical Processing	联机分析处理
OMT	Object Model Template	对象模型模板
OODA	Observe-Orient-Decide-Act	观察-判断-决策-行动
OSTN	Object State Transition Network	对象状态转换图
OV	Operational View	作战视图
PaaS	Platform as a Service	平台即服务
PCM	Pulse Code Modulation	脉冲编码调制,脉码调制
PFN	Process Flow Network	过程流图
PM	Phase Modulation	相位调制,调相
PSK	Phase Shift Keying	相移键控
RE	Requirement Engineering	需求工程
RL	Reinforce Learning	强化学习
RNN	Recurrent Neural Network	递归神经网络
RPD	Recognition Primed Decision	识别启动决策
RS	Remote Sensing	航天遥感

(续)

RTI	Run-Time Infrastructure	运行支撑环境
SA	Situation Awareness	态势感知
SaaS	Software as a Service	软件即服务
SAGE	Semi-Automatic Ground Environment System	半自动防空地面环境系统
SBSS	Space Based Surveillance System	天基空间监视系统
SDM	Space Division Multiplexing	空分复用
SFTP	Shielded Foiled Twisted Pair	屏蔽金属箔双绞
SHADE	Shared Data Environment	共享数据环境
SIMD	Single Instruction Multiple Data	单指令流多数据流
SIMNET	Simulation Networking	模拟网
SINCGARS	Single Channel Ground and Airborne Radio System	单信道地面与机载无线电系统
SISD	Single Instruction Single Data	单指令流单数据流
SOA	Service-Oriented Architecture	面向服务的体系架构
SOC	Service-Oriented Computing	面向服务计算
SOM	Simulation Object Model	仿真对象模型
SoS	System of System	体系(系统之系统)
SP	Situation Picture	态势图
SSA	Single Security Architecture	单一安全体系结构
SSC	Spread Spectrum Communication	扩展频谱通信
STCCS	Strategic Theater Command and Control System	战区指挥控制系统
STDM	Statistic Time Division Multiplexing	统计时分多路复用
STP	Shielded Twisted Pair	屏蔽双绞
SV	Systems View	系统视图
TDM	Time Division Multiplexing	时分多路复用,时分复用
TDS	Tactical Data System	战术数据系统
THSS	Time Hopping Spread Spectrum	跳时扩频
TITAN	Tactical Intelligence Target Access Node	战术情报目标接入点
TMIP	Theater Medical Information Program	战区医疗系统
TTNT	Tactical Targeting Network Technology	战术目标瞄准网络技术
TV	Technical standards View	技术标准视图
UDDI	Universal Description Discovery and Integration	统一描述、发现和集成协议
UML	Unified Modeling Language	统一建模语言
UTP	Unshielded Twisted Pair	无屏蔽双绞
VR	Virtual Reality	虚拟现实

(续)

VSAT	Very Small Aperture Terminal	甚小孔径地球站
WDM	Wavelength Division Multiplexing	波分复用
WSEIAC	Weapons System Effectiveness Industry Advisory Committee	美国工业界武器系统效能咨询委员会
WSN	Wireless Sensor Networks	无线传感器网络
WWMCCS	World – Wide Military Command and Control System	全球军事指挥控制系统

目 录

第1章 指挥信息系统概述 ... 1

1.1 信息化战争 ... 1
1.1.1 人类战争的历史轨迹 ... 1
1.1.2 信息与战争 ... 3
1.1.3 信息化战争的特征 ... 8
1.1.4 信息化转型 ... 15

1.2 指挥信息系统 ... 16
1.2.1 指挥信息系统基本概念 ... 16
1.2.2 指挥信息系统与信息化战争 ... 20
1.2.3 指挥信息系统分类 ... 21

1.3 指挥信息系统发展历史 ... 24

1.4 网络信息体系 ... 27
1.4.1 基本概念 ... 27
1.4.2 "云－端"技术架构 ... 30
1.4.3 基本特征 ... 31

参考文献 ... 32
思考题 ... 32

第2章 指挥控制理论 ... 34

2.1 指挥控制理论概述 ... 34
2.1.1 军队指挥 ... 34
2.1.2 指挥控制 ... 43
2.1.3 指挥控制理论 ... 47

2.2 指挥控制科学基础 ... 50
2.2.1 "老三论" ... 50
2.2.2 复杂系统科学 ... 52

	2.2.3 "新三论"	58
2.3	指挥控制基本理论	60
	2.3.1 指挥控制模型	60
	2.3.2 指挥控制方法	72
	2.3.3 指挥控制敏捷性	76
2.4	指挥控制典型作战理论	78
	2.4.1 网络中心战	78
	2.4.2 赛博战	83
	2.4.3 多域战	90
	2.4.4 马赛克战	94
2.5	指挥控制的发展	100
	2.5.1 指挥控制系统发展规律	100
	2.5.2 人工智能的突破	102
	2.5.3 从信息优势到决策优势	110
	2.5.4 智能化指挥控制应用场景	112
参考文献		116
思考题		117

第3章 指挥信息系统技术基础 … 118

3.1	指挥信息系统技术体系	118
3.2	指挥信息系统的基础技术	121
	3.2.1 管理决策技术	121
	3.2.2 计算机技术	131
	3.2.3 通信技术	142
	3.2.4 感测技术	154
	3.2.5 人工智能技术	167
3.3	指挥信息系统的支撑技术	179
	3.3.1 作战模拟技术	179
	3.3.2 效能评估技术	193
3.4	指挥信息系统的工程技术	198
	3.4.1 指挥信息系统需求工程与体系工程技术	198
	3.4.2 指挥信息系统分析与设计技术	219
	3.4.3 指挥信息系统架构技术	237
参考文献		245
思考题		246

第 4 章 态势感知系统 …… 248

4.1 态势感知概述 …… 248
4.1.1 基本概念 …… 248
4.1.2 感知过程 …… 252
4.1.3 感知系统 …… 257

4.2 态势感知技术 …… 260
4.2.1 态势信息获取技术 …… 261
4.2.2 态势信息处理技术 …… 271
4.2.3 态势信息管理技术 …… 275

4.3 态势感知系统 …… 279
4.3.1 系统组成 …… 279
4.3.2 技术结构 …… 280
4.3.3 系统功能 …… 282

4.4 外军态势感知系统 …… 291
4.4.1 美军态势感知系统 …… 291
4.4.2 俄军态势感知系统 …… 295

参考文献 …… 298

思考题 …… 298

第 5 章 军事通信系统 …… 300

5.1 军事通信概述 …… 300
5.1.1 基本概念 …… 300
5.1.2 军事通信系统 …… 303
5.1.3 军事通信系统地位作用 …… 307

5.2 军事通信技术 …… 307
5.2.1 信道与频谱 …… 307
5.2.2 有线传输 …… 308
5.2.3 无线传输 …… 312
5.2.4 信息交换 …… 321

5.3 军事通信系统 …… 327
5.3.1 战术互联网 …… 327
5.3.2 卫星通信系统 …… 332
5.3.3 空中平台中继系统 …… 334
5.3.4 数据链系统 …… 337
5.3.5 散射通信系统 …… 342

    5.3.6 集群移动通信系统 ·· 345

  5.4 外军军事通信系统 ·· 349

    5.4.1 美国陆军战场通信网络 ··· 349

    5.4.2 法国战术无线电系统 ·· 353

    5.4.3 英国战术无线电系统 ·· 354

  参考文献 ··· 355

  思考题 ·· 356

第6章 指挥控制系统 ·· 357

  6.1 指挥控制系统概述 ·· 357

    6.1.1 指挥控制模型与指挥控制系统 ································· 357

    6.1.2 指挥控制系统发展历史 ··· 359

  6.2 指挥控制系统的功能与组成 ··· 359

    6.2.1 指挥控制系统的基本功能 ··· 360

    6.2.2 指挥控制系统的分类 ·· 367

    6.2.3 指挥控制系统的组成 ·· 369

  6.3 指挥控制系统典型应用 ··· 375

  6.4 指挥控制系统的发展趋势 ··· 378

    6.4.1 指挥控制全域化 ·· 379

    6.4.2 指挥控制网络化 ·· 381

    6.4.3 指挥控制智能化 ·· 383

    6.4.4 指挥控制敏捷化 ·· 385

  参考文献 ··· 385

  思考题 ·· 386

第7章 综合保障系统 ·· 387

  7.1 综合保障系统概述 ·· 387

    7.1.1 系统组成 ·· 388

    7.1.2 基本功能 ·· 389

  7.2 气象水文保障信息系统 ··· 389

    7.2.1 主要功能 ·· 389

    7.2.2 系统分类 ·· 390

    7.2.3 系统组成 ·· 391

  7.3 测绘导航信息系统 ·· 392

    7.3.1 主要功能 ·· 392

		7.3.2 系统分类	393
		7.3.3 系统组成	394
	7.4	频谱管理信息系统	395
		7.4.1 主要功能	395
		7.4.2 系统分类	396
		7.4.3 系统组成	396
	7.5	后勤保障信息系统	397
		7.5.1 主要功能	398
		7.5.2 系统分类	398
		7.5.3 系统组成	399
	7.6	装备保障信息系统	400
		7.6.1 主要功能	400
		7.6.2 系统分类	401
		7.6.3 系统组成	401
参考文献			403
思考题			403

第8章 指挥信息系统组织运用 404

8.1	概述	404
	8.1.1 基本概念	404
	8.1.2 发展历史	405
8.2	指挥信息系统组织运用的基本原则与基本内容	406
	8.2.1 指挥信息系统组织运用的基本原则	406
	8.2.2 指挥信息系统组织运用的基本内容	408
8.3	指挥信息系统构建	408
	8.3.1 筹划指挥信息系统	409
	8.3.2 构建战场信息网络	409
	8.3.3 构建信息系统	413
	8.3.4 组织运行维护	415
8.4	组织信息服务	416
	8.4.1 指挥员关键信息需求	416
	8.4.2 信息处理与服务	417
8.5	指挥信息系统作战运用	419
	8.5.1 指挥信息系统作战筹划阶段运用	419
	8.5.2 指挥信息系统行动控制阶段运用	421

8.5.3　美军伊拉克战争信息系统运用战例 ············ 422

参考文献 ·· 433

思考题 ·· 434

第9章　外（台）军指挥信息系统 ······················ 435

9.1　美军战略级 C^{4}ISR 系统 ························ 435
　　9.1.1　全球军事指挥控制系统 ······················ 436
　　9.1.2　全球指挥控制系统 ·························· 437
　　9.1.3　联合指挥控制系统 ·························· 439
　　9.1.4　联合全球指挥控制系统 ······················ 442

9.2　美国陆军指挥信息系统 ·························· 443
　　9.2.1　陆军作战指挥系统 ·························· 444
　　9.2.2　陆军未来作战系统 ·························· 448
　　9.2.3　陆军联合指挥控制系统 ······················ 450
　　9.2.4　陆军斯特瑞克旅 C^4 系统 ·················· 451

9.3　美军指挥信息系统基础环境 ······················ 456
　　9.3.1　全球信息栅格 ······························ 456
　　9.3.2　联合信息环境 ······························ 459
　　9.3.3　通用操作环境 ······························ 464

9.4　俄军指挥信息系统 ······························ 465
　　9.4.1　俄军战略级指挥信息系统 ···················· 466
　　9.4.2　俄军战役级指挥信息系统 ···················· 468
　　9.4.3　俄军战术级指挥信息系统 ···················· 469

9.5　日本自卫队指挥信息系统 ························ 470
　　9.5.1　日本自卫队战略级指挥信息系统 ·············· 470
　　9.5.2　日军兵种指挥信息系统 ······················ 472
　　9.5.3　日、美联合作战指挥系统 ···················· 474

9.6　印军指挥信息系统 ······························ 474
　　9.6.1　情报系统 ·································· 475
　　9.6.2　军种指挥信息系统 ·························· 476
　　9.6.3　通信系统 ·································· 477

9.7　我国台湾军队指挥信息系统 ······················ 478
　　9.7.1　台军战略级指挥信息系统 ···················· 479
　　9.7.2　台军军兵种指挥信息系统 ···················· 480
　　9.7.3　台军"博胜案"计划 ························ 482

9.8 外（台）军指挥信息系统的主要特点和发展趋势 …………………… 483
    9.8.1 外（台）军指挥信息系统的主要特点 ………………………… 483
    9.8.2 外（台）军指挥信息系统的发展趋势 ………………………… 485

参考文献 ………………………………………………………………… 487
思考题 …………………………………………………………………… 488

第1章 指挥信息系统概述

1.1 信息化战争

1.1.1 人类战争的历史轨迹

人类历史上每一次战争方式的重大革命无不与当时人类社会科学技术的进步与生产方式的重大革新紧密相连。随着人类科学、技术的发展，人类战争经历了冷兵器时代、热兵器时代、机械化时代和信息化时代。武器和指挥方式是刻画每个战争时代最重要的两个因素，也是战争历史划代的重要依据。

1. 冷兵器时代

冷兵器，是指只能依靠使用者的体力或外在机械力来杀伤敌人的武器，如长矛、弓弩、刀剑等。冷兵器时代，即军队依靠冷兵器作为其主要作战武器的时代，指军队及战争产生以后，直到黑火药产生并被广泛应用于战场之前的这一历史阶段。

冷兵器出现于人类社会发展的早期，由耕作、狩猎等劳动工具演变而成，随着战争及生产水平的发展，经历了由低级到高级，由单一到多样，由庞杂到统一的发展完善过程。冷兵器的发展经历了石器时代、青铜时代和铁器时代三个阶段。

冷兵器时代，作战双方兵力较少，作战空间有限，作战队形密集，指挥层次少，指挥关系只是将帅与士兵之间的关系。作战协调控制的空间、范围都非常有限，将帅只需以口头命令和视听信号等就可以直接指挥作战，有效的控制整个战场。此时的作战指挥方式，是一种非常原始的集中式指挥。

2. 热兵器时代

热兵器，又称火器，古时也称神机，是指一种利用推进燃料快速燃烧后产生的高压气体推进发射物的射击武器。传统的推进燃料为黑火药或无烟炸药。枪和炮是两种最典型的热兵器。

战争从冷兵器时代发展到热兵器时代是一个漫长的过程。公元1132年，南宋军事家陈规发明了一种火枪，这是世界军事史上最早的管形火器，它可称为现代管形火器的鼻祖。公元 13 世纪,中国的火药和金属管形火器传入欧洲,火枪得到了较快的发展。

热兵器的广泛使用,使军队的作战方法发生了变化,由白刃格斗逐渐过渡到火力对抗,能在较远距离上以热兵器杀伤敌人。作战距离从近距格斗逐渐向数十米、数百米扩展,使体能决胜的战斗场面最终让位于以火力为主的战场较量。

随着作战规模、作战空间的扩大,兵种数量的增多,野战能力的提高,对部队的指挥控制越来越复杂和困难,单靠将帅一人采用简单直观的现场指挥方法,已不适应作战的需要,谋士、谋士群体应运而生,指挥机构的雏形逐步形成。这个时期,从隋唐的将军幕府到 19 世纪的普鲁士参谋部,形成了现代作战指挥机构的雏形。指挥官从战场一线退居纵深,并主要依靠指挥机构来组织指挥作战,军队组织结构大为改观。

3. 机械化时代

18 世纪 60 年代以蒸汽机为标志的第一次产业革命,和 19 世纪 70 年代以钢铁、内燃机及电力技术为标志的第二次产业革命,使得军队机动能力和后勤补给能力大大增强,坦克、航空母舰、飞机、火箭、导弹等机械化武器相继问世,武器平台由人力驱动发展为由机械力驱动。这种工业时代机械技术导致的武器高速度、远射程和大威力的特点,使战场面貌发生了巨大的变化,使军队结构、作战理论、作战样式发生了重大变革,人类战争由此步入了机械化战争时代。

在机械化战争时代,作战力量由原来比较单一的陆军向陆、海、空三军全面发展,作战空间急剧扩大,步坦协同、空地协同等成为崭新的作战方式。集中式、手工式指挥方式已不能满足战争的需要。必须有一个组织严密、能准确无误和不间断地实施指挥的军事指挥机构。于是,司令部应运而生。同时,由于有线及无线通信等指挥手段的使用,使得对战场的远程控制成为可能,出现了指挥控制的概念。指挥人员可以通过通信手段对部队实施有效的指挥控制。

4. 信息化时代

20 世纪 80 年代以来,以信息、通信技术(Information and Communication Technology,ICT)为标志的技术变革,推进了人类社会的第三次产业革命,人类社会由工业社会进入到信息化社会。信息技术在军事领域的广泛应用,导致世界新军事变革浪潮的兴起,人类战争形态开始由机械化战争向信息化战争转变。

所谓信息化战争,是信息化时代出现的全新的军事对抗形态,是指以信息化军队为主要作战力量,以指挥信息系统为基本支撑,以信息化武器装备为主要作战工具,以信息化作战为主要作战形式,在陆、海、空、天及赛博空间(Cyber Space)[①]进行的体系与体系的对抗。

无论哪个战争时代,每场战争取胜的关键因素是指挥人员能否对所属部队实施正确、高效的指挥控制。而指挥控制的基础是对信息获取与处理的手段。信息化时代之前,信

---

① 赛博空间指除陆、海、空、天有形空间外的所有空间,具有无形的特征。

息的获取主要通过人的感官以及无线电技术,信息的处理主要通过人脑,信息获取与处理的及时性与准确性不能满足指挥控制的需要。在信息时代,各种先进的传感技术极大地丰富了信息获取的手段,计算机技术的发展又使大量的战场信息能以极快的速度智能化地加以处理,大大提高了战场态势感知能力和指挥控制能力;而信息与武器、弹药的结合又大大提高了精确打击的能力。战争的一方从机械化时代追求速度优势、杀伤力优势转变为对信息优势、决策优势的追求:先敌发现对手,先敌了解态势,先敌采取行动,从而决战决胜。显而易见,信息技术改变了战争制胜的机理,改变了战斗力生成模式。

就象机械化时代在追求机械力的同时并未放弃对化学能的追求一样,信息时代在信息化进程中,仍然需要依靠机械力与化学能,并使之与信息技术紧密结合,释放出更加强悍的战斗力。在我军信息化建设的现阶段,就提出了信息化建设与机械化建设的双重任务。

从人类战争发展的历史进程可以看出,从冷兵器时代、热兵器时代到机械化时代,主要依靠武器水平的提高,不断发展其机械力和化学能,来获得更强的战斗力。同时,指挥方式的不断改进、指挥手段的不断提高,进一步提高了作战效率,更好地发挥了武器的作战效能。依靠发展武器的化学能和机械能来提高军队战斗力这种模式,在 20 世纪末几乎已经发展到了极限。依靠信息来提高武器精确打击能力和对部队实施精确的指挥控制,已成为信息化条件下军队战斗力生成的主要模式。

1.1.2 信息与战争

1. 信息在各个历史年代战争中的重要性

信息是采用某种语言或技术手段描述的客观存在的事物及其变化的状态。信息的军事价值不是信息时代才发现的。事实上,千百年来信息一直是作战的核心。古往今来,很多军事家都认识到信息对战场胜负的关键、核心作用。

《孙子兵法》曰:"知己知彼,百战不殆;不知彼而知己,一胜一负;不知彼,不知己,每战必殆"。这里所说的"知己知彼",用现代的语言来解释就是了解和掌握我方的信息与敌方的信息。只要即时了解和掌握敌我双方的信息,就能够百战百胜。

孙子(图 1-1)的这句话可以说跨越了时空、跨越了国界,成为千百年来各国军事家必须遵循的战争规律。可是,古往今来,有多少军事将领能做到"百战百胜"呢?说明"知己知彼"实属不易,特别是随着人类社会的发展,战争的规模已与 2000 多年前孙子所处的年代不可同日而语了。

19 世纪普鲁士军事理论家卡尔·冯·克劳塞

图 1-1 孙子

维茨(图1-2)所著的《战争论》是世界战争理论的经典著作。他在《战争论》中指出,有两大因素制约着战争的发展:一是战争"迷雾";二是战争的阻力。

所谓战争迷雾就是指挥员看不清战场,就好像在战场上空笼罩了一层浓雾;战争阻力是指战争进程中存在许多不确定因素,指挥员无法预见和控制战争的进程。

千百年来,世界各国的军事家都围绕拨开战争迷雾、克服战争阻力这两大历史性难题进行着不懈的探索。但纵观人类战争史,这两大历史性难题却一直没有得到很好地解决。

2000多年前的孙子指出了信息在战争中的核心作用,而克劳塞维茨则进一步指出战争进程中制约信息获取与使用的两个关键节点。而拨开战争迷雾、克服战场阻力,本质上就是如何知己知彼、如何获取战场信息、如何利用战场信息。

图1-2 卡尔·冯·克劳塞维茨

2. 信息技术改变了什么?

信息技术是关于信息的获取、传输、处理与利用的技术。为了清晰地说明信息技术对战争的影响,有必要首先介绍"三域"模型①。

美国著名的军事信息化专家阿尔伯特(Alberts)在《理解信息时代战争》一书中提出了指挥控制过程的"三域"模型,即物理域、信息域与认知域,如图1-3所示。

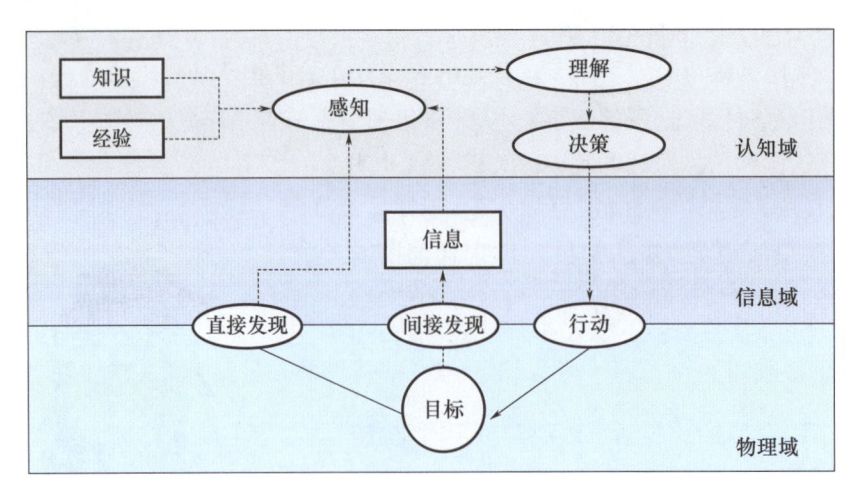

图1-3 "三域"模型

(1) 物理域(Physical Domain)就是作战行动所发生的物理空间,包括陆、海、空、天四维空间,传统的战争即发生在这四维空间内,是部队、武器平台存在的空间,也是部队机

---

① 在"三域"模型的基础上,后来又加入社会域,指个体与个体之间、个体与实体之间或者实体与实体之间的交互与协同关系。

动、火力交战的空间。农业时代的战争发生在陆、海空间,工业时代的战争扩展到空域,并逐步向太空发展。

(2) 信息域(Information Domain)指信息存在的空间,是信息创建、应用和共享的区域。信息空间的存在应该从有线、无线信号的出现就开始了,但直到以计算机技术和网络技术为代表的信息技术(Information Technology,IT)广泛应用到军事领域后,才导致指挥控制手段甚至武器平台本身高度依赖信息技术,信息优势(Information Superiority)成为制胜的主要因素,信息空间才成为作战行动的重要空间。

(3) 认知域(Cognitive Domain)是指存在于作战人员内心的认知与心理空间,包括对物理域的感知、认识、判断、决策等脑力行为,以及精神层面的信仰、价值观等,还包括领导力、士气、凝聚力、训练水平、作战经验、指挥意图的理解、作战规则及程序、技战术等。与物理域的有形相比,这是一个无形的空间。这个空间从农业社会的战争时代开始就存在。《孙子兵法》就是古代军事家对战争规律的认知,孙子的战争思想就属于认知域的范畴。

作战行动过程在这3个域中展开,从物理域到认知域,呈梯次逻辑关系,作战过程将此三个域紧密联系。下面,我们从分析作战过程入手,来分别了解这个3个域中的活动及产生的结果,理解这3个域之间的关系。

(1) 发现(Sensing)。作战过程的第一个行动就是对敌情的侦察活动。敌情实际上就是处于物理域的敌方目标、状态、行动等。发现这个活动的目的就是对敌情进行有效的感知(Awareness)。

发现分为直接发现(Direct Sensing)与间接发现(Indirect Sensing)。

直接发现指直接依靠作战人员的视觉、听觉和嗅觉来发现敌情。直接发现是在冷兵器与热兵器时代获取和传递敌情的主要方式,除了直接使用作战人员自身感官之外,还采用诸如号角、金鼓、旌旗、烽火、信鸽等方法来发现与传递敌情,在一定程度上弥补了依靠自身感官发现在距离上的限制。17世纪发明的望远镜进一步扩展了直接发现的距离。直接发现直接将物理域的敌情映射到认知域,不经过信息域。

间接发现指利用传感器(Sensor)来发现敌情。第二次世界大战期间,出现了无线侦测器、雷达、声纳等传感设备,大大扩展了发现敌情的距离。进入信息化时代,传感器的种类和数量大大增加,成为信息化时代战争最为重要及基础的装备之一,如夜视仪、热成像仪、卫星、无线传感器等。这些传感器大大提高了看清战场、减少不确定性的能力。间接发现将敌情先映射至信息域,在信息域创建相对应的信息,然后再映射至认知域。

(2) 感知(Awareness)。感知存在于认知域,是当前战场敌情,即战场态势,与预先存在于认知域的知识(Knowledge)进行复杂交互的结果,是物理域到认知域或者信息域到认知域映射的直接产物。例如,从信息域得到的一些传感信息,结合个体知识,可以得出敌方炮兵阵地的方位、距离、种类、数量等战场态势感知。这里所说的知识是关于个体对信息的理解和掌握,是有关客观世界的信息在人脑中的反映。个体的知识与其受到的专业教育、训练及经验紧密相关。对于同一战场态势,由于个体知识水平的差异,会产生不同的感知。因此,专业教育和训练的重要作用体现在,必须使得受训者针对同一信息和当前知识得到统一的感知。

（3）理解（Understanding）和决策（Decisions）。理解同样是认知域的活动，指在态势感知的基础上，进一步判定当前态势的发展情况，以及采取不同的行动方案可能出现什么样的态势。态势感知重点在于了解过去或当前态势的情况，而态势理解则进一步要求判定当前态势的发展动态，要求个体具备更高的知识水平。很显然决策是态势理解的结果，是在不同的行动方案之间择优选择的活动。

（4）行动（Actions）。行动发生在物理域。行动由认知域的决策触发，行动按照决策选定的行动方案执行。

综上所述，我们可以看到指挥控制过程从发现敌情到感知、理解、决策，直到采取作战行动，跨越了物理域、信息域和认知域，最后又回到物理域，形成一个闭合的循环。该"三域"模型为我们进一步分析和理解指挥控制过程，特别是信息技术对指挥控制过程的影响提供了一个科学的基础。①

这个"三域"模型可以刻画农业时代、工业时代及信息化时代的作战过程。在农业时代的战争中，信息域并不存在，物理域的敌情只能通过直接发现的方式映射至认知域，感知、理解与决策过程相对简单，由单个个体（战场将领）即可完成。工业时代的战争中，作战过程向信息域拓展，但由于传感器的种类相对较少，认知域的决策对信息域的依赖相对较少，认知域的感知、理解与决策过程相对于农业时代战争趋于复杂，必须通过群体协同作业才可完成，但基本通过手工方式进行。

而在信息化战争时代，信息技术在信息域、认知域和物理域的广泛应用，大大提高了作战效能、甚至改变了传统作战方式和战斗力生成模式。

在信息域，信息技术对作战过程的影响体现在两个方面：一是空前发展的信息获取能力；二是为实时共享的信息传输能力。大量新型传感设备的出现，使对战场实施连续不断的侦察和监视成为可能，为认知域的判断与决策提供大量的态势信息，在人类战争史上开始提供有效拨开"战争迷雾"的信息化手段。另外，计算机网络、卫星通信、数据链等技术的发展，使得在各种复杂的战场环境下，能够保证信息的有效传输；灵巧推拉、信息订阅与分发技术保证了信息的质量。

在认知域，大量基于人工智能（Artificial Intelligence,AI）、决策支持、图像处理、可视化等技术的信息处理技术，使得认知域的态势感知更加直观、清晰，判断与决策更加科学、快捷。在人类战争史上，首次改变了对战场态势的感知、理解、决策的手工作业方式，出现了从信息获取到信息处理、决策的一体化、自动化和智能化的处理方式。这个周期用形象的方式表达就是"从传感器到射手"的时间。随着信息技术的发展，"从传感器到射手"的时间大幅度压缩。如图1-4所示，美军"从传感器到射手"的时间，海湾战争时是600min，科索沃战争时为120 min，阿富汗战争时为20 min，而伊拉克战争只有10 min，基本实现"发现

---

① 实际上，上述作战过程的描述就是第2章描述的OODA模型，即"观察-判定-决策-行动"模型。"观察"就是三域模型中的"发现"，"判定"即包括了"感知"与"理解"。

即摧毁"。

在物理域,武器平台、作战实体的网络化,信息化弹药,精确制导武器等,使得机械化条件下已发挥到极限的武器装备生成了更加强大的战斗力。

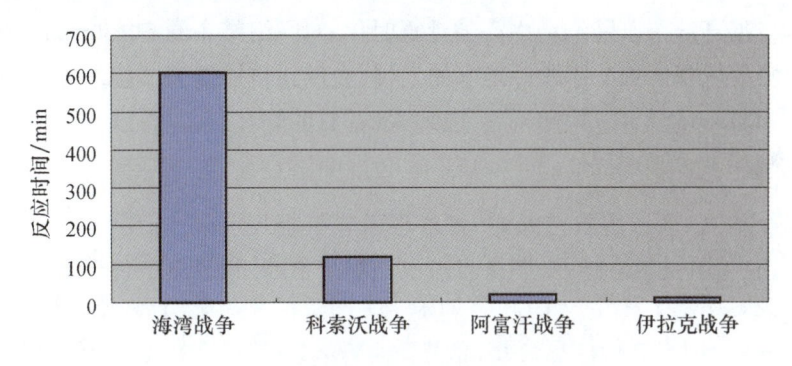

图 1-4 传感器到射手平均时间

总之,信息技术改变了传统战争形态,改变了战斗力生成模式,改变了制胜机理。拨开"战争迷雾"、克服"战争阻力"不再是遥远的梦想!

3. 信息技术发展的 3 个定律

信息技术以其特定的规律飞速的发展。理解信息技术发展的一些规律,有助于我们进一步理解信息技术是如何改变现代战争的形态,以及预测其对未来战争将产生的影响。

在信息技术发展的数十年里,有 3 个著名的定律在一定程度上揭示了信息技术发展的规律。这 3 个定律分别是摩尔定律、传输容量定律和梅特卡夫定律。

(1) 摩尔定律(Moore's Law):每片集成电路可容纳的晶体管数目,大约每隔 18 个月便会增加 1 倍,性能也将提升 1 倍。

摩尔定律是由英特尔公司名誉董事长戈登·摩尔(Gordon Moore)在 1965 年提出的。他在统计了 1959—1964 年半导体集成电路制造技术发展的相关数据后,发现了这一惊人的定律,并预测在今后相当长的一段时间内,集成电路制造业仍然会按照这个速率发展。摩尔定律后来被证实是正确的,而且是非常的精准。例如,摩尔在 1965 年预测,到 1975 年,在面积仅为 0.25in(1in = 2.4cm)的单块硅晶片上,将有可能集成 65000 的元件。这个结论在 10 年后得到精确的验证。

摩尔定律最初是用在单片集成电路集成元件的数目发展趋势上,其实在对诸如计算机 CPU 运算速度、内存容量、软件代码量等发展速度的预测也是适用的,每一次更新换代都是摩尔定律直接作用的结果。

这里需要特别指出的是,摩尔定律并不是严格的数学定律,而是对发展趋势的一种分析预测。摩尔定律问世已快半个世纪了,在这个时间跨度内,半导体芯片制造工艺水平以一种令人难以置信的速度发展,那么,今后还会以这样的速度发展下去吗?很显然,芯片上元件的几何尺寸不可能无限制地缩小,单个晶片上可集成的元件数量总有一天会达到极限。已有专家预测,芯片性能的增长速度在今后数年内将趋缓,摩尔定律还能适用 10 年左右。

（2）吉尔德定律（Gild's Law）：也称传输容量定律（Transmission Capacity Law），计算机网络传输的容量，每隔6个月增加1倍。

计算能力的不断提高、计算费用的不断下降，使得计算机得到了广泛的应用；计算机网络技术的发展开启了以网络为中心的计算时代，对网络带宽的需求与日俱增；而软件技术的发展，特别是诸如SOA等软件技术的发展，在网络传输能力大幅增加的同时，使得社会、经济、军事等领域越来越依赖网络实现各类信息的交互。

（3）梅特卡夫定律（Metcalfe's Law）：网络的潜在价值与网络用户数量的平方成正比。

梅特卡夫定律是以太网的发明人罗伯特·梅特卡夫（Robert Metcalfe）提出的。

梅特卡夫定律基于这样一个事实：如果一个网络包含 N 个用户，那么每个用户就有可能与其他 $N-1$ 个用户进行信息交互，总共就有 $N\times(N-1)$ 个信息交互。当用户数 N 趋于无穷大时，产生的用户信息交互数接近 N^2。而用户的信息交互会产生潜在的价值，所以梅特卡夫认为网络的潜在价值与网络用户数量的平方成正比。

另外，信息资源的奇特性不仅在于它是可以被无耗损地消费，而且信息的消费过程可能同时就是信息产生的过程，它所包含的知识或感受在消费者那里催生出更多的知识和感受，消费它的人越多，它所包含的资源总量就越大。互联网的威力不仅在于它能使信息消费者数量增加到最大限度，更在于它是一种传播与反馈同时进行的交互性媒介。所以梅特卡夫断定，随着上网人数的增长，网上资源将呈几何级数增长。

当然，在信息技术发展过程中，还有其它一些规律，如"计算周期定律"。这是IBM前首席执行官郭士纳曾提出的，认为计算模式每隔15年发生一次，所以也称"15年周期定律"。例如：1965年前后发生的变革以大型机为标志；1980年前后以个人计算机的普及为标志；1995年前后则发生了互联网革命；而现在物联网、云计算的兴起又将引起新的计算方式的革命。

信息技术引发新军事变革的根本原因是，信息技术能够将战场实体有效地连接在一起，进行战场信息的交换和智能处理，优化战场资源的配置，在武器火力不变的情况下，生成更加强大的战斗力。因此，了解和掌握信息技术的发展规律：一方面可以利用这些规律创新信息化条件下的作战理论；另一方面可以更加科学地预测未来战争的形态以及指挥信息系统的发展趋势。例如，美军"网络中心战"（Network Centric Warfare，NCW）理论[①]发挥作用的内在原理就是梅特卡夫定理，网络节点越多，一体化程度就越高，整体作战威力就越大。

1.1.3 信息化战争的特征

信息技术催生了人类战争史上全新的的战争形态，即信息化战争。在信息化战争中，信息将成为战争制胜的主导因素，体系对抗成为重要的作战指导原则，指挥体制扁平化，

---

① 有关"网络中心战"的知识可见1.3节。

作战空间全维化,作战力量一体化,打击保障精确化,新的作战样式颠覆了传统的作战理论,所有这些构成了信息化战争的基本特征。

1. 信息成为战争胜负的主导因素

正如前面所述,信息存在于任何时代的战争中。"知己知彼,百战不殆"正说明了信息在战争中的重要性。但在以往任何时代的战争中,由于信息获取及处理手段的限制,主导战争胜负的是军队的数量及武器的火力指数,信息并不能支配战争。

而随着信息技术的发展,特别是计算机、网络、传感器等技术的发展,信息技术不断地向指挥控制、武器装备甚至弹药领域渗透,打通了战场信息从发现、传输、处理到部队行动、武器射击的指挥控制链路,打通了军兵种之间的界限,作战行动越来越依赖指挥信息系统的支撑。信息系统成为整个战场作战部队、火力单元、指挥系统的粘合剂,而信息成为了主导战争胜负的关键因素。信息质量在战斗力生成模式中的重要性远比部队数量、机械力及火力大得多。

传统的战斗力度量公式为

$$战斗力 = 火力 + 机动力 + 防护力 + 领导力$$

现在的战斗力度量公式可以表达为:

$$战斗力 = (火力 + 机动力 + 防护力 + 领导力)^{信息指数}$$

上述公式表明信息是战斗力的倍增器,在火力、机动力、防护力和领导力不变的情况下,信息指数可以使部队战斗力成指数式地增长,成为战斗力生成的第一要素。当然,上述公式并没有经过严格的证明,我们在此引用只是想说明信息在战斗力生成中的关键作用。

因此,在信息化战争中,战争双方首先谋求的是信息优势,由信息优势进一步取得决策优势,从而获得最终的行动优势,取得战争的胜利。

2. 作战指导由战损累积转向体系对抗

传统战争的制胜之道是通过大量杀伤敌人的有生力量,从而改变敌我双方的力量对比,最终取得战争的胜利。

所谓战损累积指消灭敌人数量由少到多的一个累积过程,作战双方往往通过消耗战和歼灭战来达成这样一个战损累积。

在一次作战过程中,一个作战单元的胜利是以其所辖下一级作战单元的胜利为基础。例如,一个团的胜利以其所辖3个营的胜利为基础,而每个营的胜利又以其所辖三个连的胜利为基础,以此类推。

消耗战和歼灭战是一把"双刃剑",在消耗对方的同时,己方往往也要付出巨大的代价。以往的战争之所以难以摆脱消耗战和歼灭战的困扰,主要是受当时科学技术尤其是武器装备发展水平的制约,缺乏快速决胜的军事能力,从而使战争不得不陷入旷日持久的消耗战。

随着信息技术的发展,大幅度提升了军队侦察监视、指挥控制与精确打击能力,大幅缩短了从传感器到射手的时间,使得发现并精确打击敌方作战系统的重心,瘫痪敌方的作战体系成为可能,从而无须歼灭敌有生力量就可使敌人丧失抵抗能力和抵抗意志。这种作战方式称为瘫痪战。信息化战争已不仅是作战力量单元之间的较量,而是越来越表现为体系与体系的对抗,作战双方不再一味强调歼灭敌有生力量,而更重视打击敌作战体系的关键节点,力求以最小的代价速战决胜。

美军"五环"①打击理论中,指挥领导环是打击的第一环,而作战部队则放到了最后一环。2003年的伊拉克战争中,美军首轮打击的代号为"斩首行动",其行动目标则是铲除伊拉克总统萨达姆;第二轮打击的代号为"震慑行动",在数小时内出动各型战机数千架,发射1000枚巡航导弹以及大量精确制导炸弹,达成了精确打击并摧毁伊拉克作战体系的战略目的。自此,伊拉克丧失了组织大规模作战的能力,抵抗能力与抵抗意志大大削弱。最终,美、英联军仅用了40天的时间,在未发生传统的大规模地面作战的情况下,基本结束战争。

信息化战争时代,信息系统将各种作战力量、武器平台、指挥机构聚合成一个一体化的作战体系,基于信息系统的体系对抗便成为信息化战争的一个重要特征。由于信息系统已成为信息化军队不可或缺的支撑系统,成为作战体系的核心,指挥信息系统往往会成为作战双方实施体系作战的首要打击目标。以保护己方信息系统、摧毁敌方信息系统为作战目的的信息战成为了信息化战争新的作战样式。

3. 战场空间向全维化发展

传统的战场发生在物理域,即陆地、海洋、空中三维物理空间。信息时代的战争延伸至太空与赛博空间。

作为战场信息感知与战场监视的载体,各种军事侦察监视卫星在信息化战争中的重要性日益显现。未来战场上,军事卫星将成为敌方打击的首要目标。保卫己方军事卫星的安全,已成为军事强国日益紧迫的任务。近年来,太空武器也呈加速发展的趋势。例如,临近空间飞行器可以在数小时内围绕地球一圈,可以对地实施连续高强度的打击,成为未来太空中的重要作战力量。显然,太空已成为未来信息化战争的重要战场空间。

赛博空间(Cyberspace)是指除陆、海、空、天以外的所有空间,包括计算机网、电信网等信息技术设施及其建立在其上的信息空间,以及电磁空间。一般认为赛博空间是虚拟的空间,即信息空间及电磁频谱空间。

很显然,赛博空间包含的计算机网络空间(计算机网络信息空间)是支撑信息化作战的重要空间,也是国家政治、经济的重要信息空间;电信网络空间(电信网络信息空间)是政府、经济有效运转、人民工作生活的重要保障;而电磁空间更是保障信息化武器平台正常运转的重要空间。赛博空间已经并必将成为信息化战争的重要作战空间。赛博空间的作战行为称之为赛博战,其作战目的是为了保护己方赛博空间的安全,同时摧毁敌方的赛博空间。

4. 指挥体系向扁平化发展

传统的指挥体系呈树状层次结构,如图1-5所示。命令与指示从树状层次结构的上

---

① "五环"是指:①指挥、控制和通信系统;②生产设施;③基础设施;④民心;⑤野战部队。

层由上而下逐级下达,战场态势、部队情况与侦察情报则自下而上逐级上传。这种指挥体系与指挥链路模式是由当时的信息技术发展水平所决定的。

这种层次结构的指挥体系具有如下两个特征:从空间维度上看,由于情报信息沿指挥层级逐级上传的特性,指挥体系的上层拥有相对丰富的情报信息和资源,因而越往上层其决策的权力越大,指挥权力向上层高度集中,从上层至末端,逐级减弱,且横向之间基本无信息交互;从时间维度上看,指挥信息经过指挥层级链路到达末端,或者情报信息经过指挥层级链路到达顶端,均需要耗费相当长的时间,计量单位以"小时"甚至"天"来计算,不可能实施实时指挥。指挥方式为预先计划式,即预先拟制作战计划,下达作战指令,收集战场态势信息,评估作战效果,根据部队执行作战指令的情况,控制部队的进一步作战行动。因此,传统的指挥方式也称为"指挥控制"。

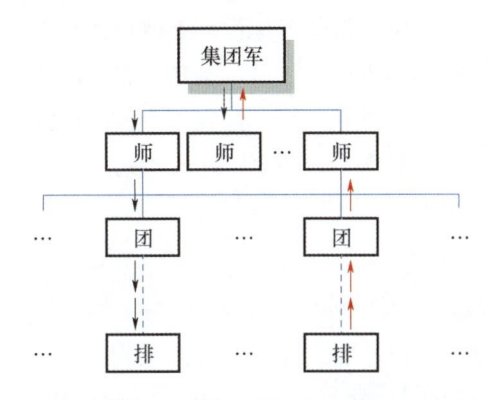

图1-5 树状层次指挥体系及命令与情报传递方向示意

信息技术的发展正在并必将打破这种树状层次结构的指挥体系。网络化的信息设施将作战人员、武器平台、指挥机构、探测平台联接起来,各种战场情报信息经过计算机的快速、智能化的处理,形成实时的战场态势。联入网内的作战人员,无论是何种级别的指挥员或者是最前沿的士兵都有可能在同一时间获得最新的战场态势感知。这种技术上的进步,使得战场指挥无需通过传统的层次指挥链实施,最高指挥官通过网络化的指挥信息系统可以直接指挥到最前沿的单兵。指挥体系向扁平化发展成为必然。扁平化的实质就是在网络化的指挥信息系统支撑下,减少指挥层次,提高指挥跨度,具有横宽纵短的特点,有利于指挥效率的提高,如图1-6所示。

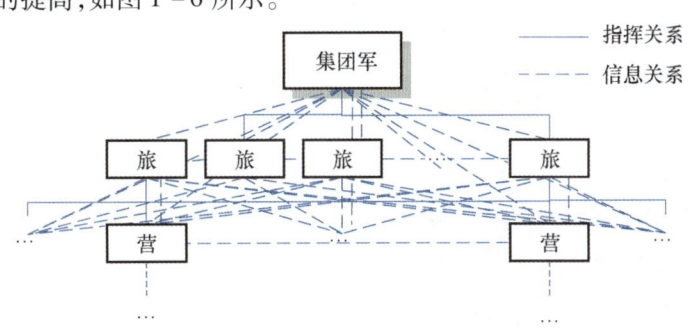

图1-6 网状及扁平指挥体系及指挥与信息流关系

打破树状层次结构的指挥体系,在信息系统的支撑下,指挥控制方式出现以下几种变化。

(1) 由预先计划指挥向实时指挥转变。由于指挥层次压缩、信息传递周期缩短,战场情况和部队行动情况有可能以近乎实时的方式传递至指挥机构,传统的预先计划指挥就有可能部分向实时指挥转变。阿富汗战争中,美军作战飞机只有1/3是按作战计划飞往目标区域,另外2/3的飞机则是在升空后根据实时指挥的目标指令进行轰炸。

(2) 权力前移(Power to the Edge)。由于战场前沿低级指挥员或士兵可以在第一时间获得与高级指挥人员几乎相同的战场态势和情报信息,在一定条件下,他们可依据战场情况,自行判断情况,进行决策,实施打击行动。由此可见,所谓权力前移,是指决策权力向战场前沿和指挥链的末端前移,前沿指挥人员将获得更大的指挥权力实施打击行动,避免了因上下级之间请示与回复所耗费的时间而耽误战机的情况发生。

(3) 自同步。所谓自同步是指执行战术行动的作战单元接受到作战任务后,可以在没有明确的指挥人员的情况下,依据战场情况,在每个作战单元中形成一致的战场态势认知,从而可以同步采取合适的战术行动,协同、高效地完成战术任务。自同步的关键是能在前述的"三域"模型的认知域中保持对战场情况一致的认知。自同步是信息化条件下指挥控制的理想模型。

5. 新作战样式的出现颠覆了传统的作战理论

在20世纪90年代以来的4场局部战争中逐渐显现了以"非线性""非接触""非对称"("三非"作战)为代表的信息化作战样式,颠覆了传统的作战理论。

非线性作战相对于线性作战而言。冷兵器时代,通常双方兵力成一线摆开。很难想象,如果孤军深入到敌方作战线一侧,会出现什么样的后果。在机械化时代,这条作战线依然存在。由于发现目标、机动速度、实时打击能力有限,对敌方纵深或后方的要害目标实施快速突击和实时打击仍然力所不及,必须按照一定的程式线性地向前推进。信息化条件下,由于有指挥信息系统的支撑,攻击部队可以实时感知战场态势,掌握敌我部队的分布情况,可以随时召唤远程或空中精确打击力量。因此,信息化条件下,作战线的存在对战术行动而言已没有太大的意义。采取非线性作战行动,孤军深入敌纵深,快速摧毁敌战略目标,出其不意地达成作战目的,已成为信息化作战常用的作战样式。

2003年的伊拉克战争中,美英联军地面部队从科威特边境出发,绕过敌军控制区向北疾行。第3机械化步兵师在没有侧翼掩护、没有后方补给线的情况下,孤军深入敌后,丢下激战尚酣的纳西里、纳杰夫等多个城市不管,长途奔袭数百千米,直取伊拉克首都巴格达,如图1-7所示。此次战争中美军推进的速度几乎等同于或超过了二次世界大战时德国军队闪击苏联的速度。创造了战争史上大纵深突击的新记录。美军第3机步师师长在战后总结中说,"我之所以敢于打破常规,采取大胆的战术行动,是因为我知道我的部队在哪里,敌人在哪里,友军在哪里。"美军第3机步师在此次战斗中采用了战术级指挥信息系统"21世纪旅及旅以下作战指挥系统"(Force XXI Battle Command Brigade – and – Below,FBCB^2),如图1-8所示。该系统为第3机步师的作战行动提供了实时态势感知、敌我识别、空地战术数据链等功能,是该师采取非线性作战行动的先决条件。

图1-7　美军第3机步师长途奔袭巴格达

图1-8　作战人员正在操作 FBCB^2

非对称作战是指用不对称手段、不对等力量和非常规方法所进行的作战。对于军事实力占优的一方,强调发挥己方自身作战力量的优势,扩大并利用敌方之弱点。而对于军事实力较弱的一方,则强调避开敌方的优势力量,采用非常规方法,出其不意,使敌方发挥不出优势,以奇制胜。

信息化条件下,非对称作战更能发挥出信息化武器装备的优势。例如,装备了远程制导导弹、远距离雷达探测传感器及电子对抗设备的歼击机,如果与敌方普通战机作战时,优势一方在距离数十千米处发现敌机并发射导弹,在敌机无任何防备的情况下一举摧毁敌机,轻松取胜。而如果敌机的装备同样先进,那么先进的信息化武器装备就不一定能发挥出其优势来:敌对双方的战机可能会在相距几十千米处同时发现对方,同时发射导弹,又可能同时被对方的电子对抗设备干扰而不能命中⋯⋯,最终双方战机以视距相遇,进行传统的近距格斗。美军在近几场战争中无不利用非对称作战样式,利用美军强大的空中力量,拉大对敌方的差距,一举摧毁敌方战略目标、作战体系,从战争一开始就能基本达成战略目标。

美军在《2020年联合构想》中指出:"今天,我们拥有无可匹敌的常规作战能力,但这种有利的军事力量对比不是一成不变的。面对如此强大的力量,潜在对手会越来越寻求诉诸非对称性手段⋯⋯,发展利用美国潜在弱点的完全不同的战法"。美军认为,21世纪头20年,美军将面临"非对称袭击"的现实威胁,潜在对手将不会与实力占优的美军进行正面较量的对称作战,而是用一些特殊手段进行"非常规战"和恐怖活动。"9·11"恐怖袭击可以看作美国的敌对势力对美国发动的一次非对称行动,虽然还称不上是一次作战行动,但从中可看出非对称作战对弱方的作用。

非接触作战指交战双方或一方借助指挥信息系统和高技术远程火力,在脱离和避免与敌军短兵相接的情况下进行的超视距精确打击的作战方式。

自古以来,接触的对抗行为和接触的作战是战争的常规状态。1900年,清军还在使用大刀长矛,几米之内决生死;八国联军的来福枪把这个距离拉到了百米以外;大炮则进一步将作战距离拉到了几千米、几十千米;导弹更将此距离扩展至几百千米、几千千米。信息化条件下,陆、海、空、天一体化的侦察监视系统、信息化的指挥控制系统与超视距的精确武器系统全面支撑非接触作战。伊拉克战争中,没有发生空战、海战,也未发生大规模地面接触战。可以说,美军利用先期作战的数千枚精确制导炸弹和大规模空袭等非接触作战方式已经摧毁伊军的作战体系和抵抗意志。从宏观上看,可以认为伊拉克战争是场典型的非接触战争。

非接触作战往往和非对称作战交错在一起。敌对双方的强势方往往会利用其作战优势,实施非接触作战,同时剥夺对方非接触作战的权力。从理论上说,非接触战是作战双方均可实施的作战行为,但从实践中看,非接触作战,是在敌对双方武器装备形成的"代差"中,优势一方在采取有力保护措施的前提下,通过利用、限制、压缩对方的作战能力范围,使己方主要作战部署和有生力量的行动脱离对方主战兵力兵器的有效还击范围,进而对其实施打击的行为。它是在信息化条件下强者对付弱者的有效手段。其本质是剥夺对方的有效还击能力,在整个对抗过程中形成"我看得见你,你看不见我""我打得着你,你打不着我"的战场态势,力图以最小的伤亡代价实现作战企图。由此可见,在军事对抗中处于弱势的一方是无法主动进行非接触作战的。

6. 高精确、高强度、快节奏成为信息化战争的外在特征

信息化作战是一种精确作战。实施精确作战的物质基础是高精度打击兵器及指挥信息系统。作战精度的提高能大大提高作战效果。如表1-1所列,美军的统计表明,摧毁一个目标,在第二次世界大战中,需要9000枚炸弹,在越战中需300枚;而在海湾战争中,使用精确制导炸弹则只需要2枚;在伊拉克战争中精确到只使用1枚。伊拉克战争的"震

慑行动"中,美军发射了 1000 枚左右精确制导的巡航导弹,就摧毁了伊军地面部队 80%以上的作战力量。我们把这种精确打击称之为外科手术式的打击,它区别于传统作战中所谓地毯式的轰炸,在大大提高作战效果的同时有效地减少了平民的伤亡率。

表 1-1 不同战争中摧毁一个目标所需炸弹数量

战争名称	所需炸弹数量/枚
第二次世界大战	9000
越南战争	300
海湾战争	2
伊拉克战争	1

信息化作战是一种高强度的作战。作战强度加大,主要是武器装备作战能力提高的结果。首先,作战飞机等作战平台可以进行远距离、多批次的作战,导弹发射架可以在时间内发射多枚导弹,给敌以高精度、高密度的攻击。其次,各种新型弹药将具有更大的爆炸威力。最后,各种高能新概念武器将走上战场。伊拉克战争中,美军在 3 月 22 日短短数小时内出动各型战机数千架,发射 1000 枚巡航导弹以及大量精确制导炸弹,其强度超过了近 10 多年来的历次战争。

信息化作战是一种快节奏的作战。传统战争到机械化战争往往持续数年甚至数十年。据统计,超过 5 年以上的战争,在 17 世纪约占 40%,18 世纪约占 34%,19 世纪约占 25%,20 世纪则降至 15%,如表 1-2 所列。20 世纪 90 年代以来,随着信息技术的广泛应用,指挥控制效率大大提高,作战节奏大大加快。以近年来的 4 场局部战争为例,海湾战争持续时间为 42 天,科索沃战争持续时间为 78 天,阿富汗战争主要军事行动持续 61 天(苏联军队入侵阿富汗用了 10 年的时间),伊拉克战争主要军事行动则仅仅用了 23 天。

表 1-2 不同战争年代超过 5 年以上战争所占比例

战争年代	5 年以上战争比例/%
17 世纪	40
18 世纪	34
19 世纪	25
20 世纪	15

1.1.4 信息化转型

信息技术在军事领域产生的量变,逐渐演变成军事领域的根本性变革,即所谓的"新军事革命"。它包括军事技术、武器装备、军队组织结构、作战方法、军事思想及军事理论等全方位的变革。人类战争史从此进入到信息化时代。为适应这种变革,世界各国军队都在进行信息化转型,建设信息化军队。

美国是世界上第一个提出并实施军事转型的国家。美军的军事转型始于 20 世纪 90

年代初。2001年9月,美国国防部《四年防务审查报告》对军事转型作了官方定义:"军事转型:发展并部署能给我方军队带来革命性优势或非对称优势的战斗力。"2002年5月,美国国防部发表《防务计划指南》,正式提出了美国军事转型的计划和设想。随后,美国陆、海、空军分别提出了各自的转型计划。美国军事转型主要包括创新作战理论、革新武器装备、改革编制体制3个方面,其实质是从机械化向信息化转变。

以美国陆军为例,美国陆军提出由传统部队建成一支21世纪新型部队,即目标部队。所谓目标部队是一支具备战略反应能力、可实施相互依赖联合行动的精确机动部队,能在未来全球安全环境所设想的所有军事行动中占有优势地位。它具备高度的战略灵活性,是一支较轻型、杀伤力更强且更加灵活的部队,能在未来任何冲突中主导陆上行动作战,并能实现从平时的战备状态向小规模应急行动、重大作战行动或稳定局势作战行动的无缝转变。尤其引人注目的是正在研制和部署的转型装备,包括以全球信息栅格(Global Information Grid,GIG)为基础的信息系统、以"斯特赖克"装甲车族和"未来作战系统"(Future Combat System,FCS)为代表的主战装备、能够向世界各地快速投送战斗部队和支援物资的运输装备,以及精确制导弹药、防空与导弹防御系统等。美国陆军在从传统部队到目标部队的转型期间将实现分段式跨越,将会出现传统部队、过渡部队和目标部队3种模式同时存在的情况。2030年前美国陆军将基本实现转型目标。

我军在21世纪初宣布进入信息化建设时代,提出以建设信息化军队、打赢信息化战争为战略目标,坚持以机械化为基础,以信息化为主导,推进机械化和信息化的复合发展,实现部队火力、突击力、机动能力、防护能力和信息能力整体提高,增强我军信息化条件下的威慑和实战能力。并制订了国防和军队现代化建设"三步走"的战略构想,即在2010年前打下坚实的基础,2020年前有一个较大的发展,到21世纪中叶基本实现建设信息化军队、打赢信息化战争的战略目标。

1.2 指挥信息系统

1.2.1 指挥信息系统基本概念

指挥信息系统处于飞速发展和变革的过程中,目前在我军尚未有统一的定义与认识。事实上,与指挥信息系统称谓相近的还有"指挥自动化系统"和"综合电子信息系统"。"指挥自动化系统"是我军自20世纪70年代末以后的20多年时间里正式使用的称谓。2003年之后,逐步改为"指挥信息系统",但其内涵并未发生实质性的变化。"综合电子信息系统"称谓则更多地用于武器装备研制管理部门及工业部门。

无论是"指挥信息系统",还是"指挥自动化系统",抑或"综合电子信息系统",均与美军的C^4ISR系统相似。因此,本节首先来分析美军C^4ISR系统的基本概念。

美军在《集成计划C^4ISR手册》(C^4ISR Handbook for Integrated Planning)中这样定义C^4ISR系统。

"定义 C^4ISR 系统的最佳方式是通过功能来定义。C^4ISR 系统的功能包括指挥(Command)、控制(Control)、通信(Communications)、信息处理(Computers)，是条令、程序、组织结构、人员、设备、设施、技术的集成系统，支持作战全过程中各个阶段指挥和控制的执行。情报(Intelligence)是由世界范围内已经形成或潜在的威胁生成的信息经过收集、处理、集成、分析、评估、解释得到的。正常情况下，情报是通过一系列方法来获得，包括复杂的电子监视、观察、调查和谍报活动。侦察(Reconnaissance)是一种任务(Mission)，通过视觉观察或其他侦测手段执行这个任务，来获得敌人或潜在敌人的活动或资源，或者获得敌方控制地域的气象、水文和地理数据。"监视(Surveillance)是通过视觉、听觉、电子、成像或其他方式，对太空、地面、水下、地点、人员或其他事物进行系统的观察。

分析上述美军对 C^4ISR 系统的定义，我们可以得到以下几点认识。

1. 系统目的

C^4ISR 系统是用来支持作战全过程指挥控制的系统。现代战争，指挥体系中各个层级之间的信息交换是必不可少的。信息从收集、传输、处理、分发、利用到对部队及武器平台的控制等各个环节，存在着信息传输效率与质量、信息处理能力与效率、信息利用的程度与质量等问题。这些问题解决得好坏直接关系到作战的效能，信息已成为主导战争胜负的主导因素。而 C^4ISR 系统则是为了使信息从获取到利用的各个环节信息流动更快、质量更佳、利用更易，从而大大缩短"从传感器到射手"的时间。

图 1-9 所示为"从传感器到射手"的信息交换过程。图中高空侦察平台(传感器)发现敌方导弹发射车目标，迅即将目标信息通过卫星(通信信道)传输给海上 C^4 中心(指挥控制中心)，然后由海上 C^4 中心将目标信息传输给空中打击平台(射手)，对地面目标实施打击。由此可见，整个作战过程是在 C^4ISR 系统的支持下高效完成的。

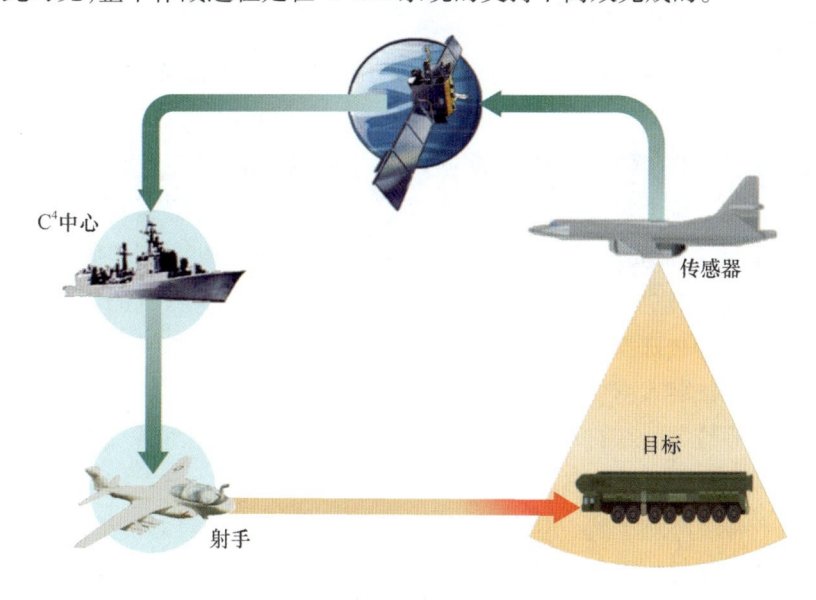

图 1-9 C^4ISR 系统信息交换过程

2. 系统功能

手册中明确指出 C^4ISR 系统的功能包括指挥、控制、通信与信息处理（C^4），而作为 C^4ISR 系统的组成部分情报、侦察、监视（ISR）并没有作为系统的功能。这可以从历史发展的角度来理解：C^4ISR 系统最初也是最核心的功能是指挥与控制功能（C^2）；而通信作为指挥控制最直接的手段也作为 C^4ISR 系统的基本功能之一；随着以计算机技术为代表的信息技术的飞速发展，战场信息日益丰富，信息交换量不断膨胀，作为信息处理功能的计算机逐渐成为 C^4ISR 系统中不可缺少的组成部分。因此，C^4ISR 系统支持作战的最直接的功能就是指挥、控制、通信与信息处理。情报、侦察、监视是 C^4ISR 系统的信息来源，是信息获取和态势感知的手段。情报、侦察、监视是 C^4ISR 系统的重要组成部分，从对作战支持的直接程度而言，不把情报、侦察、监视作为 C^4ISR 的系统功能也是可以理解的。

3. 系统要素

C^4ISR 系统包括 7 个组成要素（Element），即指挥、控制、通信、信息处理、情报、侦察与监视。手册中对 7 个要素进行了定义与解释，特别是对情报、侦察与监视三个要素进行了详细的解释与界定。

4. 系统组成

系统组成不仅仅包括设备、软件、技术，而且包括了条令、法规、程序、组织结构、人员等，是一个广义的大系统，是人机系统。这里特别要指出"系统组成"与"要素组成"的区别："系统组成"指组成系统的实体、子系统以及抽象实体；"要素组成"主要从功能角度进行划分。

我军在 2001 年颁布的《中国人民解放军指挥自动化条例》中对指挥自动化系统进行了定义。

"指挥自动化系统是指，在军队指挥体系中，综合运用电子技术、信息技术和军队指挥理论，融指挥、控制、通信、情报、电子对抗为一体，实现军事信息收集、传递、处理和显示自动化及决策方法科学化，对部队和武器实施高效指挥与控制的人–机系统。"

从指挥自动化系统的定义可以看出，其功能、要素与组成与美军 C^4ISR 系统相类似。不同之处在于，一是组成要素强调了指挥、控制、通信和情报，即美军传统的 C^3I 系统，未加入信息处理、侦察和监视 3 个要素。从这个角度看指挥自动化系统的定义是不完善的。二是将电子对抗作为指挥自动化系统的要素之一。这种提法本身历来存在争议。电子对抗与指挥自动化系统关系密切，电子对抗的首要目标就是保护己方指挥自动化系统不被干扰。电子对抗系统与指挥自动化系统是两个完全独立的系统，它们之间是保护和被保护的关系。如果将电子对抗系统纳入指挥自动化系统，在逻辑上存在悖论。并且，指挥信息系统不仅要保障其不被干扰，更要保障其信息安全。因此，信息对抗是保障指挥信息系统安全运转的必要手段。

2011 年出版的《中国人民解放军军语》（以下简称《军语》）对指挥信息系统进行了定义。

"指挥信息系统是以计算机网络为核心,由指挥控制、情报、通信、信息对抗、综合保障等分系统组成,可对作战信息进行实时的获取、传输、处理,用于保障各级指挥机构对所属部队和武器实施科学高效指挥控制的军事信息系统。"

由此可见,指挥信息系统处于不断发展的过程中,其内涵也在不断地变化。指挥信息系统存在狭义和广义两种定义,如图1-10所示。

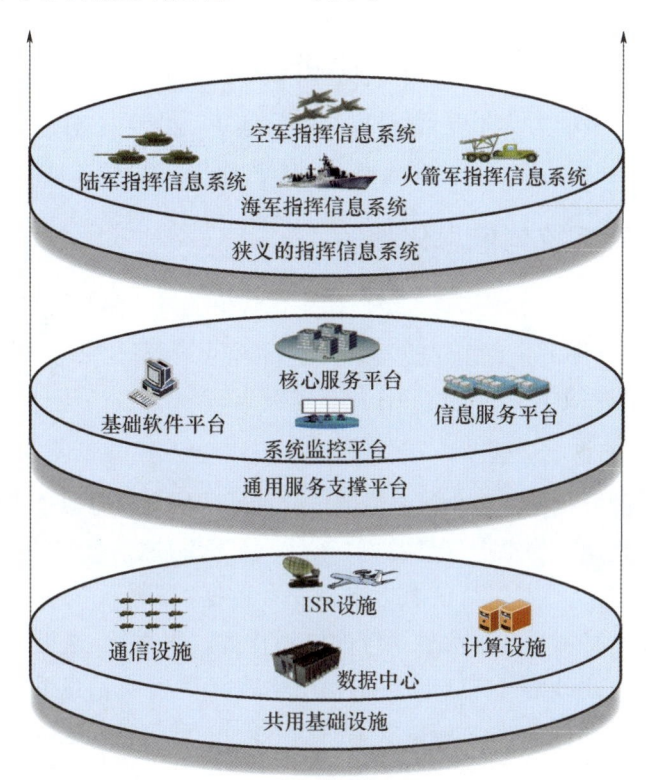

图1-10 广义与狭义指挥信息系统概念图

狭义的指挥信息系统指,综合运用以计算机技术为核心的信息技术,以保障各级指挥机构对所属部队及武器平台实施科学、高效的指挥控制为目的,实现作战信息从获取、传输、处理到利用的自动化,具有指挥、控制、通信、信息处理、情报、侦察与监视功能的军事信息系统。

狭义的指挥信息系统与美军的 C^4ISR 系统概念相近,是指挥信息系统发展到一定时期的内涵界定,主要指在指挥所内或武器平台上所使用的具有7个功能要素的指挥信息系统。另外需要说明的是,在上述定义中,我们没有区分组成要素与功能要素,认为组成指挥信息系统的7个组成要素均为其功能要素。还需说明的是,就某个指挥信息系统而言,该系统内不一定包含所有7个功能要素所依托的物理系统。例如,单兵级指挥信息系统就不一定包括ISR分系统,但该系统能共享更高级别指挥信息系统的ISR分系统,所以从逻辑上仍然包含7个功能要素。

当指挥信息系统发展到一体化阶段时,指挥信息系统的内涵有了进一步的发展,就是我们所说的广义的指挥信息系统。

在一体化阶段,各军兵种的指挥信息系统已跨越了互连互通的低层次阶段,其体系结构已进入了网络中心化和面向服务的高层次阶段,传统的指挥信息系统架构在网络中心化的面向服务的体系上。此时,广义的指挥信息系统不仅仅包括了具有7个功能要素的指挥信息系统,而且包括了信息服务、数据服务、计算服务、信息安全设施等公用信息基础设施。

广义的指挥信息系统指,综合运用以计算机和网络技术为核心的信息技术,以提高诸军兵种一体化联合作战能力为主要目标,以共用信息基础设施为支撑,具有指挥、控制、通信、信息处理、情报、侦察与监视功能的一体化、网络化的各类军事信息系统总称。①

1.2.2 指挥信息系统与信息化战争

信息主导信息化战争,指挥信息系统与信息化战争关系密切,是信息化战争最基本的物质基础,是信息化条件下联合作战的"黏合剂",是军队战斗力的"倍增器",是军队转型的"催化剂",在信息化战争中的地位和作用日益突出。

1. 信息化战争的物质基础

信息主导战争的胜负是信息化战争最基本的特征。信息只有通过指挥信息系统才能发挥其在作战中的作用。如果把信息看成"产品",那么指挥信息系统就是生产这个"产品"的"工厂"。没有这个"工厂",信息最多是一堆数据"原料",没有利用的价值。信息化战争的另一个显著特征为基于信息系统的体系作战。很显然,这里所说的信息系统即指指挥信息系统。由此可见,在信息主导的信息化战争中,指挥信息系统是信息化战争中最基本的物质基础,是信息化作战赖以实施的基本条件,是信息化战争体系的核心。

2. 联合作战的"黏合剂"

协同作战是军兵种之间以军种或兵种为模块单元的粗粒度联合,作战模块之间的信息交互较少,对指挥信息系统的依赖相对较小。

信息化条件下的联合作战,是军兵种作战力量在细粒度层面的联合。在一定条件下,甚至有可能打破军兵种界限。如果把军兵种战术级作战单元形象地比喻成一个个"积木",联合作战的先决条件就是必须将这些"积木"黏合在一起。指挥信息系统就是黏合这些"积木"的"黏合剂"。通过指挥信息系统,战场上的各作战单元、作战要素、指挥机构,共享战场信息,共享战场态势,甚至共享火力单元,共享传感单元,形成逻辑上的一个整体,具有物理上的分布性和逻辑上的整体性。这种逻辑上的整体,使得每个作战单元看得更远、协同得更精确、行动得更快、打得更准,能最大限度发挥整体作战效能。

3. 军队战斗力的"倍增器"

如上所述,传统的战斗力生成模式是由火力、机动力、防护力和领导力决定的;信息化

---

① 工业部门常常使用的"综合电子信息系统"称谓,指的就是广义指挥信息系统。

战争中,信息力成为战斗力生成模式中首要和主导因素,与火力、机动力、防护力和领导力成指数关系。也即,在火力、机动力、防护力和领导力不变的条件下,信息力可以使军队战斗力成指数式增长。这种信息力必须依靠指挥信息系统才能产生。因此,信息化战争中,尤其要注重将武器装备系统与指挥信息系统形成一个有机的整体,充分发挥信息的主导作用,使武器装备发挥最大的效能。反之,如果己方指挥信息系统一旦遭到敌方的攻击而瘫痪,从而丧失我方信息力,那么武器装备将失去其应有的作战效能。前述的伊拉克战争中,美军前两轮的打击造成伊拉克军队的指控系统彻底瘫痪,致使大批成建制的作战飞机无法升空、地空导弹失去制导雷达的目标指示、炮瞄雷达无法跟踪目标。

4. 军队转型的"催化剂"

信息技术的发展和在军事中的应用集中体现在指挥信息系统的发展过程中。指挥信息系统作为信息化战争体系的核心,正在深刻地改变着战争制胜的机理,改变着战斗力生成模式,从而对军事理论、作战方式、编制体制产生深刻的影响。指挥信息系统对战场信息进行快速收集、传输、处理、分发、利用的功能特性将战场各作战单元、作战要素和作战资源更紧密地连接起来,传统指挥体系中高层的决策者与底层的指挥人员,甚至前沿士兵,可能同时拥有相同的战场信息,战场决策权就有可能向底层指挥员和士兵转移。这种战场决策权的转移极大地改变了作战方式,传统的层级式指挥体系越来越不能适应信息化条件下的指挥需求。这些变化对传统的军事理论提出了严峻的挑战。20世纪90年代以来由美军主导的4场局部战争,一次比一次地更加凸显了信息系统对战争方式的巨大影响。2003年伊拉克战争中显现的信息化战争的巨大威慑力,震惊了世界,催生了世界范围内的新军事变革,世界各国都在谋求信息化军事转型。

1.2.3 指挥信息系统分类

广义的指挥信息系统是各类狭义指挥信息系统总称,因此,指挥信息系统分类特指狭义指挥信息系统的分类。

指挥信息系统与军队作战使命任务、编制体制、作战编成和指挥关系有着密切关系。从整个军队的角度来看,指挥信息系统自顶向下,逐级展开,左右相互贯通,构成一个有机整体。按照军种、指挥层次、用途和结构形式等方式,指挥信息系统有以下几种不同的分类方法。

1. 按军种分类

按照军种划分,指挥信息系统可分为陆军指挥信息系统、海军指挥信息系统、空军指挥信息系统、火箭军指挥信息系统等。

其中,陆军指挥信息系统包括陆军、战区陆军、陆军集团军(旅、营)指挥信息系统。海军指挥信息系统包括海军级、舰队(基地)、编队和舰艇指挥信息系统;按系统使用环境又可分为岸基指挥信息系统和舰载指挥信息系统。空军指挥信息系统包括空军、战区空军,空军军、师(联队)指挥信息系统;按使用环境又可分为空中指挥信息系统和地面指挥信息系统。火箭军指挥信息系统包括火箭军指挥信息系统、基地指挥信息系统和导弹旅指挥信息系统等。

2. 按指挥层次分类

按照作战指挥层次，指挥信息系统可分为战略级指挥信息系统、战役级指挥信息系统、战术级指挥信息系统。

（1）战略级指挥信息系统。战略级指挥信息系统是保障最高统帅部或各军种遂行战略指挥任务的指挥信息系统，它包括国家指挥中心（统帅部）、陆、海、空军、战略导弹司令部等级别指挥中心的系统。其中，国家指挥中心是战略指挥信息系统中最重要的部分，一般下辖若干个军种指挥部。如俄罗斯国家指挥中心下辖有陆军、海军、空军和战略火箭军等军种指挥部。各军种指挥部是国家指挥中心的末端，是国家级战略指挥信息系统的组成部分。各军种指挥部可以直接遂行战略指挥任务，一般认为它们也是战略指挥信息系统。

（2）战役级指挥信息系统。战役级指挥信息系统是保障遂行战役指挥任务的指挥信息系统，它包括战区（军区）、集团军、舰队等指挥信息系统。该指挥信息系统主要是对战区范围内的诸军种部队实施指挥或各军种对本军种部队实施指挥。战役级指挥信息系统既可以遂行战役作战任务，又可以与战略级指挥信息系统配套使用。各种战役指挥信息系统既有相同的特征，也有各自的特点、系统针对性强。

（3）战术级指挥信息系统。战术级指挥信息系统是保障遂行战术指挥任务的指挥信息系统，它包括陆军旅（师）、营（团）及营（团）以下级别的指挥信息系统、海军基地、舰艇支队、海上编队指挥信息系统，空军航空兵师（联队）和空降兵师（团）指挥信息系统，地地导弹旅指挥信息化系统等。战术级指挥信息系统种类繁多，功能不一，其共同特点是机动性强，实时性要求高。例如，美军的21世纪旅及旅以下作战指挥系统（$FBCB^2$）就是典型的战术级指挥信息系统。2003年的伊拉克战争中，该系统在美军第三机步师孤军深入敌后直插巴格达的战斗中发挥了关键性作用，创造了信息化条件下"非线性作战"的典型战例。

3. 按支持控制的对象分类

按照系统支持和控制的对象，可分为以支持某一级作战部队为主的指挥信息系统、以支持单兵作战为主的指挥信息系统和以控制兵器为主的武器平台指挥信息系统。

（1）以支持某一级作战部队为主的指挥信息系统。其主要任务是掌握战场态势，控制作战计划、方案和下级指挥信息系统，如空军司令部指挥信息系统、战区级陆军指挥信息系统、海军舰队指挥信息系统等。

（2）以支持单兵作战为主的指挥信息系统。单兵指挥信息系统是支持单个士兵遂行作战任务的信息系统。它通常包括支持语音通信和信息显示的单兵数字头盔子系统、便携式计算机子系统、便携式通信子系统、导航定位子系统、态势显示与图形标绘子系统、格式化指挥命令收发系统等。单兵指挥信息系统是数字化士兵的主要武器装备。

（3）以控制兵器为主的武器平台指挥信息系统。以控制兵器和火力为主,有时候也被称为武器控制系统。它能够控制坦克、飞机、舰艇、战役战术导弹等战役战术武器,还能够控制像战略导弹、战略轰炸机等单个战略武器。一个完整的武器平台指挥信息系统通常包括预警探测、目标威胁估计、目标分配、制导等系统和武器火力系统本身。武器平台级指挥信息系统可实现从发现目标、目标区分、引导攻击到判明打击效果等全过程的自动化,从而使整个作战过程能在极短的时间内完成。

4. 按用途分类

按照系统用途,可分为情报处理指挥信息系统、作战指挥信息系统、电子对抗指挥信息系统、通信保障指挥信息系统、装备保障指挥信息系统、后勤保障指挥信息系统等。

5. 按依托平台分类

按照系统依托的平台,可分为机载指挥信息系统、舰载指挥信息系统、车载指挥信息系统(图1-11)、地面固定指挥信息系统、地下/洞中指挥信息系统等。

(a)　　　　　　　　　　　(b)

图1-11　车载指挥信息系统

6. 按使用方式分类

按照系统的使用方式,可分为固定式指挥信息系统、机动式指挥信息系统、可搬移式指挥信息系统、携行式指挥信息系统和嵌入式指挥信息系统等。其中,可搬移式指挥信息系统指可以快速拆卸后通过某种运输工具可快速运输至指定作战地域并能快速组装、部署的指挥信息系统,如图1-12所示。

综上所述,可以发现,指挥信息系统与不同的需求和任务目标密切相关,根据不同的划分方式,可以有多种不同的分类。

上述分类不是绝对的,有时一类指挥信息系统同时兼有其他类型指挥信息系统的存在形式。比如美国的"全球指挥控制系统"(Global Command and Control System,GCCS),其国家指挥控制中心设有空中、地面和地下指挥所。其中,空中指挥所为国家应急空中指挥所,它们分别设在波音747、C135飞机上,由美国最高指挥当局对战略部队、战略轰炸机部队及洲际导弹部队、战略核潜艇部队分别实施指挥控制。同时,GCCS还包括陆军全球指挥控制系统(Global Command and Control System - Army,GCCS - A)、海军全球指挥控制系统(Global Command and Control System – Marine ,GCCS – M)、空军全球指挥控制系统等。

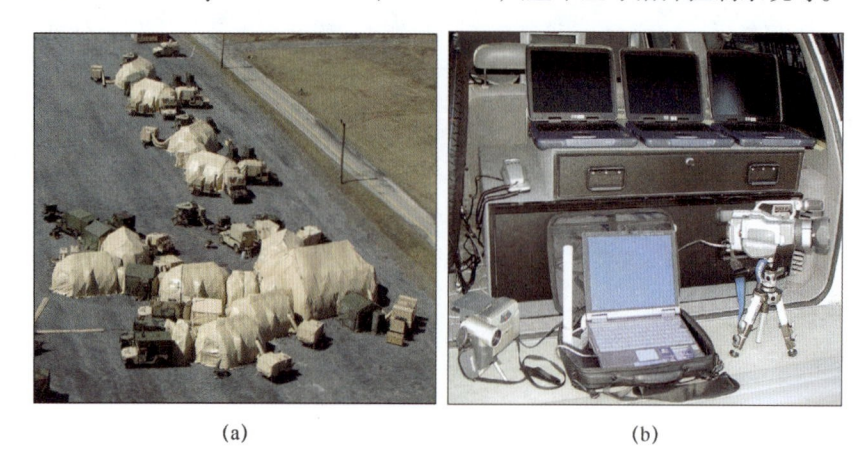

图 1-12　可搬移式指挥信息系统

1.3　指挥信息系统发展历史

指挥信息系统的发展历程伴随着世界战争时代的变迁。指挥信息系统从其萌芽、发展到成熟,推动了世界战争史从机械化战争时代进入了信息化战争时代。美军 C^4ISR 系统的发展领先于世界各国,是世界军事信息系统发展的典型。

机械化战争时期,由于战争空间、战争规模、战争的复杂性和不确定性、战争进程的快速性都与以往战争发生了天翻地覆的变化,对先进的指挥手段有着强烈的需求。同时,工业时代迅猛发展的科技水平也使得指挥手段不断丰富,指挥控制系统逐渐形成。

20 世纪 50 年代,美军首次提出指挥控制(C^2)系统的概念。1958 年美军建成了半自动防空地面环境系统(Semi – Automatic Ground Environment System ,SAGE)"赛琪"。该系统首次实现了信息采集、处理、传输和指挥决策过程中部分作业的自动化,开始了作战行动的指挥控制方式由以手工作业为主向自动化作业的转变过程。尽管该系统的技术水平还不高,发挥的作用有限,但毕竟这是在信息控制和利用方面的起步,为美军充分发挥信息的巨大能量奠定了基础。

20 世纪 60 年代,苏联提出"没有通信就没有指挥",随着远程武器的发展,特别是各种战略导弹和战略轰炸机大量装备部队,出现指挥控制机构与作战行动单位相隔数千千米甚至更远的局面,单一指控系统已无法胜任指挥控制任务,此时通信作为新的要素集成到 C^2 中,形成了 C^3 系统。

20 世纪 70 年代初到 80 年代末的冷战时期,美苏对峙,局部战争连绵不断,情报和信息处理的作用受到充分重视,成为 C^3 系统新的要素,美国国防部一名助理国防部长专门负责 C^3I 工作。C^3I 的出现是 C^4ISR 发展的重要里程碑,形成了以指挥控制为龙头,以通信为依托,以情报源为生命的一体化雏形。在相当长的一段时间里我军一直把 C^3I 作为指挥自动化的代名词。

随着计算机技术的发展，计算机以其强大的信息处理功能逐渐加入到 C^3I 中，满足其越来越强烈的自动信息处理需求。反过来，计算机技术的介入，进一步推动了指挥控制的信息化。计算机逐步成为 C^3I 不可缺少的支撑平台。量变累积成质变，以计算机为基本计算平台的信息处理功能作为一个功能要素加入到 C^3I 中，形成了 C^4I。这种量变到质变的累积过程，从一个侧面展现了军事革命从工业时代到信息时代的嬗变过程。从时间节点上看，C^4I 的提出恰好是世界军事从工业时代跨入信息时代的当口。

美军的 C^4I 系统一直以来是由各军兵种独立开发的，各个系统之间不能互通互联，形成了一个一个的"烟囱"，严重影响了整体效能的充分发挥。1991 年的海湾战争充分暴露了这些问题。1992 年，美参联会提出了"武士"C^4I 计划，旨在全球范围内建立无缝、保密、高性能的一体化 C^4I 网络，即信息球（Information Global），如图 1 – 13 所示。图中信息球上凸起的立方体代表一个个"烟囱"式 C^4I。1993 年，美国国防部批准了"国防信息基础设施"（Defense Information Infrastructure，DII）建设计划，DII 要求把 GCCS 和国防信息网（Defense Information Systems Network，DISN）等系统中共用部分统一起来，建成全军共用的信息基础平台。

图 1 – 13　信息球示意图

需要说明的是，自 20 世纪 60 年代起美军侦察监视的建设与 C^3 的建设一直同步展开，并逐步融合联网。先后建成了多种陆基雷达预警系统，发射了侦察卫星 100 多颗，大力发展预警机、战略侦察机、无人侦察机等，形成了从太空、高空、中空、低空到地面、水下的立体侦察监视体系，在近几场战争中发挥了重要的作用。鉴于侦察监视在 C^4I 网络中的重要作用和地位，1997 年美军将侦察和监视融合进了 C^4I 中，形成了今天所说的 C^4ISR 系统。

就在此时，美军提出了"网络中心战"的思想[①]。1997 年 4 月 23 日，美国海军作战部长约翰逊在海军学会的第 123 次年会上称，"从平台中心战法转向网络中心战法是一个根本性的转变"，提出的"网络中心战"理论，成为美军信息化作战的基本理论，也成为指导

---

① 详见 2.4.1 节。

美军信息化建设的基本理论。

所谓网络中心战是指利用计算机信息网络体系,将地理上分布的各种传感探测系统、指挥控制系统、火力打击系统等,连成一个高度统一的一体化网络体系,使各级作战人员能够利用该网络共享战场态势、共享情报信息、共享火力平台,实施快速、高效、同步的作战行动,如图1-14所示。网络中心战是相对于平台中心战而言的,所谓平台中心战是指主要依靠武器平台自身的探测装备和火力形成战斗力的作战方式。

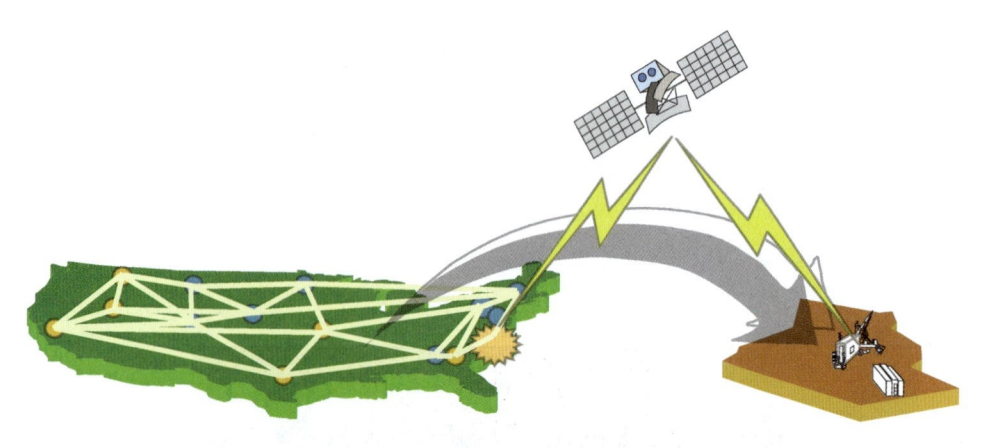

图1-14 网络中心战示意图

为实现美军网络中心战的思想,1999年美国国防部提出了建设GIG的战略构想。GIG由全球互联的端到端的信息系统以及与之有关的人员和程序组成,可根据作战人员、决策人员和支持人员的需要收集、处理、存储、分发和管理信息[①]。

从技术角度看,GIG实际上是一个面向服务的体系架构(Service-Oriented Architecture,SOA)[②],所有接入GIG的人员、系统、装备均以服务的方式获取所需信息。GIG的建设,标志着美军C^4ISR的发展步入了一个全新的一体化建设阶段,该阶段的规划建设时间长达20年。

总结美军C^4ISR系统的发展历程,可以发现,美军C^4ISR建设经历了独立发展、平台式发展和一体化发展的阶段。初期发展阶段,各军兵种的C^4ISR建设没有标准、没有规范、缺少理论支撑,导致各军兵种之间C^4ISR系统不能互联、互通、互操作。平台发展阶段,美军致力于打通独立开发的C^4ISR系统之间互联、互通的通路,建设共用的互操作信息平台。一体化建设阶段,美军奉行理论先行、系统跟进的建设原则,将C^4ISR系统架构在全新的体系上,使其能真正实现全球范围内的一体化,而不是平台建设阶段的互联互通。

我军指挥信息系统的形成与发展与美军C^4ISR系统的发展历程相类似。

我军指挥信息系统同样起源于20世纪50年代,到80年代已初步形成战略级指挥网

---

① GIG详见第9章。
② SOA体系架构详见第3章。

络。自 20 世纪 70 年代末的 20 多年时间里，指挥信息系统一直称为指挥自动化系统。因此该指挥网络称为指挥自动化网。在其后的发展中也经历了各军兵种各自发展、基于平台的建设、基于网络中心建设的发展过程。

进入 21 世纪第一个 10 年的中期，全军将指挥自动化系统的称谓改为指挥信息系统。称谓变了，实际建设内容并没有变。

在这里我们要特别明晰一下"指挥自动化"中"自动化"的含义。此处的"自动化"不是工业自动化的"自动化"。"指挥自动化"这个名词从产生之初就有利用计算机技术解决军事指挥领域的信息处理自动化问题，从而达到提高指挥效率的目的。这里的"自动化"并不是工业自动化的概念，不是机械的自动化，而是指信息处理的自动化，对应于同一时期出现的名词"办公自动化"，即办公领域信息处理的自动化。应该说"指挥自动化"也好，"办公自动化"也好，只是借用了工业自动化时代"自动化"的名词，用以指代由于计算机技术的出现导致新的运行模式代替传统运作方式带来的操作效率上的革命性变化。所以，"指挥自动化"不能只从字面上去理解成"指挥"成为"自动化"了，而是指由于计算机技术在军事指挥领域的应用导致指挥手段的自动化。"指挥"在此处泛指军事领域的指挥活动，"自动化"是指信息处理的自动化。

随着人工智能技术的发展，知识自动化(Knowledge Automation)技术应运而生，其核心思想是将流程管理技术与知识工程、机器学习技术相结合，将一些原本由人的脑力劳动完成的工作，交由机器自动完成，比如银行放贷业务、保险公司的保险审核业务、快递公司的快件分发业务，甚至是写作、绘画等工作也可部分地由机器自动完成。在军事应用上，一些具有流程化特征的参谋业务也可交由机器自动完成。

综上所述，"指挥自动化"在概念表达上并无不妥之处，相反是非常准确地表达出了由于以计算机技术为代表的信息技术在军事领域中的广泛应用，而导致的军事指挥领域的革命性变化。"指挥信息系统"称谓则更加符合信息化时代、甚至智能化时代的本质特征。

1.4 网络信息体系

1.4.1 基本概念

随着信息化军事理论与信息技术的发展，指挥信息系统概念，从只包含单纯功能要素的狭义指挥信息系统，到包含信息基础设施的广义指挥信息系统，最终发展为包含作战实体、作战规则等的网络信息体系。

所谓网络信息体系是基于信息网络，由信息系统链接陆、海、空、天、电、网全域各类作战单元、作战实体、作战要素，形成感知、决策、交战、保障等资源网络化、体系化协同运用的复杂巨系统，是信息化作战体系的基本形态。

深刻理解网络信息体系的概念内涵，需把握以下几个方面。

(1) 为什么要提出网络信息体系的概念。在指挥信息系统发展的过程中,技术、系统、作战概念、作战实体、作战规则、作战条令等相互交织、相互渗透、相互作用,逐渐形成信息化的作战体系。此时,无论是狭义的指挥信息系统概念,还是广义的指挥信息系统概念,都已经不能准确表达信息化战争体系的核心内涵。而网络信息体系概念则从体系层面阐明了指挥信息系统、指挥作战人员、各类作战资源、条令规则等之间相互作用、相互联系而形成的一个支撑一体化联合作战的有机整体,体现了信息化时代作战体系的本质特征。

(2) 如何理解网络信息体系是信息化作战体系的基本形态。首先,根据《中国人民解放军军语》,"作战体系是由各种作战系统按照一定的指挥关系、组织关系和运行机制构成的有机整体。"而信息化作战体系就是基于网络化信息系统,多种作战系统根据作战目的有机组合,在信息主导下形成的有机整体。这里的体系就是"系统之系统"(System of System,SoS),也就是说体系是由系统以及系统之间的关系构成的。根据网络信息体系的定义,网络信息体系是信息系统链接作战空间的各类作战单元形成的复杂巨系统,换句话说,就是战场空间的各类作战系统由网络化信息系统链接成信息化作战体系。因此,网络信息体系属于作战体系的范畴。其次,形态就是形式或状态,是事物存在的样貌,或在一定条件下存在的形式。作战体系在不同的时代有不同的形态,在信息化时代,就以网络信息体系作为主要存在的方式,这是战争发展的必然规律,不以人的意志为转移。我们在理解网络信息体系这个概念时,要避免将之理解为信息系统或装备体系。

(3) 利用现有指挥信息系统能否构建网络信息体系。根据网络信息体系的定义,网络信息体系是信息系统链接战场空间的各类作战单元、作战要素、作战实体所形成的作战体系。按照这个定义,只要现有的指挥信息系统能够链接战场上的各个作战单元,以信息为主导,形成有机整体,就能够构建网络信息体系。因此,利用现有指挥信息系统完全能够构建网络信息体系,如第8章所介绍的由网链通路构建的指挥链就是利用现有指挥信息系统构建的网络信息体系的一种方式。实际上,就和美军基于 GIG 的网络中心战体系刚启动建设不久,2003 年的伊拉克战争就已全面实践网络中心战思想是一个道理。网络信息体系不仅是一个具象的信息化作战体系,也是一种信息化作战的理念。

(4) 如何把握网络信息体系与指挥信息系统之间的关系。指挥信息系统是网络信息体系的重要组成部分,是网络信息体系形成的基础支撑。以利用现有指挥信息系统构建网络信息体系为例,我们可以把网络信息体系看成"指挥信息系统 + 作战实体 + 条令规则"。具体而言,指挥信息系统中的信息通信网络在物理上链接起网络信息体系中各作战实体;指挥信息系统中的信息系统在逻辑上架起各作战实体之间的信息通路;指挥信息系统的信息系统为指挥作战人员提供了指挥作战界面,使得指挥作战人员能够通过指挥信息系统在作战条令、交战规则、指挥规则等的指导下完成对作战的指挥与控制,如图 1-15 所示。对于未来"云-端"架构或其他架构的网络信息体系,原指挥信息系统的组成要素解耦成作战资源,以服务的方式统一调度,此时的网络信息体系是信息系统与各

类作战资源的有机整体,此时,指挥信息系统各功能要素以资源形式存在于"云"中,以作战界面的形式存在于"端"中。

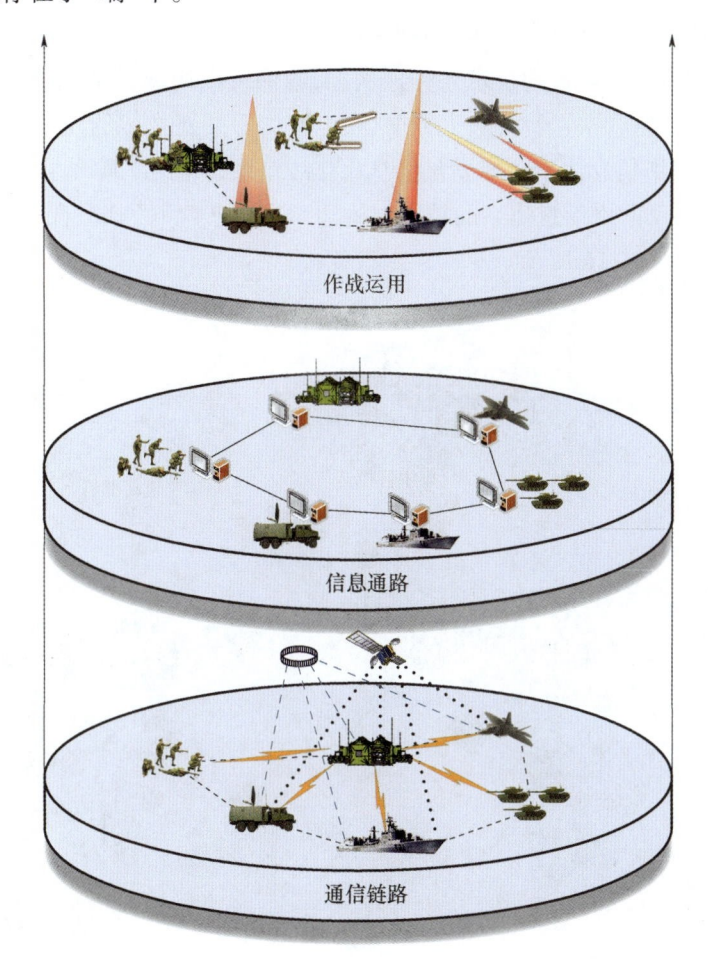

图 1-15　指挥信息系统在网络信息体系中的 3 个层次

(5) 网络信息体系对标美军的哪个相关概念。网络信息体系强调的是作战实体之间的联网,与美军的网络中心战思想相近。网络信息体系对标的就是美军网络中心战作战概念下由 GIG 构建的作战体系。

(6) 如何理解网络信息体系是复杂巨系统。复杂巨系统是钱学森所提出的系统分类的一种,即复杂系统[①]。网络信息体系中各作战单元、作战要素由信息系统链接成复杂网络,具有非线性、不确定性和涌现性。我们要深刻认知网络信息体系的复杂性,采用敏捷、科学的指挥控制方法来应对网络信息体系的复杂性,这也是美军网络中心战思想的核心理念之一。

---

① 复杂系统的概念可参见 2.2.2 节的相关内容。

1.4.2 "云–端"技术架构

网络信息体系是信息化作战体系的形态,从理论上来说,网络信息体系并不一定就特指某一种实现网络信息体系的技术架构。例如,我们可以用现有指挥信息系统构建网络信息体系。但随着物联网、云计算、大数据、人工智能等高新技术的飞速发展,采用"云–端"技术架构的网络信息体系更能满足信息化作战体系构建的本质要求。因此,一般不做特殊说明的情况下,网络信息体系的技术架构通常指基于物联网、云计算等技术的"云–端"技术架构,如图 1–16 所示。

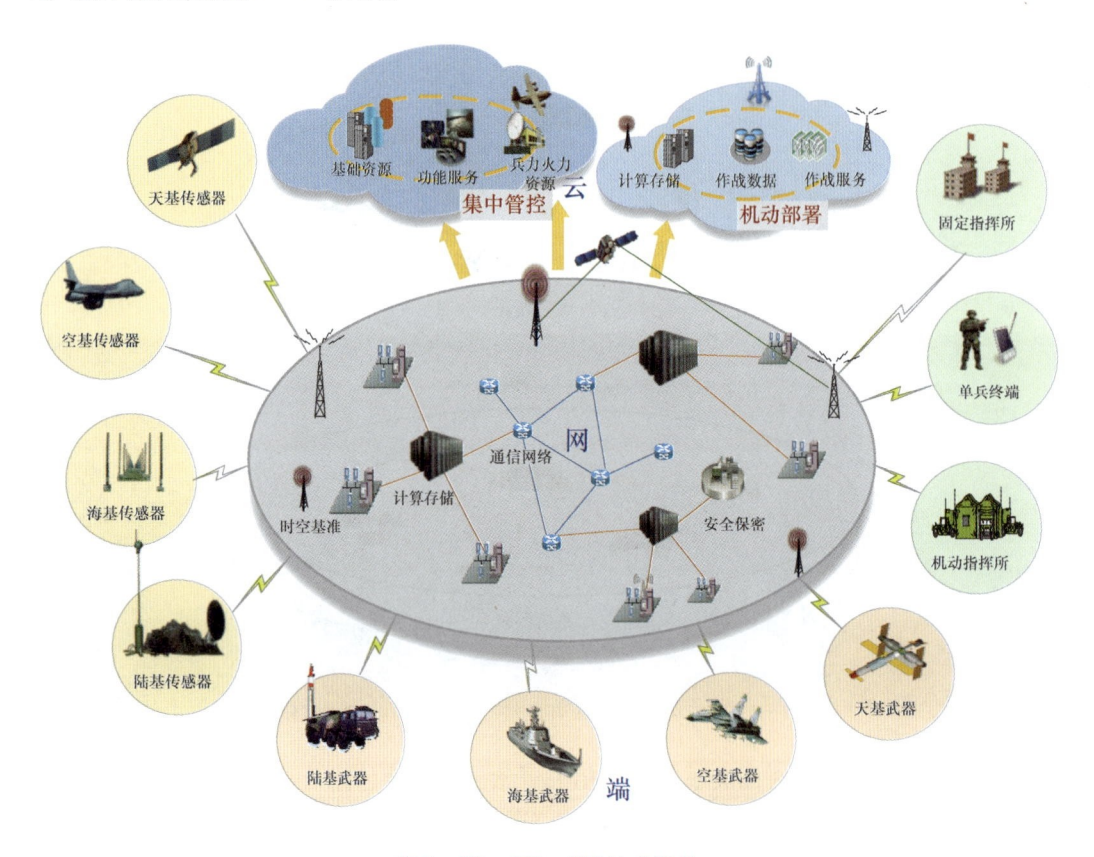

图 1–16 "云–端"技术架构

"云–端"技术架构中的"云"从技术上讲就是"云计算"中的"云",就是远程虚拟共享的资源池,包括计算资源、存储资源、数据资源等提供按需服务的共享资源。在网络信息体系中,"云"中除了上述共享资源外,一切战场资源,如侦察监视、指挥控制、火力打击、综合保障等资源都在"云"中。

"云–端"技术架构中的"端"就是在战场空间分布的各类作战实体,既从"云"中获取服务,又为"云"提供服务。

"云–端"技术架构必须依托广域互联的"网",因此"云–端"技术架构也称为"网–云–端"技术架构。

这里尤为重要的是,"端"的各类软硬件资源必须首先从原有的平台中解耦出来。所谓解耦就是让两个或两个以上原先具有一定耦合度的事物解除相互之间的耦合度,使之相互独立。例如,某一作战单元或平台上的传感器、指挥控制单元和火器是相互耦合的,为了使之能被其他作战单元共享,必须先将这些资源从原集成在一起的作战单元中解耦分离出来,成为一可独立使用的功能单元。

这些解耦出来的各类软硬件作战资源经过虚拟化后成为可软件定义的、可重组使用的功能单元。这里需要解释一下"虚拟化"和"软件定义"。

所谓虚拟化主要指硬件资源的虚拟化,就是将实体硬件资源抽象化,打破其物理形态的不可分割性。虚拟化的核心就是应用程序接口(Application Programming Interface, API)。API 使得硬件资源可以像软件一样通过 API 进行调用,打破了软硬件资源的界限,实现了软硬件资源的统一调度。API 之上,一切即可编程,API 之下遵循奥卡姆剃刀原则,即"如非必要,勿增实体"。

所谓软件定义就是用软件去定义系统功能,用软件给硬件赋能,实现系统运行效率和能量效率的最大化。其核心就是通过硬件资源虚拟化,通过软件编程实现系统软硬件资源的深度融合和统一调度。

"云-端"架构网络信息体系的核心就是将各类软硬件作战资源解耦入云,在云中根据作战需要由网络信息体系中的资源管理工具统一调配、组合,按需重组、集成,实现了作战体系的柔性重组和敏捷适变。

"云-端"架构网络信息体系提出的这种柔性重组和敏捷适变的思想是当前世界先进作战理念的一个核心思想,是应对军事复杂系统本质属性的必然要求。从这个意义上看,网络信息体系概念是在网络中心战思想上的进一步深化和提高。

1.4.3 基本特征

网络信息体系是战场空间各类作战单元、作战实体、作战要素链接成的一个具有军事目标的复杂巨系统,这就注定网络信息体系具有天然的非线性和不确定性的特征,具有复杂系统的一切特征。但从根本上说,网络信息体系的本质特征是网络中心、信息主导、体系支撑。

(1)网络中心。以网络为中心,强调的是各类作战实体等作战资源的互联,这种互联虽然依托信息通信网络,但更强调的是逻辑层次的互联,所以,这里的"网络"不是指计算机网络,而是抽象层次的网络,类似于"社会网络""复杂网络"等的"网络"概念。以网络为中心取代了传统的以平台为中心的作战理念,是信息化条件下作战体系形成的必要条件。

(2)信息主导。信息主导信息优势的获取,从而主导决策优势,决策优势又会主导行动优势,这实际上就是信息主导下的"感知-判断-决策-行动"环(即 OODA 环)[①],这是

---

① OODA 环详见 2.3 节。

信息化战争的基本制胜机理。在网络信息体系下,上述制胜机理同样是体系运行机理,信息按需流动、按需共享、高效利用,加速作战体系高效运转,进而倍增作战体系效能。

(3) 体系聚能。网络信息体系把各种作战力量、作战单元、作战要素融合为一个有机整体,形成信息化作战体系。在这个体系中,各要素按作战需要柔性集成、深层次融合、体系化聚能,支撑联合作战的整体能力,产生"1+1>2"的体系释能效果。

网络信息体系是一个作战与技术高度融合的概念,其体系的演化必然会随着作战理论与高技术的发展而不断进行。当前,我军正在进行机械化、信息化、智能化的"三化"建设,联合作战也正在向多域战、联合全域作战发展。因此,未来网络信息体系也必然具有多域融合、敏捷性、智能化等特征。

参考文献

[1] ALBERTS D S. Understand information age warfare[M]. CCRP, 2001.
[2] ALBERTS D S. Power to the edge[M]. CCRP, 2003.
[3] Office of the assistant secretary of defense. C^4ISR Handbook for integrated planning[EB/DK]. 1998.
[4] 叶征. 信息化作战概论[M]. 北京:军事科学出版社,2007.
[5] 刘伟. 信息化战争作战指挥研究[M]. 北京:国防大学出版社,2009.
[6] 李德毅. 发展中的指挥自动化[M]. 北京:解放军出版社,2004.
[7] 国防大学科研部. 军事变革中的新概念[M]. 北京:解放军出版社,2004.

思考题

1. 战争划代的本质是什么?一个战争时代的开始是否意味着上一个战争时代的主要作战武器无需发展了?请举例说明。
2. 阅读《孙子兵法》和《战争论》,请比较两部著作对信息在战争中作用的论述。
3. 请结合"三域"模型论述信息对战斗力生成模式的改变。
4. 请论述信息化战争的主要特征。
5. 如何理解信息是信息化条件下主导战争胜负的主要因素?
6. 如何理解信息化战争的作战指导由"歼灭战"转向"体系对抗"?
7. 如何理解指挥体系的"扁平化"?
8. 如何理解"权力前移"?
9. 如何理解信息化战斗行为的"自同步"?
10. 什么叫"三非"作战?
11. 请阐述指挥信息系统的概念。
12. 如何理解指挥信息系统在信息化战争中的地位和作用。

13. 请简述美军 C⁴ISR 发展过程中的 3 个主要阶段,以及阶段划分的本质依据。
14. 如何理解网络信息体系是信息化作战体系的形态。
15. 请说明指挥信息系统与网络信息体系之间的关系。
16. 用现有指挥信息系统能否构建网络信息体系?
17. "云－端"技术架构网络信息体系的核心理念是什么?

第2章 指挥控制理论

指挥信息系统是支撑信息化作战的重要物质基础,而指挥控制理论则是指挥信息系统建设的基本依据,回答的是信息化条件下仗怎么打、怎么指挥,军队指挥体制如何优化,指挥信息系统如何建设等问题。

2.1 指挥控制理论概述

自从有了战争,有了军队,就有了军队指挥,因此指挥的历史伴随着人类战争的历史而前行。但指挥控制自20世纪50年代美军"赛琪"系统(半自动防空系统)的出现才提出,距今不过半个多世纪的历史。

显然,指挥控制与军队指挥有着天然的联系,但由于发展历史较短,我军对指挥控制的认识在学术上还存在较大的争议,与外军对指挥控制的理解也存在差异。本书把指挥控制看作传统军队指挥在信息化时代的进一步发展,是指挥艺术与指挥科学、指挥艺术与控制科学有机结合、相互促进、共生发展的辩证统一的整体。

因此,指挥控制理论便是信息化战争、军队信息化建设、指挥信息系统建设的基本理论与依据,是军队指挥理论与现代科学高度融合的产物。

2.1.1 军队指挥

1. 军队指挥概述

"指挥"一词,在我国最早出现于战国时期。在《荀子·议兵》中就有"拱揖指麾,而强暴之国莫不趋使"的记述。所谓"指麾"就是一种调度活动,这里的"麾"就是发令的小旗,即用小旗来调度作战行动,可以说这是最早的指挥活动。随着战争的发展,军队指挥经历了从以口头命令和视听信号直接指挥作战的集中式指挥方式,到隋唐时期以谋士群体辅助指挥的将军幕府,再到19世纪普鲁士参谋部的各个阶段,逐渐形成了现代作战指挥机构的雏形。

根据《军语》定义,现代军队指挥是:"军队各级指挥员及其指挥机关对所属部队的作战和其他行动进行组织领导的活动。包括对行动的计划、组织、控制、协调等。"

这一定义包含了以下含义：一是指挥的主体不仅是军队指挥人员，还包括指挥机关；二是指挥的客体是指挥主体所属力量的作战行动和其他行动。其他行动指应急救援、维稳反恐等非战争军事行动。如果军队指挥客体是作战行动，则此时军队指挥特指作战指挥；三是给出了军队指挥的主要活动，即对行动的计划、组织、控制、协调等。

军队指挥具有如下几个重要的属性。

1) 军队指挥的任务

军队指挥最根本的目的就是要最有效地使所属部队完成所赋予的任务。军队指挥的任务可以大致概括为：获取情况、定下决心和控制行动。其核心是正确、及时地定下决心。

获取情况是正确完成军队指挥任务的基础和首要任务。获取情况主要包括敌情、我情和战场环境。其中战场环境包括战场地理环境、气象水文环境、电磁环境和社会环境等。获取情况历来就是战争制胜的重要因素，孙子的"知己知彼，百战不殆"实际上就是说明获取战场情况的极端重要性。进入信息化战争时代，首先改变战争制胜机理的重要因素就是获取情况手段的革命性变化：空、天、地一体的战场传感器及其信息处理能力极大地提高了敌情获取的准确性、及时性；卫星定位和对地测量、观测技术也极大地提升了我情和战场环境的获取手段。这些获取情况的信息化手段，有效破解了"战场迷雾"的历史性难题，为"信息主导"的信息化战争制胜机理奠定了基础。

定下决心是军队指挥的主要任务，是作战筹划的核心内容。通常是在理解上级意图、分析判断情况、进行作战构想的基础上，制订若干作战方案，从中优选，定下作战决心，并制订作战计划，组织作战协同以及信息保障、勤务保障等综合保障。

控制行动是军队指挥中最复杂、最困难的任务。克服"战争阻力"之所以与拨开"战争迷雾"并列为两大世界战争难题，实际上就是面对复杂、不确定的战场，难以有效获取部队行动的信息，使得精确、有效控制部队行动困难重重。控制行动就是督导任务部队按照预定作战目标和作战计划完成作战任务，是将决心和计划转化为部队行动的桥梁和纽带。控制部队行动通常包括如下环节：下达行动命令、掌握战场情况、进行态势评估、定下调控决心、督导部队行动。要注意的是，在控制行动中往往嵌入了作战筹划的内容，是一个不断获取情况、不断进行评估、不断进行决心调整或决策、不断督导部队行动的循环过程。

下面以美军联合作战规划流程(Joint Operation Planning Process, JOPP)为例说明军队指挥中作战筹划的过程。这里需要特别说明的是，用"规划"(Planning)来表示制订"计划"(Plan)的动作，也就是说"规划"的产品是"计划"。这样的区分是有必要的，美军认为制订计划的过程远比计划本身重要。美国第 34 任总统艾森豪威尔曾经说过："在准备作战中，我总是发现计划是无用的，但规划却是不可或缺的"。

JOPP 是一个有序的、分析性的过程，包含了一套逻辑步骤，用于分析任务，制订、权衡和比较多个行动序列(Course of Action, COA)[①]，最终选择一个 COA，并产生计划和命令。具体包括 7 个步骤，即启动规划、使命分析、行动过程的发展、COA 分析与推演、COA 比

[①] COA(Course of Action)原意是行动序列的意思，实际上就是我们所说的作战方案。

较、COA 批准、制订计划或命令,如图 2-1 所示。

联合作战规划流程	
第一步	启动规划
第二步	使命分析
第三步	拟制行动序列（COA）
第四步	COA 分析与推演
第五步	COA 比较
第六步	COA 批准
第七步	拟制计划或命令

图 2-1　美军联合作战规划流程

（1）启动规划。美军联合作战规划流程是个严格且经过验证的过程，有非常明确的起点和终点。在启动规划阶段，实际上就是明确规划启动的时机、规划的输入条件等。规划启动时机是当潜在的或实际的危机发生并需要军事力量应对的时候。在此阶段指挥官完成作战设计(Operational Design)。所谓作战设计是指指挥员及其参谋人员利用指挥艺术及各种工具在理解上级意图及分析判断情况的基础上，进行作战构想。作战设计的输出包括作战环境描述、问题描述、作战构想及指挥员初始意图，所有这些将成为 JOPP 的依据与指导。

（2）使命分析。联合部队的使命是执行一个或一系列任务，这些任务连同执行任务的目的，清楚地表明了将要执行的行动以及执行这些行动的原因。使命分析是用来研究分配的任务，以及识别出其他为完成使命所必须的任务。使命分析的输出是使命描述、修订的作战构想、指挥员意图、更新的规划指导以及指挥员关键信息需求[①]等。

（3）拟制行动序列（分析、比较、批准等）COA。COA 是在作战构想和使命分析的基础上，细化相关部分，描述什么类型的军事行动会发生，以及行动执行的主体、时间、地点和目的。在时间和人力许可的情况下，应分成 2～3 个小组分别进行 COA 的制订。通过模拟推演的方式对每个 COA 进行分析和比较，确定一个最优的 COA，提交相应机构批准。美军的联合作战规划流程如图 2-2 所示。

（4）制订计划或命令。指挥官及参谋人员会同部属及支援机构将批准的 COA 扩充

---

① 指挥官关键信息需求(Command's Critical Information Requirement, CCIR)见指挥信息系统组织运用相关内容。

为详细的作战计划或命令。作战计划或命令通常详细描述了作战意图、作战环境、作战对手、作战任务、分配的资源、协同等内容,作战单元接到作战计划或命令后即可展开作战行动。

图2-2适应性规划审查和批准流程是总体规划流程,JOPP是其详细规划流程。

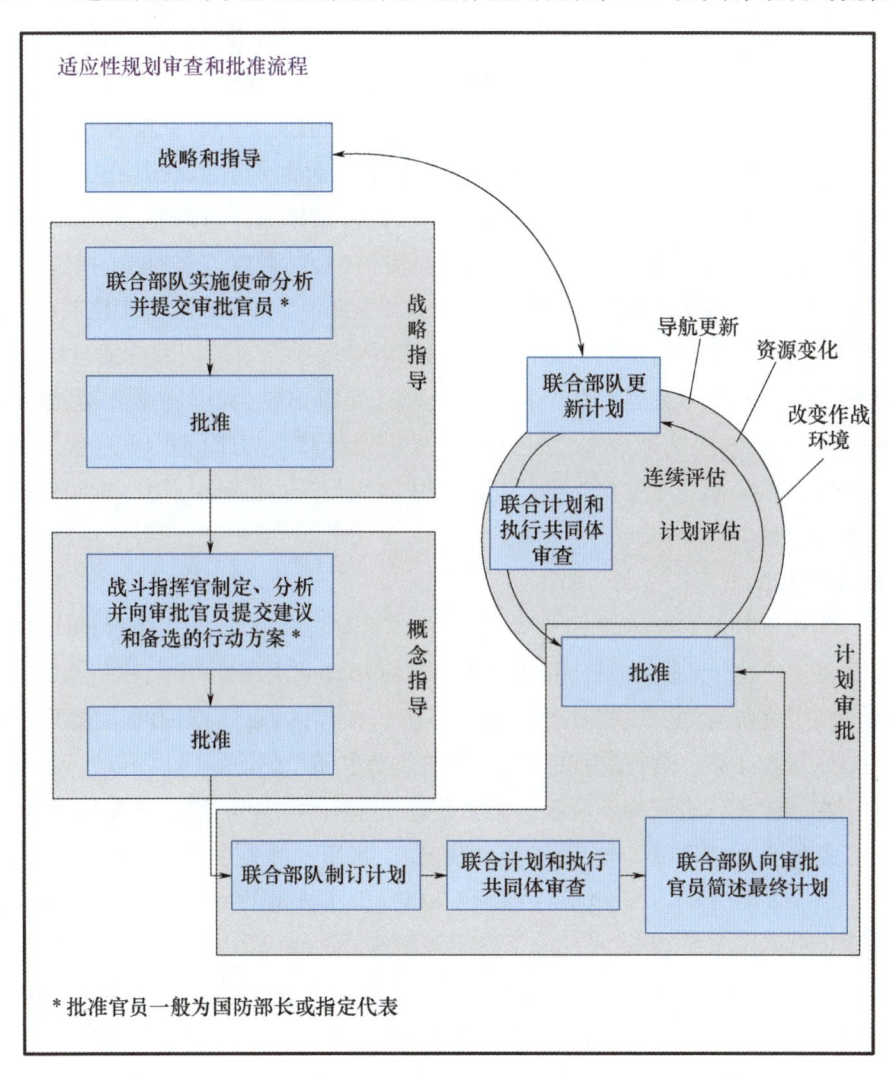

图2-2 适应性规划审查和批准流程

2）军队指挥的特点

军队指挥的特点是军队指挥本质的外在形式,存在于军队指挥活动过程中,表现在军队指挥活动的各个方面。军队指挥具有4个基本特点。

（1）强制性。强制性是军队指挥最本质的特征,也是区别于其他组织领导活动的显著标志。这种强制性主要表现在,军队行动多是以命令、指示的形式下达,具有绝对的权威性和强制性,指挥者与被指挥者之间是命令与服从的关系。这是战争的残酷性和军队行动的高度统一性对军队指挥的要求,否则有令不行,有禁不止,就无法形成协调一致的行动,指挥员的决心就不能得以贯彻,军事目的就不能顺利地达成。

(2) 时效性。时效性是指军队指挥活动有严格的时间限定。一方面,作战的激烈性和任务的紧迫性不可能留给指挥员充足的时间去指挥,同时,军队指挥依据层级具有时间上的次序性,上级的指挥决策超过允许的时间,将挤占下级指挥以及部队准备的时间,有可能造成部队行动的被动;另一方面,战机稍纵即逝,如果不能抓住有利时机果断决策,则有可能贻误战机。再者,作战命令下达时间也是有限度的,不能随意提前与推后。

(3) 对抗性。战争的对抗性首先表现在指挥的对抗性上。指挥活动是决定战争胜负最核心的因素:一方面,指挥机构是敌我双方摧毁与反摧毁的重心,尤其在信息化战争条件下,体系作战成为战争的主要作战样式,指挥机构作为作战体系的重心,更成为火力打击的硬摧毁与网络攻击的软打击的双重攻击目标;另一方面,以态势对抗、指挥谋略对抗与心理对抗为主要内容的认知对抗也是指挥对抗的无形对抗,在未来智能化时代,这种无形的对抗将更为激烈、更为普遍。

(4) 风险性。战争系统是个复杂系统[①],充满了不确定性,尤其在激烈对抗的战场环境下,这种不确定性被极大地放大,加之"战场迷雾"及敌对一方隐真示假的诡诈性,军队指挥面临极大的风险性。所谓风险性是指指挥决策失误造成的部队伤亡、贻误战机、未达成作战目标等后果。

3) 军队指挥的要素

要素是构成事物的必要因素,是事物存在的客观基础。军队指挥要素是构成军队指挥这一事物的必要的、本质的成分,只有对军队指挥活动起决定性作用、不可或缺、产生根本性影响的成分才能称为军队指挥的要素。根据这个标准,军队指挥的构成要素由指挥者、被指挥者、指挥手段、指挥信息和指挥环境五要素构成。

(1) 指挥者。指挥者既指指挥员、指挥机关,也指由指挥员、指挥机关组成的指挥群体。指挥员是这个指挥群体的核心,指挥员的经验、素质和能力在很大程度上决定着指挥的水平。随着信息技术的发展,指挥手段日新月异,但指挥员的指挥艺术是亘古不变的战争制胜法宝。

(2) 被指挥者。被指挥者包括下级指挥员、指挥机关及其所属部(分)队,是命令、指示的接受者和执行者。指挥者和被指挥者相互依存、相互作用,构成军队指挥活动两个最基本的方面。指挥者和被指挥者是相对的,一般而言,任何一级指挥群体都有上下级,既是指挥者,同时也是被指挥者,具有指挥者和被指挥者的双重属性。

(3) 指挥手段。指挥手段是指实施指挥所采用的工具与方法的统称,包括各种指挥作业工具、信息传递与处理工具、各种通信手段等。信息化时代,这些工具与方法经过信息化改造,基本都纳入到指挥信息系统中,比如说原来的手工标图,都变为电子标图,原来的电报都变成电子邮件、指挥代码、数据信息等。指挥手段有两层含义,一是指挥工具,二是使用这些指挥工具的方法。比如,指挥信息系统组织运用,就是指如何更好地使用指挥

---

① 复杂系统见 2.1.2 节。

信息系统,最大限度发挥指挥效能。

(4) 指挥信息。指挥信息是指与指挥相关的各种情况和资料,包括敌情我情社情、战场环境、命令指示等。指挥信息根据对时间敏感程度、指挥员关注程度等区分不同的优先等级,比如时敏信息、指挥官关键信息等,优先等级高的信息将优先占用资源进行传输与处理。指挥信息是指挥活动启动和运行的必要条件,是指挥群体能拨开"战争迷雾"、克服"战争阻力",实施正确指挥决策的关键。信息化战争时代,追求信息优势是军队信息化建设的核心。

(5) 指挥环境。指挥环境是指指挥员及其指挥机关在遂行指挥任务时所处的周围情况和条件的总和。指挥环境主要包括自然环境、人文环境、电磁环境、网络环境和作战对象等五个方面,其中自然环境包括地理环境、气象环境和水文环境。全面了解指挥环境,善于适应、利用、塑造指挥环境,对于信息化条件下的军队指挥具有十分重要的意义。

指挥活动的 5 个要素不是孤立存在,而是相互依赖、相互制约的整体,指挥活动是通过五者紧密联系、相互配合而实现的。

2. 军队指挥学[①]

军队指挥学是研究指挥规律和方法的一门学科,是军事科学的重要组成部分。

1) 军队指挥学研究内容

我军军队指挥学学科是将作战规律与指挥规律的研究区分开来。比如战略学、战役学、战术学研究的是战争、战役、战斗规律,而军队指挥学则将军队指挥要素之间相互影响、相互作用的指挥活动规律作为研究对象。

军队指挥学既研究指挥活动的客观方面,又研究指挥活动的主观方面,并探讨它们之间的相互关系,探索其内在规律。根据军队指挥学研究对象,其研究内容主要包括以下几个方面。

(1) 军队指挥规律。军队指挥规律指军队指挥活动内在的、本质的联系,包括军队指挥各要素之间的联系、军队指挥活动过程各环节之间的联系,以及军队指挥各要素与军队指挥活动过程各环节之间的联系等。军队指挥规律是客观存在的,人们在几千年的战争实践中认识和总结了许多关于军队指挥的规律,例如:军队指挥效能主要取决于有效信息的获取与使用;军队指挥体制必须与军队的体制编制和指挥手段相适应;军队指挥占用时间必须小于军队指挥允许时间;军队指挥的协调性直接影响军队行动的有序性;军队指挥要素的关联互动影响军队指挥系统质量。

对军队指挥规律的认识是不断发展的,不是一成不变的,随着战争发展,会有新的军队指挥规律被认识,或有新的指挥规律产生。

(2) 军队指挥原则。军队指挥原则是军队指挥者在指挥军队行动时必须遵循的准则,是军队指挥规律与军队实际相结合的产物,反映着人们对军队指挥规律的认识水平和

[①] 详细内容参见国防大学出版社出版的《军队指挥学》一书。

把握程度,是军队指挥规律与军队指挥实践的中介。与指挥规律相比,指挥原则具有一定的主观性和可操作性。各个国家的军队对指挥规律的认识是趋同的,但对指挥原则的认识和规范则各不相同。我军指挥原则是在长期军事实践中摸索出来的,其内容包括:知己知彼;统一指挥;主官决断;把握重心;高效灵活。

(3) 军队指挥体制。军队指挥体制是军队遂行指挥活动的组织体系和行为规范的规定及制度。军队指挥体制由军队指挥的组织体系、机构设置及职能划分、指挥关系和法规制度等要素构成。军队指挥体制可分为两大类型,即军令政令分离型和军令政令合一型。所谓军令政令分离型,是指将作战指挥和行政领导分成两大系统,前者只负责对军队作战实施指挥,而后者负责军队的建设、训练、后勤装备保障和行政管理,无军队调动和指挥权。军令政令合一型则指作战指挥和行政领导同属一个系统,统领军队的建设、训练与指挥作战。目前,美国及西方的指挥体制基本都是采用军令政令分离型。我军及俄罗斯军队近几年开展了领导指挥体制的改革,逐渐从军令合一型指挥体制向军令分离型指挥体制转变。我军于2016年1月发布了《中央军委关于深化国防和军队改革的意见》,提出了"军委管总、战区主战、军种主建"的军队领导指挥体制改革指导原则,推动中国军队的领导管理体制和联合作战指挥体制的改革。领导管理体制着眼加强军委集中统一领导,强化军委机关的战略谋划、战略指挥管理职能,优化军委机关职能配置和机构设置,完善军种和新型作战力量领导管理体制,形成决策权、执行权、监督权既相互制约又相互协调的运行体系。联合作战指挥体制建立军委和战区两级联合作战指挥体制,构建平战一体、常态运行、专司主营、精干高效的战略战役指挥体系。

(4) 军队指挥活动。军队指挥活动是指挥员及其指挥机关对所属部队实施指挥的思维及行动,是军队指挥规律、原则在实践中的具体运用。按照指挥的一般程序,指挥活动可分为分析判断情况、定下行动决心、计划组织作战、协调控制行动和评估战场态势5个主要环节,如图2-3所示。这些主要指挥活动在不同时代、不同场景下可能有不同的表述,如"分析判断情况"有可能会分解为"理解上级意图"与"掌握判断情况";"定下行动决心"可能会分解为"作战构想""拟制方案""方案推演""定下决心";"协调控制行动"可能会表述为"行动控制"等。

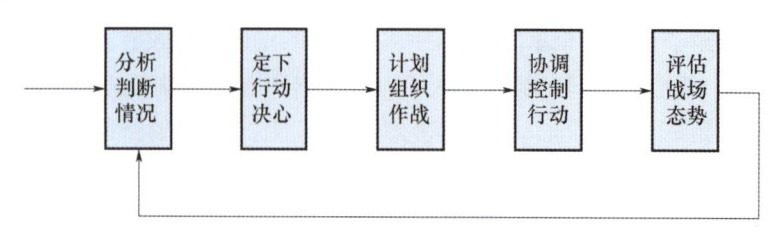

图2-3 军队指挥活动流程

(5) 军队指挥方式。军队指挥方式是指挥者在实施指挥时进行职权分配的方法和形式。我军基本指挥方式包括集中指挥、分散指挥、按级指挥和越级指挥4种。

① 集中指挥。集中指挥是指指挥者对指挥对象集中掌握和运用指挥职权的一种指

挥方式,又称统一指挥、命令式指挥或集权式指挥。集中指挥方式的特点是指挥者不仅给指挥对象明确任务,而且还规定完成任务的具体方式和步骤。

② 分散指挥。分散指挥是指指挥者将大部分指挥职权下放给指挥对象的指挥方式,又称训令式、指导式、委托式指挥。分散指挥是在上级明确基本任务的前提下,由下级独立自主地计划和指挥本级部队的作战行动。美军称为任务式指挥(Mission Command),任务式指挥已成为美军主要的指挥方式。

③ 按级指挥。按级指挥是按照隶属关系逐级实施的指挥。

④ 越级指挥。越级指挥是指指挥者在紧急情况下或对执行特殊任务的部队,超越一级或数级对指挥对象行使指挥职权的一种指挥方式。

(6) 军队指挥手段。军队指挥手段是军队实施指挥时所采用的工具和方法的统称。军队指挥手段经历了手工式、机械化和信息化指挥手段的历程,目前正向智能化指挥手段发展。指挥信息系统就是军队指挥手段发展到信息化时期的主要指挥手段。随着科学技术的发展,军队指挥手段的地位与作用越来越突出。

(7) 军队指挥保障。军队指挥保障是为保证指挥员及指挥机关顺利遂行军队指挥任务而采取的各种措施和行为的统称。军队指挥保障按照保障的目的和性质可以分为两类:一类用于保障指挥活动的顺利实施,主要包括侦察情报保障和信息保障。侦察情报保障主要是对敌情信息的搜集与处理,信息保障主要是提供我情及战场环境信息保障,包括指挥筹划、信息通信、数据信息、信息服务、测绘导航、气象水文、机要密码、信息安全防护等方面的信息保障。另一类用于保障指挥系统的安全稳定,主要包括警戒防卫保障和工程防护保障。

(8) 军队指挥艺术。军队指挥艺术是指指挥员实施灵活巧妙和富有创造性指挥的方式和方法。军队指挥艺术主要表现在精于察情、善于谋划、敢于决断、妙于用法、巧于调控、长于用人等方面,是指挥员针对客观实际,充分发挥主观能动性和高超指挥才能的表现。随着科学技术的发展,指挥手段不断丰富,指挥效率不断提高,但指挥艺术始终是指挥决策正确性的根本保证。

其他研究内容还包括军队指挥历史、军队指挥环境、军队指挥评估等。

2) 军队指挥学学科体系

军队指挥学是研究军队组织指挥活动及其规律的学科。它以军队指挥活动为研究对象,旨在研究和揭示指挥活动规律,用于指导军队指挥和训练实践。军队指挥学的理论体系可分为军队指挥基础理论、军队指挥应用理论和军队指挥技术理论。

(1) 军队指挥基础理论主要包括:军队指挥概念;军队指挥史;军队指挥特点;军队指挥规律;军队指挥原则;军队指挥体制;军队指挥方式;军队指挥手段;军队指挥环境;军队指挥保障;军队指挥艺术。

(2) 军队指挥应用理论主要包括:联合作战指挥;军兵种作战指挥;武警防卫作战指挥;非战争军事行动指挥。

(3) 军队指挥技术理论主要包括:军事运筹技术;军事情报技术;军事通信技术;军事

信息技术;军事密码技术;军事气象技术;军事海洋水文技术;军事导航测绘技术。

军队指挥学是军事学门类下的一级学科,下设 7 个二级学科或学科研究方向,如图 2-4 所示。其中,作战指挥学含武警防卫作战,军事信息学含军事通信学,非战争军事行动含武警内卫。

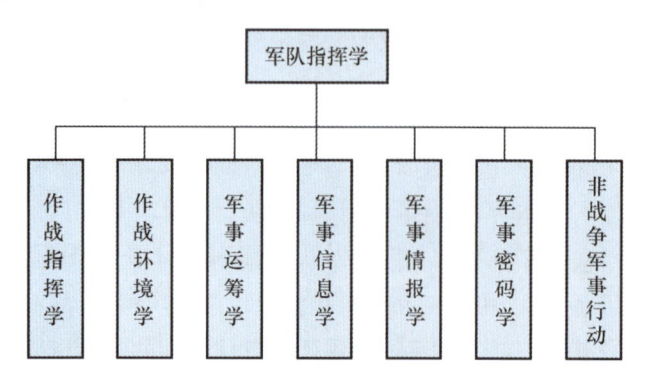

图 2-4 军队指挥学学科体系

3) 军队指挥学学科发展

信息化条件下,军队指挥的社会科学属性进一步与自然科学、特别是信息科学相融合,军队指挥呈现出新的发展趋势,主要表现在以下几个方面。

(1) 指挥的联合性。一体化联合作战是信息化条件下军队主要作战形式,指挥主体的联合性、指挥对象的联合性、作战行动的联合性日益突出,军队的指挥从传统军兵种指挥进一步向联合作战指挥发展,军队指挥在联合性上的指挥活动、指挥规律、指挥原则等方面面临新的挑战与发展。

(2) 指挥的跨域性。信息化时代,作战空间已从传统的陆、海、空、天物理域向信息域、认知域和社会域发展,与对手的交战将在陆地、空中、海洋、太空、网络空间、电磁频谱空间和认知空间同步展开,必然要求打破传统以军种为核心的作战域边界,在所有作战空间同步协调行动,协同运用跨域火力和机动,达成跨域协同、多域融合,以实现作战目标。

(3) 指挥的新质性。随着军队建设的发展,新质作战力量如特种作战力量、信息作战力量、空天作战力量等应运而生。这些新质作战力量的指挥,以及与传统作战力量的协同指挥、融入联合作战的指挥等,都是军队指挥新质性的新发展。

(4) 指挥的科学性。科学技术,特别是信息通信技术、人工智能技术的飞速发展,使得指挥手段、指挥环境、指挥信息等军队指挥构成的要素发生巨大变化,反过来对军队指挥过程、军队指挥组织架构产生重要影响。自然科学在作战筹划、行动控制中所发挥的作用越来越重要。指挥科学对指挥艺术的支撑,控制科学与指挥艺术的相辅相成,形成了军队指挥科学性发展的重要内容。

国家学科体系正在进行改革,相应地,军学门类的学科体系也正根据军队规模结构和力量体系改革形成的新的军队编制体系进行重组与调整。军队指挥学也会根据联合作战的需求和新的指挥体系进行变革。

2.1.2 指挥控制

1. 指挥控制基本概念

"指挥控制"名词来源于美军。从第1章我们知道,20世纪50年代,美军研制了半自动化防空系统,即"赛琪"系统,这是美军C^4ISR系统的开端。这个系统当时就称为指挥控制系统(Command and Control,C^2),从此诞生了"指挥控制"的名词。

指挥控制的概念内涵从其诞生之日起就充满了争议,时至今日,我军和美军对指挥控制的认识和理解差别还比较大。

1) 美军的指挥控制概念

指挥控制对于军队的重要性在美军得到高度的认可,即便如此,美军内部对于指挥控制的定义也是存在不少的争论,不同领域对于指挥控制的定义都不尽相同。

美国国防部对指挥控制的定义为:"在完成使命的过程中,由一个指定的指挥官对所属或配属部队行使的权力和指导。"

很显然,美国国防部是将指挥控制看成一个整体来定义的。这种定义相对比较宏观,没有给出指挥控制具体的职能和过程,也未对指挥与控制的内涵做出明确的规定。

"Command and Control"从英文直译过来应该是"指挥与控制"系统,这表明在英文的语境中,"指挥"与"控制"是两个独立且相互关联的名词。

事实上,美军一直到1984年才在美国国防部军语词典中增加"指挥"的单独词条。在2016修订版美军军语中这样定义"指挥":"负责有效地使用可用资源,规划、组织、指导、协调和控制军事力量,完成赋予的使命。还包括对所属人员的健康、福利、士气和纪律的职责。"

这个定义比"指挥控制"的定义更加具体,规定了指挥具体的职责。在这个定义里似乎包含了控制的内涵。

阿尔伯特在其《理解指挥控制》的专著中认为:"指挥控制本身不是目的,而是一种战斗力生成的方法。指挥控制是尽可能集中大量实体(即一些个体和组织)和资源(包括信息),以完成任务、达成目的或目标。"

阿尔伯特并没有对指挥控制给出一个明确的定义,他认为如果没有一种方法来评估指挥控制的现状或质量,那么指挥控制的定义就是不完善的,甚至没有什么意义。而评估指挥控制的质量,可以通过直接评估指挥控制功能(C^2 Functions)完成的情况来进行。

在给定任务下指挥控制功能如下。

(1) 建立意图。没有任务或目标,指挥控制就没有任何意义,而建立意图就是清晰表达任务及其目标,以及在完成任务的同时可以接受的风险。评价意图建立的质量通常包括:意图是否存在、意图表达的质量、下级理解和分享意图的程度以及意图的一致性。

（2）确定角色、责任与关系。指控通常面对多个实体,而不同的实体充当不同的角色,对应特定的行为。而确定角色、责任和关系就是将角色或特定类型的行为与实体对应起来。这些行为本质上就是实体之间的交互关系。美军把整个系统看成是一个复杂系统[①],而实体的行为及其之间的关系是复杂系统最关键的组成要素。因此,可以把此项功能看成是复杂系统运行的初始条件设置,并且角色、责任和关系可能不是一成不变的,会随着时间和环境的变化而自组织的发生变化。对该项功能质量的评估包括角色分配的完整性、所需的协作关系是否存在、分配者是否明晰角色分配的需求以及角色之间是否重叠等。

（3）建立规则与约束。主要对行为建立规则和约束。这些规则和约束也是随着情况的变化而变化的。对该项功能质量的评估包括规则和约束是否被理解和接受、是否合理和必要等。

（4）监控、评估态势与进度。意图一旦开始贯彻执行,在动态的战场环境中,行动执行与任务规划之间必然会存在偏差,监控、评估态势与进度就是介于任务规划和执行之间的过程,以识别这种变化并及时进行调整。这种识别变化并及时调整的能力和所谓的指挥控制敏捷性相关[②]。对该项功能质量的评估包括是否发现变化、多快发现变化以及反应的及时性和恰当性。

（5）鼓励、激发和产生信任。这3个相互关联的功能和领导力密切相关,它决定了个体参与者愿意奉献的程度,以及发生交互的质量。尤其是信任,包括上下级之间、对等个体之间、不同实体之间,决定了你愿不愿意接受别人提供的信息,愿不愿意依赖别人的支援等。

（6）训练与教育。教育与训练,一个是长期的、全面的教育,一个是短期的、有针对性的训练,对形成一致性的理解、合作与信任,达到最终行动的自同步都至关重要。

（7）提供资源。资源对于完成任务而言非常关键。资源保障可以是针对组织的,也可以是针对任务的,可以是长期的,也可以是短期的。有很多方法在实体间分配资源,也有很多方法来匹配任务和完成任务所需资源。对该功能质量的评估显然需要包括这些资源分配方法的有效性。

将抽象的指挥控制概念转化为具体的指挥控制功能,不仅有助于人们更加精确地理解指挥控制的概念内涵,在理论上也能有助于引入自然科学的手段定量地研究指挥控制,从而为评估指挥控制质量提供科学的依据。

2）我军的指挥控制概念

"指挥控制"一词很早就在我军流行了,更多的是在系统或装备层面使用,比如,"指挥控制系统""指挥控制装备",但在我军正式的军语体系中,很长一段时期内都没有其一席之地。直到2011版的《军语》才将"指挥控制"纳入军语条目,其释义为:"指挥员及其

---

① 参见2.2.2节相关内容。
② 参见2.3.3节相关内容。

指挥机关对部队作战或其他行动进行掌握和制约的活动。"

按照《辞海》对"控制"的解释,"控制"是:"掌握或制约被控对象,使被控对象的活动不超出规定的范围;或使被控对象按照控制者的意愿进行活动。"

很显然,2011版《军语》对"指挥控制"的定义是偏向"控制"的内涵。前面我们介绍了"军队指挥"的定义,从定义中我们可以看出,"军队指挥"在《军语》中的定义,既包含了"指挥"的内涵,也包含了"控制"的内容,是更加宽泛的概念。这点与美军在"指挥"的定义中包含"控制"的内容是一致的。

形成"军队指挥"与"指挥控制"认知现状是有其历史原因的。"军队指挥"伴随着军队的诞生而产生,具有数千年的历史。"军队指挥"随着战争规模的不断扩大、战争节奏不断加快、战争复杂性不断加大,其内涵也不断发生变化。"军队指挥"从运筹帷幄的内涵不断向协调控制延伸。因此,无论哪支军队,广义的"指挥"都包含了"控制"的涵义。

"指挥控制"称谓的出现不过半个多世纪的历史,对其内涵的界定存在不同的看法和争议,是在世界各国军队普遍存在的现象。尤其在我军,对"指挥控制"的定义与西方国家军队存在明显的差异。

在我军,军队指挥包括作战指挥与非战争军事行动指挥两个方面。针对作战指挥,又包含作战筹划和指挥控制两个相辅相成的有机组成部分。

所谓作战筹划是指指挥员及其指挥机构依据上级作战意图和敌情、我情、战场环境等情况,对作战进行的运筹谋划、构想设计及制订方案计划等活动。因此,作战筹划对应于上文所述指挥活动中的分析判断情况、定下行动决心和计划组织作战。

根据《军语》中的定义,指挥控制显然是一种以掌握和制约作战行动为重点的组织协调活动,反映的是指挥机构与所属(配属)部队之间的互动关系。指挥控制对应于指挥活动中的协调控制行动和评估战场态势。

作战筹划与指挥控制是作战指挥的主体活动,是相互联系、相辅相成、不可分割又有区别的一个整体。作战筹划体现的是指挥员的运筹帷幄的思维活动,而指挥控制更多的是指挥机构对部队作战行动的掌控活动。作战筹划与指挥控制贯穿于作战准备和作战实施中:作战准备阶段以作战筹划为主,指挥控制体现在对于部队平战转换、展开开进等的组织指挥;作战实施阶段以指挥控制为主,战中作战筹划体现在调整作战计划、临机决策等指挥活动中。

由此可见,我军指挥控制的概念可以理解为对部队行动的指挥与掌控活动,与作战筹划一起构成军队指挥的整体概念。

2. 指挥艺术与控制科学

美军对指挥控制的理解,在把握整体性的基础上,注重对指挥和控制不同功能属性的区分和运用。"他山之石,可以攻玉",我们不妨看看美军对指挥控制的理解与运用,对我们如何更加科学理解指挥控制具有一定的借鉴意义。

与我军把"指挥控制"作为一个整体词汇不一样,美军"Command and Control"直译过来是"指挥与控制",是把"指挥"与"控制"看成两个既相对独立又相互联系的两个部分。

阿尔伯特认为,指挥功能为控制功能建立指导和重心,所以每一个指挥功能至少部分的是控制要素的输入指令。

这里,指挥功能(the Function of Command)和控制功能(the Function of Control),是采用自然科学的定义法,即将指挥和控制功能当成具有输入和输出的函数,这样有利于对指挥和控制进行定量化研究。

前面我们给出了指挥控制功能,其中,"监控、评估态势与进度"属于控制功能,其余都属于指挥的功能。

指挥与控制具有不同的属性。指挥更偏向人的主观能动性,控制更依赖指挥手段的使用。

美军在联合条令中明确指出,指挥包括控制,控制是指挥所固有的内容。指挥突出强调指挥的思考、决策和指导,是一种指挥艺术的体现。控制是为了贯彻指挥官的意图而对部队和职能进行监督、调整,包括了参谋人员在权限内的活动,强调程序、方法、技能等科学性,是美军实施指挥的一个重要内容和手段。因此,美军又将控制作为一个重要的方面与指挥相提并论[①]。

基于此,美军在条令中明确规定了"要平衡指挥艺术与控制科学,来实现任务式指挥。"

这是信息化时代指挥艺术与控制科学辩证统一关系发展的必然要求。我们可以用图2-5来说明。该图表示战场迷雾覆盖情况,即战场透明度。图的左端表示战场完全被战场迷雾覆盖,即战场透明度为零的情况。此时,指挥艺术占据主导地位,指挥员主要靠指挥艺术取得战场主动权。图的右端表示战场透明度为100%,即指挥员可以完全看清战场。此时,控制科学占据主导地位,用精确制导武器即可消灭敌人。正如乔良将军所言:"如果有一天,交战的一方对另一方时,如同面对一只在玻璃缸中游动的金鱼,那么,战争的胜负还有什么悬念!"

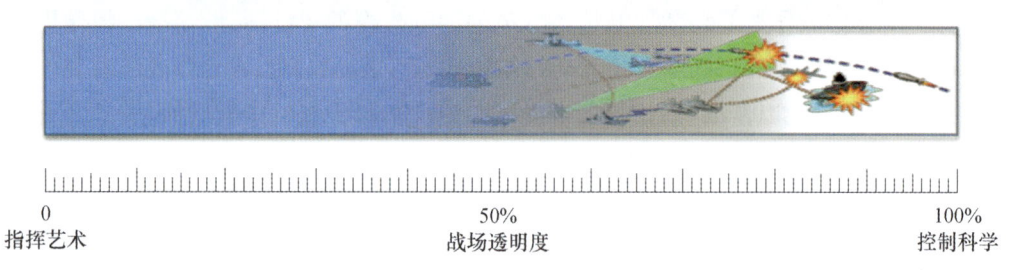

图2-5 指挥艺术与控制科学

当然,现代战争条件下,尤其是对称作战的条件下,战场不可能完全透明,此时,我们就要将指挥艺术和控制科学相结合,发挥出最佳作战效能。

伊拉克战争中卡尔巴拉谷地战役就是美军第5军第3机步师指挥艺术与控制科学完

---

① 参见本章参考文献[4]。

美结合的典型战例①。分析美军的整个战斗行动,可以看出:在看不清战场的时候,即战场透明度为零时,利用传统的佯攻战术引蛇出洞,此时指挥艺术成了战争制胜的法宝;在敌上钩后,利用先进的传感技术使得战场透明度向美方倾斜,再利用信息系统控制协调空中打击力量对敌实施精确打击,此时,控制科学又成了"定海神针"。所以,我们说此次行动完美诠释了指挥艺术与控制科学相结合的重要性。

事实上,"指挥艺术性和控制科学性"的提法在工业时代就已形成,但控制的科学性在工业时代和信息时代的内涵是不一样的。阿尔伯特指出,工业时代"控制科学"更多指的是控制理论,而信息时代"控制科学"更多指的是复杂性理论。这也是美军信息时代指挥控制理论研究的一个重要基础。

指挥艺术与控制科学的结合也在不断地进化。下文要介绍的美军最新的作战概念"马赛克战"中进一步提出了"人类指挥与机器控制相结合"的指挥控制新理念。

3. 指挥控制与指挥控制系统

从上文可以看出,指挥控制是一个抽象的概念,但指挥控制系统则是一个指挥控制功能具体实现的载体及涉及的人员、程序、法规条令等。

美军《军语》中对指挥控制系统的定义:"是指挥人员根据赋予的使命任务,对所属和配属部队进行计划、指导和控制活动所必须的设施、设备、通信、程序和人员。"

我军《军语》对指挥控制系统的定义:"保障指挥员和指挥机关对作战人员和武器系统实施指挥和控制的信息系统。是指挥信息系统的核心。"

由此可见,指挥控制是一套指挥和控制部队及武器平台的程序、方法、规则,而指挥控制系统则是在信息化条件下指挥控制必须依托的指挥手段。从广义上说,支持指挥控制功能的信息系统就是指挥控制系统。例如,美军的全球指挥控制系统(GCCS),实际上就是指美国战略级的 C^4ISR 系统。在实际应用中,指挥控制系统,或简称指控系统,常常指与指挥控制功能直接相关的那部分系统,我们称之为狭义的指挥控制系统。即,狭义指挥控制系统指辅助指挥或作战人员进行信息处理、信息利用并实施指挥或控制的系统,是指挥信息系统的核心组成部分,是指挥信息系统的龙头。

这里要特别指出的是,从我军《军语》对指挥控制系统定义中可以看出,这里的指挥与控制显然分别对应于作战筹划和行动控制的相关职能,或者说与美军定义的指挥和控制的功能相类似。实际上,从我军指挥控制系统软件的应用功能上也可以看出,是覆盖了作战筹划和行动控制的相关功能的。

2.1.3 指挥控制理论

指挥控制理论研究在我国并未形成成熟的理论体系,指挥控制领域的研究大都局限于技术层面。因此,本节内容主要介绍美军在指挥控制理论研究方面的总体情况,具体内容则在本章后续章节中展开。

---

① 参见 8.5.3 节"5 个同时进攻"。

随着技术的发展,美军的 C^2 系统逐渐发展成 C^4ISR 系统,但围绕指挥控制功能这个核心却一直没有变。指挥控制逐渐从一个系统的名称演变成一个表征指挥控制领域理论层次的专有名词,即指挥控制理论(Theory of C^2)。

通过对美军指挥控制理论的研究,我们可以把美军指挥控制理论分成3个层次。

第一个层次是指挥控制的基本理论层次。这个层次是研究指挥控制的基本规律和基本方法。指挥控制的基本理论反映的是指挥控制最本质、最基础的规律。美军研究指挥控制基本理论的方法更多的是建立在现代科学基础理论,比如系统科学、信息科学、控制科学、复杂性理论等基础上,通过建立模型、实验分析等手段,获得对指挥控制模型定量的结果,从而更加科学地理解和掌握指挥控制的一般规律。美军认为,理论既可以是科学方面的理论,也可以是艺术方面的理论,而既然指挥控制兼具科学与艺术的特性,那么理论同样适应于指挥艺术与控制科学。显然,美军是把具有艺术性的传统指挥理论纳入到现代指挥控制理论体系中。

第二个层次则是作战理论层次。信息化战争时代,科学技术的发展比任何一个时代对作战理论的影响都更频繁、更深远。原因就在于指挥控制对作战方式的影响,除了指挥艺术外,更有控制科学的因素在发生作用。而科学技术的飞速发展对控制科学的影响不断加大。本质上就是指挥手段的不断变革使得作战理论高频度地发展变化。美军自从提出网络中心战的作战理论后,不断有新的作战理论诞生,如空海一体战、基于效果作战、赛博战、多域战、马赛克战等。这些作战理论都被冠以指挥控制理论的标签,也从一个侧面表明了美军作战理论基于指挥艺术与控制科学相结合的指挥控制基本理论的发展方向。同时,不断发展的美军作战理论也在不断丰富指挥控制基本理论的内涵。

第三个层次是条令法规层次。美军很多有关指挥的法规条令都是在指挥控制基本理论及作战理论的指导下编写的,如《任务式指挥》(ADP6-0)等。美军认为条令就是在特定的作战条件、作战环境下,规定的行为动作的集合。很显然,这些行为规范必须符合指挥控制的基本规律与方法,必须符合相应的作战理论。

这3个理论层次之间的关系如图2-6所示。

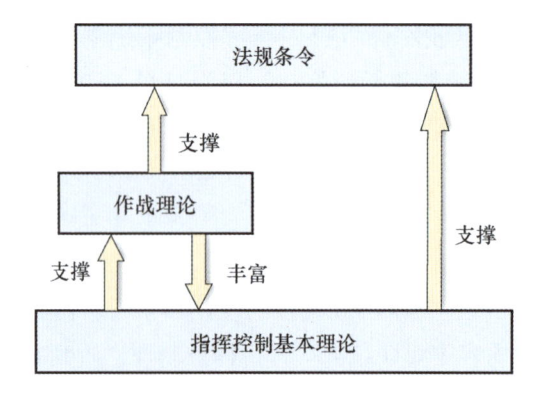

图2-6 指挥控制理论层次间的关系

美军高度重视指挥控制理论的研究工作,在助理国防部长办公室下设研究部门,设置指挥与控制研究计划(Command and Control Research Program,CCRP)这样一个研究机构,专门从事指挥控制理论与技术的研究工作,负责人为阿尔伯特(David S. Alberts)①。CCRP每年组织一次"国际指挥控制研究与技术论坛"(International Command and Control Research and Technology Symposium,ICCRTS),轮流在北约国家召开,在指挥控制领域具有较大的影响力。

CCRP出版的指挥控制理论著作,如《网络中心战》《理解指挥控制》《理解信息化战争》《权力前移》《敏捷性优势》等,在指挥控制基本理论、信息化作战理论等方面进行了系统、深入地阐述,奠定了美军指挥控制理论基础,并深刻影响美军信息化建设、军队转型的进程。

美军信息化建设走在世界的前列。总结美军信息化建设高效、成功的一个重要原因是,美军十分注重信息时代指挥控制理论的研究,及时总结和吸取信息化建设过程中的经验和教训,并将研究成果用以指导美军的信息化系统建设,避免了信息化建设的盲目性和无序性,建设目标明确且具备很强的可操作性。

指挥控制理论在我军的研究始于20世纪80年代的指挥自动化理论研究。"C^3I理论与技术"学术年会是指挥自动化理论与技术研究的盛会。2012年成立的中国指挥与控制学会是指挥控制理论与技术研究的国家一级学会,一年一度的"中国指挥与控制大会"云集国内、军内指控领域著名学者,其学术影响力在本领域广泛而又深远。

综上所述,指挥控制理论的研究具有十分重要的意义,是指挥信息系统建设的根本依据与指导。

信息化条件下军事理论在很大程度上集中于指挥控制理论的研究上。原因在于:一方面,对部队的指挥控制从来都是军事理论研究的重心;另一方面,信息技术引发新军事革命的根本就在于极大地改善了指挥控制手段,从而在很大程度上改变了指挥控制方式,甚至改变了传统的作战方式,出现了诸如"非线式作战""非接触作战""非对称作战"等信息化作战理论。

信息化指挥控制理论是关于军队指挥人员认知活动信息化的理论,主要研究信息化条件下指挥控制的活动规律,揭示信息、指挥体系、武器装备、作战人员等战场要素的相互关系,是信息化条件下军事理论的重要组成部分。

指挥信息系统是信息化战争的物质基础,是信息化条件下联合作战指挥人员对所属部队实施指挥控制的一体化指挥平台。指挥信息系统的设计必须遵循信息化战争的规律,必须以信息化指挥控制理论为支撑。通俗地说,信息化战争怎么打,指挥信息系统就该怎么设计。因此,我们要特别重视信息化指挥控制理论的研究,用理论研究的成果指导指挥信息系统的建设,处理好指挥控制理论与指挥信息系统的关系。要避免那种只重视系统建设而忽视理论研究的现象,防止将系统建设独立于信息化指挥控制理论。否则,建设的系统将不能适应信息化战争的本质要求。

---

① 阿尔伯特是一名国际知名的指挥控制理论专家,著有《网络中心战》《理解指挥与控制》《理解信息时代战争》《敏捷性优势》等指挥控制理论著作。

2.2 指挥控制科学基础

指挥控制研究既包括理论层面的研究,也包括技术层面的研究;既包括指挥艺术的研究,也包括控制科学的研究。那么,它们共性的科学研究基础是什么呢? 我们说指挥控制是军队指挥学的重要内容,是军队指挥学在信息化时代理论创新的核心所在,其艺术性与科学性的核心特征,要求其研究的科学基础必然是军事科学与自然科学的相互渗透与融合。

实现指挥控制的指挥控制系统,显然其研究基础是系统论、控制论与信息论,即我们常说的"老三论",属于自然科学的范畴。军事科学属于基于实证研究的社会科学,其方法主要是强调经验与客观准确描述,从研究现象出发,进行系统逻辑分析,从中归纳得到科学定律。复杂系统科学从系统科学发展而来,这种对非线性、不确定性的研究方法,已成为社会科学和自然科学共同的新基础科学。

下面我们分别介绍这些科学的理论,为后续章节的讨论奠定理论基础。

2.2.1 "老三论"[①]

系统论、控制论与信息论,俗称"老三论",是我们研究信息化条件下指挥控制理论的自然科学基础。

1. 系统论

系统论的奠基人是美籍奥地利人贝塔朗菲。

一般把系统定义为:由若干要素以一定结构形式联接构成的具有某种功能的有机整体。

系统论的核心思想是系统的整体观念。系统论认为,任何系统都是一个有机整体,它不是各个部分的机械组合或简单相加,或者说要素组成系统时,"1+1≠2"。贝塔朗菲把这种规律称之为"非加和定律"。一种情况是"整体大于部分之和",称为系统整体功能放大效应;另一种情况是"整体小于部分之和",称为系统整体缩小效应。总而言之,系统整体的功能并不等于各组成部分的功能之和,这一特性称为系统的整体性。

系统论的基本思想方法,就是把研究的对象当作一个系统,分析系统的结构和功能,研究系统、要素、环境三者的相互关系和演化的规律性。

系统论的任务,不仅在于认识系统的特点和规律,更重要的还在于利用这些特点和规律去控制、管理、改造系统,使之调整结构、协调各要素关系,最终达到优化的目的。

军事系统首先是系统,遵循系统的一般发展规律。军队指挥的理论或指挥控制理论其终极目标就是研究军事系统的优化问题,使得军事系统的运行达到预定的目标。因此,系统论是指挥控制理论研究的科学基础之一。

---

① 本节内容部分参考了百度百科的相关条目。

2. 控制论

控制论的奠基人是美国数学家诺伯特·维纳。1948年,维纳的著作《控制论》出版,成为控制论诞生的标志。维纳把这本书的副标题定为"关于在动物和机器中控制与通信的科学",实际上也是为控制论在当时的研究条件下提供了一个科学的定义。

所谓控制,就是为了使某个系统达到预定的目标,需要获得并使用信息,即信息反馈,这种信息反馈对系统的作用,就叫控制。控制论就是研究生命体、机器和组织内部或彼此之间的控制和通信的科学。控制论的建立是20世纪的伟大科学成就之一,现代社会的许多新概念和新技术几乎都与控制论有着密切关系。控制论的应用范围覆盖了工程、生物、经济、社会等领域,成为研究各类系统中共同的控制规律的一门科学。

控制论的研究对象是系统,是从定量的角度,研究如何通过信息反馈、通信和控制来影响和改变系统的运行规律、结构和功能,从而使系统达到人们预期的目标。

控制论的核心问题是从一般意义上研究信息产生、传输、处理、存储和利用等问题,用抽象的方式揭示包括生命系统、工程系统、经济系统和社会系统等在内的一切控制系统的信息传输和信息处理的特性与规律,研究用不同的控制方式达到不同控制目的的可能性和途径。

控制论通过信息和反馈建立了工程技术于生命科学之间的联系。这种跨学科性质不仅可使一个科学领域中已经发展得比较成熟的概念和方法直接作用于另一个科学领域,避免不必要的重复研究,同时提供了采用类比的方法产生新设计思想和新控制方法的可能性。生物控制论与工程控制论、经济控制论和社会控制论之间就存在着类比关系。自适应、自学习、自组织等系统通过与生物系统的类比研究可提供解决某些实际问题的途经。

控制是指挥控制中重要的组成部分。将指挥控制活动抽象到一定程度,可以发现,其与一般系统的控制活动是类似的。显然,控制论对指挥控制活动具有非常重要的指导意义。

3. 信息论

1948年,克劳德·香农发表了论文《通信的数学理论》,奠定了信息论的基础。

信息论是一门用数理统计方法来研究信息的度量、传递和变换规律的科学,主要研究通信和控制系统中普遍存在着信息传递的共同规律,以及信息获取、传递、存储、变换、度量问题的基础理论。

信息论的研究范围较广,一般分为3种不同类型。

(1) 狭义信息论。运用数理统计方法研究通信系统中信息处理和信息传递的规律,以及如何提高信息传输系统有效性和可靠性,是一切通信系统的基础理论。

(2) 一般信息论。主要研究通信问题,包括噪声理论、信息滤波与预测、调制与信息处理等问题。

(3) 广义信息论。研究问题包括狭义信息论和一般信息论,并且包括所有与信息相关的领域，如心理学、语言学、神经心理学、语义学等。

信息论问世以后，不仅应用领域日益广泛，而且与其他科学相互影响和渗透，既为其他领域在信息化时代的发展提供了科学依据，也为自身的发展吸取了营养。信息论提供的研究方法已成为领导决策、经济管理、社会管理以及军事活动的重要活动。尤其在军队指挥活动方面，信息论已成为信息化条件下认识军队指挥的本质、认识指挥活动与指挥环境的关系、设计指挥信息系统等重要的理论基础，有着其他学科无法替代的重要作用。

2.2.2 复杂系统科学

复杂系统科学[①]是20世纪产生的新的科学，为社会科学和军事科学的研究提供了新的思维方式和科学手段。

1. 笛卡儿 – 牛顿科学体系

笛卡儿 – 牛顿科学体系，也称笛卡儿 – 牛顿科学范式，或简称牛顿科学范式，是300多年以来经典的科学研究方法，至今仍是指导人们进行科学研究的基础方法。

牛顿提出的力学三大定律、微积分方法和万有引力定律，分别奠定了经典力学、现代高等数学和现代天文学的基础。

笛卡儿建立了解析几何学，打通了几何学与代数之间的关系，也是牛顿天体运行数学规律的基础。牛顿那句站在巨人肩上的名言，巨人就是指的笛卡儿。笛卡儿在其《方法论》中系统阐述了科学的研究方法，其中的"分解问题、先易后难、再次综合"，就是"还原论"方法的基本思想。

我们常说近代科学体系为笛卡儿 – 牛顿科学体系，就是为纪念笛卡儿和牛顿为近代科学体系所做出的巨大贡献。笛卡儿 – 牛顿科学体系的出现，在认识论、方法论上形成了被广泛认可的科学思维的基本范式，即牛顿科学范式，其主要内容包括还原论、绝对时空观和因果对应观。

1）还原论

还原论的基本思想是，世界的组成是确定性的，任何事物都是确定性的组成，因此可以通过分解和还原来认识事物。任何复杂的事物都可以通过不断的分解，直到分解的部分足够简单，可以容易地加以分析、理解和认识；当所有分解的部分都可以认识时，再逐层还原回去，形成更高层次的认识，直到整个事物被完整地认识。

还原论一直是我们分析问题、解决问题的方法。

工程论实际上就是一种还原论方法，建筑工程就是将建筑的建造分解成多个组成部分，每个组成部分建造好了，整个建筑就建好了。

面向过程的软件模块化设计也是还原论原理，复杂的软件系统可以逐渐分解成软件功能子模块，子模块还可以不断分解，一直分解到功能足够单一、简单，此时的模块就是构

---

① 本节内容参考了胡晓峰教授所著《战争科学论》有关内容，文中不再标注。

成软件系统最底层的过程(Procedure)或函数(Function),当过程和函数全部编写、调试完毕,整个软件系统也就基本完成了。

传统的作战仿真建模也是采用还原论的思想,比如将陆战作战模型分解成侦察、火力、机动、防护、保障、指控等模型体系,再将这些模型体系逐层分解,直到分解得到的模型足够简单,可以进行建模。当所有模型都建模完毕,则整个模型体系就构建完毕。

2) 绝对时空观

既然在牛顿科学范式下世界是确定的,那么空间和时间就是绝对的,相互之间绝对独立,不存在任何联系,这就是绝对时空观。

3) 因果对应观

牛顿科学范式认为,任何事物的原因和结果必须一一对应。因果对应观必然得出两个推论:一是只要满足一定的条件,则结果一定是精确的;二是结果必然是可重复的,因而是可以预知的。这就蕴含着世界是确定性的,因为在一定的条件下,必然精确地导致相应的结果;或者,从结果可以精确地回溯到起点,好像整个世界就像一个复杂的机械装置在精确地运行。所以,有人把牛顿科学范式称为机械思维模式,也是非常形象的。

牛顿科学范式长期以来一直指导着人类自然科学领域的研究活动,甚至缺乏有效科学研究手段的社会科学、经济学和军事科学等非自然科学领域也都会参考牛顿科学范式。如上文所述作战模型的构建。那么,牛顿科学范式真能有效解决非自然科学领域的问题吗?

2. **复杂性与复杂系统**

进入 21 世纪,爱因斯坦的相对论打破了绝对时空观,普朗克量子力学的波粒二象性和量子纠缠打破了因果对应观,事物确定性组成的定论被打破,还原论的局限性显现出来。人们发现,无论宏观、微观物理世界,还是生物世界、人类社会,并不都像我们所观察到的世界那样遵从牛顿物理定律,应该有更合适的理论加以解释。300 多年以来一直指导人们进行科学研究的牛顿科学范式受到了前所未有的挑战。

这个理论就是复杂性(Complexity)理论,具有复杂性的系统就叫复杂系统(Complex-System),由此产生的新科学就叫复杂系统科学,或者复杂性科学。

复杂性概念是贝塔朗菲于 1928 年提出的。从上面可以知道,他也是系统论的提出者。

所谓复杂系统是相对于简单系统而言的。

简单系统就是"1 + 1 = 2"的系统,也就是可以用还原论来认识的系统。比如机械系统,再"复杂"也是简单系统,"复杂"可能是规模大、结构"复杂"、制造工艺"复杂"等,但总可以用还原论方法将之分解为简单的模块,在性质上具有线性特征。在中文中,"复杂"意义比较多,所以才会使用"复杂性"这个词。而英文则非常清晰,用 Complicated 表示"复杂"的简单系统,用 Complex 表示"复杂系统"。显然,牛顿科学范式就是适用于简单系统的科学研究方法。

复杂系统就是"1+1≠2"的系统。复杂系统具有适应性、不确定性和涌现性的性质，具有非线性，具有因果关系不简单、结果不可重复等特点，无法用还原论方法进行研究。比如人类社会、经济系统、战争系统等都属于复杂系统。

1) 适应性

美国圣达菲研究所霍兰教授在其著作《隐秩序》中提出了复杂适应性系统（Complex Adaptive System,CAS）的概念。系统的结构,即系统之间的关系,能够根据环境的变化而不断调整的系统,即为复杂适应性系统。他认为正是这种适应性造就了复杂性。CAS 把系统中的成员称为具有适应性的智能体（Adaptive Agent）,简称智能体,如图 2-7 所示。所谓具有适应性,就是指它能与环境及其他智能体进行交互,智能体在这种持续不断的交互作用过程中,不断学习和积累经验,并根据学到的经验改变自身的结构或行为。整个系统宏观层面的演变和进化,包括新层次的产生,分化和多样新的出现,新的、聚合而成的、更大的智能体的出现等,都是在这个基础上逐步派生出来的。后面章节中有关强化学习的智能体就是在 CAS 基础上的进一步拓展。

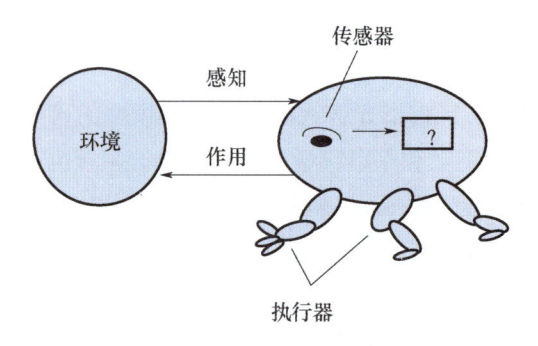

图 2-7 智能体

2) 不确定性

牛顿科学体系的本质是确定性的。但实际上,确定性只是错觉,世界其实是一个不确定的世界,确定性只是其中的特例。

一般而言,不确定性种类主要分为 4 类。

（1）随机不确定性,即事件本身确定,但是否发生则不确定。例如,天气预报常说明天下雨的概率是 70%,就是一种随机不确定性。

（2）模糊不确定性,即事件本身是模糊的,但发生却是确定的。例如,什么叫"漂亮",显然不同的人有不同的标准,同一个人在一个人眼里是漂亮的,在另一个人眼里也许就是不漂亮的,这也是一种不确定性。

（3）灰色不确定性,即由于信息缺乏导致的不确定性。例如,我们常说的"战争迷雾",就是由于对敌情信息的缺乏而导致的不确定性。

（4）认知的不确定性,即由于认知不足带来的不确定性。对于战争复杂系统而言,不确定性是其主要特征。

克劳塞维茨说,战争是"不确定性王国,充满了战争迷雾","迷雾"里既有随机不确定事件,也有模糊不确定的认知,更有灰色不确定的敌情和认知上的不确定性。正是存在这种广泛的不确定性,战争艺术才有了广阔的舞台。不确定性不能消除,只能管理。下面介绍的指挥控制敏捷性就是一种管理不确定性的方法。

3) 涌现性

所谓涌现(Emergence)就是系统内每个个体(智能体)都遵循局部交互规则,不断相互交互,适应性地产生出整体性质的过程。涌现对于复杂系统而言,既是其重要特色,也是其追求的主要目标。

自然界很多群体行为都具有涌现现象,如蚂蚁王国,研究证实,蚂蚁的神经系统非常简单,每个蚂蚁只遵循简单的规则交互,大量的蚂蚁就形成能够聪明觅食、筑巢、分工的涌现现象。

利用涌现性是我们研究复杂系统的重要、本质的手段。与自上而下不断分解、再自下而上逐级还原的还原论方法不一样,复杂系统的建模方法是自底向上的。通常首先要识别构成复杂系统的智能体;然后对智能体之间以及智能体与环境之间的交互规则以及智能体内部简单的决策机制进行建模,在仿真运行的过程中,智能体通过交互作用,从无序逐渐涌现出某种规律性的演化结果。

例如,曾经有人在计算机中对仿真鸟智能体只设置了3条彼此之间位置关系的规则,就能涌现出和真实鸟类群体飞行几乎一模一样的飞行行为。美国海军陆战队也用基于智能体的仿真方法,在仿真运行中涌现出两翼包抄、以优势兵力围歼敌方兵力的作战行为。这里要特别注意复杂系统涌现结果的非线性,即小的输入不一定造成小的输出,大的输入也不一定造成大的输入。这就是著名的"蝴蝶效应"所描述的非线性现象,具体表述为:南美的蝴蝶扇一下翅膀,在亚洲引起了一场风暴。扇一下翅膀,造成了空气的一个微小的扰动,然而就是这么一个小的扰动,经过不断的传播、作用,造成了远方的大风暴。之所以称为"蝴蝶效应",还源于发现非线性现象并创立混沌学理论的爱德华·洛伦兹提出的蝴蝶状吸引子模型,如图2-8所示。

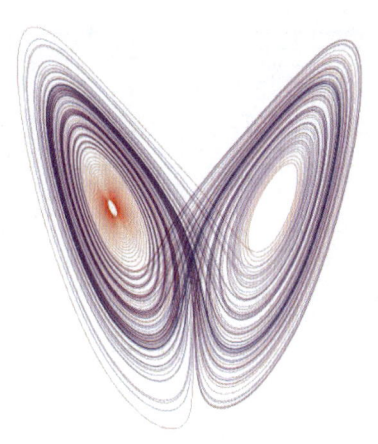

图2-8 洛伦兹吸引子

3. 复杂系统科学方法

复杂系统科学思维解决了我们认识和理解复杂系统问题,但要在实践上去解决复杂系统的现实问题,需要有科学的方法和手段。这些科学的方法包括多智能体系统、复杂网络、大数据和机器学习等。

1) 多智能体系统(Multi-Agent System, MAS)

多智能体系统是研究复杂系统的重要手段,采用自底向上的建模方法,识别出系统中底层的实体,建模成智能体,包括智能体之间和与环境之间的交互规则,以及智能体内部的决策机制。多个智能体以及智能体之间的关系、智能体与环境之间的关系组成多智能体系统。多智能体系统可根据需要设计为多层次多智能体系统,最高层次多智能体系统由若干多智能体子系统组成。多智能体系统中的智能体在交互规则、决策机制以及通信机制的作用下,在适应环境的过程中,就有可能在宏观层次涌现出规律性的涌现现象,为复杂系统性质和规律的研究提供了科学、定量的分析手段。

随着复杂系统研究热度的上升,世界上出现了多个多智能体系统平台工具,如SWORM、NetLogo等多智能体平台。这些平台实现了智能体运行的机制,为用户提供了可以描述多智能体的宏语言,用户根据自身的研究需求,使用宏语言去描述特定的智能体,就能运行、分析特定的多智能体系统。

用多智能体系统研究军事复杂系统也是近年来在作战仿真、指控分析等领域的热点。例如,上面所说美国海军陆战队所做的EINSTein(Enhanced ISAAC Neural Simulation Toolkit)陆战实验,即增强的最简半自治适应性作战(Irreducible Semi-Autonomous Adaptive Combat, ISSAC)神经仿真工具。该作战实验采用复杂系统多智能体建模的方式,针对一个简化的红蓝对抗实验,通过个体智能体作战单元之间的相互作用,来研究作战的整体效果,如图2-9所示,红蓝双方分别占据战场空间的两端,为各个智能体设计了交战规则,智能体的目标是占领敌方阵地并夺取敌方旗帜。

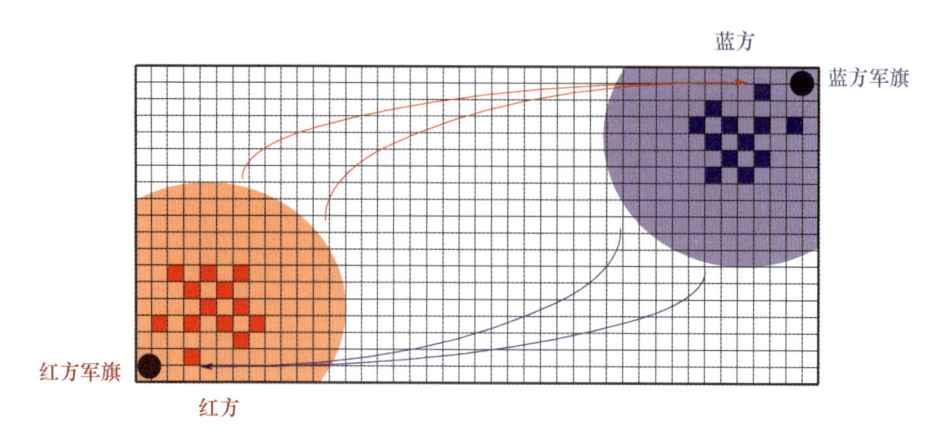

图2-9 EINSTein陆战实验场景

红、蓝双方智能体作战单元依据规则进行机动及作战行动,在宏观上涌现出了诸如两翼包抄、以优势兵力歼灭敌孤立作战单元等作战结果。图2-10所示为红、蓝双方从接敌到展开的涌现过程,这种涌现现象不是事先设计的,而是智能体作战单元根据底层交互规则在运行中涌现出来的。

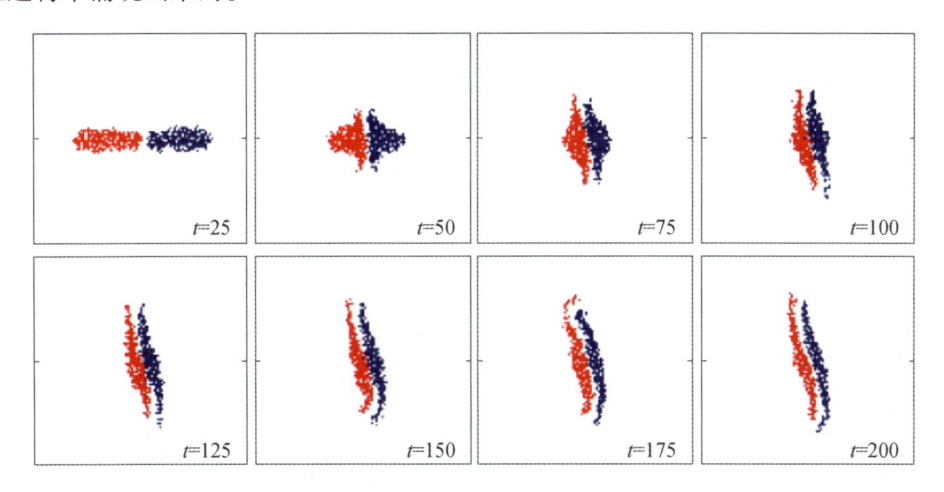

图 2-10　EINSTein 陆战实验涌现现象

另外,指挥控制成熟度模型和指挥控制敏捷性分别由北约 SAS-65 和 SAS-85 研究小组采用多智能体系统的实验方法进行了科学的实验研究与分析[①]。

2) 复杂网络

复杂网络不是仅仅指计算机网络,而是一切相互有连接关系的实体组成的复杂网络,是复杂系统的一种抽象。这种连接关系包括人际关系、计算机的网络连接、军事系统各作战要素之间的指挥关系等。复杂网络的发现源于 20 世纪末在《自然》和《科学》杂志上分别发表的关于小世界模型和无尺度网络的论文。所谓小世界模型是指在复杂网络中,从一个节点到任意一个节点之间的间隔,或者叫"跳",平均为 6,也就是说,从一个节点到另一个节点,平均 6 跳就能到达,这就是所谓的"六度分隔"。例如,人际关系网络,某人想与世界任意角落的人认识,平均只需要 5 个人介绍,即 6 跳,就能完成。这个世界是不是很小? 所以叫小世界模型。所谓无尺度(ScaleFree)网络,是指网络中的链接数不是随机的正态分布,而是符合"二八定律"的,即少部分节点占据大量链接,而剩下的节点只占据少量链接,这就是所谓的幂律(PowerLaw)特征,如图 2-11 所示。图中 20% 的"头部"区域占据了大部分空间,而 80% 的"长尾"部分只占据了很小一部分空间。具有幂律特征的网络就叫无尺度网络。例如,互联网中只有新浪、网易等少数几个网站占有大多数的链接,大量的网站只占有少量的链接数。小世界模型和无尺度网络是复杂网络的重要特征,也是一种规律性的体现。复杂网络研究内容主要包括网络的几何性质、网络的形成机制、网络演化的统计规律、网络模型性质、网络结构稳定性、网络演化动力学机制等问题。研究复杂网络是为了理解、预测和控制复杂系统提供科学方法和工具。

---

① 参见 2.3.2 节及 2.3.3 节相关内容。

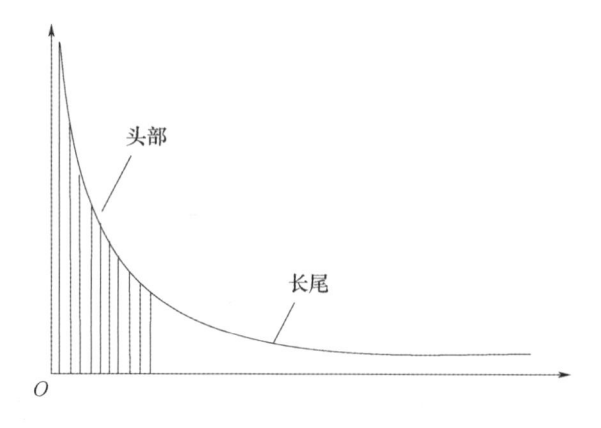

图 2-11 幂律分布

3) 机器学习

复杂系统科学往往采用自底向上的方法去研究宏观的涌现现象,如上述多智能体系统的方法。但上述方法在智能体之间和智能体与环境交互的规则建模上仍然采用的是传统确定性的建模方法。智能体的建模涉及两类:一是智能体对环境的观察,即感知建模;二是智能体与环境和其他智能体的交互,即行为建模。这两者本质上都是智能体知识建模。机器学习是人工智能重要组成部分,是知识表示与获取的关键途经[①]。机器学习包括深度学习,即从大数据中学习知识,而强化学习,则是从与环境的交互中学习知识。显然,深度学习通常用于智能体感知智能的建模,而强化学习用于智能体行为智能的建模,对应于因果关系之梯下两个层次的智能水平[②]。由于深度神经网络对不确定性表示的强拟合能力,使得智能体对环境的适应能力和可靠性大幅提高,相比较传统确定性建模方法,更加接近对真实世界的表达。因此,传统多智能体系统的建模方法已逐渐被以机器学习为基础的多智能体系统所取代。

2.2.3 "新三论"

"新三论"[③]是相对于"老三论"而言的。如果说,"老三论"是牛顿科学体系下的方法论的话,那么,"新三论"就是在复杂系统科学体系下 3 个重要的方法论,是复杂系统科学自组织理论的重要组成部分。

自组织现象是复杂系统中重要的研究内容,是复杂系统适应性的重要体现。组织是指系统内有序结构或这种有序结构的形成过程。如果一个系统靠外部指令而形成组织,就是他组织;否则,系统按某种规则,各尽其责而又相互协调、相互作用,在相互适应和与环境的适应中,自动形成有序结构,就是自组织。

自组织理论主要研究系统怎样从混沌无序的初态向稳定有序的终态演化的过程和规

---

① 参见 2.5.2 节相关内容。
② 参见 2.5.2 节相关内容。
③ 本节部分内容参考了百度百科相关内容。

律,主要有3个部分组成:耗散结构、协同学和突变论,这就是我们所说的"新三论"。

1. **耗散结构论(Dissipative Structure Theory)**

耗散结构理论的创始人是比利时俄裔科学家伊利亚·普里戈金。

耗散结构理论就是研究耗散结构的性质及其形成、稳定和演变规律的科学。其基本理论可以概括为:一个远离平衡态的非线性开放系统,通过不断地与外界交换物质和能量,在系统内部某个参量的变化达到一定阈值时,通过涨落,系统可能发生突变,即非平衡相变,由原来混沌无序状态变为一种在时间上、空间上或功能上的有序状态。这种远离平衡的非线性区形成的新的稳定的宏观有序结构,由于需要不断与外界交换物质或能量才能维持,因此称为耗散结构。

所谓远离平衡态指系统内可测的物理性质极不均匀的状态。非线性开放系统中的非线性是指非线性作用,即如果系统内子系统之间存在着并非一一对应,而是随机进行的相互作用,则这些子系统之间存在着非线性相互作用。涨落是指系统实际运行状态与理论统计状态之间的偏差。在正常情况下,涨落相对于平均值是很小的,即便有大的涨落也会被立刻耗散掉。但在阈值的临界点,涨落可能不自生自灭,而是被不稳定的系统放大,最后使系统达到新的宏观态。突变则是在系统临界点附近控制参数的微小改变导致系统状态明显的大幅度变化现象。从开放系统的角度看,突变是使系统从无序混乱走向有序的关键。

耗散结构理论提出后,在自然科学和社会科学的很多领域,如物理学、天文学、生物学、社会学、经济学、哲学等领域都产生了巨大影响。

2. **协同论(Synergistics)**

协同论是20世纪70年代初德国理论物理学家赫尔曼·哈肯创立的。

协同论主要研究远离平衡态的开放系统在与外界有物质或能量交换的情况下,如何通过内部协同作用,自发地出现时间、空间和功能上的有序结构。协同论以现代科学的最新成果——系统论、信息论、控制论、突变论尤其是耗散结构理论为基础,采用统计学和动力学相结合的方法,提出了多维相空间理论以及协同效应、伺服原理、自组织原理等,建立了一整套的数学模型和处理方案,在微观到宏观的过渡上,描述了各种系统和现象中从无序到有序转变的共同规律。

客观世界存在着各种各样的系统:社会的或自然的,有生命的或无生命的,经济的或军事的,微观的或宏观的等,这些看起来完全不同的系统却具有深刻的相似性。协同论就是研究这些不同事物共同特征及其协同机理、具有广泛应用性的新兴综合性学科,它着重探讨各种系统从无序变为有序时的相似性。哈肯说过,他之所以把这个学科称为协同论,一方面是由于所研究的对象是许多子系统的联合作用,以产生宏观尺度上结构和功能;另一方面,它又是许多不同的学科进行合作,来发现自组织系统的一般原理。

哈肯在阐述协同论时的一段话非常形象和深刻:"我们现在好像在大山脚下从不同的两边挖一条隧道,这个大山至今把不同的学科分隔开,尤其是把'软科学'和'硬科学'分隔开"。

其实,哈肯的这段话正是复杂性科学着力解决的打通自然科学和社会科学的"隧道",让社会科学有更多像自然科学一样深厚的理论基础和定量化科学计算的工具,迎来军事科学与自然科学相互融合的科学的春天。

3. 突变论(Catastrophe Theory)

突变论最初由荷兰植物学家和遗传学家德弗里斯提出,后由法国数学家雷内·托姆系统阐述和创立。英文 Catastrophe 一词原意为突然来临的灾祸,有时也译为灾变论。

突变论是研究自然界和人类社会中连续渐变如何引起突变或飞跃,并力求以统一的数学模型来描述,预测并控制这些突变或飞跃的一门学科。它把人们关于质变的经验总结成数学模型,表明质变既可通过飞跃的方式,也可通过渐变的方式来实现,并给出了两种质变方式的判别方法;还表明,在一定情况下,只要改变控制条件,一个飞跃过程可以转化为渐变,而一个渐变过程又可转化为飞跃。突变论认为,事物结构的稳定性是突变论的基础,事物的不同质态从根本上说就是一些具有稳定性的状态,这就是为什么有的事物不变,有的渐变,有的则突变的内在原因。在严格控制条件的情况下,如果质变经历的中间过渡状态是不稳定的,它就是一个飞跃过程,如果中间状态是稳定的,它就是一个渐变过程。

在自然界和人类社会活动中,除了渐变和连续光滑的变化现象外,还存在大量突然变化和跃迁现象,如水的沸腾、岩石破裂、桥梁坍塌、地震、细胞分裂、情绪波动、战争爆发、经济危机等。突变论方法正是试图用数学方程描述这种过程。通过突变论能有效理解物质状态变化的相变过程,对自然界生物形态的形成做出解释,深化理解哲学上量变到质变的规律,建立有效的经济危机模型、社会舆论模型、战争爆发模型等,在数学、化学、生物学、工程技术、社会科学、军事科学等方面有着广阔的应用前景。

突变论与耗散结构论、协同论一起,在有序无序转化机制上,把系统的形成、结构和发展联系起来,成为推动复杂系统科学发展的重要理论基础。

2.3 指挥控制基本理论

本节介绍美军指挥控制理论最底层的指挥控制基本理论。正像军队指挥规律对于世界各国军队具有普适性,指挥控制基本理论反映的是指挥控制最基本的规律,具有普遍意义,有助于我们科学理解指挥控制的内涵。

2.3.1 指挥控制模型

建立模型通常是我们研究一个事物、得出其性质与规律的一种方法与途经。我们要想更好地理解指挥控制,那么可以通过建立指挥控制模型,刻画其运行过程、产生的结果等,使我们有一个统一的平台、统一的语言,来理解、研究指挥控制的规律和特性。本节介绍指挥控制的过程模型和概念模型。

1. 指挥控制过程模型

指挥控制过程模型是人们对指挥控制的实际进行过程进行抽象,形成的能够反映指挥控制内在、本质联系的模型。本节我们介绍几个经典的指挥控制过程模型。

1) OODA 模型

观察－判断－决策－行动(Observe－Orient－Decide－Act,OODA)模型是由美国空军上校约翰·R·博伊德于1987年提出的一个非常经典的作战过程模型,该模型以指挥控制为核心描述了"观察－判断－决策－行动"的作战过程环路,如图2－12所示。

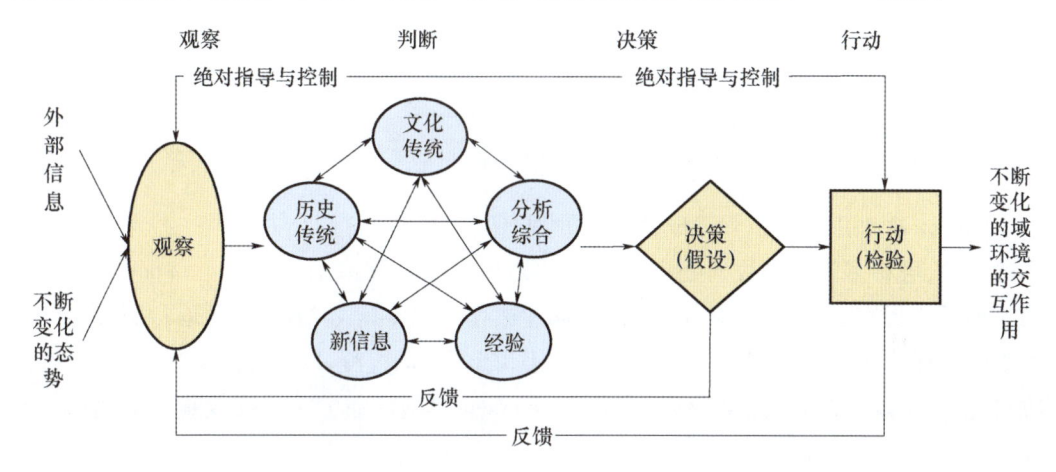

图 2 –12　OODA 模型

观察是从所在的战场环境搜集信息和数据;判断是对当前战场环境的相关数据进行处理与评估,形成战场态势;决策是在对战场态势正确理解的基础上,定下决心,制订并选择一个作战方案;行动是实施选中的作战方案。OODA 模型的循环过程是在一种动态和复杂的环境中进行的,通过观察、判断、决策、行动四个过程,能够对己方和敌方的指挥控制过程周期进行简单和有效的阐述,同时该模型强调影响指挥官决策能力的两个重要因素:不确定性和时间压力。

受当时各方面条件的制约,OODA 模型存在以下不足:①观察、判断、决策和行动等作战活动没有进一步分析和解释说明;②由于其严格的时序性和单一的过程使其很难适应现实战场中存在的多任务环境。

鉴于OODA 模型存在诸多问题,先后有许多研究者提出了很多的改进模型。但所提出的模型描述起来较为复杂,直到布雷顿和卢梭于2004年提出了模块型OODA 模型才克服了描述复杂的毛病。模块型OODA 模型通过对经典 OODA 模型的修改,为更好地描述指挥控制过程动态复杂的本质提供了一种更好的方法。随后布雷顿又先后提出了认知型OODA 模型和团队型OODA 模型,对OODA 模型从认知层面和团队决策层面进行了改进。

2) Lawson 模型

劳森(Lawson)模型是1981年乔尔·S·劳森提出的一种基于控制过程的指挥控制模型,也被称为劳森－摩斯环。该模型认为,指挥人员会对环境进行"感知"和"比较",然后

61

将解决方案转换成所期望的状态并影响战场环境,其基本过程如图 2-13 所示。

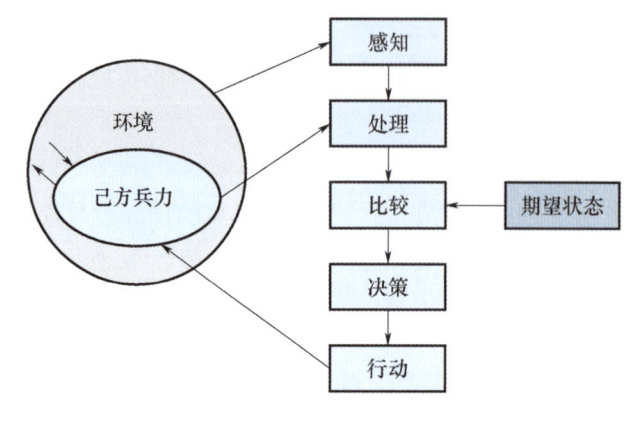

图 2-13 Lawson 模型

Lawson 模型由 5 个步骤组成:感知、处理、比较、决策和行动,去除了一些单纯大脑产生的想法,可将多传感器数据处理为可行的知识。Lawson 模型的另一个特征是"期望状态",包括指挥官的意图、基本任务、任务陈述或作战命令等。"比较"就是参照期望状态检查当前环境状况,使指挥官做出决策,指定适当的行动过程,以改变战场环境状况,夺取决策优势,实现指挥人员影响环境的愿望。Lawson 模型存在的主要问题是在应用中不是很广泛。

Lawson 模型和 OODA 模型之间存在差异可通过下表进行对比分析,如表 2-1 所列。

表 2-1 OODA 模型与 Lawson 模型的比较

OODA 模型	Lawson 模型
观察	感知
	处理
判断	比较(当前环境状况与期望状态的比较)
决策	决策
行动	行动

Lawson 模型将 OODA 模型中的观察阶段拆分为感知和处理两个阶段,通过传感器等设备和手段进行感知和处理,与 OODA 模型单纯的观察相比,去除了一些单纯由肉眼观察产生的一些相对模糊的信息。Lawson 模型的比较阶段较 OODA 模型的判断(定位)阶段的内涵相对丰富,Lawson 模型引入了一个期望状态的概念,不仅要求指挥官做出判断,而且要求指挥官在比较当前环境状况与期望状态的情形下做出判断。这在 OODA 模型中显然没有涉及。OODA 模型强调的重点是如何比对手更迅速地做出决策,以实现对敌方 OODA 环的影响;而 Lawson 模型的重点是如何维持和改变战场环境,夺取战场优势。

3) Wohl's SHOR 模型

Wohl's SHOR 模型是 1981 年 J. G·沃尔提出的一种基于认知科学的指挥控制模型。该模型使用了当时在心理学领域较为流行的"刺激-反应"框架,最早被应用于美国空军

战术的指挥控制,包括如图2-14所示的4个步骤:刺激(数据)、假设(感知获取)、选择(反应选取)和反应(做出行动)。

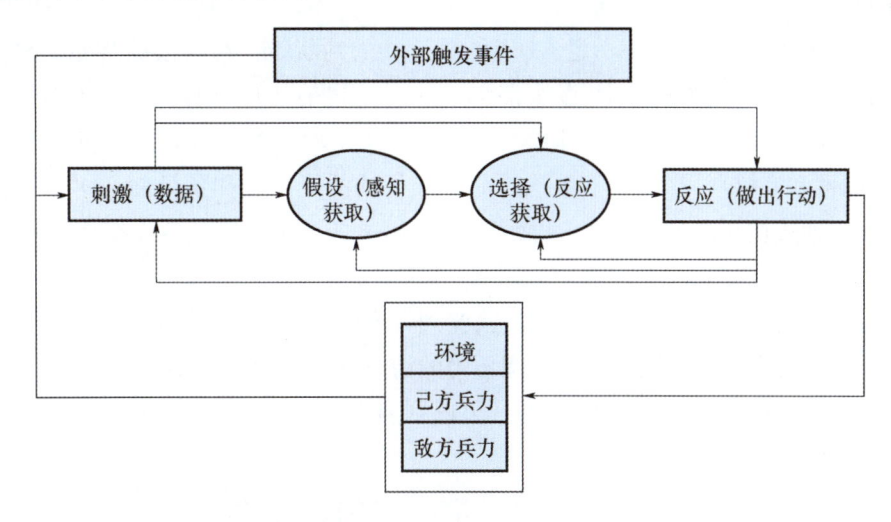

图2-14 Wohl's SHOR 模型

战场环境下,指挥控制过程随时处于高强度压力和严格时间限制的条件下;同时,随着战场环境的不断变化,从外部环境获取的信息也随之不断地变化与增加。这就要求指挥官具备随时随地做出适时决策的能力,以达到对所属部队实施精确、高效指挥控制的目的。Wohl's SHOR 过程模型从指挥官感受到外在的情况变化(刺激)出发,获取新信息,针对新信息(刺激)和可选的认识提出假设(感知获取),然后从可选的反应中产生出若干个针对处理假设的可行的行动选择(反应选取),最后对以上选择做出反应,即采取行动。

Wohl's SHOR 模型和 OODA 模型之间存在差异可通过表2-2进行对比分析。

表2-2 OODA 模型与 Wohl's SHOR 模型的比较

OODA 模型	Wohl's SHOR 模型	
观察	收集/侦察	刺激(数据)
判断(定位)	过滤/查找相关性	
判断(定位)	统计/显示	
无	存储/回收	
判断(定位)	根据态势提出假设	假设(感知获取)
判断(定位)	评价假设	
判断(定位)	选择假设	
决策	创建可供处理假设的选择	选择(反应选取)
决策	评价选择	
决策	做出选择	
无	计划	反应(作出行动)
无	组织	
行动	行动	

通过比较可以发现，OODA 模型缺少存储记忆功能，即对于数据的存储和回收功能。在未来的网络中心战的环境下，存储有用数据是非常基本的一项功能，Wohl's SHOR 模型恰好弥补了 OODA 模型的这一不足。OODA 模型中的判断(定位)阶段被 Wohl's SHOR 模型应用到刺激和假设两个阶段中，显然，适时判断数据的有用性是必须的。OODA 模型缺少在反应行动前的计划和组织的子阶段，上述两个子阶段的存在有利于上级对下级下达命令的准确性和完整性，有利于下级执行命令和行动的正规性和预见性。OODA 模型强调决策速度，通过快速决策影响敌人，而 Wohl's SHOR 模型对决策速度没有特别强调。

4）RPD 模型

指挥控制过程是一个相当复杂的过程，受到许多因素的影响。研究表明，指挥控制过程中，指挥决策者在困难环境中和有时间压力的情况下，往往不会使用传统的方法进行决策。根据这一发现，Klein 于 1998 年提出了识别启动决策(Recognition Primed Decision, RPD)模型，如图 2-15 所示。

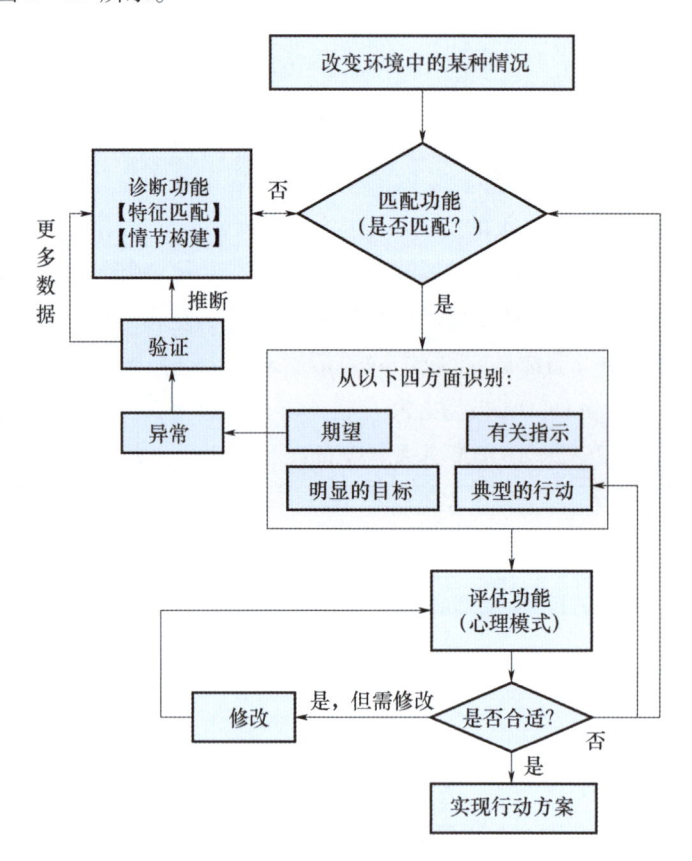

图 2-15 RPD 模型

识别决定模型指出，指挥过程中，指挥决策者首先将当前遇到的问题环境与记忆中的某个情况相匹配；然后从记忆中获取一个存储的解决方案；最后在对该方案的适合性进行评估。如果合适，则采取这一方案，如果不合适，则进行改进或重新选择另一个存储的方案，最后再进行评估。

识别决定模型具有匹配功能、诊断功能和评估功能。匹配功能就是对当前的情境与记忆和经验存储中的某个情境进行简单直接的匹配,并做出反应。诊断功能多用于对当前本质难以确定时启用,包括特征匹配和情节构建两种诊断策略。评估功能是通过心里模拟对行为过程进行有意识的评估。评估结果要么采用这一过程,要么选择一个新的过程。

通过表2-3的比较可以发现,OODA模型较RPD模型缺少学习和适应新的战场环境的能力,而这点正是增强战场灵活性的重要方面。RPD模型强调现有态势与已知情况的匹配,是使得指挥员能够快速正确做出决策的一种有效手段,而OODA模型只强调新获取的态势信息,忽视了以往战斗经验的重要性。OODA模型缺少对行动方案的有效模拟和评估,由此不能实时修订行动方案,因此降低了行动成功的概率。

表2-3 OODA模型与RPD模型的比较

OODA模型	RPD模型
观察	观察态势信息
判断	将现有态势与记忆中的某种情况匹配
	获取匹配某种情况的原型解决方案
	标出无法匹配的态势和难以确定性质的情况
	诊断以上标出的难以确定性质的情况
无	通过模拟,评估行动方案
无	修改行动方案
决策	决定采用行动方案还是重新选择
行动	执行修改过并确定的行动方案
无	将此次军事行动总结为新情况原型

5) HEAT模型

HEAT(Headquarters Effectiveness Assessment Tool)指挥控制模型是由理查德·E·海耶斯博士提出的,该模型以5个步骤的循环为基础:监视、理解、计划准备(包括制订方案以及对其可行性进行预测)、决策和指导,如图2-16所示。

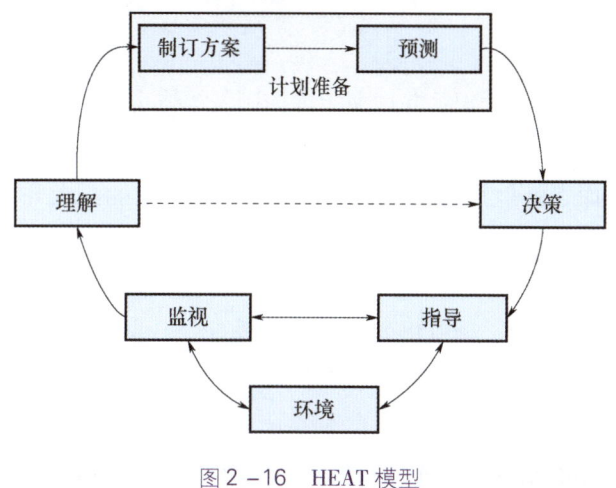

图2-16 HEAT模型

该模型提出的指挥控制过程被看作是一个自适应的系统,在该系统下,指挥官对所输入的信息做出反应,将系统转变成期望的状态,以达到控制战场环境的目的。该系统负责监视战场环境,理解态势,提出行动方案并制订计划,预测方案的可行性,评估其是否具有达到期望状态和控制战场环境的可能性,从由司令部参谋评估过的可选的行动方案中做出决策选择并形成作战计划和指示下发下级部门,然后为下级提供指导并监视下级的执行情况。如遇战场环境的动态改变,该自适应系统将重新进行监视并循环上述过程。

HEAT 指挥控制过程模型的可用性在海、陆、空三军的联合作战中已经得到了成功的印证,但其在信息时代的作战中仍显得相对脆弱,最主要的问题就是信息和指示命令的相对滞后性,这使得信息时代的指挥控制的灵活性不能得到很好的保证。

通过表 2-4 的比较可以发现,OODA 模型与 HEAT 模型有如下不同。

(1) HEAT 模型的监视阶段较 OODA 模型的观察阶段更具隐蔽性、主动性和时效性,对战场中及时掌握第一手资料具有相当积极地意义;

(2) HEAT 模型比 OODA 模型多了预测结果的阶段,加入此阶段,增加了行动成功的概率和预见性,对下一步军事行动的制订也有一定的指导意义;

(3) HEAT 模型的行动是在上级的监督指导下完成的,如此可使下级规避潜在的风险,并使上级能够实时掌握最新的战争动态,依据具体的情况及时调整行动方案。当然,此种情况下,下级行动的灵活性会受到一定的限制。

表 2-4　OODA 模型与 HEAT 模型的比较

OODA 模型	HEAT 模型	
观察	监视	
判断(定位)	理解	
决策	制订方案	计划准备
无	预测结果	
决策	决策	
行动(不含指导)	指导行动	

2. 指挥控制概念模型[①]

指挥控制概念模型是科学理解并把握指挥控制基本概念、基本原理的基础。

1) 概念模型

概念模型,简单而言就是我们如何理解事物的一种表达方法,是不同专业人员研究同一事物的共同基础。通常用无二义性的语言配合框图来表达概念模型。框图一般用方框表示概念,用箭头表示概念之间的关系。概念模型在表达真实世界事物时,一般本着最小化原则,即对事物本质的抽象,抽取出的概念以及概念之间的关系恰好能准确表达事物的本质,通俗而言就是,多一点嫌多,少一点不够。

[①] 本节内容参考了阿尔伯特的《理解指挥控制》和《理解信息化战争》中的相关内容。

概念模型通常是我们用科学方法研究事物的起点。研究过程一般是建立概念模型、建立数学模型、建立仿真模型、建立仿真程序、实施仿真实验、进行仿真分析这样一个不断迭代循环的过程,直到完成研究任务,如图 2-17 所示。

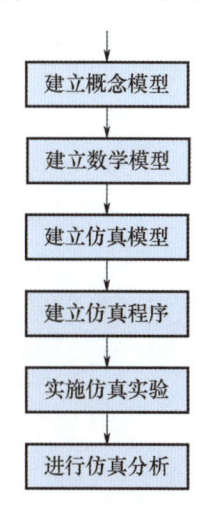

图 2-17 一般研究过程

上述研究过程其实可以概括成 3 个步骤:一是观察事实;二是从中得出概念模型;三是实验验证模型的合理性和正确性。

我们可以通过一个空调调节房间温度的例子来说明概念模型的建立。

图 2-18 是利用空调调节房间温度的概念模型,该模型表达了为了将房间温度控制在某个合适的温度范围,所必须的最基本的几个概念元素,这些概念实际上就是一个或多个变量。这些基本概念元素包括:指挥、控制、行为、目标、环境和传感器。指挥表达的是想要的温度范围的意图;控制的功能就是把想要的温度转化为控制房间温度的一系列动作;行为就是加热或制冷、提高或降低温度等的动作,或者说能力;目标就是房间的温度;环境就是房间所处的环境;传感器就是温度计。这个简单的概念模型实际上与最基本的指挥控制概念模型非常类似。

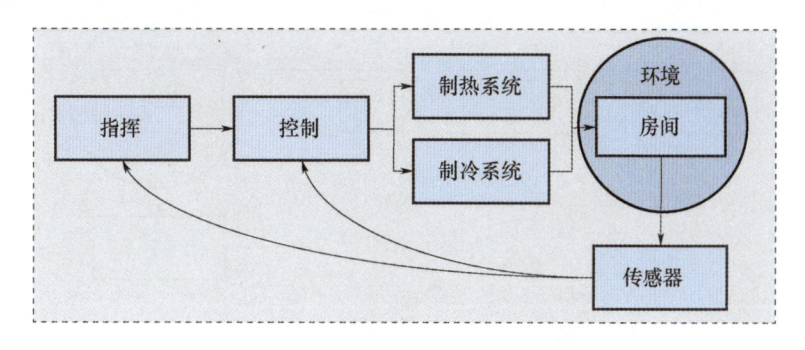

图 2-18 调节房间温度的概念模型

如果要评估上述概念模型是否成功,我们需要测量要求的温度和实际温度的差异。从图 2-18 可以看出,指挥的输出就是控制的输入,另一个控制的输入是传感器(房间温度计)。很显然,这里我们把指挥和控制,包括调节温度的行为,看成过程。图 2-18 实际上是从过程的角度来描述概念模型。

除了是否满足指挥的意图外,完成任务的效率、质量和费效比也是需要评估的,这样的话,只是描述过程是不够的,还需要从过程的度量值视角来描述概念模型,如图 2-19 所示。

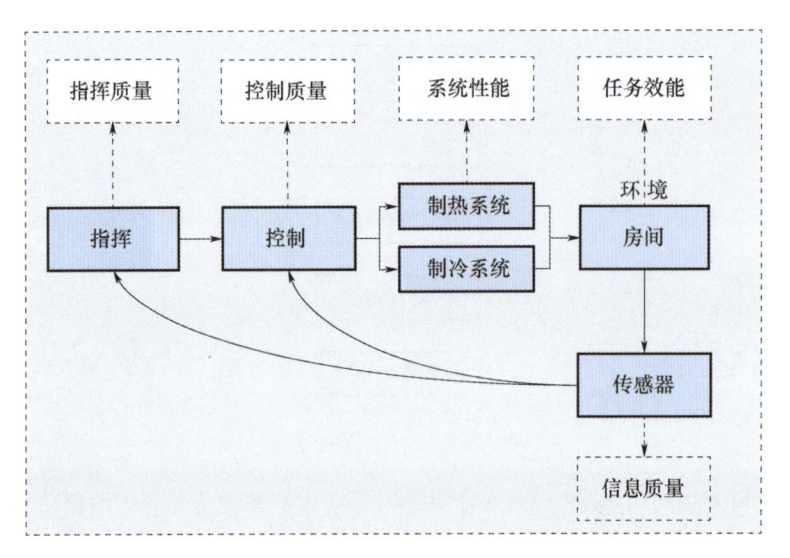

图 2-19 度量值概念模型

2) 指挥控制概念模型

指挥控制概念模型就是对指挥控制本质的抽象,建立指挥控制概念模型是研究指挥控制基本理论的重要组成部分,也是深入理解指挥控制基本原理的重要基础。

与上述概念模型相类似,指挥控制最基本的概念模型如图 2-20 所示。

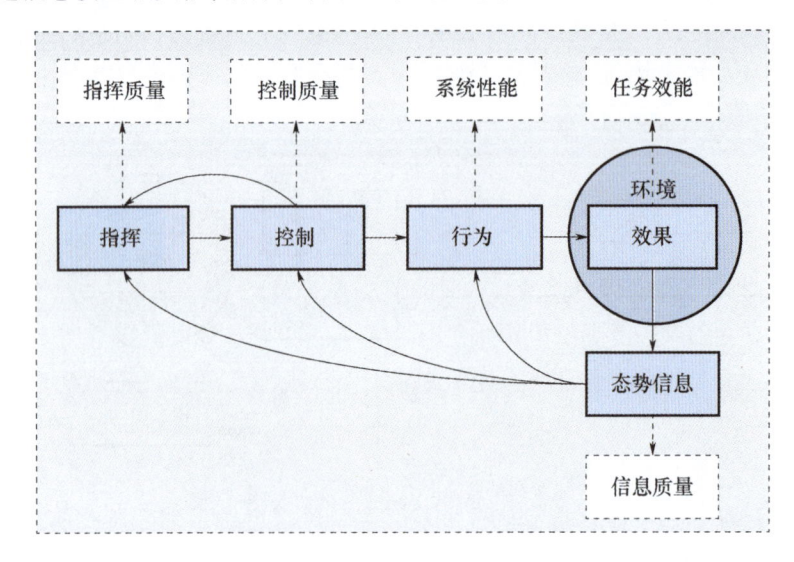

图 2-20 指挥控制基本概念模型

概念模型的建立可以自顶向下,也可以自底向上进行。该指挥控制基本概念模型就属于自顶向下建立模型的顶层模型。顶层模型中包含 3 个功能模块,即指挥、控制与行为。

前面我们介绍了指挥控制的功能,即建立意图,确定角色、责任与关系,建立规则与约束,监控、评估态势与进度等。在这顶层模型中将指挥与控制的功能分开,这样比把指挥控制看成一个整体更具灵活性。

模型中指挥功能主要包括指挥控制功能中的前 4 个功能,特别是建立指挥意图、初始条件的设置、对态势持续地评估以及意图的改变。建立指挥意图,确立了任务目标,为指挥控制过程的控制提供了依据;初始条件的设置主要包括一些可用资源,尤其是与信息相关的有关资源分配;对态势的持续评估是持续监控和评估态势与任务目标的偏差程度,是实施控制的重要依据;改变意图意味着任务目标的改变,为控制指明了调控方向。由此可见,指挥为指挥控制的实现设定了条件,或者描述了指挥控制过程。

控制功能就是确定当前的行动状态是否符合预定的计划要求,如果需要调整的话,在指挥确定的范围内由控制功能实施调整。

行为功能包括 3 类:一是个体与组织之间为完成指挥控制功能而实施的行动或交互,比如建立和传递意图;二是态势感知、理解以及做出相应的反应;三是作战行动,如机动与打击。很显然,前两类行为构成了指挥控制,其中第二类行为称为情况判定(Sensemaking)。第三类行为称为执行(Execution)。

第一类行为是指挥控制功能的核心,这样我们只把行为功能扩展为情况判定和执行两个功能,如图 2-21 所示。

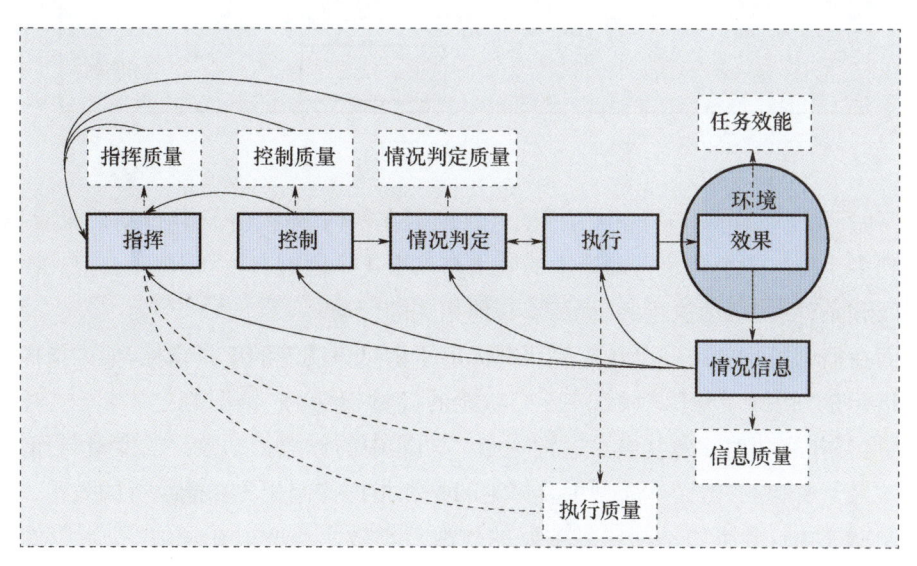

图 2-21 指挥控制概念模型

情况判定(Sensemaking)的动作从信息域的信息进入认知域开始,一直持续到采取行动为止。图 2-22 表示了情况判定的全过程。在信息域,从"意图表示"(Expressions of

Intent)到"可用信息"(Informationavailable)再到"获取信息"(Accessto Information),实际上是一个从信息需求到信息利用的过程。图中的"获取信息"处于信息域与认知域的边界,从此进入至认知域。军事人员通过"察觉"(Perceptions)感知到信息,再通过"心智模型"(Mental Models),形成个人对信息的感知、理解、预测与决策。这里所谓的心智模型是指由军事人员相关知识与经验所形成的对事物理解的模式。决策决定了物理域相应的"行动"(Actions)。这实际上就是一个完整的OODA过程。图中还描述了社会域中个体之间通过交互而形成的共享感知、理解、预测与决策,这种交互受到信息域协作能力的影响。个体与共享的感知、理解、预测与决策共同决定了物理域的行动。

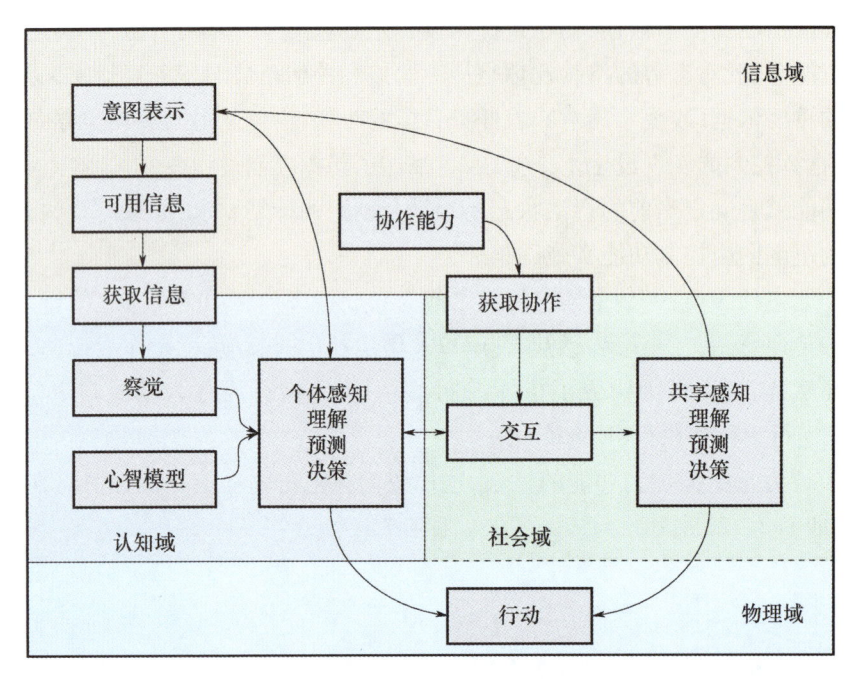

图 2-22 情况判定(Sensemaking)

在"执行"(Execution)功能中的行动可以发生在任何域中,并且其行动效果直接或间接影响到多个域。一个特定行动产生的效果与以下4个因素有关:①行动自身;②行动执行的时间和条件;③行动执行的质量;④其他相关的行动。

我们在概念模型的每一个功能模块都标出了衡量该功能的度量指标,如"指挥"功能的度量指标是"指挥质量","情况判定"功能的度量指标为"情况判定质量"。对于"执行"效果度量指标相对比较复杂。通常"执行"功能中的作战行动效果的度量与作战行动达到的效果紧密相关,然而本模型主要讨论的是和指挥控制相关功能执行的效果,而好的指挥控制功能执行效果并不一定导致好的作战行动效果。所以在评估"执行"效果时必须关注指挥控制自身功能的执行效果。

因此,"执行"功能的质量与采用的指挥控制方法[①]、信息质量、感知质量、共享感知质

---

① 见2.3.2节。

量、协同与同步质量相关。

3) 指挥控制过程概念模型和度量值概念模型

我们在建立空调概念模型时,从过程和度量值两个角度描述了空调的概念模型。同样,指挥控制概念模型也包括过程模型和度量值模型。指挥控制过程概念模型就是从指挥控制功能或过程概念的视角去描述概念模型,而指挥控制度量值概念模型则从概念度量值的角度去描述概念模型。

图 2-23 所示为通用指挥控制过程概念模型。

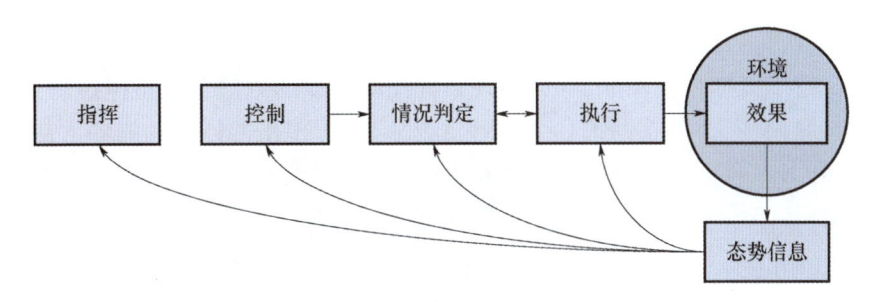

图 2-23 指挥控制过程概念模型

我们前面介绍的指挥控制过程模型如 OODA 模型、HEAT 模型等实际上就是指挥控制过程概念模型。

对于每一个功能或过程概念都对应于一个值概念。在概念模型中,存在着 3 种关系:第一种关系是功能或过程概念之间的关系,如图 2-21 中实线所示;第二种关系是功能或过程概念和值之间的关系,如图 2-21 中虚线所示;第三种关系则是值概念之间的关系,将这些关系综合起来,就定义了一种价值链(Value Chain),或者说是度量值视角的概念模型,如图 2-24 所示。图中的价值链包含了中过程或功能概念所对应的 6 种度量值。

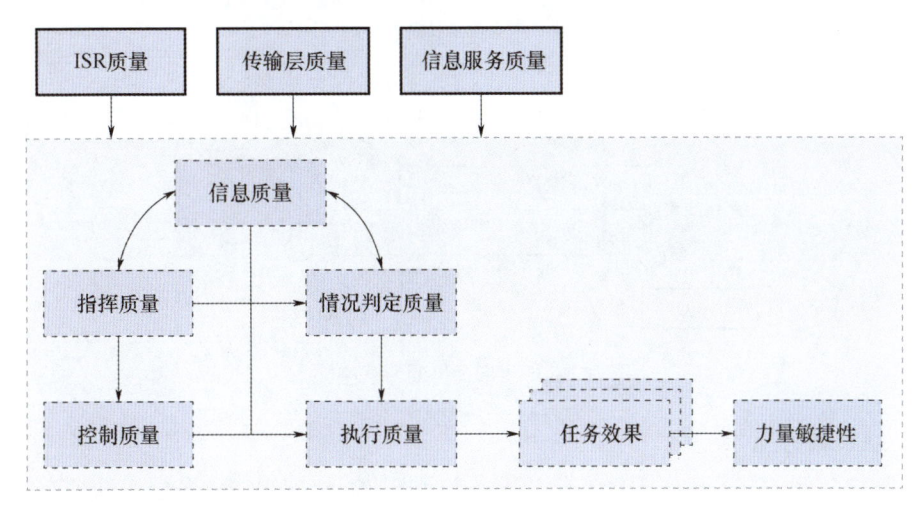

图 2-24 指挥控制度量值概念模型

指挥控制概念模型是我们深入研究指挥控制关键问题的起点和基础。指挥控制概念模型会依据不同的问题、不同的目的、不同的角度进行实例化。

另外还要特别提醒读者注意的是,上述指挥控制概念模型将情况判定从指挥功能中剥离出来,与我们传统意义上对指挥控制的理解不一致,也与美军有关条令对指挥控制的实际定义不一致。我们理解是阿尔伯特对指挥控制在信息化条件下一种理想化的建模,与实际情况有所差异。

2.3.2 指挥控制方法

1. 指挥控制方法空间

前面介绍了指挥控制功能,那么实现指挥控制功能的方法就是指挥控制方法(Command and Control Approaches,CCA)。特别重要地是,实现指挥控制功能的方法不是唯一的,而是多种多样的。不同的指挥控制方法适应不同的目标、环境和不同的实体;而且同一实体采用的指挥控制方法可能随着时间的变化而变化。

指挥控制方法由 3 个关键因素决定,或者说,这 3 个关键因素是指挥控制方法的 3 个维度,构成了指挥控制方法空间,如图 2-25 所示。这 3 个关键因素是:决策权分配;交互模式;信息分布。

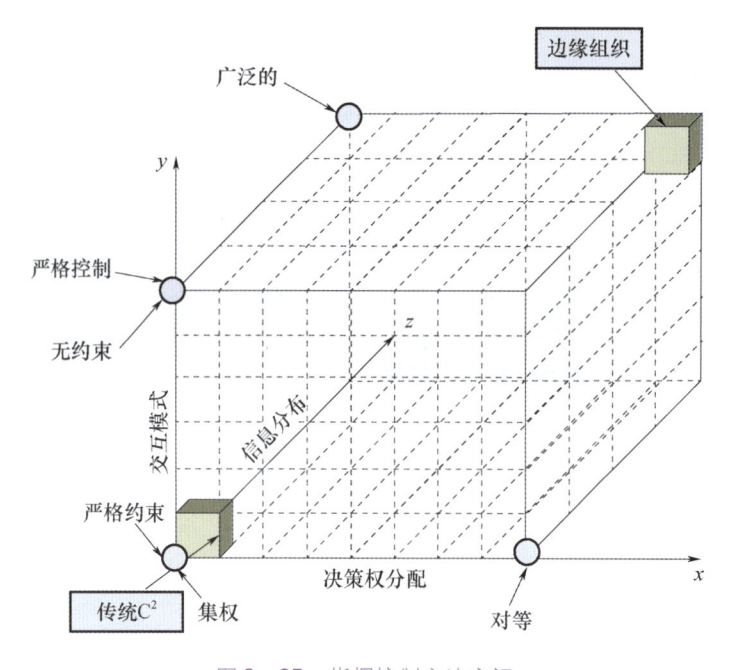

图 2-25 指挥控制方法空间

1) 决策权分配

决策权分配(Allocation of Decision Rights)是指决策权在组织中各层级的拥有情况,如图 2-25 X 坐标轴所示。X 坐标轴原点为传统集权式军队决策权分配方式,即最高层级拥有绝对决策权,越往下层决策权越少,最底层即层级边缘(Edge)则无决策权。X 坐标轴另一端则为完全对等的决策权分配方式,即在组织中任意实体和人员之间的决策权是完全对等的,没有实体和人在决策权方面享有特殊性。这种实体和人员完全对等的组织称为边缘化组织(Edge Organization)。显然,位于 X 坐标轴中某点位置所对应的决策权分配方式介于集权式和完全对等之间。沿 X 坐标轴越往坐标原点,其决策权分配方式越倾向于集权式或集中式;越往 X 坐标轴另一端,其决策权分配方式越倾向于对等方式。

2) 交互模式

交互模式(Patterns of Interaction)是指组织中实体或人员之间交互的模式,通俗而言就是,谁能获得什么样的信息,如图 2-25 Y 坐标轴所示。Y 坐标轴原点为传统严格限制模式,Y 坐标轴另一端则为自由交互模式。交互模式受以下几个因素的影响。

(1) 组织中的指挥架构。一般而言,指挥架构决定了谁可以和谁进行交互,决定了信息的流向,指挥流决定了信息流。在传统层级式指挥架构中,主要的交互模式是依照指挥层级纵向交互,包括直接上下级之间,以及越级之间的交互。平级之间交互相对比较少。而在网络中心化条件下,组织中各个实体之间相互连接,特别是边缘组织中各个对等实体之间拥有相同的决策权和信息权,信息在各实体之间的流向是均衡的,因此实体之间的交互没有限制,各实体之间可以自由交互。所以,组织中的指挥架构本质上决定了实体之间的连接关系。在传统层级式指挥架构下,实体之间的连接关系主要呈树状连接;在网络中心化条件下则呈网状连接。连接关系在一定程度上决定了实体间的交互模式。

(2) 信息通信技术的支撑。实体之间的连接需通过信息通信技术手段加以实现,包含两个方面的支撑:①信道方面,即实体之间通过何种通信手段进行连接,比如短波、超短波、微波、卫星等无线通信手段,或光纤等有线通信手段,亦或是战术互联网和数据链;②信息方面,即通信的内容是话音、视频还是数据信息。前者解决物理上的通联问题,后者是解决逻辑上的通联问题。两者共同决定了交互的质量。在信息化时代数据信息的交互占据主导地位,是态势形成、决策支持、数据指挥等的基础;话音是保底手段,视频在通信资源允许的情况下能够提升指挥员对战场情况的现场感受。

(3) 交互的层次。多媒体通信、信息共享是交互的基本形式,交互的更高层次应该是建立在信息交互基础上的协作性交互,也即为了一个共同的目标,在不同的实体间展开的分析判断情况、协同制订计划、同步执行作战任务等活动。

3) 信息分布

信息分布(Distribution of Information)是指信息,包括数据、信息、知识,在组织中各实体间的分布情况,如图图 2-25 Z 坐标轴所示。Z 轴坐标原点信息分布方式属于工业时代那种受到严格限制的信息分布方式,其主要表现:一是越高的层级拥有越多的信息,如侦察情报信息一般都是按照指挥层级从底层向高层汇聚,越到高层情报信息覆盖的范围越广、内容越丰富,而底层则拥有自己侦察到的信息;二是专业分工分明,各专业信息之间一般不交互,如侦察情报专业、后勤保障专业等都在各自的专业领域内发送、接受信息;三是信息的获取一般采用预先规划的方式,即各层级需要什么信息需要预先规划、定制,事先预知需要什么样的信息,然后由系统推送。Y 坐标轴另一端则为无限制信息分布方式,这种方式实际对应的是网络化、对等实体间自由决策与交互的方式,全网各实体之间拥有完全对等的信息拥有权,一点获取,全网共享。

从以上描述中我们可以发现,信息分布方式实际上是与决策权分配、交互模式密切相关,3个维度之间具有很强的相关性。造成这种相关性的重要的因素实际上就是组织中各实体之间的连接关系,也就是网络化的程度,网络化程度越高,决策权分配、交互模式和信息分布将越向对等的方向发展。这就是下文要介绍的网络中心化指挥控制成熟度模型。

指挥控制方法的概念对于深入理解指挥控制的内涵非常重要,在实际运用中,对于提高指挥效率也具有非常重要的现实意义。本书作者的一位同事在部队代职时,运用指挥控制方法的概念有效提高了部队的指挥效率。他代职的部队是一个防空营,在历年与陆航的对抗演戏中都处于下风。他在详细了解了该部队指挥控制的方法后,找到了症结。原来该营采用的是传统的层级式集权指挥控制方法:一是各连雷达在发现敌目标后向营发送目标信息,自身不具备决策权,无法自己做出打击目标的决策;二是各连之间不进行交流和信息交互;三是各连在等营综合完情报信息后才能接受到目标信息。显然,问题出在指挥控制方法上,最先发现目标的单元没有打击的决策权,各打击单元相互之间没有连接关系,不能协同进行作战活动,当各单元接收到目标信息并赋予打击任务时,敌方目标早已远去,丧失了最佳打击时机。他找到问题后立刻向营长提出改进指挥控制的方法,营长对下放决策权犹豫不决。他建议在下放决策权的同时,制订打击规则,用规则制约决策权。最终,营长接受了全新的指挥控制方法。在新的指挥控制方法下,全营终于与陆航打了平手。在后续工作中,在他的建议下,修改了信息系统,使得各作战单元能够互联互通,互相交互和协作,最终在与陆航的对抗演习中取得了胜利。

2. 指挥控制成熟度

指挥控制方法空间从三个维度定义了指挥控制方法的属性,而从本质上看,这3个维度所定义的指挥控制方法的属性,是对网络中心化程度的一种度量,也即是指挥控制方法适应网络中心化程度的一种度量。如果某一种指挥控制方法落在空间的左下角,则该指挥控制方法基本不依托网络,或者说网络中心化程度很低;如果落在空间的右上角,则指挥控制方法完全依托网络,每一个实体在网络中基本处于对等地位,可以与其他实体自由交互、按需获取信息、具有充分的决策权,这就是阿尔伯特所说的边缘化组织(Edge Organization)。从空间的左下角到右上角,指挥控制方法呈现一种逐渐向网络中心化发展的趋势。

阿尔伯特最先提出指挥控制网络中心化成熟度的概念,借用软件成熟度模型,来定义并度量指挥控制方法适应网络中心化的程度。北约(NATO)研究小组 SAS–65[①] 定义了北约网络赋能的指挥控制成熟度模型(NATO Network Enabled Capability C^2 Maturity Model,$N^2C^2M^2$)。这个模型针对的是集团行动(Collective Endeavors)的指挥控制,即具有不同

---

① SAS(System and Analysis Studies)是北约科学技术组织(Science and Technology Organization,STO)下设的研究小组,研究指控领域相关问题,如 SAS–50 研究指控模型问题,SAS–65 研究指控成熟度问题,SAS–85 研究指控敏捷性问题等。

文化背景的组织共同完成任务时的指挥控制方法,如多国部队、军队与地方机构共同执行人道主义救援等。

$N^2C^2M^2$定义了5种级别的指挥控制成熟度,如图2-26所示,图中的实体指集团行动中不同文化背景的组织。

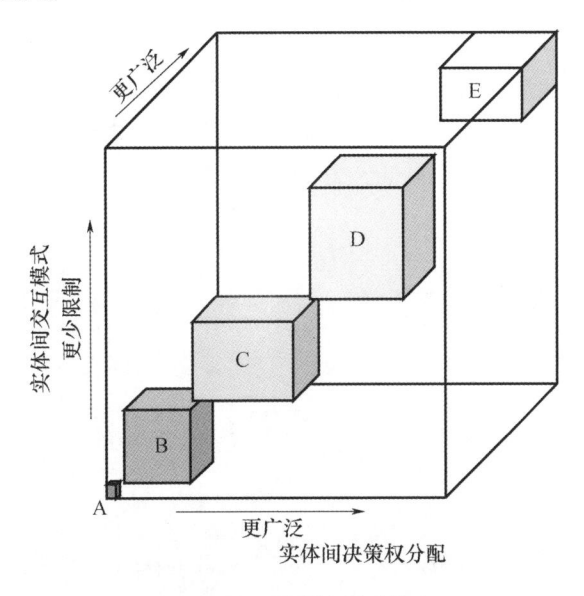

图2-26 指挥控制成熟度

(1) 1级:冲突的指挥控制(Conflicted C^2)。各实体之间没有共同的目标。指挥控制只存在于各实体内部。很显然,各实体之间由于没有共同的目标,没有任何协调、协作的机制,总体的指挥控制上必然存在冲突。

(2) 2级:冲突消解的指挥控制(De-Conflicted C^2)。实体之间通过修改意图、计划和行动,只进行最低程度的交互、信息共享及决策权分配,以避免实体之间的相互影响和冲突。

(3) 3级:协调的指挥控制(Coordinated C^2)。各实体会制订共同的意图和协定将行动和所有实体制订的各种计划关联起来。具体而言,实体会寻求对各自意图的相互支持,在各自计划和行动之间达成关联关系以相互支援或加强行动效果,共享更多信息以提高整体信息质量等。

(4) 4级:合作的指挥控制(Collaborative C^2)。实体已不再满足一个共享的意图,而是寻求合作制订单一的共享计划。具体而言,实体会协商建立一个共同意图和一个共享计划,建立或重新分配角色,协调行动,共享资源,提高相互之间的交流以强化共享感知等。

(5) 5级:末端指挥控制(Edge C^2)。这时整个集团成为一个可靠互联的整体,拥有易于存取、共享信息,能够任意、连续的交互,以及广泛分布的决策权。此时的实体之间能达成自同步。

虽然$N^2C^2M^2$针对的是集团行动,但仍然具有普遍意义。指挥控制成熟度模型可以用来评价某个指挥控制方法对网络中心战的适应程度。成熟度较高的指挥控制方法,能够更好地利用网络赋予的能力,能够更好地获得信息优势,也能够更好地获得下节介绍的敏捷性。这也是为何指控成熟度的科学实验是由研究指控敏捷性的 SAS-85 完成的原因。

2.3.3 指挥控制敏捷性

1. 基本概念

指挥控制的核心就是决策,而战场条件下的决策问题非常困难,如图 2-27 所示。这种困难性包括 3 个维度,即环境、任务和要解决问题的不确定性、时间压力和风险。而这 3 个维度都与复杂性相关。复杂系统的非线性、不确定性、涌现性的特征使得这 3 个维度的问题更加复杂。

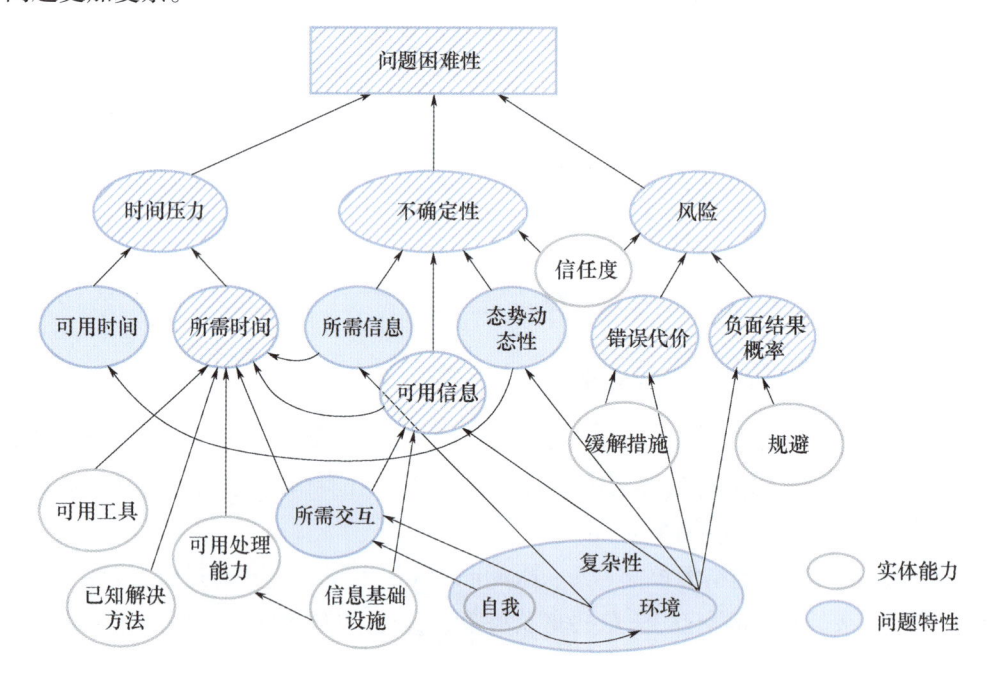

图 2-27 决策问题的困难性

不确定性是战争复杂性的最根本体现,包括战场环境的随机不确定性、由于信息缺乏而造成的对敌情我情的灰色不确定性,以及由于认知不足带来的认知不确定性。"战争迷雾"与"战争阻力"都属于不确定性的具体表现。

时间压力是由于战争激烈程度不允许指挥员有充分的时间去决策,而问题的复杂性更加剧了时间压力。

风险指的是决策失误可能带来的作战失利、人员伤亡等后果,问题的复杂性同样也加剧了风险。

阿尔伯特指出,"如果不存在复杂性,那么从长远来看,至少可通过研究、教育、训练以及信息收集、处理和分发系统等方面的适当投资,将问题的难度降到可管理的水平上。然而,鉴于目前的知识、工具和经验,面对大量存在的复杂性,想通过使用个人和组织目前所采用的解决问题的方法,把问题的难度降低到可管理的水平是不可能的。显然,需要有一

种新方法,而这个新方法就是敏捷性。"

因此,敏捷性(Agility)不是降低问题难度的方法,而是一种处理复杂性和问题难度两者综合效应的方法。

按照阿尔伯特给出的定义,敏捷性是成功地影响、应对和(或)利用环境变化的能力。

2. 指挥控制敏捷性组成要素

敏捷性组成要素包括:响应性、多能性、灵活性、弹性、创新性和适应性。

(1) 响应性(Responsiveness)。响应性是及时应对环境变化的能力,如说突然出现的威胁,或稍纵即逝的机会。应对措施包括监控、决策等。这里重要的指标是响应的积极性和及时性,要做到敏捷性还需与以下敏捷性要素配合。

(2) 多能性(Versatility)。多能性是可以在一定范围的任务、态势和条件下都维持有效性的能力。多能性面对的环境变化使使命或任务发生较大变化,这时实体能够以可以接受的水平完成已经变化了的使命或任务的能力。

(3) 灵活性(Flexibility)。灵活性是采用多种办法并能在其中无缝切换完成任务的能力。灵活性面对的环境变化是事先准备的方案无法很好地应对环境发生的变化,这时实体能够迅速切换到其他次优的方案来完成任务。

(4) 弹性(Resilience)。弹性所面对的环境变化是实体能力的摧毁、干扰或降级。弹性可以为实体提供修复、替换、修补或重组丧失的能力或性能的能力。

(5) 创新性(Innovativeness)。创新性所面对的环境变化是实体没有现成的方法去响应变化的情况。创新性是指实体生成或开发新的战术或完成任务新的途径和方法的能力。

(6) 适应性(Adaptability)。适应性所面对的环境变化是实体自身的性质、组织或过程,已不足以完成使命任务。适应性就是实体更改工作程序和实体结构或者组成实体间关系的能力。

指挥控制敏捷性各组成要素之间是相互关联、相互作用的,尤其是响应性直接影响敏捷性的其他几个组成要素。

响应性的核心指标就是从感知到环境变化到做出决策的时间,所需时间越短,其响应性越强。响应性越强,则留给实体决策的时间越多,对于灵活性而言其留给实体选择指控方法的时间越多;对于弹性而言,留给实体恢复或重组的时间越长;对于创新性而言,留给实体寻找新的方法的时间越长;对于适应性而言,留给实体改变自身组织结构或改变工作流程的时间就越充裕;所有这些显然会对其他组成要素产生积极影响。从另一方面,其他组成要素对响应性在决策时的质量产生重要影响。例如,如果实体缺乏灵活性,则即便响应的时间很短,但由于找不到合适的方法应对环境的变化,最终还会影响响应性。又如,创新性强的实体,能在备选方案不起作用时,创新出新的方法,反过来使得实体的灵活性更强。

北约 SAS-85 利用 ELICIT[①] 对指挥控制敏捷性进行了科学实验。

---

① Experimental Laboratory for Investigating Collaboration Information-Sharing and Trust,这是一个基于多智能体的实验平台。

指挥控制方法空间从另一个角度看就是为一定战场环境准备的备选指挥控制方法集合。战场环境的变化必将导致所要求的指挥控制方法随之发生变化,以适应环境的变化。从某种角度看,指挥控制的敏捷性就是战场环境到指挥控制方法空间的映射。

2.4 指挥控制典型作战理论

现代作战理论与指挥控制理论日益融合交错,从某种程度上看指挥控制的方式与支撑技术成为作战理论创新的核心,成为一个新的作战理论和概念必须首先关切的问题,成为一个新的作战理论能否付诸实际的关键问题。因此,我们在前面章节中把作战理论作为指挥控制理论体系的第二个层次,本节的标题"指挥控制典型作战理论"的含义就是在指挥控制基础理论支撑下的典型作战理论。

2.4.1 网络中心战

1. 平台中心战

所谓平台中心战是指主要依靠武器平台自身的探测装备和武器形成战斗力的战斗力生成模式。在网络中心战出现之前,传感器、作战平台、指挥机构等各作战单元、实体或要素之间缺少网络的有效连接,各武器平台之间几乎没有信息流动,战斗力生成模式主要靠各武器平台各自战斗力的线性叠加。例如,战斗机武器平台的战斗力主要取决于其机载雷达、机载火炮或导弹、机载指控系统等的性能。一支军队的空战能力取决于其所拥有的战斗机的战斗力水平及数量。

图 2-28 描述了平台中心战中单个作战人员作战的功能模块以及相互间关系,单个作战人员包括地面战斗人员、坦克战斗人员、飞行员、水面舰艇指挥员等。

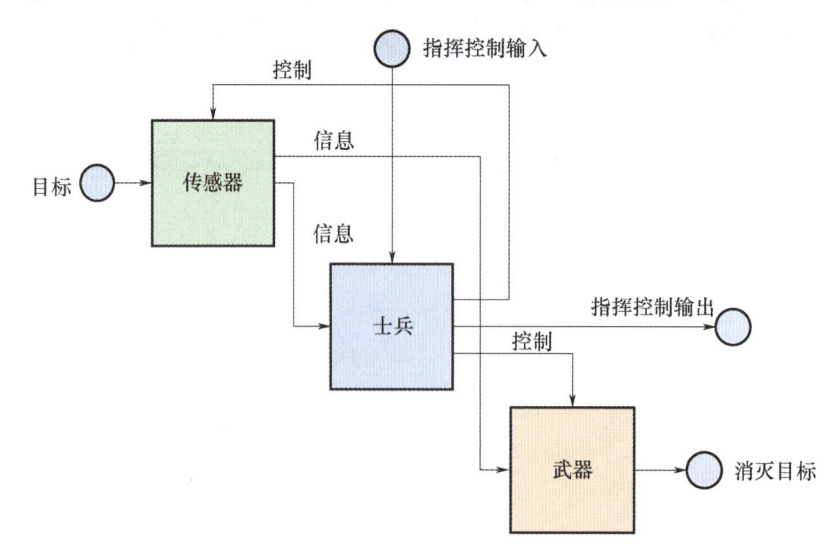

图 2-28 平台中心射手

为成功实施对特定目标的打击,下列动作必须在一定的时间内完成:侦测目标、识别目标、对目标打击的决策、决策结果向武器平台的传送、武器平台瞄准目标并射击。而传感器探测距离、武器平台杀伤半径、通信及处理信息的时间和决策时间既决定了从传感器到射手的时间,也决定了单射手的战斗力水平。很显然,在平台中心战下。战斗力生成模式是由武器平台自身的传感器和火力所决定的。

当然,在平台中心战下,射手也可以与指挥控制中心相连,产生更好的作战效能,如图 2-29 所示。图中,C^2 中心连接两个射手,进行指挥控制,射手之间没有连接。由于连接手段主要是通过语音通信,信息不能融合处理、共享,从传感器到射手的时间并不能得到有效地缩短,各射手的战斗力水平主要还是靠各自武器平台的传感器和火力来决定。

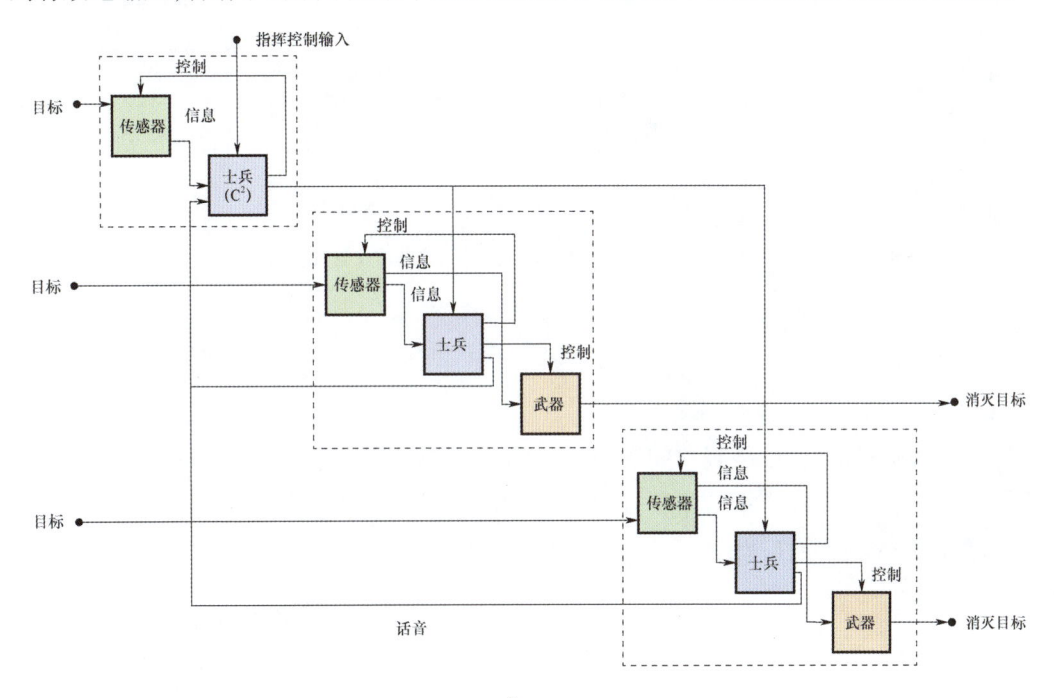

图 2-29 C^2 和平台中心射手

2. CEC 系统

1987 年 5 月 17 日晨,美国"斯塔克"号军舰在波斯湾巡逻遭伊拉克战机袭击,造成 37 人死亡,21 人受伤。这一事件使美国海军认识到必须为舰队尤其是单舰提供更强的防空能力。

协同作战能力(Cooperative Engagement Capability,CEC)指为能够更加有效地抵御威胁而设计的一种作战能力,它能够协同结合分布于两个或者更多作战单位中的资源。

CEC 系统利用相控阵天线将海军编队舰只链接在一起,把各舰艇协同单元上的目标探测系统、指挥控制系统和武器系统等联成网络,实现作战信息共享,统一作战行动,从而大大提升了美海军的防空反导能力。CEC 系统的整体作战能力已不取决于单个平台的作战能力,而取决于整个协同网络的作战能力。这个思路的产生实际上孕育了从平台中心向网络中心转换的网络中心战思想,这也不难理解美军网络中心战思想是由海军首先提出的。当美海军提出网络中心战思想时,其原型已经存在,就是 CEC 系统。

CEC 是一个由硬件和软件组成的系统,是一个坚固的宽带通信网和强大的融合处理器组成的动态分布式网络。组成 CEC 网络的节点称为协同单元(Cooperative Unit,CU),其主要由协同作战处理器(Cooperative Engagement Processor,CEP)和数据分发系统(Data Distribute System,DDS)两部分组成,如图 2 - 30 所示。

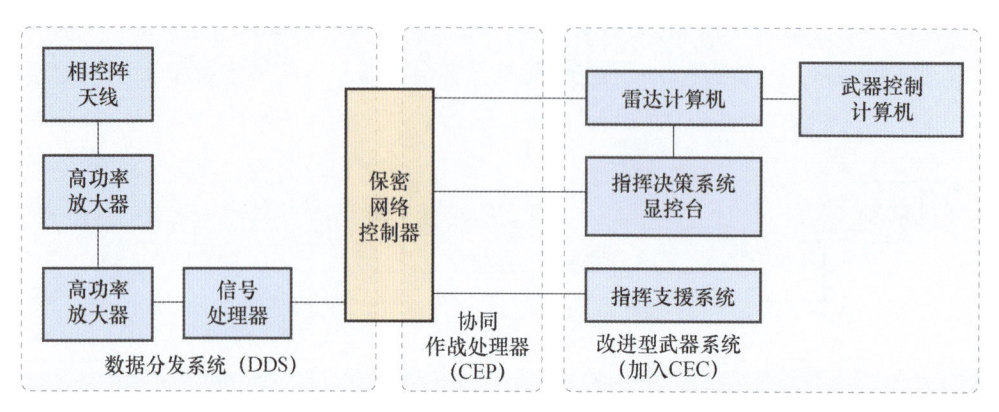

图 2 - 30　CEC 系统构成

CEC 系统形成了 3 种协同能力。

(1) 战场感知协同。战场空间探测/侦察手段的统一协同控制与管理。CEC 系统协调和整合编队中各个作战系统中所有的传感器信息,将其合成一个单一的、实时的综合航迹,并用于武器级防空作战的信息支持,如图 2 - 31 所示。

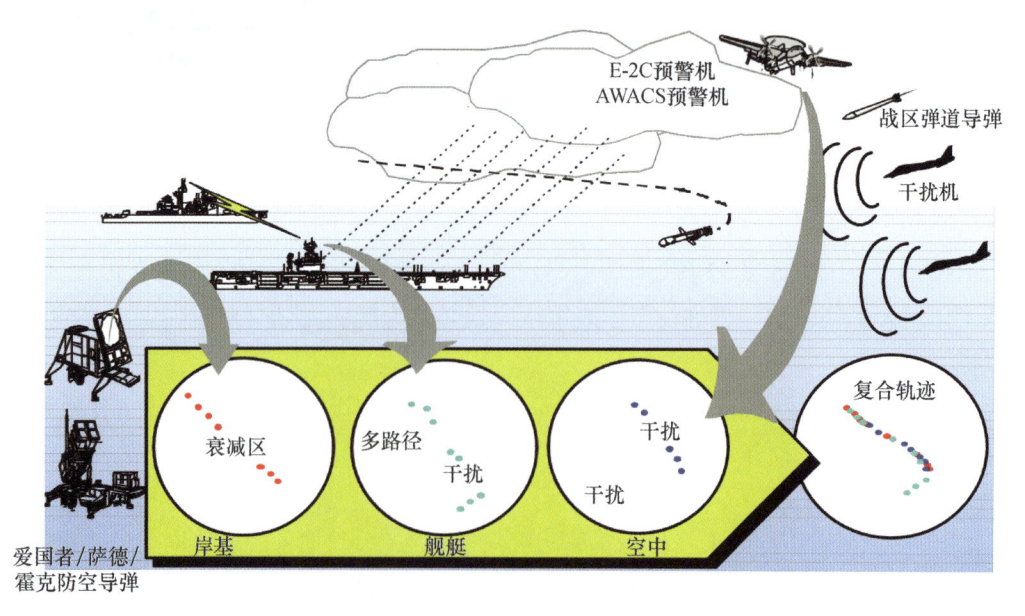

图 2 - 31　多传感器探测信息共享

（2）作战指挥协同。战场感知协同能力将所有编队作战单元传感器、岸基和空中支援的雷达信息融合成综合、单一的战场态势，使得各舰船指挥官能够面对同一张态势图，共享态势感知，进行协同决策与指挥，极大地提高了整体指挥效率。

（3）火力打击控制协同。能够对所有主战兵器、武器平台实施统一协同运用。图 2-32 为远程数据作战的概念，舰 2 不具备对其上空敌机的打击能力，但舰 2 可以将敌机目标数据传递给舰 1，使用舰 1 的武器对敌机实施打击。

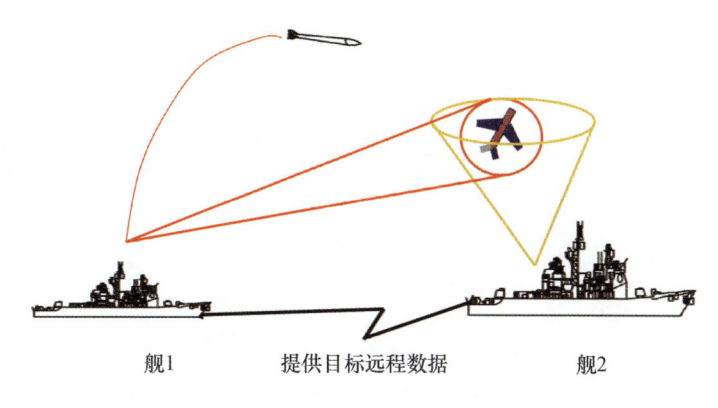

图 2-32 远程数据作战

从 CEC 系统所承载的作战思想可以看出，用网络将战场各类作战资源有机链接在一起综合使用，将产生巨大的战斗力。这种战斗力生成模式就是网络中心战。

3. 网络中心战概念

1997 年 4 月 23 日，美国海军作战部长约翰逊在海军学会的第 123 次年会上称，"从平台中心战法转向网络中心战法是一个根本性的转变"，这里提出的"网络中心战"理论，成为了美军信息化作战的基本理论。

美军网络中心战概念的提出，得到了美国国防部、参联会、各军种的热烈相应，这基于以下两个原因：一是信息化发展到一定时期的必然要求。信息技术在那个时期飞速发展，摩尔定律下芯片发展呈指数量级，计算能力大幅提高，尤其是计算机网络技术的成熟，互联网应用正在开始颠覆整个人类社会经济发展模式。虽然在军事领域，信息通信技术使得态势感知、指挥控制、精确打击等能力大幅提高，但整个军事体系仍然处于机械化战争时代的架构模式，向信息化时代转型正处于蓄势待发的状态。二是美国海军的 CEC 系统已经从原型系统的角度验证了网络中心战概念的巨大优势。

所谓网络中心战指通过具有信息优势的、连接地理上分散兵力（平台）的强大网络形成战斗力的作战方式。

网络中心战的核心要义就是用网络连接战场空间的各类实体，形成一体化的作战体系，从而倍增由信息优势主导下的战斗力。网络中心战中的"网络"不是"计算机网络"中的具体"网络"，而是抽象意义上的"网络"，和我们前面讲的"社会网络""复杂网络"中的"网络"相同。在实现层次，"网络"可能是战术互联网，也有可能是物联网。

图 2-33 显示的是网络中心作战条件下各单元的连接情况。此时，传感器之间、作战

人员之间都有信息链路相连接,近乎实时的信息在网络的各个节点之间快速流动,大幅提高了共享感知的能力,从而促进了各作战单元的协同与自同步,大幅提高整个作战体系的战斗力。

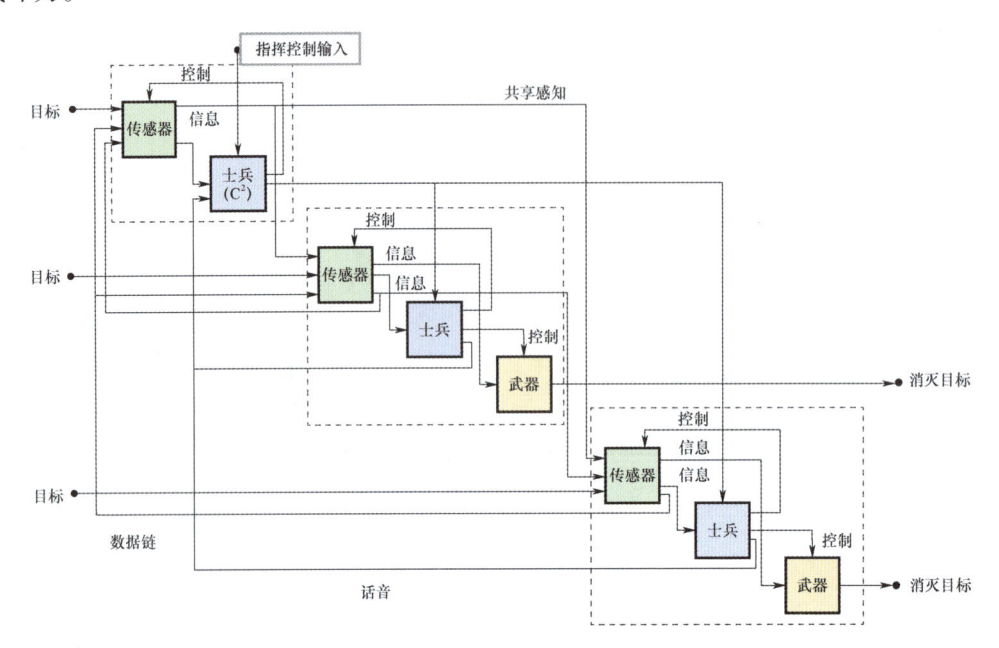

图 2-33 网络中心作战

关于共享态势感知最典型的例子就是飞行座舱的态势显示,如图 2-34 所示。图 2-34(a)是平台中心战的态势显示,只能看到平台自身探测器探测到的两架敌方飞机,看不到友邻的情况。图 2-34(b)是网络中心战的态势显示,由于己方战斗机机群已经联网,可能还和预警机(空中指挥控制中心)联网,那么友邻探测器及预警机探测器探测目标及友邻位置信息将同时显示在本机座舱态势显示器上,使得战斗机飞行员具有更大空域范围内的态势感知能力,并且所有战斗机群的飞行员能在统一态势感知下实施空中作战,大幅度提高了协同作战的能力和自同步能力。

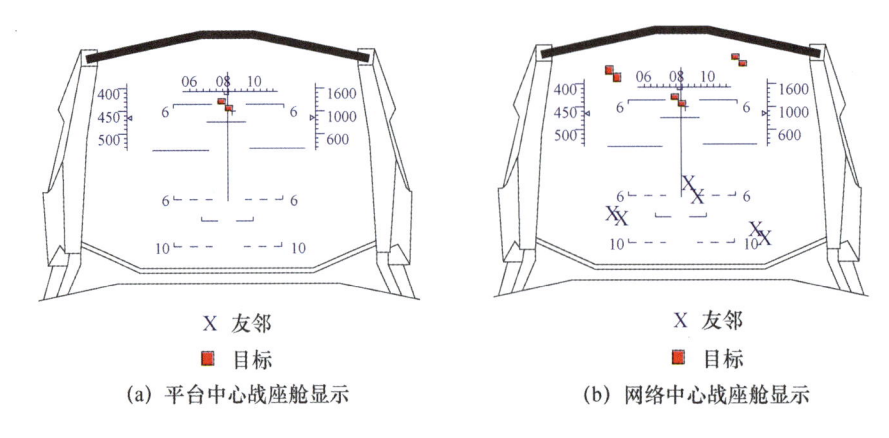

(a) 平台中心战座舱显示　　(b) 网络中心战座舱显示

图 2-34 飞行座舱态势显示

综上所述,我们可以看出,网络中心战是一种以网络为中心的新的思维方式,这种思维方式以实体之间的联系来看待军事作战问题,本质上是唯物主义的发展观在信息化条件下作用于军事领域而导致的军事变革。这种战场空间各作战单元的实体之间的联系,由于信息通信技术的发展,得到加强,更加聚焦于信息的流通与利用,使得个体与组织之间的关系与行为发生了重大的变化,从而导致体系层面的宏观规律发生了根本性的变化,也就是复杂系统所说的涌现现象。从复杂系统理论来看网络中心战,就是将实体之间的关系看成复杂网络,其演变和涌现的规律符合复杂系统的理论。

我军提出的网络信息体系的概念与网络中心战思想相类似,强调以网络连接各作战实体,以信息为主导,形成一体化联合作战体系。

2.4.2 赛博战

1. 赛博空间

赛博空间(Cyberspace)是加拿大作家威廉·吉布森1984年在其科幻小说《神经症漫游者》中创造的一个词语。他用赛博空间来描述一个虚拟世界,现实世界中的一切物质、精神等都能以某种形式存在于赛博空间中。

20世纪90年代,学术界对赛博空间概念进行了不断的探讨,当时形成的看法是,赛博空间基本等同于计算机网络空间,如国际互联网空间。

进入21世纪后,赛博空间逐渐得到美国政府和军方的广泛重视,并随着对其认识的不断深入而多次对其定义进行修订。

(1) 2003年2月,布什政府公布《保护赛博空间国家战略》中,将赛博空间定义为"由成千上万互联的计算机、服务器、路由器、转换器、光纤组成,并使美国的关键基础设施能够工作的网络,其正常运行对美国经济和国家安全至关重要。"

(2) 2006年12月,美国参联会发布《赛博空间行动国家军事战略》,指出:"赛博空间是指利用电子学和电磁频谱,经由网络化系统和相关物理基础设施进行数据存储、处理和交换的域"。

(3) 2008年3月,美国空军发布《美空军赛博空间战略司令部战略构想》,指出:"赛博空间是一个物理域,该域通过网络系统和相关的物理性基础设施,使用电子和电磁频谱来存储、修改或交换数据。赛博空间主要由电磁频谱、电子系统以及网络化基础设施3个部分组成。"如图2-35所示。

(4) 2010年2月,美国陆军发布《赛博空间作战概念能力计划2016—2028年》,指出"赛博空间是地球空间中除陆、海、空、天以外的空间,并与其构成5个相互独立的域。美国陆军认为赛博空间包含物理层、逻辑层和社会层3个层次,其中社会层包含了有关人自身及认知方面信息。"

(5) 根据《美国国防部军事词汇辞典》(JP1-02),赛博空间是信息环境内的全球领域,它由独立的信息技术基础设施网络组成,包括因特网、电信网、计算机系统以及嵌入式处理器和控制器。

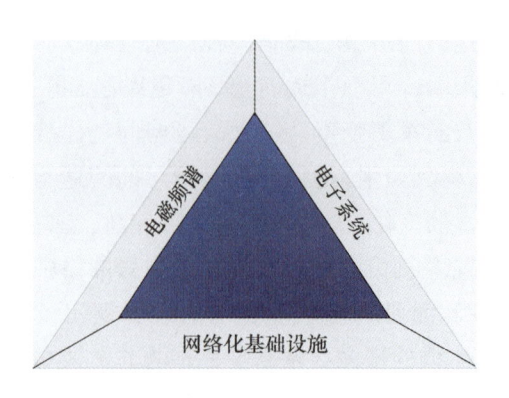

图 2-35 赛博空间组成

综合上述观点,我们认为要准确把握赛博空间的概念内涵,必须理解以下几个方面。

(1) 赛博空间主体首先是一个虚拟的空间。就像美国陆军的报告所说的那样,赛博空间是除陆、海、空、天以外的空间。也就是说,相对于陆、海、空、天这样的物理空间,赛博空间是看不见、摸不着,但又是实实在在存在的虚拟空间。

(2) 赛博空间的存在依托于电子系统、计算机系统、网络系统等物理性基础设施,这些物理设施属于赛博空间,存在于陆、海、空、天物理域中。因此,这里有个重要的结论,即赛博空间不完全是虚拟的空间,其存在的基础是物理基础设施,但其主体是虚拟的空间。

(3) 其物理性基础设施的有界性和赛博主体空间无界性。关于这点,美国陆军关于赛博空间3层5组件的赛博空间划分,很好地阐述了赛博空间的有界性与无界性。如图2-36所示,赛博空间分为物理层、逻辑层和社会层3层。①物理层。物理层包括地理组件和物理网络组件。地理组件是网络各要素的物理接地点,物理网络组件包括支撑该网络的所有硬件和基础设施(有线、无线和光学基础设施),以及物理连接器(线缆、电缆、射频电路、路由器、服务器和计算机)。②逻辑层。逻辑层包含逻辑网络组件,该组件在本质上是技术性的,由网络节点间的逻辑连接组成。节点是连接至计算机网络的任意装置,包括计算机、PDA、蜂窝电话或其他网络设备。在IP网络中,节点是分配有IP地址的某种装置。③社会层。社会层由人和认知要素组成,包括角色组件和赛博角色组件。角色组件由网络上的实际人员或实体组成。赛博角色组件对应于角色组件的各类账号,如电子邮件地址、社交账号、计算机IP地址、手机号码、银行账号等。现实生活中,一人可以有多个账号,如可以有多个电子邮件账号、多个银行账号、多个微信账号等,角色组件里的一个角色可以对应于赛博角色组件里的多个赛博角色。

很显然,赛博空间所依存的物理性基础设施存在于物理层,具有地理上的有界性。而赛博主体空间所在的社会层不存在地理的边界性。

(4) 电磁频谱是否属于赛博空间。电子频谱或者说电磁信号虽然看不见、摸不着,但确是一种存在于物理域的物理信号,而赛博空间主体是建立在物理基础设施上内容数据,即赛博角色,这两者之间不是一个层次的。因此,我们可以在陆军的报告里经常可以看到"赛博空间和电磁频谱"这样的并列提法。但如果从赛博空间包括物理性基础设施,也即

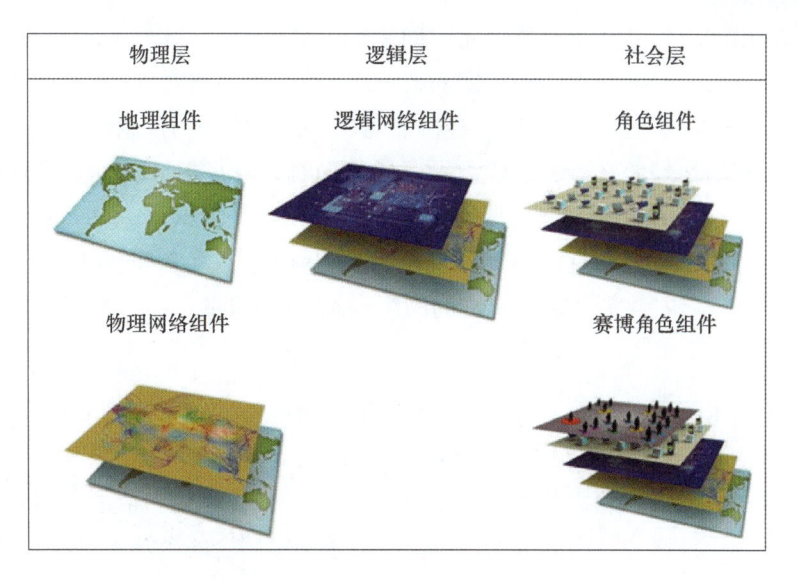

图 2-36 赛博空间的三层五组件

包含物理层的角度,电磁频谱也属于赛博空间。

(5) 赛博空间的内容特性。赛博空间主体是虚拟空间,主要指建立在电子系统或电磁频谱之上的信息,也即赛博空间的社会层,是现实世界实体及相互关系在虚拟空间的映射。比如网上的朋友圈、聊天室、棋牌室,政府机构的网上政务大厅,金融机构的网上银行、网上证券交易大厅,军队网络化指挥信息系统等。原本在物理空间进行的活动,可以在赛博空间进行,超越了地理空间的约束,导致整个社会经济、军事体系的运行发生了重大的变化。人们越来越依赖赛博空间的身份,并通过赛博空间完成各项社会、行政、经济以及军事活动。

(6) 赛博空间、物理空间与认知空间。图 2-37(a)描述了赛博空间与我们前面所说的物理域、信息域、认知域与社会域之间的关系,赛博空间包含了信息域与社会域,以及电磁频谱、物理性基础设施所占据的物理域部分。这样,我们从另一个视角可以把战争空间的四域划分为赛博空间、物理空间和认知空间,如图 2-37(b)所示,显然,赛博空间与物理空间是有部分重叠的。人类通过赛博空间更好地观察、认知、操作物理世界,同时物理世界的各种实体以及之间的关系,以及各类社会、经济、军事活动又深深映射到赛博空间,这 3 个空间的互动,随着信息技术、智能技术的发展而更加紧密。

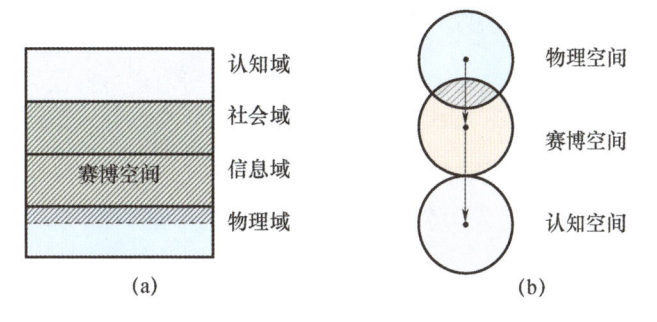

图 2-37 赛博空间、物理空间与认知空间

国内常常用网络电磁空间或者网电空间来对应赛博空间,这是不准确的,原因有二：一是赛博空间包括了网络空间和电磁空间,但还包括了社会空间,或者说,现实世界在虚拟空间的映射,所以网电空间不能概括赛博空间；二是,赛博空间概念的提出,更加关注的是无界的虚拟空间如何像有界的地理边界一样得到有效的保卫,而网电空间的概念只是传统网络战和电子战的叠加,在理念上与赛博空间不是一个层次。

国内也有用网络空间来代替赛博空间的称谓,这时的网络空间包括了物理域的电磁空间、信息域和社会域,我们称之为广义的网络空间,而狭义的网络空间等同于信息域。

2. 赛博战

随着信息技术的高速发展,人类的社会活动、经济活动、政府管理、市政服务以及军事活动等越来越依赖赛博空间,物理空间与赛博空间的交互越来越频繁、依存度越来越紧密。未来一旦敌对国侵入并控制了国家赛博空间,那么就等于控制了这个国家的命脉,不战而屈人之兵将成为现实。由此可见赛博空间对于国家安全的极端重要性。

在此背景下,2009 年 6 月 23 日,美国宣布成立赛博战司令部,首任赛博战司令为四星上将基思·亚历山大。后赛博战司令部升格为美军第 10 个联合作战司令部。

关于赛博战的定义,我们先看美军的相关定义。

(1)《美国国防部军事词汇辞典》对赛博空间作战(Cyberspace Operations)进行了如下定义：“赛博空间作战是赛博能力的运用,其主要目的是在赛博空间内或通过赛博空间实现军事目标。”

(2) 美国陆军《赛博空间作战概念能力计划 2016—2028 年》对赛博作战(Cyber Ops)的定义：“赛博作战是赛博能力的运用,其主要目的是在赛博空间内或通过赛博空间实现军事目标。这种作战包括网络战以及防护和运行 GIG 而进行的活动。”

可以看出,美国陆军和美国军语对赛博作战的定义是类似的,美国陆军在军语的基础上还强调了对 GIG 的防护。另外,两者的定义都强调了对赛博能力的运用。

美国陆军将赛博作战能力按照赛博作战的 4 个组成部分分成 4 类。美国陆军认为赛博作战由赛博态势感知(Cyber SA)、赛博网络运行(Cy Net Ops)、赛博战(Cyber War)和赛博支持(Cyber Spt)组成,如图 2-38 所示。

1) 赛博态势感知

赛博态势感知是指在整个赛博空间内遂行的己方、敌方以及其他相关行动信息的即时理解。赛博态势感知既源于赛博网络运维、赛博战和赛博支持,又能对后三者提供支持。赛博态势感知主要内容包括：①理解在整个赛博空间内遂行的己方、敌方和其他相关行动；②评估己方的赛博能力；③评估敌方的赛博能力；④评估己方和敌方的赛博漏洞；⑤理解网络上的信息流,确定其目的和危险程度；⑥理解己方和敌方赛博空间能力降级所产生的效果和对任务的影响；⑦有效规划和遂行赛博空间行动所必须的赛博能力的可用性。

2) 赛博网络运行

赛博网络运行是赛博行动的组件之一,主要涉及构建、运行、管理、保护、防护、指挥控

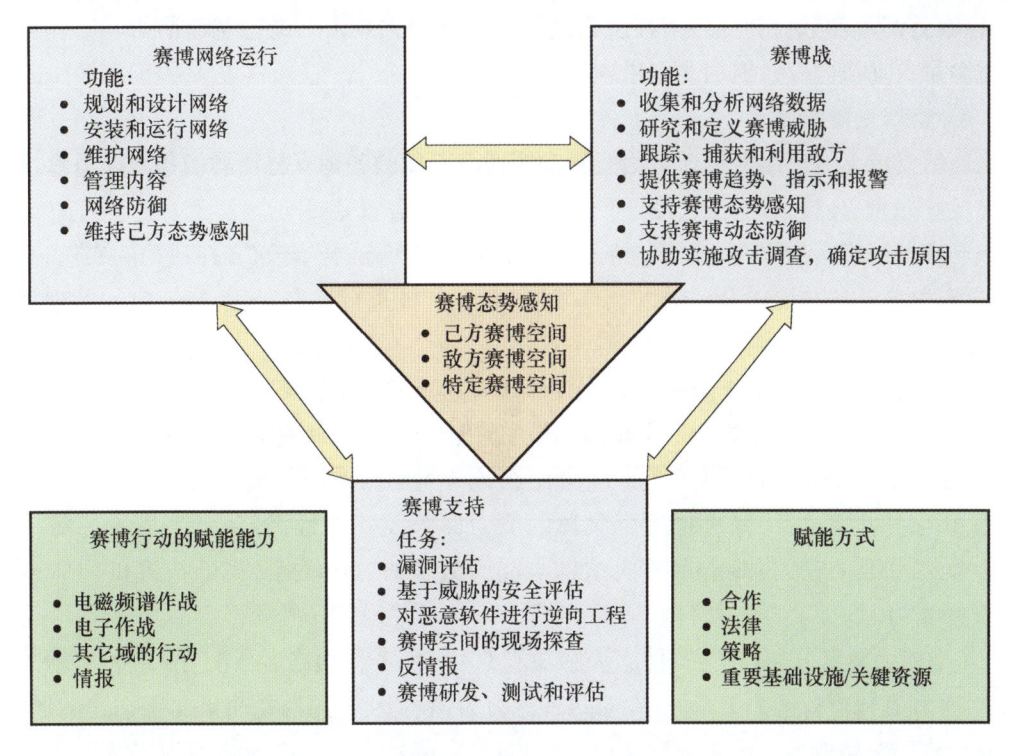

```
┌─────────────────────────────┐      ┌─────────────────────────────────┐
│ 赛博网络运行                │      │ 赛博战                          │
│ 功能：                      │      │ 功能：                          │
│ • 规划和设计网络            │ ⇔    │ • 收集和分析网络数据            │
│ • 安装和运行网络            │      │ • 研究和定义赛博威胁            │
│ • 维护网络                  │      │ • 跟踪、捕获和利用敌方          │
│ • 管理内容                  │      │ • 提供赛博趋势、指示和报警      │
│ • 网络防御                  │      │ • 支持赛博态势感知              │
│ • 维持己方态势感知          │      │ • 支持赛博动态防御              │
│                             │      │ • 协助实施攻击调查，确定攻击原因│
└─────────────────────────────┘      └─────────────────────────────────┘
                    ▲   赛博态势感知   ▲
                    │  • 己方赛博空间  │
                    │  • 敌方赛博空间  │
                    │  • 特定赛博空间  │
                    ▼                  ▼
┌──────────────┐  ┌──────────────────────┐  ┌──────────────┐
│赛博行动的赋能│  │ 赛博支持             │  │ 赋能方式     │
│能力          │  │ 任务：               │  │              │
│              │  │ • 漏洞评估           │  │ • 合作       │
│• 电磁频谱作战│  │ • 基于威胁的安全评估 │  │ • 法律       │
│• 电子作战    │  │ • 对恶意软件进行逆向工程│ │ • 策略       │
│• 其它域的行动│  │ • 赛博空间的现场探查 │  │ • 重要基础设施│
│• 情报        │  │ • 反情报             │  │   /关键资源  │
│              │  │ • 赛博研发、测试和评估│ │              │
└──────────────┘  └──────────────────────┘  └──────────────┘
```

图 2 -38　赛博作战组成

制、重要基础设施和关键资源，以及其他特定的赛博空间。赛博网络运维由赛博企业管理、赛博内容管理和赛博防御三部分核心内容组成。赛博防御又包括信息保障、计算机网络防御，以及重要基础设施的保护。赛博网络运行利用这3个核心要素，与赛博战和赛博支持之间是相互支持的关系。

赛博企业管理是指有效运行计算机和网络所需要的技术、过程和策略。赛博内容管理是指提供相关的、准确的信息感知所需要的技术、过程和策略，能自动访问新发现的或重现的信息，能及时有效地以适当的形式可靠地交付信息。赛博防御措施将信息保障、计算机网络防御和重要基础设施保护与各种赋能能力相结合，对敌方操纵信息和基础设施的能力进行预防、探测并最终做出响应。

3）赛博战

赛博战是赛博行动的组成部分，它将赛博力量扩展到全球信息栅格的防御边界以外，以探测、威慑、拒绝和战胜敌方。赛博战的能力主要以计算机网络和通信网络以及设备、系统和基础设施的嵌入式处理器和控制器为目标。赛博战包括赛博探查、赛博攻击和动态赛博防御，他们与赛博网络运行和赛博支持是支持和被支持的关系。

赛博攻击将计算机网络攻击与赋能能力（如电子攻击、物理攻击及其他能力）相结合，对信息和信息基础设施实施拒绝或操纵攻击。赛博探查将计算机网络探查与赋能能力（如电子战支持、信号情报及其他能力）相结合，实施情报收集和其他工作。动态赛博防御将策略、情报、传感器与高度自动化过程相结合，识别和分析恶意行为，同时暗示、提示并执行预先批准的相应措施,在造成破坏前挫败敌方攻击。动态赛博防御与赛博网络运维防御行动协同提供纵横防御措施。

4) 赛博支持

赛博支持是专门用于赛博网络行动和赛博战赋能的各种支持活动的集合。这些活动具有成本昂贵、高技术性、低密度、时敏/密集等特征,需要专门的训练、程序和策略。与赛博战和赛博网络运维不同,赛博支持是由多个利益方实施的。赛博支持活动的实例包括:漏洞评估、基于威胁的安全评估以及修复、对恶意软件进行逆向工程、赛博空间的现场探查、反情报、赛博研发、测试和评估等。

赛博能力根据赛博作战的组成分为赛博态势感知能力、赛博网络运行能力、赛博战能力和赛博支持能力等,共计62种能力。能力需求的描述由4个基本元素组成,即:谁来完成,完成什么,什么时间,在什么地点完成,为什么要这样做。因此,每类能力用两张表描述:一张表描述了具体的能力需求及其编号;另一张表描述了每一种能力应该由谁来完成,即指挥层次结构与能力编号的对应关系,也即指挥机构应该具备哪些能力。

4类能力数量分布如下:赛博态势感知能力10种、赛博网络运行能力25种、赛博战能力17种和赛博支持能力10种。在对每种能力的描述上,采用的是简单文字描述的形式,没有严格的量化指标。比如,赛博态势感知能力中编号为1的能力描述为:"为通用作战态势图(COP)提供连续更新的友方、敌方和其他特定赛博空间的与作战相关的赛博战信息,以更加完全地支撑指挥官的全局态势感知和决策支持处理。"

从以上美军对赛博作战的定义与描述中,可以看出美军赛博作战遵循物理空间作战的OODA模型,以网络战、电子战为主要作战手段,对己方赛博空间进行防护、管理、保障与运维,同时对敌方赛博空间进行攻击。

所以,我们认为赛博战基于网络战、电子战手段,着眼国家网络边界安全和虚拟空间中国家、军队和公民的信息安全,是未来战争的重要作战样式。

我们在看待赛博战这个概念时,不能停留在其作战手段上,应关注其作战行动的目标,对于军队的赛博作战,除了防护军队作战体系外,还要保护整个国家赛博空间的安全,宣示国家赛博空间的主权。

3. 赛博战特点

赛博空间作战具有与物理空间作战不同的特点,主要包括以下几个方面。

(1) 技术创新性。赛博空间是唯一能够动态配置基础设施和设备操作要求的领域,将随着技术的创新而发展,从而产生新的能力和作战概念,便于作战效果在整个赛博作战中的应用。

(2) 不稳定性。赛博空间是不断变化的,某些目标仅在短暂时间内存在,这对进攻和防御作战是一项挑战。敌方可在毫无预兆的情况下,将先前易受攻击的目标进行替换或采取新的防御措施,这将降低己方的赛博作战效果。同时,对己方赛博空间基础设施的调整或改变也可能会暴露或带来新的薄弱环节。

(3)无界性。由于电磁频谱缺乏地理界限和自然界限,这使得赛博空间作战几乎能够在任何地方发生,可以超越通常规定的组织和地理界限,可以跨越陆、海、空、天全域作战。

(4)高速性。信息在赛博空间内的移动速度接近光速。作战速度是战斗力的一种来源,充分利用这种近光速的高质量信息移动速度,就会产生倍增的作战效力和速率。赛博空间能够提供快速决策、指导作战和实现预期作战效果的能力。此外,提高制订政策和决策的速度将有可能产生更大的赛博作战能力。

总体上来看,赛博战揭示了与常规战争截然不同的特点:①时间上平战不分;②地理上远近不分;③目标上军民不分;④参与人员不受限制,非职业军人都能给对方带来重大威胁,给不对称作战提供了良好的发挥机遇。

4. 赛博战与信息战

信息战是信息化战争中的一种重要的作战样式,是相对于传统硬摧毁作战方式的软摧毁作战样式,包括电子战、网络战与心理战,分别对应于物理域、信息域与认知域,如图2-39所示。

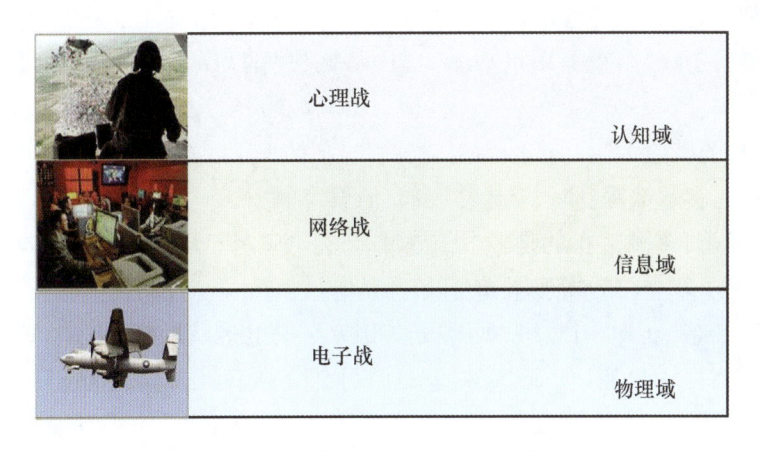

图2-39 信息战与战争空间的关系

信息战概念的提出早于赛博战,同样是针对虚拟空间的一种作战样式。赛博战概念主要还是针对电子系统和电磁频谱产生的虚拟空间,注定与信息战概念有所交叉。

赛博战跨赛博空间与物理空间,但不包括认知空间,虽然认知空间的心理战、舆论战与认知战会影响赛博战。信息战跨赛博空间、物理空间和认知空间,信息战中的电子战、网络战是赛博战主要的作战手段,而赛博战更注重作战能力、作战效果的整体性。

如果说网电作战主要存在于军事领域的物理域和信息域,那么赛博战则是在纵向和横向两个方向对网电作战的扩展:在纵向上,赛博战从物理域、信息域向社会域扩展;在横向上,赛博战从军事领域扩展到民用和工业领域,特别是诸如政府部门、银行、电力、电信等关系到国家命脉与民生的关键领域。

2.4.3 多域战

1. 多域战:多域战斗与多域作战

1) 多域战提出的背景

美军认为,近几年来中俄军事实力显著增强,尤其在态势感知、远程精确打击、电子战等领域,美军原有的优势正在被削弱,特别是,美军空海作战优势将被抵消,在太空、网络空间、电磁频谱等作战域的利用将被限制,在各个作战域均面临竞争和对抗,难以在有争议地区对抗所谓的"反介入/区域拒止(Anti-Access/Area Denial,A2/AD)"能力。

在此背景下,2016年10月4日,美军高层在陆军协会年会期间,以"多域战:确保联合部队未来战争行动自由"为主题展开研讨。美国国防部常务副部长罗伯特·沃克、陆军训练与条令司令部司令帕金斯、太平洋司令部司令哈里斯等高官力推"多域战"构想,提出美军需从"空地一体战""空海一体战"作战概念转向采纳"多域战"构想,增强军种之间、作战域之间的融合,多域战首次被提出。帕金斯在会议上的发言实际上很好地诠释了美军发展多域战概念的必要性。他说,对手一直在研究美军的条令。从对美军及其条令的研究中,对手得到3条经验教训:一是要通过作战域割裂美军;二是要使美军及其盟军远离作战地域;三是要阻止美军机动。实施"多域战"的目的,就是要以新的方式应对这些挑战。

2) 多域战的概念

那么什么是多域战呢?

很显然,所谓"多域",指的是多个作战域,即陆、海、空、天、网络、电磁频谱、认知等空间,也即我们第1章介绍的物理域、信息域和认知域。

至于"战",经历了两个概念发展阶段。2017年提出多域战概念时,"战"指的是战斗(Battle),后来演变为作战(Operations)。这种演进不仅仅是文字游戏,美军认为,以"战斗"定义该概念限制了各军种之间的相互配合与支撑,单纯的"战斗"胜利难以赢得日趋复杂的军事竞争,必须通过开展整体"作战"才能实现。

可以从以下几个方面理解多域战概念。

(1) 从军种联合向多域融合转型。多域战的本质就是将多个作战域看成一个整体,打破军种、领域之间的界限,把各种力量要素融合起来,特别是要从"领域独占"转变为"跨域融合"。比如,以往当危机在陆地上发生时,陆军或陆战队会被视为该领域的所有者,一般会用传统的诸如迫击炮或榴弹炮等打击方式来应对;当危机在海上发生,海军则被视为该领域的拥有者,会用军舰或潜艇来应对。根据多域战概念,所有作战空间视为一个整体,所有作战能力,从潜艇到卫星,从坦克到飞机,从驱逐舰到无人机,包括网络黑客等,无缝连接,实现同步跨域火力和全域机动,形成跨军种高度整合的跨域作战能力,夺取物理域、信息域、认知域以及时间域的优势。

(2) 促进战役战术融合。在战术层面,战斗能赢得局部胜利,但难以赢得整个战役。美军致力于通过跨多作战域的集成来融合作战力量,将多域战概念打造成战术和战役之间的桥梁,把战役和战术的行动以及目标融合在一起,摆脱战术层面的限制,突出力量状态校准、多域组织编组,以及跨时间、空间领域的融合,大力提升联合战役作战的能力水平,激发美国军事思想的发展和战斗力的大幅提升。

(3) 灵活机动的作战模式。一般情况下,战役战术级指挥官将运用跨域火力、合成兵种机动和信息战,连续或同时在纵深开辟窗口,使部队能够机动至相对优势的位置。当对手同联合部队在一个区域争夺激烈时,联合部队可以战斗到底,也可以绕过当面之敌,迅速移动至另一个区域,该区域暂时性的优势窗口已经建立。因此,"多域战"提供了灵活的手段,给敌人造成多重困境,创造暂时性局部控制的窗口,以便夺取、保持和利用主动权。

(4) 多域战体现的联合作战的原则。一是同时行动,在陆、海、空、天、网多个地点、多个领域同时行动,给予敌军多重打击,从物理上和心理上压倒敌人;二是纵深行动,打敌预备队,打指控节点,打后勤,使敌难以恢复;三是持久行动,连续作战,不给敌以喘息之机;四是协同行动,同时在不同地点遂行多个相关和相互支持的任务,从而在决定性的地点和时间生成最大战斗力;五是灵活行动,灵活运用多种能力、编队和装备。通过这种多领域全纵深同时协同行动,就能给敌造成多重困境,削弱敌行动自由,降低敌灵活性和持久力,打乱敌计划和协调,从而确保联合部队在多个领域的机动和行动自由。

多域战是美国陆军首先提出的,这一次却能打破军种藩篱的顽疾,得到了美军其他各军种的积极响应,原因在于这一概念符合美国新版《国家安全战略》《国防战略》的精神,符合现代多军种联合作战的基本原则,在维护军种利益的同时又体现出很强的包容性和先进性。美国陆军在跨域融合思想的主导下,提出了多任务的建设方向,即:陆军除了进行地面作战外,还必须能够打军舰、打卫星、打导弹,以及进行网络攻击,削弱敌军的指控能力。比如,假定在西太平洋地区,配备水雷、鱼雷和导弹的敌舰正在追击美方战舰。敌人知道可能前来援助美方战舰的军舰行踪。但敌舰可能并未意识到,该地区的岛屿上驻扎着美国陆军的榴弹炮连或导弹连,它们配备了反舰精确火力。现在对敌人来说,不仅可能遭到美国海军的打击,还可能遭到美国陆军的打击,陆军可以把火炮配置在陆地上难以发现的地方。这样,就会给作战指挥官提供多种选择,而给敌人造成多种困境。

综上所述,多域战是对"空地一体战""空海一体战"的继承和发展,是美国陆军超越传统地面战的作战新模式,是美军联合作战理论的重大转变,是从"军种联合"向"多域融合"的转型,是深度联合作战,是用来对付所谓"反进入/区域拒止"挑战的又一次理论创新。其核心思想是跨域协同,基本内涵是在所有作战域协同运用跨域火力和机动,以达成物理、时间、位置和心理上的优势。

3) 多域战指挥控制

美国陆军训练与条令司令部在《2028 多域战中的美国陆军》文件中这样描述多域战指挥控制:

"在服务、跨部门和多国伙伴之间的互操作性是实施多域战的关键要素。多域指挥控制是联合资源、过程、权威和任务式指挥的组合,前者奠定了融合和多域编队的基础,后者设计为支撑和强化互操作性。有效的多域指挥控制需要一个弹性的技术架构、灵活的指挥关系和多域控制方法。弹性的技术架构在作战的关键时刻为司令部、作战单元、飞机和舰船提供互联性来传递关键信息。灵活的指挥关系允许跨职能部门和指挥层级进行快速的多域能力重新分配以达成融合性。灵活指挥关系还可以通过在指挥层级内快速加强火力与能力的任务组织与重组,允许所需要的力量按比例创建。多域控制方法通过允许作战单元在意图内的最大可能距离的跨域机动,为任务式指挥建立框架。多域控制方法还可以促进指挥层级、相邻单元及联合伙伴之间的协调。当技术架构陷入混乱的时候,灵活的指挥关系和多域控制方法是任务式指挥仍然起作用的因素。"

由于多域战跨军种跨作战域的特点,如何在军种之间、作战域之间实施一体化、敏捷有机的指挥控制尤其关键。美陆军提出的多域战指挥控制的三个要素即弹性的技术架构、灵活的指挥关系和多域控制方法可以说从技术和指挥两个层面切中了多域指挥控制的关键核心。我们在第1章中说到指挥信息系统是联合作战的黏合剂,实际上就是指利用指挥信息系统将各作战域的各个作战实体和作战要素连接在一起,形成一个作战体系,也就是我们所说的网络信息体系。那么,弹性的技术架构就是对信息系统的要求,能够适应多域战条件下复杂多变的信息环境要求,保证多军种之间、多域之间的"三互"性,从而使得关键信息能在指挥机构、各域和各作战单元之间的传递,为多域指挥控制奠定物质基础。灵活指挥强调在多军种、多域之间以及军种指挥层级内力量、能力、资源等的统一调度、统一分配和动态重组。多域控制方法则强调对跨域行动的控制与协调。

很显然,美军提出的多域指挥控制是原则性的、框架性的,距离多域战实施层面还有较大的距离。尤其是支撑多域战的多域指挥控制系统是实施多域战的关键,面临诸多理论与技术上的不确定性。

2. 联合全域作战:联合全域作战指挥控制系统

1)从多域战到联合全域作战

2020年3月初,美国空军参谋长大卫·戈德费恩上将签署一份《美国空军在联合全域作战中的任务》的作战条令,阐述了美国空军遂行联合全域作战的关键能力需求。至此,一个新词"联合全域作战"进入了人们的视线。

虽然美国陆军首先提出多域战的概念,但美国空军很早就认识到天域、网域对于空军常规作战的重要性,认为"如果没有太空和网络空间,联合部队在作战中就无法如此快捷有效地完成使命"。美国空军不仅是太空部队的"孕育者"、庞大军事太空资产的唯一"掌门人",同时还掌握着雄厚的网络战力量。美国空军总共编制20支航空队,其中第14航空队实际上是一支太空部队,负责导弹预警、航天监视、空间发射与试验(包括导弹、卫星与航天飞机)、卫星控制等活动;第24航空队则是一支网络战部队,担负美国空军网络攻防作战、重要信息系统维护与防护、确保网络空间的空军部分安全可用等任务。

事实上,美国空军是最早提出"跨域作战"概念的军种。2014年,美国空军部在未来规划指南《美国空军:响应未来召唤》中明确提出,"要以多域跨域方式执行空军的五项核心使命。空、天、网充分融合,是空军下一轮飞跃性发展的重点方向。未来空军官兵要习惯以跨域思维处理问题。"美国空军认为,实现空、天、网域深度融合、深度跨域协同,是保证未来美国空军继续保持世界领先地位的关键所在。

由此可见,美空军一直在实践跨域作战的理念,也是多域战坚定支持者和实践者,这次提出的联合全域作战概念与多域战概念一脉相承,更加强调联合和全域融合,同时将联合全域作战概念聚焦联合全域作战指挥控制系统的设计与实现上,认为这是实现联合全域作战的关键所在。

2）联合全域作战指挥控制系统

美国空军清醒地认识到要推动联合全域作战从概念到实践,实现向联合全域作战的全面转型,必须靠信息系统的支撑,这就是美国空军全力打造的联合全域指挥控制（Joint All Domain Command and Control,$JADC^2$）系统。

过去的指挥控制系统存在两大问题,已经不能满足联合全域作战的需要。一是军种之间、作战域之间的"三互"问题。由于跨域深度融合较过去联合作战对军种之间、各作战域之间对数据一致性、信息系统兼容性有着更加严苛的要求,以往设计的指挥控制系统已无法满足跨域深度融合的需要。二是敏捷性问题。以往的指挥控制系统一般是按照传统军种作战、联合作战的程序进行设计的,缺少联合全域作战所必须的能够应对复杂多变战场环境的敏捷性。

为从根本上解决这两个问题,美国空军开始以开发中的"先进战斗管理系统"（Advanced Battle Manage System,ABMS）为基础,谋求打造全新的$JADC^2$。

美空军的$JADC^2$开发计划得到了美国国防部的高度关注和全力支持,事实上联合全域作战以及$JADC^2$已成为美军多域战最新的概念和标准。2020年,美国联合参谋部组建的联合跨职能团队将积极确保并推进所有军种的$JADC^2$能力建设工作朝着同一个方向努力。美国空军将继续在联合参谋部下属的联合需求监督委员会授权下牵头在内华达州内利斯空军基地的影子作战中心开展与$JADC^2$相关的联合技术测试。2020年,$JADC^2$有望从概念进展到政策制订层面。

我们可以从MITRE技术与国家安全中心于2019年12月发布的研究报告《一种新的多域战指挥控制体系结构》中管窥$JADC^2$设计的思想。

（1）以任务为中心。联合全域作战要求打破传统的军种之间的界限,面向战场任务,从所有作战域中精选可用作战要素进行快速组合或重组,追求作战效果最优化。在未来复杂多变的战场环境下,兵力组合结构及支援－受援关系可能在不同部队、作战域之间迅速切换,传统上那种提前规划、相对静态的兵力结构可能不再适用。这必然对$JADC^2$提出非常高的要求。

（2）以作战云为基础。联合全域作战要求战场指挥员及时掌握战场上各作战域的情报信息,保持持续的全域态势感知。美国空军于2013年提出的"作战云"概念为实现这一点提供了无限可能:在大数据、云计算、云服务技术支撑下,不同兵种、不同作战域产生的情报信息都可以在虚拟的"云端"共享,战场指挥员根据按需分配原则获取所需全源情报信息,并依托虚拟算力高效融合为可裁剪的全域战场态势图。

(3) 以智能化决策为中枢。联合全域作战要求指挥员决策速度不慢于战场态势的快速演化,必然需要将人工智能引入决策程序,而这将改变传统的指挥控制模式。按照美国空军设想,未来战场就如同"市场":指挥员依据作战任务作为"买方",各作战能力作为"卖方",买方可以向众多卖方提出能力"竞标","交易物"为作战能力,"交易平台"就是指控平台,而操作"交易平台"的任务交由人工智能。这一构想同马赛克战有关思想类似。

(4) 以分布式智能作战为目标。联合全域作战的表现形式将是分布式智能化作战:在 $JADC^2$ 的智能化决策下,各有人、无人作战平台(编队)根据战场任务快速组合与重组,整个作战体系表现出极强的战场适应性、韧存性和杀伤力。

智能化是 $JADC^2$ 中的重要技术支撑。兰德公司 2020 年发布《现代战争联合全域指挥控制:识别和开发人工智能应用的分析框架》的研究报告,论证了人工智能在未来多域作战中的角色和作用。美国国防部联合人工智能中心已在全力支持 $JADC^2$ 的开发工作。

2.4.4 马赛克战

1. 马赛克战提出背景

中国和俄罗斯军事力量的大幅提升,使得美军固有的高科技武器形成的不对称优势正逐步减少。近几年来美军不断提出新的作战概念和理论,试图抵消中国与俄罗斯不断增长的军事实力,在竞争中继续保持领先优势。多域战也是在这个背景下提出的,另一个作战概念就是马赛克战。

美军认为,长期以来赖以领先世界的军事能力增长方式发生了变化,正在技术上、作战上逐渐失去优势。一方面是隐身飞机、精确武器、远程通信网络等装备技术已扩散至他国军队,美国的潜在敌人也已了解美军的作战方式,并相应调整了自身军队的作战概念;另一方面,美军通过改进当前能力和战术来维持优势的成本越来越高。因此,美军仅通过战术上的调整无法保持其长期优势,而是应寻求新的国防战略和作战概念,并据此重塑国防态势,更好地整合陆、海、空、天、网等作战域的行动。

在此背景下,美国国防高级计划研究局(Defense Advanced Research Projects Agency,DARPA)于 2017 年 8 月提出了马赛克作战概念。此后,这一概念被广泛接受,并不断在概念内涵和技术支撑上演进。2018 年在 DARPA 成立 60 周年研讨会上强调要将作战方式由传统样式向马赛克战转变;2019 年 9 月,发布《马赛克战:恢复美国的军事竞争力》报告;2020 年 2 月,美国战略预算评估中心(Center for Strategic and Budgetary Assessments,CSBA)发布了《马赛克战:利用人工智能和自主系统实现决策中心战》报告。这些指导性文件的相继发布,标志着美军对马赛克战的研究正在逐步从概念走向现实,从理论走向实战。

2. 马赛克战概念

1) 基本概念及演进

马赛克原指建筑物外表面用于拼接各类装饰图案的小瓷砖碎片，也可指拼图游戏中用来拼图的碎片。

所谓马赛克战就是指借用马赛克拼图的概念，将传感器单元、指控单元、火力单元、兵力单元等战场各类实体要素作为"马赛克碎片"，用类似拼图的方式，通过动态通信网络将"马赛克碎片"链接形成一个地理上和功能上高度分散、灵活机动、动态协同组合的弹性作战体系而进行的作战方式。

如果把美军现有作战体系比作拼图的话，那么组成这些作战体系大图的感知系统、指控系统、武器系统、兵力系统等构件都是为了特定图形的特定组成部分而精心设计的，显然，这些大图的组成部分体积大、功能多、内部自成体系，组成部分之间通过事先设计好的接口、规范可以拼接成有限种样式的图案。但这种大构件存在适应环境变化的敏捷性差的弱点，即其多能性、抗毁性、弹性等方面存在天然的弱点。

马赛克战的基本思想就是将这些大构件分解成小碎片，可以根据需要拼接成更多、更符合需求的大图形来。这种高度碎片化的小构件，可以根据环境的变化和使命任务灵活组合成能完成一定任务的作战单元，在获得极大灵活性和适应性的同时，给对手造成了很大的困境和混乱。

传统上，从感知、决策到行动的杀伤链是预先规划、部署的，呈线性顺序方式。在马赛克中，将 OODA 环中各节点功能分拆开，打破其线性、捆绑式的排列，传感器节点可以和决策节点或行动节点按需组合，破链成网，形成地理上、功能上分散配置的杀伤网。这种功能排列组合多样性，使得敌方需与各种攻击组合对抗，在给对手造成复杂性的同时，使得己方的杀伤网更具弹性。由此可见，马赛克战从传统线性的、捆绑式的杀伤链（Kill Chain）转向弹性、适应性的杀伤网（Kill Web），如图 2-40 所示。

2) 决策中心战

在马赛克战思想提出后，其内涵也一直在演进中。在 2019 年发布的一系列文件中提出了"决策中心战"的思想。美军认为现在美军军事单元的设计反应的是消耗中心战的观点，即其作战的目标是摧毁足够多的敌人使其无法战斗。其实，这就是第 1 章介绍的机械化战争时代的制胜机理。也就是说，机械化战争时代消耗战的观点仍然是美军在战争体系设计中的重要因素。然而面对大国之间的竞争，需要一种聚焦更快、更好，先于对手决策而不是消耗对手的全新的制胜理论与作战概念。

决策中心战方法（Decision-Centric Approach to Warfare）将多种困境施加于敌人，阻止其达成目标，而不是摧毁对手的力量，使其无法战斗或成功。

马赛克战中的决策中心战，与网络中心战中的决策中心战是不一样的。马赛克战的决策中心战是聚焦于敌我双方的决策制订，即促使美军指挥官快速、高效的决策，同时降低对手的决策质量与速度；而网络中心战则强调通过集中化来提高决策质量，即依赖战役指挥官不受限制的大范围态势感知能力和对所属部队的通信能力。

图 2-40　从杀伤链到杀伤网

然而,这种集中化决策方法在未来高竞争环境下既不现实也不必要。一是对手不断提高的电子战能力、指挥控制对抗能力、反情报侦察监视能力将大大削弱美军态势感知能力和对部队的大范围控制能力。二是与网络中心战所希望的战场环境的高度清晰和对部队高度控制相反,决策中心战则拥抱战争所固有的迷雾与阻力。决策中心战通过分布式编队,动态组合与重组,以及反电子战、反指控情报侦察监视战来增加对手试图通过美方作战行动获取信息的复杂性和不确定性,降低敌方指挥员决策能力,从而提高适应性和生存能力。

要实现这种决策中心战,自主系统和人工智能技术至关重要。自主系统指无人机或无人装备等,利用这些自主系统能够降解那些传统的多任务、昂贵的平台和单元,形成大量廉价、单任务的编队,使得分布式编队和任务式指挥变得更加可行。而人工智能技术使得这种大量分布式编队之间的动态协调、控制与决策变得可能。

显然,传统指挥控制方法不再适应决策中心战。决策中心战需要一种人类指挥与人工智能加持下的机器控制相结合的新指挥控制方法。人类指挥和机器控制分别利用人类和机器的优长,即人类提供灵活性,并运用创造性的洞察力;而机器则提供速度与规模来提高美军向对手施加多困境的能力。

在这种概念演进中,2020 年 2 月在 CSBA 发布的《马赛克战:利用人工智能和自主系统实现决策中心战》报告中明确指出,马赛克战提供了一种实现决策中心战的方法,其中心思想是,用人类指挥和机器控制对更解聚化的美军力量进行快速组合和重组,借此为美军创造一种适应性,以及为敌人创造复杂性和不确定性。

同时指出,要实现马赛克战或其他形式的决策中心战,必须对美军的兵力设计和指挥控制过程进行重大的变革。

3. 兵力设计与指挥控制过程

1）兵力设计

决策中心战条件下兵力设计的总体思想是将当今自成一体、多任务的单元解构成大量具备更少功能、更小规模并且可以更容易重组的要素,其优点如下。

(1) 更易集成新技术和战术。马赛克力量要素由于具有更少的功能,当新的功能需要集成进来时,相对于多任务单元需要更少的修改。

(2) 对美军指挥官具有更大的适应性。相对于传统一体化平台或部队编成,解聚的兵力可以以更广泛的方式组合,产生打击效果。

(3) 对对手具有更大的复杂性。敌方更难通过评估分布、解聚的兵力来确定美军的意图。

(4) 效率的提高。指挥官能够更好地调整解聚单元的组合以匹配作战及相应风险等级所需的能力和职责。

(5) 更宽的行动跨度。解聚兵力能够更好地校准至作战要求的这种能力,可以减少过分匹配的要求,从而能够适应更多的任务。

(6) 战略实现效果的提高。解聚兵力拥有可执行大量同时任务的能力,并拥有更高水平的职责调整能力、更大比例的无人系统,这能使部队更好地实施佯攻、同时的进攻和防御行动、高风险/高回报的任务。这样,指挥官就能够更好的追求战略效果。

2）指挥控制过程

决策中心战最具颠覆性的元素或许就是如何改变美军的指挥控制过程。为了充分探索解聚和可组合兵力的价值,马赛克战应依靠人类指挥和机器控制的结合。如果兵力设计在具体实现时未考虑指挥控制过程的改变及关联,指挥官及其参谋机构将很难管理这种解聚兵力中的大量要素。如果没有自动控制系统,指挥员很难利用决策中心战中兵力组合给对手造成复杂性以及兵力重组应对敌方反制措施带来的优势。

马赛克指挥控制过程与所谓的"情境中心 C^3(Context – Centric C^3)"相关。在决策中心战背景下的指挥控制与通信(C^3)称为"情境中心 C^3"。所谓的"情境中心 C^3"指的是能保持通信状态从而实施指挥控制的一种情境状态;在这种情境下,指挥官只对在通信链路上的兵力实施控制,也即指挥官只对那些与他们保持通信联络的部队实施指挥控制。自主的网络管理程序在网络带宽和指挥官的需求之间保持平衡,维持一个合适的控制跨度,避免指挥官因控制的兵力过多而无法管理。那些无法通信的兵力和与任务关系不大的兵力将剔除出去。这点非常重要,是马赛克战的一大重要特征。这与网络中心战条件下的思路不一样,网络中心战要求网络必须满足指控的需求,必须尽力将任务部队链接进网络,但在复杂多变的实战环境下,这往往是不现实的。而马赛克战没有回避这种现实的困境,而提出"情境中心 C^3"的观点,这种观点将导致未来战场信息通信网的设计发生革命性的变化。事实上美军已发布马赛克战背景下的通信项目标书。

图 2-41 所示为典型的"情境中心 C^3"方法。人类指挥官根据作战的策略和上级指挥官的意图定下作战方法,然后通过计算机接口指导机器控制系统,分配需要完成的任

务,输入估算的敌方兵力规模等。机器控制系统在将指挥官控制跨度保持在可管理规模水平的同时,识别出在线可分配任务的兵力,通过这种方式来实现"情境中心 C^3"方法。

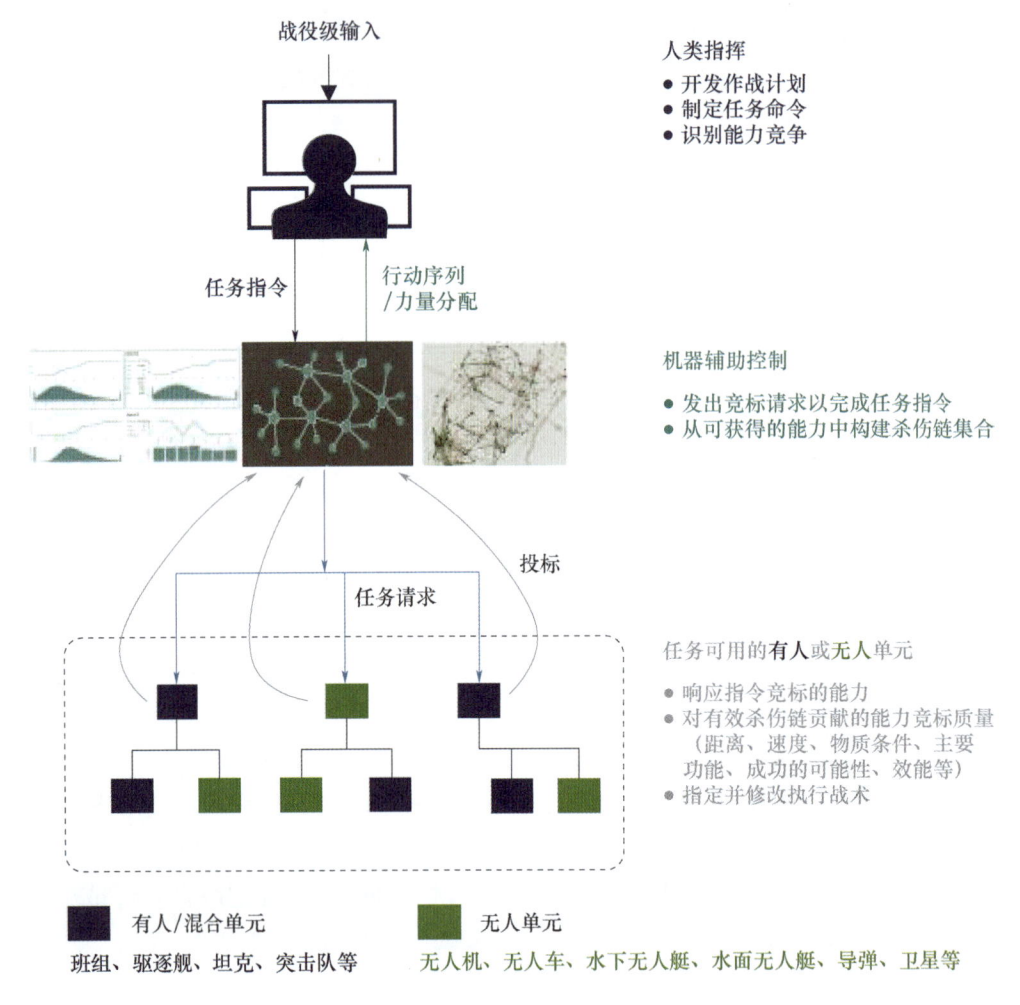

图 2-41　典型的"情境中心 C^3"

在"情境中心 C3"方法中,指挥关系的建立依赖于可获得的通信资源,而不需要建立能指挥控制所有下属部队的通信网络。图 2-42 为"情境中心 C3"下指挥关系示意图。图中左侧为红方传统部队,包括战机、地导、潜艇等作战装备;右侧为蓝方马赛克部队,包括陆、海、空、天、网等多维作战力量。战场的每个作战节点按照其作战任务和自身性质,具备决策(Decide)、感知(Sense)、行动(Act)、指挥官(Commander)等四种作战要素中的一种或多种,这些作战节点基于规则和自身能力,相互链接成为一个分布式的马赛克网状作战体系。图 2-42(a)为红蓝双方交战的初始状态。蓝方指挥官建立了能指挥控制所有下级作战单元的通信网络。图 2-42(b)为交战过程的中间状态。随着战斗的进行,通信网络在受到攻击后降级,马赛克部队指挥官无法指挥控制所有所属作战单元。下级指挥官则根据当前通信能力对能通信上的作战单元实施任务式指挥,来完成赋予的作战任务,而对作战单元的任务规划及控制则由机器辅助完成。

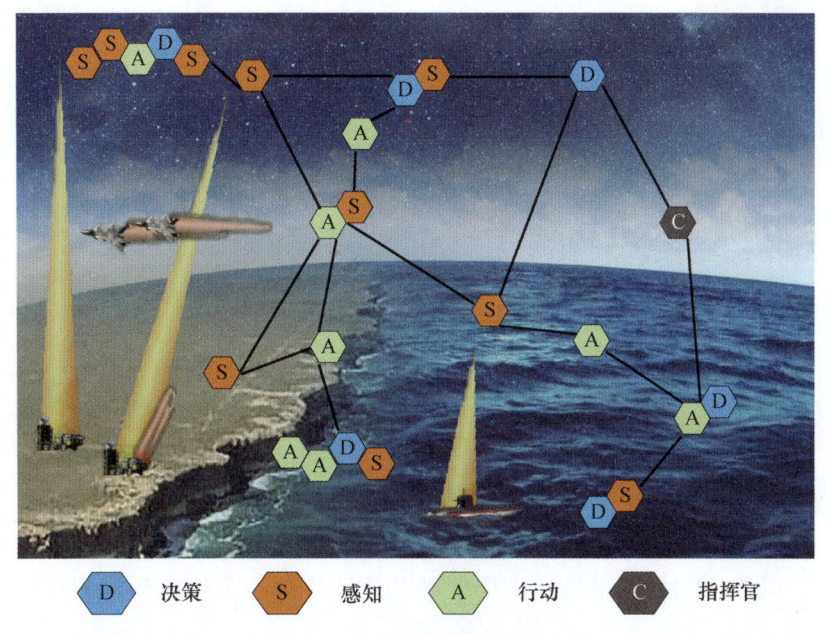

(a) 交战初始状态

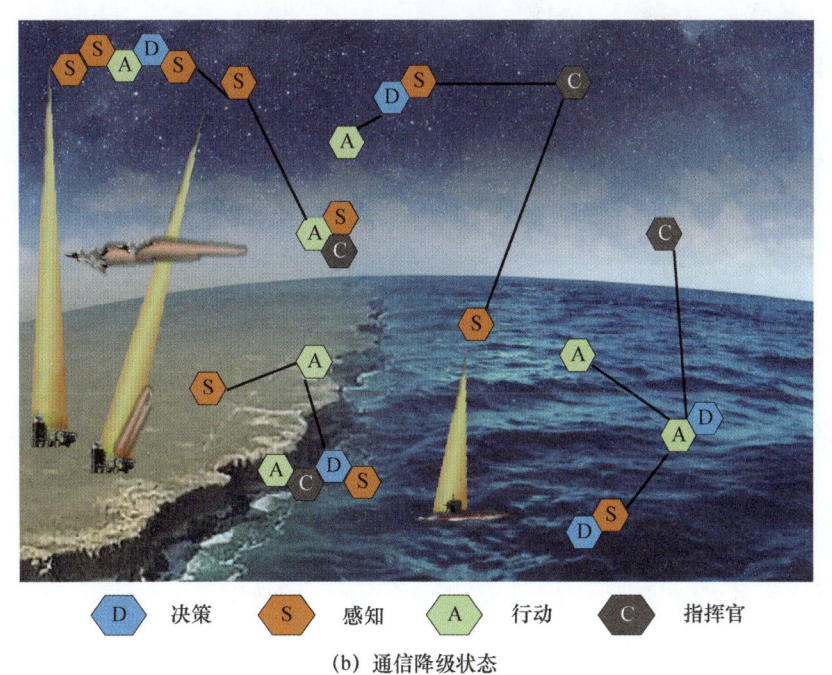

| D 决策 | S 感知 | A 行动 | C 指挥官 |

(b) 通信降级状态

图 2-42 "情境中心 C^3" 下的指挥关系

总之,美军马赛克战的核心思想是,在任务执行期间资源可以重新组合、系统可以裁剪,对动态威胁和环境具有高适应性,是美军长期以来对战争复杂系统研究与实践的又一次理论升华。

2.5 指挥控制的发展

指挥控制理论的一个重要目的就是要揭示指挥控制系统发展的本质规律。这种发展不以人的意志而转移,有其固有的内在规律性。

2.5.1 指挥控制系统发展规律

我们通常讲指挥控制系统发展规律的时候[①],都是从指挥控制装备发展的角度。例如,讲到美军指控系统的发展,通常会从"赛琪"系统到 C^4ISR 系统,到"武士" C^4ISR,再到 GIG 这样的发展阶段。然而这种从装备发展的角度看指挥控制系统的发展,揭示不出指挥控制系统发展内在的必然规律。

我们可以从时间和空间两个维度去观察指挥控制系统发展的本质规律。

(1) 从时间维度上看,主要是从指挥控制系统的形态上看其发展规律。

(2) 从空间维度上看,主是从指挥控制系统适应战斗力生成模式变化上看其发展规律。

1. 指挥控制系统发展"三段论"

指挥控制系统发展规律从时间维度上看,是其形态发生变化的规律。我们认为指挥控制系统发展分为 3 个阶段,即电子化阶段、网络化阶段和智能化阶段,我们称为指挥控制系统发展的"三段论",如图 2-43 所示。

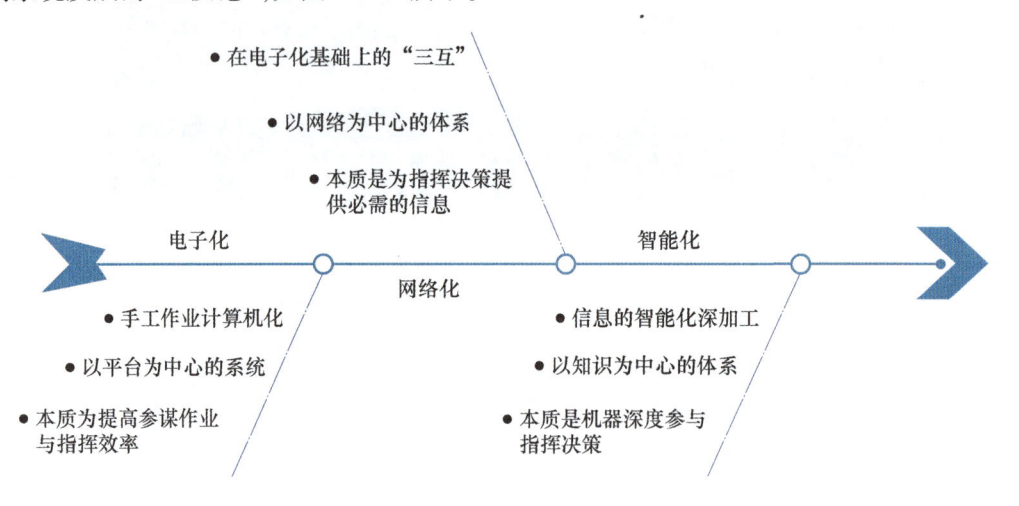

图 2-43 指挥控制系统发展的三阶段

1) 电子化阶段

电子化阶段,又称为数字化阶段,是指挥控制信息化的初始阶段。在这个阶段的主要

---

① 这里所说的指挥控制系统指广义的指挥控制系统,即指挥信息系统。

表象是指挥和参谋作业从手工作业转向计算机化的作业,如纸质地图转化为数字地图,手工标图转化为计算机标图,文书拟制由手工变为计算机处理等。手工作业的电子化和自动化处理,大大加快了指挥和参谋业务的工作效率。

这个阶段的信息化工作,类似办公自动化(Office Automation,OA),即由于引入计算机处理技术,办公文档可以由计算机自动化地处理诸如文档格式编排、打印、印刷等原本由人工完成的工作,从而使得办公效率大幅度提高。因此,此阶段的指挥控制系统当时被称为指挥自动化系统。此处的自动化并不是有人认为的机械自动化,也不是不需要人介入的自动化,而是指电子化的一种演变过程。

在这个阶段,包括传感器、武器控制、通信等技术的发展也非常快,使得单个武器平台或作战单元的 C^4ISR 系统逐渐形成。所以,以平台为中心是这个发展阶段的主要特征。

本质上,指控系统的电子化阶段主要解决的是指挥和参谋作业的效率,提高武器平台或作战单元内部从信息获取到处理和运用的效率,从而提高武器平台或作战单元的整体作战效能。这是任何一支军队在信息化建设初期必须解决的问题。

美军各军种 C^4I 建设发展阶段就属于指控系统的电子化阶段,各军兵种在各自管辖范围内研制与集成 C^4I 系统,使得各军兵种内部态势感知、指挥作业、武器平台控制等系统形成一个有机的整体,大幅提高了军兵种内部的作战效能。

2) 网络化阶段

网络化阶段是指挥控制信息化的成熟阶段。在这个阶段的主要表象是将战场空间的各类实体和各类作战单元联成互联、互通、互操作的网络,信息在网络中、在各个作战单元之间有序流动,全网共享,由共享态势到共享感知,达成作战自同步。

网络化阶段,强调战场空间各作战实体、作战单元在信息主导下网聚效能,以网络为中心是这个阶段的主要特征。

本质上,网络化阶段是通过将战场各个要素的互联,以信息主导信息优势,再由信息优势主导决策优势,从而获得行动优势。网络化阶段,在"梅特卡夫"定律作用下,将获得更大的作战效能。因而,网络化阶段的本质和根本目标是为了获取信息优势。

海湾战争是美军实践信息化战争的开端,各军兵种在电子化阶段集成的 C^4I 系统在战争中发挥了巨大的作用。但是,由于此阶段平台中心的特征,并不支持不同军兵种之间的信息交互。虽然"武士" C^4I 计划试图通过建造所谓"信息球"来解决各军兵种的烟囱问题,但缺乏系统的军事理论与技术体系的支撑,效果并不明显。

网络中心战理论的提出以及 GIG 的建设,使得美军进入了网络化建设阶段。整个指挥体系从传统集权式向扁平化、网络化发展,作战理论与作战方法发生了重大的变革。

我军同样也是顺应网络化发展的规律,提出了网络信息体系的概念,以网络为中心,以信息为主导,形成一体化联合作战体系。

3) 智能化阶段

智能化阶段是信息化阶段发展的新阶段,也有人称为后信息化阶段,更有可能成为战争发展的新时代,即智能化战争时代。在这个阶段的主要表象是信息的智能化深加工,机器将深度参与人类指挥员的决策过程,甚至部分代替人类指挥的决策与对部队的自动控制。

下面我们会介绍知识是人工智能(AI)重要的基础,没有知识,机器将无法做出正确的决策。在智能化阶段的指挥控制系统中,知识将和信息一样,成为主导从信息优势到决策优势再到行动优势的关键因素。因此,以知识为中心成为智能化阶段的一个重要特征。

本质上,智能化阶段,人工智能将助力指挥控制系统直接参与人类指挥员的决策,而不是像信息化阶段一样,主要是为指挥员提供关键信息,间接支撑指挥员的决策,由信息优势去主导决策优势。在智能化阶段,指挥控制系统将直接主导决策优势。因此,智能化阶段的本质与根本目标是为了直接获取决策优势。

2. 指挥控制系统发展"三域论"

指挥控制系统的发展规律与战争时代的战斗力生成模式密切相关。

在机械化战争时代,战斗力生成模式主要靠机械能的释放,从空间角度看,其战斗力生成主要在物理域。

在信息化战争时代,信息力成为战斗力指数的第一要素,其战斗力生成主要发生在信息域。

在未来智能化战争时代,决策力将成为衡量战斗力的第一要素,其战斗力生成的主要空间已上升至认知域。

由此可见,从空间角度看,战斗力生成的空间规律是从物理域到信息域再到认知域,如图2-44所示。而指挥控制系统跟随着战斗力生成的空间规律,其作用域也是一个从物理域到认知域的发展过程。在机械化战争时代,指挥控制主要靠人力和电话,其作用域主要在物理域;在信息化战争时代,指挥控制主要依据网络化的指挥控制系统,其作用域主要在信息域;在智能化战争时代,智能化指挥控制系统将直接作用于认知域,其对战斗力生成的主要空间在认知域。

因此,我们可以说,从空间角度看,指挥控制系统的发展也是经历了从物理域到信息域,最终必然向认知域发展的必然趋势。这就是指挥控制发展的"三域论"。

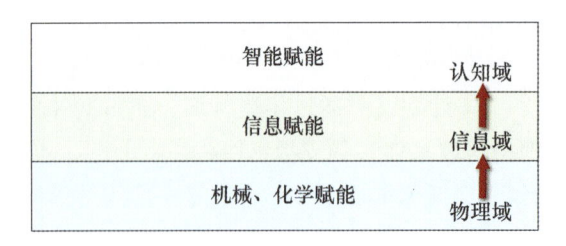

图2-44 指挥控制系统发展的"三域论"

2.5.2 人工智能的突破

用人工智能技术来提升指挥控制效能,一直以来都是指挥控制技术领域追求的目标。但由于人工智能技术发展的限制,在指挥控制领域的应用一直不是很理想。

例如,20 世纪末美军的"深绿"系统。"深绿"是一个设计为辅助指挥员进行作战指挥的智能系统,其目标为预测战场态势的变化与发展,生成与调整作战行动序列,帮助指挥员提前进行思考,并选择由系统产生的作战方案,将指挥员的注意力集中在决策上,而不是在如何制订作战方案的细节上。然而"深绿"的目标并未实现,整个计划被搁置。主要原因在于实现预定的目标所需要的人工智能技术超出了当时的实际水平。

那么现在人工智能技术发展水平能够支撑起智能化指挥控制的发展阶段吗?

1. 从 AlphaGo 看人工智能的突破

AlphaGo 是谷歌 DeepMind 团队开发的围棋程序,2016 年 3 月以 4∶1 的战绩打败韩国九段围棋职业选手李世石,2017 年又以 3∶0 的战绩战胜世界排名第一的中国围棋职业选手柯洁,机器智能前所未有地接近人的智能,震惊世界。

与"深蓝"打败人类国际象棋顶尖选手不同的是,国际象棋走棋动作空间有限,机器可以穷尽所有走法,采用蛮力计算即可应付人类所有的走棋着法;而围棋棋局盘面走棋方法的数量可达到 $3^{19 \times 19} \approx 10^{170}$,而在已观测到的宇宙中,原子的数量才 10^{80},因此,不可能像"深蓝"程序一样遍历搜索所有可能的着法。本质上讲"深蓝"就是普通的计算机算法程序,与人工智能关系不大。

而 AlphaGo 则采用人工智能算法,模拟人的思维方式,利用机器的算力优势,一举打败人类顶级的专业围棋大师,甚至创新出新的围棋着法,其表现出的智能水平震惊了世界。

AlphaGo 由以下 4 个部分组成。

(1) 策略网(Police Network)。策略网,也称为走棋网,是一个卷积神经网络(Convolutional Neural Network,CNN)[①]。它的输入是当前的棋局,输出则是人类棋手在各个空白位置落子的概率。这个网络是利用人类棋手 16 万盘对弈的 3000 万棋局,作为深度神经网络训练数据集,耗费谷歌云 50GPU,通过 4 周时间训练而成。机器在下棋时首先选择策略网在当前棋局下落子概率高的着法进行"思考和推理",这和人类下棋的思路是一致的。一般棋类程序会把下棋可能的着法组织成树,推理时进行宽度与深度搜索。策略网的作用相当于大幅减少了搜索宽度,因为概率太小的落子处说明了其对于盘面的价值不大。

(2) 快速走棋(Fast Rollout)。快速走棋采用传统的局部特征匹配加线性回归的算法,实现根据当前棋局快速选择落子位置的方法,从功能上与策略网一样,同样也是减少搜索宽度,但速度上要比策略网快很多。根据文献资料数据,策略网走棋速度为 3ms,而快速走棋则在几微秒之内,快速走棋的走棋速度是策略网的 1000 倍。围棋对盘面的判断需要模拟走子,也就是从当前棋局一路走到底,直到分出胜负。如果用策略网则速度太慢,此时快速走棋就能发挥很大的作用,实际上就是在精准性和快速性之间寻找一种平衡。

---

① 卷积神经网络是一种深度神经网络。

（3）价值网（Value Network）。价值网，或称为估值网，也是一个深度神经网络，输入为当前棋局，输出则为胜率。价值网的作用相当于人类的棋感，根据当前棋局做出在哪落子有可能取胜的一种感觉。很显然，这样的网络训练是非常困难的，需要大量的数据，前述训练策略网的3000万棋局远远不够。AlphaGo采用强化学习[①]的方法进行自我对弈，再产生3000万棋局，这样加上前述3000万棋局，最后训练出价值网。一名记者在AlphaGo战胜李世石报道中，用诗一般语言描述了当时的情景："人类唯一战胜AlphaGo的那个寒夜，疲惫的李世石早早睡下。世界在慌乱中恢复矜持，以为人工智能不过是一场虚惊。然而在长夜中，AlphaGo和自己下了一百万盘棋。是的，一百万。第二天太阳升起，AlphaGo已变成完全不同的存在，可李世石依旧是李世石"。这里描述的自我对弈的一百万盘棋就是指的强化学习的训练。AlphaGo实际是平衡了价值网和快速走棋的结果，将快速走棋的结果和价值网输出的结果以0.5的权重计算最终的胜率。

（4）蒙特卡罗搜索树（Monte Carlo Tree Search，MCTS）。这是一个棋类游戏通常会采用的经典算法，本质上是模仿了人类棋手思考与推理的过程，对于每个当前棋局都有选择落子（宽度）与模拟走子（深度）这样的递归过程。蒙特卡罗搜索树可以看成是AlphaGo的总控程序，将上述3个内容有机结合起来，如选择落子采用策略网，模拟走子采用快速走子，然后和价值网的棋感平衡产生对胜率的估算。

总结AlphaGo人工智能算法，最核心的就是两点：一是采用深度学习和强化学习算法训练出策略网和价值网，获得了人类围棋的经验知识，并能够用深度神经网络表示和存储在计算机内；二是采用蒙特卡罗搜索树的算法模拟人的思考和推理过程。

知识是人类思考、判断与推理的基础，人工智能长久以来不能突破的一个重要原因在于知识表示的瓶颈，尤其是经验知识的表示，而经验知识是人类进行思考、判断与推理的重要基础，尤其是直觉判断。AlphaGo在人工智能算法上的重大突破，本质上就是在知识表示上的突破，AlphaGo具有某种程度上的棋感直觉，就是这种经验知识的作用。

2. 知识表示是人工智能的关键基础

1）知识与决策

知识管理专家托马斯·达文波特认为，知识比数据和信息更有价值是因为它更贴近行动，知识是行动和决策的依据和指南。知识的作用在于可以实现信息与决策行动的交联，能够将获取的信息迅速转换为决策和行动，如图2-45所示。

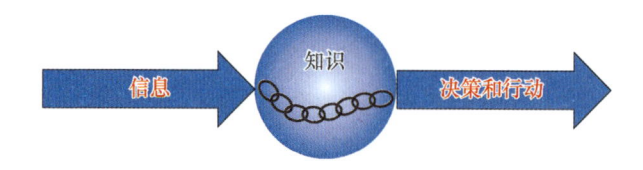

图2-45　知识可以实现信息与决策和行动的交联

---

① 强化学习的有关内容参见第3章。

换句话说,决策实际上是根据先验知识对于收集到的信息进行处理和判断的过程,如图 2-46 所示。

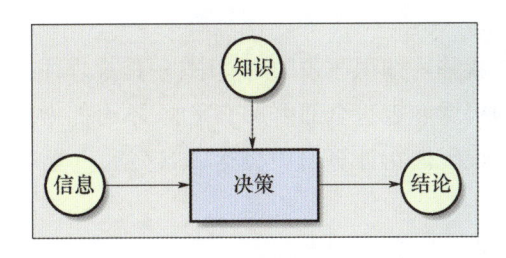

图 2-46　知识与决策

在后信息时代,随着人工智能技术的飞速发展,原本靠人脑支持的工作逐渐可以被机器所替代,产生了所谓的知识自动化(Knowledge Automation),这是开启后信息时代的重要标志。可以说,在工业时代,机械自动化解放人的体力,大幅度提高了生产效率;而在知识时代,知识自动化即将解放人的脑力,大幅度提高知识工作效率。2013 年,麦肯锡全球研究所发布了 2025 年前决定未来经济的颠覆性技术,知识自动化位列第二。

知识自动化的本质就是将知识表示并存储在计算机内,用于各类业务的决策。典型的运用就是业务流程管理(Business Process Management,BPM),即在业务流程管理系统(Business Process Management Systems,BPMS)的决策点中封装知识,依据信息与知识进行决策判断,决定该业务流程的走向。目前,这种知识自动化的方法广泛应用在银行、保险、物流等领域,代替传统的人工决策,大幅提高了业务的效率和决策的准确性。知识自动化技术还可应用在参谋业务中,在一些规范化的场景中,可部分替代参谋人员的判断、决策工作,可大大减轻参谋人员的脑力负担,将其精力集中在必须由人完成的任务上。

这里又出现了"自动化"(Knowledge)一词。从表 2-5 中我们可以看出,"Knowledge"既可以指机械自动化,也可以指电子化,如办公自动化或者网络化,如办公自动化后期的公文流转,现在又可以表示智能化的意思。如果当初保留"指挥自动化"的称谓,即便到了智能化时代,也一样适用。

表 2-5　自动化的含义

自动化	含义	例子
Automation	机械自动化	生产流水线
Automation	电子化	办公自动化
Automation	网络化	办公自动化(公文流转)
Automation	智能化	知识自动化

由于知识对于决策的重要性,美国空军早在 2004 年就提出了"知识中心战"概念,旨在实现未来作战体系由网络中心战条件下推送信息到前沿,转型到知识中心战条件下推送知识到前沿的构想,实现更好地理解和使用信息。

2) 隐性知识与显性知识

由于知识对于决策的重要性,知识在人工智能中一直处于基础性的关键地位。20 世纪90年代盛行的专家系统是人工智能最接近实用的应用系统,如各类医学诊疗系统、仪器仪表故障诊断系统。专家系统的核心部件就是知识库,是专家系统能够进行推理、判断的基础。

但是,专家系统不久就陷入知识瓶颈的窘境中:一是推理往往需要较全的领域知识与常识性知识,由于知识的提取和表达全部由人工完成,不可能做到领域知识与常识性知识的全覆盖;二是经验型知识无法在计算机中表达,如感觉、直觉等就是只可意会不可言传的知识类型。

因此,我们可以把知识分为以下两类。

(1)显性知识。显性知识可以采用逻辑、规则、本体、语义网、知识图谱等方式形式化表示并可以存储在计算机的知识。例如,"如果今天天阴,就有可能下雨","如果敌人目标位于某某区域,该目标为地面炮兵火力突击群的行动目标"等,这类知识通常可以用"if…then…"的规则来表示。

(2)隐性知识。隐性知识是存在于人的大脑中,很难提取并形式化表达的知识,如作战经验、指挥艺术等。隐性知识同时也可以称为内隐知识或经验知识,人类复杂的思维、决策活动更多地依赖于头脑中的隐性知识,也就是经验,很多复杂的思维活动都是靠经验知识来进行的。这类知识如果不能有效的表示、存储、共享与处理,则机器就不能像人一样的思考和判断。

3) 快思考与慢思考

AlphaGo对人工智能技术的突破,本质上就是对隐性知识表示的突破。AlphaGo利用深度学习和强化学习的技术训练出能够表示人类专业棋手围棋经验知识的策略网和价值网,再利用蒙特卡罗搜索树模拟人的推理过程,完美地模拟了人的思考推理过程。

知识是人类决策的基础,要完成人类级别的认知与决策,研究人类的决策过程非常重要。要模拟人的认知或者决策过程,通常的办法是通过脑科学和生物科学的研究获得认知模型。这类研究要想突破还有待时日,AlphaGo基于人类知识经验的决策和蒙特卡罗树的推理过程,给我们带来另一种模仿人类思考过程的启示。

实际上,人的决策过程是为解决某个问题进行的一系列的判断和决策,决策过程可以抽象为"决策路径(也可以称为思维路径)+决策点判断",在每个决策点上嵌入知识,根据感知到的信息依据知识进行决策判断。这就是所谓的"快思考"("直觉推理")。决策路径由若干决策点连接而成,代表着可能的思考方向,如果加上权重的话可以表示思维偏好或者决策方向的概览,整个决策过程是"慢思考"。图2-47给出决策过程抽象模型的示意图。

"快思考"根据感知到的信息迅速或下意识地做出判断和反应,其本质是基于知识的决策,而"慢思考"则是根据感知到的信息先进行深入的思考才做出判断和反应,其本质是由于问题的复杂性需要经过思考或者思维的过程,是多个快思考的逻辑组合。

决策能力取决于决策点的判断能力与思考能力。例如,如果AlphaGo单靠学到的经验知识下棋,大概只能达到3段的水平,如果加上蒙特卡洛搜索树(推理机制),就可以达

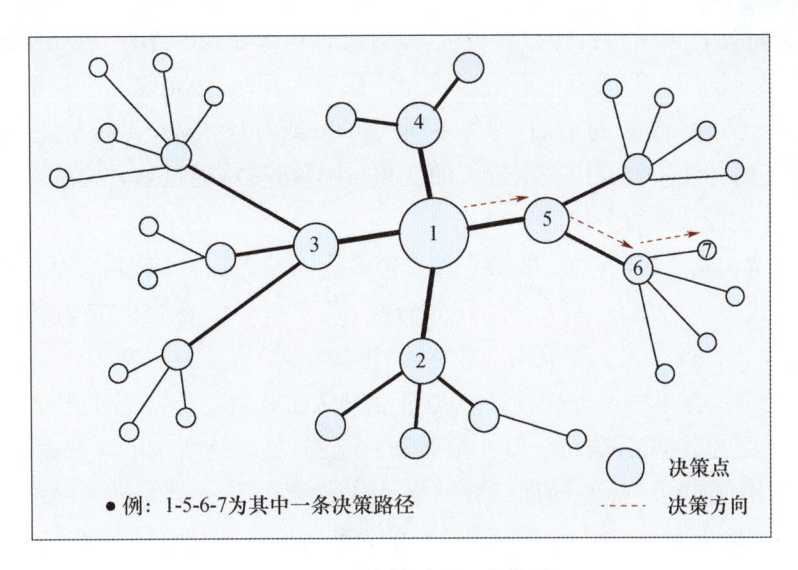

图 2-47 决策过程示意模型

到 13 段、14 段的水平。

如果用机器来模仿人的决策过程或者思考过程,根据决策路径的确定性与否,可以将决策过程区分为确定性决策过程和不确定性决策过程。

如果整个思维路径都是确定的,比如企业决策,很多东西都是流程化的,整个决策路径都是确定的,其决策过程就叫作确定性决策过程,这种过程的实现方法一般使用上述基于 BPMS 的决策知识自动化。

就人的思考而言,其思维路径是不确定性的,人一直处于推理的过程中,会选择一个最有可能解决问题的思维路径进行,这种过程的实现方法一般称为智能博弈推理,如果是对抗性的博弈过程则称为智能博弈对抗。智能博弈推理分为完美信息和非完美信息两种,所谓完美信息是指博弈双方能够完全观察到博弈环境信息,如围棋博弈双方都能够完全观察到双方的落子信息,不存在隐藏的信息,属于完美信息的博弈。而作战双方的对抗过程就存在着"战争迷雾"、隐真示假等不完美信息现象,属于不完美信息博弈。这种不完美信息博弈推理就更加复杂,是人工智能实用化必须要解决的难题。

3. 机器学习是获取知识的关键途经

人工智能的突破本质上就是知识表示的突破,而知识表示的突破则是由于机器学习技术的突破。

机器学习总体上分为两类:一类为深度学习;另一类为强化学习。

1) 深度学习从大数据中学习知识

深度学习需要海量的数据进行训练,从这些数据中抽取出所需要的知识。

我们用计算机图像识别的例子来说明传统数学方法和深度学习方法在表示和建立知识方面的不同。

如果我们想让计算机识别猫,传统方法是:首先人工提取猫的特征;然后用数学语言建立模型,告诉计算机猫具备什么样特征,或者符合什么模式的图片,就是猫的图片。这就是所谓的模式识别。但现实中猫的形状和特征千奇百怪,很难靠人工提取出完整的特征集,且猫处于运动、蜷缩、进食、打斗等不同状态时,或者身体某个部位被遮挡的时候,前述提取和描述的特征又会发生一定程度的变化,计算机很难通过这种模式识别的方式去识别一张图片是否是猫的图片。

然而,儿童在成长的过程中,并没有人去告诉他(她)怎么去识别猫,而是在不断对世界的观察中,获得了对猫的认知,可以轻松地从现实世界中将猫的实物、影像、图像和"猫"联系起来。这就是人工智能的一种称为"连接主义"流派的来源。

回到识别猫的深度学习方法,这种方法不需要人工提取猫的特征并进行数学建模,而是收集大量的图片数据,并告诉计算机哪张图片是猫,这就是所谓的给数据打上标签,这样,我们就拥有了带"猫"标签的训练数据集,用这个数据集去训练神经网络。神经网络的输入是图片,输出则是"是"还是"否"这样的判断结论。神经网络在训练过程中不断调整神经元阈值及之间的连接权重,最终拟合到能准确判断输入图片是否是猫的神经元连接关系及阈值,形成能识别猫的神经网络。

AlphaGo 则是训练出了输入是当前棋局,输出则是空白处落子概率或胜率的深度神经网络。

无论是能识别猫的神经网络还是 AlphaGo 中的神经网络,都是在巨量的数据中学到了知识,或者说在数据和知识之间建立起了连接关系。

因此,深度神经网络具有超强的拟合与表达能力,超越一切数学工具的表达能力,使得类似经验和感觉这样存在于人的大脑中而无法用数学工具形式化的人类知识可以通过充分的训练,不断调整深度神经网络神经元触发阈值以及神经元之间的连接权重,最终拟合到接近知识表示的精确度。这和人类神经网络的工作原理是十分相似的。

讲到深度学习就不能不说 ImageNet。这是由斯坦福大学建立起来的拥有数千万张分类标注高清图像的图像数据库。从 2010 年起,斯坦福大学开始举办以 ImageNet 为基础的"ImageNet 大规模视觉识别挑战赛",到 2017 年,深度神经网络的算法错误率下降到惊人的 2.9%,远超人类 5.1% 的水平。

2)强化学习从交互中学习知识

在现实世界中的很多场景我们可以抽象为序贯决策的模型,即在某种状态下采取某种动作,这种动作施加于环境,又会造成环境状态的改变;在新的状态下又需要进行决策采取何种动作。这种周而复始,在不同状态下进行不断决策的过程就称为序贯决策。围棋、扑克游戏、作战行动等都具有序贯决策的特征。

强化学习是通过与环境的不断交互,在试错中成长,主要学到的是最优策略、经验与技巧,使得累计的奖赏最大,以解决计算机从感知到决策控制的问题。简而言之,就是让机器学习到在什么样的环境状态下,应该采取什么样的动作。可见,强化学习非常适合用于解决序贯决策类问题。

为解决状态动作空间爆炸问题,用深度神经网络逼近值函数或策略函数,这就是深度强化学习方法。

如果说 AlphaGo 是学到了人类下围棋的经验知识，从而一举打败人类顶级专业棋手的话，那么 DeepMind 随后推出的 AlphaZero 则无须学习人类棋手的经验，利用深度强化学习方法，通过完全的自博弈，训练出了更加强大的深度神经网络，以 3∶0 的战绩打败世界排名第一的柯洁。

强化学习需要建立训练的环境，但优点是不需要巨量的训练数据。在军事应用领域，由于缺乏高质量的样本数据，同时强化学习方法契合了指挥决策本质过程，深度强化学习方法越来越受到重视。

3）因果关系之梯

如果说深度学习属于人工智能的"连接主义"流派，那么强化学习则属于人工智能的"行为主义"流派。人工智能"三大流派"还剩一个"符号主义"流派，这是人工智能自 20 世纪 50 年代提出后出现的第一个流派，当时人工智能的关注点在于逻辑推理，对智能的理解建立在逻辑的形式化基础上，并采用谓词逻辑的数学方法进行推理。

可以说这一轮人工智能技术的突破是"连接主义"和"行为主义"流派的突破，为了更好地理解深度学习和深度强化学习在人工智能中所处的地位，我们引入朱迪亚·珀尔[①]的"因果关系之梯"，如图 2-48 所示。

因果关系之梯分为三个层级，即关联、干预与反事实。

第一层级是关联。在这个层级中，个体通过观察寻找规律，发现一个事实与另一个事实之间的关系。例如，通过观察数百万围棋棋谱后，发现胜算比较高的走法。大多数的动物都处于这个层级，也就是说它们会通过观察这个世界，获取一些规律性的事实或事件，来完成它们的捕食、交配、躲避危险等活动。因此，处于关联层级的认知能力为观察能力（Seeing）。

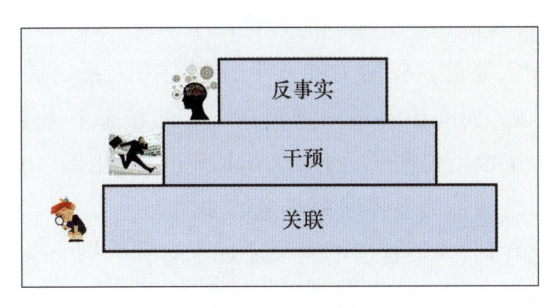

图 2-48　因果关系之梯

第二层级是干预。第一个层级是观察世界，当我们开始改变世界时，我们就迈上了因果关系之梯的更高一层台阶。在这个层级中，典型的问题就是"如果我们实施某某行动，将会怎样？"，也就是说，如果我们改变环境，会发生什么后果。干预指的就是采取一定的行动来改变环境，使得环境发生某种程度的变化。例如，我吃了阿司匹林，我的头痛会好

[①] 美国人工智能权威专家，是因果论科学和贝叶斯网络的提出者。

吗？因此，第二层级的认知能力为行动能力（Doing），强调的是预测对环境进行刻意改变后的结果，并根据预测结果选择行动方案，达到所期待的结果。像那种有意图的使用工具的早期人类的认知能力达到了第二层级的认知能力。

第三层级是反事实。上两层的认知能力停留在对客观世界的观察和行动预知的能力上，可以说是一种"客观"的认知能力，第三层则是一种"主观"的认知能力，是一种对没有发生的事实的猜想，或者已经发生的事实的反思，所以称为反事实。例如，我头已经不痛了，是不是我是吃了阿司匹林才不痛的？还是其他什么原因？这就是对刚才吃阿司匹林这个事实的反问，是一种思考、反思和想象。因此，第三层级的认知能力为想象能力（Imaging），这是现代人类独有的认知能力，也是一切科学产生的基础。

综上所述，因果关系之梯实际上刻画的是因果关系的3个层级，每个层级拥有不同的认知能力，如图2-49所示。这种不同的认知能力实际上就代表人类智能的等级层次，从观察能力到行动能力再到想象能力，是人类经过万亿年的进化而逐步形成的智能层次。

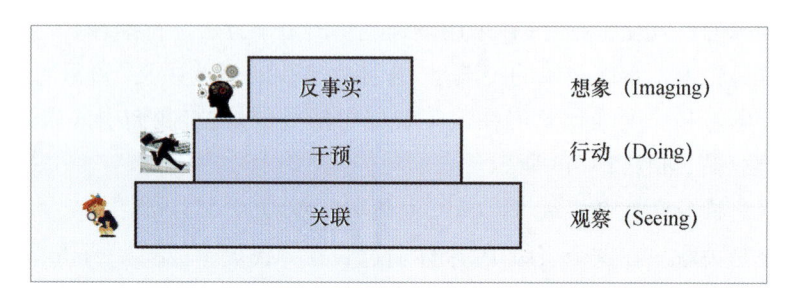

图2-49 因果关系之梯与认知能力

很显然，深度学习只是处于因果关系之梯的最底层，其最大的特征就是关联性，也是符合"联接主义"流派的思想。深度学习为我们提供了从客观世界形成的大量数据中提取知识的工具，也为机器具备观察世界的能力提供了条件。

深度强化学习则使机器的认知能力能够上升到因果关系之梯的第二层，其最大的特征是通过训练环境的训练，能够让机器预测到在一定的状态下采取什么样的行动能够得到相对好的长期效果。这也就说明了为什么AlphaGo会进化到AlphaZero，为什么深度强化学习能够继深度学习之后称为业界研究热点的原因。

我们也可以清醒地看到，人工智能的发展还远未达到因果关系之梯的反事实层级，还远未达到"想象"的认知能力。事实上机器学习本身就没有解决推理的问题，我们可以看到AlphaGo是采用蒙特卡罗搜索树的方法来模拟人的推理过程。因此，真正实现强人工智能，达到人的思考、推理的能力，还有一段很长的路要走。

2.5.3 从信息优势到决策优势

1. 制胜机理的变化

在信息化阶段，战争制胜机理的核心可以概括为信息主导下的优势获取，即信息主导信息域的信息优势，信息优势主导认知域的决策优势，决策优势主导物理域的行动优势，

如图 2-50 所示。信息则由信息域的指挥信息系统产生。

图 2-50　信息主导的优势获取

从图 2-50 中可以看出,从战场态势感知到作战分析、作战方案生成、作战计划生成以及行动控制等作战筹划或指挥控制过程,其主体活动还是依赖于指挥与参谋人员的脑力活动,依赖于其指挥和参谋工作经验。信息系统的作用主要有两个方面:一是为指挥和参谋人员提供决策所需的关键信息,提高其决策的质量与速度;二是提高指挥与参谋工作的效率。

因此,我们可以说,在信息化时代,信息对于决策优势的获取是间接的。从图 2-46 可以看出,信息是做出正确决策的一个自变量,另一个则是指挥与参谋人员拥有的经验知识。

在智能化时代,信息同样重要,但由于机器学习技术的突破,经验知识的表示、存储、处理与共享将不再是空中楼阁,智能化的指挥控制系统将直接作用于认知域,知识将与信息一起共同作用于指挥参谋人员的认知域,将直接服务于决策优势的获取。

就像我们前面所说的指挥控制系统发展规律的"三域论"那样,到了智能化发展阶段,战斗力生成模式一定会发生在认知域,这是智能化时代战争制胜的核心机理,即从网络化阶段信息主导下的信息优势获取,到智能化阶段知识主导下的决策优势获取。

2. 强国军事竞争的制高点

人工智能技术的突破引起了世界军事领域的又一次革命,人工智能在军事理论与武器装备上的运用成为世界强国军事竞争的制高点。

美军近两年发布一些文件与研究报告直言不讳地把中国和俄罗斯当成智能化发展最强劲的对手,从机制上、理论上、技术上加快人工智能技术研究与应用的步伐。

美军第三次抵消战略更是将以人工智能技术为代表的科技创新作为在技术发展领域谋求的创新性突破。值得我们注意的是,美军前两次抵消战略,即第一次的"以核制常"、第二次的"以信息化制机械化",都是从武器装备的角度抵消苏联强大的常规部队战斗力。而美军第三次抵消战略的核心理念,从武器装备的抵消转向软实力的抵消,尤其是决策优势的获取,以快制慢。如所图 2-51 示,美军利用人工智能技术加快己方决策速度,从而加速 OODA 环的运转,致使敌方的 OODA 环陷入观察和判断或决策和行动之间的死循环。以观察和判断死循环为例,当敌方还未完成从观察到判断的周期时,美方已完成一次完整的 OODA 循环,战场态势又发生变化,迫使敌方又从判定回到观察状态,当完成观察进入判定状态时,美方又完成一个完整的 OODA 循环,如此一直重复这个过程,致使敌方陷入观察和判断的死循环。

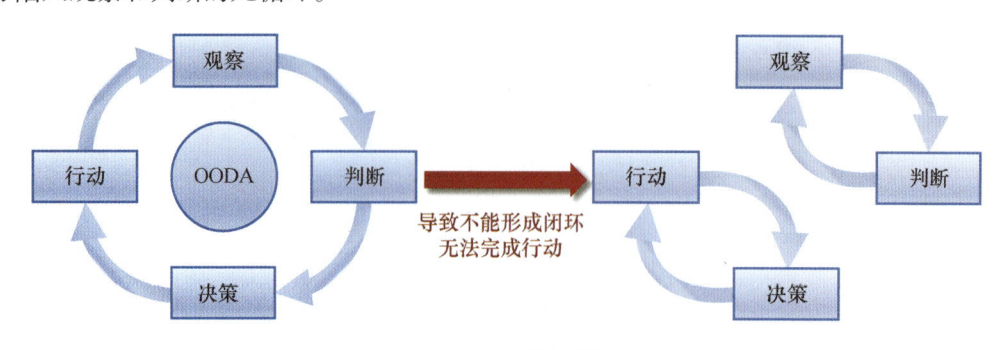

图 2-51 以快制慢

2018年,美国国防部联合人工智能研究中心成立,首任主任为空军中将约翰·杰克·沙纳汉。美国国防部认为,人工智能的采用是保持美国军事优势的关键。经过两年的技术储备与经验积累,美国防部联合人工智能中心正在将工作中心转移到促进联合作战行动上,将人工智能聚焦于联合全域指挥控制任务,试图保持美国军事和技术领先优势。

2018年8月,美国陆军未来司令部成立,首任司令为约翰·墨里上将,其上任伊始就成立人工智能工作组,全力推进人工智能发展,是自美国国防部联合人工智能中心成立以后第一个组建的军种人工智能管理机构。

2.5.4 智能化指挥控制应用场景

战争正在加速进入智能化时代,而其最核心的特征就是战斗力生成模式将从信息域转移到认知域。智能化战争时代的核心推动力仍然在指挥控制领域。信息化时代要平衡指挥艺术与控制科学,是因为科学技术主要作用于对部队和武器平台的控制,指挥主要靠人的指挥经验与艺术,这可以说是信息化时代指挥控制的本质特征。然而,进入到智能化时代,智能化指挥控制系统将直接介入人的指挥中,利用机器学习所获得的经验知识去帮助人类指挥员更好、更快、更科学的实施指挥,同时对部队、火力和无人系统实施更智能的控制。

指挥控制活动包括掌握战场态势、分析判断情况、构想作战方法、确定作战方案、拟制作战计划、调控作战行动等。上述指挥控制活动涉及指挥员和参谋人员复杂的指挥认知与推理活动,涉及高超的指挥艺术。这些都涉及人类最复杂的、最高层次的思维活动。如果从因果关系金字塔模型看,要达到这种思维层次,至少必须到达第三层级反事实的层次。显然,目前人工智能水平还未达到这个水平。这是我们在研究智能化指挥控制时必须保持清醒的地方。

前面我们在介绍因果关系之梯时,谈到当前人工智能发展水平还停留在因果关系之梯的第二层级,即"干预"层级,这使人工智能具备一定的行动认知能力。所以,我们可以从观察和行动两种认知能力角度来研究智能化指挥控制的理论与技术。

不同的指挥控制阶段对应于不同的智能化应用场景。指挥控制阶段大致可以分为态势感知、作战分析、作战方案生成、作战计划生成以及行动控制等阶段,对应于各阶段对应的智能化应用如图 2-52 所示。

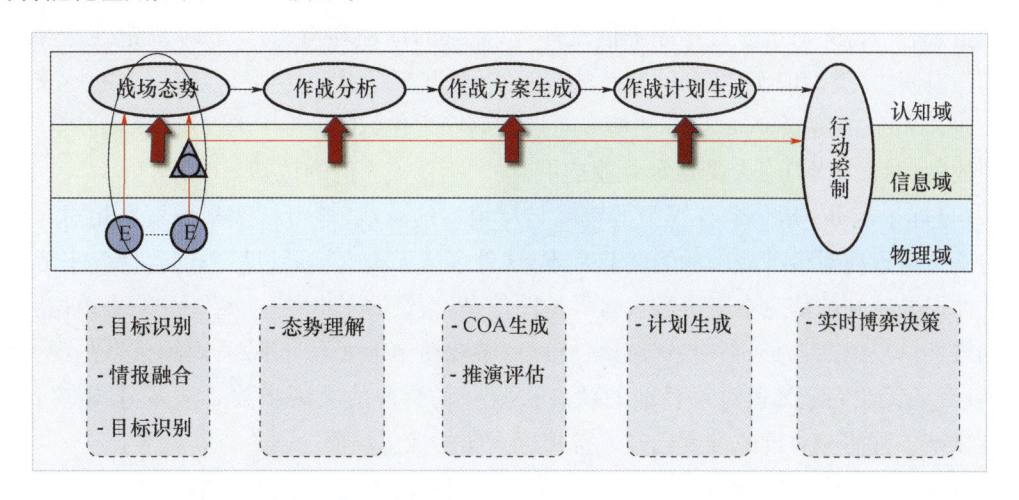

图 2-52 指挥控制阶段与智能化应用的对应关系

1. 场景一:态势感知与理解

在战场态势感知和作战分析阶段的目标识别、情报融合、态势生成、态势理解等人工智能应用场景中,涉及的是观察认知能力,或者说属于因果之梯的第一层级,即"关联"层级。在这个层级一般采用深度学习的方法,通过巨量数据,训练出能够将现实世界的实体与特定属性或目标相关联的深度神经网络,或者说可以具备特定观察能力的神经网络,如可以识别敌人目标、可以识别语音,甚至可以将战场态势与特定的事件关联起来,也就是战场态势的机器理解。

美军在此场景下的典型项目包括:2010 年的"心灵之眼"(Mind's eye),研究一种机器视觉智能,能够提前对观察区域中对时间敏感的重大潜在威胁进行分析;2011 年"洞悉"(Insight),用人工智能技术提升多源信息融合能力,构建统一的战场图像;2017 年的 AWCFT-FMV-PED,用深度学习实现中空全动态视频的处理、开发与传输等。

2. 场景二:博弈对抗

在作战方案生成、作战计划生成及行动控制阶段,一个共性的问题就是对决策结果的推演,比如,在形成作战方案的过程中,具体的作战行动序列可能需要局部推演才能推荐给指挥员;作战方案形成后,需要仿真推演来确定不同方案的优劣;作战计划的生成需要推演才能发现和优化资源分配和调度中的问题;行动控制中根据实时战场态势,需要快速、即时的推演来调整优化作战行动。博弈对抗就是针对这个需求,在仿真的环境中对敌对双方可能采取的行动以及各类资源的调度进行智能博弈对抗推演。

显然,智能博弈对抗的人工智能应用场景,涉及的是观察和行动认知能力,对应于因果关系之梯的第一和第二层级,即"观察"和"行动"层级。在这个层级一般以深度强化学习为主,结合各种深度学习方法,还有可能融入博弈论、多智能体强化学习等方法,构建训练智能体的训练环境,训练出能够观察环境、对环境做出正确反应和战术动作的智能体(神经网络)。

由于智能博弈对抗涉及不完美信息环境、复杂的地理环境、高动态不确定性、连续高维动作空间、多类型的实体空间、复杂的决策空间,其模型设计与训练具有极大的挑战性。

DeepMind 的 AlphaStar 是智能博弈对抗的巅峰之作,2019 年 1 月 AlphaStar 以全胜的战绩战胜《星际争霸Ⅱ》人类顶级专业选手,再次刷新了人们的认知。

《星际争霸Ⅱ》是一个有很强的策略与反策略的游戏,学习打败某种策略相对容易,学习一个可以应对多种战术的策略非常难,这件事情无法直接通过简单的自博弈来解决。智能体需要感知的信息有三维游戏世界地图信息、大量的军事单位、每一个军事单位和建筑的属性信息以及自身的一些资源属性信息,游戏动作维度本身很高,观测信息是部分可知的(我们无法完全知道对手目前的状态),且一场游戏的决策步数非常多,且策略过程非常复杂。其博弈对抗的难度已经非常接近真实的战争场面。

从机器学习的角度,训练一个人工智能玩家面对的挑战包括巨大的动作空间、不完美信息、实时性、长期性规划、探索 - 利用平衡等,如图 2 - 53 所示。

AlphaStar 主要采用结构化建模动作空间来解决动作空间爆炸问题;采用多种强化学习方法解决稳健性训练问题;采用深度学习的方法充分利用人类专业玩家的数据,用人类数据约束探索行为,缩小探索空间,构造伪奖赏,引导策略模仿人类行为,缓解稀疏奖赏的问题,加速策略训练,从而解决探索 - 利用平衡问题;采用多项前沿技术的综合应用,来计感知层和决策层,解决复杂的感知和决策问题。

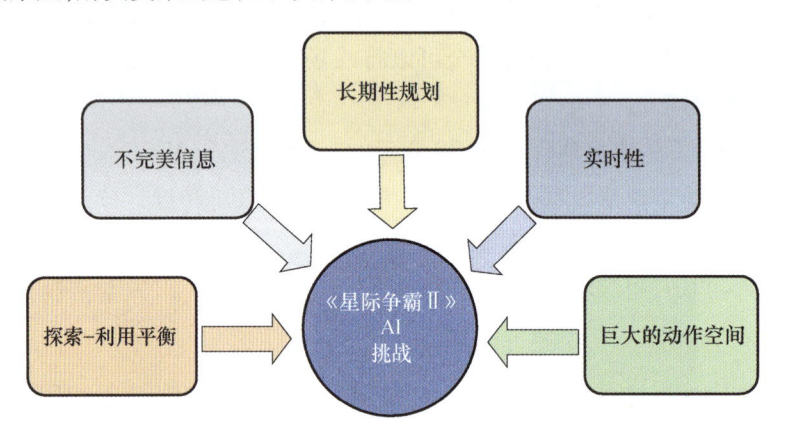

图 2 - 53 《星际争霸》AI 面对的挑战

当然,AlphaStar 对硬件资源的要求比较高,DeepMind 调动了的 Google 的 v3 云 TPU,构建了高度可拓展的分布式训练方式,可同时运行 16000 场比赛及 16 个智能体任务。每个智能体都具有 8 个 TPU 核心的设备进行推理。游戏异步运行在相当于 150 个 28 核处理器的可抢占式 CPU 上。

目前,AlphaStar 可以打败 99.8% 的人类玩家。

AlphaStar在博弈对抗中成功超越人类智能,给了我们三点启示。一是有效利用人类经验知识在深度强化学习中至关重要。从AlphaGo到AlphaZero,学界一度认为从深度学习到强化学习,这是机器学习未来发展的方向。然而强化学习固有的搜索空间巨大、探索-利用平衡问题,没有人类经验知识的指导,将因为训练过程难以收敛而导致训练效率低下甚至难以学到有效的知识,尤其在复杂的任务环境下。二是机器学习的发展速度可能会超越人们的想象。AlphaStar的成功将人工智能在完美信息环境的棋类博弈对人类智能的超越,延伸到了不完美环境的复杂策略游戏对人类智能的超越,这在两年前还被认为是至少需要10年时间才能突破的人工智能技术。三是AlphaStar式智能在军事指挥决策中的应用前景需引起我们高度关注。《星际争霸Ⅱ》即时策略游戏对抗的复杂性、激烈程度、实时性等与战争的博弈对抗已经非常接近了,这种智能技术一旦成功运用在指挥决策上,带来的决策优势足以形成对对手新的战斗力生成模式代差。事实上,美国海军陆战队就已经将《星际争霸Ⅱ》人工智能技术移植到一款名为《雅典娜》的战争游戏中,用于训练指挥人员的决策能力,同时作为数据收集及人工智能测试平台。

智能博弈对抗另两个应用场景分别为训练仿真和无人作战。

在训练仿真场景中,博弈对抗技术将训练出具有对手作战特征、符合对手作战条令规范的智能蓝军。用人工智能训练出的对手更具对环境的适应性和对战术变化的响应性。

美军典型的项目有美国辛辛那提大学与美国空军研究实验室联合研制的空战AlphaAI,在2016年美国空军组织的空战模拟中,连续战胜退役上校基纳·李;DARPA的Alpha DogFight项目,2020年人工智能飞行员以5∶0战绩完胜F–16人类飞行员;DARPA的COMBAT项目,寻求利用人工智能技术开发敌军旅级部队的行为模型,在仿真环境中与美军开展模拟对抗,帮助美军快速推演作战方案,并开展行动计划制订。目前,选定的智能对手为俄军机步旅,采用的人工智能技术为强化学习和深度学习技术。

在无人作战应用场景中,博弈对抗技术将赋予无人作战系统感知、判断、决策、行动的能力,能够根据作战目标、感知到的战场态势,相互协作、分配作战任务、规划好作战行动序列,像策略游戏中的智能体一样相互配合、自主完成作战任务。在无人作战应用场景下,一个重要的课题就是人机协同问题,所以也存在无人系统的指挥控制问题,这就需要平衡好无人系统的自主与人类指挥之间的关系。

3. 场景三:智能辅助

前面两个场景基本覆盖了指挥控制的全过程。智能辅助在指挥控制过程也是一个重要的应用场景。智能辅助一般协助指挥员或参谋人员进行指挥和参谋作业、处理日常业务工作等,如智能推荐、重要事件或趋势的提示、自动完成作战文书、智能交互等。

知识自动化的方法是智能辅助常用的方法。智能辅助通常处理一些确定性的决策问题,在BPMS中封装相应的知识,在流程化业务的决策点由机器自动进行决策,从而可以减轻指挥和参谋人员的脑力负担,让他们有更多精力去处理必须由人完成的任务。这是一个渐进的过程,一开始可能机器决策只占10%,随着技术进步、人类指挥员对机器决策的逐步的认同,机器决策的占比会逐渐提高。另外,决策过程中积累的数据可以用来对封装的神经网络进行再训练,达到越用越"聪明"的效果。

美军典型的项目是指挥官虚拟参谋(Commander's Virtual Staff,CVS),该项目把认知计算、人工智能和计算机自动化技术整合到一起,实现决策支持工具自动化,帮助减轻指挥员的认知负担,具体功能包括未来态势预测与建议生成、人机写作方案推演评估、基于学习的信息汇聚与推荐、智能人机交互工具等。

智能化指挥控制是指挥控制发展的主流方向。但我们也应该看到,敏捷、全域的指挥控制也是未来指挥控制发展的重要方向。敏捷性是应对复杂军事系统的必然选择。20多年来,在指挥控制的发展中,敏捷性一直是其重要的研究内容。联合作战由军种力量的联合向跨域融合深化发展,全域指挥控制是实现联合全域作战的关键。因此,全域指挥控制也是未来指挥控制发展的重要方向。然而,无论是敏捷指挥控制还是全域指挥控制,都离不开人工智能技术的支撑。从总体上看,智能化指挥控制包含了敏捷、全域指挥控制的技术基础。

参考文献

[1] 任海泉. 军队指挥学[M]. 北京:国防大学出版社,2007.

[2] 胡晓峰. 战争科学论[M]. 北京:科学出版社,2018.

[3] Joint Chiefs of Staff. Joint operation planning process[M]. Joint Publication 5－0,2011.

[4] Department of defense dictionary of military and associated terms[M]. Joint Publication 1－02,2016.

[5] ALBERTS D S. Understanding command and control[M]. CCRP Publication Series,2006.

[6] ALBERTS D S. Understanding information age warfare[M]. CCRP Publication Series,2001.

[7] ALBERTS D S. Power to the age[M]. CCRP Publication Series,2003.

[8] ALBERTS D S. Network centric warfare[M]. CCRP Publication Series,1999.

[9] ALBERTS D S. Agility advantage[M]. CCRP Publication Series,2010.

[10] 沈松. 美军联合作战中的指挥与控制[M]. 知远战略与防务研究所,[出版时间不祥].

[11] LINGEL S. Joint all－domain command and control for modern warfare:an analytic framework for identifying and developing artificial intelligence applications[M]. RAND,2020.

[12] The U. S. army in multi－domain operations, 2028[M]. TRADOC,2018.

[13] 林治远. "多域战":美国陆军作战新概念[J]. 军事文摘,2017,10.

[14] 杜燕波. 从"多域战"到"联合全域作战",究竟有何玄机?[J]. 军事文摘,2020,6.

[15] 邱千钧,等. 美海军舰艇编队协同作战能力 CEC 系统研究综述[J]. 现代导航,2017,6.

[16] CLARK B,et al. Mosaic warfare－exploiting artificial intelligence and autonomous systems to implement decision－centric operations[J]. CSBA,2020.

[17] 谭渊栋. 阿法狗围棋系统的简要分析[J]. 自动化学报,2015,5(42).

[18] FISH N A. 决策知识自动化-大数据时代的商业决策分析方法[M]. 北京:人民邮电出版社,2016.

[19] GUITOUNI A, WHEATON K, WOOD D. An essay to characterise models of the military decision-making process[M]. De Vere University Arms, Cambridge, UK, 2006.

[20] GRANT T, KOOTER B. Comparing OODA & other models as operational view c2 architecture[M]. Royal Netherlands Military Academy, 1997.

思考题

1. 什么是军队指挥？军队指挥的任务、要素与特点分别是什么？

2. 请比较我军军队指挥、指挥控制与美军指挥控制概念的异同，并给出自己的理解与思考。

3. 如何理解指挥的艺术性与控制的科学性？如何理解指挥与控制之间的辩证关系？

4. 如何理解指挥控制理论的层次性及各层次之间的关系？

5. 请简述从牛顿科学范式到复杂性科学的发展动因。

6. 情况判定(Sensemaking)的含义是什么？情况判定在指控过程中的起止时刻是什么？如何理解指挥控制概念模型中将情况判定从指挥功能中剥离出来？

7. 如何理解指挥控制方法空间,以及建立指挥控制方法空间的意义？

8. 如何理解指挥控制敏捷性与复杂系统之间的关系？如何理解多能性与灵活性的不同？

9. 网络中心战的核心理念是什么？网络中心战与复杂系统的关系是什么？

10. 如何理解赛博战与网络战的区别与联系？

11. 请简述马赛克战中的情境中心 C^3 的基本思想与任务分配过程。请评述情境中心 C^3 思想与网络中心战思想有何不同。

12. 请从时间和空间两个维度说明指控系统发展的必然规律。

13. 人工智能技术突破的本质是什么？

14. 如何理解从信息优势到决策优势制胜机理的变化？

15. 因果关系之梯的3个智能层级是什么？目前人工智能能达到哪个层级？分别说明深度学习和强化学习分别对应哪个层级。

16. 请简述机器学习技术在指挥控制各阶段的应用场景。

第3章 指挥信息系统技术基础

指挥信息系统是多学科交叉融合的产物，综合性、理论性很强，其建设与发展涉及军队指挥学、计算机科学与技术、信息与通信工程、控制科学与工程、管理科学与工程、软件工程、网络空间安全等多个学科领域。所以，构建指挥信息系统需要综合应用多种理论与技术。指挥信息系统主要以指挥控制、系统工程、通信、信息处理、软件工程、军事运筹、作战模拟、人工智能等理论与技术为基础，支撑从战场侦察、态势感知、信息融合、情报处理、指挥决策、行动控制到效能评估的全流程作战指挥活动。本章从体系的视角对相关技术内容进行梳理和组织，使看似纷繁凌乱的各种技术呈现出较强的条理性，以深化对指挥信息系统的认识与理解。

3.1 指挥信息系统技术体系

指挥信息系统相关的技术种类很多，从体系角度分析，可以认为这些技术共同构成了指挥信息系统的技术体系。这里，技术体系是相关技术整体性的表现形式，指各种技术有机联系形成的具有特定功能的统一体。指挥信息系统的技术体系是指挥信息系统设计开发及建设管理全生命周期涵盖的相互联系的技术整体。

按照各种技术在指挥信息系统生命周期中的地位、作用，对相关技术进行合理的层次划分和次序组织，其层次划分如图3-1所示。

按照从抽象到具体逐渐过渡的过程，指挥信息系统从相关学科的基础理论到具体的业务系统，自下而上需要跨越5个层次。底层是理论层，顶层是系统层，中间层是技术层，包括基础技术、支撑技术、工程技术。底层的基础理论是各学科领域基本规律的客观反映。顶层的业务系统是可见的软硬件实物形式的客观存在。抽象的理论只有转化为

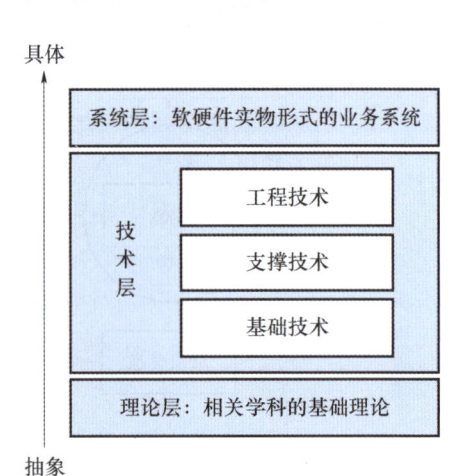

图3-1 指挥信息系统技术体系的层次划分

相应的技术，才能实际应用并形成最终的系统。从理论到系统需要经过的 3 个技术层次，体现了理论应用从基本原理、基本方法层面向具体的工程管理、工程实现层面落地的过程。

梳理形成的指挥信息系统的技术体系如图 3-2 所示。

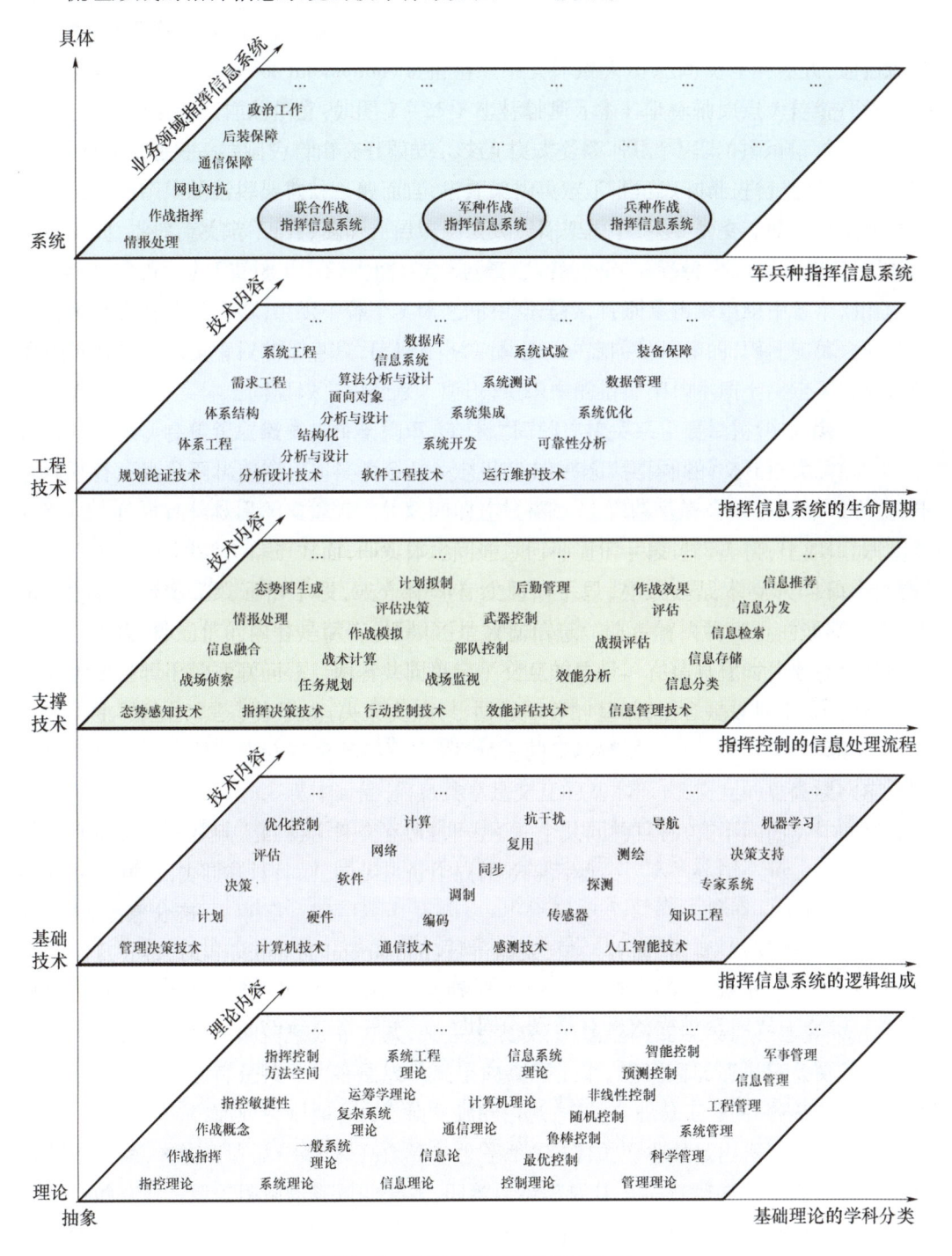

图 3-2　指挥信息系统的技术体系

底层的理论按照学科划分,包括指控理论、系统理论、信息理论、控制理论、管理理论,为指挥信息系统提供作战指挥、系统科学、信息科学、控制科学、管理科学等方面的理论支撑。顶层的系统主要是现役或在研的各级各类具体的业务系统,既包括联合作战、军兵种作战的指挥信息系统,也包括情报处理、作战指挥、网电对抗、通信保障、后装保障、政治工作等各业务领域的指挥信息系统。中间划分为3个技术层次。

第一个技术层次是基础技术。基础技术是指挥信息系统领域广泛使用的共性技术,是反映指挥信息系统基本原理、基本方法的核心知识和技术。指挥信息系统由指挥、控制、通信、信息处理、情报、监视、侦察等逻辑要素组成,基础技术可以按照其与相关逻辑要素的对应关系进行组织,分为管理决策、计算机、通信、感测、人工智能等技术。人工智能技术尤其是近年来飞速发展并迅速普及的机器学习技术,在几乎所有的行业领域都有重要应用。人工智能技术对于指挥信息系统各个逻辑要素均有支撑作用,并且有望成为新一代指挥信息系统的核心关键技术。因此,可以将人工智能技术列为指挥信息系统的基础技术。

第二个技术层次是支撑技术。支撑技术是完成指挥信息系统业务流程必须的关键技术,是支撑指挥信息系统基本功能实现的重要知识和技术。指挥信息系统是支撑作战指挥的信息系统,其核心业务是指挥控制。因此,可按照指挥控制的信息处理流程对支撑技术进行组织,依次为态势感知、指挥决策、行动控制、效能评估、信息管理等技术。这些技术分别支撑战场侦察、态势处理与生成、分析判断情况与作战方案生成、指挥命令与作战计划拟制、行动协调与控制、战场态势监视与作战效果评估等作战指挥业务功能。其中,信息管理技术并不直接对应某项特定的作战指挥业务功能,但其所包含的信息分类、信息存储、信息检索、信息分发、信息推荐等技术贯穿信息处理全流程,可对指挥信息系统中流动的战场信息进行有序组织以提高利用效率,是指挥信息系统各项业务功能高效实现的共同支撑技术。

第三个技术层次是工程技术。工程技术是研发和建设指挥信息系统实际应用的技术,是用于指挥信息系统工程实现全过程的知识和技术。因此,可按照指挥信息系统的生命周期过程对工程技术进行组织,依次为规划论证、分析设计、软件工程、运行维护等技术,分别对应指挥信息系统的发展规划、立项论证、需求分析、系统设计、系统开发、系统集成、系统测试、试验鉴定、列装入役、运行使用、维护升级、失效退役等建设管理全生命周期过程的所有活动。同时,作为一类特殊的装备,软件在指挥信息系统中所占比重越来越大,而且指挥信息系统软件部分的功能性能直接影响着指挥信息系统作战效能的发挥。按照软件工程的模型和过程对指挥信息系统生命周期进行管理已成为惯例。上述对各种工程技术的组织方式也符合软件工程的思路和原则。

本章后续部分重点介绍指挥信息系统建设和发展直接相关的主要技术或新技术。

3.2 指挥信息系统的基础技术

3.2.1 管理决策技术

从管理的角度来看,指挥控制是指挥员及其指挥机关为了达成指挥意图或作战企图,在一定作战环境条件下,对所属部队的作战和军事行动展开的特殊的领导活动,包括运筹决策、计划组织、协调控制等具体活动。指挥主要包括作战准备阶段的分析判断情况、定下作战决心、制定作战方案、拟制作战计划、下达作战命令等活动;控制主要包括作战实施阶段根据战场实际情况对部队的作战行动进行的调整、协调等控制活动,使部队的作战行动收敛于作战企图;另外,控制也包括对武器平台和系统进行的操控、调整或纠偏等控制活动。

管理决策技术是研究上述指挥控制过程的基础技术,包括军事运筹技术、指挥决策技术、计划技术、控制技术、优化技术、评估技术等,这里主要讨论计划技术、决策技术和控制技术。

1. 计划技术

计划是管理的首要职能。在管理学中,计划的定义是收集信息,预测未来,确定目标,制订行动方案,明确方案实施的措施,规定方案实施的时间、地点的过程。在指挥控制过程中,大到战略战役行动,小到一次战斗行动,都需要制订计划。可以说,计划是作战行动的起点,也是指挥员决心的具体体现。作为计划工作的结果文件,作战计划一般指为达成作战任务而制订的兵力部署、基本打法、作战各阶段和各项保障的基本文书,包括作战行动计划和作战保障计划两类,是组织指挥部队行动的依据。作战计划是否周密、完整,直接影响着作战行动的成败。

1) 计划的内容

完整的计划应该包括 6 项要素,简称为"5W1H"。

(1) What,即明确做什么,给出不同层次的目标。一般组织高层的目标更加宏观、抽象,组织基层的目标更加切实、具体。

(2) Why,即明确为什么做,给出实施计划的原因。计划往往是基于对组织内外环境、面临的机遇和挑战的综合分析,根据组织自身的适应性而提出的。

(3) Who,即明确计划由谁来实施。计划的实施离不开人的行为,因此,必须明确由哪些部门、哪些人来完成规定的各项任务。

(4) Where,即明确计划在什么地点实施。计划必须要有实施地点,同时也需要优选实施地点。

(5) When,即明确计划实施的时间。明确指出各项任务或行动的时间要求,而且计划的时间安排必须和组织可利用的资源及内外部环境相适应。

(6) How,即明确计划实施的方法和手段。不同的方法和手段,适用于不同的实施对象,实施计划的成本也不同。合适的实施方法和手段是计划能够顺利实施的保证。

例如,作战行动计划可分为总体行动计划和分支行动计划。总体行动计划的内容主要包括:情况判断与结论,上级企图和本部队任务,友邻任务及分界线,各部队的编成、配置、任务,各作战阶段情况预想及行动方案,协同事项,指挥机构的开设时间、地点,各行动方案的指挥归属,预定作战行动的起止时间和完成作战准备的时间进度。分支行动计划是总体行动计划的具体化,主要内容包括:情况判断结论,兵力编成及任务,作战方向和目标,作战时机和手段,有关协同事项,具体保障措施,指挥的组织,完成准备进度安排。

2)计划的步骤

制订一个完整的计划一般需要八个步骤,如图3-3所示。

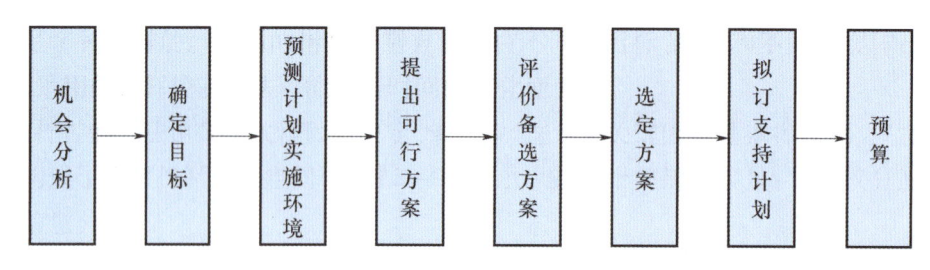

图3-3 计划的一般步骤

(1)机会分析。计划开始于面临机会和挑战的分析。计划制订者需要认真分析组织环境的状况,预测其变化趋势,寻找发展机会,并且合理地判断这种机会的可能性大小和组织自身的能力;同时,需要客观分析组织面临的挑战和潜在的风险,寻求有利的应对策略和思路。

(2)确定目标。计划制订者基于对组织面临的机会、挑战及应对策略形成的初步判断,确定组织的阶段目标和长远目标。需要明确目标的内容、目标的实现时间、目标的指标要求和价值。

(3)预测计划实施环境。要使制订的计划切实可行,必须准确预测实施计划时的环境和资源状况。由于环境本身具有高度的不确定性,影响因素众多,环境预测非常困难。而且,不可能精确地预测每一种因素的发展趋势和未来方向。所以,对环境进行预测时,需要聚焦关键性因素和对计划目标有重要意义的因素,适当忽略次要的因素。

(4)提出可行方案。围绕组织目标,尽可能提出多种解决方案,吸收管理、技术、基层、领域专家等多方面的意见建议或者邀请多方代表参与方案制订。

(5)评价备选方案。对于每种可行的实施方案的优缺点进行对比分析,评价方案的优劣以选择合适的方案。可以从客观性、合理性、可操作性、灵活性、系统性等方面对各备选方案进行衡量。

(6)选定方案。根据方案评价的结果从上述备选方案中选择一个或几个优化方案。要充分分析各备选方案的优缺点,并结合定量计算、仿真推演等手段进行辅助分析,形成备选方案的排序,从中选择最优的方案或者最满意的方案。一般在选择一个主要方案的

同时，为了应对环境因素的不确定性，还需要选择备用方案。

（7）拟订支持计划。选定的计划方案一般作为组织的总体计划。为了增强其针对性和可操作性，还需要制订相应的支持计划。支持计划一般由下级单位或职能部门制订。

（8）预算。执行计划需要消耗资源，因此必须对可用资源进行预算以使计划切实可行。预算有利于资源和任务的分配，也是各级任务单位有效完成任务指标的保证。

3）计划的方法

常用的计划方法包括滚动计划法、网络计划法、运筹学方法等。

（1）滚动计划法。是一种将短期计划、中期计划和长期计划有机结合，根据近期计划的执行情况和环境变化情况定期修正和调整未来计划，并逐期向前推移的一种动态编制计划的方法。

具体做法是：在制订计划时，同时制订若干期的计划，按照"远粗近细"的原则；在计划期第一阶段结束时，根据该阶段计划的执行情况和内外部环境的变化情况，对原计划进行修正，并将整个计划向前滚动一个阶段，后续根据同样的原则逐期向前滚动。滚动计划法的示意图如图3－4所示。

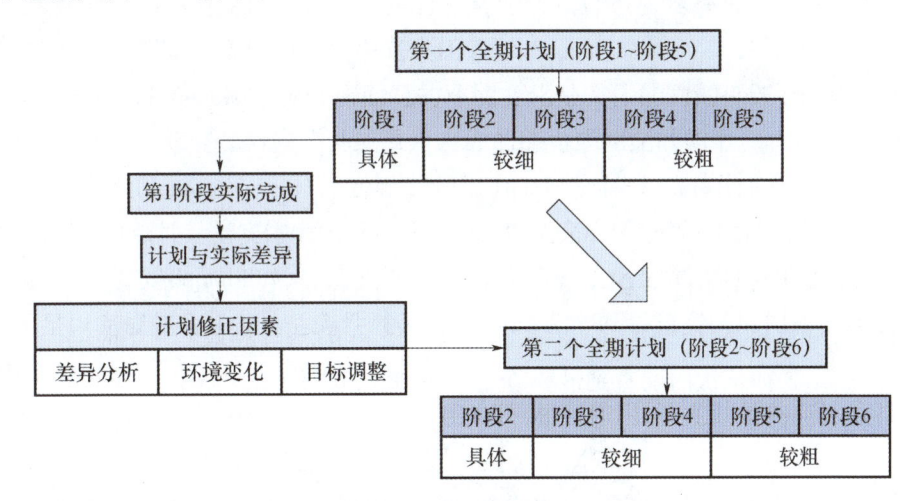

图3－4 滚动计划法示意图

滚动计划法的优点是：长、中、短期计划相互衔接，及时调节，动态适应；各期计划能够保持基本一致；极大地增加了计划的弹性，提高了计划的适应性和组织的应变能力。其缺点主要是编制计划的工作量很大。

（2）网络计划法。基本原理是用网络图表示一项计划中各项工作之间的先后次序和相互关系。通过网络分析，计算网络时间，确定关键工序和关键路线；然后不断改善网络计划，以求得工期、资源、成本的优化；在计划执行过程中，通过信息反馈进行监督和控制，保证预期计划目标的实现。

例如，按照网络计划法制订某工程的施工安排计划，具体步骤如下。

第一步：根据各项工作的先后次序与相互依赖关系，列出作业顺序及作业时间表，如表3－1所列。

表3-1 作业顺序表

作业名称(代号)	作业时间	先行作业
A	4	—
B	5	—
C	5	A
D	8	B
E	5	B
F	7	C,D
G	5	C,D
H	4	E,F
I	5	G

第二步:根据作业顺序表绘制网络图,如图3-5所示。

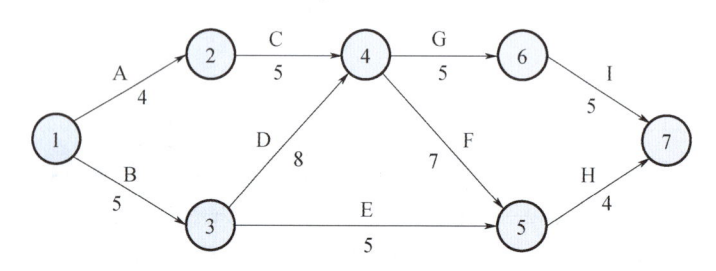

图3-5 网络图

第三步:计算各节点的最早开始时间和最迟开始时间,并标注在网络图上。计算最早开始时间时,从最初节点开始计算,依次向后直到最终节点;计算最迟开始时间时,从最终节点开始计算,逆向依次向前直到最初节点。如图3-6所示。

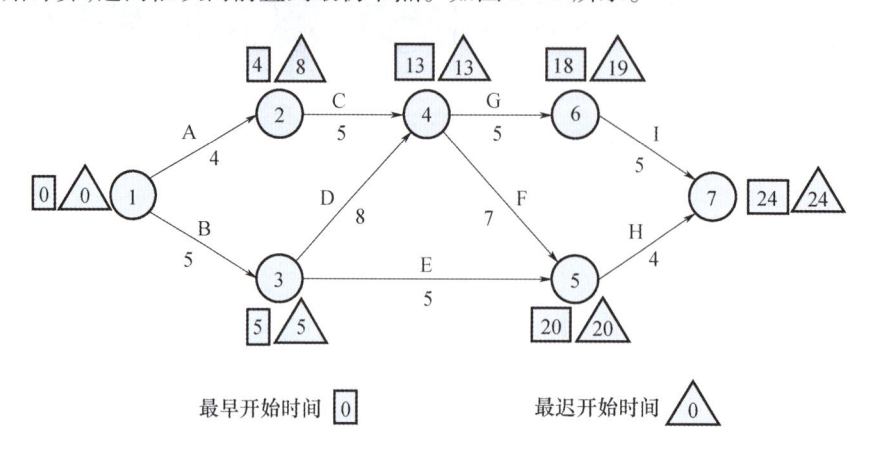

图3-6 计算最早开始时间和最迟开始时间

第四步:计算各节点的时间差,并标注在网络图上。用各节点的最迟开始时间减去最早开始时间,即得到时间差。

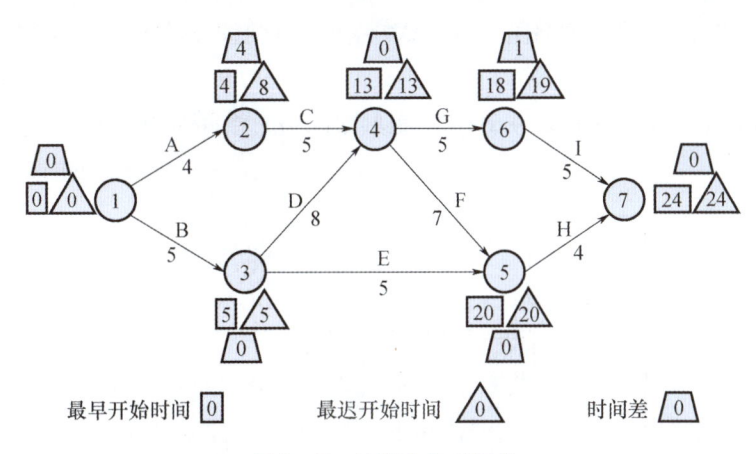

图3-7 计算节点时间差

第五步：根据节点的时间差确定关键路线。时间差为0的节点即为关键路线上的节点，对应的作业即为关键作业。该网络图中的关键路线为B→D→F→H。

第六步：根据网络图的计算结果，制订相应的活动计划。制订计划时注意合理安排各种资源，优先安排关键作业。

（3）运筹学方法。编制计划时，为了使资源能够充分利用，往往追求效益最大化结果。即解决如何利用有限资源使获得的收益最大或者遭受的损失最小的问题。这类计划问题可通过运筹学中的规划方法来解决。常用的规划方法包括线性规划、非线性规划、整数规划、0-1规划等。

以线性规划为例，解决问题的思路是，将每个可行方案用 n 维向量 $\boldsymbol{X}=(x_1,x_2,\cdots,x_n)$ 表示，根据计划的目标要求构造目标函数 $f(x_1,x_2,\cdots,x_n)=\sum_{i=1}^{n}c_ix_i$，代表可行方案的收益或损失。分析执行计划可能面临的各种环境约束或资源限制，构造不等式组 $\sum_{i=1}^{n}a_{k,i}x_i \leqslant b_k(k=1,2,\cdots,m)$。求解上述优化模型，得到收益最大或损失最小的目标函数对应的 $\boldsymbol{X}$ 的向量值，即为最优的计划方案。

2. 决策技术

指挥控制过程离不开决策，指挥员或指挥机关所做的每个决定或每次选择，都是决策的结果。可以说，决策是指挥控制的基础。在管理学中，决策是对组织的未来实践活动的方向、目标、原则、方法所做的决定。决策理论认为，决策是对一定数量的备选方案进行的偏好决定，如选择、排序、评价等活动。决策问题一般具有下面几个特征：有多个备选方案，有多个决策属性，不同属性的量纲可能不同，每个属性的相对重要性不完全相同。

决策问题涉及的几个常用术语包括：目标，反映决策者对客观对象的需求，通常指决策者对于研究问题等客观对象所期望的变化方向或达到的状态；准则，是衡量、判断客观对象价值的标准，用于度量客观对象对决策者的有效性；指标，是对准则的数量化，既包括规则的名称，也包括规则的数值，反映客观对象的数量概念和具体数值；方案，是决策的客观对象,在实际问题中可能表现为选项、策略或行动等内容;属性,是方案固有的特征、品质或性能,凡是能够表示方案绩效的、可对不同方案进行区分的一切成分、因素、特征、性质、参数等都可以是属性。方案可用一系列属性来描述,全部属性的值可以表征一个方案的水平。

1) 决策要素

决策要素主要包括决策单元、决策方案、决策准则和决策结构等。

(1) 决策单元。决策单元是决策过程的主体,通过输入信息、生成信息和加工信息产生决策。决策单元通常包括决策者、共同完成决策分析研究的分析者及进行信息处理的设备。决策者提出问题,规定总任务和总需求,确定价值判断和决策准则,提供偏好信息,抉择最终方案并组织实施。分析者受决策者委托,采用定性定量分析和综合评价等方法,对备选方案进行评价或比较,提出决策建议供决策者参考。

(2) 决策方案。决策方案是决策过程的客体,是决策的对象。当认为决策方案可实施或者符合决策者的某些要求时,决策方案就成为备选方案。建模时,常用备选方案对应的属性取值或评价值表示该方案。此时,所有属性取值都相同的方案将不可区分。

(3) 决策准则。决策准则用于从某个角度对备选方案进行评价与比较。当选用某个准则来比较备选方案时,实际上是对各备选方案满足该准则的程度进行评价。一个决策问题往往有多个决策准则,需要根据准则之间的关联和依赖关系建立层次结构的准则体系,以方便对备选方案进行评价。准则体系的最底层一般就是用于表示方案的属性层,应当尽量选用属性值能够直接表征备选方案相应特征满足程度的属性。准则体系中的属性集合一般应满足5条性质:完整性,即能够表征决策问题的所有重要方面;可计算性,即能够有效用于后续分析过程;可分解性,即能够将决策问题进行分解以简化评价过程;无冗余性,即不会重复考虑决策问题的某个方面;极小性,即不可能用其他元素更少的属性集合来描述同一个决策问题。

(4) 决策结构。决策结构由决策问题的形式、决策的类型及决策者在决策问题中发挥的作用共同决定。常见的决策问题包括选择问题、有序分类问题、排序问题和描述问题。选择问题是通过比较备选方案,尽可能去除备选方案以获得包含不能再相互比较优劣的满意方案的集合。有序分类问题是将所有备选方案分配到预先设定的带有偏好关系的类别中。排序问题是对所有备选方案建立全序或偏序关系,其顺序结构作为方案比较的工具。描述问题是在某些情况下,通过建立指标体系支持备选方案中合适的集合。决策的类型与研究决策问题的角度有关,常见的一种决策分类方式是根据决策条件进行分类,可分为确定型决策、风险型决策和不确定型决策。确定型决策指未来状态完全可以预测,有精确、可靠的数据资料支持的决策问题。风险型决策指具有多种未来状态和可能后果,只能得到各种状态发生的概率而难以获得充分可靠信息的决策问题。不确定型决策指决策条件不确定、各种可能情况的出现概率未知的决策问题,只能凭经验、态度和意愿进行决策。

2) 决策过程

决策是一个包含大量认知、分析和判断的动态过程,需要遵循特定的程序进行。典型的决策过程可分为 4 个阶段,如图 3-8 所示。

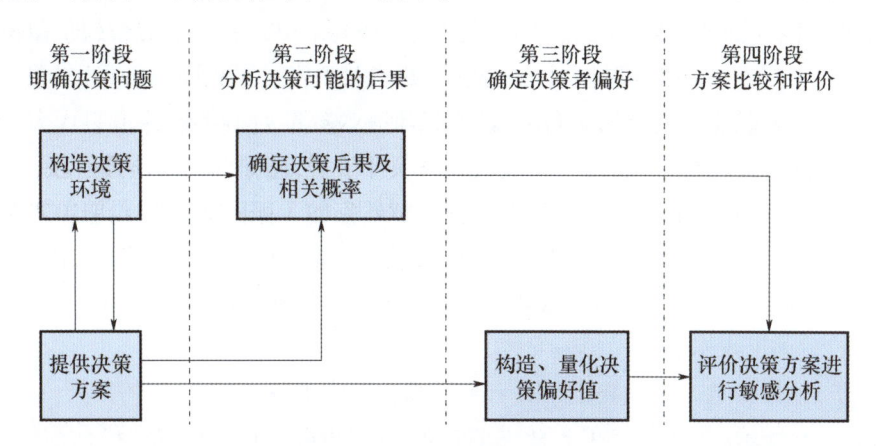

图 3-8 典型的决策过程

第一阶段:决策者明确有待决策的问题。这一阶段需要确定决策问题所面临的外部环境和具有的内部结构,尽可能明确所需解决问题的总任务和总准则,并提出相应的备选方案。

第二阶段:分析决策可能的后果。对决策可能的影响和后果进行分析,确定可用于度量备选方案优劣的属性集合及各属性可能出现的自然状态概率。这一阶段既要考虑决策方案的特性,又要分析决策环境的特征。

第三阶段:确定决策者偏好。根据决策者的决策偏好,建立各属性的偏好关系。这一阶段需要确定各属性上的效用函数及属性间的偏好关系。在确定具体的决策偏好值时,还需要构造符合决策者意见的隶属函数。

第四阶段:方案比较和评价。基于上述分析,通过一定的集结方法对决策方案进行整体评价,由决策者选择满意的方案。还可以通过敏感性分析等方法对决策结果的稳定性进行研究。

3) 决策方法

常用的决策方法包括德尔菲法、头脑风暴法、决策树法等。

(1) 德尔菲法。德尔菲法是一种通过综合多名专家的意见对决策方案进行评估和选择的方法。采用这种方法进行决策时,要邀请领域内外的专家、基层和高层管理人员,请他们在互不沟通的条件下独立思考并表达意见;组织者把调查得到的第一轮专家意见集中起来,进行归纳反馈,然后展开第二轮意见调查;如此循环重复,使专家有机会修改或完善自己的观点,并说明坚持某个观点的具体原因;一般经过 3~5 轮调查后,专家们的意见会趋于一致。

德尔菲法的特点包括:匿名性,调查过程中不透露专家的姓名和数量,使专家能够客观地发表意见;集中反馈,专家可从反馈中得知集体的主要意见,并做出新的判断。

(2) 头脑风暴法。头脑风暴法是一种产生新思想拟订备选方案的方法。具体做法是,将一些人集中在一起,由主持人阐明问题,所有人围绕这个问题畅所欲言。发言遵守如下规则：不批评，无论发言多么荒诞离奇，所有人均不得发表批评意见；多多益善，鼓励参与者尽可能发挥想象，提出的方案越多越好；允许补充，可以在别人想法的基础上进行补充和改进，形成新的设想和方案。主持人的职责是，不断对发言者进行表扬和鼓励，激励他们说出更多想法；负责记录所有的方案，让所有人都看见。

（3）决策树法。决策树法是一种常用的风险型决策方法。该方法用树形图描述各方案在未来不同自然状态下的可能结果，并进行比较和选择。决策树法以收益或损失的期望值为标准，基于未来可能的自然状态出现的概率，计算各种方案在未来的期望收益或损失值并进行比较，从而选择出较好的决策方案。以某单位的投资选择为例，采用决策树法进行决策的基本步骤如下。

第一步：根据备选方案的数量和对未来环境状态的了解，绘出决策树图形。

如图3-9所示，共有A、B、C 3种决策方案，未来可能存在两种自然状态，理想状态的出现概率为0.6，非理想状态的出现概率为0.4。决策树图形描述了三种方案在不同状态下的收益值。

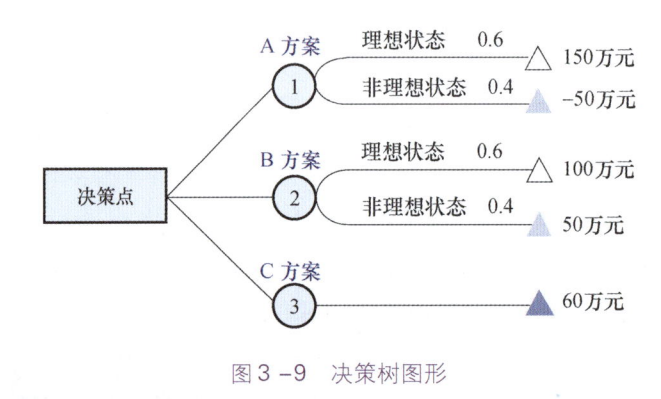

图3-9 决策树图形

第二步：计算各个方案的期望收益或损失值。

本例为计算各方案的收益值。首先计算每个方案各状态树枝的期望值；然后将各状态树枝的期望值累加，得到每个方案的期望值。

A方案的期望收益值为150万元×0.6+(-50万元)×0.4=70万元。

B方案的期望收益值为100万元×0.6+50万元×0.4=80万元。

C方案的期望收益值为60万元。此处，C方案为稳定收益，与自然状态无关。

第三步：将每个方案的期望值减去该方案实施所需要投入的成本，比较差值就可以选出最好的方案。

经比较，B方案的期望收益最高。所以最好的方案是B方案。

3. 控制技术

控制是管理的重要职能。在管理学中，控制指根据事先规定的标准，监督检查各项活动，并针对偏差调整行动或者调整计划，使两者相吻合的过程。可以说，控制就是管理者确保实际活动与规划活动相一致的过程。计划、组织、领导等其他管理活动，必须伴随有效的控制，才能真正发挥作用。控制是计划得以实现的必要保证。控制使管理活动形成闭环对于指挥控制而言，控制指掌握或制约指挥对象（所属部队或武器系统），使指挥对象的活动不超出规定范围，或者使指挥对象按照指挥意图进行活动。控制是对所属部队偏离预定方案行为的纠正，或者是战场情况发生变化时对所属部队的行动进行调整的活动。所以，控制是指挥意图或作战计划得以实现的必要保证。

1) 关于控制的相关术语与概念

除了上述管理学中的定义以外，控制还有多个相关的术语与概念，出现在不同领域或场合。这些概念会在某些特定的指挥控制场合或针对某些特定对象的指挥控制子领域中应用。

（1）自动控制。在技术、生产、军事、管理、生活等各个领域都有广泛应用。自动控制技术是通过具有一定控制功能的自动控制系统，完成某种控制任务，保证某个过程按照预想进行，或者实现某个预设的目标。自动控制技术在导弹、火炮等武器平台或武器系统控制方面有重要应用。

（2）优化控制。也称最优控制，是指在一定约束条件下，寻求一种控制方式，使给定的系统性能指标达到极大值（或极小值）。优化控制反映了系统有序结构向更高水平发展的必然要求，属于最优化的范畴。对于给定初始状态的系统，如果控制因素是时间的函数，没有系统状态反馈，称为开环最优控制；如果控制信号为系统状态及系统参数或其环境的函数，称为自适应控制。优化控制技术在资源规划、作战力量运用、打击目标分配等指挥控制方面有重要应用。

（3）信息控制。信息控制技术将通信、计算机、控制有机结合，把组织运行机制的各个部分视为一个系统，将管理的各种行为综合在一起，通过通信网络将各种软硬件设备及不同专业的工作人员和管理人员互联，借助计算机进行处理，依靠信息系统进行管理。指挥信息系统以及各级各类指挥控制系统就是基于信息控制技术建设并运行的。

（4）智能控制。智能控制技术是控制理论发展的新阶段，主要用来解决那些用传统方法难以解决的复杂系统的控制问题。智能控制将人类的智能，如适应、学习、探索等能力，引入控制系统，使其具有识别、决策等功能，从而使自动控制和优化控制达到更高级的阶段。以智能控制为核心的智能控制系统具备自学习、自适应、自组织（Ad Hoc）等智能行为。常用的智能控制技术包括模糊逻辑控制、神经网络控制、专家系统、学习控制、分层递阶控制、遗传算法等。智能控制技术已经广泛应用于各领域，在作战决策支持系统、无人系统指挥控制以及未来的智能化指挥信息系统等方面具有非常重要的应用。

（5）模糊控制。模糊控制技术是近代控制理论中的一种高级策略，是一种新颖的技术。模糊控制技术基于模糊数学理论，通过模拟人的近似推理和综合决策过程，使控制算法的可控性、适应性和合理性提高，成为智能控制技术的一个重要分支。模糊控制技术在作战机器人等无人系统指挥控制领域有重要的应用。

2) 控制的类型

与指挥控制密切相关的控制分类方式主要有两种。

（1）按控制的时间节点分类，控制的类型包括反馈控制、同期控制和前馈控制。

反馈控制,又称事后控制,指发生偏差后,与控制标准进行比较,并对已经发生的偏差进行修正。反馈控制是最传统、最主要的控制方式。其优点是控制作用发生在行动之后,把注意力集中在行动的结果上,以提高下一次工作的质量;缺点是控制时偏差已经产生,损失已经造成,而且存在滞后效应,会影响控制效果。

同期控制,又称事中控制或现时控制,是一种在工作进行之中进行的控制,可以对偏差随时纠正。这是基层指挥人员主要采用的控制方法,实时获取信息,直接监督、指导下属人员的活动,是一种同步控制。其优点是具有指导功能,能提高工作能力与自我控制能力;缺点是应用范围较小,容易形成受控对象心理上的对立。

前馈控制,又称事前控制,是一种在活动开始之前进行的控制。可以在偏差发生之前就采取各种预防措施,防止偏差的出现或尽可能减少偏差的出现,把偏差带来的损失降到最低程度。其优点是可以防患于未然,避免滞后及损失无法挽救的缺陷,可适用于一切领域的工作和所有的组织活动;缺点是相当复杂,对指挥人员要求较高,需要收集的信息多,控制成本高。

(2) 按控制的结构分类,控制的类型包括集中控制和分散控制。

集中控制由一个集中控制机构对整个组织进行控制。收集的信息统一传送到集中控制机构,统一加工处理,控制和操纵所有部门和成员的活动。其优点是控制方式简单,指标控制统一,便于整体协调,在组织规模不大时,能够进行有效、及时的整体最优控制;缺点是信息量增加时容易造成决策延迟与失误,缺乏灵活性与适应性。

分散控制由若干分散的控制机构共同实施控制。决策与控制指令由各局部控制机构分散发出,按照局部最优的原则对各部门进行控制。其优点是,适应组织结构复杂、功能多样的特点,接受信息量少,便于及时处理和更快决策;各局部控制机构可并行运行,在给定时期内能够处理更多的工作,分散了风险;个别控制机构的失误不会影响整个控制工作。缺点是局部间协调困难,横向联系较差。

3) 控制的过程

从控制的具体行为看,控制是一个发现问题、分析问题、解决问题的过程,同时控制还是一个不断循环迭代的过程,如图3-10所示。

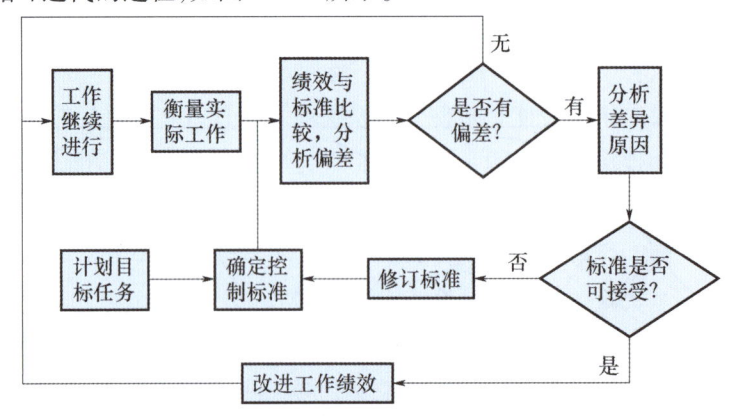

图3-10 控制的过程

发现问题即进行比较判断以发现实际工作与控制标准之间是否存在偏差；分析问题即分析偏差产生的原因、偏差的大小以及内外部环境是否发生变化、控制标准是否合理等；解决问题即改进工作活动或者修订控制标准使两者趋于一致。

3.2.2 计算机技术

计算机技术泛指研究计算机的系统结构、硬件、软件及其应用的技术，包括计算机系统结构技术、计算机硬件技术、计算机软件技术和计算机网络技术等。利用计算机强大的存储能力、计算能力和逻辑处理能力，可以高效地对系统进行定量计算和分析，为解决复杂的系统或工程问题提供手段和工具。计算机技术涵盖的内容非常广泛，本节仅介绍与指挥信息系统建设密切相关的几种前沿的计算技术，包括并行计算、网格计算、面向服务计算、云计算和边缘计算技术。

1. 并行计算技术

1）并行计算的概念

并行计算(Parallel Computing)，也称平行计算，是为了提高计算机系统的计算速度和处理能力，同时使用多种计算资源解决计算问题的过程。其基本思想是，将被求解问题分解成多个相对独立的部分，每个部分采用一个独立的处理器或处理机单独计算，再将各部分计算结果按照原问题内在的构成逻辑或组成规则归并综合，形成最终的求解结果，总体上达成利用多个处理器协同求解同一问题的目的。与串行计算相比，并行计算技术利用多个处理器一次性可以执行多个指令，能够大幅提高计算速度，适于解决大型复杂的计算问题。

采用并行计算技术设计的计算系统称为并行计算系统。并行计算系统既可以是专门设计的、含有多个处理器的超级计算机系统，也可以是通过网络互连的若干台独立计算机构成的计算集群系统。

例如，2016年6月20日，在德国法兰克福举行的第23届高性能计算国际顶尖会议ISC2016上，获得高性能计算TOP500排名第一的中国"神威·太湖之光"系统(Sunway Taihu Light System)，采用的是上海高性能集成电路设计中心设计的国产高性能处理器申威26010，该处理器包含260个处理核。而"神威·太湖之光"系统位于国家超级计算无锡中心1000m^{2}的主机房内，包含两组共40个运算机舱，每个机舱容纳1024个申威26010芯片，共计40960个芯片。如图3-11所示。

利用这些芯片强大的并行处理能力，"神威·太湖之光"当时的运算峰值为125.4Pflops(floating point operations per second，每秒执行的浮点运算次数，1Pflops等于每秒执行1千万亿次浮点运算)，持续计算性能为93Pflops，比当时排名第2的"天河"2号快了将近3倍，比排名第3的美国橡树岭实验室的超算机器快了5倍，也是国际上第一台持续计算性能接近100Pflops的机器。"神威·太湖之光"1min的计算能力相当于全球72亿人同时用计算器不间断地计算32年。

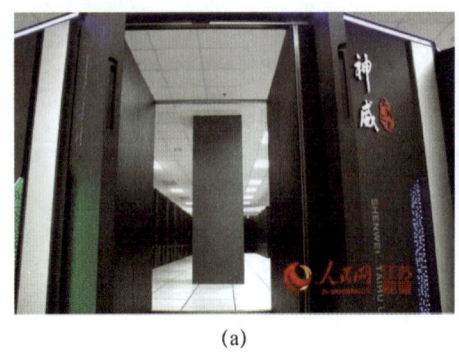

图 3-11 "神威·太湖之光"系统

2) 并行计算的分类

并不是所有问题都适合采用并行计算方法解决。计算问题只有具备一定的特征时，才有可能进行并行计算。这些特征包括：计算问题本身能够分解成离散的多个组成部分，并且能够有效合成计算结果；各组成部分相互依赖程度低，可独立计算，能够随时并及时执行多个程序指令；利用多个计算资源解决问题的耗时应该少于利用单个计算资源的耗时。

按照并行计算的方式可将并行计算分为时间上并行和空间上并行两种。时间上并行指的是流水线技术，空间上并行指的是利用多个处理器并发执行的技术。采用流水线技术，将复杂的计算过程划分为多个子计算步骤，通过将不同的子计算步骤同时处理，在同一时间启动多个操作，前后有机衔接，从而大幅提升计算性能。空间上并行，是通过网络将多个处理机连接起来，利用不同的处理机同时计算同一任务的不同组成部分，依靠多个处理机的并发执行能力高效解决单个处理机无法解决的大型问题。

并行计算科学主要研究的是空间上并行的问题。该类问题又可以分为数据并行和任务并行两种。数据并行是将一个大任务分解成多个相同的子任务，每个子任务覆盖的数据范围不同，一般比任务并行更容易处理。空间上并行采用的并行机处理结构主要可分为三种：单指令流多数据流（Single Instruction Multiple Data，SIMD）结构、多指令流多数据流（Multiple Instruction Multiple Data，MIMD）结构以及单指令流单数据流（Single Instruction Single Data，SISD）结构。单指令流单数据流结构即我们常用的串行计算机。

2. 网格计算技术

1) 网格计算的概念

网格计算（Grid Computing）是分布式计算（Distributed Computing）技术的一种。分布式计算就是在两个或多个软件间互相共享信息，这些软件既可以在同一台计算机上运行，也可以在通过网络连接起来的多台计算机上运行。网格计算针对的是需要巨大计算量才能解决的非常复杂的问题，但该问题能够划分成大量的更小的计算片断。类似的问题包括核爆炸模拟、密码破解、基因序列研究等。将解决该问题的系统分为服务器端和客户端，服务器端负责将该问题分解成许多小的计算片断，把这些计算片断分配给多台联网的计算机进行并行处理,并将所有计算结果综合起来形成最终结果。因此,网格计算技术从性质上讲也属于并行计算技术,是并行计算技术中计算集群系统的一种实现方法。

利用网格计算技术构成的计算系统称为计算网格,或称为网格计算系统。网格计算研究的目标是将跨地域的多台高性能计算机、大型数据库、贵重科研设备、通信设备、可视化设备和各种传感器等,整合成一个巨大的"超级计算机"系统。通过网格计算技术,将分散的计算能力聚合成超级计算能力,共享并充分利用网络中的异构资源,以解决核爆炸模拟、气象预报、高分子材料分析等大规模科学或工程计算问题。

20世纪90年代末期美军的大规模军事仿真项目 SF Express 是一个典型的网格计算项目。该项目始于1996年,由美国国防部高级研究计划局资助,由加利福尼亚理工学院完成。其目标是模拟尽可能多的战斗单位,因为大规模军事仿真对于军事指挥、训练、演习、实验等都有指导意义。1996年11月,SF Express 使用拥有1024个处理器的 Intel Paragon 并行计算机,模拟了10000个战斗单位。1998年3月16日,SF Express 利用分布在异地的13台并行计算机,共计1386个处理器,成功模拟了100298个战斗实体,将总的模拟数量提高了一个数量级,实现了当时最大规模的战争模拟。而且,在那次模拟中,SF Express 能够适应网格的动态变化,自动选择资源,自动提交可执行代码和运行数据,自动调整运行状态,自动屏蔽网格中的出错情况,已经由单台并行计算机完全转向了网格计算环境。

SF Express 利用开源项目 Globus 提供的网格基础平台作为支撑环境。Globus 是一个关于构建计算网格的开放体系结构和开放标准的项目,由美国 Argonne 国家实验室和南加州大学信息科学学院合作开发,始于1996年。该项目主要研究网格环境中互操作的中间件技术,为科学和工程的网格计算应用程序提供基本的支撑环境。Globus 项目以提供工具包(Globus Toolkit)的形式支持开发基于网格的应用,Globus Toolkit 包括资源管理、信息服务、数据管理3个主要模块,以及网格安全架构、通信、故障检测等功能。

在 Globus 环境中,每台并行计算机上安装的资源分配管理器(Globus Resource Allocation Manager,GRAM)负责管理本地资源,提供资源分配、进程生成、监控和管理服务,并把资源动态情况反馈给元计算目录服务(Meta-computing Directory Service,MDS)。Globus 还提供了动态更新请求在线协同分配器(Dynamically Updated Request Online Coallocator,DUROC),负责与所有的资源分配管理器交互进行资源协同分配。申请到足够资源后,可以利用 Globus 执行管理模块(Globus Execution Management,GEM)把 SF Express 可执行代码和初始数据自动发送到每台并行计算机上,并为它们设置不同的初始参数。由于元计算目录服务是动态更新的,仿真程序运行时可以根据资源的变化自动调整运行状态。如果某台并行计算机出现了性能下降的情况,仿真程序可以将运行的仿真任务转移到其他计算机上,保障整体的正常运行。对于仿真程序的输出数据及运行过程日志,利用 Globus 提供的全局访问二级存储器功能,也可以自动转存到指定计算机上,便于实时监控、调节仿真状态及利用可视化工具实时展现仿真的战争场景。

正是由于 Globus 提供的底层支持,SF Express 才能灵活适应网络环境的动态变化,仿真的实用性得到了极大增强。

2）网格计算的实现方法

网格计算是随着互联网的发展迅速发展起来的，其基本理念是，利用互联网把分散在不同地理位置的计算机组织成一个"虚拟的超级计算机"，把每一台计算机看作一个"节点"，整个计算可看作是由大量计算"节点"组成的"网格"，因此称为网格计算。网格计算的优势主要在于数据处理能力强，能够充分利用网上的闲置处理能力和计算资源。

为了有效利用网络上的闲置计算资源，通常把分解得到的计算片断预先编制成屏幕保护程序，计算"节点"将这些屏幕保护程序下载到本地，当计算"节点"空闲时启动屏幕保护程序开始计算，从而充分利用"节点"的闲置计算能力。例如，美国加州大学伯克利分校实施的"寻找外星人"项目，将对射电望远镜采集的外太空信号的数据分析工作编制成软件，放在其网站上邀请人们下载。该软件以屏幕保护程序的方式运行，当计算机处于空闲状态时，软件自动开始计算，分析一小块数据，并把计算结果自动发往"寻找外星人"项目的网站进行汇总。参加者完全出于兴趣，免费贡献计算机的处理能力。从1999年5月至2004年6月，共有500万人参与了该项目，贡献了197万年的计算机处理时间，完成了5.2×10^{21}次运算。

从系统构成上看，计算网格主要包括网格节点、网格系统软件、网格应用3个部分。网格节点即地理上分散且独立的计算机或计算资源。网格系统软件负责统一管理计算网格，将网格节点集成起来，综合形成虚拟协同的高性能计算环境，为相关领域或科研机构提供高性能计算和大规模信息处理服务。网格应用即生物、气象、能源等相关领域的重大应用。

3. 面向服务计算技术

面向服务计算（Service – Oriented Computing，SOC）把服务（Service）作为基本组件，采用面向服务的体系架构（Service – Oriented Architecture，SOA）构建应用系统，以支持快速、低成本的分布式或异构环境下的应用组合。

1）服务与面向服务

在信息系统领域，服务指能够向外提供调用接口、可独立工作、松散耦合和开放的基本功能单元，具有自包含、自描述、接口统一、容易被发现和调用等一系列优点。理想的服务接口可独立于实现服务的硬件平台、操作系统和编程语言。因此，不同的服务可以通过统一、通用的方式进行交互。服务的接口与实现分离，易于在分布式网络环境中部署。用户调用服务时，只需要理解其接口的语法和语义，不需要了解其实现细节。

服务通常不是完整的应用程序、系统或子系统，而只是程序或子系统的一部分。服务更类似于传统的程序功能模块，有其特定目的。但与传统程序功能模块不同的是：服务并不复杂，通常可以独立工作，与其他服务之间是松耦合关系，接口是开放的，不同种类的服务可以进行组合与装配，以形成粒度更粗的功能或更复杂的业务流程。

面向服务指在信息系统的集成与互操作过程中，从传统的"以系统/平台为中心"转向"以服务为中心"，强调以服务驱动为核心理念。首先，它是一种集成方法，可将系统功能模块统一以服务形式作为基本的集成对象,根据领域应用和业务需求,按照面向服务特有的集成技术,将这些多种粒度、松散耦合、广域分布的服务动态快速地集成为各类信息系统,从而灵活地适应业务流程变化和发展的需要。其次,它是一种互操作能力,是全网范围内各类系统之间进行信息共享和互操作的主要形式,以满足各类用户按需共享信息和互操作的需求。

2) 面向服务的体系结构

面向服务的体系结构是 Gartner 公司于 1996 年提出来的概念。目前,业界对 SOA 的定义还不统一,较为典型的定义包括以下两种。

(1) W3C 将 SOA 定义为:一种应用程序体系结构,在这种体系结构中,所有功能都定义为独立的服务,这些服务具有定义明确的可调用接口,并可按定义好的顺序调用这些服务,以形成业务流程。

(2) Gartner 将 SOA 描述为:一种客户机/服务器(Client/Server,C/S)模式的软件设计方法,由软件服务和软件服务使用者组成应用,与大多数通用 C/S 模型的区别在于它特别强调软件组件的松耦合,并使用独立的标准接口。

SOA 本质上是一种基于服务的粗粒度、松耦合的应用系统体系结构,其思想本身与具体实现技术无关。SOA 以服务的形式实现数据与信息的共享、功能的集成以及业务能力的互操作,而集成与互操作建立在统一的、基于标准的方式之上。

在 SOA 中,围绕服务的发布与使用,需要区分 3 类角色:服务使用者、服务提供者、服务注册中心。三者之间的关系如图 3-12 所示。

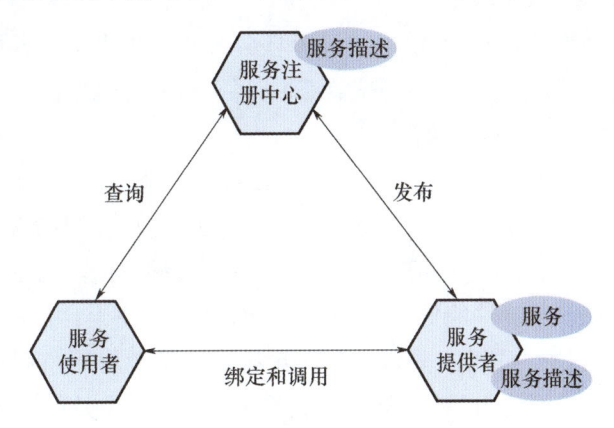

图 3-12 SOA 的角色及其关系

服务使用者是一个应用程序、一个软件模块或需要调用服务的另一个服务,它向服务注册中心发起服务查询,通过绑定服务和调用服务执行服务的功能。服务提供者是一个可通过网络寻址的实体,它接受和执行来自使用者的请求;同时将自己的服务和服务描述发布到服务注册中心,以便服务使用者可以发现和访问该服务。服务注册中心是服务发现的支持者,包含一个可用服务的存储库,响应服务使用者的查询并提供服务的描述信息。

SOA 具有 5 个方面的特征：可重用，服务创建后能用于多个应用和业务流程；松耦合，服务使用者到服务提供者的绑定与调用之间应该是松耦合的，服务使用者不需要知道服务提供者实现服务的技术细节；明确定义的接口，服务交互必须是明确定义的，即需要明确描述服务使用者绑定到服务提供者的细节；无状态的服务设计，服务应该是独立的、自包含的请求，不需要获取从一个请求到另一个请求的信息或状态，不依赖于其他服务的上下文和状态；基于开放标准，服务的实现应该基于公开的标准或其他公认的标准。

在 SOA 中，服务之间是如何连接的呢？一种简单的方法是在服务之间建立点对点的连接关系，即服务使用者和服务提供者之间直接建立联系，但大量的连接关系将大幅增加维护与管理的成本。另一种方法是在服务与服务之间构建一个类似于计算机总线的中间层，以帮助实现不同服务的智能化管理，这就是企业服务总线（Enterprise Service Bus，ESB）的概念，这是当前主流商用产品采用的核心技术。

4. 云计算技术

云计算（Cloud Computing）是分布式计算技术的一种。2006 年 8 月 9 日，谷歌公司首席执行官埃里克·施密特在搜索引擎大会上首次提出云计算的概念。云计算的基本理念是，通过网络将大型计算任务分解成无数个较小的子程序，由多部服务器所组成的庞大系统进行计算和分析，形成处理结果并返回给用户。通过云计算技术，网络服务提供者能够具备在极短时间内对海量信息的处理能力，达到和"超级计算机"同样强大的网络服务能力。

1）云计算的概念与特点

云计算是一种新型的计算模式，它将计算任务分布在由大量计算机等虚拟资源构成的资源池上，使用户能够通过各类终端按需获取计算能力、存储空间和信息服务。云计算是并行计算和网格计算的进一步发展。

这里的资源池称为"云"，是可以自我维护和管理的虚拟计算资源，通常是大型服务器集群，包括计算服务器、存储服务器、宽带资源等。云计算将这些资源集中起来，利用专门软件进行管理，用户可以动态申请相关资源，以支持各种应用。用户在使用过程中不必为硬件配置、存储容量、系统性能等琐事烦恼，可以更加专注于自己的专业，从而提高效率、降低成本。之所以称为"云"，是因为这些虚拟计算资源对用户而言，就像云一样，具有大规模、可动态伸缩、可无限扩展、可按需获取的特点，这些资源虽无法确定其具体位置，但它确实存在，可以像使用水电一样便捷地使用。

云计算具有以下典型特点。

（1）超大规模。"云"本身具有相当的规模。如谷歌云拥有上百万台服务器，亚马逊、IBM、微软、雅虎、百度、腾讯等公司的"云"的服务器数量都在几十万台以上。

（2）资源虚拟。用户可以在任意位置、使用各种终端获取服务。获取的资源来自"云"，用户既不知道是哪台具体的服务器，也不知道应用程序运行的具体位置。

（3）高度可靠。"云"采用数据多副本容错、计算节点同构互换、快速迁移等措施，保障服务的高可靠性。

（4）动态扩展。"云"的规模可动态伸缩,提供的服务可弹性扩展,满足应用或用户规模动态变化的需要。

（5）按需服务。"云"是一个超大规模资源池,用户可随时、按需购买和获取相关资源或服务,就像使用水、电、煤气一样。

（6）成本低廉。"云"的容错措施使得对硬件设备的要求降低,可以采用价格低廉的计算机构成云;提供的自动管理功能使数据中心的管理运维成本大幅降低;"云"的开放应用使得资源的利用率很高,从而降低单位资源的使用成本;通过宽带网络连接,可以将"云"建在电力充沛并且温度适宜的地区,从而降低能耗、运行环境等方面的成本。

2）云计算的服务类型

云计算提供的服务可以分为4类:基础设施即服务（Infrastructure as a Service,IaaS）、平台即服务（Platform as a Service,PaaS）、软件即服务（Software as a Service,SaaS）、数据即服务（Data as a Service,DaaS）。如图3-13所示。

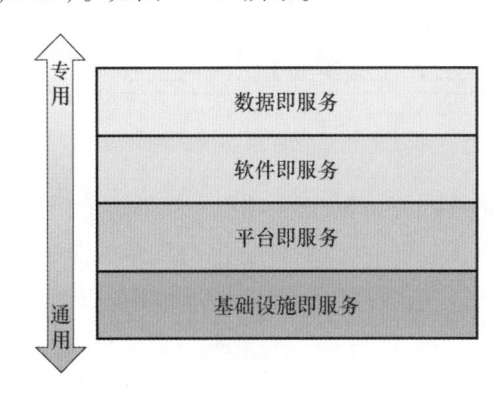

图3-13 云计算的服务类型

（1）IaaS,将计算、硬件设备等资源封装成服务提供给用户使用。用户相当于在使用裸机和磁盘,允许用户动态申请和释放节点,按使用量计费。由于服务器数量众多,用户几乎可以不受限制地申请资源。

（2）PaaS,对资源进行了一定的抽象,将完备的开发和应用平台封装成服务提供给用户使用。云计算平台负责资源的动态扩展和容错处理,用户只能利用提供的特定编程环境和编程模型进行业务应用开发,不必过多考虑资源管理和节点配置等问题。

（3）SaaS,将某些特定应用软件封装成服务提供给用户使用。一般提供的是专用用途的软件,云计算平台负责软件的环境配置、日常维护等,用户按需使用软件提供的功能。

（4）DaaS,将数据和信息作为一种服务提供给用户使用。网络运营过程中产生了大量的用户行为数据,用户通过查询、检索等方式获得原始数据或加工之后的信息,这些数据可以为用户决策提供依据,从而形成增值效果。

3）云计算的技术体系结构

不同的云计算服务对应的技术解决方案不同,目前还没有统一的技术体系结构。图3-14给出了一个较为通用的云计算技术体系结构。

| 服务层 | 服务接口 | 服务注册 | 服务发现 | 服务访问 | 服务工作流 |

管理层:
用户管理	账号管理	用户环境配置	用户交互管理	计费管理
任务管理	映像部署和管理	任务调度	任务执行	生命周期管理
资源管理	负载均衡	故障检测	故障恢复	监视统计

安全管理：身份认证、访问授权、综合防护、安全审计

| 资源池层 | 计算资源 | 存储资源 | 网络资源 | 软件资源 | 数据资源 |
| 物理资源层 | 计算机 | 存储器 | 网络设施 | 软件 | 数据库 |

图 3-14　云计算的技术体系结构

通用的云计算技术体系结构一般分为 4 层，自底向上依次为物理资源层、资源池层、管理层和服务层。物理资源层包含了具体的计算机、存储器、网络等物理设备、设施或软件等，是云计算的物质基础。资源池层将大量相同类型的资源统一组织和管理，形成同构的资源池，可对外提供统一的资源服务。管理层主要是对云计算资源进行管理，对各类应用任务进行调度，保证为上层应用提供高效、安全的服务。服务层实现服务注册、发现、访问等机制，对用户提供服务接口、工作流管理等支持。其中的管理层和资源池层是云计算的关键部分。

管理层主要是对资源、任务、用户、安全 4 个方面的管理。资源管理的作用是均衡使用云计算资源，检测并恢复节点故障，对资源的动态使用情况进行监视和统计分析。任务管理的作用是对用户或应用提交的任务进行映像部署、调度、执行和全生命周期的管理。用户管理的作用是统一管理和识别用户身份、创建和维护用户程序的执行环境、设置用户交互接口以及使用费用的计算和管理。安全管理为云计算设施和运维环境的整体安全提供保障，包括身份认证、访问授权、综合防护和安全审计等。

4）云计算与相关概念的联系与区别

与云计算有联系且容易混淆的概念很多，主要有并行计算、网格计算、效用计算、虚拟化、服务器集群、主机租用、主机托管等。云计算平台普遍利用虚拟化技术，并且都基于集群构建，也对用户提供主机租用、主机托管等服务。

（1）云计算与并行计算。云计算技术由并行计算技术发展而来，两者有很多共性的地方，但云计算不等于并行计算，主要区别包括：并行计算一般只用于特定的科学领域，专业性要求很高，并行计算系统需要由专业用户操作使用；云计算主要利用云计算中心的计

算能力,对云计算中心的运维管理人员可能有较高的专业要求,但对普通用户的使用没有特殊要求。并行计算追求高性能,采用的服务器设备非常昂贵,设计和搭建高性能计算集群需要巨额投资;云计算对于单个计算节点的计算能力没有过高要求,不追求使用昂贵的服务器设备;同时,云计算的基础架构支持动态递增的扩展方式,云计算中心的计算力和存储力可以随着需求的增加逐步扩展,从而降低了初始的建设投资。

(2) 云计算与网格计算。云计算与网格计算都属于分布式计算,都依托互联网环境实现。网格计算强调资源共享,任何人都可以是资源请求者或资源贡献者;云计算强调专有,任何人都可以获取自己的专有资源,这些资源由少数团体提供,使用者不需要贡献自己的资源。网格计算将工作量转移到远程的可用计算资源上,工作需要适应计算资源;云计算的计算资源被转换形式以适应工作负载。网格计算侧重计算的集中性需求,难以自动扩展;云计算侧重事务性应用,应对的是大量的单独请求,可以实现自动或半自动扩展。云计算支持网格类型的应用,也支持非网格环境。

(3) 云计算与效用计算。效用计算是一种提供计算资源的商业模式,用户从计算资源供应商获取和使用计算资源并基于实际使用的资源付费;可以说,效用计算是一种基于资源使用量的付费模式。云计算是一种计算模式,需要为共享资源进行设计、开发、部署和运行应用,对资源可扩展性以及应用连续性提供支持。效用计算通常需要云计算基础设施支持,但不是一定需要;云计算可以提供效用计算,但也可以不采用效用计算模式。

(4) 云计算与服务器集群。服务器集群是将一组服务器关联起来,从外界看在很多方面都如同一台服务器。集群内部通常通过局域网连接,以改善性能和可用性,一般情况下服务器集群的成本低于具有同等性能、功能和可用性的单台主机。云计算利用服务器集群技术统一管理数量庞大的计算设备和存储设施,提高了整体性能,同时降低了对单台服务器的性能要求和成本。

(5) 云计算与虚拟化。虚拟化技术通过对上层应用或用户隐藏物理资源的底层属性,实现对物理资源的抽象。虚拟化既包括将单个资源(如一台服务器、一个操作系统、一个应用程序、一个存储设备)划分成多个虚拟资源,也包括将多个资源(如多台存储设备或服务器)整合成一个虚拟资源。根据虚拟化的对象可以分为存储虚拟化、计算虚拟化、网络虚拟化等,计算虚拟化又可以分为操作系统级虚拟化、应用程序级虚拟化。云计算利用虚拟化技术将服务器集群的存储能力、计算能力等虚拟为一个资源池,统一进行管理,对用户屏蔽了处理的复杂性,降低了用户的使用和维护成本。

(6) 云计算与主机租用、主机托管。主机托管即用户将自己的硬件服务器放置到互联网服务提供商 ISP 设立的机房内,每月支付必要的维护费用,由 ISP 代为管理维护(提供场地、电力、空调、日常维护、机房管理等),用户拥有设备的所有权和配置权,从远端连线服务器进行操作。主机租用是主机托管业务的延伸,用户只需要提出最终目的,支付包括服务器购置和托管的费用,由供应商进行策划实施,用户掌握服务器的产权;也有纯粹租赁性质的,用户只是租用服务器,而不拥有服务器的产权;主机租用是供应商把服务器选购和托管捆绑在一起的一种业务。利用云计算的基础设施可以提供这两种业务。但是,更多情况下云计算是利用虚拟化技术的优势整合资源,从而能够提供从硬件到软件等各个层面的全方位服务。

5. 边缘计算技术

1) 边缘计算的概念

随着万物互联时代的到来和无线网络的普及,网络边缘的设备数量和产生的数据快速增长。其中,物联网产生的大约一半数据都将在网络边缘处理。而基于云计算技术的集中式处理模式无法高效处理边缘设备产生的大量数据。因为集中式处理需要将所有数据通过网络传输到云计算中心进行存储和计算,相应地会在实时性、带宽需求、能量消耗、数据安全和隐私保护等方面带来很多现实问题。于是,面向边缘设备所产生海量数据的边缘计算(Edge Computing)模型应运而生。边缘计算和云计算不是取代的关系,而是相辅相成的关系,边缘计算需要云计算中心强大的计算和存储能力的支持,云计算中心也需要边缘计算对海量数据及隐私数据的处理。

边缘计算的主要优势如下:

(1) 大量临时数据在网络边缘得到处理,不需要再上传到云端,减轻了网络带宽压力;

(2) 原始数据在数据源端进行处理,不需要通过网络请求云计算中心并等待云端处理,减少了系统处理时延,实时性更好;

(3) 用户隐私数据只需在网络边缘设备上进行存储和处理,不再上传,降低了隐私暴露的风险,用户数据安全得到增强。

在边缘计算技术形成和发展过程中,曾经出现过两个非常相近的概念,移动边缘计算(Mobile Edge Computing)和雾计算(Fog Computing)。边缘计算是这两个概念的进一步发展。

(1) 移动边缘计算指的是在接近移动用户的无线接入网范围内提供信息技术服务和云计算能力的一种新的网络结构,已成为一种标准化、规范化的技术。移动边缘计算可以实现较低时延和较高带宽以提高服务质量和用户体验。该技术强调在云计算中心与边缘设备之间建立边缘服务器,在边缘服务器上完成终端数据的计算任务。而边缘计算模型强调的是终端设备具有较强的计算能力。作为边缘计算模型的一部分,移动边缘计算类似于边缘计算服务器的架构和层次。

(2) 雾计算技术由思科公司于2012年提出,指的是迁移云计算中心任务到网络边缘设备执行的一种高度虚拟化计算平台。它通过减少云计算中心和移动用户之间的通信次数,缓解主干链路的带宽负荷和能耗压力。雾计算关注基础设施之间的分布式资源共享问题,而边缘计算除了关注基础设施之外,也关注边缘设备,包括计算、网络和存储资源的管理,以及边缘设备之间、边缘之间和边缘与云之间的合作。

2013年,美国太平洋西北国家实验室的瑞安·拉莫思在一个内部报告中首次提出"边缘计算"一词。此后,该技术进入快速增长期。2016年5月,美国韦恩州立大学施巍松教授团队将边缘计算正式定义为:边缘计算是在网络边缘执行计算的一种新型计算模型,边缘计算操作的对象包括来自云服务的下行数据和来自万物互联服务的上行数据,"边缘"指的是从数据源到云计算中心之间路径上的任意计算和网络资源,是一个连续统。因此,这里的"边缘"不是边界和终端的概念。

边缘计算通常是在本地端和云端交界的位置进行运算处理,即在数据进出本地区域网络附近的位置,其目的是既可以将运算环境放在本地,又可以靠近云端附近以方便跟云衔接。因为并不是所有的数据都适合放在本地运算,有些需要进一步分析的数据,还是要传到云端处理,或者需要在云端长期保存使用。

2) 边缘计算的关键技术

支撑边缘计算的关键技术主要包括网络技术、隔离技术、体系结构技术、边缘操作系统、算法执行框架、数据处理平台、安全和隐私保护技术等。

(1) 网络技术。边缘计算可能发生在从数据源到云计算中心的传输路径上的所有节点,需要现有的网络结构具备三个方面的能力:服务发现能力,即提供服务发现机制使计算服务请求者在动态变化过程中能够及时发现周边的服务;快速配置能力,即如何从设备层支持服务的快速配置,以应对计算设备的动态注册和撤销、服务迁移导致的突发网络流量等问题;负载均衡能力,根据边缘服务器以及网络状况,将边缘设备产生的大量数据动态调度到合适的计算服务提供者进行处理。

(2) 隔离技术。边缘设备需要采用有效的隔离技术保证服务的可靠性和服务质量。隔离技术需要考虑两个方面:计算资源的隔离,即应用程序间不能相互干扰;数据的隔离,即不同应用程序应具有不同的访问权限。还需要考虑第三方程序对用户隐私数据的访问权限问题。

(3) 体系结构技术。未来的硬件体系结构应该是通用处理器和异构计算硬件并存的模式。异构硬件牺牲了部分通用计算能力,使用专用加速单元减小了某一类或多类负载的执行时间,并且显著提高了性能功耗比。边缘计算平台通常针对某一类特定的计算场景设计,处理的负载类型较为固定。因此,目前很多前沿工作针对特定的计算场景设计边缘计算平台的体系结构。

(4) 边缘操作系统。边缘计算的操作系统需要向下管理异构的计算资源,向上处理大量的异构数据以及多用途的应用负载;需要将复杂的计算任务在边缘计算节点上部署、调度及迁移,保证计算任务的可靠性以及资源的最大化利用。

(5) 算法执行框架。边缘设备需要执行的智能算法任务越来越多,而这些任务中机器学习尤其是深度学习算法占有很大的比重。因此,使硬件设备更好地执行以深度学习算法为代表的智能任务是研究的焦点,也是实现边缘智能的必要条件。目前虽然有许多针对机器学习算法特性设计的执行框架,但这些框架更多的是运行在云计算中心,不能直接应用于边缘设备。由于边缘设备计算资源和存储资源相对受限,对于算法的执行速度、内存占用量和能效有特殊要求,需要专门针对边缘设备设计算法执行框架。

(6) 数据处理平台。边缘设备随时可能产生海量数据,数据的来源和类型多样化,既包括环境传感器采集的时间序列数据,也包括摄像头采集的图片视频数据,以及车载设备产生的点云数据等。这些数据大多具有时空属性,需要构建一个针对边缘数据进行管理、分析和共享的平台。

(7) 安全和隐私保护技术。虽然边缘计算避免了数据上传云端可能带来的隐私数据泄露风险,但是边缘计算设备通常处于靠近用户侧,或者在传输路径上,具有更高的被攻击者入侵的潜在可能性。因此,边缘计算节点自身的安全问题不容忽视。同时,其分布式和异构性导致难以统一管理,从而带来一系列新的安全问题和隐私泄露问题。边缘计算也存在信息系统普遍存在的共性安全问题,包括应用安全、网络安全、信息安全和系统安全等。因此,需要设计合理的安全方案增强系统的安全和隐私防护能力。

3.2.3 通信技术

指挥信息系统离不开通信。根据通信系统传输信号的不同,可以将通信系统分为模拟通信系统和数字通信系统。前者传输的信号是模拟信号,后者传输的信号是数字信号。模拟信号随时间连续变化,表示信息的信号参量取值有无限个,如话音、图像等信号都是模拟信号;而数字信号表示信息的信号参量取值为有限个。常规的电话和电视传输都属于模拟通信。电话和电视模拟信号经数字化后,再进行数字信号的调制和传输,便称为数字电话和数字电视,即属于数字通信。计算机终端间的数据通信,信号本身就是数字形式,属于数字通信。

数字通信与模拟通信相比具有明显的优点,包括:抗干扰能力强,通信质量不受通信距离的影响,适应各种通信业务的要求,便于采用大规模集成电路,便于实现保密通信,便于实现通信网的计算机管理等。数字通信系统已经成为目前的主流通信系统。

图3-15所示为数字通信系统的模型。源系统(发送端)首先将来自信源的模拟信号经过信源编码转变为数字信号,该过程又称为模/数转换,根据需要还可对这些信号进行加密处理以提高保密性。为提高通信可靠性,需经过信道编码。然后对多路信号进行复接以提高信道利用效率。最后对载波信号进行调制变成适合于信道传输的已调载波信号,送入信道。目的系统(接收端)对接收到的已调载波信号进行解调、多路信号分接、信道解码、解密和信源解码,恢复出原始信号。

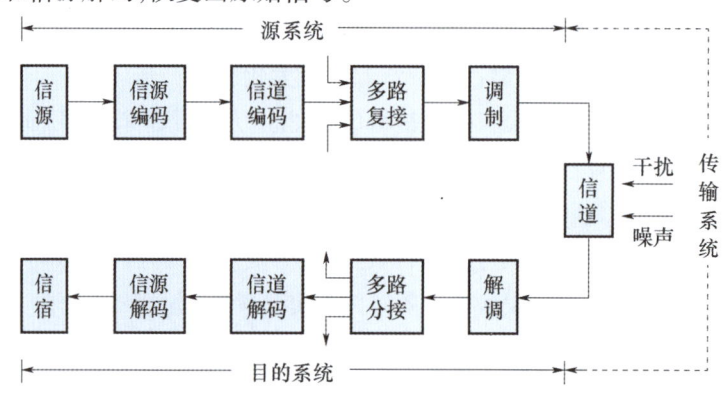

图3-15 数字通信系统模型

通信领域涉及的技术种类非常多，各种类型的通信系统都有其独特的技术特征。本节旨在介绍基础技术，从数字通信系统的模型可见，通信的过程包括编码、复用、调制、抗干扰等主要环节。因此，本节将聚焦这些环节上的通信技术进行介绍，主要介绍编码、复用、调制和抗干扰等技术。而扩展频谱通信是典型的抗干扰技术，因此为节省篇幅，在该部分仅介绍扩展频谱通信技术。

1. 编码技术

数字通信系统的编码技术分为信源编码和信道编码两种。信源编码是为了使信源输出的信号与信道传输特性相适应，提高信息传输的有效性，对信源输出信号进行的变换。信道编码是为了保证信息在有干扰或噪声较高的信道上可靠地传输，对形成的信源编码序列进行纠错编码，在接收端进行相应译码的过程。

1）信源编码

根据信源输出信号特征，信源编码可分为离散信源编码和连续信源编码，又可分为无失真信源编码和有限失真信源编码，前者适用于离散信源，后者适用于连续信源。连续信源编码指将信源输出的时间和幅度连续的模拟信号（如话音信号和图像信号）变换为时间和幅度离散的数字信号的过程。信源解码是信源编码的逆过程。在对信源编码时通常需要进行压缩编码，以降低对传输速率的要求。

对连续信号的编码一般要经过采样、量化和编码 3 个步骤。采样是将连续信号在时间上离散化的过程，量化是将时间离散信号的幅度值离散化的过程，编码是将时间和幅度都已经离散的信号转换为用"0"和"1"表示的数字信号的过程。由于量化误差是无法避免的，只能将其控制在容许的范围内，所以连续信源编码只能是有限失真编码。

最典型的连续信源编码技术是脉冲编码调制（Pulse Code Modulation，PCM）技术。脉冲编码调制的基本原理是：对原始信号以固定的时间间隔并以高于信号最大主频率两倍的速率进行采样，这些样本包含了原始信号的所有信息，按照奈奎斯特定理，接收端可以恢复出原始信号。以话音信号为例，话音信号的频率一般不超过 4000Hz，通常选取的采样率是 8000 样本/s。这些采样样本是模拟信号，需要转换为数字信号，并为每个模拟样本赋予一个二进制编码。假设使用国际标准化的 8bit 量化方法（允许 256 个量化电平），则每个样本被转换为 8bit 的二进制编码数据。因此，传输一路话音信号所需要的传输速率是 64Kb/s（8000 样本/s × 8bit/样本）。脉冲编码调制的基本过程如图 3 – 16 所示。

由图 3 – 16 可见，脉冲编码调制包括采样、量化和编码三个步骤，其框图如图 3 – 17 所示。从调制的概念来看，可以认为 PCM 编码过程是将模拟数据调制成二进制脉冲序列的过程，因而通常称为脉冲编码调制。

编码后形成的 PCM 数字信号，经数字信道传输至接收端。接收端首先对已受噪声干扰的波形进行检测和再生，恢复出 PCM 编码的数字信号；然后经解码还原为量化前的抽样值；最后经过低通滤波器恢复成模拟话音信号 $f'(t)$。由于编码时量化造成的误差和传输过程中噪声的影响，接收端不可能完全精确地恢复出原始信号。所以，接收端恢复得到的 $f'(t)$ 与发送端输入的 $f(t)$ 是有差别的。

(a) 语音信号

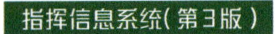

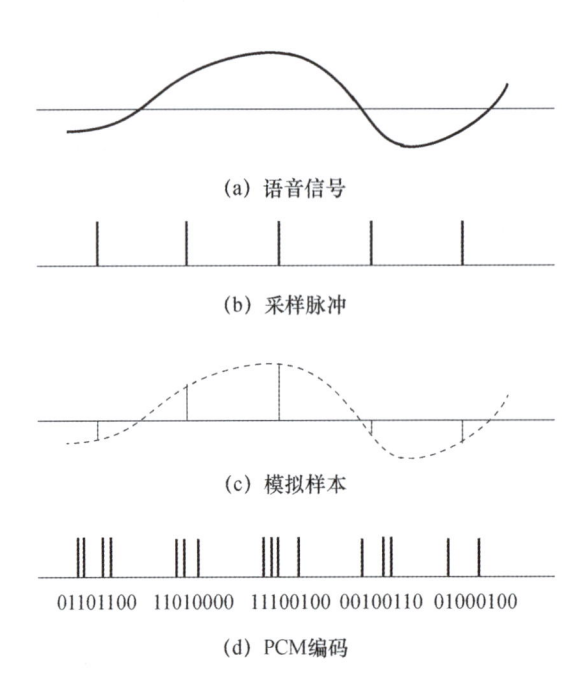

(b) 采样脉冲

(c) 模拟样本

01101100 11010000 11100100 00100110 01000100

(d) PCM编码

图 3-16 脉冲编码调制的基本过程

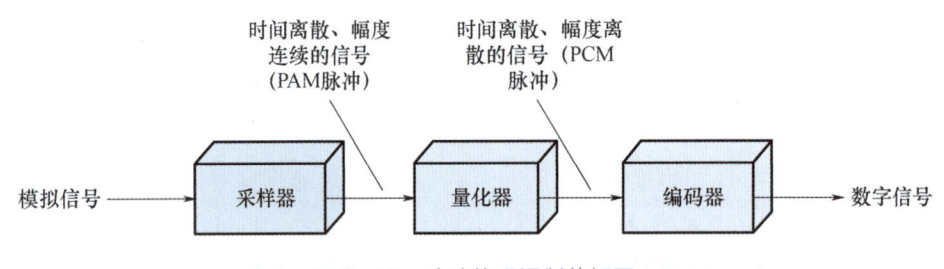

图 3-17 脉冲编码调制的框图

为充分利用传输线路的带宽,通常将多路话音的 PCM 信号装配成数据帧,再在线路上按帧进行传输。PCM 编码体制有两种互不兼容的标准。①北美使用的 T1 系统,共有 24 个话路。每个话路的采样脉冲用 7bit 编码,然后再加上 1bit 的信令码元,因此一个话路占用 8bit。帧同步是在 24 路编码之后再加上 1bit,这样每帧共有 193bit。采样频率为 8KHz,所以 T1 一次群的数据率为 1.544Mb/s。②欧洲使用的 E1 系统,每个数据帧被划分为 32 个相等的时隙,编号为 CH0~CH31。CH0 用于帧同步,CH16 用于传送信令。其余 30 个时隙作为用户使用的话路。每个时隙传送 8bit,全部 32 个时隙共有 256bit。采样频率为 8KHz,E1 一次群的数据率为 2.048Mb/s。

2) 信道编码

信道编码的目的是提高通信系统的抗干扰能力,其实现方法是在信息码流中人为地加入一定数量的多余码元(称为监督码),并使这些监督码与原信息码有着某种确定的逻辑关系,形成新的数字码流。经信道传输后,若出现误码,接收端的信道解码器便可利用编码时信息码与监督码的逻辑关系,进行自动检错或纠错,还原成原来的信息码。只能用于检测错误的编码称为检错编码,既可用来检错又能够纠错的编码称为纠错编码。

信道编码有两种基本类型:分组码和卷积码。另外,还有 Turbo 码和 LDPC 码等。这里主要介绍分组码和卷积码。

(1) 分组码。分组码是在 k 个信息位中,添加若干个冗余位,被编为固定长度 n 位的码组,可用 (n,k) 来表示。编码时添加的 $n-k$ 个冗余位起着检错和纠错的作用,常称为校验(或监督)位。如果分组码中的信息位与冗余位之间的关系为线性关系,则称为线性分组码。

分组码是一种前向纠错编码,在不重发分组的情况下,能检测出并纠正一定数量的传输错误码元。码距是分组码的重要参数,其定义是两个等长码组之间对应位取值不同的个数。"码距集"中的最小值称为最小码距。分组码的纠错能力是最小码距的函数。

常用的分组码有汉明码、循环码、格雷码、BCH 码和 RS 码等。

(2) 卷积码。卷积码是一种特殊的分组码,是指任何一组的校验(或监督)码元不仅与本组信息码元有关,而且还和前后若干组的信息码元有关。其示意图如图 3-18 所示。

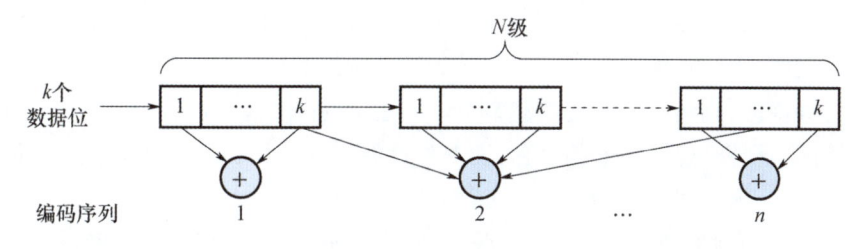

图 3-18 卷积码

卷积码编码器可由一个 N 级移位寄存器(每级 k bit)和 n 个模二加法器组成。模二加法器的输入来自移位寄存器某些级的输出,其连接关系由生成多项式确定。由于编码器每输入 k bit,将产生 n 个 bit 的输出,故编码效率(简称码率)为 k/n。需要注意的是,它仅表明所用冗余监督码元的多少。显然,输出的 n 个 bit 不仅与本组的 k bit 有关,还与其前后 N 组信息有关。这里,N 称为卷积码的约束长度。

由此可见,卷积码不像分组码那样,将信息序列分组后单独进行编码,而是由连续的输入信息序列得到连续的输出编码序列。因此,卷积码的解码较易实现。实践证明,在同样复杂的条件下,卷积码可比分组码得到更大的编码增益。

2. 调制技术

调制的目的是使传输时信号的特性与信道特性相匹配。解调是调制的逆过程,调制通常分为模拟调制和数字调制。

1) 模拟调制

模拟调制是使高频电振荡信号按照欲传输的模拟信号的特征变化的过程。调制过程中,欲传输的信号称为调制信号,有时也称为基带信号;用于载送调制信号而尚未调制的高频电振荡信号称为受调信号或载波,载波可以是正弦波,也可以是非正弦波。调制过程不是调制信号和载波的简单相加,而是一种非线性过程,载波被调制后会产生新的频率分量。这些新频率分量和调制信号有关,是携带信息的有用信号。调制实质上是实现频谱变换的过程,即把调制信号的频谱按照某种规律搬移到载波附近的频带中,使消息能更方便地传输或处理。低频信号不便直接发射,调制的目的就是借助于高频电振荡信号将低频信号发射出去。按照调制信号的变化改变载波的振幅、频率或相位,可以将模拟调制分为 3 类:幅度调制(Amplitude Modulation,AM),简称调幅;频率调制(Frequency Modulation,FM),简称调频;相位调制(Phase Modulation,PM),简称调相。

2) 数字调制

数字调制即数字频带传输,是通过调制将基带信号的频谱搬移到高频段传输的方式。实际工作中,人们所需要传输的原始信号,通常都含有很低的频率分量。它们所占据的频带,通常称为基本频带,简称为基带,这类原始信号也称为基带信号。为进行远距离传输,使数字信号能在多种信道传输,并提高传输的有效性,必须用数字基带信号对载波进行调制。因为已调数字信号的频谱具有带通性质,所以这种传输称为数字载波传输或数字频带传输。数字调制就是用基带信号对载波波形的某些参量进行控制,使这些参量随基带信号的变化而变化,成为以载波频率为中心的带通信号在相应的信道上传输。通过调制还有利于实现多路复用、完成频率分配和减少噪声干扰的影响等。

按照传输特性,调制可分为线性调制和非线性调制。线性调制后信号的频谱结构与基带信号相同,只是实现了频谱的平移;而非线性调制后信号的频谱结构与基带信号不保持线性变换关系,出现了新的频率分量,因而占用较宽的频带。

数字调制利用载波信号参量的离散状态来表征所传输的数字信息,即利用数字信号键控载波的幅度、频率和相位,对应的 3 种数字调制技术分别是,幅度键控(Amplitude Shift Keying,ASK)、频移键控(Frequency Shift Keying,FSK)和相移键控(Phase Shift Keying,PSK)。例如,二进制正弦载波的基本键控波形如图 3-19 所示。

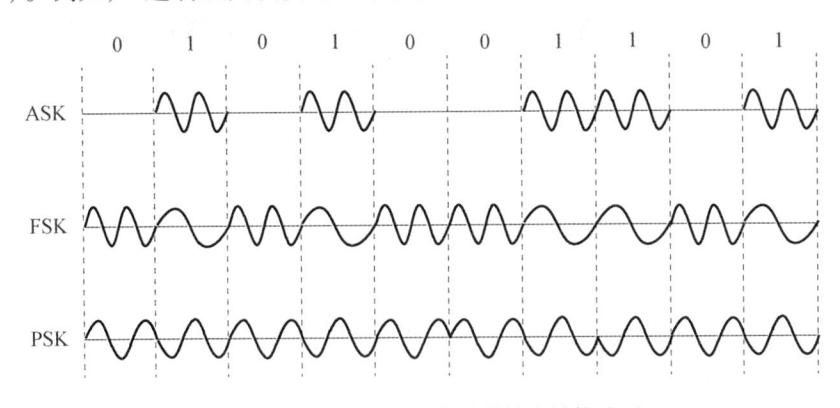

图 3-19 二进制正弦载波的基本键控波形

2ASK 是各种数字调制的基础,其基本思想是用数字基带信号键控载波幅度的变化,即传送"1"信号时输出正弦载波信号,传送"0"信号时无载波输出。这相当于用一个单极性矩形基带信号(含直流分量)与正弦载波信号相乘。所以二进制幅度键控的调制器可以用一个相乘器来实现。

在相位键控中,载波相位变化有"绝对移相"(2PSK)和"相对移相"(2DPSK)两种。"绝对移相"是利用载波的不同相位直接表示数字信息,而"相对移相"则利用载波的相对相位,即前后码元载波相位的相对变化来表示数字信息。生成 2DPSK 信号的方法有两种:调相法和相位选择法。这两种方法都需要对基带信号进行预处理,即先把输入的基带信号转换成相对码,再进行绝对移相。

2FSK 的抗噪声、抗衰落性能优于 2ASK,且设备不复杂,实现容易,所以一直应用于中、低速通信系统中。但在功率和频带利用率方面,2FSK 不及 2PSK,尤其在 2DPSK 取得成功之后,就逐渐被取而代之了。

上述三种基本的数字调制方式,在频带利用率和抗干扰性能方面,一般都是 PSK 方式最佳。所以,PSK 在中、高速数据传输中得到广泛的应用。

多进制键控是提高频带利用率的有效方法。M 进制基带信号有 M 种取值,调制后的已调载波参数(幅度、频率和相位)也有 M 个取值。因此,一个已调制信息符号所携带的信息量为 $\log_2 M$ bit。为了提高抗干扰能力,可将不同调制方式进行组合,或者调制与纠错编码相结合,从而构成新的调制方式。

3. 同步技术

通信中的同步是使接收端的工作与发送端的工作在时间上保持步调一致的技术。通信系统能否有效工作,很大程度上依赖于正确的同步技术。同步不良,将会导致通信质量下降,甚至完全不能工作。数字通信中通常有 3 种同步:载波同步、码元同步和群同步。当两个以上的通信站组成通信网时,还会遇到网同步问题。

(1) 载波同步。相干解调时,接收端必须产生一个电振荡信号,与收到的信号在相干解调器中实现相干解调,从而得到良好的解调性能。接收端产生的电振荡信号,通常称为参考载波,其频率和相位要求等于发送端发送信号的载波频率和相位,称为载波同步。

(2) 码元同步。数字通信中的数字信号检测或鉴别,需要有准确的判决时刻,这时需传输一系列脉冲,以提供判决时刻。这些脉冲通常称为码元同步脉冲。有了准确可靠的码元同步,才能以较低的错误概率恢复原数字信息。如果数字通信中的每个数字波形都对应二进制数"0"或"1",则此时的码元同步也称为位同步。

(3) 群同步。数字通信中的信息流根据各种用途会被划分成许多组,有时还要划分成若干大组和小组。例如,对于多次传输的内容不同的多种信息,需要在信息流中有效区分各种信息对应的码段。每种信息均由若干码元组成一个小组称为"字",一次传输的所有"字"则组成一个大组称为"句"。在传送这种数字信息时必须加入一些标志,以便在接收端能够精确判定每"群"(或"字"或"句")码字的起点。群同步有时也称为句同步或帧同步,如果这个"群"或"句"是码字,也可称为码字同步。

(4) 网同步。在一个通信网里,通信和相互传递消息的设备很多,各种设备产生和需要传送的信息码流各不相同。当实现这些信息的交换或复接时,必须有网同步统一协调,使整个网络按一定的节奏有条不紊地工作。

4. 信道复用技术

信道复用是将来自不同信源的各路信号,按照某种方式合并成一个多路(群)信号,然后通过宽带信道进行传送。信道复用是为提高物理传输介质的利用效率,将多个用户信道复用在一条物理链路上传输的技术。信道复用技术主要包括频分复用、时分复用和码分复用等技术。

1) 频分复用

频分复用(Frequency Division Multiplexing,FDM)是将可供传输的公共信道频段分割成若干个较窄频段,每个频段构成一条独立的传输信道,将划分的可用频段分配给各个用户共用一个公共传输介质的技术,又称频分多路复用。即把传输介质的有效承载频段划分为 n 个互不重叠的频段区间,用调制技术将 n 个基带信号调制到相应用户频段上,构成 n 个用户信道。其原理如图 3-20 所示。

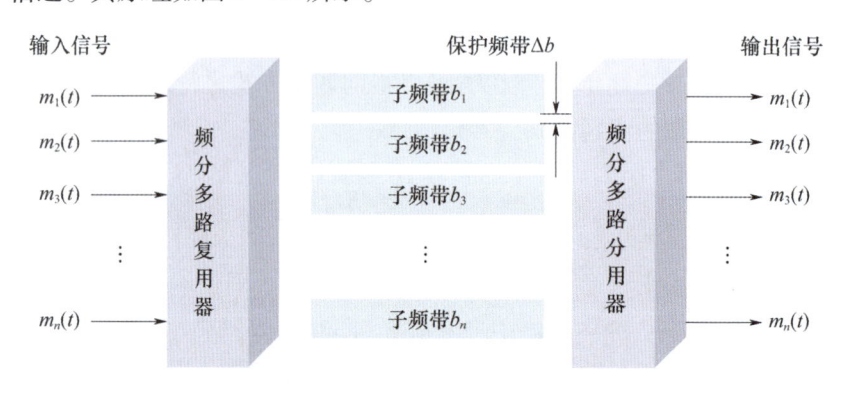

图 3-20 频分复用的原理图

频分复用的主要优点是实现相对简单,技术成熟,能较充分地利用信道频带,因而系统效率较高。它的缺点主要有:①保护频带的存在,大大降低了频分复用技术的效率;②信道的非线性失真,改变了它的实际频带特性,易造成串音和互调噪声干扰;③所需设备数量随输入路数增加而增多,且不易小型化;④频分复用本身不提供差错控制技术,不便于性能监测。因此,在实际应用中,频分复用逐渐被时分复用所替代。

2) 波分复用

波分复用(Wavelength Division Multiplexing,WDM)本质上属于频分复用。在光通信领域,习惯上按波长而不是按频率表示所使用的光载波,于是就采用了波分复用这一概念。波分复用即在 1 根光纤上承载多个波长(信道)系统,将 1 根光纤转换为多条"虚拟"光纤,每条虚拟光纤独立工作在不同波长上,这样极大地提高了光纤的传输容量,使光纤的潜力得以充分发挥。例如,1 条普通单模光纤可传输的带宽极宽,仅 1.55 μm 波长就可传输 10000 个光信道,其间隔为 2.2GHz。

波分复用具有以下特点:①充分利用光纤的低损耗波段,增加了光纤的传输容量,使一根光纤传送信息的物理限度增加 1 倍至数倍;②具有在同一根光纤中,传送 2 个或数个非同步信号的能力,这有利于数字信号和模拟信号的兼容,且与数据速率和调制方式无关;③对已建光纤系统,尤其早期铺设的芯数不多的光缆,只要原系统有功率余量,便可进行增容,实现多个单向信号或双向信号的传送,而不必对原系统进行大的改动,具有较强的灵活性;④减少了光纤的使用量,从而降低了建设成本;⑤有源光设备的共享性,对多个信号的传送或新业务的增加降低了成本;⑥系统中有源设备的数量大幅减少,提高了系统的可靠性。

3) 时分复用

时分复用(Time Division Multiplexing,TDM)是分配给每路信号一个时隙(短暂的时间段),传输信道按时隙顺序分配给不同的用户,各用户信号都使用相同的载频,而在每个时隙只有一个用户的信号在信道中传输的技术,又称为时分多路复用。即在特定时间周期内把传输介质的传输时段划分成 n 个时隙,n 个用户信息分别在不同的时隙传送,从而构成 n 个用户信道。时分复用的原理如图 3-21 所示。

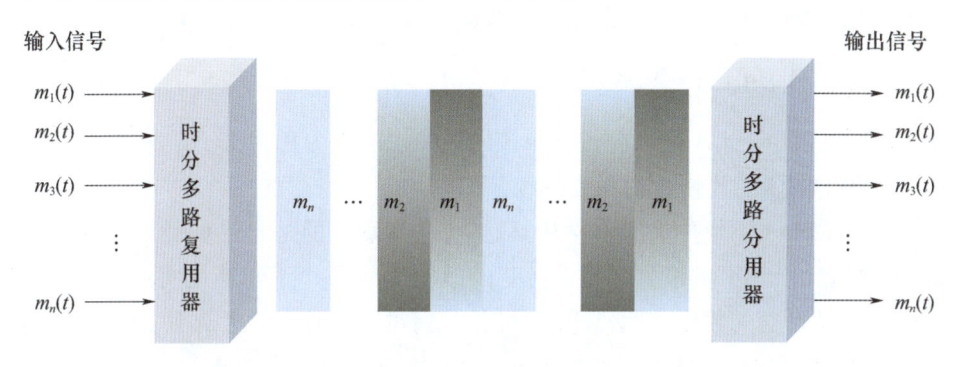

图 3-21 时分复用的原理图

时分复用的工作特点是:①通信双方按照预先指定的时隙进行通信,而且这种时间关系固定不变;②就某一瞬时来看,公用信道上仅传输某一对设备的信号,而不是多路复合信号。因此,时分复用的优点是时隙分配固定,便于调节控制,适于数字信息的传输。其缺点是当某信号源没有信息传输时,它所对应的信道会出现空闲,而其他繁忙的信道无法占用这个空闲的信道,从而降低了线路的利用率。采用按需分配(或动态分配)时隙的统计时分多路复用(Statistic Time Division Multiplexing,STDM)技术,可避免出现闲置时隙的现象。

4) 码分复用

码分复用(Code Division Multiplexing Access,CDMA)是利用码型的正交性实现信道分割与复用的技术,又称为码分多路复用。即为 n 个用户分别分配一个具有强自相关特性和弱互相关特性的伪随机码,把各种用户信号转换成同一频段上的宽带扩频信号,互不干扰地传送,从而构成 n 个用户信道。

在码分复用系统中,每一个 bit 时间被划分为 m 个间隔,称为码片(chip)。通常 m 取值为 64 或 128。每个站被分派一个唯一的 m 位码片序列。一个站若要发送 bit"1",则发送它自己的码片序列;若要发送 bit"0",则发送该码片序列的二进制反码。实用系统中使用的码片序列一般都是伪随机序列。假设 $m=8$,分派给 A 站的 8 位码片序列是

00011011。为了方便,将码片中的 0 写成 -1,将 1 写为 +1。则 A 站的码片序列是(-1 -1 -1 +1 +1 -1 +1 +1)。当 A 站发送 bit"1"时,它就发送序列(-1 -1 -1 +1 +1 -1 +1 +1),而当 A 站发送 bit"0"时,就发送(+1 +1 +1 -1 -1 +1 -1 -1)。

码分复用技术具有如下特性:

(1) 分派给每个站的码片互不相同,且互相正交。令向量 A 表示 A 站的码片向量,令 B 表示其他任何站的码片向量。由于码片序列正交,向量 A 和 B 的内积为 0,即

$$A \cdot B = \frac{1}{m} \sum_{i=1}^{m} A_i B_i = 0$$

例如,设向量 A 为(-1 -1 -1 +1 +1 -1 +1 +1),设向量 B 为(-1 -1 +1 -1 +1 +1 +1 -1),这相当于 B 站的码片序列为 00101110。将向量 A 和 B 代入公式就可看出这两个码片是正交的。且向量 A 和各站码片反码的向量的内积也是 0。

(2) 任何一个码片向量的规格化内积都是 1,即

$$A \cdot A = \frac{1}{m} \sum_{i=1}^{m} A_i A_i = \frac{1}{m} \sum_{i=1}^{m} A_i^2 = \frac{1}{m} \sum_{i=1}^{m} (\pm 1)^2 = 1$$

例如,将上述的向量 A 代入公式可得该向量的规格化内积为 1。而且,一个码片向量和该码片反码的向量的规格化内积是 -1。

假定一个 CDMA 系统中有很多站相互通信,各站发送的是自己的码片序列或码片的反码序列,或者什么都不发送。又假设所有的站发送的码片序列都是同步的。该系统中 X 站要接收 A 站发送的数据,就必须知道 A 站特有的码片序列。X 站使用它得到的码片向量 A 与接收到的未知信号进行内积运算。X 站接收到的信号是各个站发送的码片序列之和。根据上述公式和叠加原理(假定各种信号经过信道到达接收端是叠加的关系),求内积得到的结果是:所有其他站的信号都被过滤掉(其内积的相关项都是 0),而只剩下 A 站发送的信号。当 A 站发送 bit"1"时,X 站计算内积的结果是 +1;发送 bit"0"时,内积的结果是 -1。

码分复用技术将占用频带宽度提高到原来数值的 m 倍,其实是一种直接序列扩频通信方式。采用 CDMA 可提高话音质量和数据传输的可靠性,增大通信系统的容量,以及减少平均发射功率等。该技术抗窄带干扰能力强,保密性高,各路的连接、变换较灵活,但电路较复杂,需要有精度高的同步系统。

5) 空分复用

空分复用(Space Division Multiplexing,SDM)是利用空间分割原理实现多路通信的技术,又称为空分多路复用。在采用这种技术的无线电通信系统中,收/发双方采用阵列天线技术形成多条互不干扰的空间通路,在每一条空间通路上传输不同的信息而共用一个公共信道。

空分复用的关键技术是自适应阵列天线技术。发送端自适应阵列天线能形成多个互不重叠的窄波束,这些窄波束可同时辐射能量可控的电磁波。接收端自适应阵列天线能同时接收发送端发出的所有窄波束信号,能将各个波束的信号有效分离。在理想情况下,空分复用系统应具有极小的波束(保证互不干扰)和极快的跟踪速度,能对每个波束进行

功率控制,能根据传输状况及时调整每个波束的信息传输速率,能对每个波束发出的信号进行有效分离并实现多径分集。

空分复用的优点是,能有效提高频谱利用效率,克服多径干扰与同信道干扰。由于需要采用自适应阵列天线,其具有结构复杂、运算量大、天线尺寸大等缺点。空分复用技术比较适合于在固定台站间使用。

5. 扩频通信技术

扩展频谱通信(Spread Spectrum Communication,SSC),简称扩频通信,是用特定的伪随机序列将待发送信息信号的频谱展宽,使传输信号带宽远大于信息信号本身带宽的通信技术。其原理如图3-22所示。

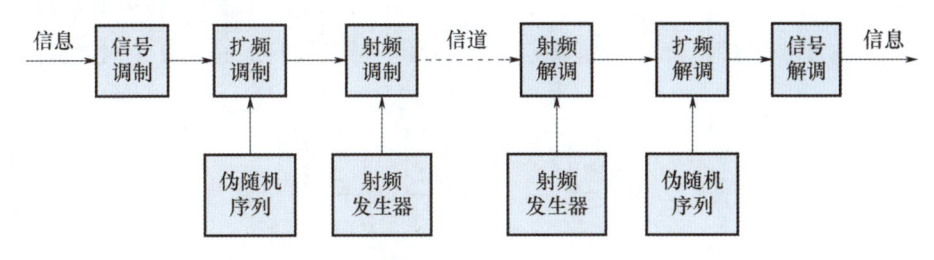

图3-22 扩频通信原理图

待发送信息先经信号调制形成数字信号,然后由扩频码发生器产生的伪随机序列调制数字信号以展宽信号的频谱。展宽后的信号调制到射频再发送出去。接收端收到宽带射频信号,先变频至中频,然后由本地产生的与发送端相同的伪随机序列进行解扩,并经过信号解调恢复成原始信息输出。扩频通信采用的伪随机序列是与传输的信息无关,具有近似于随机信号的性质,并能按一定规律(周期)产生和复制的码序列,也称伪随机码序列,简称伪码。伪随机序列具有3种典型的特征:序列中0和1的个数大致相同;序列平移后和原序列相关性很小;任意两个序列的互相关函数很小。

扩频通信具有以下优点:①抗干扰性能好,由于各种干扰信号在接收端的非相关性,解扩后窄带信号中只含有很微弱的成分,提高了信噪比,增强了抗干扰性;②安全保密性好,因为采用伪随机序列对比特流进行扩展频谱,相当于对信息进行加密,当不知道扩频通信所采用的伪随机序列时,就无法解扩破译;③具有隐蔽性和较低的截获概率,由于信息信号在相对较宽的频带上被扩展了,单位频带内的功率很小,信号湮没在噪声里,一般不容易被发现,想要检测信号的参数(如伪随机序列)是相当困难的;④可多址复用和任意选址,扩频通信发送功率极低(1~650mW),可工作在信道噪声和热噪声背景当中,易于在同一地区重复使用同一频率,也可与各种窄带通信共享同一频率资源。

此外,扩频通信还具有安装简便、易于推广应用等优点。因此扩频通信已被广泛应用于蜂窝电话、无绳电话、微波通信、无线数据通信、遥测、监控、报警等系统中。

按扩频方式的不同,扩频通信可分为直接序列扩频、跳频扩频、跳时扩频以及混合扩频通信技术。下面分别进行介绍。

1) 直接序列扩频

直接序列扩频(Direct Sequence Spread Spectrum, DSSS),简称直扩,就是在发送端直接利用具有高速变化的扩频码序列和各种调制方式扩展信号的频谱,在接收端则利用相同的扩频码序列进行解扩,把展宽的扩频信号还原成原始的数据,如图 3-23 所示。

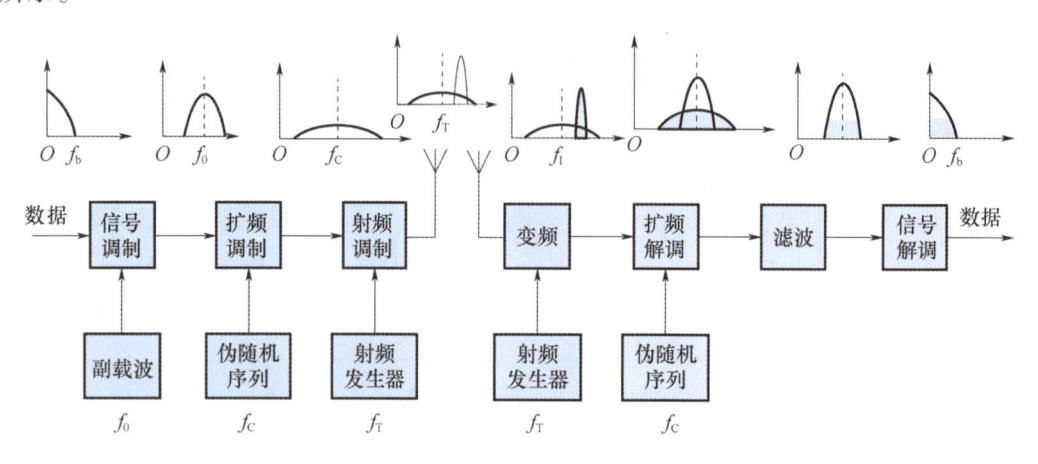

图 3-23 直接序列扩频原理图

假设发送的是一个频带限于 f_b 以内的窄带信号。首先将此信号在信号调制器中对某一副载波 f_0 进行调制(如调幅或窄带调频),得到一个中心频率为 f_0 而带宽为 $2f_b$ 的信号,这就是通常的窄带信号。一般的窄带通信系统直接将此信号在发射机中进行射频调制后由天线辐射出去。但是,在扩频通信中还需要增加一个扩展频谱的处理过程。直接序列扩频就是用一个频率为 f_c 的伪随机序列对窄带信号进行二相相移键控调制,并选择 $f_c \gg f_0 \gg f_b$,这样就得到了带宽为 $2f_c$ 的载波抑制的宽带信号,此信号再送到发射机经射频 f_T 调制后由天线进行发射。

由于信号在信道传输过程中必然受到各种外来信号的干扰,因而进入接收机的信号除有用信号外还存在干扰信号。首先假设干扰信号是功率较强的窄带信号,宽带有用信号与干扰信号同时经变频至中心频率为 f_I 的中频输出;然后再对这一中频宽带信号进行解扩处理。解扩实际上就是扩频的反变换,通常是利用与发送端相同的调制器,以及完全相同的伪随机序列对接收到的宽带信号再次进行二相相移键控,这正好把扩频信号恢复成相移键控前的原始信号。从频谱上看,这表现为宽带信号被解扩压缩还原成窄带信号。这一窄带信号经中频窄带滤波器,由信号解调器恢复成原始信号。但是,进入接收机的窄带干扰信号,在调制器中同样也受到伪随机序列的二相相移键控调制,变成宽带干扰信号。由于干扰信号的频谱被扩展,经过中频窄带滤波器,则只允许通带内的干扰通过,这使干扰功率大幅降低。所以,直扩系统具有很强的抗干扰能力。

2) 跳频扩频

跳频扩频(Frequency Hopping Spread Spectrum, FHSS),简称跳频,是利用伪随机序列进行选择性的多频率频移键控。跳频的载频受伪随机序列控制,在其工作带宽范围内,其频率合成器按伪随机序列的规律不断改变频率。在接收端,接收机频率合成器受伪随机序列控制,并保持与发送端变化规律相同。跳频系统一般有几个、几十个甚至上千个频率,由所传信息与扩频码的组合进行选择控制,发生随机跳变。频率跳速的高低直接反映跳频系统的性能,跳速越高抗干扰性能越好。军用跳频系统可达每秒上万跳。跳频扩频的原理如图 3-24 所示。

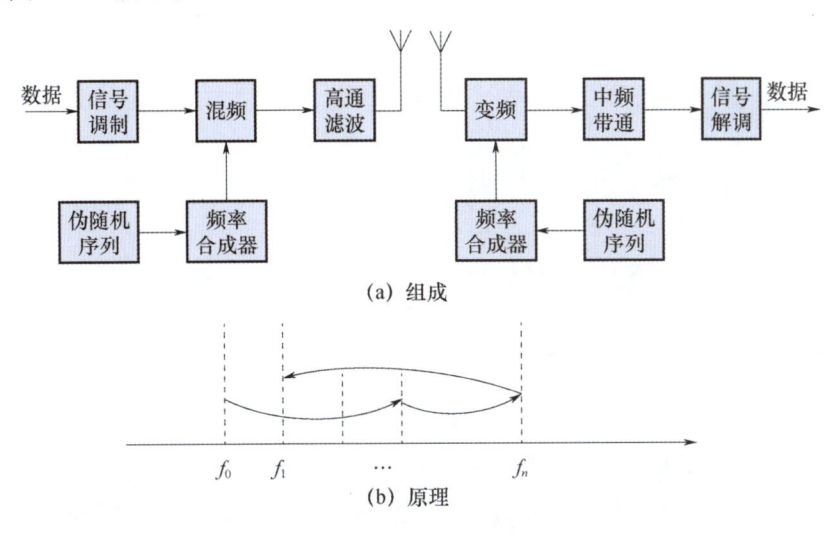

图 3-24 跳频扩频原理图

发送端用伪随机序列控制频率合成器,产生跳变的主载频,再与已调制信号混频,通过高通滤波器后发送出去,如图 3-24(a)所示。由图 3-24(b)可见,输出频率是在很宽的频带范围内的某些频率上随机跳变的。在接收端,为了解跳频信号,需要有与发送端完全相同的本地伪随机序列发生器控制本地频率合成器,使其输出的跳频信号能在混频器中与接收信号差频出固定的中频信号,然后经中频带通滤波器及信号解调器输出恢复的数据。

跳频扩频的优点是:①跳频图案的伪随机性和跳频图案的密钥量使跳频系统具有保密性;②由于载波频率是跳变的,具有抗单频及部分带宽干扰的能力;③利用载波频率的快速跳变,具有频率分集的作用,从而使系统具有抗多径衰落的能力;④利用跳频图案的正交性可构成跳频码分多址系统,共享频谱资源,并具有承受过载的能力;⑤跳频系统为瞬时窄带系统,能与现有的窄带系统兼容通信。

3) 跳时扩频

跳时扩频(Time Hopping Spread Spectrum,THSS),简称跳时,是使发射信号在时间轴上跳变。首先把时间轴分成许多时片,由伪随机序列控制一帧内究竟在哪个时片发射信号。因此,跳时可理解为利用一定的码序列进行选择的多时片时移键控。跳时扩频也可看成是一种时分系统。所不同的是,它不是在一帧中固定分配一定位置的时片,而是在伪随机序列控制下按一定规律跳变位置的时片。由于采用了相对很窄的时片发送信号,相应地也就展宽了信号的频谱。其原理如图 3-25 所示。

（a）组成

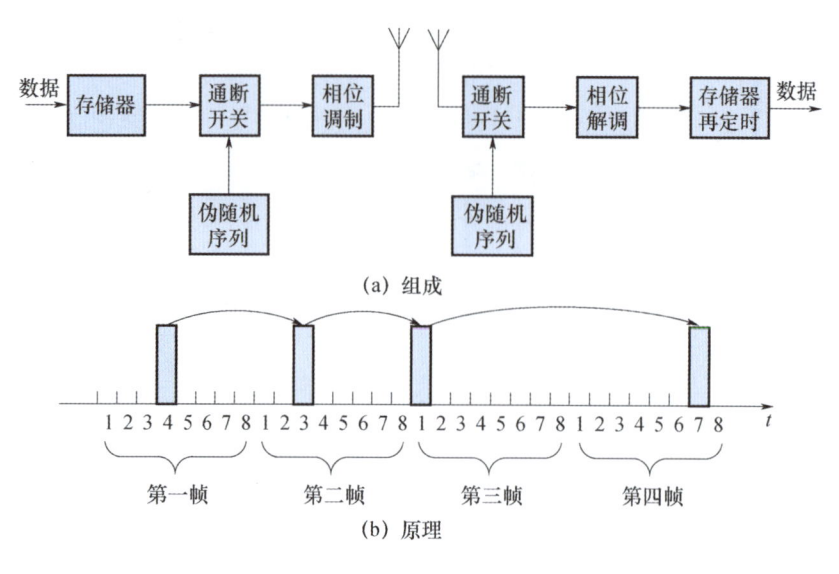

（b）原理

图 3-25　跳时扩频原理图

在发送端，输入的数据先存储起来，由扩频码发生器产生的伪随机序列控制通断开关，先经二相或四相调制，再经射频调制后发射。在接收端，由射频接收机输出的中频信号经本地产生的与发送端相同的伪随机序列控制通断开关，经二相或四相解调器，送到数据存储器，经再定时后输出数据。只要收发两端在时间上严格保持同步，就能正确地恢复原始数据。

跳时扩频虽然也是一种扩展频谱技术，但因其抗干扰性能不强，通常并不单独使用。在时分多址通信系统中利用跳时可减少网内干扰，并能改善系统中存在的远近效应。

4）混合扩频

上述的每一种扩频技术都各有优点和不足。若是采用几种基本扩频方式的组合，则可进行优势互补。在上述基本的扩频方式基础上，进行组合构成各种混合方式，称为混合扩频。混合扩频的优点是：提高系统的抗干扰能力，降低部件制作的技术难度，使设备简化、降低成本。

混合扩频主要有以下几种形式：直扩/跳频（DS/FH）扩展频谱，直扩/跳时（DS/TH）扩展频谱，直扩/跳频/跳时（DS/FH/TH）扩展频谱。

3.2.4　感测技术

精确的指挥控制离不开完善的情报和信息。而情报和信息主要来自于 ISR 要素，即情报、监视和侦察，其依赖的基础技术主要包括侦察技术、探测技术、目标识别技术、情报处理技术、测绘技术、导航技术等。因为这些技术都带有某种程度的感知或测量的特征，所以这里把它们统称为感测技术。侦察、探测、识别、导航等技术将在后续章节介绍，本节主要介绍侦察探测技术中的传感器网络技术和地理信息相关的测绘技术。

1. 传感器网络技术

传感器（Sensor 或 Transducer）是自动感知、探测和智能控制的重要部件。通常把被测对象分为两大类：电参量和非电参量。常用的电参量有电压、电流、电阻、功率、频率等；常用的非电参量有机械量（如位移、速度、加速度、力、扭矩、应变、振动等）、化学量（如浓度、成分、气体、pH值、湿度等）、生物量（酶、组织、菌类）等。在现代测量技术中，对于非电参量常采用电测量方法，其关键技术就是如何利用传感器将非电参量转换为电参量。

传感器技术与通信技术、计算机技术并称为现代信息技术的三大支柱，分别完成信息的采集、传输和处理。而有效利用信息的前提是获取信息，所以传感器作为获取信息的途径和手段，地位非常重要。GB 7665—87 将传感器定义为：能够感受规定的被测量并按照一定规律转换成可用输出信号的器件和装置。现代传感器正朝着集成化、数字化、多功能化、微型化、智能化、网络化、光机电一体化的方向发展，具有高精度、高性能、高灵敏度、高可靠性、高稳定性、长寿命、高信噪比、宽量程、无需维护等特点。其基本构成如图 3–26 所示。

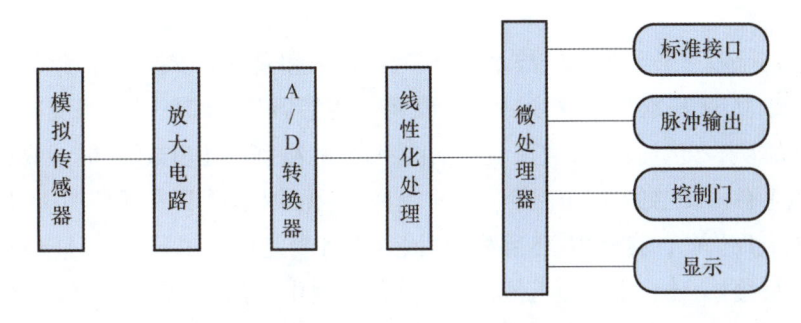

图 3–26　现代传感器的基本构成

在军事领域，传感器的应用大致可分为两类。一类是应用于武器装备中对装备自身的状态信息进行检测；另一类是应用于任务环境中对环境信息或可能出现的目标进行监视和探测。而对于作战指挥控制而言，第二类应用一般是为了获得战场环境或敌方目标等态势信息的，传感器的输出将作为指挥信息系统的输入使用，需要我们重点关注。这类应用的场景要么是地理范围广阔仅靠人类无法做到及时监视，要么是条件恶劣不便于人类直接进入，要求用到的传感器具备大面积部署简单方便、能够自动联网回传信息、可在无依托情况下持续长期工作等特点。兴起于 20 世纪末的无线传感器网络（Wireless Sensor Networks，WSN）就是为了应对类似应用场景出现的。因此，本节主要介绍该类技术。

无线传感器网络简称传感器网络，由大量传感器节点（称为感知节点）组成，这些传感器节点被密集部署在感兴趣的物理对象所处的环境（称为感知域）中。每个传感器节点从周围环境不断采集数据、进行处理并将处理后的数据传输给汇聚节点或网关。数据通过汇聚节点，采用无线多跳方式传输到用户端。汇聚节点可以通过互联网、卫星、无线网络与任务管理器或终端用户通信，也可不通过无线方式而直接与终端用户连接，如图 3–27 所示。

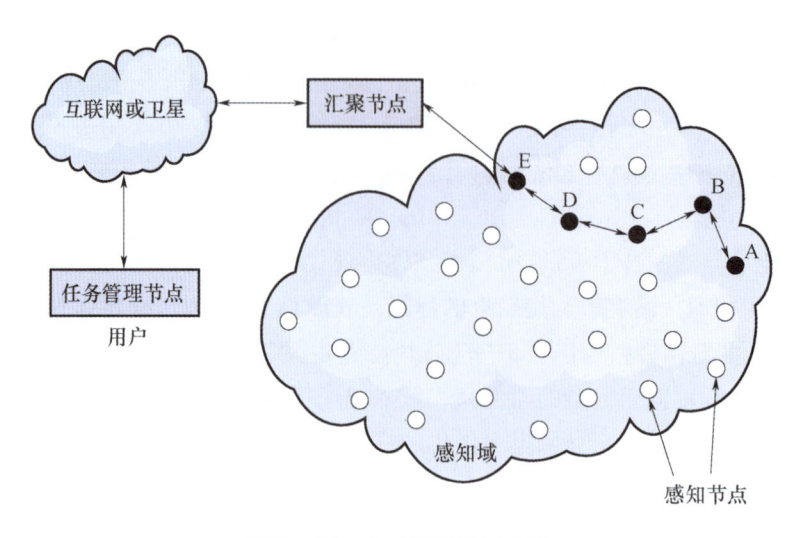

图 3-27 传感器网络示意图

传感器网络基于微机电系统技术、无线通信技术和数字电子技术，传感器节点具有成本低、功耗低、功能多、体积小等特点。通常每个传感器节点都由具有一定功能的嵌入式系统构成，功能主要包括：能够和环境相互作用，能够在节点处理数据，能够通过无线方式与相邻节点通信。传感器节点一般包括 3 种模块：无线模块，具有通信功能，包含可编程的用于存储应用代码的存储器；传感模块，嵌入多种功能的传感器，还可能包含连接外部传感器的扩展接口，传感模块也可能嵌入到无线模块中；可编程模块，也称为网关模块，支持以太网、WiFi、USB、串口等多种接口，可将节点连接到网络或本地计算机，可用于节点编程或收集节点感知的数据。

根据功能和用途的不同，可将传感器节点硬件平台分为低端平台和高端平台两类。低端平台价格便宜，具备基本的数据处理和通信能力，但处理能力、存储容量和通信范围都非常有限，适合大量部署用于完成感知任务。高端平台具有更强的处理能力和更大的存储容量，可支持多种通信接口，通常用于网络管理等高级任务或作为网关模块与现有网络基础设施集成。

1）传感器节点的硬件结构

传感器节点的硬件一般包括 4 个基本部件：传感单元、处理单元、收/发机单元和能量单元。根据具体的应用需求，传感器节点也可能集成额外的部件，如定位系统、移动装置、供能装置等。传感器节点的一般结构和主要组成部件如图 3-28 所示。

（1）传感单元。传感单元是传感器节点的重要组成部件，一般包含多个感应单元，每个感应单元负责从外界收集某种类型的信息，如温度、湿度或光强等。感应单元包括两个子单元：传感器和模/数转换器。传感器感应到外界的现象，一般产生的是模拟信号，经过模/数转换器转换成数字信号，进入处理单元。

（2）处理单元。处理单元是传感器节点主要的控制器，负责控制其他部件。处理单元可以包含一个片内存储器，也可以将一个小存储单元集成到嵌入式控制板。处理单元

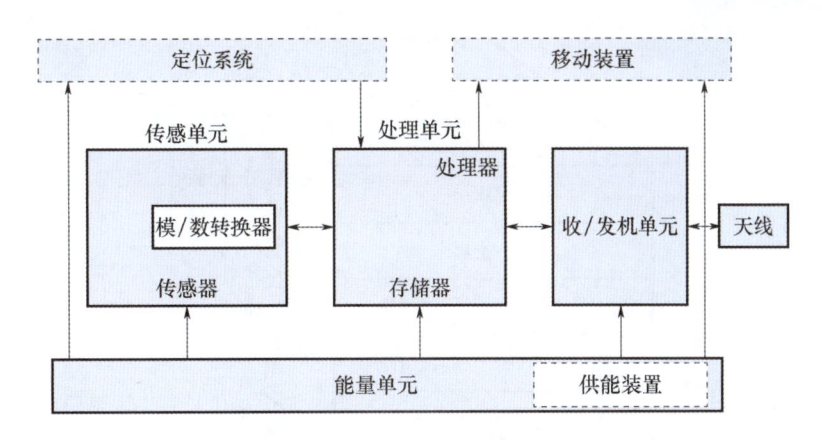

图3-28 传感器节点的硬件结构

控制传感器节点执行感知操作、运行相应算法及与其他节点通信。

（3）收/发机单元。收/发机单元用于实现两个传感器节点间的通信。收/发机单元在发送端将比特形式的信息转换成可传输的射频电磁波形式,在汇聚节点将电磁波信号恢复成比特形式。

（4）能量单元。能量单元通常用电池作为能源。传感器节点的每个部件都需要能量单元进行供电,但能量单元的能量是有限的,因此要求每个部件都能够高效地执行任务。

（5）定位系统。大多数传感器网络应用、感知任务等都需要知道每个节点的位置,因此,传感器节点需要配置定位系统。定位系统通常包含定位模块或执行分布式定位算法的软件模块。

（6）移动装置。传感器节点可能需要移动,所以需要配置移动装置。由处理器控制节点的移动,而移动装置一般消耗的能量较大,需要与传感单元紧密协作完成任务。

（7）供能装置。大多数传感器节点都用电池供能,但对于需要较长网络生存期的应用,传感器节点可以配置备用的供能装置。供能装置使用太阳能电池或者采用热能、动能和振动能量的能源采集技术产生能量。

2）传感器网络的协议栈

传感器网络的正常运行需要网络协议的支撑,传感器节点的协议栈如图3-29所示。协议栈分层包括物理层、数据链路层、网络层、传输层和应用层,还包括定位平面、同步平面、拓扑管理平面以及能量管理平面、移动管理平面和任务管理平面。

物理层进行频率选择、载波生成、信号检测、调制和数据加密等工作,实现信号的传输和接收。数据链路层负责数据流的复用、数据帧检测、介质访问控制（Media Access Control,MAC）和差错控制,确保网络中通信的可靠性。其中,MAC协议用于建立通信链路,提供自组织能力,在节点间公平有效地分享通信资源。网络层实现感知节点和汇聚节点之间的无线多跳路由协议,提供与外部网络的网际交互。当传感器网络接入互联网或其他网络后,传输层起到稳定数据流量的作用,实现数据的可靠传输和拥塞控制。应用层根据传感任务的种类使用不同类型的应用软件,主要包括应用需求的提出和网络管理功能。

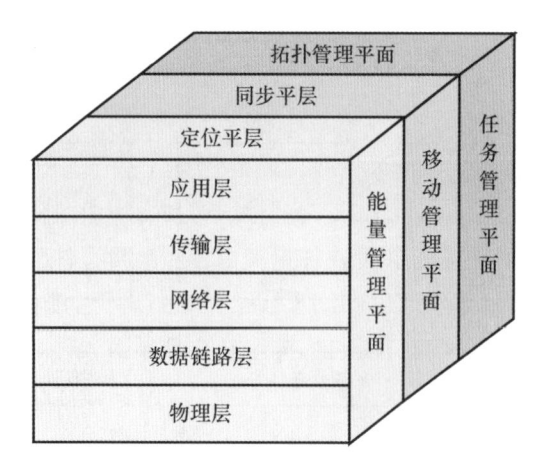

图3-29 传感器网络协议栈

任务管理平面通过传感器节点监测能量、行为并进行任务分配。能量管理平面管理传感器节点的功耗。例如，当传感器节点剩余的能量很少时，会发送信息给相邻节点，告知相邻节点自己的能量很低，不能参与信息的传输；同时保留剩余能量用于感知数据。移动管理平面监测和记录传感器节点的运动。任务管理平面可以均衡和调度特定区域的感知任务。根据能量水平，一些传感器节点执行任务可能多于其他节点。管理平面在移动传感器网络中传输数据，在传感器节点间分配资源，使传感器节点可以高效地协同工作，使整个传感器网络的功耗更高效并有效延长网络生存期。

3）传感器网络的通信标准

为了解决多种传感器平台之间的兼容性问题，需要建立统一的通信标准。IEEE 802.15.4 标准规定了长寿命电池和低复杂度的低速率无线收发机技术规范。该标准将通信频段分为3类：2.4GHz（全球）、915MHz（美国）、868MHz（欧洲）。当工作在 868MHz 和 915MHz 频段时，物理层采用二进制相移键控（BPSK），工作在 2.4GHz 频段时，采用正交相移键控（O-QPSK），MAC 层的控制为星形、网状和分簇拓扑结构。当节点间距为 10~100m 时，数据传输速率为 20~250Kb/s。IEEE 802.15.4 标准已被广泛采纳并成为实际上的物理层和 MAC 层的标准。

而网络层以上的标准化工作还在继续，目前主要的标准有 ZigBee 标准、WirelessHART 标准、6LoWPAN 标准等。

（1）ZigBee 标准。由 ZigBee 标准联盟开发，该标准联盟是一个国际性的非盈利性工业技术团体，是半导体制造商和科技供应商的领航者。ZigBee 标准是为支持低速传输、低功耗、安全、可靠及成本效益好的标准无线网络解决方案而开发的，面向5种主要的应用领域：家庭自动化、智能能源、建筑自动化、远程通信服务、个人健康助理。

ZigBee 标准结合了 IEEE 802.15.4 标准，如图 3-30 所示，它们分别定义了协议栈的不同层。IEEE 802.15.4 定义了物理层和 MAC 层，ZigBee 定义了网络层和应用层。

ZigBee 标准定义了3种传输方式：第一种是周期数据传输，常用于监测应用，传感器提供连续数据，网络控制器或路由器控制数据的交换；第二种是间歇性数据传输，适用于

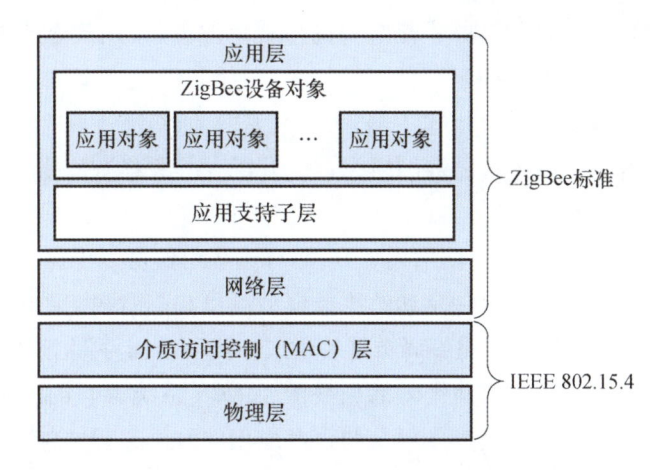

```
┌─────────────────────────────────┐
│           应用层                 │
│  ┌───────────────────────────┐  │
│  │     ZigBee设备对象          │  │
│  │ ┌────┐ ┌────┐    ┌────┐  │  │
│  │ │应用│ │应用│... │应用│  │  │
│  │ │对象│ │对象│    │对象│  │  │   ⎫
│  │ └────┘ └────┘    └────┘  │  │   ⎬ ZigBee标准
│  ├───────────────────────────┤  │   ⎪
│  │       应用支持子层          │  │   ⎭
│  └───────────────────────────┘  │
├─────────────────────────────────┤
│           网络层                 │
├─────────────────────────────────┤
│     介质访问控制（MAC）层        │   ⎫
├─────────────────────────────────┤   ⎬ IEEE 802.15.4
│           物理层                 │   ⎭
└─────────────────────────────────┘
```

图 3-30　IEEE 802.15.4 和 ZigBee 标准协议栈

大部分基于事件触发的应用，通过应用或外部因素触发；第三种是重复低时延传输，用于特定的通信应用。ZigBee 标准协议的网络层主要提供网络管理功能，规范了建立新网络、设备入网或与网络断开的操作。此外，根据网络运行情况，每个设备都能分别配置协议栈。ZigBee 标准规定了一种灵活的地址分配机制。当设备入网时，网络协调器才分配一个地址给设备。每个设备在通信过程中不使用固定的 ID，而使用分配的短地址以提高通信效率。

（2）WirelessHART 标准。该标准将作为工业标准的高速可寻址远程传感器（HART 标准）协议延伸到无线通信方面。HART 标准多用作要求实时支持的自动化和工业应用的通信协议，设备数量高达 2000 万左右，通过在不同组件间 4~20mA 的模拟电流环路上叠加一个数字 FSK 调制信号实现。HART 标准支持主从通信模式，最多允许存在两台主机，可以通过与该系统连接的固定或手持移动设备实现监测和控制任务。WirelessHART 标准已成为一个公认的无线通信标准，特别是为测量处理和控制应用制定的部分。该标准基于 IEEE 802.15.4 的物理层标准，工作在 2.4GHz 频段。基于时分多址（TDMA）机制的 MAC 协议提供多种通信模式：过程和控制量的单向传输、异常情况的自动反馈、自组织网的请求和响应、大数据量的自动分块传输。网络层采用基于路由表的路由选择方法，可以在网络刚形成时就建立大量连续变化的冗余路由。传输层支持与 TCP 类似的长数据块的可靠传输，也支持端到端的网络监测和控制应用。

（3）6LoWPAN 标准。因为基于 IEEE 802.15.4 标准的协议与 IP 不兼容，所以传感器网络与互联网并不兼容。传感器不能与基于互联网的设备、服务器和浏览器通信。为了使传感器网络与互联网能够互通，互联网工程特别小组（IETF）基于低速无线个域网标准开发了 IPv6 协议，该协议规定了基于 IEEE 802.15.4 标准的 IPv6 协议栈的具体实现。兼容 IPv6 协议和传感器网络协议的最主要难题是二者的寻址结构不同。IPv6 协议的寻址结构由一个头部和一个 40B 的地址域组成。而 IEEE 802.15.4 标准限制包括头部和负载信息在内的整个数据包长度为 127B。6LoWPAN 标准加入了一个网络适配层，使无线协议栈和 IPv6 协议栈之间可以实现协作。6LoWPAN 标准提出了一种栈头结构，根据发送数据的类型,栈头结构分为四类,并不是统一的形式。此外,采用静态压缩技术使头部从40B减少到适合传感器网络的4B。

4）传感器网络的软件平台

TinyOS 系统是为无线嵌入传感器网络设计的开源操作系统,使用非常广泛。该系统基于组件技术大幅缩短了代码,为实现新的通信协议提供了灵活的平台。其组件库包括网络协议、分配服务、传感驱动、数据采集工具,而且这些组件可以根据特定应用需求进一步改进。TinyOS 系统采用基于事件驱动的执行模型,可以实现高密度能量管理策略。该系统能够普及的一个主要原因就是编译链接后生成的代码所需存储空间较小。

现有的大部分通信协议的软件代码都是基于 TinyOS 系统编写的。与其配套的节点模拟器 TOSSIM 软件,可以简化传感器网络协议和应用的开发过程,支持直接从 TinyOS 系统代码编译的可扩展的仿真环境。TOSSIM 软件能在比特层面模仿 TinyOS 系统的网络协议栈,允许对低层协议进行实验。TOSSIM 软件还提供了图形用户接口工具 TinyViz。

其他的操作系统还有 LiteOS,是一个多线程操作系统,提供 UNIX 抽象类。与 TinyOS 系统相比,LiteOS 系统提供了多线程操作、动态内存管理和命令行界面支持。LiteShell 系统为支持用户端与传感器节点的连接,在用户端提供了一个命令行窗口。

Contiki 系统是另一个开源多任务操作系统,以事件驱动为内核编写,可以为特定程序和服务的加载和替换使用有优先权的多线程运行。与在编译时静态连接的 TinyOS 系统相比,Contiki 系统允许在运行期间替换程序和驱动而无需重新连接。

5）传感器网络的军事应用

传感器网络可以作为指挥信息系统的重要组成部分。传感器网络具有的部署快捷性、自组织性和容错性,使其在遥感军事技术中具有很好的应用前景。由于传感器网络是基于一次性和低成本节点的密集部署,即使敌方采取破坏行动,致使部分节点失效,也不会严重影响整个传感器网络的性能。因此,传感器网络在军事上广泛用于监测友军、监测装备和弹药、战场监控、侦察敌方军队和地形、目标锁定、战损评估及核生化袭击的检测和侦察等。

"智能尘埃"（Smart Dust）是传感器网络早期的典型军事应用之一,是美国国防部资助的项目,主要目的是为在敌对环境下使用传感器网络提供技术支持。其设计的传感器节点是一个 100mm^3 的球体,通过向战场抛撒形成健壮的、自配置、自组织的传感器网络,以获取评估紧急情况所需的信息。"智能尘埃"的军事应用包括战场监控、敌情收集、危险化学品监视、运输监测、基础设施稳定性监测等。

另一个典型的例子是 VigilNet 系统,是一个大规模的监控网络,执行恶劣环境下的目标跟踪任务。该网络由 70 个节点组成,所有节点都配备磁场传感器,能够侦测车辆运动和磁体运动产生的磁场,从而利用分布式传感器节点进行高效监控。

2. 测绘技术

测绘技术属于测绘学的研究范畴,是以地球为研究对象,对其进行测量和描绘的科学技术。测量指利用测量仪器测定地球表面自然形态的地理要素和地表人工设施的形状、大小、空间位置及其属性等。描绘指根据观测到的数据通过地图制图的方法将地面的自然形态和人工设施等绘制成地图。测绘技术的应用范围不仅局限于一个国家或一个地区，还需要对地球全球进行测绘。因此，完整的测绘概念指的是，研究测定和推算地面及其外层空间点的几何位置，确定地球形状和地球重力场，获取地球表面自然形态和人工设施的几何分布以及与其属性有关的信息，编制全球或局部地区的各种比例尺的普通地图和专题地图，为国民经济发展和国防建设以及地学研究服务。

从测绘技术的概念可见，其研究内容涵盖以下7个方面。

（1）研究和测定地球形状、大小及其重力场，建立统一的地球坐标系统，用以表示地球表面及其外部空间任一点在地球坐标系中准确的几何位置。

（2）基于测定的大量地面点的坐标和高程，进行地表形态的测绘工作，包括地表的各种自然形态，如水系、地貌、土壤和植被的分布，也包括人类社会活动所产生的各种人工形态，如居民地、交通线和各种建筑物等。

（3）以地图制图的方法和技术，将上述用测量仪器和测量方法所获得的自然界和人类社会现象的空间分布、相互联系及其动态变化信息，以地图的形式反映和展示出来。

（4）各种经济和国防工程建设的规划、设计、施工和建筑物建成后的运营管理，都需要相应的测绘工作，并利用测绘资料引导工程建设的实施，监视建筑物的形变。

（5）地球的表面不仅有陆地，还有70%的海洋，不仅要在陆地进行测绘，还需要对海洋进行测绘。

（6）对于上述大量的各种类型的测量工作，由于主客观因素的影响，观测结果中必然存在误差，需要研究和处理这些带有误差的观测数据，设法消除或削弱误差。

（7）研究测绘技术在社会经济发展各领域的应用。

测绘技术对于现代战争和作战指挥至关重要。武器的定位、发射和精确制导都需要高精度的定位数据、高分辨率的地球重力场参数、数字地面模型和数字正射影像。以地理空间信息为基础的指挥信息系统，可持续、实时地提供虚拟的数字化战场环境信息，为作战方案优化、精确指挥控制和战场态势评估提供强有力的数据和信息保障。

1）传统测绘技术

传统的测绘技术主要包括大地测量技术、摄影测量技术、地图制图技术、工程测量技术和海洋测绘技术。

（1）大地测量技术指研究地球表面及其外层空间点位的精密测定，地球的形状、大小和重力场，地球整体和局部运动，以及它们的变化的理论和技术。测定地球的大小指测定与真实地球最为吻合的地球椭球的大小；研究地球形状指研究大地水准面（与包围全球的静止海水面相重合的一个重力等位面）的形状；测定地面或空间点的几何位置指测定以地球椭球面为参考面的地面点位置；研究地球重力场指利用地球的重力作用研究地球形状等。

（2）摄影测量技术主要利用摄影手段获取被测物体的影像数据，对所获得的影像进行量测处理，从而提取被测物体的几何的或物理的信息，并用图形、图像和数字形式表达测绘成果。摄影测量技术包括航空摄影、航空摄影测量、地面摄影测量等。航空摄影是在飞机或其他航空飞行器上利用航摄机摄取地面景物影像的技术；航空摄影测量是根据航空摄影获得的地面被测物体的影像与被测物体间的几何关系及其他有关信息，测定被测物体的形状、大小、空间位置和性质，一般用来测绘地形图；地面摄影测量是利用安置在地面上基线两端点处的专用摄影机拍摄同一被测物体的相片，经过量测和处理，对所摄物体进行测绘，又称为近景摄影测量。

（3）地图制图技术主要研究地图及其编制和应用，具体包括：地图设计，通过研究、实验，制订新编地图的内容、表现形式及其生产工艺程序；地图投影，依据一定的数学法则建立地球椭球表面上的经纬线网与地图平面上相应的经纬线网之间的函数关系，研究这一变换过程可能产生的各种变形的特性和大小以及地图投影的方法；地图编制，研究从领受制图任务到完成地图原图的制图全过程的技术，包括制图资料的分析和处理、地图原图的编绘及图例、表示方法、色彩、图形和制印方案等制图过程的设计；地图制印，研究复制和印刷地图过程中各种工艺的理论和技术；地图应用，研究地图分析、地图评价、地图阅读、地图量算和图上作业等。

（4）工程测量技术指在工程建设和自然资源开发各个阶段进行测量工作的理论和技术，包括规划设计阶段的测量、施工建设阶段的测量和运行管理阶段的测量。规划设计阶段的测量主要是提供地形资料和配合地质勘探、水文测量所进行的测量工作；施工建设阶段的测量主要是按照设计要求，在实地准确标定出工程结构各部分的平面位置和高程作为施工和安装的依据；运行管理阶段的测量指工程竣工后为监视工程的状况和保证安全所进行的周期性重复测量，即变形观测。

（5）海洋测绘技术指以海洋及其邻近陆地和江河湖泊为对象进行测量和海图编制的理论和技术，包括海洋大地测量、海道测量、海底地形测量、海洋专题测量，及航海图、海底地形图、各种海洋专题图和海洋图集的编制。海洋大地测量是在海面、海底进行的大地测量工作；海道测量是以保证航行安全为目的，对地球表面水域及其毗邻陆地进行的水深和岸线测量以及底质、障碍物的探测等工作；海底地形测量主要是测定海底起伏、沉积物结构和地物；海洋专题测量是以海洋区域与地理位置相关的专题要素为对象的测量工作，如海洋重力、海洋磁力、领海基线等；海图制图是设计、编绘、整饰和印刷海图的技术，同陆地地图制图方法基本一致。

2）现代测绘技术

传统测绘技术大多是在地面作业，而且非常依赖手工方式，效率低、周期长、适用范围受限。而空间技术、计算机技术和信息技术在测绘领域的应用促进了新型测绘技术的发展，将这些技术统称为现代测绘技术，主要包括全球卫星导航技术、航天遥感技术、数字地图制图技术、地理信息系统技术、3S集成技术、卫星重力探测技术、虚拟现实技术等。

（1）全球卫星导航技术是利用卫星发射的加载了特殊定位信息的无线电信号实现定位测量。该类卫星系统称为全球卫星导航系统（Global Navigation Satellite System，GNSS），目前世界上只有4种，包括美国的全球定位系统（Global Positioning System，GPS）、俄罗斯的格洛纳斯系统(Global Navigation Satellite System,GLONASS)、我国的北斗卫星系统和欧盟正在研制的伽利略(Galileo)系统。

(2) 航天遥感(Remote Sensing,RS)技术利用传感器采集目标的电磁波信息,经分析、处理后识别目标,揭示其几何、物理性质和相互联系及其变化规律。遥感技术使得航天摄影和航天测绘成为可能。

(3) 数字地图制图(Digital Cartography)技术是按照地图制图原理和地图编辑过程,利用计算机输入、输出设备,通过数据库技术和图形数字处理方法,实现地图数据的获取、处理、显示、存储和输出。这种以数字形式存储在计算机中的地图称为数字地图,也可以生成在屏幕上显示的电子地图。

(4) 地理信息系统(Geographic Information System,GIS)技术利用计算机软件和硬件,把各种地理信息按照空间分布及属性以一定格式输入、存储、检索、更新、显示、制图和综合分析应用。

(5) 3S集成技术(Integration of GPS, RS and GIS Technology)是GPS、RS、GIS的技术集成,GPS主要用于实时、快速地提供目标的空间位置,RS用于提供大面积地表物体及其环境的几何与物理信息以及它们的各种变化,GIS是对多种来源的时空数据进行综合处理分析和应用的平台。

(6) 卫星重力探测技术是将卫星当作地球重力场的探测器或传感器,通过对卫星轨道的受摄运动及其参数变化或两颗卫星之间的距离变化进行观测,据此了解和研究地球重力场的结构。

(7) 虚拟现实技术是由计算机组成的高级人机交互系统,构成一个以视觉感受为主,包括听觉、触觉、嗅觉的可感知环境,用户通过三维显示器、数据手套和立体声耳机等,可以完全沉浸在计算机产生的虚拟世界里,以实现观察、触摸、操作、检测等试验。

3) 大地测量坐标系统

大地测量坐标系统规定了大地测量起算基准的定义和相应的大地测量常数。根据原点位置的不同,大地测量坐标系统分为地心坐标系统和参心坐标系统。地心坐标系统的原点与地球质心重合,参心坐标系统的原点与参考椭球中心重合。参考椭球是与某一地区或国家地球表面最佳吻合的地球椭球。从表现形式上分,大地测量坐标系统可分为空间直角坐标系统、大地坐标系统和球坐标系统。

常用的空间笛卡儿坐标系与大地坐标系的示意图如图3-31所示。

从几何方面定义,地心坐标系统的空间笛卡儿坐标系表述为:坐标系的原点位于地球质心,z轴和x轴的定向由国际测定的地球北极和零子午线确定,y轴与x、z轴构成空间右手直角坐标系。参心坐标系统的原点位于参考椭球中心,z轴(椭球旋转轴)与地球自转轴平行,x轴在参考椭球的赤道面。

空间笛卡儿坐标一般用(x,y,z)表示,大地坐标一般用(L,B,H)表示,L为经度,B为纬度,H为大地高,指空间点沿椭球面法线方向高出椭球面的距离。在一般的应用领域,都是以平均海水面(也称为大地水准面)为起算面的高度,即通常所说的海拔高度。

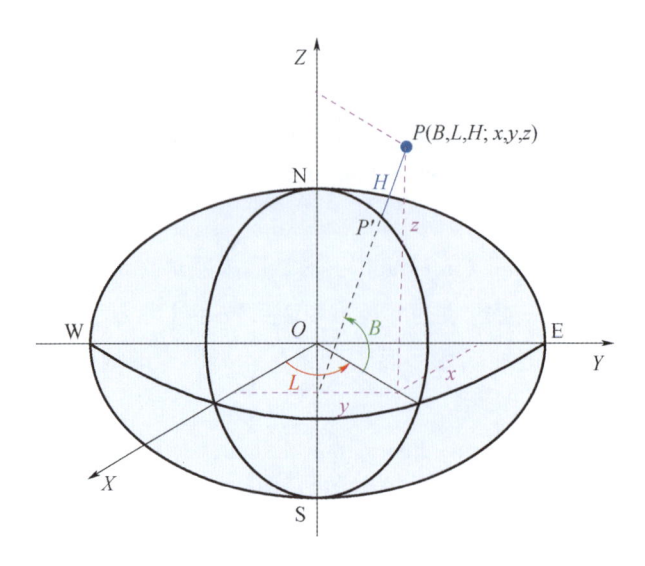

图 3-31 空间笛卡儿坐标系与大地坐标系

我国成立初期,由于缺乏天文大地网观测资料,暂时采用了克拉索夫斯基参考椭球,并与苏联1942年坐标系统进行联测,通过计算建立了我国大地坐标系统,称为北京1954(大地)坐标系统。该坐标系统为参心坐标系统,由于其参考椭球在计算和定位过程中没有采用中国的数据,该系统在我国范围内符合得不好,不能满足高精度定位和地球科学、空间科学及战略武器发展的需要。

20世纪80年代,我国采用国际大地测量和地球物理联合会(International Union of Geodesy and Geophysics,IUGG)的IUGG75椭球为参考椭球,经过大规模的天文大地网计算,建立了比较完善的我国独立的参心坐标系统,称为西安1980坐标系统。西安1980坐标系统克服了北京1954坐标系统对我国大地测量计算的某些不利影响。

随着社会的进步,国民经济建设、国防建设及科学研究等对国家大地坐标系统提出了新的要求,需要采用地心坐标系统,以有利于采用现代空间技术对坐标系进行维护和快速更新,以及测定高精度大地控制点的三维坐标。国际地面参考(坐标)框架(International Terrestrial Reference Frame,ITRF)是国际地面参考(坐标)系统(International Terrestrial Reference System,ITRS)的具体实现,是目前国际公认的应用最广泛、精度最高的地心坐标框架。我国的GPS2000坐标系统就是定义在ITRS2000地心坐标系统中的区域性地心坐标框架。自2008年7月1日起,GPS2000坐标系统作为我国国家大地坐标系统全面启用。

4) 地图制图技术

地图以特有的数学基础、地图语言和抽象概括法则表现地球自然表面的时空现象,反映人类的政治、经济、文化和历史等人文现象的状态、联系和发展变化。

(1) 地图的内容。

地图由数学要素、地理要素和辅助要素构成。

数学要素包括地图的坐标网、控制点、比例尺和定向等内容。

根据地理现象的性质,地理要素大致分为自然要素、社会经济要素和环境要素等。自然要素包括地质、地球物理、地势、地貌、水系、气象、土壤、植物、动物等现象或物体。社会经济要素包括政治行政、人口、城市、历史、文化、经济等现象或物体。环境要素包括自然灾害、自然保护、污染与保护、疾病与医疗等。

辅助要素指为方便阅读和使用地图提供的具有一定参考意义的说明性内容或工具性内容。主要包括图名、图号、接图表、图廓、分度带、图例、坡度尺、附图、资料及成图说明等。

(2) 地图的分类。

按照内容可分为普通地图和专题地图两类。普通地图是以相对平衡的详细程度表示水系、地貌、土质植被、居民地、交通网、境界等基本地理要素;专题地图是根据需要突出反映一种或几种主题要素或现象的地图,如旅游地图。

习惯上也经常按照比例尺对地图分类。一般分为:大比例尺地图,不小于 1∶10 万的地图;中比例尺地图,1∶10 万 ~ 1∶100 万之间的地图;小比例尺地图,不大于 1∶100 万的地图。

制图区域范围也是常见的地图分类方式。按照自然区划可分为世界地图、大陆地图、洲地图等;按照政治行政区划可分为国家地图、省(区)地图、市地图、县地图等。

按照地图的存储介质可以分为纸质地图和电子地图两类。传统的地图都是纸质地图。电子地图是 20 世纪 80 年代随着数字地图制图技术的发展而形成的地图新品种。电子地图以数字地图为基础,能够以多种媒体形式显示地图数据,既可以存放在数字存储介质上,或者显示在计算机屏幕上,也可以随时打印输出到纸张上,使用非常方便。电子地图通常都有数据库支撑,能够方便快捷地进行查询、统计和空间分析。

还可按照使用方式将地图分为桌面用图、挂图、随身携带地图等。

(3) 地图语言。

地图语言指的是把客观世界的物体经过分类、分级抽象处理,用特定的符号表示在地图上。地图语言主要包括地图符号、地图色彩、地图注记三种。

地图符号包括点状符号、线状符号、面状符号、体积符号。点状符号代表的是位于空间的点,符号大小与地图比例尺无关,但有定位特征,如省会、矿产地等。线状符号代表的是位于空间的线,符号长度与地图比例尺有关,如河流、道路等。面状符号代表的是位于空间的面,符号范围与地图比例尺有关,如水域、林地等。体积符号代表的是空间中具有体积特征的物体,如等高线表示地势、等温线表示空间气温分布。地图符号由形状、尺寸、色彩、方向、亮度、密度 6 个基本变量构成,其中形状、方向、亮度、密度可归纳为图形。地图符号尺寸的大小主要与地图用途、地图比例尺和读图条件有关。另外,要充分利用色彩的象征设计地图符号的颜色,如水系用蓝色、森林用绿色、地貌用棕色。

地图色彩作为一种表示手段,主要是运用色相、亮度和饱和度的不同变化与组合,结合人们对色彩感受的心理物理特征,建立起色彩与制图对象之间的联系。色相主要表示事物的质量特征,如淡水用蓝色、咸水用紫色。亮度和饱和度主要表示事物的数量特征和重要程度。地图上重要的事物符号用浓、艳颜色,次要的事物符号用浅、淡颜色。

地图注记通常分为名称注记、说明注记、数字注记、图外注记等。名称注记说明各种地物的名称;说明注记说明各种地物的种类和性质;数字注记说明地物的数量特征,如高程、水深、桥长等;图外注记包括图名、比例尺等。地图注记的要素包括字体、字大、字色、字隔、字位、字向和字顺等,这些要素使得注记具有符号性的意义。另外,地图注记文字的布置和排列方式可在一定程度上表现被注记物体的分布特征。

5) 地理信息系统

将地球上的海洋、陆地、山峰、江河、城市、乡村等各种地理现象进行抽象和信息编码,就形成了各种地理信息,也称为空间信息或地理空间信息。总体上,地理信息分为自然环境信息和社会经济信息两大类,都与地理空间位置有关。其基本构成与相互关系如图3-32所示。

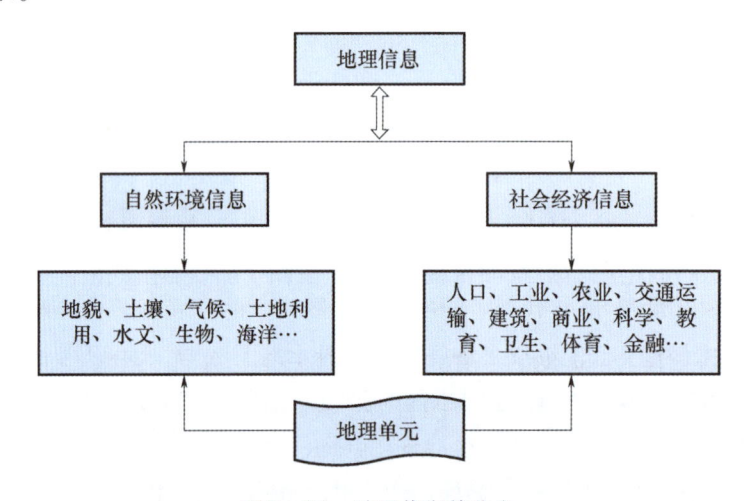

图 3-32 地理信息的分类

可以把地理现象分成下述4种几何类型的空间对象。

(1) 呈点状分布的地理现象。如水井、乡村居民地、交通枢纽、车站、工厂、学校、医院、机关、火山口、隘口、基地等,可以用一个点位的坐标(平面坐标或地理坐标)表示其空间位置。

(2) 呈线状分布的地理现象。如河流、海岸、铁路、公路、地下管网、行政边界等,有单线、双线和网状之分,其空间位置数据可以是线状坐标串,也可以是封闭坐标串。

(3) 呈面状分布的地理现象。如耕地、森林、草原、沙漠等,具有大范围连续分布的特征。上述内容中有些现象有确切的边界,如建筑物、水塘等;而有些现象在实地上并没有明显的边界,如某种类型的土壤。其空间数据是封闭坐标串。

(4) 呈体状分布的地理现象。如云、水体、矿体、地铁站、高层建筑等,如果从三维的角度观测,它们除了有平面大小外,还有厚度或高度。对于这类地理现象,需要采用专门的三维信息系统表示,或者将三维现象处理成二维对象进行研究。

地理信息系统就是对上述地理现象和地理信息进行表示和管理的系统。可以把地理信息系统定义为一种以采集、存储、管理、分析和描述整个或部分地球表面(包括大气层在内)与空间和地理分布有关数据的信息系统。它主要涉及测绘学、地理学、遥感科学与技术、计算机科学与技术等,计算机制图、数据库管理、摄影测量与遥感和计量地理学是地理信息系统的技术基础。

地理信息系统的核心技术是如何利用计算机表达和管理地理空间对象及其特征。空间对象特征包括空间特征和属性特征。空间特征分为空间位置和拓扑关系。空间位置通常用坐标表示。拓扑关系指空间对象之间的关联及邻近等关系。空间对象的计算机表达就是用数据结构和数据模型表达空间对象的空间位置、拓扑关系和属性信息,有两种主要的表达形式:基于向量的表达和基于栅格的表达。

(1) 基于向量的表达形式最适合空间对象的计算机表达。对于每个点、线、面状的空间对象,将其空间坐标及属性随同每个对象作为一条记录存储在空间数据库中。拓扑关系需要另外用表格记录。基本的表达形式如下:

点目标:[目标标识,地物编码,(x, y),用途,…]

线目标:[目标标识,地物编码,(x_1, y_1),(x_2, y_2),…,(x_n, y_n),长度,…]

面目标:[目标标识,地物编码,(x_1, y_1),(x_2, y_2),…,(x_n, y_n),周长,面积,…]

(2) 基于栅格的表达形式是利用规则格网划分地理空间,形成地理覆盖层。每个空间对象根据地理位置映射到相应的地理格网中,每个格网记录所包含空间对象的标识或类型。如图 3-33 所示,空间对象 A、B、C、D、E、F 所包含区域对应的格网分别赋予"A""B""C""D""E""F"的值。其余格网赋予"U"的值,表示不属于任何空间对象。在计算机中可以用矩阵表示每个格网的值。

图 3-33 空间对象的栅格表达形式

基于向量的表达形式和基于栅格的表达形式各有优缺点。向量数据结构精度高,但数据处理复杂;栅格数据结构精度低,但空间分析方便。具体采用哪种数据结构,需要根据地理信息系统的内部数据结构和地理信息系统的用途而定。

3.2.5 人工智能技术

人工智能这一术语在 1956 年首次提出。1956 年 6 月,在美国新罕布什尔州达特茅斯,约翰·麦卡锡、马文·明斯基、纳撒尼尔·罗彻斯特和克劳德·香农 4 位年轻学者共同发起并组织召开了用机器模拟人类智能的暑期专题研讨会。会议上,虽然不同学者研究问题的出发点有所不同,但都汇聚到探讨人类智能活动的表现形式和认知规律上来。约翰·麦卡锡提议用人工智能作为这一交叉学科的名称,这次会议成为人类历史上第一次人工智能研讨会,标志着人工智能学科的诞生。

人工智能是研究如何应用计算机解决需要知识、感觉、推理、学习、理论及类似认知能力等方面问题的一门学科,是一门研究如何用计算机实现人类脑力活动的学科。人工智能技术是研究解释和模拟人类的智能、智能行为及其规律的理论和技术。主要目的是通过建立智能信息处理理论,进而设计可以展现某些近似于人类智能行为的计算机系统或智能机器。

智能指感知、推理、学习、理解、交流和应付复杂环境的各种行为。人工智能技术着眼于研究如何使计算机做事情就像人们思考问题与处理问题那样具有智能性,其中心问题是人类行为活动和思维活动的模拟。

根据人工智能的成熟程度或与人类智能的相近程度,将人工智能分为两类:强人工智能(Strong AI)和弱人工智能(Weak AI)。强人工智能指基于严格逻辑基础实现的人工智能,达到这种水平的人工智能可以像人类一样思考,能够成功解决人类面对的大部分问题,能够通过著名的"图灵测试",即以这种人工智能程序通过远程键盘与人交谈,其能在测试中顺利回答问题而不被发现是计算机。而弱人工智能指基于人工神经网络、遗传算法、进化方法等形成的人工智能,这种人工智能只能解决某一领域或某种特定问题。目前,人工智能领域的成就虽然很令人振奋,但基本处于弱人工智能的水平,而离强人工智能还有很长的路要走。

人工智能研究发展至今,形成了相对独立的三大学派。

(1)基于知识工程的符号主义学派。认为人类智能的基本单元是符号,认知过程就是对符号表示的知识进行的符号处理,思维就是符号计算。在这种观点指导下,研制成功了一些专家系统、自然语言理解系统等智能系统。持这种观点的学派注重研究智能的外观行为,而不在意产生智能的内在机理。这种方法强调智能机器能否体现智能行为,并不关心智能机器是否与智能生物具有相同的结构。

(2)基于人工神经网络的联结主义学派。注重研究智能的微观结构(神经元与神经网络)与机理,利用神经网络原理,模拟人类智能行为。该学派认为智能的基本单元是神经元,认知过程是由神经元连接的神经网络体现的,计算过程是并行分布的,而不是符号的运算。这种观点可以避免知识的形式化表示问题,但却带来了神经元连接权值设定困难等问题。

(3)基于控制论的行为主义学派。认为人工智能起源于控制论,智能取决于感知和行为,提出智能行为的"感知–动作"模型;认为智能不需要知识、不需要表示、不需要推理,人工智能可以像人类智能那样逐步进化,智能只有在现实世界中通过与周围环境的交互作用才能表现出来;在研究方法上,主张人工智能研究应采用行为模拟的方法,功能、结构和智能行为是不可分的,不同的行为表现出不同的功能和不同的控制结构。

下面对主要的人工智能技术进行介绍,包括知识工程、专家系统、决策支持系统、人工

神经网络和机器学习。

1. 知识工程

知识工程是研究人工智能的原理和方法，是构造高性能知识处理系统的工程性技术。主要的研究内容如下。

（1）知识表示。用计算机能够接受并进行处理的符号和方式来表示人类的知识，即研究如何把知识形式化，并转交给机器。常用的知识表示方法有框架结构、产生式规则、语义网络、一阶谓词演算等。知识表示是人工智能的基本问题之一。

（2）推理技术。研究如何运用已整理好的知识和规则进行推理来解决现实生活中的各种问题。重点是推理机制的设计和使用。根据前提和结论之间的联系特征，推理技术分成演绎推理和归纳推理。

（3）知识获取。研究从外界获取问题领域知识的方法，即如何将所需要的知识自动或半自动地输入到计算机中。为此需要解决如何使知识工程化，建立知识库；如何保证知识库内知识的完全性和一致性；如何提高知识库自身的学习能力。知识获取主要有两种方法：一种是由知识工程师首先对领域专家的知识与分析问题的经验进行规范化和规则化的整理，然后再利用人机接口输入到智能系统中；另一种是在智能系统内部增加一个自学习功能，使智能机器具有利用已有知识自动学习新知识的能力。

（4）人的认识过程。要使智能系统能像人类一样学习、思维和解决问题，需要进一步研究人的认识过程，完善认知模型。

（5）搜索技术。搜索是在表示问题的状态空间中寻找满意结果的过程。这个过程通常是带试探性的可回溯的过程。使用较多的是启发式搜索技术，即尽可能多地提取有关信息，利用问题拥有的启发信息引导搜索，达到减小搜索范围，降低问题复杂度的目的。

2. 专家系统

专家系统（Expert System，ES）是具有为解决特定问题所需专门领域知识的计算机程序系统，又称基于知识的系统。专家系统能够利用专业知识解决只有领域专家才能解决的问题。

专家系统是在20世纪70年代末80年代初发展起来的。第一个成功的专家系统是帮助分析有机物分子结构的DENDRAL系统，后来不同研究领域又研发了医疗诊断、计算机系统配置、矿藏评估等一批专家系统，产生了比较显著的经济效益。

专家系统一般包括3个组成部分，如图3-34所示。

（1）知识库。知识库用于存储推理所依据的事实和推理规则，也包括推理机进行推理和得出结论所使用的知识。

（2）推理机。推理机能够依据知识库所提供的知识和推理规则，对用户提出的询问进行推理分析，并对询问给出相应响应。

（3）人机接口。用户利用人机接口，可以实现与专家系统的交互。专家系统可接受用户的询问、向用户了解情况、输出问题的结果或向用户解释系统推理的合理性；专家系

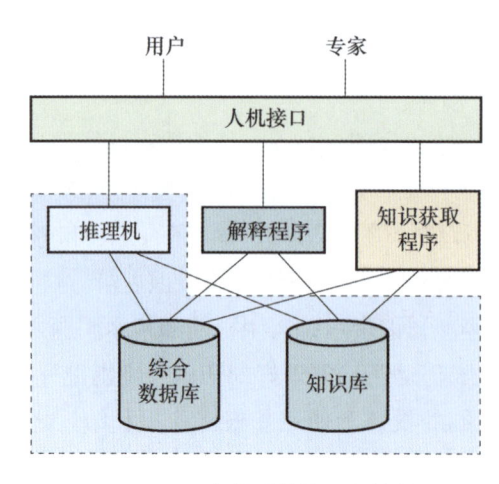

图 3-34 专家系统的一般结构

统也可以通过人机接口从专家(包括知识工程师)那里获取领域知识。

专家系统的成功依赖于知识的获取,这主要是通过知识工程师长期与人类专家进行沟通而获得,这一过程需要知识工程技术的支撑,知识工程师从专家或其他来源获取知识并把它们编码到专家系统中。开发专家系统知识库的一般步骤如图 3-35 所示。

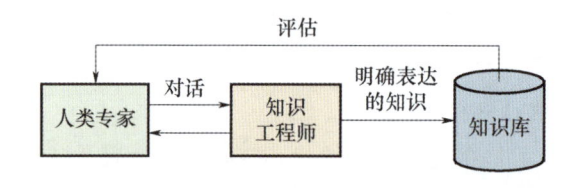

图 3-35 专家系统知识库的开发

知识工程师首先通过与专家进行对话获取专家知识,这个阶段与传统程序设计中系统设计人员与用户沟通系统需求类似。然后知识工程师将知识编码到知识库中,随后专家评估系统并反馈意见给知识工程师。这个过程一直持续循环,直到系统性能被专家认可和满意为止。这可能是开发专家系统最耗时和费精力的事情。

如果一个问题能通过传统的程序设计有效解决,就不必求助于专家系统。专家系统适合于解决没有高效算法解决的问题,一般将此类问题称为非结构化问题。这类问题往往没有清晰的界限,答案不唯一,甚至目标不明确,对问题的描述也不完整,面临各种可能性,通过推理解决是唯一的出路。

表 3-2 列出了专家系统和传统程序的一些不同点。

表 3-2 专家系统和传统程序的区别

特征	传统程序	专家系统
由…控制	语句次序	推理机
控制与数据	隐含在一起	明确分开
控制能力	强	弱

（续）

特征	传统程序	专家系统
由…求解	算法	规则和推理机
求解搜索	少或没有	多
问题求解	算法的正确性	规则
输入	假设正确	不完整、错误
意外输入	难以处理	照样处理
输出	总是正确	依赖于问题
解释	没有	通常有
应用	数值、文件和文本	符号推理
执行	一般是顺序	随机
程序设计	结构化设计	很少或没有结构
修改	难	较易
扩充	要做很大改动	可逐步增加

专家系统的优点是，其中的知识是特定领域中众多专家知识的集成，决策过程不受外界或人的因素影响，其结论具有很高的可信度，其响应速度和结论的稳定性很好。但也存在如下不足：不能理解系统中隐含的因果知识；推理所利用的启发性知识是一种经验性的"浅型"知识，对问题求解可能有帮助，但不能保证一定有效；受限于系统的知识域，不能像人那样通过类比与归纳获取新知识。

专家系统应具备自学习能力，即可以通过知识库中的事例进行归纳，得出新知识或新规则，进一步丰富知识库。如果专家系统有自学习能力，就可以部分地消除知识获取的瓶颈，这是需要研究者们努力解决的问题，也是专家系统未来的发展方向。

3. 决策支持系统

决策是指挥的核心，决策的科学化是指挥信息系统建设的一个重要内容。决策支持技术是对信息进行提取、处理以辅助决策者进行决策的技术，在指挥信息系统中通常以决策支持系统（Decision Support System，DSS）的形式出现。决策支持系统是通过数据、模型和知识，以人机交互方式辅助决策者决策的计算机应用系统。它是管理信息系统向更高级发展而产生的，它通过人机对话为决策者提供分析问题、建立模型、模拟决策过程和方案的环境，调用各种信息资源和分析工具，帮助决策者提高决策水平和质量。

决策支持系统是在20世纪70年代由戈里和斯科特提出来的。他们认为决策活动可以分为结构化、非结构化和半结构化3种类型，而把决策支持系统定义为辅助解决半结构化或非结构化决策问题的计算机系统。决策支持系统目前已经发展成为以信息论、计算机科学、管理科学、运筹学、控制论、行为科学和人工智能等学科（或技术）为主要基础与应用形式的综合性很强的理论，同时也是一种开放的技术，可以将计算机的高速运算与人类的逻辑推理能力有效结合起来。

信息化条件下，战场空间日益扩大，作战态势瞬息万变，战斗节奏加快，作战指挥更加复杂,作战指挥决策面临高度不确定因素、不完备信息条件、强对抗博弈以及时间节奏快等环境,大多数决策属于非结构化或半结构化决策,需要也必须利用基于计算机的决策支持系统为决策者提供有效支持。作战辅助决策系统可为指挥员提供实时的战场态势和非实时的信息,提供态势要素、威胁要素、决策要素及其分析结果作为决策依据,为指挥员提供多个备选决策方案,辅助指挥员进行情况分析和判断,为有效组织作战行动、提高快速反应能力打牢基础。

人类决策行为主要包括"确定目标""设计方案""评价方案"和"实施方案"4个阶段,各阶段均围绕模型展开。决策支持系统的关键在于建立用于决策问题描述和分析的模型,通过预置模型提高信息分析和处理能力。它不仅能有效利用原有的数据、模型、方法进行辅助决策,决策过程中还能进行推理和判断,生成新的数据、模型和方法,为辅助决策服务。

传统的决策支持系统主要以模型库系统为主体,通过定量分析进行辅助决策。其基本结构由"三部件+人机交互"构成,具体为数据部分、模型部分、推理部分和人机交互部分,如图3-36所示。数据部分包括数据库及其管理系统;模型部分包括模型库及其管理系统;推理部分由知识库、知识库管理系统和推理机组成;人机交互部分是决策支持系统的人机交互界面,用以接收和检验用户请求,调用系统内部功能为决策服务,使模型运行、数据调用和知识推理达到有机统一,有效解决决策问题。

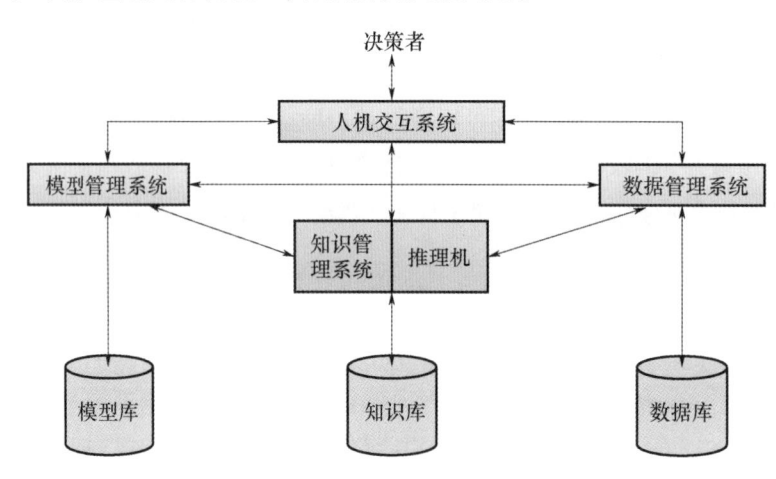

图3-36 决策支持系统的基本构成

按照系统的内在驱动力,可将决策支持系统分为5种类型。

(1)模型驱动的DSS,运用各种数学决策模型帮助制订决策,模型库及其管理系统是DSS最主要的功能部件,通常不需要很大规模的数据库。

(2)数据驱动的DSS,包括文件夹与管理报告系统、数据仓库与分析系统、经理信息系统、数据驱动的空间决策支持系统、商业智能系统等,通过对海量数据进行访问、操纵和分析,获取决策支持。

(3)知识驱动的DSS,基于知识库中存储的知识,运用人工智能或其他统计分析工

具,如基于案例的推理、规则、框架及贝叶斯网络等,向决策者提出行动建议。

(4) 沟通驱动的 DSS,强调通信、协作及共享决策支持,群件(Groupware,群体工作软件)是其主要的表现形式,如公告板、电子邮件、视频会议等,通过更多的人互相通信、共享信息及协调行为,共同完成决策方案制订。

(5) 文本驱动的 DSS,集成了多种存储与处理技术,通过对高级文本的提取和分析,提供决策支持信息。

20 世纪 90 年代以后,有学者提出将专家系统与决策支持系统结合,把知识库、数据仓库等引入决策支持系统架构中,形成如图 3 - 37 所示的五部件四库结构。其目的是通过专家知识或领域知识辅助或自动建模,但是在知识库与模型库的关系及其连接等方面,仍有许多问题需要解决。

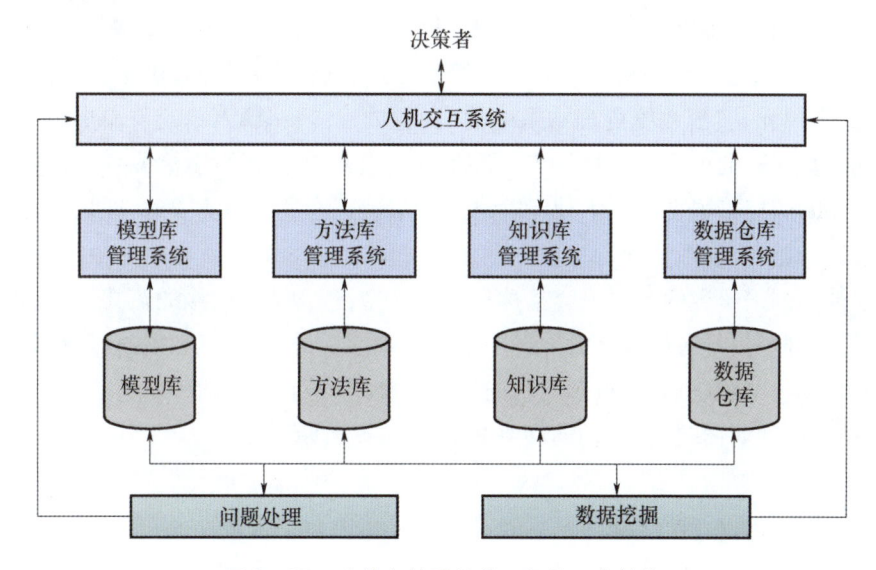

图 3 - 37　决策支持系统的五部件四库结构

人工智能技术能够以知识推理的定性方式辅助决策,将智能部件嵌入决策支持系统,使定性分析与定量分析有机结合,对各种知识进行有效管理与利用,可极大地拓展决策支持系统解决问题的能力和范围。嵌入智能部件后,决策支持系统就成为智能决策支持系统(Intelligent DSS,IDSS),主要包括基于专家系统的 DSS、基于神经网络的 DSS、基于机器学习的 DSS 和基于 Agent 的 DSS。此外,知识表示、自然语言理解、搜索、问题求解等人工智能技术也都在决策支持系统中得到了广泛的应用。

4. 人工神经网络

人工神经网络(Artificial Neural Network,ANN)是由大量处理单元互联组成的非线性、非程序化、大脑风格的自适应信息处理系统。该技术是在现代神经科学研究成果的基础上提出来的,是涉及神经学、思维科学、计算科学等多个领域的交叉学科。

人工神经网络是并行分布式系统,采用与传统人工智能和信息处理技术完全不同的机理,试图通过由网络变换和动力学行为得到的并行分布式处理功能,在不同程度和层次上模仿人脑神经系统的信息处理功能,可以克服传统的基于逻辑符号的人工智能在处理直觉和非结构化信息方面的缺陷,具有自适应、自组织和实时学习的特点。人工神经网络具有4个基本特点。

(1) 非线性。人工神经元处于激活和抑制两种不同状态,其输入/输出呈非线性关系。只有当输入达到一定阈值时,才会被激活。

(2) 非局域性。人工神经网络通常由大量神经元广泛连接而成,其整体行为不仅取决于单个神经元的特征,更主要取决于神经元之间的相互连接和相互作用。

(3) 非定常性。人工神经网络具有自适应、自组织、自学习能力,在处理信息的同时,非线性动力系统本身也在不断变化。

(4) 非凸性。人工神经网络的演化方向在一定条件下取决于某个特定的、具有多个极值的状态函数,从而导致系统演化的多样性。

人工神经网络中,神经元处理单元的类型分为3类:输入单元,接受外部世界的信号和数据;输出单元,实现系统处理结果的输出;隐单元,处在输入单元与输出单元之间,不能由系统外部观察的单元。信息的表示和处理体现在神经元的连接关系中,连接的权值反映了单元间的连接强度。人工神经网络的适应性是通过学习实现的,即根据环境变化,对权值进行调整,改善系统的行为。

人工神经网络研究的基本内容是神经网络模型,包含网络连接的拓扑结构、神经元的特征、学习规则等。具有代表性的神经网络模型包括反传网络、感知器、自组织映射、霍普菲尔德网络、玻耳兹曼机等。按照网络连接的拓扑结构划分,有两种典型的人工神经网络模型:反馈网络和前馈网络(或前向网络),如图3-38所示。

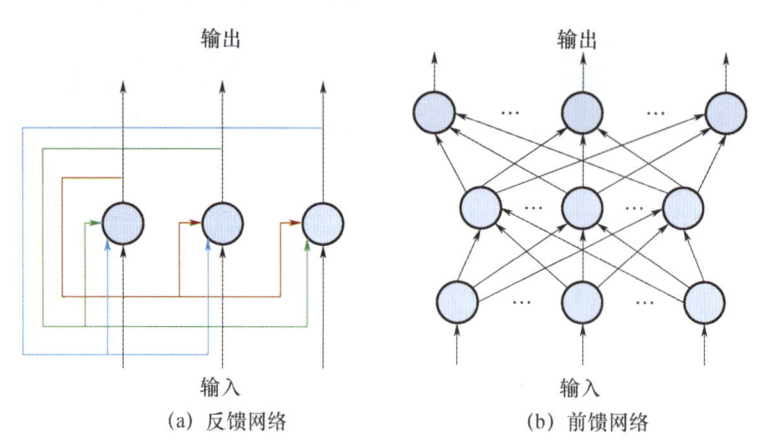

图3-38 两种典型的人工神经网络模型

5. 机器学习

机器学习(Machine Learning,ML)是一门多领域交叉学科,涉及概率论、统计学、算法复杂度理论等多门学科。机器学习的目的是使机器(计算机)模拟人类的学习功能,主要研究如何使用机器(计算机)模拟或实现人类的学习活动,以获取新的知识或技能,重新组织已有的知识结构以不断改善自身的性能。机器学习是人工智能的核心技术,是使计算机具有智能的根本途径,应用领域涵盖数据挖掘、计算机视觉、自然语言处理、生物特征识别、搜索引擎、语音和手写识别、作战模拟、机器人运用等各个领域。

机器学习技术发展至今,形成了功能各异的多种方法。限于篇幅,本小节仅介绍目前应用最广泛的深度学习和强化学习技术。

1) 深度学习

近10年来,基于深度神经网络的学习算法在不同领域取得了巨大成功。这类学习算法统称为深度学习(Deep Learning, DL),在计算机视觉(Computer Vision, CV)和自然语言处理(Natural Language Processing, NLP)等领域有非常广泛的应用。同时,将以前基于统计方法的机器学习算法统称为传统机器学习(Traditional ML),常见的算法包括线性回归、支持向量机、决策树、随机森林等。

深度学习是在传统机器学习基础上的持续深入发展。传统机器学习作为人工智能技术的一个分支,致力于从经验中获取知识。常见的机器学习算法摒弃了单纯由人向机器输入知识的操作,而努力寻求凭借算法自身学习所需知识。对于传统机器学习算法而言,"经验"一般对应到以"特征"(Feature)形式存储的"数据",依靠这些数据产生"模型"。最初通过特征工程(Feature Engineering)形式的试错方法得到数据特征。但是,这种方式针对某一具体任务生成特定特征费时费力,而且很难用于另外的任务。甚至有些时候我们根本不知道如何使用特征有效表示数据。既然模型学习的任务可以通过机器自动完成,那么特征学习的任务是不是也可以由机器自己完成呢?这就是表示学习(Representation Learning),完全由机器自动完成特征学习的过程。

表示学习大幅提高了人工智能应用的性能,而且具有自适应性,可以很快移植到新任务上去。深度学习是表示学习的经典代表。深度学习以原始数据为算法输入,由算法将原始数据逐层抽象为任务所需的特征表示,最后形成特征到任务目标的映射。传统机器学习算法仅具有模型学习这个单一任务模块,而深度学习包含了模型学习、特征学习、特征抽象等多层任务模块,这也是称为"深度"学习的原因之一。深度学习与传统机器学习的概念对比如图3-39所示。

近年来不断创造奇迹的神经网络算法便是深度学习的代表,包括深度置信网络(Deep Belief Network)、递归神经网络(Recurrent Neural Network, RNN)和卷积神经网络(CNN)等。它们之间的关系如图3-40所示。感兴趣的读者可以进一步参考相关文献,这里不再赘述。

根据深度学习算法在训练过程中受外部环境干预程度的多少,深度学习可以分为强监督学习、无监督学习和弱监督学习。强监督学习也称有教师学习或监督学习,无监督学习也称无教师学习或自组织学习,弱监督学习也称半监督学习。

(1) 强监督学习(Supervised Learning)。即在深度学习过程中提供对错指示,通过算法让机器自我减少误差,如图3-41所示。这类学习主要用于分类和预测。强监督学习从给定的训练数据集中学习出一个函数,当新数据到来时,可以根据函数预测结果。其训练数据集要求包括输入和输出,或者特征和目标,目标是人标注的。常见的强监督学习算法包括回归分析和统计分类。

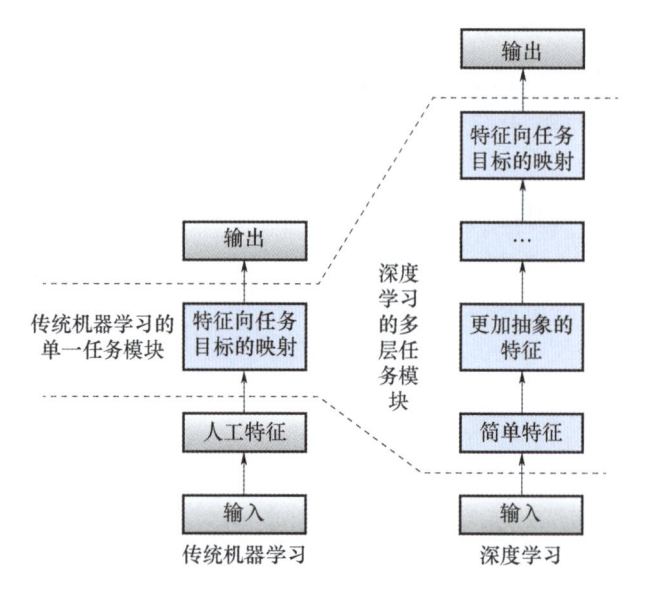

图3-39 深度学习算法与传统机器学习算法的概念对比

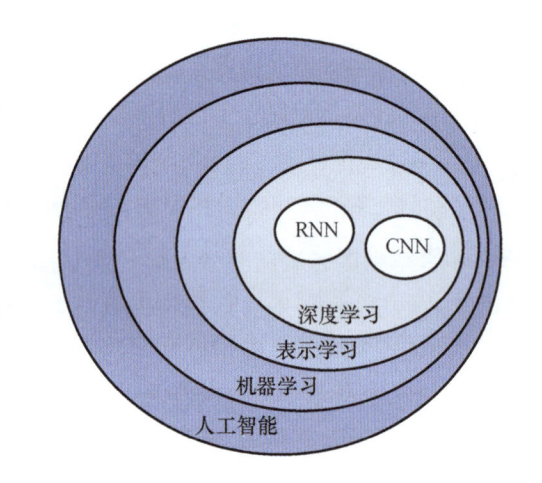

图3-40 深度学习与相关术语的关系

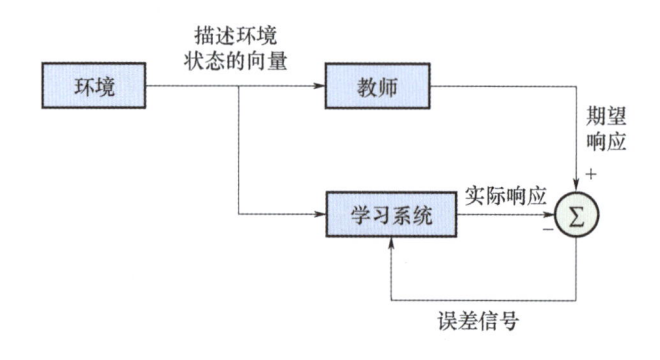

图3-41 强监督学习示意图

（2）无监督学习（Unsupervised Learning）。即不提供任何带标号的样例,没有外部的环境或者评价来监督学习过程。但是,必须提供任务独立度量来度量网络的表达质量,让网络学习该质量并根据这个度量最优化网络自由参数,如图3-42所示。对一个特定的任务独立度量而言,一旦神经网络能够和输入数据的统计规律相一致,那么网络将会形成输入数据编码特征的内部表示,从而自动创造新的类别。

图3-42 无监督学习示意图

（3）弱监督学习（Weakly Supervised Learning）。强监督学习在很多应用场合取得了很好的效果,但其模型需要在大规模精确标注的数据集上进行训练,学习结果严重依赖于数据集标注的精度。而在某些特殊领域,如军事领域、医疗领域等,很难获得大规模的标注精度高的数据集,标注工作本身在很大程度上也容易受到人的主观因素影响。因此,如何在低成本标注的数据集上对模型进行训练成为研究的热点。这就是弱监督学习,它只需要粗略标注或者部分标注的数据集就能完成模型训练和学习。因此,弱监督学习具有更强的适应能力。

2）强化学习

强化学习（Reinforce Learning,RL）是一类求解序贯决策的机器学习方法。与监督学习中的教师信号不同,强化学习的激励信号只是对动作好坏的一种评价,而不是告诉学习系统如何产生正确的动作,因此激励信号比教师信号更容易获得。强化学习利用与环境的交互反馈信号修正动作选择策略,以最大化期望回报为学习目标。对于一些决策控制问题,教师信号无法获取,而回报函数相对容易设计,因此强化学习是求解复杂决策问题的有效手段。

强化学习是一种交互式的学习方法,其主要特点是试错和延迟回报。强化学习的学习过程是学习系统中的智能体与环境进行交互并从环境中取得反馈信息的过程。在每个时间步长内,智能体观察环境得到状态 s_t,然后执行动作 a_t,环境根据该动作生成下一时刻的状态 s_{t+1} 和奖赏 r_t。该过程可用马尔可夫决策过程（Markov Decision Processes,MDP）进行描述,见图3-43所示。

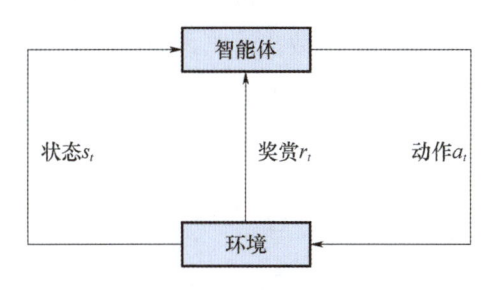

图3-43 强化学习示意图

强化学习的目标是能够得到最优策略,使未来的累积奖赏最大。因而,当前状态(或状态-动作对)的好坏可以通过该状态(或状态-动作对)能够带来的未来累积回报的大小来衡量。由于距离当前状态时间越远,奖赏值的不确定性越大,一般采用折扣系数或值函数表示一个状态的价值。

按照强化学习的环境模型是否已知,可以将强化学习分为有模型和无模型的强化学习两类。有模型的强化学习方法主要基于动态规划的思想;无模型的强化学习方法对应于环境未知的情况,无法直接计算或确定策略,只能利用与环境的交互采样,观察状态的转移和环境反馈的奖赏值进行学习。无模型的强化学习又分为三类:基于值函数的强化学习、基于策略搜索的强化学习和基于环境建模的强化学习。

(1)基于值函数的强化学习。最常用的是基于时序差分的强化学习方法,充分利用马尔可夫决策过程结构,执行每一步策略后即对值函数进行更新,具有很高的学习效率。对于离散且有限的状态空间和动作空间,可以使用 TD、Sarsa、Q-learning 等时序差分算法,采用表格记录值函数,为每个状态(或状态—动作对)分配一个存储空间,记录其函数值。通过不断的迭代更新,最终达到收敛状态,得到最优策略。该类强化学习方法一般适用于寻找确定性的最优策略,不适用于随机策略或连续型动作空间的情况。

(2)基于策略搜索的强化学习。主要思想是将策略参数化,通过调整策略的参数,使策略达到最优。可以定义一个基于策略参数的目标函数对策略进行评价。一般可将累积奖赏定义为目标函数,通过调整参数使累积奖赏最大,对应的参数即为最优策略的参数。基于策略搜索的强化学习方法可分为基于梯度的方法和免梯度的方法两种。基于梯度的方法是从一个随机策略开始,通过策略梯度上升的优化方式不断改进策略。免梯度方法是从一组随机策略开始,根据优胜劣汰原则,通过选择、删除和生成规则产生一组新的策略,不断迭代以获取最优策略。基于策略搜索的强化学习方法适用于最优策略是随机策略或者连续型动作空间的情况。

(3)基于环境建模的强化学习。有些问题场景中,智能体与环境的交互成本很高,如真实环境中的机器人操作、自动驾驶等场景,在有限的时间内只能执行有限次数的动作,并且试错过程可能存在损坏硬件的风险。因此,强化学习方法必须应对真实环境中采样次数不足的问题。通过建立环境模型模拟经验样本是一种可行的方法。例如,Dyna 框架方法就是基于这一思路提出来的[①],其示意图如图 3-44 所示。在 Dyna 框架中,与真实环境交互产生的经验样本,不仅用于值函数或策略函数的学习,同时也用于环境模型的学习。而环境模型产生的虚拟样本也会用于值函数或策略函数的更新。

在很多实际场景中,强化学习面临状态维度和动作维度过高的情况。面对巨大的状态空间或动作空间,智能体很难或无法遍历所有情况,导致算法收敛速度慢或无法习得合理的策略。解决上述问题的一个有效途径就是使用函数近似的方法,将值函数或者策略

[①] SUTTON R S. Dyna, an integrated architecture for learning, planning, and reacting [J]. ACM SIGART Bulletin, 1991, 2(4): 160-163.

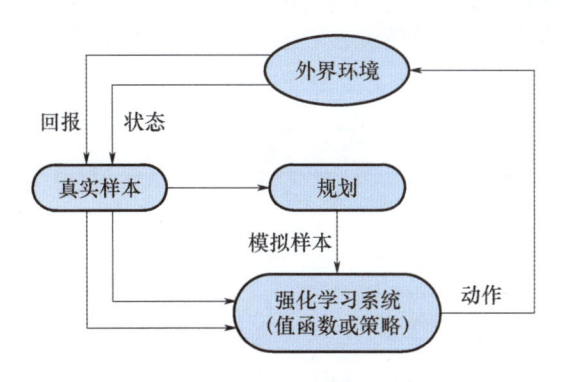

图 3-44　Dyna 框架示意图

用一个函数显性表示。常用的近似函数有线性函数、核函数、神经网络等。

深度神经网络不仅具有强大的逼近能力,而且实现了端到端的学习,能够直接从输入的原始数据映射到分类或回归结果。因此,将深度神经网络作为近似函数引入到强化学习中取得了巨大的成功,形成的方法即称为深度强化学习。自 2012 年开始,深度强化学习逐渐成为人工智能领域的重要研究方向,并且在路径规划寻优、智能博弈等方面形成了非常优秀的成果。有兴趣的读者可进一步参考相关的文献[1]。

3.3　指挥信息系统的支撑技术

3.3.1　作战模拟技术

2011 年版《军语》对作战模拟(Warfare Simulation)的定义是:按照已知的或假设的情况和数据对作战过程进行的模仿,分为实兵演习模拟、沙盘或图上作业模拟、兵棋推演模拟、计算机作战模拟等。本节主要介绍计算机作战模拟和虚拟现实技术。

1. 计算机作战模拟技术

计算机作战模拟是将一定的作战模型编制成计算机程序并通过计算机为主体的现代技术设备进行的作战模拟。计算机作战模拟技术用于大型武器系统的研制计划,可以减少设计和生产费用、缩短研制周期、改进系统性能、增强指挥控制能力以及提高部队的训练水平。在指挥信息系统设计过程中,利用计算机作战模拟技术,可以有效增强人机交互的性能和操作适应能力。

1) 计算机作战模拟的基本要素

模拟在本质上是利用物理的、数学的模型来类比、模仿现实系统及其演变过程,以寻求过程规律的一种方法。而计算机模拟主要是以计算机为工具或模拟的载体,在计算机上运行模型、进行实验研究或完成模拟过程。从计算机模拟的概念分析,组成计算机作战

---

[1] LECUN Y, BENGIO Y, HINTON G. Deep learning [J]. Nature, 2015.

模拟的基本要素一般有3个:作战系统、系统模型和计算机模型,三者之间的逻辑关系如图3-45所示。

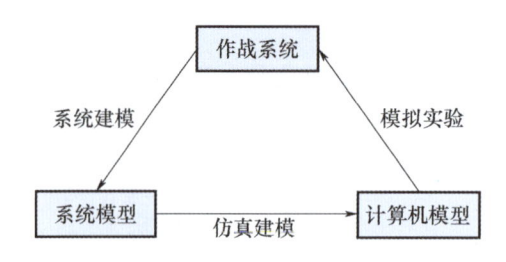

图3-45 计算机作战模拟的组成要素

在计算机作战模拟的组成要素中,模型是核心要素和关键要素,它与模拟是相互依存的关系。模型是系统的一种表达或抽象,而模拟则是模型的运行和实验过程;模型是静态的,而模拟是动态的;模型是模拟的基础,没有模型则无法模拟;但只有模型而不进行模拟也很难反映客观事物的本质规律,同时也无法确定模型的正确性,即模拟具有对模型进行检验、完善的作用。

这里,系统模型特指作战模型,是作战系统建模的结果。作战系统建模结合了军事、数学、技术和工程各方面知识,需要不同领域专家的分工协作,最终可形成多种模型结果,包括军事概念模型、数学模型和计算机模型。系统模型的建立过程就是对作战系统进行映射的过程。其一般过程如图3-46所示。

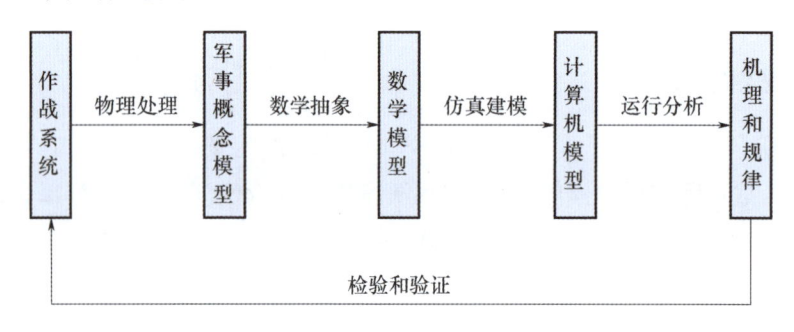

图3-46 作战系统建模的一般过程

(1)对实际的作战系统或作战过程进行详细分析,由军事领域专家建立既能反映实际问题又便于建立数学模型的军事概念模型。军事概念模型通常也简称军事模型,美国国防部建模与仿真办公室(Defense Modeling & Simulation Office,DMSO)对军事概念模型的定义为,作战人员关于真实世界(作战行动、武器装备体系及其环境)的过程、实体、环境因素以及这些因素与构成特定使命、行动或任务的关系和交互的功能描述,该功能描述应该是独立于仿真实现的。军事概念模型需要包括四类基本要素:实体(Entity)、行为(Action)、任务(Task)、交互(Interaction),简称为EATI。军事概念模型具有五种特性:想定/作战背景无关性,程序/软件实现无关性,模型中立性,情况完整性,规则的科学性、合理性。

(2)对军事概念模型进行数学抽象,由军事领域专家和技术专家(或军事运筹专家)

共同建立能够进行定量描述的数学模型。数学模型(包括逻辑模型)是一种符号化模型,通过数学、逻辑符号及数学、逻辑关系式描述作战任务空间要素之间的内在联系。数学模型一般用于描述军事概念模型中的算法,对作战任务空间要素的联系进行量化和函数化描述。而其他可由数据结构描述的简单属性、命令等模型要素,不需建立数学模型。

(3) 由技术专家(或计算机模拟人员)对数学模型进行仿真建模或编程开发,形成能够在计算机上运行的计算机模型。计算机模型也可称为软件模型或仿真模型。计算机模型是通过特定程序设计语言的编码对军事概念模型、数学模型及系统相关功能的实现。一般在编码前,需要由系统分析人员进行详细设计,即对实现需求的技术路线和具体设计思路等进行描述,必要时给出具体的编码方案,这种描述称为计算机模型。其作用是向编程人员说明软件的实现机制,以指导和约束编程工作。

(4) 运行计算机模型,进行仿真、实验并分析结果,结合仿真数据分析所模拟的作战系统的内在运行机理或客观规律,进而检验和验证模型的正确性和有效性。

2) 计算机作战模拟的主要方法

作战过程充满了偶然性和随机性,搜索发现目标、射击或攻击过程、命中毁伤效果等各个环节均受到多种随机因素的影响,其结果在本质上是随机的。可以说,对作战过程的模拟就是对作战过程中各种随机现象的模拟。蒙特卡罗法是模拟随机现象的基本方法,因此也是进行计算机作战模拟的主要方法。

蒙特卡罗法也称为计算机随机模拟方法,起源于20世纪40年代,其分析处理问题的方式与赌博有许多相似之处,因此以著名的赌城"蒙特卡罗"来命名。该方法利用随机变量的抽样来研究问题,基于概率统计理论得到实际问题的近似结果。

蒙特卡罗法的基本思想很早就出现了。17世纪,人们就已经知道利用事件发生的"频率"来决定事件的"概率"。19世纪,出现了利用投针试验来计算圆周率 π 的方法。简单描述如下:在纸上画一个边长为1(单位不限)的正方形,在正方形内部画其内切圆,则圆的半径为1/2。试验者闭上眼睛向纸上反复投掷一根针。一段时间后,统计投针的结果,假设落入正方形内的次数为 N,落入圆内的次数为 M,则圆周率近似为 $\pi \approx 4 \times \frac{M}{N}$。当然,只有投针的次数达到足够多的次数后,才能计算出比较精确的圆周率的值。而随着计算机的出现,使用数学方法能够非常容易地获得大量的随机数,即可以很方便地对随机变量进行抽样,这使在计算机上利用蒙特卡罗法进行大规模的模拟试验成为可能,也为计算机作战模拟奠定了坚实的基础。

蒙特卡罗法适用于作战模拟中所有随机事件的模拟计算,如态势感知系统的侦察探测结果、通信链路发生故障的情况、不同指挥决策面临的各种风险、武器对于目标的打击效果、对空拦截以及空袭兵器的突防(本质上属于排队系统模拟)等,所以蒙特卡罗法成为作战模拟的重要方法。在计算机上进行作战模拟时,蒙特卡罗法利用随机数模拟作战过程中的随机因素,能充分体现随机因素对作战过程的影响和作用,确切反映作战活动的动态过程。

蒙特卡罗法本质上是利用随机性模型描述作战过程，是一种统计试验的定量方法。其基本思想是，针对作战过程中的数学、物理、工程等实际问题，建立该问题对应随机过程的概率模型，确定问题解的指标；通过对模型或过程的抽样试验，计算指标的统计特征，同时给出指标近似值的精度表示。蒙特卡罗法常用于解决复杂的随机过程、军事运筹、作战模拟问题，而且过程中随机因素越多，越适合采用该方法。现代战争环境和作战系统都非常复杂，涉及因素众多，建立其解析形式的数学模型极端困难，有时只能采用蒙特卡罗法进行模拟。

利用蒙特卡罗法进行计算机作战模拟的基本步骤如下：

（1）根据作战过程的特点建立模拟模型；

（2）确定需要的各项基础数据；

（3）针对每个基本的作战活动或事件，选择能够提高精度和模拟收敛速度的方法；

（4）估计模拟次数；

（5）编制模拟程序在计算机上反复进行模拟；

（6）对模拟产生的数据进行统计分析，计算模拟结果和精度估计。

利用蒙特卡罗法进行计算机作战模拟的特点如下：

（1）适用范围广泛，尤其适用于随机因素较多的问题；

（2）对于同样的环境条件，每次模拟的结果可能不同，这是战争中各种随机性和偶然性的客观反映，因此，必须进行多次模拟才能获得统计规律并有效减小误差；

（3）蒙特卡罗法不能像解析法那样直观揭示各种因素对最终结果的影响关系；

（4）对于涉及小概率事件的模拟，要达到一定精度需要耗费大量的时间。

3）计算机作战模拟系统的体系结构

体系结构是对计算机作战模拟系统本身组成结构及各组成部分相互关系的总体描述。计算机作战模拟系统的体系结构应该包括下述方面。

（1）系统组成与功能设计。将系统合理分解为子系统（或分系统）、模块、单元等基本组成部分，定义各组成部分的功能和性能，界定组成部分的边界和约束条件。

（2）系统交互与接口规范。分析和定义系统与外部环境（或其他系统）之间、系统内部各组成部分之间的交互关系，明确交互内容、交互时机和条件、交互手段和方式等，形成系统接口标准。

（3）系统运行模式与通信方式。说明作战模拟系统的运行环境、计算模式、网络通信方式等。

（4）系统设计标准。提出原则和标准，说明系统的基本建模思想和设计方法，规定设计开发应遵循的规范、程序和准则，指导和约束设计与开发的过程。

从20世纪70年代开始，随着计算机技术和网络技术的发展推动，作战模拟系统逐渐从单平台独立运行模式向联网交互运行模式转变，其体系结构从集中式、封闭式向分布式、开放式、交互式发展，形成目前的分布式交互仿真体系结构。分布式交互仿真体系结构以计算机技术、网络技术、虚拟现实技术等为基础，把分散在不同地点、运行于不同平台上的各种仿真器通过网络联结在一起,构建统一的战争模拟空间,共享一个逼真的虚拟环境,操作人员可在其中进行各种复杂的作战演练,解决复杂的作战模拟问题。

在计算机作战模拟系统体系结构建设方面,美军起步最早、研究最深入,一直处于领先地位。从1983年开始,在美国国防部高级研究计划局(DARPA)主导推动下,仿真体系结构的发展经历了四个阶段:模拟网(Simulation Networking,SIMNET)阶段,分布式交互仿真(Distributed Interactive Simulation,DIS)阶段,聚合级仿真协议(Aggregate Level Simulation Protocol,ALSP)阶段,高层体系结构(High Level Architecture,HLA)阶段。

(1) SIMNET是DARPA和美国陆军共同制订的一项合作研究计划,目的是将分散在各地的多个地面车辆仿真器连接到网络上,形成一个共享的仿真环境,以进行复杂的任务训练,演示验证实时联网的人在回路中的作战模拟和作战演习的可行性。

(2) DIS是SIMNET的标准化和扩展,目的是建立异构型网络互联的分布式交互仿真系统,通过定义能够连接不同地理位置、不同类型仿真对象的基本框架,为高度交互的仿真活动提供逼真、复杂、虚拟的环境,将不同时期、不同厂家的仿真产品以及不同用途的仿真平台集成到一起。

(3) ALSP是DIS的进一步扩展,它发展了一系列聚合级仿真所需的技术,包括时间管理、数据管理和体系结构等,允许多个独立存在的战斗仿真应用通过网络进行交互。战斗仿真应用指构造型的或聚合级的仿真,它们一般以营级单位为构件在更高、更聚合的层次上建模。因此,基于ALSP技术,陆、海、空三军的仿真应用可以集成到一起构成联合仿真模型以支持大型的军事演习。

(4) HLA于1995年提出,是美国国防部发布的建模与仿真主计划(Modeling & Simulation Master Plan,MSMP)的核心内容。由于SIMNET、DIS、ALSP都是同类功能仿真应用的互联,互操作能力有限,不能满足越来越复杂的作战仿真需求。美国国防部提出该主计划的目的是希望在国防部范围内开发一个建模与仿真的公用技术框架,以增强仿真系统之间及其与C^4I系统之间的互操作能力和建模、仿真资源的重用能力。HLA作为MSMP计划的核心,是一个通用的高层次仿真体系结构,2000年9月被IEEE接受为标准。美国国防部规定2001年后所有国防部部门的仿真必须与HLA相容。

HLA是一个开放的、支持面向对象的体系结构,采用面向对象方法学分析系统,建立不同层次和粒度的对象模型,促进仿真系统和仿真部件的重用。HLA是从DIS和ALSP技术发展而来的通用仿真体系结构,它们之间的主要区别见表3-3。

表3-3 DIS、ALSP和HLA的主要区别

DIS	ALSP	HLA
平台级建模(以连续系统为主)	聚合级建模(以离散事件系统为主)	平台级和聚合级建模(包括连续系统和离散事件系统)
虚拟仿真/实况仿真	构建仿真	虚拟仿真/构造仿真/实况仿真
广播式通信/点对点通信	广播式通信	一点对多点通信

（续）

DIS	ALSP	HLA
数据通信 PDU（协议数据单元）规范（IEEE1278-1）	规定联邦的数据交换，在接口控制文件中说明，但没有标准格式	在仿真对象模型（SOM）和联邦对象模型（FOM）中定义数据通信格式
网络接口按照 IEEE1278-2 标准	由 AIS（ALSP Infrastructure Software）提供网络接口	由运行支撑环境（Run-Time Infrastructure,RTI）提供网络接口
实时仿真	守恒的时间管理模式	多种时间的管理服务

4）DIS

DIS 包含仿真实体（Simulation Entity）、仿真节点（Simulation Node）、仿真应用（Simulation Application）、仿真管理计算机（Simulation Manager）、仿真演练（Simulation Exercise）、仿真主机（Simulation Host）等概念，这些概念的相互关系如图 3-47 所示。

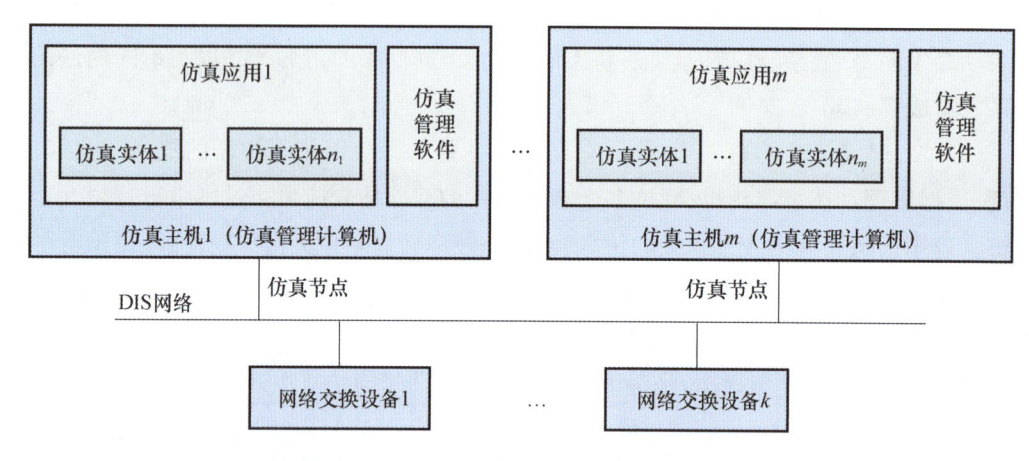

图 3-47 DIS 的相关概念及其相互关系

（1）在 DIS 网络中存在多个仿真节点，每个仿真节点通常是一台仿真主机。对仿真节点与仿真主机的概念不进行严格区分，均指参与仿真演练的计算机。

（2）每台仿真主机中都有一个仿真应用，它包括软件及计算机硬件接口。

（3）一个或多个交互的仿真应用构成一个仿真演练，参与同一个仿真演练的仿真应用共享同一个演练标识符。

（4）每个仿真应用负责维护一个或多个仿真实体的状态，仿真实体是仿真环境中模拟运行的一个单位。

（5）当仿真主机中有驻留的仿真管理软件时，该主机就是一台仿真管理计算机，负责完成局部或全局的仿真管理功能。

从物理构成看，DIS 系统由仿真节点和计算机网络组成。仿真节点负责本节点的模型解算、模拟结果输出、网络信息的接收与发送等，还负责维持网络上其他实体的状态信息。计算机网络包括局域网、广域网、各种网络设备等。

从仿真实体构成看，DIS 系统由红、蓝、白三方实体组成。红方和蓝方是对抗的双方，白方是管理方，负责演练的规划准备、初始化、运行管理和监控、结果分析和重演等。典型的 DIS 系统如图 3-48 所示，由两个局域网组成，局域网之间通过过滤器/路由器相连，每个局域网包括仿真应用、计算机生成兵力以及必要的二维或三维态势显示、数据记录器等。

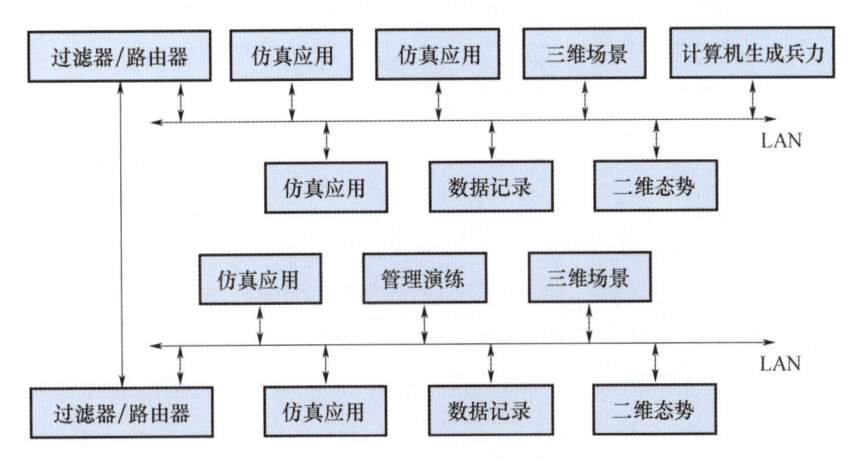

图 3-48 典型的 DIS 系统组成

从逻辑构成看，DIS 系统是一种网状结构。每个仿真节点都将本节点的实体数据发往网络中其他所有的仿真应用，同时也接收其他仿真应用的信息。由接收方决定如何处理接收到的信息，如果是无用信息，就直接放弃。这种网状逻辑结构容易实现和管理，通过规范异构的仿真节点间的信息交换格式、内容和通信规则，DIS 实现了分布的仿真系统之间的互操作，形成综合的仿真环境。

为了支持 DIS 的互操作能力，美军提供了应用协议和通信服务标准，制订了 IEEE 1278 系列标准，包括 IEEE Std 1278.1-1995、IEEE Std 1278.2-1995 和 IEEE Std 1278.3，主要的标准及其组织关系如图 3-49 所示。

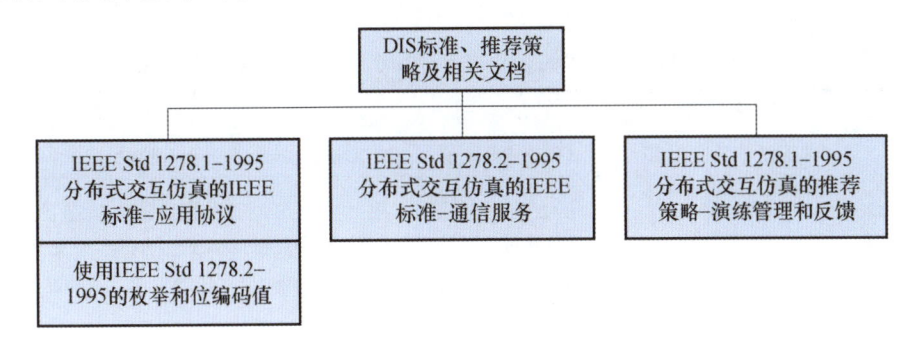

图 3-49 DIS 标准及其组织关系

5) HLA

HLA 在 DIS、ALSP 基础上进一步发展，针对更广范围的复杂系统，采用集成的方式建立仿真系统的通用体系结构。基于 HLA 的仿真体系结构如图 3-50 所示。

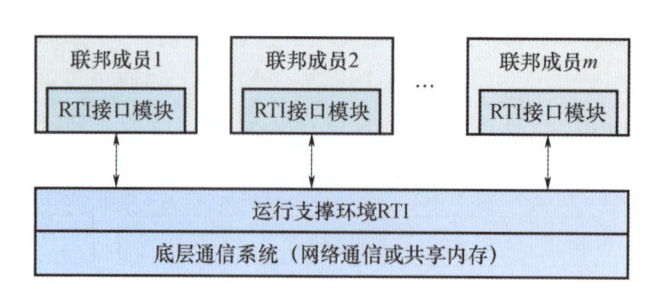

图 3-50 基于 HLA 的仿真体系结构

在 HLA 体系结构中，联邦成员通过 RTI 构成一个开放的分布式仿真系统。RTI 类似于计算机中的总线，只要满足规范的成员都可以在联邦运行时随时接入。联邦成员可以是真实实体仿真系统、构造或虚拟仿真系统或者辅助性的仿真应用（如联邦运行管理控制器、数据收集器等）。在联邦运行期间，成员之间的数据交换必须通过 RTI。

HLA 采用对称的体系结构，即所有的应用程序都通过标准的接口进行交互。HLA 将仿真应用的开发、执行和支撑环境分离，使得仿真设计人员可以专注于仿真模型、交互方式以及仿真对象间交互动作、交换数据的设计，而不必花费额外精力考虑程序之间的通信以及如何进行数据交换。RTI 为仿真提供了一系列标准的接口 API 服务，支撑仿真完成所需的数据交换和交互动作；RTI 还负责协调各层面信息流的交互，使联邦能够协调执行。联邦成员在对象模型中声明其需要发送和接收的信息，RTI 负责将信息按声明要求传输到相应的成员，而不是像 DIS 那样以广播方式将所有信息传输给所有节点。因此，可以大幅降低网络负荷。

（1）RTI。

RTI 作为联邦执行的核心，提供了一系列仿真互联的服务，按照 HLA 接口规范 1.3 规定，RTI 提供了六大管理服务及相关的支持服务共计 130 个接口服务，以 API 接口函数形式提供给联邦成员使用。基本服务的类型与功能见表 3-4。

表 3-4 HLA 接口规范 1.3 规定的 RTI 基本服务与功能

类型	服务名称	服务数	功 能
六大管理服务	联邦管理	20	创建、删除、加入、退出和控制联邦运行及保存状态
	声明管理	12	用于公布、订购属性/交互，支持仿真交互控制功能
	对象管理	17	包括对象提供方的实例注册和更新，对象使用方的实例发现和反射，同时包括交互信息的方法、基于用户要求控制实例更新和其他各方面支持功能
	所有权管理	16	提供属性所有权和对象所有权的迁移和接受的服务
	时间管理	23	提供 HLA 的时间管理策略和时间推进机制
	数据分发管理	13	通过对路径空间和区域的管理，提供数据分发服务，使成员能有效地接收和发送数据
其他支持服务		19	对实现六大基本服务提供支持

(2) 对象模型模板。

HLA 通过对象模型模板(Object Model Template, OMT)统一对象和交互描述的格式，从而保证对象的可重用性和互操作性。OMT 具备下述几方面能力：提供一个通用的、易于理解的机制，用以说明联邦成员间的数据交换和运行期间的协作；提供一个标准的机制，以描述联邦成员所具备的与外界进行数据交互及协作的潜在能力；有利于促进通用对象模型开发工具的设计和应用。

HLA 在 OMT 中定义了 3 类对象模型：仿真对象模型(Simulation Object Model, SOM)，描述联邦中的单个 HLA 成员；联邦对象模型(Federation Object Model, FOM)，描述一个联邦中相互之间存在信息交换特性的那些成员；管理对象模型(Management Object Model, MOM)，是全局定义的，描述管理一个联邦所需的对象和交互。由于 HLA 中数据与架构是相互独立的，由 OMT 定义的对象和交互无需修改就能直接集成到 HLA 应用中。

HLA 的优势主要包括以下 4 个部分。

(1) 功能和逻辑层次结构清晰。通过 RTI 将具体的仿真功能实现(应用)、仿真运行管理和底层通信分离，屏蔽实现细节，使各部分可以相对独立地开发。

(2) 增强了分布式交互仿真的互操作性。虽然 HLA 本身并不能直接实现互操作，但其重点考虑了如何将已有的联邦成员集成为联邦的问题，通过接口规范定义了联邦成员之间互操作机制，并通过 RTI 进行实现。

(3) 增强了分布式交互仿真的重用性。HLA 实现了应用系统的即插即用，便于新的仿真系统的集成和管理，能够根据不同的用户需求和应用目的实现联邦的快速组合与重新配置，从而支持联邦成员级别的重用。

(4) 增强了分布式交互仿真的可扩展性。采用的底层通信机制允许联邦成员在类和对象两个层次对数据进行过滤，极大地减少了网络数据冗余。因此，联邦规模的扩大所带来的通信开销不会对系统正常运行产生明显影响。

2. 虚拟现实技术

2011 年版《军语》对虚拟现实(Virtual Reality, VR)技术的定义是：综合利用计算机、传感器等，近似真实地反映事物状态、特征变化及其相互作用的技术。虚拟现实技术也称为灵境技术，在军事上可用于作战推演，武器装备的论证、研制等。"虚拟现实"一词在大部分场合指代虚拟现实技术，即为了搭建虚拟环境所使用的工程技术手段的集合。有时，"虚拟现实"也用于指代利用虚拟现实技术创造出来的可交互的虚拟场景，即虚拟环境。本节中，提到虚拟现实时均指虚拟现实技术。针对虚拟现实技术的发展过程以及与之相近又很容易混淆的相关技术的情况，这里重点介绍虚拟现实、增强现实、混合现实 3 种技术。

1) 虚拟现实

虚拟现实是采用以计算机技术为核心的现代高新技术，生成逼真的视、听、触觉一体化的一定范围的虚拟环境，用户可以借助专门的设备，以自然的方式与虚拟环境中的对象进行交互作用、相互影响，从而产生亲临对应真实环境的感受和体验。虚拟现实技术包含

4个重要因素。

(1) 沉浸感(Immersion):用户产生沉浸于虚拟环境的感觉,用户的视觉、听觉、触觉,甚至味觉和嗅觉都被虚拟环境所"包裹"。

(2) 交互性(Interaction):用户和虚拟环境可以相互影响,用户可以控制虚拟环境中的虚拟对象,虚拟环境可以根据用户的行为发生变化或产生反应。

(3) 想象性(Imagination):虚拟环境中的对象不完全是真实世界的对应物,可以是想象出来的事物,即使在真实世界中不会发生或无法感知的事物,在虚拟环境中也可存在。

(4) 智能性(Intelligence):虚拟环境中的对象能够感知和理解用户的行为,可依据设定的"性格"特征,智能地与用户进行自然交流和互动。而且,这种智能具有自我演化的能力。

虚拟现实涉及心理学、行为学、文学、医学等多个领域,其基础是计算机图形学,重要研究内容包括建模、模拟、渲染、显示、交互等。

(1) 建模。虚拟环境中的虚拟对象主要还是来源于真实世界。为使真实世界的具体对象能够在虚拟环境中呈现,首先需要对真实对象进行建模和描述,包括建立真实场景及真实对象的数学模型、三维仿真模型等。作战模拟中还需要建立真实对象的不同状态的模型,包括新旧状态、完好状态、磨损状态、毁伤状态等。

例如,由美国海军实验室资助开发的"龙"系统,可以在72h内,提供90km×90km范围的数字地形数据,包含1m级别的特征数据和图像特征,如图3-51所示。战前能够快速将复杂战场态势可视化,使指挥员及参谋人员能灵活使用二维或动态三维显示系统有效制订任务计划和演练方案,评估行动路线,保持态势认知。同时,还能使士兵"看清"道路、树木、山地和水路等。该系统可运行在工作台或头盔显示器等平台上,提供以地图为中心或以用户为中心的导航方式,使用操纵杆提供人-机交互,操作和携带都非常方便。

图3-51 "龙"系统展示的三维虚拟战场

（2）模拟。虚拟环境需要动态变化，与真实世界的用户交互。因此，需要模拟真实对象的行为、动作及交互反应等。常见的模拟内容包括：刚体碰撞、柔性形变、物体飞行等动力学模拟，天空、海洋、山脉、植被等自然环境模拟，昼夜、光照、阴影等自然条件模拟，风、雨、雾、雪、冰雹等天气模拟，烟火、爆炸、喷泉等特效模拟，以及作战模拟中特有的卫星过境、雷达扫描、电磁干扰等效果。

（3）渲染。渲染是计算机图形学中的重要概念。虽然构造的虚拟环境是真正的三维环境，但用户一般是通过头戴式显示器（或三维立体眼镜）观察虚拟环境的输出。头戴式显示器是基于二维图像的显示设备，即通过左、右眼两个单独的二维图像构造形成立体图像，使用户产生三维感觉。将虚拟现实系统的三维数据转换为二维图像输出的过程就称为渲染。

（4）显示。显示在渲染之后，是把虚拟现实系统输出的图像逼真地呈现在用户眼中的过程。常用的显示技术包括桌面级别的屏幕显示技术、基于投影的大规模显示技术、基于头戴式显示器的显示技术以及裸眼三维显示技术、全息投影技术等。

美国海军正在开发一种全息虚拟指挥控制系统，将在 2025 年参与作战。在这种全息虚拟指挥中心内，作战人员可以最大限度地利用战场信息，与周围的作战单元进行快速信息共享。通过触觉和视觉传感器完成对舰艇的控制，甚至可进行类似全息化的指挥操作。通过配备耳机进行互动聊天和超视频的信息传递，让作战人员产生更加真实的感觉。图 3-52 显示的是一位士兵正在虚拟的指挥中心操纵舰艇，通过佩戴视觉和触觉传感器对舰船进行控制。

图 3-52　美国海军全息虚拟指挥中心

（5）交互。为了使虚拟环境能与用户交互，需要在虚拟环境中为用户建立交互模型，实时获取用户的空间位置、头部姿态、目视方向、身体姿态、四肢动作、手势、语音、表情等交互信息，驱动交互模型与虚拟对象产生反应，并按照作用原理改变虚拟环境的状态。同时，虚拟环境需要向用户反馈信息，即虚拟环境的状态改变需要反作用于用户，主要包括：

压力、撞击、质量等力反馈,光滑、粗糙、凹凸、不同材质等触觉反馈,声响、回声等声音反馈等。

例如,2011 年美军推出的用于单兵训练的模拟软件美国陆军步兵训练系统(US Army Dismounted Solider Training System,DSTS)。模拟训练时,每个士兵需要背一台定制版笔记本电脑,头戴虚拟现实头盔,在一个能捕捉士兵动作的 10 英尺(ft)①左右的空间中进行训练,如图 3-53 所示。士兵可以做出各种复杂的姿势和动作,还可以如同在真实训练场上一样使用各种枪支弹药。DSTS 还能评估士兵在虚拟战场的受伤程度,并通过回放功能观察士兵在训练中的表现。

图 3-53 利用 DSTS 进行训练

2) 增强现实

虚拟现实技术能够提供逼真的虚拟环境,其中计算机生成的图像与我们所处的物理环境是分离的。但有时我们也需要把计算机中的电子信息与我们周围的真实世界联系起来。我们对于获取来自或关于真实世界的在线信息感兴趣,或者对于将在线信息与真实世界联系起来感兴趣。这会给我们的工作或生活带来很多好处和便利。例如,随着移动互联网的发展,通过智能手机或移动设备我们具有了可以随时随地访问海量信息的能力。利用基于位置的服务把电子地图与我们的真实位置联系起来可以实现导航,通过扫描条形码或二维码可以帮助我们识别各类商品,再结合移动支付技术便形成了无人超市。所有这些都使我们的生活变得更加便利。所以,我们同样也期待着虚拟世界能够与真实世界联系起来。于是,增强现实技术应运而生。

增强现实(Augmented Reality,AR)指利用计算机图形技术及可视化技术,产生现实世界中没有的虚拟物体,借助相关的传感信息等技术把虚拟的影像按照实际的需要呈现在真实环境中,利用相关的显示设备将虚拟的影像与显示中的真实物体进行无缝连接。增强现实能够在物理世界和电子信息之间创建直接、自动和可操作的链接,为电子增强的物理世界提供一个简单直接的用户界面。增强现实可以将计算机生成的信息覆盖到真实世界的视图上,从而以崭新的方式扩大人类的感知和认知。可以说,虚拟现实的目的是将用户置身于完全由计算机生成的环境中;而增强现实旨在呈现直接注册到物理环境的信息,

---

① 1ft≈0.305m。

使用户感觉数字信息已经成为真实世界的一部分。

国外先进军工制造集团已经将增强现实技术应用到各种军事装备的设计研发、加工制造和维修保障等工作中。在先进战斗机生产领域,美国洛克希德·马丁公司在 F-35 战斗机的生产过程中应用了增强现实技术,俄罗斯军工集团苏霍伊公司也开始使用增强现实技术协助苏-57 第五代战斗机的生产。

洛克希德·马丁公司从 2015 年开始正式使用一种称为"紧固件插入实时链接系统"(FILLS)的新方法进行 F-35 Lightning Ⅱ 的集成装配。FILLS 可自动执行机械师验证、选择和插入成千上万个紧固件的工作,这些紧固件用于将复合蒙皮固定到 F-35 战斗机外形框架。其三维光学投影技术和对紧固件孔测量数据的无线处理从根本上改变了机械师组装复杂的高精度飞机结构的方式,如图 3-54 所示。

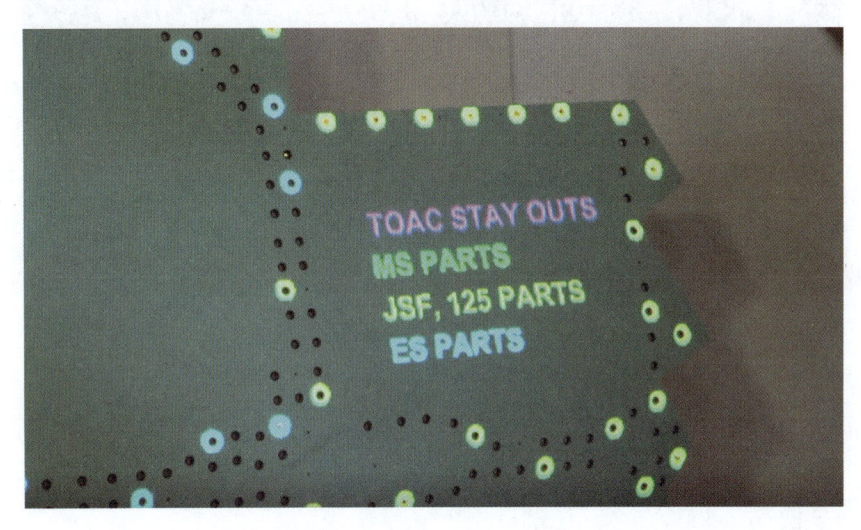

图 3-54　FILLS 通过不同的灯光颜色展示测量结果

FILLS 通过一系列投影仪向机械师指示出螺钉和其他配件的安装位置。该技术还能展现出正确的安装顺序,甚至通过将光的颜色从橙色更改为红色指出由于材料厚度而引起的问题。FILLS 能够系统地指导机械师完成测量面板中每个紧固件孔深度的过程。该数据从测量设备无线传输到网络数据库,用于为每个面板创建定制的紧固件套件。当准备好将蒙皮安装在飞机机架上时,FILLS 会依次在每个蒙皮上突出要安装在该面板上的每种紧固件类型的零件编号和位置。这些"投影式"的作业指导,简化了机械师精通安装紧固件的必要培训,消除了紧固件安装错误带来的相关维修费用,使机械师更有效地工作,并具有更高的精度。

图 3-55 显示的是苏-57 战斗机生产过程中,利用增强现实技术叠加计算机生成的感知信息,将虚拟对象和真实对象组合起来,提供真实环境下的交互式体验。

增强现实交互系统可以使用附加在苏-57 战斗机各主要组件上的 QR 码工作。技术人员利用增强现实交互系统扫描实体的 QR 码牌,调用对应的增强现实算法生成虚拟部件的图像,并将数字化生成的各个子装配体和零部件的图像覆盖到现实画面中,从而向工

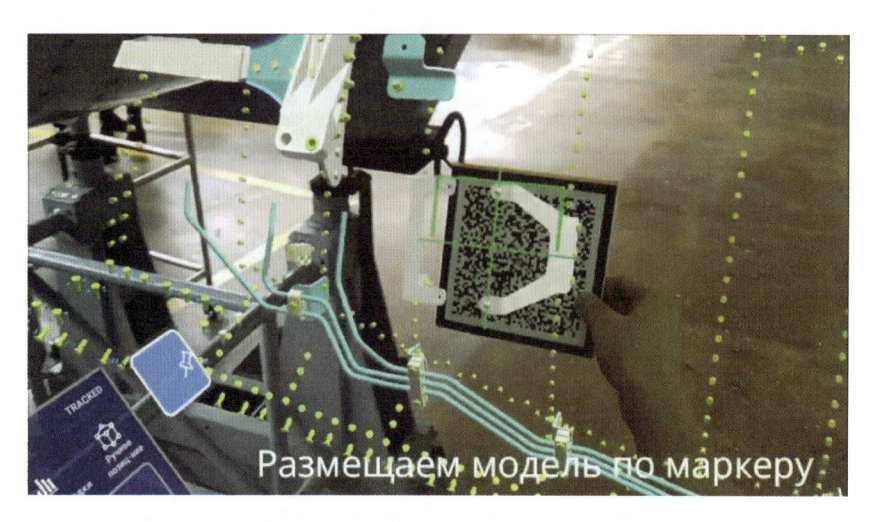

图3-55 利用增强现实交互系统生成虚拟部件的图像

人展示不同零件的装配位置。

Azuma 在 1997 年的综述论文中提出,增强现实必须具备 3 个特征。

(1) 虚实结合。将虚拟环境与现实世界融合对接,包括视觉、听觉、触觉,甚至嗅觉或味觉在内的所有感觉,对应的虚拟信息和真实信息精确实时对准。

(2) 实时交互。用户至少可以执行某种交互式视点控制,人机界面在紧密耦合的反馈回路中操作,系统实时跟踪用户的视点或位姿以识别用户的输入。

(3) 三维注册。将真实世界中的位姿与虚拟内容配准后,即可注册到真实世界中的对象。同时,显示器中计算机生成的增强内容将持续注册到环境中的参考对象。

3) 混合现实

混合现实(Mixed Reality,MR 或 Hybrid Reality),是将真实世界和虚拟世界融合在一起的交互环境。混合现实处于现实和虚拟现实之间,允许真实元素和虚拟元素不同程度的叠加,体现了从完全真实的环境到完全虚拟的环境的过渡过程,或者包含真实和虚拟世界的所有可能组合。如图 3-56 所示为虚拟连续体分类模型。

图3-56 虚拟连续体分类模型

从真实环境过渡到虚拟环境的过程,包含增强现实和增强虚拟(Augmented Virtuality)两个典型的部分。增强现实是真实世界被计算机所生成图形图像所增强的显示环境,主要包含真实元素,更接近现实,现实世界的体验占主导地位。与此相反,增强虚拟是被真实物体所增强的虚拟现实环境,虚拟元素占据主要地位,更接近虚拟世界。在上述过程的最右端,虚拟现实将用户沉浸在完全由计算机生成的环境中。而过程中间部分的所有内

容,不同位置意味着现实环境与虚拟环境不同比例的组合,即是混合现实。

所以,混合现实包含来自真实世界和虚拟世界的对象及视觉输入,所有这些元素以不同组合的方式在同一空间同时呈现给用户,构成一个"虚实结合"的混合环境,其中的虚拟物体还可以和环境或用户进行交互。

4) 相关概念的区分

(1) 虚拟现实与实体造景。虚拟现实的目的是制造一个令人沉浸的虚拟环境,使用的手段是计算机技术。这和那些主要通过实体造景并结合部分数字化内容来实现的系统不同。因此,实体投影系统、基于投影的数字虚拟人系统、多媒体数字化舞台系统等,结合实体模型、实体舞台或演员构建虚实结合的虚拟场景,一般不属于虚拟现实系统。

(2) 虚拟现实与计算机仿真。这两个概念在技术上非常相似,在内涵上有互相包含的地方。虽然计算机仿真技术也是利用计算机技术实现的,但其目的一般与虚拟现实不同。仿真的目的是通过对物理系统的重现或模拟探索其运行机理或作用规律,以计算和数据为核心,以物理世界的真实性为依据,更注重对过程的建模或描述,而不是用户的体验和感受,因此不必过于追求可视化。虚拟现实的目的是创造体验的环境,以人为核心,可以引入想象的东西,即使不满足真实环境的规则也可以接受,但一定是看得见、摸得着、感受得到的东西,所以可视化是最基本的要求。

(3) 虚拟现实与增强现实。虚拟现实和增强现实是两个相互独立的技术领域。它们都追求用户体验,但其目的不完全相同。虚拟现实的目的是把用户从真实世界中剥离出来,使用户完全融入虚拟环境,用户看到、听到、摸到、感受到的所有东西都是计算机生成的虚拟事物,与真实环境无关。增强现实与之相反,在增强现实系统中,用户看到、听到、摸到、感受到的所有东西都与真实的周围环境密切相关,增强现实还将更多的数字化信息融合到这些真实的场景中,让用户同时感受到真实和虚拟两个世界的信息。

(4) 虚拟现实与混合现实。混合现实的概念更广泛,它囊括了从纯粹真实的交互环境到纯粹虚拟的交互环境之间的所有范围。虚拟现实创造的虚拟环境都是由计算机生成的,与真实世界隔绝,在虚拟环境中不存在真实物体或真实世界的视觉刺激;而混合现实创造的环境里既包含真实的物体,也包含虚拟的事物,用户能够同时感受到真实世界和虚拟世界的视觉刺激。

3.3.2 效能评估技术

1. 系统评估

系统评估(System Evaluation)也称为系统评价,主要任务是对评估目标(通常是多种可相互比较的可行方案或系统),从政治、经济、社会、军事、技术等各方面进行综合考察和全面分析比较,为系统决策或选择最优方案提供科学依据。系统评估泛指对评估对象进行优劣比较和排序,往往是基于对象所处的特定环境,由决策者通过多方面的指标给出对评估对象的主观判断。

一般而言,系统评估的关键要素包括评估指标体系、评估指标模型和综合评估方法。其中,评估指标体系大多呈分层树状结构,由各种不同层次的指标构成,是对评估目标价值的分解与细化;指标是预期达到的标准或规格(如巡航导弹的最高飞行速度、打击精度等),往往需要进行量化分析;指标体系是指标及其相互之间关系的有机整体。评估指标模型通常与某个特定指标相关联,用于复杂指标价值的计算分析(如作战飞机隐身性能指标的评估模型、指挥信息系统分析设计方案的性价比指标的评估模型等)。综合评估方法是系统评估的整体操作方法,规定了评估实施与汇总的过程、程序和详细步骤,包括对评估主体、评估目标、评估指标模型和评估指标体系的选取与确定,评估结果的生成方式等一系列内容。

总体而言,评估的主体是人,评估是以人为主导,运用各种方法与工具,试图进行相对客观的评价比较的分析过程。在评估过程中,作为评估主体的人的主观性是无法完全排除的,随着评估目的与角度不同,自然会产生对系统的不同理解和评价结果。

可想而知,由于上述原因以及指挥信息系统本身的特性,对指挥信息系统进行评估尤为复杂。如何评价指挥信息系统对军队作战能力的贡献,被认为是一个重要的科学难题。以美军为例,美国国防部就认为,这项工作如同开拓一个新的科学分支,需要定义全新的作战概念、度量准则、理论假设以及分析方法,以比较和确定不同的方案。为此,美国国防部曾于2004年通过指挥与控制研究计划(CCRP)向兰德公司下达研究任务,要求开发相关的方法和工具,以改进美军C^4ISR能力及过程的评价方式。

经典观点认为,系统评估可分为两个层次:

(1)性能层。系统性能是系统的单项指标,反映的是系统的某一属性。系统性能是针对特定产品的。当产品研制完成后,需要通过测试和试验来获得实际产品所达到的性能指标。对于指挥信息系统而言,系统性能包括很多方面的内容,也可分为多个层次,不同层次的用户对系统性能的偏重程度也不一样。

(2)效能层。效能是在特定条件下,系统执行规定任务所能达到预期目标的程度。因此,系统的效能与特定的环境密切相关,具有本质上的动态性。系统的各项性能指标或多或少地对效能产生一定影响,但在不同的环境下,系统各项性能指标对效能的影响是不一样的。所以,必须把系统放到一定的环境中去评估分析其效能。

系统评估的过程如图3-57所示,主要步骤如下:

(1)明确待评估问题的评估对象(What)、评估主体(Who)、评估目的(Why)、评估时期(When)、评估地点(Where)和评估方法(How),即5W1H;

(2)明确待评估系统方案的目标体系和约束条件,选择评估方法,建立评估模型;

(3)根据评估指标选取原则,选择合适的评估指标,根据待评估问题的特点和指标间关系确定评估指标体系;

(4)确定评估指标体系中各层次指标的相对权重,并从整体上进行调整完善;

(5)按照指标评估计算模型进行单项指标评估,分析、计算指标评估值;

(6)进行综合评估,综合各层次指标的数值形成系统整体的评估结果;

(7)对评估结果进行分析,给出评估结论,包括对方案的优劣分析、排序,对评估结论的分析意见等,最后提交给评估主体以支持决策。

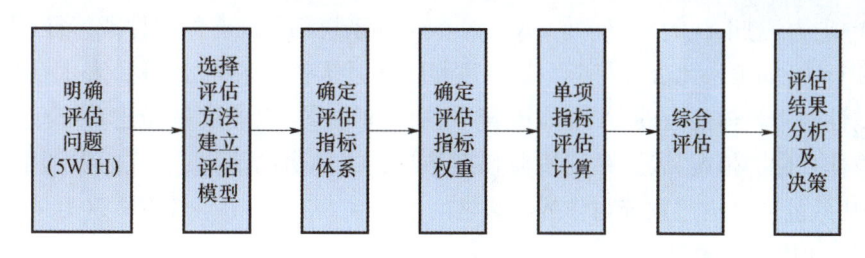

图 3-57　系统评估的过程

2. 效能评估

武器装备系统的作战效能是研制及使用武器装备系统追求的目标和归宿,其作战效能的优劣,直接关系到该武器装备系统在战争中所能发挥的作用。近年来,武器装备系统的作战效能评估开始受到广泛关注,并逐渐成为武器装备系统规划论证、分析设计、研制采购和作战运用领域的重要研究内容。作战效能评估可为上述工作提供定量分析的依据,也可为战术、战法研究以及改善训练效果提供重要的参考数据。

效能(Effectiveness)描述的是系统在一定条件下实现预定功能和达到预定目标的程度,是系统完成规定任务的总体能力或程度,也称有效性度量。GJB 1364—92 对武器装备效能的定义是:在规定的条件下达到规定使用目标的能力。效能评估(Effectiveness Evaluation)就是衡量系统可能实现预定功能或达到预定目标的程度。

效能一般分为单项效能、系统效能和作战效能。单项效能指运用武器装备系统时,达到单一使用目标的程度。如指挥信息系统的探测效能、通信效能等。系统效能,又称综合效能,指武器装备系统在一定条件下,满足一组特定任务要求的可能程度。作战效能有时也称兵力效能,指在规定的作战环境条件下,运用武器装备系统及其相应的兵力执行规定的作战任务时所能达到的预期目标的程度。这里的作战任务覆盖了武器装备系统在实际作战中可能承担的各种主要作战任务,并且涉及整个作战过程。

效能评估的指标因素可以分为尺度参数(Dimensional Parameter, DP)、性能度量(Measures of Performance, MOP)、效能度量(Measures of Effectiveness, MOE)和作战效能度量(Measures of Force Effectiveness, MOFE)。其层次关系如图 3-58 所示。

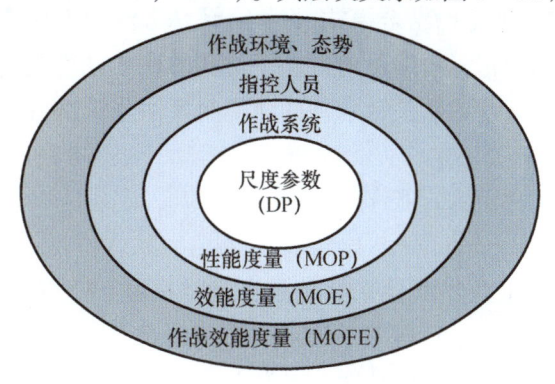

图 3-58　效能评估指标因素的层次关系

对于指挥信息系统的效能评估,尺度参数描述系统部件固有的属性或特征,表示系统的结构和行为,如信噪比、误码率等;性能度量描述系统各子系统的功能,表示系统的单个要素或属性对于整体能力的贡献,如虚警率、通信延时等;效能度量描述系统在作战环境下实现总体功能的情况,表示系统按照预期结果完成使命的能力,如目标识别率、预警时间等;作战效能度量描述系统与作战结果之间的关系,表示一定条件下军事力量或行动方案的效能,如损耗率等。

尺度参数和性能度量一般与环境无关,是对系统内部具有的特征和能力的描述,属于技术指标的范畴,通常称为系统的性能指标;效能度量和作战效能度量则必须在作战环境下考虑,是系统在外部环境中表现的特征和能力,通常称为系统的作战效能指标。

3. 效能评估方法

评估方法总体上可以分为:解析方法、综合评估方法和基于仿真的评估方法,每类方法都有自己的长处和不足。

解析方法适用于系统规模较小,或系统具有专门的功能,或只评估系统某一方面的特性的情况,可以在充分研究系统运行机理的基础上,为系统建立解析模型,将不同评估对象的各个参数指标输入模型,进行数学上的分析评估。当系统结构比较复杂,或系统规模较大时,系统解析模型的复杂程度提高,分析求解系统模型会越来越困难。

综合评估方法以"人"(领域专家)为主,对系统考察目标进行充分分解和综合考虑,制订综合评估指标体系。同时综合评估方法采用专家评议方法,依次确定各项指标的权重,利用定性与定量相结合的方法对单项指标进行考评或打分,最后进行综合评价。在此过程中,可以运用层次分析法(Analytic Hierarchy Process, AHP)或其改进方法确定指标相对权重,并通过加权综合的方式得到综合评估结果。

基于仿真的评估方法通常结合仿真环境和系统原型进行评估,在长期积累的可靠仿真数据与仿真模型支持下,通过将系统原型在仿真试验环境中运行和仿真分析,对系统的某些重点特性或系统的整体运行效果进行技术评估。该类方法的典型案例如高速战斗机的风洞系统、指挥信息系统的仿真试验床等。

根据上述3类方法的优缺点,在评估指挥信息系统这种复杂系统时,可以把几类方法结合起来使用,可以考虑如下的结合模式:将综合评估方法用于系统的整体度量,综合评估过程中所需的某些单项指标数据可通过基于仿真的评估方法或解析评估方法获取,而解析方法既可用于系统某些成熟关键部件的建模与评估分析,也可为基于仿真的评估方法的建模提供支撑。

下面简要介绍几种常用的效能评估方法。

1) 系统分析法

系统分析法是美国工业界武器系统效能咨询委员会(WSEIAC)于1965年提出的。当时集中了一百多位科学家进行研究,以装备系统的总体构成为对象,以所完成的任务为前提对装备效能进行评估。提出的效能公式为 $E = A \cdot D \cdot C$,式中,E 表示效能,A 表示可用性,D 表示可信赖性,C 表示能力。

该方法也简称为"ADC 法",主要用于评估单件或同类武器装备的效能,如导弹、枪支、火炮、雷达等。经过细化,ADC 法也可用于指控系统的性能评估。

E 表示系统完成其规定任务的全部能力。系统的效能向量 $E = [e_1 \quad e_2 \quad \cdots \quad e_n]$ 是系统的有效性向量 A、可信赖性矩阵 D 和能力矩阵 C 的乘积。

$A = [a_1 \quad a_2 \quad \cdots \quad a_n]$ 是一维的有效性行向量。a_i 表示不同状态下系统有效利用程度的量度,$a_i = \dfrac{\text{MTBF}}{\text{MTBF} + \text{MTTR}}$,式中,MTBF 为平均故障间隔时间,即系统正常工作的时间,MTTR 为平均故障修复时间。向量 A 为系统能正常工作的一种数学描述,它实质是一个综合了可靠性和可维修性的广义可靠性指标。

D 为系统的可信度,是在已知开始执行任务时系统所处状态的情况下,系统完成某项特定任务将进入或处于的任一有效状态,可用完成各项任务的概率来表示。如果有效性向量是一个 n 元向量,则它是一个 $n \times n$ 矩阵,$D = \begin{bmatrix} d_{11} & d_{12} & \cdots & d_{1n} \\ d_{21} & d_{22} & \cdots & d_{2n} \\ \vdots & \vdots & \ddots & \vdots \\ d_{n1} & d_{n2} & \cdots & d_{nn} \end{bmatrix}$。$d_{ij}$ 是系统由状态 i 转移到状态 j 的可信度,一般用概率表示。

C 为武器系统完成任务的能力,是一个 n 维列向量 $C = [c_1 \quad c_2 \quad \cdots \quad c_n]^{\text{T}}$。

效能 E 是武器系统各个状态转移变换下效能指标的叠加,既是一个综合性指标,也是一个动态性指标。它充分反映了武器系统的可靠性及其完成战斗任务的能力,在武器的设计和使用中占有十分重要的地位。由于武器系统效能分析是建立在各子系统、各阶段、各种条件以及各种状态转换基础上的,对加权的考虑各不相同,因而得到的效能公式也是多种多样的。

2)指数法

20 世纪 50 年代末期,美国把国民经济统计中的指数概念移植到作战评估,用来反映各军兵种数十种武器及人员在一定条件下联合的平均战斗力结果,取得了较好效果,于是指数法在军事评估中的研究和应用越来越广泛。指数法是通过所建立的各个综合分析模型对系统的各种能力进行分析与综合,从而获得单一指数的综合分析方法。其核心是对分析对象按层次进行分解与综合,主要步骤如下。

(1)规定典型任务。根据系统使用要求,明确一个或几个典型任务。若不能明确任务或系统作用的对象,则指数法难以实施。

(2)建立系统功能分解图。将系统按硬件组成功能关系进行层次分解,并绘制出功能分解图(或倒立树)。树的最底层一般是技术指标层,最顶层是系统效能层。

(3)建立指数集。指数集是度量功能分解图上每一个元素的指数的集合。树的最下层为基本指数,最顶层为系统的综合指数(或效能指数),中间层为子系统的单项综合指数。

(4)建立综合模型。综合模型是将下层指数综合为上层指数的数学计算公式,一般采用加权计算。综合模型不止一个,每一次分解就需要一个综合模型。模型的输入与输出均是指数,某一层模型的输出是其上一层模型的输入。

（5）计算基本指数。利用系统效能的分析方法，求出每一基本层次能够完成规定典型任务的程度，并将其转化为无量纲的指数。

（6）进行综合分析。利用各个综合模型，由基本指数开始向上综合，最终得到系统的综合指数。

3) 层次分析法

层次分析法是美国匹兹堡大学 Saaty 教授于 20 世纪 70 年代创立的一种定性定量相结合的决策分析评估方法，是分析多目标、多准则的复杂大系统的有效工具。层次分析法具有思路清晰、方法简便、适用面广、系统性强等特点，因而便于普及推广，成为人们工作和生活中普遍应用的一种思考方法。我国不少学者将层次分析法运用于能源政策分析、产业结构研究、科研成果评价、发展战略规划、人才考核评价及发展目标分析等许多方面都取得了令人满意的成果。

层次分析法比较客观地反映了人们在处理社会、经济、军事等复杂事物方面的思维方式，具有将非结构化问题向结构化问题转化的能力。它能够以简单的方式描述问题，同时也具备了严格的逻辑推导和比较完备的数学背景。利用层次分析法处理问题时，把问题分解成各个因素，将这些因素按支配关系分组形成递阶层次结构，然后综合决策者的判断确立各方案的权重。整个过程体现了人类思维的基本特征，即分解－判断－组合的思维过程。层次分析法是一种定性与定量相结合的方法，将人的主观判断用数量形式表达和处理，提高了决策的有效性、可信性和可行性。

进行效能评估时，系统各组成元素权重的确定是实现后续决策或评估过程的关键步骤。利用层次分析法结合专家的比较判断可以合理地确定权重，其基本步骤如下：

（1）建立递阶层次结构；

（2）构造两两比较判断矩阵；

（3）计算单一准则下元素的相对权重；

（4）计算各层元素的综合权重；

（5）层次分析的一致性检验。

层次分析法经过不断地发展和完善，派生出许多分支方法，如完全层次分析法（或绝对层次分析法）、模糊层次分析法、反馈层次分析法、网络层次分析法等。层次分析法的优点在于能将人的思维判断用较简单的方式体现出来，实现思维判断的量化。

3.4 指挥信息系统的工程技术

3.4.1 指挥信息系统需求工程与体系工程技术

1. 系统工程技术

1）系统的概念与特性

所谓"系统"，是由多个组成要素按照一定的秩序和结构形成的有机整体，具有不同于各组成部分的全新的性质和功能。系统包含如下特性。

(1) 整体性。

整体性是系统最基本、最核心的特性。按照系统论的观点,在组成系统时,系统整体的功能并不等于各组成部分的功能之和(或叠加),系统整体上一定具有任何一个组成部分所不具有的新功能,这一特性称为系统的整体性。例如,一个机械钟表,你可以把它拆解成多个零件,也可以再次组装以观察各个零件是如何相互配合以及协同运转的;但是当组装成钟表后,它就具备了度量时间的功能;这恰恰是所有零件都不具备的新功能,这就是系统整体性的体现。

由于系统具有整体性,其组成要素之间一定具有符合某种秩序或规则的关系,而不是简单的堆积和拼凑。而且,组成要素、要素的功能、要素的相互联系和作用都要服从于系统整体的目的和功能。对系统的各个组成要素及其相互关系进行描述,即是系统的组成结构。

指挥信息系统也具备这一特性,其组成要素之间一般均具有特殊的耦合关系,系统的整体功能与各组成部分明显不同。从整体而言,指挥信息系统实现了对战场信息的获取、传输、存储、处理、利用和反馈的自动化流程,完成了从物理域、信息域到认知域再到物理域的 OODA 循环,从而可有效支持侦察、控制、打击、评估的完整作战指挥过程,大幅缩短"从传感器到射手"的时间。同时指挥信息系统能把侦察探测、指挥控制、火力打击、综合保障等各种作战要素和系统融合联接,成为一个完整的作战体系,形成对体系作战能力的重要、关键支撑。而这是任何一个单独的分系统所无法做到的。

(2) 开放性。

系统的组成要素中:一部分是核心要素,它们的性质与结构决定了系统的整体功能特性;另一部分要素可能与系统关系密切,但本质上却不属于系统本身,而是属于系统所处的环境,或者是系统的输入/输出。因此,研究特定系统时必须划分和界定其边界,明确其所处的外部环境。

系统与环境之间不断地进行相互作用,进行物质、能量和信息的交换。系统本身也会针对其所处的环境,不断地进行适应和调整,以保持相对有序、稳定的结构和状态,呈现出特定的功能。这一特性称为系统的开放性。

指挥信息系统正是这样一种开放的系统,和其所处环境之间进行着不断的相互作用。显然,不同的系统边界划分方法将会影响到指挥信息系统核心要素的确定,影响到其与环境的交互方式,并进而影响其组成结构与系统功能。那么,如何划分指挥信息系统的边界与环境呢?

目前,并没有一种统一权威、一成不变的划分标准。一种传统的划分方法是:把本级指挥员(指挥信息系统的主要使用者)、作战部队、武器以及上级指挥员等作为指挥信息系统的环境,把指挥信息系统本身的主要组成要素归纳为情报获取、信息传输、信息处理、组织计划、辅助决策和指挥控制,如图 3-59 所示。按照这一划分方法,系统的输入包括情报、上级命令、下级上报和指挥员本人的指令,其中情报是由情报系统提供的。系统的输出控制武器和部队的行动,并上报本级的决策结果。

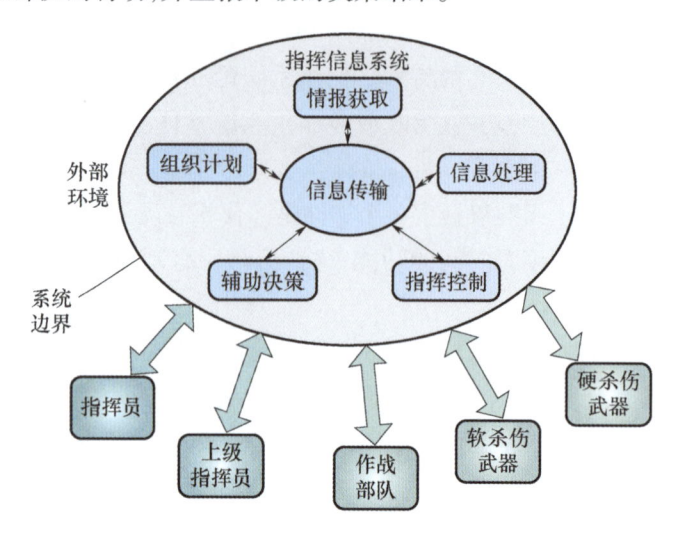

图 3-59 一种典型的指挥信息系统组成与边界划分方式

也有另外一种观点,认为必须把指挥员(特别是本级指挥员)纳入到指挥信息系统的边界之内,才能使整个系统呈现为一个完整的"人-机"系统,并充分体现其中"人"这一要素的核心地位与作用。①

(3) 动态相关性。

任何系统都在不断地发展变化,系统的要素之间、要素与系统整体之间、系统的外部环境、系统与环境之间、人对系统的认识等,都在变化中相互影响,呈现出系统的动态相关性。

因此,每一种划分方式都只能适用于某个特定的时间段或者场合,指挥信息系统也是如此。从最初的"赛其"系统到 C^2、C^3、C^3I、C^4I、C^4ISR,从指挥自动化系统、综合电子信息系统到目前的指挥信息系统,其概念的内涵与外延经历了一个长期的动态发展过程。而且,其概念的内涵与外延在未来仍将持续变化。

(4) 层次等级性。

如果按照指挥层次划分,可以把指挥信息系统分为战略级指挥信息系统、战役级指挥信息系统和战术级指挥信息系统。按照这一方式,统帅部、军种司令部的指挥信息系统可归为战略级系统,战区、舰队、集团军等级别的指挥信息系统可归为战役级系统,旅(团)级及以下的指挥信息系统可归为战术级系统。即指挥信息系统的结构是有层次和等级之分的,这就是系统的层次等级性。

指挥信息系统由子系统组成,低一级层次是高一级层次的基础,系统本身也是更大系统的组成要素。因此,一种典型的分析方法是对指挥信息系统进行层层分解,弱化各系统

---

① 根据第1章网络信息体系的介绍可知,指挥信息系统将人、武器链接在一起形成信息化的作战体系,所以"人-机"系统的认知是早期的一种观点,当前主流的观点认为指挥信息系统本身并不包括人。

要素之间的联系,基于系统的组成结构,采用自顶而下、逐层分解的方法进行分析。然后,在对更小规模子系统或系统要素深入剖析的基础上,再自底向上、逐步组合、增加和强化要素之间的联系,以最终得到系统的整体功能特性。在实际工作中,这种方法被广泛应用,也取得了较好的效果。

但是,对于结构与功能日益复杂的指挥信息系统而言,上述"分解-还原-综合"的方法很多时候并不理想,难以解释指挥信息系统一些关键特性的形成机理,尤其是将"人"这一因素列为系统要素时,更是难以分析处理。这是因为,对于复杂、有机程度高的系统,"分解-还原-综合"的方法已经无法反映系统的本质特征。实际上,包含"人"的指挥信息系统是一个复杂系统,对其功能、结构与工作机理进行深入剖析需要应用复杂系统理论。但是在很多实践情况下,为便于分析,需要将"人"这一具备固有复杂性的要素从指挥信息系统中剥离,将其作为环境要素处理;此时,指挥信息系统的复杂度将大幅降低,可以作为一个简单系统来分析。在此基础上,再根据军事需求和具体研究目标,选择适当的角度进行观察,合理确定系统的粒度与边界。

2) 系统工程的概念与方法

用定性与定量相结合的系统思想和方法处理大型复杂系统的问题,无论是系统的设计和组织建立,还是系统的经营管理,都可以统一看成是一类工程实践,统称为系统工程(Systems Engineering)。钱学森[①]曾指出:"'系统工程'是组织管理'系统'的规划、研究、设计、制造、试验和使用的科学方法,是一种对所有'系统'都具有普遍意义的科学方法。""系统工程是一门组织管理的技术。"

关于系统工程,至今尚无统一的定义。下面是几个有代表性的定义。

美国著名学者切斯纳指出:"系统工程认为虽然每个系统都是由许多不同的特殊功能部分所组成,而这些功能部分之间又存在着相互关系,但是每一个系统都是完整的整体,每一个系统都要求有一个或若干个目标。系统工程则是按照各个目标进行权衡、全面求得最优解(或满意解)的方法,并使各组成部分能够最大限度地互相适应。"

日本工业标准(JIS)规定:"系统工程是为了更好地达到系统目标,而对系统的构成要素、组织结构、信息流动和控制机制等进行分析与设计的技术。"

《中国大百科全书·自动控制与系统工程卷》指出:"系统工程是从整体出发合理开发、设计、实施和运用系统的工程技术。它是系统科学中直接改造世界的工程技术。"

汪应洛指出:"系统工程是从总体出发,合理开发、运行和革新一个大规模复杂系统所需思想、理论、方法论、方法与技术的总称,属于一门综合性的工程技术。"

因此,系统工程是一门工程技术,但它与机械工程、水利工程等其他工程学不同。各门工程学都有其特定的工程物质对象,而系统工程的研究对象不限定于某种特定的工程物质对象,任何一种物质系统以及自然系统、社会经济系统、军事指挥系统等都能成为其

---

① 可参见钱学森、许国志、王寿云所著《组织管理的技术——系统工程》一文,该文原载于1978年9月27日出版的《文汇报》第1版、第4版。

研究对象。系统工程重在为决策服务,所以许多学者认为系统工程是一门"软科学"。

目前,对系统工程比较一致的看法是,系统工程是以大规模复杂系统问题为研究对象,在运筹学、系统理论、管理科学等学科基础上逐步发展和成熟起来的一门交叉学科。系统工程的理论基础是由一般系统论、大系统理论、经济控制论、运筹学、管理科学等学科相互渗透、交叉发展而形成的。

运用系统工程方法分析与解决复杂系统问题时,需要确立系统的观点、总体最优及平衡协调的观点、综合运用方法与技术的观点、问题导向和反馈控制的观点。系统工程作为开发、改造和管理大规模复杂系统的一般方法,具有以下特点。

(1)一般采用先决定整体框架、后进入内部详细设计的程序。

(2)试图通过将构成事物的要素进行适当配置来提高整体功能,其核心思想是"综合即创造"。

(3)属于"软科学",人(决策者、分析人员等)和信息的重要作用非常明显,需要经过多次反馈与反复协商,体现了科学性与艺术性的有机结合。

经过长期研究和实践,系统工程思考问题和处理问题形成了多种方法论(Methodology)。系统工程方法论是分析和解决系统开发、运作及管理实践中问题应遵循的工作程序、逻辑步骤和基本方法。具有代表性的方法论包括霍尔三维结构和切克兰德方法论等。霍尔方法论主要以工程系统为研究对象,而切克兰德方法论更适合于对社会经济和经营管理等"软"系统问题进行研究。

根据指挥信息系统的特点与应用领域要求,研究指挥信息系统工程适合采用霍尔方法论。指挥信息系统工程是运用系统工程的普遍原理和理论方法,解决指挥信息系统的规划论证、分析设计、研制开发、构建使用、运维管理、演化升级、退役报废等全生命周期内所有问题的理论、方法与技术的集合以及相应的组织管理过程。下面主要介绍霍尔三维结构的内容。

霍尔三维结构由美国学者 A. D. 霍尔于 1969 年提出,将系统的整个管理过程分为前后紧密相连的 7 个阶段和 7 个步骤,并同时考虑了为完成这些阶段和步骤的工作所需的各种专业管理知识,如图 3-60 所示。

霍尔三维结构包括时间维、逻辑维和知识维(或专业维)。时间维表示系统工程的工作阶段或进程;逻辑维指系统工程每阶段工作所应遵从的逻辑顺序和工作步骤;知识维表征从事系统工程工作所需要的知识,或系统工程的专门应用领域。

在时间维上把系统工程工作分为 7 个阶段。

(1)规划阶段。根据总体方针和发展战略制订规则。

(2)设计阶段。根据规划提出具体计划方案。

(3)分析或研制阶段。提出实现系统的研制方案,分析、制订出较为详细而具体的生产计划。

(4)运筹或生产阶段。运筹各类资源及生产系统所需的全部"零部件",并提出详细而具体的实施或"安装"计划。

(5) 实施或"安装"阶段。把系统"安装"好,制订出具体的运行计划。

(6) 运行阶段。系统投入运行,为预期用途服务。

(7) 更新阶段。改进或取消旧系统,建立新系统。

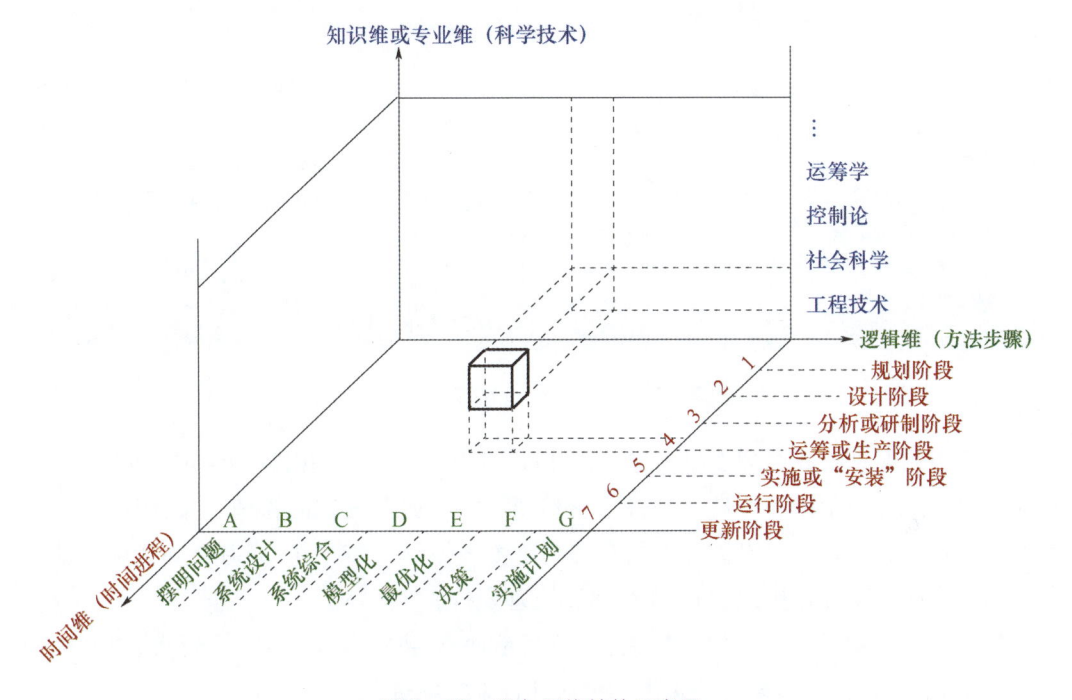

图 3-60 霍尔三维结构示意图

在逻辑维上,把上述每个阶段的工作划分为 7 个步骤。

(1) 摆明问题。与提出任务的单位进行沟通,明确所要解决的问题及其确切要求,全面收集和了解与问题相关的历史、现状、发展趋势等资料。

(2) 系统设计。确定目标及评价标准,用系统评价等方法建立评价指标体系,设计评价算法。

(3) 系统综合。设计能够完成预定任务的系统结构,拟订政策、活动、控制方案和整个系统的可行方案。

(4) 模型化。建立分析模型,初步分析系统各种方案的性能、特点、能够实现预定任务的程度以及在目标、评价指标体系下的优劣排序。

(5) 最优化。基于评价生成并选择各项政策、活动、控制方案和整个系统方案,尽可能达到最优、次优或合理,至少能够令人满意。

(6) 决策。在分析、优化和评价的基础上由决策者做出裁决,选定行动方案。

(7) 实施计划。不断修改、完善以上六个步骤,制订出具体的执行计划和下一阶段的工作计划。

在知识维上,每个工作阶段的每个步骤,都需要相应的知识(如运筹学、控制论、管理科学等)的支撑,或者该工作内容会反映到不同的专门应用领域(如工程系统工程、军事系统工程、社会经济系统工程等),在执行该步骤时需要考虑到具体的领域要求。

霍尔三维结构给出了解决系统工程问题的一般框架,在规划和安排工作时可以借鉴这个框架。为了增强该方法的可操作性,还提供了一个实用的管理工具,即霍尔管理矩阵(或称为T-L矩阵),如图3-61所示。

时间维（阶段）	逻辑维（步骤）						
	1.摆明问题	2.系统设计	3.系统综合	4.模型化	5.最优化	6.决策	7.实施计划
(1) 规划阶段	a_{11}	a_{12}	a_{13}	a_{14}	a_{15}	a_{16}	a_{17}
(2) 设计阶段	a_{21}	a_{22}	a_{23}	a_{24}	a_{25}	a_{26}	a_{27}
(3) 分析或研制阶段	a_{31}	a_{32}	a_{33}	a_{34}	a_{35}	a_{36}	a_{37}
(4) 运筹或生产阶段	a_{41}	a_{42}	a_{43}	a_{44}	a_{45}	a_{46}	a_{47}
(5) 实施或"安装"阶段	a_{51}	a_{52}	a_{53}	a_{54}	a_{55}	a_{56}	a_{57}
(6) 运行阶段	a_{61}	a_{62}	a_{63}	a_{64}	a_{65}	a_{66}	a_{67}
(7) 更新阶段	a_{71}	a_{72}	a_{73}	a_{74}	a_{75}	a_{76}	a_{77}

图3-61 霍尔管理矩阵(T-L矩阵)

根据霍尔管理矩阵合理安排工作,每一阶段都有自己的管理内容和管理目标,每一步骤都有自己的管理手段和管理方法,彼此相互联系,再加上具体的管理对象,组成一个有机整体。霍尔管理矩阵可以提醒人们在哪个阶段该做哪一步工作,同时明确各项具体工作在全局中的地位和作用,从而使工作得到合理安排。

霍尔三维结构运用于大型工程项目,尤其是探索性强、技术复杂、投资大、周期长的"大科学"研究项目,可以减少决策上的失误和计划实施过程中的困难。

2. 体系工程技术

1) 体系的概念与特征

体系来源于系统,但体现出与系统不同的本质特征,目前没有形成普遍接受的定义。

2005年,美国参联会主席在《联合能力集成与系统演化》中给出了体系的定义:体系是相互依赖的系统的集成,这些系统相互关联和链接以提供一个既定的能力需求。去掉组成体系的任何一个系统将会在很大程度上影响体系整体的效能或能力。体系的演化需要在单一系统性能范围内对集成之后的系统整体进行权衡。

美国陆军部关于陆军软件模块化的法规对体系的定义是:体系是系统的集合,这些系统在协同交互过程中实现信息的交换和共享。

体系的概念包含两个层次的内涵:一是体系层面的概念内涵,包括规模性、复杂性、高度灵活性、动态演化性、地理分布性、可变性和涌现性等;二是参与体系组成的系统层面的内涵,包括异构性、独立性、支配性、嵌入性、多域性、重用性等。总结分析体系的多个定义,可得体系的主要特征如下:

(1) 规模大,结构复杂,由多个系统集成,组成系统之间相互协作;

(2) 组成系统在地理上广泛分布,具有独立功能,可独立运行、独立管理;

(3) 目的性强,但目标不固定,可动态配置资源以适应不同任务需求;

(4) 组成系统完成共同目标时相互依赖,可同时执行和互操作;

(5) 体系开发过程实行集中管理和规划,不断演化发展,涌现新的行为和功能;

(6) 重视协调和开发不同组织或不同利益相关方完成共同目标的能力。

2) 体系工程的概念

在系统工程基础上,为了适应体系特征解决体系中的问题,提出了体系工程的概念。但目前不同领域的研究人员对体系工程有不同的认识,还没有形成统一的定义。下面给出几个有代表性的定义。

(1) 体系工程是确保体系内的组成单元在独立自主运行条件下能够提供满足体系功能与需求的能力,或者执行体系使命和任务的能力。

(2) 体系工程确定体系对能力的需求,把这些能力分配给一组松散耦合的系统,并协调其研发、生产、维护及其他整个生命周期的活动。

(3) 体系工程是解决体系问题的方法、过程的统称。体系工程不仅局限于复杂系统的系统工程,由于体系涵盖问题的广泛性,它还包括解决涉及多层次、多领域的宏观交叉问题的方法和过程。

(4) 体系工程是学科交叉、系统交叉的过程,这种过程确保其能力的发展演化满足多用户在不同阶段不断变化的需求,这些需求是单一系统所不能满足的,而且演化的周期可能超过单一系统的生命周期。

(5) 体系工程源于系统,但不同于常规系统工程,是对不同领域问题的研究。系统工程旨在解决产品开发和使用的问题,体系工程更关注项目的规划和实施。即传统系统工程追求单一系统的最优化,而体系工程追求不同系统集成的最优化。

因此,体系工程源于系统工程,但高于系统工程,旨在解决系统工程解决不了的体系问题。体系工程是实现更高一层的系统最优化的科学,是一门高度综合性的管理工程技术,涉及最优化、概率论、网络理论、可靠性理论以及系统模拟、通信等问题,与管理学、社会学、心理学等学科都有密切关系。

3) 体系工程的研究内容

体系工程要解决的问题或达到的目标如下:

(1) 实现体系的集成,满足在各种想定环境下的能力需求;

(2) 为体系的整个生命周期提供技术和管理支持;

(3) 达到体系中成员系统间的费用、性能、进度和风险的平衡;

(4) 对体系问题求解并给出严格的分析及决策支持;

(5) 确保成员系统的选择与匹配;

(6) 确保成员系统的交互、协调与协同工作,实现互操作;

(7) 管理体系涌现行为,以及动态的演化与更新。

依据体系工程解决上述问题的思路和方法,可以将体系工程的主要内容划分为五类:体系需求工程、体系设计工程、体系集成与构建工程、体系演化工程、体系评估验证工程。

(1) 体系需求工程。体系需求是以体系能力的获取为目标,确定体系对具体能力的需求。体系需求工程根据提出需求的主体与需求内容的不同,可以将体系需求加以划分。

如将与国防有关的体系需求分为战略需求、战争需求和作战需求等层次。

（2）体系设计工程。体系的顶层设计以体系能力的有效发挥为目标，规划体系组成成员建设的技术途径，以有效实现体系运行的一体化，最大限度地发挥体系整体的能力。顶层设计工程包括体系技术一体化和体系组成成员交互活动的设计。技术一体化的设计确保系统运行的高效，即系统单元可以实现任意模块化的组合，而不存在互连互通的障碍。体系成员交互活动的设计确保体系的良好"涌现"行为，避免恶性现象出现。

（3）体系集成与构建工程。体系的集成与构建是以体系需求为依据的，确保体系的边界和优化体系结构，确保体系的高效能或相对优势，体系集成工程是体系构建工程的基础和前提。体系构建工程是一项复杂工程，既需要从体系全局高度上考虑体系的使命要求，又需要从底层执行单元与基础设施的条件上考虑体系要素对使命需求的匹配程度。

（4）体系演化工程。体系的演化是对现有体系的改造或变革，使体系具备新的能力，适应新的环境，履行新的使命。体系的演化行为包括体系的要素演化和体系结构演化同类。要素演化主要包括体系高层使命与任务的变更、能力的演化、底层组成体系成员的加入或退出，这些演化行为之间存在互动联系。高层演化驱动底层演化，底层演化导致高层要素的变更。

（5）体系评估验证工程。体系评估验证包括体系的有效评估测度和体系试验验证两个方面。对体系的有效评估测度不仅包括体系能力评价、效能评估和贡献率分析，还包括体系结构与运行过程的有效性，以及体系演化的有效性，即体系相对稳定时的有效性测度和动态演化的有效性测度。体系验证是对体系工程过程中各个阶段的产品进行验证，包括体系需求验证、体系设计验证、体系集成验证和体系综合验证等。

3. 体系结构技术

体系结构技术是指挥信息系统顶层设计的核心内容，主要用于构建指挥信息系统的上层框架和概念模型。在指挥信息系统研制过程中，运用体系结构技术对系统进行科学、合理的规划与设计，有助于提高系统顶层设计的科学性与规范性。良好的体系结构设计可提供一种有效的交流手段，便于指挥信息系统的规划、使用、研制和维护人员从总体上分析、理解、比较系统；同时也可为系统设计人员提供后续系统详细设计的依据和规范，用来分析、评价系统的互操作性等质量特性；另外还可作为系统进一步集成或随时间演化改进的依据与指南。

1）体系结构的基本概念

体系结构"architecture"一词最早来源于建筑学，是指建筑物的结构、构造方式、建筑式样和建筑风格。后来，人们借鉴建筑学的这一思想，将"architecture"一词应用于计算机硬件、系统工程、计算机软件等领域，提出了计算机体系结构、系统体系结构、软件体系结构等概念。

根据 IEEE 610.12 - 1990，体系结构定义为：系统组成部件的结构、组成部件之间的关系以及指导它们设计与演化的原则和指南。IEEE 于 1996 年成立了体系结构工作组，制订了软件密集系统的体系结构描述标准，即 IEEE 标准 P1471 - 2000。软件密集系统指系统中的软件部分对整个系统的设计、构建、配置和演化有实质性影响，如信息系统、嵌入式系统等,指挥信息系统也可以认为是一个软件密集系统。在 P1471-2000 标准中,体系结构定义为:通过系统组成部件、各组成部件相互之间及与环境的关系以及指导它们设计和演化的原则而具体体现出的一个系统的基本组织结构。

美军进行 C⁴ISR 系统建设时,首次提出要先设计系统的体系结构,再根据体系结构确定相应的投资和开发计划,指导系统的研制和建设。经过多年研究与实践,先后提出了 C⁴ISR 系统体系结构框架和国防部体系结构框架,以指导美军的指挥信息系统建设。在《美国国防部体系结构框架(DoDAF)》2.0 版中,体系结构定义为:系统各部件的结构、它们之间的关系以及制约它们设计和随时间演化的原则和指南。

综上所述,大部分定义都认为体系结构主要包括 3 个核心要素:系统的组成部件、各组成部件之间的关系以及自始至终指导系统设计和演进的原则与指南。因此,将指挥信息系统的"体系结构"定义为:指挥信息系统的组成部件及其相互关系,以及指导系统设计和发展演化的原则和指南,如图 3-62 所示。

体系结构 = 组成部件 + 各部件之间的关系 + 设计原则和指南

图 3-62 指挥信息系统体系结构的定义

2) 美军体系结构框架的发展

目前美军颁布的体系结构框架版本最多,体系结构框架应用最为普及。英国、北约、澳大利亚、加拿大等国都借鉴美军的成功经验,在美军体系结构框架的基础上,根据本国特点开发各自的体系结构框架。美军体系结构框架的发展历程如图 3-63 所示。

C⁴ISRAF 1.0 (1996年) — C⁴ISRAF 2.0 (1997年) — DoDAF 1.0 (2003年) — DoDAF 1.5 (2007年) — DoDAF 2.0 (2009年)

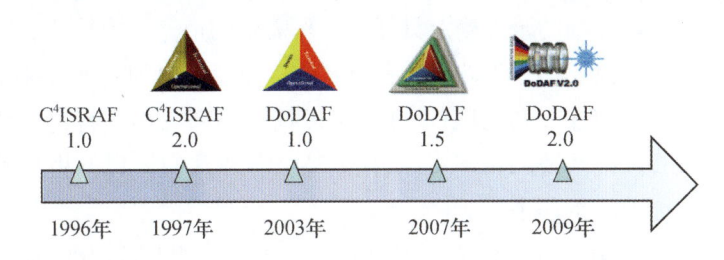

图 3-63 美军体系结构框架的发展历程

美国国防部于 1996 年 6 月颁布了《C⁴ISR 体系结构框架》1.0 版,于 1997 年 12 月颁布了《C⁴ISR 体系结构框架》2.0 版;2003 年 8 月推出了《美国国防部体系结构框架》1.0 版,调整了《C⁴ISR 体系结构框架》2.0 版,并将体系结构原则和实践的应用范围从 C⁴ISR 领域扩展到所有的联合能力域(JCA);2007 年 4 月颁布了《美国国防部体系结构框架》1.5 版,它是《C⁴ISR 体系结构框架》1.0 版的过渡演进版本,增加了如何在体系结构描述中反映网络中心概念的指导,提供了网络中心化概念的支撑;2009 年 5 月颁布了《美国国防部体系结构框架》2.0 版,与前期版本相比,提出了面向服务和以数据为中心的方法,把高效决策所需数据的采集、存储和维护放在了首要位置。

在上述系列版本的体系结构框架中有两个重要的概念,简要说明如下。

（1）体系结构框架（Architecture Framework，AF）。不是指具体的系统体系结构，是为描述体系结构提供指导而制订的文件，是一种规范化描述体系结构的方法，是制订体系结构的方法学或模型的规范和约束。体系结构框架及其定义的体系结构产品构成了体系结构设计的基本语法规则。

（2）视图与视角（View & Viewpoint）。对于特定目标系统的体系结构描述结果，由一个或多个（体系结构）视图组成。视图是系统体系结构在某个特定视角的表示，回答用户的一个或多个关注点。体系结构视图是根据特定视角的约束进行开发建模而得到的；因此，可以认为视角是建立、描述和分析视图的模板和规范，它规定了描述视图的语言（包括概念、模型等）、建模方法以及对视图的分析技术。对于特定目标系统的体系结构描述可以选择一个或多个视角，具体应该选择何种视角，应以体系结构目标用户及用户的关注点为依据。

3）DoDAF 1.0

DoDAF 1.0 为 C^4ISR 体系结构的开发、描述和集成定义了一种通用的方法，以保证体系结构描述能在不同机构（包括多国系统）之间进行比较和关联。该框架为开发和表示体系结构提供了规则、指导和产品描述，确保了用户在理解、比较和集成多种体系结构时有一个公共的标准。

DoDAF 1.0 版将 C^4ISR 系统的体系结构分为作战视图（Operational View，OV）、系统视图（Systems View，SV）和技术标准视图（Technical standards View，TV）3 个部分，分别从作战需求和应用、系统设计、技术实现 3 个视角来描述 C^4ISR 系统的体系结构。

作战视图是对作战任务和活动、作战元素以及完成军事作战所要求的信息流的描述，通常采用图形方式表示。作战视图规定了信息交换的类型、交换的频率、信息交换支援何种作战任务和活动以及详细的足以确定具体互操作需求的信息交换特征。

系统视图是对保障或支持作战功能的各个系统以及系统之间的连接关系的描述。系统视图说明多个系统如何连接和互操作，并且可以描述体系结构中特定系统的内部结构与运行活动。系统视图把系统的物理资源、性能特征与作战视图以及由技术标准视图定义的标准所提出的要求联系起来。

技术标准视图是决定系统部件或组成要素的安排、相互配合及相互依存的最低限度的一组规则，其目的是确保组成的系统满足一系列特定的要求。技术标准视图提供了系统实现的技术指南，它包括一系列技术标准、惯例、规则和准则，决定了特定系统视图的系统功能、接口和相互关系，并与特定的作战视图建立联系。

框架还定义了一个全视图（All - Views，AV），描述体系结构全局方面的内容，但它不是描述体系结构的具体视角。DoDAF 1.0 中 3 个视图的相互关系如图 3 - 64 所示。

作战视图以任务领域或以作战过程为基础，描述了特定作战任务的目标、内容、执行者、组织机构与保障部门，以及关于支持该特定作战任务的指挥信息系统在信息交换、互操作和性能参数等方面的详细内容；系统视图描述相关联系统的功能特性、物理结构、节点、平台、通信线路以及其他关键要素，由它们保障作战视图所描述的信息交换要求，支撑作战任务的完成；技术标准视图确定了基础技术支撑能力和具体的实现规则。

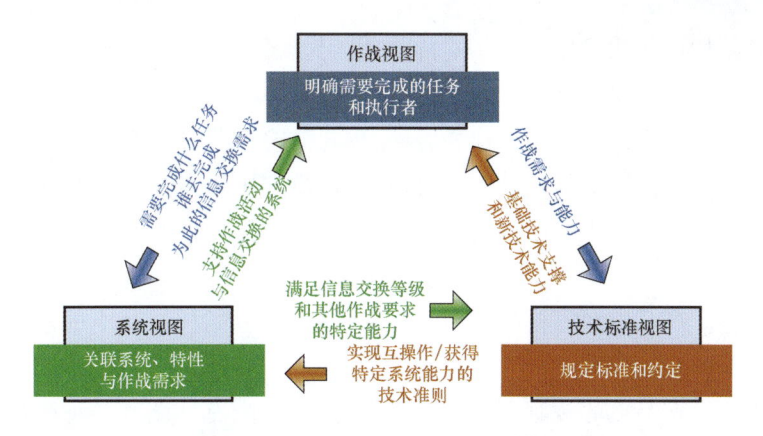

图 3-64 DoDAF 1.0 中 3 个视图的相互关系

作战视图和技术标准视图对系统视图都有限制作用，系统视图不仅要满足作战视图提出的军事需求，而且要遵守技术标准视图对系统体系结构设计的技术限制。

DoDAF 1.0 共定义了 26 种体系结构产品，它们分别属于作战视图、系统视图、技术标准视图和全视图。体系结构产品（Architecture Products）指的是在体系结构分析建模过程中，按照框架和各类视图的约束，描述体系结构时所生成的图形、文本或表格。需要注意的是，不论何种形式的产品，都需要配有解释说明。

对每个产品，根据所属视图分别进行编号。这些视图和产品结合在一起就构成了对某个特定 C^4ISR 系统体系结构的描述。DoDAF 1.0 的产品列表如图 3-65 所示。

视图	产品	产品名称	简要说明
全视图	AV-1	概述与摘要信息	说明体系结构的范围、目的、预期用户、环境和设计分析的结论
全视图	AV-2	综合词典	定义所有产品所用术语的词典
作战视图	OV-1	高级作战概念图	以图形和文本形式描述高级作战概念
作战视图	OV-2	作战节点连接关系描述	描述作战节点、节点交连和节点间的信息交换支撑关系
作战视图	OV-3	作战信息交换矩阵	描述节点间交换的信息和信息的相关属性
作战视图	OV-4	组织关系图	描述各种组织、角色及其相互间的指挥、协作、保障关系
作战视图	OV-5	作战活动模型	描述作战能力与作战活动，以及作战活动之间的关系
作战视图	OV-6a	作战规则模型	具体描述作战活动的3个产品之一，作战活动的业务规则与约束
作战视图	OV-6b	作战状态转换描述	具体描述动态特性的3个产品之一，通过状态转换和事件描述作战过程
作战视图	OV-6c	作战事件跟踪描述	具体描述动态特性的3个产品之一，描述特定场景中作战事件发生的时序关系
作战视图	OV-7	逻辑数据模型	描述作战视图的数据需求与逻辑数据模型
系统视图	SV-1	系统接口描述	确定系统节点、系统、系统部件以及它们的相互连接关系
系统视图	SV-2	系统通信描述	系统节点、系统、系统部件之间的通信实现方式
系统视图	SV-3	系统关联矩阵	确定系统之间的相互关系，描述系统接口
系统视图	SV-4	系统功能描述	描述系统完成的功能和系统功能之间的数据流
系统视图	SV-5	作战活动与系统功能追溯矩阵	描述系统到能力的追溯映射或系统功能到作战活动的追溯映射关系
系统视图	SV-6	系统数据交换矩阵	详细描述系统间交换的数据元素以及数据元素的属性
系统视图	SV-7	系统性能参数矩阵	描述系统、部件、系统功能等的性能特性
系统视图	SV-8	系统演化描述	描述系统演化或迁移的过程
系统视图	SV-9	系统技术预测	描述未来新技术对体系结构产生的影响
系统视图	SV-10a	系统规则模型	描述系统功能特性的3个产品之一，确定系统在设计和实现时遵循的规则和约束
系统视图	SV-10b	系统状态转换描述	描述系统功能特性的3个产品之一，确定系统对事件的响应和状态转换过程
系统视图	SV-10c	系统事件跟踪描述	描述系统功能特性的3个产品之一，确定特定场景中系统事件发生的时序关系
系统视图	SV-11	物理模式	逻辑数据模型的物理实现方式，如消息格式、文件结构、数据的物理模式等
技术标准视图	TV-1	技术标准描述	体系结构中采用或遵循的技术标准列表
技术标准视图	TV-2	标准技术预视	描述正在形成的标准以及它们对体系结构的潜在影响

图 3-65 DoDAF 1.0 的产品列表

209

根据体系结构产品描述内容的不同特点,采用以下几种基本表现形式。

(1) 表格型。产品以表格形式表现,可以配有额外的文字说明。

(2) 结构型。产品以结构图的形式表现,主要描述体系结构的组成与结构。

(3) 活动型。产品以活动图的形式表现,主要描述活动、过程、时序等。

(4) 映射型。产品以矩阵或表格的形式表现,描述不同体系结构元素之间的相互映射关系。

(5) 本体型。产品以数据模型的形式表现,描述体系结构中基本的术语定义及其分类体系。

(6) 图表型。产品以非规则图形的形式表现,通常配有地图和各种图形化的作战单元符号,目前的趋势是向更加直观的三维图形方向发展。

(7) 时间线型。产品以进度计划图表的形式表现,主要描述体系结构元素随时间变化的趋势。

图 3-66 显示的是几个高级作战概念图的示例,采用的是图表型产品。

(a) 美军西南亚(伊拉克战场)特遣作战构想　　(b) 防空作战构想

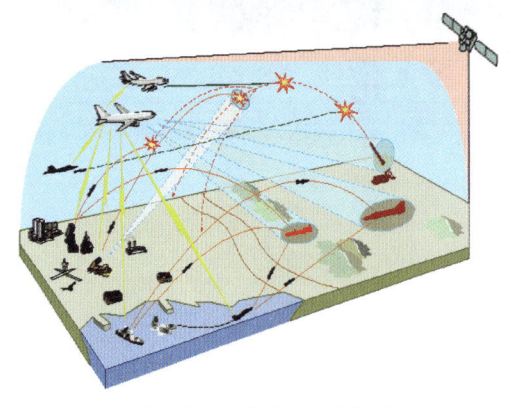

(c) 区域防空反导作战构想　　(d) 微型无人机收集山地作战毁伤信息构想

图 3-66　高级作战概念图(OV-1)示例

图 3-67 显示的是组织关系图(OV-4)的示例,以结构型表示。

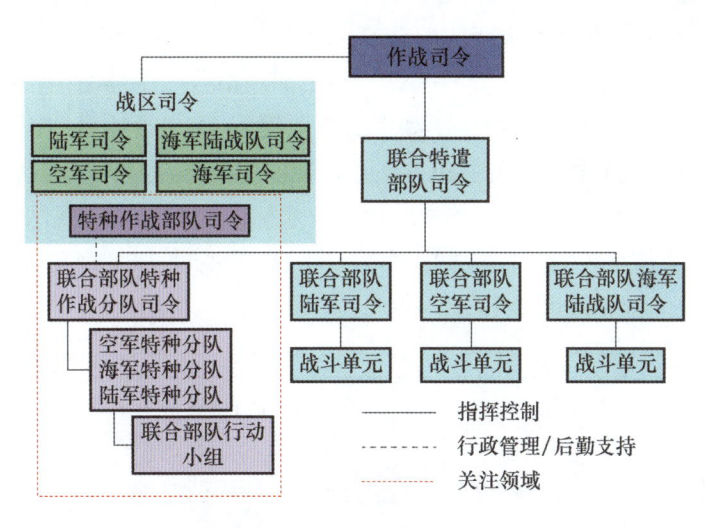

图 3-67 组织关系图(OV-4)示例

图 3-68 显示的是系统功能描述图(SV-4)及作战活动与系统功能追溯矩阵(SV-5)的示例,分别以表格型和矩阵型表示。

S1 网络中心系统功能								
S1.1 用户/实体助理功能	S1.2 发现功能	S1.3 协调功能	S1.4 消息传递功能	S1.5 仲裁功能	S1.6 应用功能	S1.7 存储功能	S1.8 企业管理功能	S1.9 安全功能
S1.1.1 人-计算机接口功能 / S1.1.2 用户环境功能 / S1.1.3 输入流处理	S1.2.1 搜索请求解释 / S1.2.2 格式化搜索请求 / S1.2.3 信息搜索 / S1.2.4 结果分析 / S1.2.5 GIG任务分派	S1.3.1 论坛 / S1.3.2 协调管理 / S1.3.3 工作流	S1.4.1 结构化消息生成 / S1.4.2 结构化消息处理 / S1.4.3 非正式消息生成 / S1.4.4 非正式消息处理 / S1.4.5 战术信息交换 / S1.4.6 即时消息 / S1.4.7 集中式消息分发 / S1.4.8 消息目录服务	S1.5.1 中间件功能 / S1.5.2 GIG信息处理	S1.6.1 利益共同体功能 / S1.6.2 业务功能	S1.7.1 数据库功能 / S1.7.2 分类/目录功能 / S1.7.3 数据集市功能	S1.8.1 系统与网络管理 / S1.8.2 GIG服务管理 / S1.8.3 安全性管理	S1.9.1 基础设施政策服务 / S1.9.2 环境政策强化

	A1	A11	A12	A13	A2	A21	…
S1.1	√		√		√		
S1.1.1	√	√	√	√	√		
S1.2	√				√		
S1.2.1	√	√					
⋮							

图 3-68 系统功能描述图(SV-4)及作战活动与系统功能追溯矩阵(SV-5)示例

4) DoDAF 2.0

美国国防部于 2009 年 5 月推出了 DoDAF 2.0 版,与前几版相比的主要变化如下。

(1) 体系结构开发过程从以产品为中心转向以数据为中心,主要是提供决策的数据,描述了数据共享和在联邦环境中获取信息的需求。

（2）参照 IEEE 标准 P1471-2000 的思想，更加严格区分了体系结构模型、视图与视角等概念，明确定义模型是体系结构产品中的视图模板，不包含体系结构数据；视图是模型＋体系结构数据；视角是特定的一组体系结构视图的集合。

（3）由原来四大视图（全视图、作战视图、技术标准视图和系统视图）演变为八大视角：全视角、数据和信息视角、标准视角、能力视角、作战视角、服务视角、系统视角和项目视角，这些视角之间的关系可参见图 3-69。

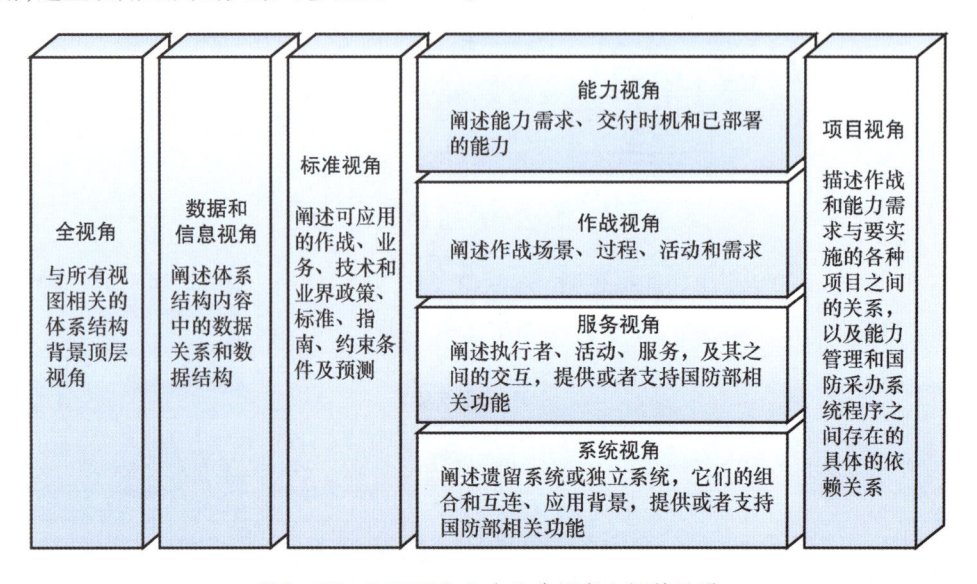

图 3-69　DoDAF 2.0 中 8 个视角之间的关系

（4）提出了定制（Fit-to-Purpose）视图的概念，DoDAF 2.0 标准按上述视角一共给出52 个视图模板（不包括数据），称为 DoDAF 推荐模型（DoDAF-described Models），按照用户实际需求对 DoDAF 推荐模型进行修改、定制和组合使用，即称为定制视图。DoDAF 2.0 并不强制要求使用 DoDAF 推荐模型。

（5）定义和描述了国防部企业体系结构，明确和描述了与联邦企业体系结构的关系。

（6）创建了国防部体系结构框架元模型，DoDAF 元模型简称为 DM2，基于特定本体构建，由概念数据模型、逻辑数据模型和物理交换规范构成，分别从顶层概念、本体逻辑、XML 模式文件等不同层次递进式地进行数据建模。

（7）描述和讨论了面向服务体系架构（SOA）开发的方法，符合指挥信息系统的技术架构正向面向服务体系结构演进的应用需求变化和技术发展趋势。

下面简单介绍 DoDAF 2.0 中提及的几种视角及其用途。

（1）全视角（All Viewpoint）。全视角在体系结构中与其他所有视图都有关联，是跨域性的描述，提供了与整个体系结构描述都有关的信息。如体系结构描述的范围和背景。其中，体系结构描述的范围包括问题域和时间跨度；体系结构描述的背景则由组成背景的相关条件构成，这些条件包括条令、战术、技术、规程、相关的目标和设想的表述、作战思想、想定和环境条件等。

（2）数据和信息视角（The Data and Information Viewpoint）。数据和信息视角主要用于获取和描述业务信息需求以及结构化的业务流程规则，描述与信息交换有关的信息，如属性、特征和相互关系等。

（3）标准视角（The Standard Viewpoint）。标准视角由原来的技术标准视图概念发展而来，包括技术标准、执行惯例、标准选项、规则和标准等，是控制系统各组成单元之间组合、交互和依赖性规则的最小集合。提供了技术系统实现指南，基于此指南可以形成工程规范、建立通用模块、开发产品线。

（4）能力视角（The Capability Viewpoint）。能力视角是高层模型，利用术语描述，使决策者更容易理解相关概念，可用于战略级的功能演化交流。能力视角描述通过执行一系列特定的动作达到企业（指特殊的大型组织）目标，或者在特定标准和条件下通过执行一系列任务获得期望效果的能力。它为体系结构描述的功能提供战略级背景和相应的高层范围，比在作战视角中定义的基于想定的范围更加具有概略性。

（5）作战视角（The Operational Viewpoint）。作战视角立足于作战使命任务，描述作战组织、作战任务或执行的作战行动，以及在完成作战任务中需要交换的信息。该视角记录了交换的信息类型与频度、信息交换所支持的作战任务和作战活动，以及信息交换本身的一些性质。

（6）服务视角（The Services Viewpoint）。服务视角说明了系统、服务以及支持作战活动的功能的组合关系。服务视角中的功能、服务资源和组件可以与作战视角中的体系结构数据关联。这些系统功能或服务资源支持了作战活动，方便了信息交换。

（7）系统视角（The System Viewpoint）。系统视角采集关于自动化系统、互连通性和其他支撑作战活动的系统功能特性等方面的信息。未来，随着美国国防部将重点逐步转移到面向服务的环境和云计算，该视角可能会被逐步取代。

（8）项目视角（The Project Viewpoint）。项目视角说明了如何将工作进程组织成具有前后承接关系的一个整体。该视角提供了一种描述多个项目间组织关系的方法，其中每个项目负责完成不同的系统或功能，通过项目视角描述如何形成一个整体。

5）指挥信息系统体系结构开发方法

体系结构技术是指挥信息系统设计的主要方法，与之密切相关的领域主要包括体系结构建模技术、体系结构开发方法、体系结构验证技术、体系结构支撑环境技术四个方面，它们相辅相成，相互支持。体系结构建模技术主要是选择采用一种合理可行的建模技术，准确对体系结构进行表达和描述。体系结构开发是一个反复迭代和随时间不断演化的活动过程，是基于某种建模技术，针对具体问题领域的一种创造性活动。体系结构验证技术用于评价和检验体系结构的设计开发成果，判断其是否符合需求，检查系统体系结构设计的正确性，以及判定设计的优劣程度。体系结构支撑环境技术是指在体系结构生命周期中为各个阶段活动提供支持的技术和工具的总称，良好的体系结构支撑环境工具可以有效提高体系结构分析设计的效率与质量。

下面，以美军 DoDAF 1.0 版本为例，简要介绍指挥信息系统体系结构开发过程与方法，关于体系结构验证与支撑环境技术不在本书的介绍范围之内，有兴趣的读者可以参阅其他参考文献。

美军 DoDAF 1.0 版本建议的体系结构开发过程分为 6 个步骤，如图 3-70 所示。

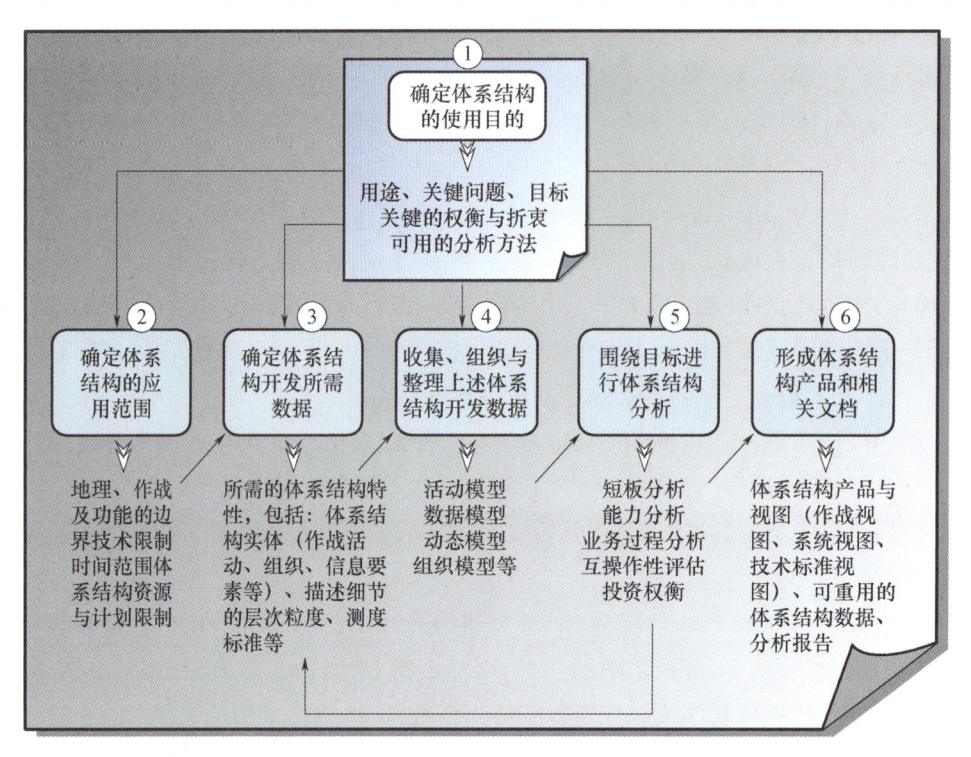

图 3-70 DoDAF 1.0 体系结构开发过程

（1）确定体系结构的使用目的。说明开发该体系结构的目的，同时，这一阶段也回答了体系结构大体是什么、将如何实施、对组织和指挥信息系统开发的影响等。一个清晰无歧义的体系结构目的描述应能够满足用户需求，并可作为体系结构开发的验收依据。

（2）确定体系结构的应用范围。围绕使用目的，明确体系结构开发的边界、深度与广度，包括作战地域边界、作战行动性质与规模、时间限制（包括各个重要节点与里程碑）、系统功能边界、技术限制、开发过程中可用的资源与计划限制、用户范围等。

（3）确定体系结构开发所需数据。确定体系结构的具体特性，如涉及的作战活动、组织、信息要素等实体及其属性，还要明确体系结构开发所需数据的种类与类型、各类活动的规则、活动与组织元素之间的映射关系、作战命令关系、作战任务清单及所需信息、标准数据词典、活动间连接关系规则、与外部其他组织的接口、与更高一级作战活动的关系等。

（4）收集、组织与整理上述体系结构开发数据。对前一阶段的数据进行收集、整理和适当的组织存储，充分考虑可重用的目标，进行必要的数据建模、活动建模、结构关系建模等工作，最终将体系结构开发所需数据以可重用、标准化、模型化的方式存入特定的数据库中，便于后续的开发工作。

(5) 围绕目标进行体系结构分析。在前述各项工作的基础上,进行短板与缺陷分析、能力分析、业务过程分析、互操作性分析和成本效益分析,进行投资权衡。要依据作战任务、作战条令、敌方威胁、我方实力等数据和模型,考虑作战任务、系统功能、技术能力之间的关系与平衡,并结合军事、文化、政治、经济、技术等多种条件进行综合分析。在此过程中,可能还需要额外收集必要的信息和数据以辅助分析,此时需转到第(3)阶段,也可以建立若干特定场景以帮助进行分析。在分析过程中,需要进行大量的筛选、比较、评估、转换等工作。

(6) 形成体系结构产品和相关文档。这是体系结构开发过程的最终阶段,要选择适当的体系结构开发工具软件将前述各阶段的分析成果、模型和数据形成正式的体系结构视图产品,以及配套的解释说明和报告。在此过程中,要充分考虑到产品的可重用和可共享性,严格遵循第(1)步所确定的开发目标。

开发体系结构时,一般可采用结构化的体系结构开发方法,大致按照"全视图产品 – 作战视图产品 – 系统视图产品 – 技术标准视图产品"的过程进行开发,如图3–71所示。

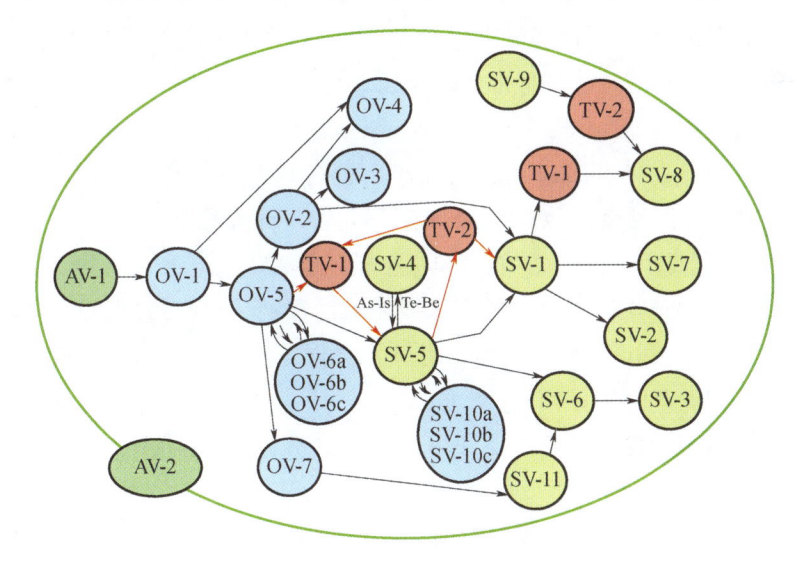

图3–71 DoDAF 1.0视图产品构建参考顺序(以数据为中心)

4. 需求工程技术

指挥信息系统的需求分析是系统开发的第一步,是后续各个开发阶段的基础和依据,也是成功开发系统的关键。

1) 需求分析与需求工程

所谓需求,按照IEEE的定义是:①解决用户问题或达到系统目标所需要的条件;②为满足一个协议、标准、规范或其他正式制订的文档,系统或系统组件所需要满足和具备的条件或能力;③对上述条件的文档化描述。对于一般用户而言,需求可以理解为从系统外部观察,所看到的能够满足用户要求的一切系统功能与特性的总和,即:"系统是什么?"而IEEE的定义蕴含的另一层意思是:对需求的描述应遵循某种规范并文档化,以便于用户、开发者等相关人员的一致理解,或在系统研制过程中作为验收标准。

IEEE 对"需求分析"(Requirements Analysis)的定义是:①为明确定义系统、硬件或软件的需求,而对用户的需要进行调查和研究的过程;②对系统、硬件或软件的需求进行细查和提炼的过程。因此,可以认为:需求分析就是充分理解用户需求,逐步分析和最终形成需求文档的一个复杂过程。

理想化的需求描述和文档应该是完整、一致、正确、无二义和可验证的。但由于软件系统本身的复杂性、无形性、无规律性和因人而异的评价差异,使得需求分析十分困难,很难达到理想状态。因此,提出了需求工程的概念,试图以科学和工程化的方法处理和管理需求,以求得高性价比的需求分析实施过程与方案。

需求工程(Requirement Engineering,RE)是系统工程和软件工程交叉学科的分支。按照英国计算机学会给出的定义:需求工程是关于系统需求的获取、定义、建模、文档化和验证,它综合了软件工程、知识获取、认知科学和社会科学等多门交叉学科技术。

关于需求工程的定义有多种说法,下面介绍两位学者给出的定义。

(1)麦考利在1996年提出将需求工程定义为一种系统化的需求开发过程,他认为需求工程就是通过互操作的迭代过程来分析问题,用各种方式表达结果,并检查所获结果对需求理解的准确性。

(2)伊斯特布鲁克在2005年提出将需求工程定义为一套关于识别和交流软件密集型系统的目的及用途的活动。他认为,需求工程起着一种桥梁作用,将现实世界各种用户的需求与软件密集型技术所带来的能力和机会联系起来。

麦考利的定义强调从需求开发过程认识需求工程;伊斯特布鲁克的定义则认为需求工程来源于软件工程,侧重于软件应用与用户需求的结合。综合来看,将这两个定义结合才能反映需求工程的全貌。

从需求工程的研究成果来看,需求分析方法大致分为四类:面向过程、面向数据、面向控制和面向对象。

(1)面向过程的分析方法主要研究输入输出的转化方式,对数据本身及控制方面并不很重视。这种方法来源于20世纪70年代流行的面向过程的程序设计,也称为结构化的程序设计。结构化分析/结构化设计、数据流图等属于这类方法。

(2)面向数据的分析方法流行于20世纪80年代至90年代。该类方法强调围绕信息构成及其结构描述系统需求,通过分析实体之间的关系获取需求。这一时期的人们发现大多数信息系统都是基于数据库的应用系统,而数据结构的分析与设计是问题的关键。E-R图、IDEF1X等属于这类方法。

(3)面向控制的分析方法几乎出现在同一时期,是用于实时控制系统的需求分析与设计方法。该方法侧重于事件驱动的控制逻辑的描述,强调同步、死锁、互斥、并发以及进程激活和挂起等。Petri网就是典型的面向控制的分析方法。

(4)面向对象的分析方法兴起于20世纪90年代。该类方法把分析建立在系统对象及对象间交互的基础上,通过对象的属性、分类结构和聚合结构定义进行需求沟通。统一建模语言 UML 等就是典型的面向对象的分析方法。

与一般软硬件系统的需求分析相比,指挥信息系统的需求分析尤为复杂。因为指挥信息系统的建设目标是为支撑军事人员履行军事使命或完成军事任务,所以指挥信息系统需求可能涉及军队作战活动、政治工作、后勤保障、日常建设、装备建设、技术保障、发展规划等多个领域的期望和条件,涉及军事问题域的各个方面。

2) 需求分析过程模型

指挥信息系统是一个复杂而庞大的领域,其需求分析活动已经发展成为需求工程活动。对于大型复杂系统而言,需求工程涉及各种人、物、事的因素,周期也比较长。因此,需要按照规范化、工程化的过程,分阶段逐步推进需求分析活动,并明确各个阶段的里程碑节点与阶段成果,才能使指挥信息系统需求分析活动持续有效推进,确保最终的需求分析质量,这就需要遵循特定的需求分析过程模型。

目前,在需求工程领域存在不少过程模型,如赫贝尔·克拉斯纳定义了需求定义与分析、需求商榷与决策、需求规约、需求实现与验证、需求演化管理的五阶段过程模型,马赛厄斯·亚尔克等人提出了需求获取、需求表示和需求验证的三阶段过程模型等。综合本领域多种学术观点,本节主要采用原解放军理工大学王智学教授等人提出的三阶段需求分析过程模型,并进行了微调,将需求分析过程划分为需求开发、需求确认和需求演化管理 3 个相对独立的阶段,如图 3-72 所示。

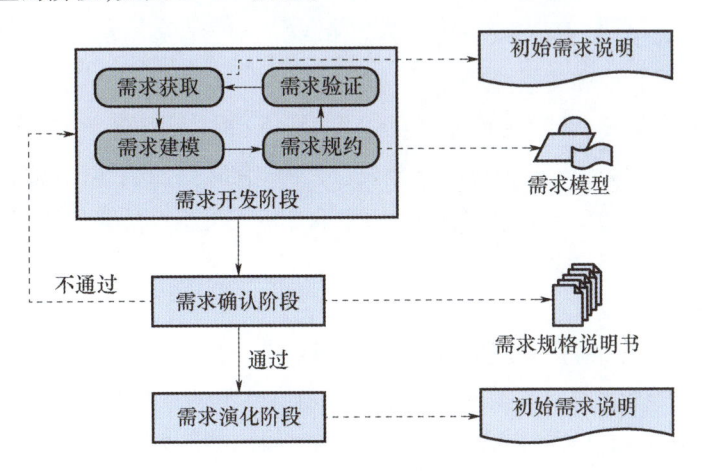

图 3-72 指挥信息系统需求分析过程模型

(1) 需求开发阶段。

需求开发是需求分析过程最为关键的一个阶段,是需求从无到有、从不规范到规范的过程。在需求开发阶段,涉及与用户的反复沟通协商,需要考虑各种人、机构、业务及事物之间错综复杂的关系,需要需求分析主体人员具备业务背景知识、分析技术、分析经验、语言表达与沟通能力等,甚至还需要考虑政治、社会、军事等领域的特殊限制与要求。

可进一步将需求开发阶段区分为 4 个子阶段,分别是需求获取、需求建模、需求规约和需求验证。

需求获取子阶段的主要任务是积极与用户沟通,并采用各种方法分析、捕捉、总结、修订用户对目标系统的需求构想,在此基础上整理提炼出符合问题领域要求的初始需求描述。本阶段的成果一般是用自然语言配合简明图表撰写的需求说明书。

需求建模子阶段选用适当的建模方法及工具对初始用户需求描述进行细化。由于需求分析涉及的用户、开发者、投资单位等多个利益相关方所关注的侧重点有所不同,在需求分析时要综合权衡、反复沟通,以综合各方意见,确定切实可行的真实需求。通常要求需求分析人员具备一定程度的领域知识,熟悉用户的业务运行过程与方式,可能还需要建立典型业务模型,并在此基础上充分研讨,以理解和获取正确的需求。

需求规约子阶段的主要任务是采用规范的形式对需求进行精确描述,以消除各种模糊与不确定因素,为目标系统建立一个抽象的概念模型,涵盖了需求的各个方面,同时为后续的系统设计工作奠定基础。一个良好的规约方法不仅能够清晰表示用户的真实需求,还能够利用过去项目积累的领域知识解决类似需求问题,重用经过实践检验的需求模型。

需求验证子阶段主要是就上述需要分析结果与用户进行沟通,对需求模型进行推演和验证。通常可采用两种方式:形式化验证技术和系统原型技术。前者是利用形式化表示和符号逻辑系统进行推演,验证需求分析的可行性;后者是针对系统的核心功能开发原型,让用户进行操作,实际感受未来系统的特性和人机交互方式,从而在此基础上对需求进行修改完善。如果用户对需求分析结果提出异议,则需要重复前面三个子阶段的过程,进行新一轮的需求获取和建模规约。

由于需求本身的复杂性,在完善需求和项目成本(时间、资金、人力等)之间需要进行均衡,有时候不能一味地反复进行需求开发。此外,有时受领域知识所限,用户也不一定能准确把握其心目中的全部需求,有经验的需求分析人员也要适当进行引导和建议,以帮助用户理解和厘清真正符合实际需要的需求。

(2)需求确认阶段。

形成需求后,一项非常重要的工作是组织对需求分析的过程与结果进行评审,以进行最终的确认。一旦需求得到组织程序上的正式确认,即可在此基础上形成里程碑和基线产品,作为后续系统研制工作的基础和依据,不能够再随意做出改变。因此,需求评审工作是十分重要和慎重的。

需求评审通常由用户方或用户方委托进行,需组织本领域内的系统外部专家对前面阶段形成的需求成果进行审查,全面考察需求的完整性、可行性、一致性、明确性、实用性、经济性、与行业标准的相符程度等。指挥信息系统往往还特别要关注安全保密特性和研制周期与军队总体规划的相符性等。

本阶段工作的输入数据是需求规格说明书、需求模型以及配套的说明文件,通过评审之后经用户方最终确认,即可准备进行后续的系统设计与开发工作。如果需求确认没有通过,发现了需求成果中较为严重的缺陷,则需要重复第一阶段的需求开发过程,解决其中的问题后再重新确认。

(3) 需求演化阶段。

需求演化是指在需求开发完成并被确认之后的需求变化和重新开发。此时通常已经进入到指挥信息系统设计与开发的后续研制阶段,甚至有可能系统已经投入运行。但由于种种原因,不得不对系统部分功能模块进行重新设计和重新开发。这些原因有可能是编制体制调整、政策制度变化或者是作战任务发生变化等。

需求演化不是完全推倒重来,而是在现有需求和系统状态的基础上,对部分功能特性进行调整和改进。由于指挥信息系统的复杂性,其需求演化阶段时而发生。严格的需求工程做法是:从需求获取开始,重新开发需求,对每一个需求文档进行全面变更和重新确认。这就带来一个严重的问题,即多次变化可能造成需求文档之间的版本差异和管理混乱,给后续的系统设计、开发、培训和运行维护工作带来困难。

因此,需求演化阶段的主要任务就是按照一定的规范和流程实现对需求变更的有效管理,以控制因需求变更带来的风险。可以选择适当的需求变更与配置管理软件工具,采取自动化手段辅助进行管理,检查数据和文档的一致性,生成各种被纳入配置管理的不同版本需求文档。经验证明,这种方法能够有效降低风险,提高系统分析设计质量。

3.4.2 指挥信息系统分析与设计技术

指挥信息系统的分析设计是指挥信息系统建设过程的关键阶段,分析设计成果的优劣关系到整个系统开发的成败。根据指挥信息系统分析设计的实际工作,可以将分析设计阶段分为需求论证、体系结构设计、方案描述与设计以及方案评估4个关键环节,如图3-73所示。

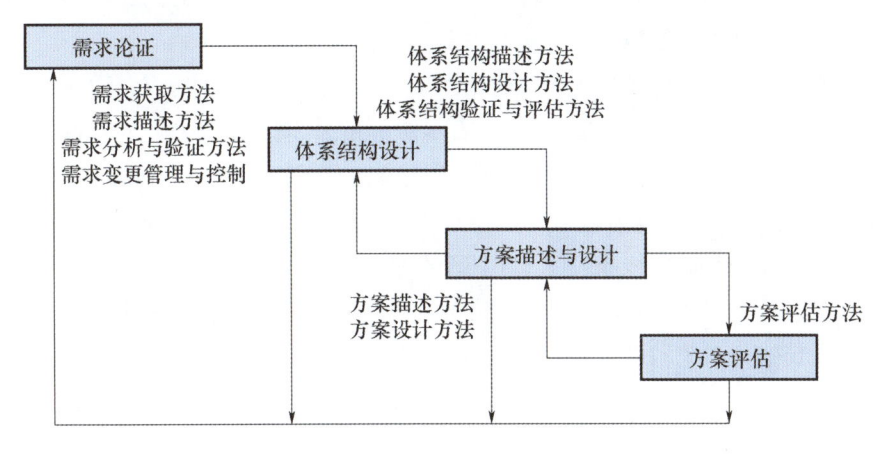

图3-73 指挥信息系统分析设计的关键环节

由图3-73可见,这4个环节各自相对独立,分别具有独特的性质和特点,相应地,也必须采用独特的方法。与此同时,它们又承上启下地构成一个统一的整体,前一个环节工作的完成是开始后一个环节工作的前提和基础,后一个环节工作过程又可以在必要时反馈和修改前一环节的工作,整个分析设计工作是带有反馈的迭代过程。

3.4.1节已经介绍了需求论证和体系结构设计的相关技术,本节重点讨论方案描述与设计的技术。

1. 结构化分析与设计

结构化分析与设计方法采取自顶向下建模,以结构化的方式进行系统定义,适用于分析大型的数据处理系统,是完成需求分析和总体设计的重要技术手段。该类方法的主要思路是,将指挥信息系统分解成多层处理,利用数据处理或功能活动的逻辑图形表示数据处理过程,用一组分层的逻辑图形及相应的数据字典作为系统的模型,帮助人们分析与理解问题。数据流图(Data Flow Diagram,DFD)和基于集成定义方法(ICAM DEFinition,IDEF)是两种典型的结构化分析与设计方法。

1)数据流图

数据流图的优点在于图形符号简单明了,以"数据"为中心的逻辑思维也非常清晰直观,非常易于非专业的普通用户理解和表示需求,它作为软件开发人员之间,或软件开发人员和用户之间的通信工具非常方便实用。因此,在不少实际的指挥信息系统分析设计场合中,往往采用数据流图辅助完成初步的需求获取工作。考虑到该方法的实用性和历史意义,本节进行简要介绍。

数据流图方法最早由美国 Yourdon 公司随结构化设计方法提出,后来更为流行的是甘思和萨森创建的改进版本,可用于描述数据流动、存储、处理的逻辑关系,是一种以数据流技术为基础的、自顶向下、逐步求精的系统分析方法。作为一种能够全面描述信息系统逻辑模型的主要工具,它可以用少数几种符号综合地反映出信息在系统中的流动、处理和存储情况。

(1)数据流图的基本组成。数据流图具有 4 个基本符号,分别代表了不同的数据元素,即外部实体、数据处理、数据流和数据存储。

① 外部实体。外部实体指处于被分析的目标系统以外,并与系统有关联的人、事物或系统,主要包括两类:源点和终点,分别表示数据的外部来源和去处。向目标系统提供输入的实体称为源点,接收由目标系统所产生输出的实体称为终点(或称汇点),有时源点和终点可以是同一个实体。

为了使图形清晰,避免线条交叉,同一个外部实体可在同一个数据流图的不同处出现,此时应在该外部实体符号的右下角打上小斜线,表示重复。外部实体可以是系统的用户,也可以是其他分系统,其图形符号表示如图 3-74 所示。

图 3-74 外部实体

② 数据处理。数据处理是对数据的逻辑处理,即对数据的变换,在有些软件工程教材上也被译为"加工"。数据处理一般用圆角矩形表示,还可以进一步用线段将其分为 3 个部分,如图 3-75 所示。

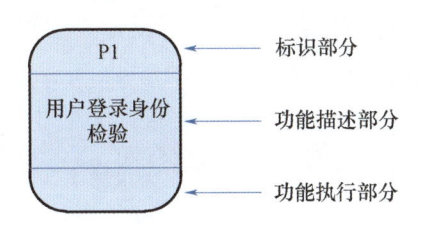

图 3-75　数据处理

标识部分起到标识和区分的作用,一般用字符串表示,还可以分出层次,如 P1、P1.1 等。功能描述部分用来表示这个数据处理的逻辑功能,一般用一个动词加一个作为宾语的名词表示,如生成综合态势。功能执行部分可用来表示这个数据处理的完成者,简化版的数据处理可以没有标识和功能执行部分。

③ 数据存储。数据存储表示数据的静态存储,可能是磁带、磁盘、文件或关系数据库,也可以表示文件的一部分或数据库的元素,甚至是数据库记录的一部分。但是,在大多数情况下,数据存储往往表示文件或数据库表,所以数据存储又称为数据文件或数据库,用长矩形或开口的矩形表示。

数据存储的标识通常由字母 D 和数字编号组成,有时可用小三角形▲来表示关键字。图 3-76 表示一个标识为"D4"、名称为"库存弹药"的数据存储,数据处理 P2 负责从该数据存储中读取数据并进行统计处理。

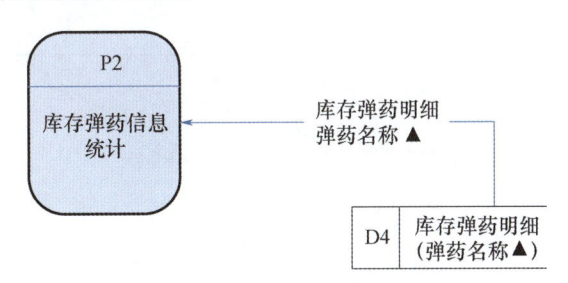

图 3-76　数据存储与数据流

关于数据存储的详细定义,可以在数据流图配套的数据字典文档中定义,如可定义"库存弹药"="库存 ID + 弹药名称 + 弹药规格 + 弹药种类 + 弹药数量 + 生产厂家 + 生产时间 + 入库时间 …… "。

④ 数据流。数据流表示数据的动态流向,用带箭头的线段表示,箭头描述数据的流动方向。数据流的内容要配有文字说明。数据流可以从数据处理流向数据处理,也可以从数据处理流向数据存储,或从数据存储流向数据处理,数据流可以是双向的。

图 3-76 也给出了数据流的示例。由图可见,数据存储 D4 有一个关联的数据流,从数据存储 D4 指向数据处理 P2,该箭头表示数据的流向,即数据处理 P2 从数据存储 D4 读出数据并进行相应的处理。

如果不考虑数据读写和处理的具体细节,可以认为数据流与其关联的数据存储具有基本相同数据结构,区别仅在于静态和动态。

(2) 数据流图的画法。基于数据流图的分析设计方法是采用结构化思想,把系统功能看成一个整体,明确信息的流动、处理、存储的过程,而后把该系统进行层次分解,将一个大问题分解成几个小问题,一个小问题再分解成几个更小的问题,然后逐个解决,即所谓"自顶而下、逐层分解"的原则。相应地,数据流图也分多个层次。试图在一张数据流图上画几十个数据处理元素,来表示目标系统的所有功能,这通常是不现实的。分层数据流图可以很好地解决这一问题,对应系统分解的层次结构,各自画出不同粒度的数据流图,就能够较为清晰地表示和分析目标系统的功能特征。

可以把整个目标系统看作是一个数据处理,此时它的数据输入和输出实现上反映了系统与外部环境之间的接口。但仅由这一张图显然不能表明数据处理的内部细节,所以需要进一步层层细化。图3-77显示了分层数据流图的示例。图中,顶层数据流图只有一个处理P,它包括3个子系统,所以可以画出下一层的数据流图,将3个子系统分别用数据处理P1、P2、P3表示,并用数据流画出它们之间的数据关系。然后,再进一步将这3个子系统分解为P1.1、P1.2、P1.3……,画出更下层的数据流图。

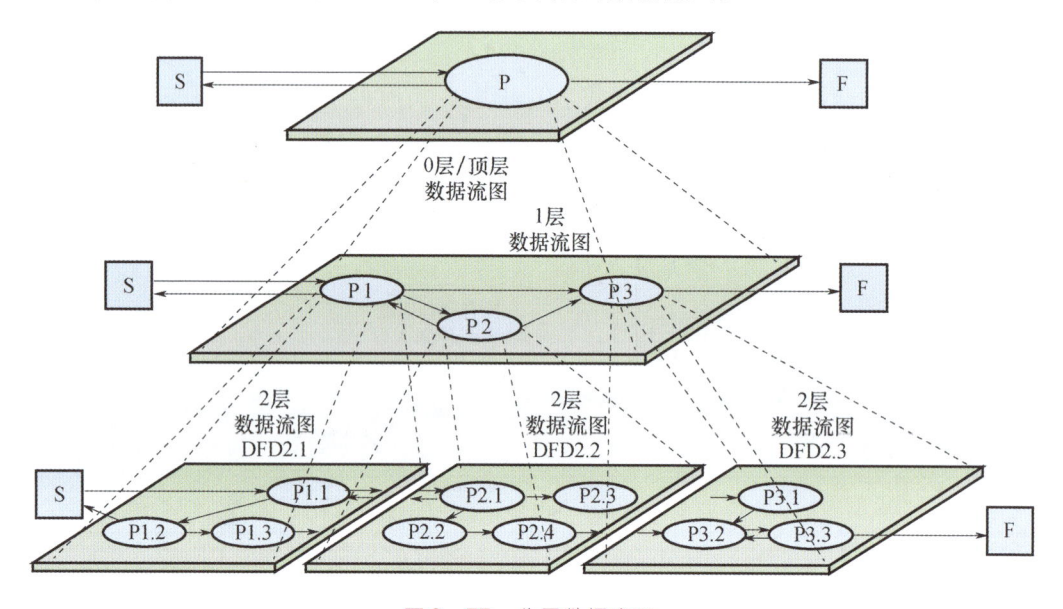

图3-77 分层数据流图

分层数据流图本身要进行标识,且标识符要有层次,如"DFD 2.2"。数据流图的内部元素与边界元素的位置要合理安排,对于仅为内部使用的数据存储等元素,则画在内部;如外部也要使用,则尽量画在外部或边界上。外部流入或流向外部的数据流,如是本层流图新出现的,并未在上一层流图中出现过,则应在其与边界相交处画上符号"×"。

数据流图分多少层次应根据实际情况而定,对于一个复杂的大系统,有时可分7~8层之多。为了提高规范化程度,有必要对图中各个元素加以编号。常在编号的数字前面冠以字母,用以表示不同的元素,如可以用P表示处理、D表示数据存储、S表示源点、F表示终点等,至于使用哪些字母并无严格规定(图3-77)。

2) IDEF

IDEF 是美国空军在 20 世纪 70 年代末 80 年代初的集成计算机辅助制造（Integrated Computer Aided Manufacturing, ICAM）工程在结构化分析与设计方法基础上发展的一套系统分析与设计方法。ICAM 的最初目的是通过对计算机技术的系统化应用提高工业化产品的制造与生产能力，在实施过程中，采用了部分结构化分析与设计技术，并通过不断衍生和发展，形成了一系列不同用途的专用模型方法集合。这些模型方法集合通常以结构化的方式呈现，能够满足系统分析和设计的不同需求，如用于功能建模的 IDEF0、用于数据建模的 IDEF1X、用于动态建模的 IDEF2、用于过程描述获取的 IDEF3 等。在研究和应用 IDEF 族时，通常要根据实际需求进行选择和裁剪，但一般都统称为 IDEF 方法。

在指挥信息系统的分析与设计领域，IDEF 方法也是学术界和工程界普遍接受的一种分析设计方法。经过不断应用演进，IDEF 方法逐渐形成了一整套从各个方面分析设计复杂系统的系列方法，具体如表 3-5 所列。

表 3-5 IDEF 系列方法说明

方法名称	方法说明
IDEF0	功能建模（Function Modeling）
IDEF1X	数据建模（Data Modeling）
IDEF2	仿真模型设计（Simulation Model Design）
IDEF3	过程描述获取（Process Description Capture）
IDEF4	面向对象设计（Object-Oriented Design）
IDEF5	本体论描述获取（Ontology Description Capture）
IDEF6	设计原理获取（Design Rational Capture）
IDEF8	用户接口建模（User Interface Modeling）
IDEF9	场景驱动信息系统设计（Scenario-Driven IS Design）
IDEF10	实施体系结构建模（Implementation Architecture Modeling）
IDEF11	信息工具建模（Information Artifact Modeling）
IDEF12	组织建模（Organization Modeling）
IDEF13	三模式映射设计（Three Schema Mapping Design）
IDEF14	网络设计（Network Design）

（1）IDEF0——功能建模。

类似于数据流图，IDEF0 也遵循结构化方法"自顶而下、逐层分解"的分析原则。在对指挥信息系统进行分析时，首先使用 IDEF0 的初始图形描述系统最一般、最抽象的特征，以明确系统的总体功能和边界，这与数据流图中顶层流图的作用是一致的。之后，再对初始图形中所包含的各个组成部分进行逐步分解，形成对系统进一步的详细描述，并得到更加细化的图形，这类似于数据流图的下层流图。在 IDEF0 方法中，通常将上层图形称为父图，下层更加详细的图形称为子图，父图中的一个方框被分解对应于子图中的多个方框和箭头。与数据流图类似，分解时，也要求子图中从外部进入和离开的箭头与父图一致。

与数据流图不同的是,IDEF0 的箭头分为输入(Input)、输出(Output)、控制(Control)、机制(Mechanism)和调用(Call)5 种,而数据流图中的数据流则仅代表数据的流动,没有更多的语义。图 3-78 是 IDEF0 模型的示意图,列出了这 5 种箭头,根据其缩写,也称之为"ICOM"图。

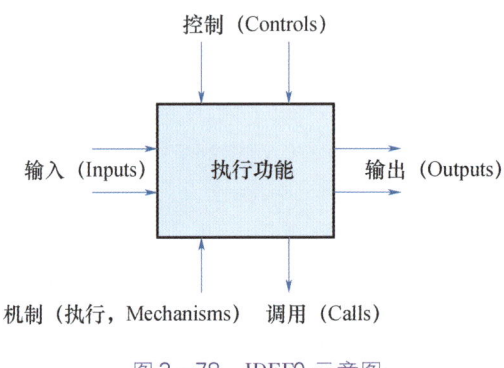

图 3-78 IDEF0 示意图

ICOM 图主要由以下几个部分组成。

① 方框(Boxes)。方框代表系统的活动、工作或功能,一般用主动语态的动词短语来描述,如"生成空中态势""输出命令"等。功能的编号一般写在方框的右下角。

方框左侧进入的箭头表示为完成此功能所需要的数据输入,右侧离开方框的箭头表示执行功能活动时产生的数据输出,方框就是将输入转变为输出的一种变换。方框上方的箭头是控制箭头,说明了控制这种变换的条件或约束,方框底部的机制箭头表示功能的执行者,可以是人、设备或其他功能系统。

方框内不一定是单一的活动或功能,可能是一组相关的活动。在不同条件和环境下,使用不同的输入或控制,可能执行方框内不同的活动序列,从而产生不同的输出,因此,方框的每一边都可能连接多个箭头,即可能有多个输入、输出、控制、执行。

② 箭头(Arrows)。箭头表示对象或数据,用于规范功能活动的数据约束和不同功能活动之间的关系,但并不表示活动的顺序。其中,输入(Inputs)箭头表示会被功能使用或转变的事物或数据,输出(Outputs)箭头表示经过功能变换后产生的结果事物或数据。一个方框的输出可以同时成为多个方框的输入,多个方框的输出也可以汇流成一个箭头,共同成为某个方框的输入。

控制(Controls)箭头表示会使功能受到限制的事物或条件,当输入与控制无法明显区分时,可以统一将其认为是控制。机制(Mechanisms)箭头在有些著作中根据其内涵直接被译为"执行",表示方框功能由谁来完成,说明执行活动的主体。调用(Calls)箭头是一种特殊的接口,表示执行功能活动的事物已经在另一模型中进行了详细描述,如果需要了解细节,可按调用箭头指向的图形或方框编号,在另一模型中找到有关图形。

③ 图表(Diagrams)。与 IDEF0 配套使用的常用图表有 3 种形式。其中,上下文图(Context Diagram)定义了功能在整个体系环境中的位置,表示模型的整体概况;分解图(Decomposition Diagram)显示上层图表的明细,描绘出相邻的活动,一起构成较大活动的

细节;节点树形图(Node Tree Diagram)描绘工作中每一层次的节点,每一条线表示分解(decomposition)的关系,节点树形图提供所有模型层次的全貌,避免 ICOM 图中过多的细节导致显示混乱。

④ 图表边框(Diagrams Frame)。图表边框记录的信息包括模型的用途、模型作者、模型的创建与修改日期、当前状态、使用者与日期、上下文关联情况、节点编号、标题以及编号等等辅助信息。

为了进一步阐述图表的意义,还可以加入一些说明文字,包括一般信息(General Information)和详细信息(Detail Information)两大类。一般信息说明整个图表的整体属性,通常不针对具体的活动模型,描述 IDEF0 图表模型的整体目的、观点以及范围等;详细信息可以描述建模过程中所做的假设、计划的发起人、推动者、改善的建议等。借由图形与文字的描述,IDEF0 可表达出系统内各功能与功能之间的关系,以及数据、对象的流动方向。

IDEF0 建模时,先定义系统的内外关系,来龙去脉。顶层 IDEF0 图形中的单个方框代表了整个系统,所以写在方框中的说明性短语是比较一般和抽象的。同样,顶层 IDEF0 图形中的接口箭头代表了整个系统对外界的全部接口,所以写在箭头旁边的标记也是一般和抽象的。随后,把这个将整个目标系统当作单一模块的方框进行分解,形成下一层图形。此时图形上会包括几个方框,方框间用箭头连接,这就是分解后所对应的各个子功能。这些分解得到的子功能,由不同的方框表示,其边界由接口箭头来确定,此时可以使用较为详细的说明性短语对方框和箭头的内容进行描述。一般来说,每个方框被细分为 3~6 个子方框较为适当。

(2) IDEF1X——数据建模。

IDEF1X 是 IDEF 系列方法中 IDEF1 的扩展版本,是在实体关系(E-R)方法基础上增加了一些规则,使语义更为丰富的一种方法。IDEF1X 的主要作用是从信息关系的角度对系统的数据结构特征进行建模描述,所建立的数据模型是数据库设计的基础,可为后续的数据库设计提供设计方案、数据结构等。目前,有 ERWin 等很多成熟的软件工具支持 IDEF1X 建立数据模型。

IDEF1X 主要由实体、属性、关键字、关系等建模组件构成,参见图 3-79 的示例。

① 实体(Entity)。IDEF1X 中主要的模型概念是实体,实体代表现实或抽象事物的数据集合。如"学生"实体可以保存每个学生的相关数据描述,包括"学号""姓名"等各种数据特征(属性)。每个具体的实体对象称为该实体的一个实例(Instance),如"大学生王小明"是"大学生"实体的一个实例。

实体分为两类:独立标识实体(Identifier-Independent Entity,也称独立实体)和依赖标识实体(Identifier-Independent Entity,也称从属实体)。如果实体所表示的集合中的每一个数据实例都不需要经由与其他实体的关系来决定,即为独立标识实体。如果一个实体的数据实例的唯一标识取决于和其他实体的关系,则称这个实体为与依赖标识实体。从概念上说,依赖标识实体是依赖于其他实体的存在而存在的。

225

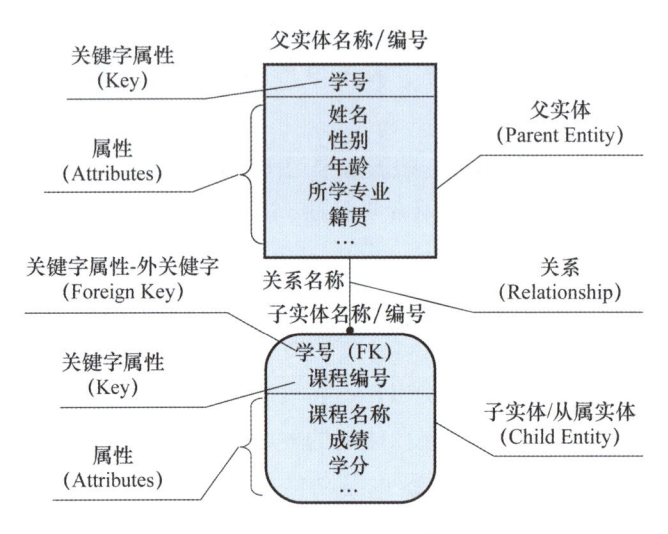

图 3-79 IDEF1X 示意图

② 属性(Attribute)。属性用于表示一个实体的特征或性质。属性的实例是一个单一实体实例的属性值,如"学生"实体拥有属性"姓名","王小明"则是"姓名"属性的一个实例(属性值)。在一个实体内部,属性具有唯一的名称。

一个实体可以拥有多个属性,而一个属性仅仅只能被唯一的实体所拥有。

一个实体的每一个实例不能有一个属性拥有超过一个值,称为"不重复"原则。

③ 关键字(Key)。关键字是能区分和唯一确定实体实例的一组属性,如"学号"这一属性可作为"学生"实体的关键字,"学号"+"课程编号"这 2 个属性组合在一起,可作为"课程成绩"实体的关键字。

每一个实体可以拥有多组可以作为关键字的属性组合,都称为"候选关键字",必须指定其中一个为主关键字。关键字列于实体图形的上半部分,并用一条横线把它与其他属性分开。

除了被一个实体所拥有的属性外,一个属性可以通过一个关系进行继承。在任何 IDEF1X 模型中,一个子实体可以继承父实体关键字中所出现的任意属性。继承来的属性称为外来关键字(Foreign keys),并在属性后面的圆括号中加 FK 表示。外来关键字可以作为子实体主关键字的一部分。

④ 关系(Relationship)。

实体之间具有关系,在 IDEF1X 图形中,关系用连接实体的线段表示。关系是两个实体之间的一种关联,分为确定关系、非确定关系和分类关系 3 种。

确定关系(也称为父子关系或依赖关系)是明确定义的两个实体及其相关实例之间的关系。在这一关系中,父实体的关键字作为子实体的外关键字属性。其中父实体的每个实例和 0 个、1 个或多个子实体的实例相关。因此,子实体就是从属实体。确定关系用一条实线表示,其中的父实体如果不是另一个确定关系中的子实体,那么它必须是独立标识实体。

非确定关系用虚线表示,非确定关系中的父实体或子实体都应该是独立标识实体,或者都是某确定关系中的子实体。在完善的 IDEF1X 模型中,实体间的所有关系必须用确定关系描述,但在建模过程中,可以先在某些实体间建立非确定关系,然后再不断细化和确认。这对于建立模型是非常有帮助的一种手段。

分类关系反映了客观世界中的实体类别,如"学生"可分为"研究生""大学生""中学生""小学生"等类别。在分类关系中,更加抽象的概念实体称为一般实体,如上例中的"学生"实体,"大学生"等实体被称为分类实体。在一般实体中拥有一种属性用于划分出不同的分类实体,这种属性称为鉴别属性,如在"学生"实体中可以有一个"学生类型"属性,用于标识出具体属于哪一种分类学生实体。

(3) IDEF3——过程描述获取。

IDEF3 是一种为获取对系统活动过程进行准确描述的建模方法,通过定义任务执行顺序和它们之间的信息依赖关系来进行过程描述。IDEF3 建模方法为收集和记录过程提供了一种机制,允许从使用者角度描述系统结构,以有顺序性的事件来描述活动过程和记录工作流程。这一方法能够以自然的方式记录状态和事件之间的先后次序及因果关系,可为表示一个系统、过程或组织如何工作提供一种结构化方法。

由于在描述时,一般人的习惯是将他们所经历过的或所观察到的描述出来,这样的描述往往会缺乏完整性。因此,IDEF3 采用两个基本组织结构:场景(Scenario)和对象(Object)来获取对过程的描述,以确保所建立模型的完整性。

场景描述了目标系统某一类典型问题的一组情况,以及过程赖以发生的背景。可以看作是需要记录的重复出现的情景,它描述了场景的主要作用,就是要把过程描述的前后关系确定下来。对象则是任何物理的或概念的事物,是那些发生在该领域内过程描述的组成部分。对象的识别和特征抽取,有助于进行过程流描述和对象状态转换描述。

相应地,IDEF3 有两种建模方法:过程流场景描述和对象状态转移描述,用来帮助记录所描述的逻辑性和一致性,两者都是 IDEF3 建模方法的基本组成形式。

其中,过程流场景描述主要以场景为中心,通过过程流图(Process Flow Network,PFN)工具获取、管理和显示以过程为中心的知识。过程流图反映了领域专家和分析人员对事件与活动、参与这些事件的对象,以及驾驭事件行为的约束关系等内容。其目的是利用图形的方式,表示工作是如何被完成的。

对象状态转换描述以对象为中心,通过对象状态转换图(Object State Transition Network,OSTN)工具来表示一个对象在多种状态间的转换过程。

2. 面向对象的分析与设计

面向对象的分析与设计方法建立在"对象"概念的基础上,运用面向对象思想指导软件开发活动。对象是将数据(又称为属性)和对数据处理的方法(又称操作)封装在一起而构成的实体。一组特征相似的对象称为一个类,相关类之间可以通过继承共享类的属性和操作。对象是数据和操作的统一体,对象内部数据的变化或处理不影响外部的其他对象。因此,以对象为基本单位构建软件系统,当用户需求发生变化时,易于对系统进行维护和扩充。统一建模语言(Unified Modeling Language,UML)是目前最为流行的面向对象的分析与设计语言。下面重点介绍基于 UML 的建模方法。

1) UML 简介

UML 是一种面向对象的建模语言,它融合了多种优秀的面向对象建模方法以及多种得到认可的面向对象软件工程方法。UML 通过统一的表示法,使不同知识背景的领域专家、系统分析和开发人员以及用户可以方便地交流,在指挥信息系统的分析与设计方面有其独到的优势。

UML 的内容可以由下列 5 类图(共 10 种图形)定义。

(1) 用例图(Use Case Diagram)。从外部用户角度描述系统功能,并指出各功能的外部执行者(Actor)(或充为参与者),主要用于系统功能需求分析,并驱动后续的系统分析与设计。

(2) 静态图(Static Diagram)。包括类图(Classes Diagram)、对象图(Object Diagram)和包图(Package Diagram)。类图描述系统中类的静态结构。不仅定义系统中的类,表示类之间关联、依赖、聚合等关系,也描述类的内部结构(类的属性和操作)。类图描述的是一种静态关系,在系统的整个生命周期都是有效的。对象图是类图的实例,几乎使用与类图完全相同的标识,它们之间的区别在于对象图表示类的多个对象实例。由于对象存在生命周期,因此对象图只能在系统某一时间段存在。包(Package)由包或类组成,可以将一些类集中放置在一个包中,包图用于描述系统的分层组织结构,有些类似于操作系统中的"文件夹"概念。

(3) 行为图(Behavior Diagram)。包括状态图(State Chart Diagram)和活动图(Activity Diagram),描述系统的动态模型和组成对象间的交互关系。状态图描述类的对象所有可能的状态以及事件发生时状态的转移条件。通常,状态图是对类图的补充。在实用上并不需要为所有的类画状态图,仅为那些具有多个状态、其行为受外界环境的影响并且经常发生改变的类画状态图。活动图描述满足用例要求所要进行的活动,以及活动间的约束关系,有利于识别并行活动。

(4) 交互图(Interactive Diagram)。包括时序图(Sequence Diagram,或顺序图)和协作图(Collaboration Diagram),描述对象间的交互关系。时序图描述对象之间的动态合作关系,它强调对象之间消息发送的顺序,同时显示对象之间的交互。协作图描述对象间的协作关系,与时序图相似,显示对象间的动态合作关系。但是,除了显示信息交换外,协作图还显示对象以及它们之间的关系。如果强调时间和顺序,则使用时序图;如果强调上下级关系,则选择协作图。这两种图合称为交互图。

(5) 实现图(Implementation Diagram)。包括组件图(Component Diagram)和部署图(Deployment Diagram)。组件图描述代码部件的物理结构及各部件之间的依赖关系。一个组件可能是一个资源代码部件、一个二进制部件或一个可执行部件,它包含逻辑类或实现类的有关信息。组件图有助于分析和理解组件之间的相互影响程度。部署图定义系统中软硬件的物理体系结构。它可以显示实际的计算机和设备(用节点表示)以及它们之间的连接关系,也可显示连接的类型及部件之间的依赖性。在节点内部,放置可执行部件和对象,以显示节点与可执行软件单元的对应关系。

UML 的主要内容也可以归纳为静态建模机制和动态建模机制两大类。

当采用面向对象技术设计系统时,第一步是描述需求;第二步是根据需求建立系统的静态模型,以构造系统的结构;第三步是构建动态模型,以描述系统的行为。

第一步与第二步建立的模型都是静态的,包括用例图、类图(包含对象和包)图、组件图和部署图等图形,是静态建模机制。静态模型描述系统状态、对象的类型、特性以及对象之间的关系。因此,静态模型与数据库的设计直接相关。

第三步建立的模型或者可以执行,或者表示执行时的时序状态或交互关系。它包括状态图、活动图、时序图和协作图等四个图形,是 UML 的动态建模机制。动态模型描述信息交换,出于特定的目的将数据从一个地方发送到另一个地方。因此,动态模型与信息的设计直接相关。

2) UML 的静态建模机制

UML 的静态建模机制包括用例图、类图、对象图、包图、组件图和部署图,下面主要介绍用例图和类图。

(1) 用例图。

用例模型描述的是外部执行者(Actor)所理解的系统功能,用例图的基本组成部件是用例、外部执行者及其之间的关系。图 3 – 80 显示了一个供作战参谋人员使用的数字语音通信系统的用例图。

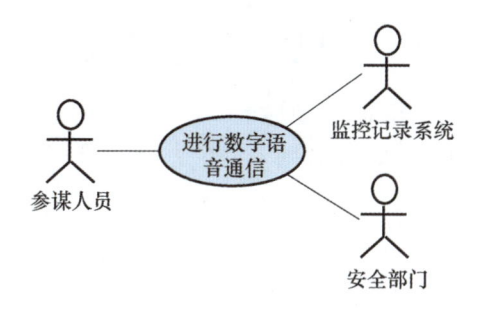

图 3 – 80　用例图示例

从本质上讲,用例(Use Case)是外部用户与目标系统之间的一种典型交互场景示例,是对系统某个功能单元的描述与定义。在 UML 中,用例还可以理解为系统执行的一系列动作,动作执行的结果能被指定的外部执行者察觉到,用例的动态行为可以用状态图、活动图、协作图、时序图或自然语言文字描述来表示。用例的图形化表示是一个椭圆,用例名称位于中心或下方,一般描述执行功能的内容。

外部执行者(Actor)是指用户在系统中所扮演的角色,其图形化的表示是一个小人符号。用不带箭头的线段将执行者与用例连接到一起,表示两者之间交换信息,称之为通信联系,表示由执行者触发用例,并与用例进行信息交换。单个执行者可与多个用例联系,反之,一个用例可与多个执行者联系。对同一个用例而言,不同执行者有着不同的作用:

他们可以从用例中获取数据,也可以参与到用例中。

尽管执行者在用例图中是用类似人的图形来表示的,但执行者未必是人。执行者也可以是一个机器或软件系统,该机器或系统可能需要从当前系统中获取信息,与当前系统进行交互。如图3-80中,外部执行者"监控记录系统"是一个软件系统,它需要记录数据。

在用例图中,除了外部执行者与用例之间的连接外,还有另外3种类型的连接——包含(Include)、扩展(Extend)与泛化(Generalization,或译为继承)。其中,泛化关系在实际中很少使用,而包含和扩展也可以看作是两种不同形式的继承关系。图3-81是对图3-80所示用例的细化,其中体现了包含与扩展关系。

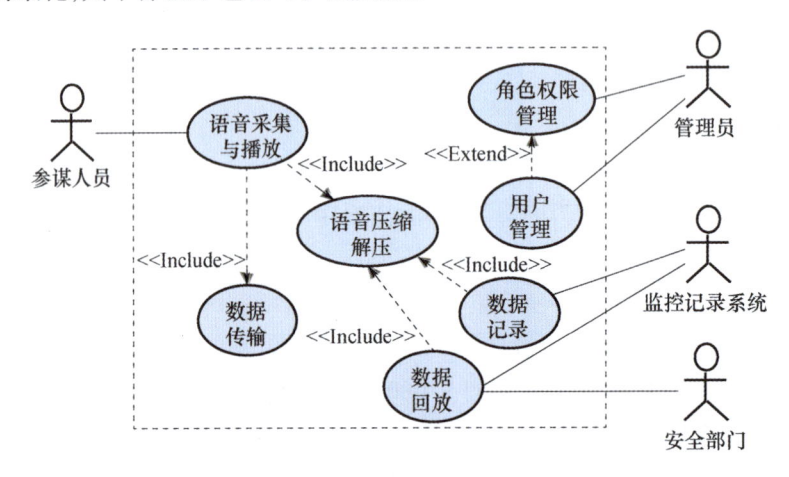

图3-81 带有包含与扩展关系的用例图示例

当一个用例与另一个用例相似,但所做的动作多一些时,就可以用到扩展关系。例如"用户管理"是相对基本的用例,在此基础上可能要进行进一步的角色权限配置与管理,可以为一些用户扩展"角色"的属性,并通过"角色"进行分类。我们可在"用户管理"用例中做改动以适应这种额外的功能需求;但是,这将把该用例与一大堆特殊的判断和逻辑混杂在一起,使正常的流程晦涩难懂。也可将常规的动作放在"用户管理"用例中,而将与角色权限相关的特殊动作放置于"角色管理"用例中,这就形成了对角色权限配置等新行为的扩展。

当有一部分相似的动作存在于几个用例中,又不想重复描述这些动作时,就会用到包含关系。例如,"语音采集与播放""数据记录"等行为都需要用到语音压缩和解压功能,为此可单独定义一个用例"语音压缩解压",让"语音采集与播放"和"数据记录"等用例包含它。

扩展关系与包含关系都意味着从几个用例中抽取那些公共的行为并放入一个单独用例中,而这个用例被其他几个用例包含或扩展。但两者目的不同,包含关系的箭头由其他用例指向被复用的公共用例,而扩展关系的箭头由基础用例指向特殊用例。

为了方便用户理解与验证用例,应为用例图配上描述文字,包括用例名称、用例简要说明、外部执行者列表及说明、用例执行的前置条件、用例完成后满足的后置条件、用例正常执行的环境条件、用例执行的正常动作序列、用例执行的异常动作序列等内容。

（2）类图。

类（Class）、对象（Object）及其关联关系是面向对象技术中最基本的元素。类是对一组具有相同特征（包括静态属性和动态行为）对象实体的描述。在 UML 中，类和对象模型分别用类图和对象图表示，类图是面向对象方法的核心。类图与数据模型不同，它不仅显示了信息的结构，同时还描述了系统的行为，如图 3 – 82 所示。

图 3 – 82　类图示例——Officer 类

建立类模型时，应尽量与应用领域的概念保持一致，使模型更符合客观事实，易修改、易理解和易交流。类图描述了类的静态属性和动态行为两类特征。例如，"name"（姓名）、"gender"（性别）、"rank"（军衔）等静态属性，"run"（跑步）、"talk"（交谈）、"shoot"（射击）等动态行为。动态行为需要以编程语言函数的形式呈现。

类图还能描述类和类之间的关系，类之间存在继承、关联、实现、依赖等关系。下面重点介绍应用最广泛的继承和关联关系。

① 继承关系。继承关系（或直译为泛化关系）指类与类之间存在的一般与具体的关系。更加具体的类的模型可以建立在一般类模型的基础之上。例如，"军官"类是更加具体的类，而"人"类是更加一般的类，可以在两者之间建立继承关系。如图 3 – 83 所示。

在继承关系中，相对一般的类称为"父类"，相对具体的类称为"子类"。如，"人"类是父类，"军官"类是子类。子类可以自动继承父类的所有属性和行为，在定义子类的时候，可以不再重复定义父类中已经定义过的属性和行为，只需集中关注自身特殊的属性和行为即可，这正是面向对象技术在可重用性方面的最大优势所在。

② 关联关系。除继承关系外，类之间还存在关联关系，又可以进一步分为一般关联关系、访问关联关系、聚合关系、包含关系、类关联关系等。

一般关联关系通常是双向的，只要两个类之间有联系就可用该种关系来表示。如图 3 – 84 所示的"使用"关系。

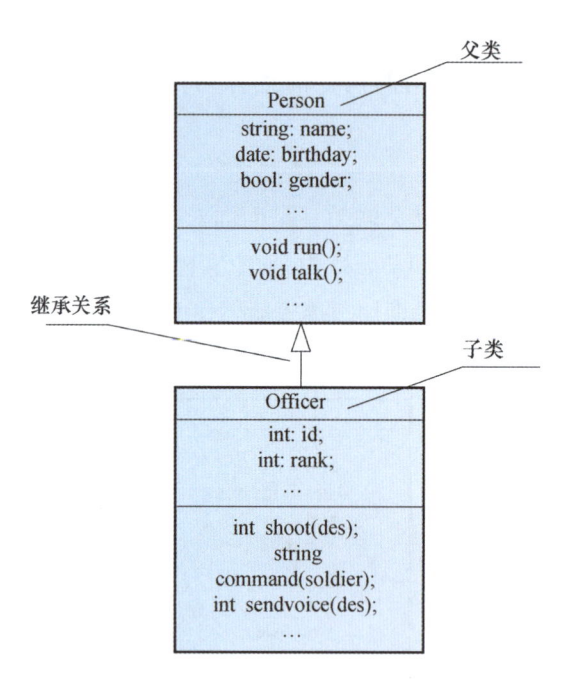

图 3-83 类的继承关系示例

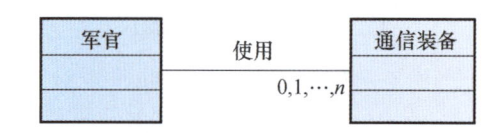

图 3-84 类的一般关联关系

图中"$0,1,\cdots,n$"表示每个"军官"类可以使用的"通信装备"类数目,在 $0 \sim n$ 之间;关系左边不标明数字,默认为1,表示每个"通信装备"类只能被1个"军官"类使用。

访问关联关系一般是单向的,指一个类的实例要访问另外一个类的实例,用带箭头的线段表示。如图 3-85 所示。

图 3-85 类的访问关联关系

聚合关系指某个类的一组实例被聚合到另一个类的某个实例中,构成一种组织与成员的关系。如"战士"类与"连队"类之间的关系,如图 3-86 所示。

图 3-86 类的聚合关系

包含关系是一种特殊的聚合关系,是指某个类的实例被包含在另一个类的某个实例中,构成局部与整体的关系。如字处理软件 Word 的窗口类由窗口标题栏、菜单、工具按钮栏、文字编辑区等类组成,如图 3-87 所示。

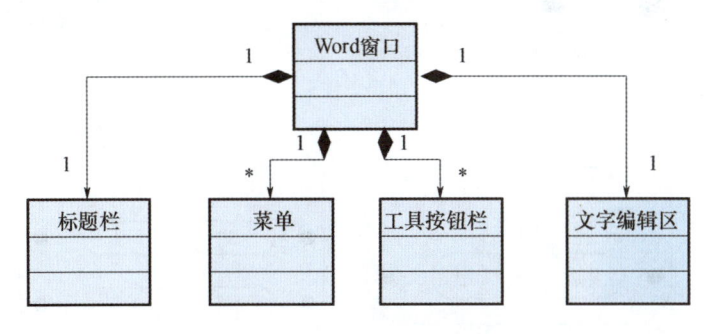

图 3-87 类的包含关系

类关联关系的特性由某个类决定,该类被称为关联类,即两个类之间的关联关系存在与否取决于这个第三方的关联类。例如,"学生"类和"课程"类之间由"成绩"这个关联类进行联系,如图 3-88 所示。

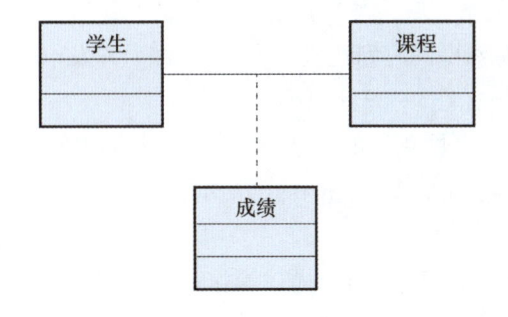

图 3-88 类关联关系

3)UML 的动态建模机制

UML 的动态建模机制包括状态图(State Chart Diagram)、活动图(Activity Diagram)、时序图(Sequence Diagram)和协作图(Collaboration Diagram)。

(1)状态图。

状态图用来描述一个特定对象的所有可能状态及引起状态转移的事件,大多数面向对象技术都用状态图表示单个对象在其生命周期中的行为。

所有对象都具有状态,状态是对象执行了一系列活动的结果。当某个事件发生后,对象的状态将发生变化。状态图中定义的状态有:初态、终态、中间状态、复合状态,如图 3-89 所示。

初态是状态图的起始点,终态是状态图的终点。一个状态图只能有一个初态,但可以有多个终态。中间状态包括两个区域,名字域和内部转移域。内部转移域是可选的,其中所列动作将在对象处于该状态时执行,且该动作的执行并不改变对象的状态。如图 3-89(d)所示。

233

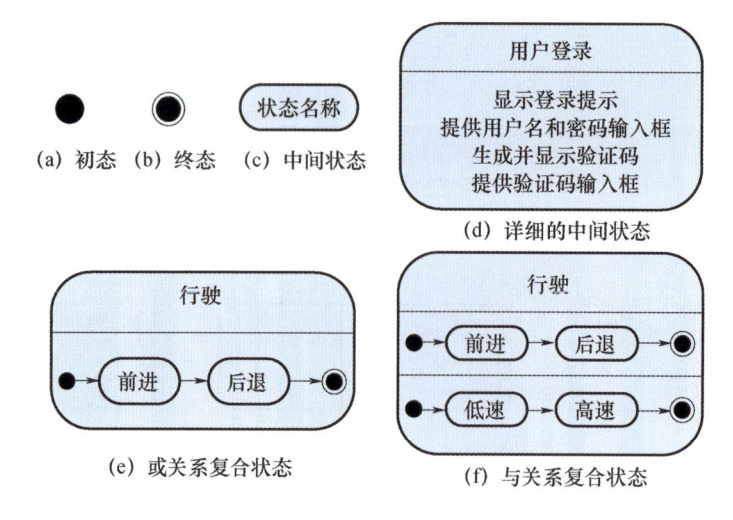

图 3-89 状态图的各种状态

一个状态可以进一步细化为多个子状态,把该状态称作复合状态。子状态之间有"或关系"和"与关系"两种关系。或关系指在某一时刻仅可到达一个子状态,如图 3-89(e)所示;与关系指在某一时刻可同时到达多个子状态,称为并发子状态。具有并发子状态的状态图称为并发状态图,如图 3-89(f)所示。

状态的变迁通常是由事件触发的,此时应在转移上标出触发转移的事件表达式。如果转移上未标明事件,则表示在源状态的内部活动执行完毕后自动触发转移。

(2) 活动图。

活动图的应用非常广泛,既可用于描述操作(类的动态行为),也可用于描述用例和对象内部的工作过程。活动图依据对象状态的变化来捕获动作(将要执行的工作或活动)与动作的结果。在活动图中,一个活动结束后将立即进入下一个活动(在状态图中状态的变迁可能需要事件的触发),不需要明确标示出引起活动转换的事件。类的一个操作可以描述为一系列相关的活动。活动仅有一个起始点,但可以有多个结束点。活动间的转移允许带有条件或表达式,其语法与状态图中定义的相同。如图 3-90 所示。

图 3-90 活动图示例

一个活动顺序地跟在另一个活动之后,就是简单的顺序关系。如果在活动图中使用一个菱形的判断标志,则可以表达条件关系。判断标志可以有多个输入和输出转移,但在活动执行时仅触发其中一个输出转移。活动图也可以表示并发行为。使用一个称为同步条的水平粗线可以将一个转移分解为多个并发执行的分支,或将多个转移合并为一个转移。此时,只有输入的转移全部有效,同步条才会触发转移,进而执行后面的活动,如图 3-91 所示。

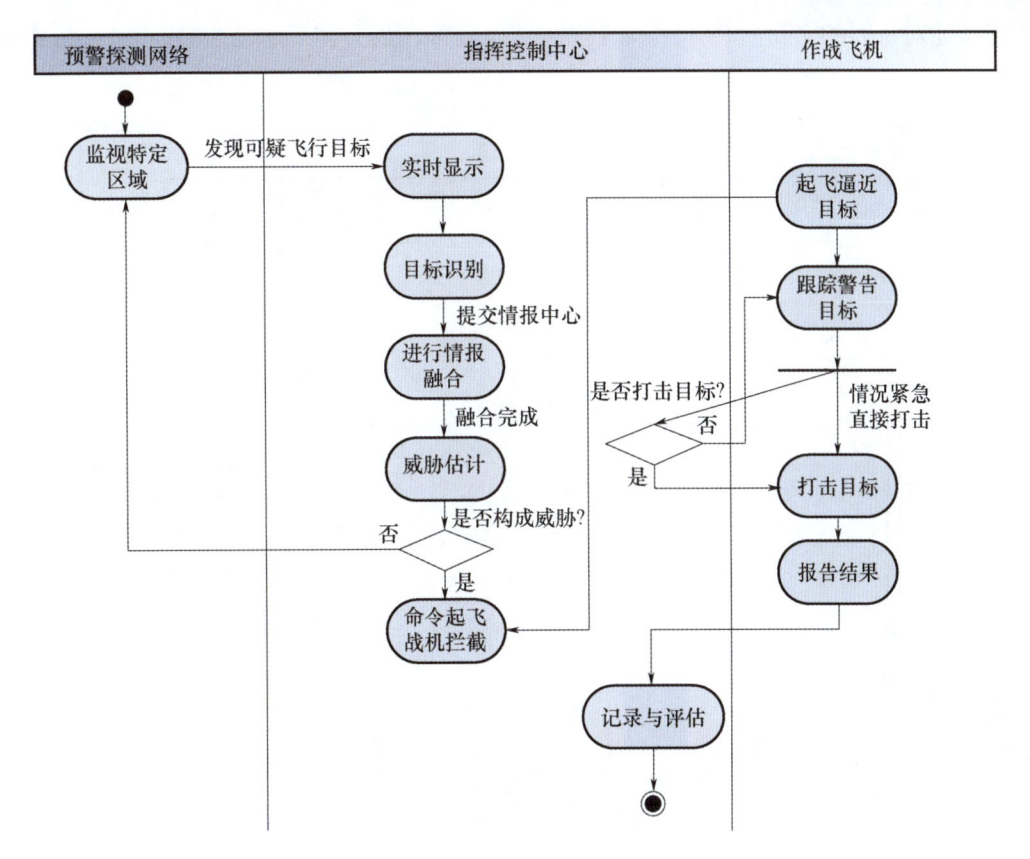

图 3-91 带泳道的活动图示例

对于使用活动图建模的用户来说,可能会关心活动由哪个对象或者系统来执行,图 3-91 所示的带泳道的活动图解决了这一问题。它用矩形框表示不同对象的活动,属于某个泳道的活动放在该矩形框内,将对象名称放在矩形框的顶部,表示泳道中的活动由该对象负责。

(3) 时序图。

时序图用来描述对象之间动态的交互关系,着重体现对象间消息传递的时间顺序。时序图存在两个轴:水平轴表示不同的对象,垂直轴表示时间。时序图中的对象用一个带有垂直虚线的矩形框表示,并标有对象名和类名。垂直虚线是对象的生命线,用于表示在某段时间内对象是存在的。对象间的通信通过在对象生命线间的消息线段来表示。

时序图中的消息可以是信号、操作调用或远程过程调用。当收到消息时,接收对象立即开始执行活动,即对象被激活,通过在对象生命线上显示一个细长矩形框来表示激活。一个对象可以通过发送消息创建另一个对象,当一个对象被删除或自我删除时,该对象用"X"标识。另外,在很多算法中,递归是一种很重要的技术。当一个操作直接或间接调用自身时,即发生了递归。时序图的示例如图 3-92 所示。

(4) 协作图。

协作图用于描述相互合作的对象间的交互关系和链接关系。虽然时序图和协作图都用来描述对象间的交互关系,但侧重点不一样。时序图着重体现交互的时间顺序,协作图则着重体现交互对象间的静态链接关系。协作图的典型示例如图 3-93 所示。

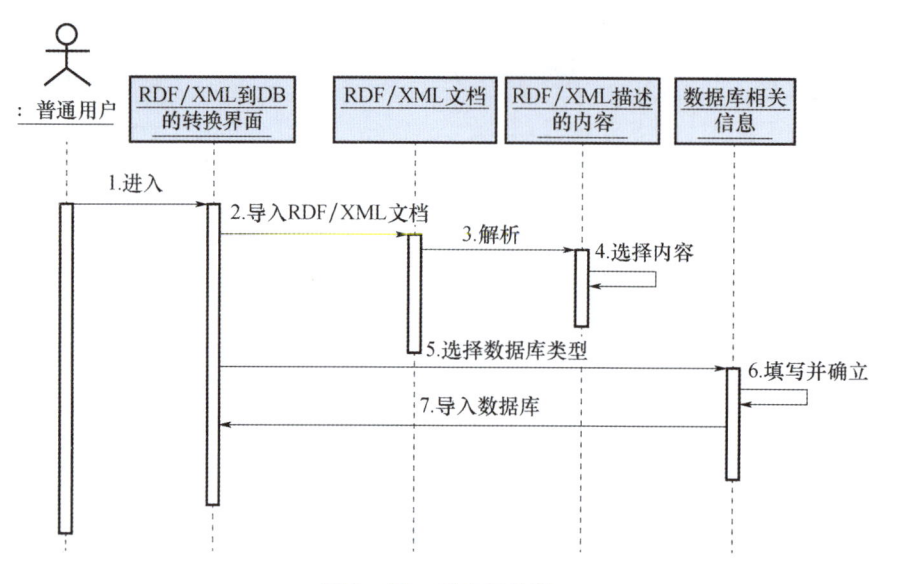

图 3-92 时序图示例

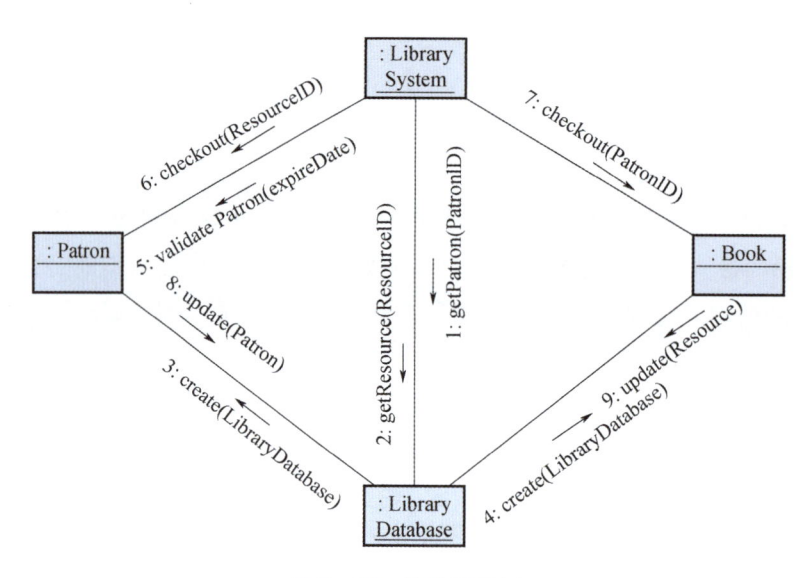

图 3-93 协作图示例

协作图中对象的外观与时序图中一样。如果一个对象在消息的交互中被创建,则可在对象名称之后标以{new}。类似地,如果一个对象在交互期间被删除,则可在对象名称之后标以{destroy}。对象间的链接关系类似于类图中的联系(但无多重性标志)。在对象间的链接线上,可以用带有消息串的消息(简单、异步或同步消息)来描述对象间的交互或消息传递。消息的箭头指明消息的流动方向,消息串说明要发送的消息、消息的参数、消息的返回值以及消息的序列号等信息。

3.4.3 指挥信息系统架构技术

1. 指挥信息系统技术架构

技术架构也称为技术体系结构(Technology Architecture),是从系统设计的角度对目标系统进行观察,阐述目标系统的整体技术框架、核心技术思想及各种要素之间的相互关系。指挥信息系统的技术架构与其组成部分的分布情况紧密相关,从系统的分布结构看,指挥信息系统大体可分为两类:一类是集中式指挥信息系统;另一类是分布式指挥信息系统。

1) 集中式结构与分布式结构

早期的指挥信息系统,如美国的"赛其"系统、日本的"巴其"系统等,都是典型的集中式指挥信息系统。此类结构中,尽管指挥信息系统的预警探测、通信处理、人员以及相关的设备、设施在地理上和形式上可能是分散的,但其内在逻辑关系,从目标的探测、信息的收集、数据的处理,直至命令的发送,其传输网络的结构都是树状的,只有上下级之间的纵向路由,而无直接的横向路由,如图 3-94 所示。

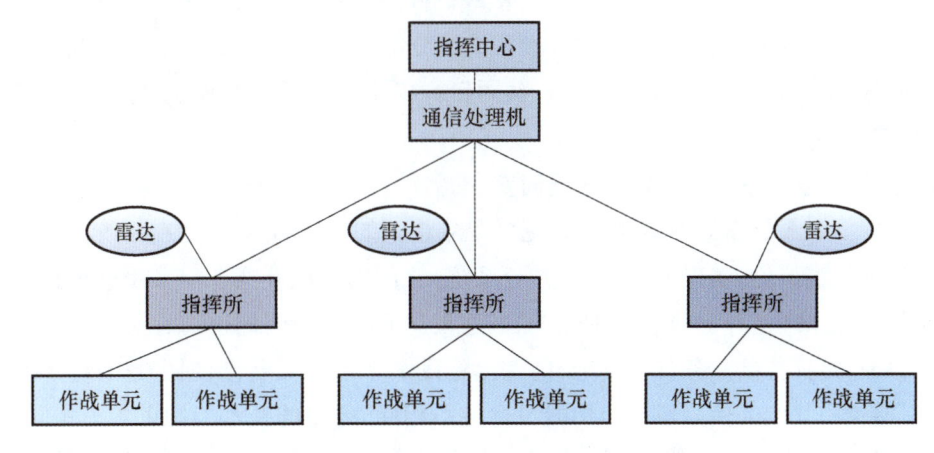

图 3-94 集中式指挥信息系统示意图

采用这种结构的指挥信息系统是一种由上级发出信息与指控命令,由下级接收、处理及执行,以上级指挥信息系统为中心的集中式作战指挥系统。海湾战争及其之后的战争实践已经证明,在现代高技术战争环境中,高度集中的指挥信息系统很难发挥作用;而在遭受攻击时,这种集中式指挥信息系统显得非常脆弱。

分布式指挥信息系统是地理和逻辑上分散部署的系统。与集中式指挥信息系统相比,分布式指挥信息系统最大的特点是:系统的组成部分在地理上分布在不同地域,在逻辑上呈现出网状的连接关系,具备较强的系统重构能力,当系统的部分节点失灵(被摧毁)之后,仍能迅速重建。因此,它是目前指挥信息系统建设与发展的主流结构形式。

在分布式结构中,传统集中式指挥中心的处理能力被分散给完成独立任务的各级指挥所,由其自行制订决策方案;在此结构中,少量分系统出现故障,不会造成全系统瘫痪。除了系统结构分布外,在指挥控制上也允许分散,即上级对下级的指挥更侧重于分配任务,而不是下达统一的作战计划,具体如何作战由下级根据任务情况自行确定。图 3-95 是分布式指挥信息系统的示意图。

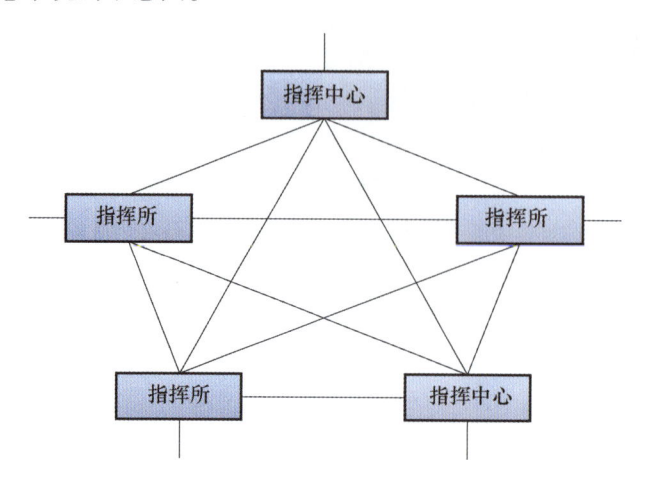

图 3-95　分布式指挥信息系统示意图

美国 M·S·弗兰克尔在《抗毁的指挥、控制和通信技术》一文中指出:"分布式 C^3I 系统是这样的一些系统,它的各项组成在地理上是分散的,而在其内部及它们之间是互相协调的,确保以最有效的方式,对决策这一共同目标提供支持。"通俗地说,分布 = 分散 + 协同,既分散又协同,两者缺一不可。

2）指挥信息系统技术架构的发展演变

在指挥信息系统发展的最初阶段,通常是集中式的指挥信息系统,在系统内部可采用统一设计的技术架构,实现各组成部分(分系统)之间的互联互通。但采用这种技术架构的系统的大量出现,直接导致了"烟囱式"的建设局面和"三互"的迫切需求。

一方面,指挥控制业务日益复杂,信息化建设水平不断发展,出现了越来越多不同的指挥信息系统;它们的使命任务和功能目标各不相同,采用的技术架构也各不相同,系统之间很难进行互联、互通,更谈不上什么互操作,形成了许多"烟囱式"系统。另一方面,随着需求和技术的发展,更多的指挥信息系统以分布式结构出现,在系统内部以及不同系统之间的"三互"需求更加迫切。如何打破并联通原来的"烟囱式"局面,使各种不同类型的指挥信息系统有机融合、综合集成,以提高信息化条件下的联合作战能力,是一个必须解决的问题,也对指挥信息系统的技术架构提出了更高要求。

针对这一问题,首先提出的解决思路是"统一交互接口";然后发展为"统一基础平台";最后到今天的主流思想"统一服务标准"。

"统一交互接口"是最直观的解决方案。针对已经形成的不同技术架构的"烟囱式"指挥信息系统,采用不改变其内部结构只统一外部交互接口的方法,既可以最大限度地保护遗留系统成果,也可以实现系统之间一定程度的互联互通。当然,这种对交互接口的统一也是分领域、分层次的,甚至是任务驱动的。于是,很多新的交互协议、数据交换格式、调用接口被制订和开发出来,对系统的互连互通起到了非常有效地促进作用。

但是，这毕竟是一种折衷的解决方案，对原有指挥信息系统的技术架构并未做出根本性的改变，历史造成的不同技术架构之间的本质差异无法弥合，互连互通的程度与效率受到诸多限制。此外，往往为了某种目的就制订一种专用接口，使得接口的数量和种类日益增多，指挥信息系统必须支持多种接口协议，它们之间的交互变得更加复杂。

在此基础上，结合指挥信息系统更新换代建设，产生了第二种解决方案——"统一基础平台"的技术思路。设想一下，如果把所有主要的指挥信息系统基础功能提炼出来，采用统一的技术架构进行设计与实现，集成为一个共用平台，上层的各类指挥信息系统应用均构架在这一共用基础平台之上。由平台负责实现通信、计算、安全、地理信息、文电传输、命令下达、态势显示、数据管理等一系列基础功能，上层应用只需实现特定领域相关的业务功能。这必然可以极大地提升系统的可靠性、稳定性与"三互"特性。

基于这一思想，美军提出了基于公共操作环境（Common Operating Environment，COE）的指挥信息系统技术架构，我军也先后提出了"联合××""××××处理平台""区域×××信息系统""×××××平台"等一系列技术架构。

按照这一解决方案，似乎"三互"问题已经得到了根本解决，但其实并非如此。指挥信息系统是一个开放、复杂的巨系统，各种分系统或组成要素数量庞大，相互关系非常复杂。在系统规模增长到一定程度时，"统一基础平台"的技术架构便会产生系统臃肿、效率低下、安装配置烦琐、各分系统之间互相干扰、信息量爆炸、组织运用困难等一系列问题。而在很多应用场景下，用户仅需要使用某些特定、单一的系统功能，却不得不安装和运行大量的基础平台软件和应用层软件，即使其中绝大多数软件模块可能根本不会被使用。因为这些软件模块与用户想调用的功能模块紧密耦合，已成为必不可少的运行环境。其实，由于指挥信息系统本身的复杂性，试图建立一个跨越所有层次和所有领域、能够适应各种作战任务需求的统一高效系统或平台几乎是不可能完成的任务。

随着技术进步，特别是民用领域以"面向服务""高性能计算""分布式企业级应用"为代表的技术快速发展，给指挥信息系统的技术架构指出一条新的思路。电信、金融、航空、保险、政务等领域对信息系统的规模、种类、性能和互操作要求并不低于军事领域。经过数十年发展，这些民用领域已经建立了较为成熟的企业级信息系统。面向服务的体系架构已经成为民用领域主流的信息系统技术架构。有鉴于此，指挥信息系统从作战使命任务、系统整体架构、设计方法到具体技术也在逐步向面向服务的体系结构演化。从美军的网络中心战理论、国防部体系结构框架（从 DoDAF 1.0、DoDAF 1.5 到 DoDAF 2.0）以及 GIG 到联合信息环境（JIE）的发展过程均可折射出这一思想。世界各国军队在未来 10~15 年的长期规划以及下一代指挥信息系统的技术架构设计，也都基本遵循了这一思路。

按照这一技术思路，基于前面两种技术架构解决方案的历史成果，指挥信息系统架构技术在未来将会进一步廓清指挥控制业务需求，特别是各种不同粒度的服务能力需求，并区分领域特征，制订适应于特定领域的服务标准，包括对服务和资源的描述、封装、发布、搜索、访问、调用、组合、交互等各个方面。

2. 基于共用平台的指挥信息系统技术架构

在基于共用平台的指挥信息系统技术架构中，共用基础平台是构建各级各类指挥信息系统的基础环境。美军的公共操作环境（COE）和共享数据环境（SHADE）就是典型的共用基础平台，是美军国防信息基础设施（DII）的重要组成部分。

1）COE

20世纪90年代初，美军研究了各军兵种指挥信息系统的共性需求，尝试从全局出发研制适应各军兵种要求的公共软件支撑平台，以解决各军兵种指挥信息系统一体化程度低、互通性差、重复建设浪费严重等问题。COE包括一系列对软件体系结构、标准、软件重用和数据共享的约束，构建了一套"即插即用"的软件应用开发与集成平台环境，各军兵种的C^4ISR系统可以通过标准的应用程序接口（API）与COE连接，美军的全球指挥控制系统（GCCS）即基于COE技术架构搭建。COE的体系结构如图3-96所示。

COE包含了相关任务应用软件所需要的公共支持应用软件和平台业务软件，并且总体上呈现为分层体系结构。

（1）核心服务层。核心服务层可以看作是COE的系统软件层，是COE必需的核心功能。核心服务层主要以商用的操作系统服务（包括NT、UNIX等）以及窗口服务软件（包括X Window、MOTIF和Windows）为基础构建，包括安全管理服务、系统管理服务、网络管理服务、打印服务、运行管理服务以及相关的COE工具，这些服务大多数采用商用产品或者基于商用产品构建。

（2）基础服务层。基础服务层是COE的通用支撑应用软件，基于下层的核心服务，为上层提供包括通信服务、数据管理服务、计算服务等基础支撑。基础服务层的构建可根据具体情况选择不同方式，既可直接选用商用产品，也可基于商用产品构建新的服务，还可以自行开发。主要包括管理服务、通信服务、Web服务、分布式计算服务、工作流管理服务、数据表示服务、数据管理及全球数据管理等一系列基础服务。

（3）共性应用服务层。共性应用服务层是直接面向作战任务的共性应用软件，主要是从各军兵种专用软件中抽象得到的可共用部分，如地图与态势处理、告警服务、联机帮助、相关分析、办公自动化、后勤处理、数据访问等各类共性应用服务。

（4）标准应用程序接口层。COE与领域应用之间，以及COE各个服务层之间的接口关系均通过标准化的、统一发布的应用程序接口实现。具体包括C语言动态链接库、C++类库、COM组件、Java组件和ActiveX控件等。采用标准的公共API实现接口关系，将大幅提高应用的可移植性、人机界面的一致性和系统的互操作性。标准API包括模块调用接口和数据接口。模块调用接口是COE各模块之间最主要的一种接口方式，调用模块和被调用模块位于同一个进程空间，被调用模块以调用接口的形式对外提供功能、数据等各种服务，调用模块通过这些接口调用各种服务；数据接口可通过SHADE的相关服务来实现。

从整体而言，COE提供了一个标准的环境、可立即使用的基础软件和一整套详细描述如何在COE环境下开发完成特定使命任务的应用软件的编程标准。通过COE，异构系统

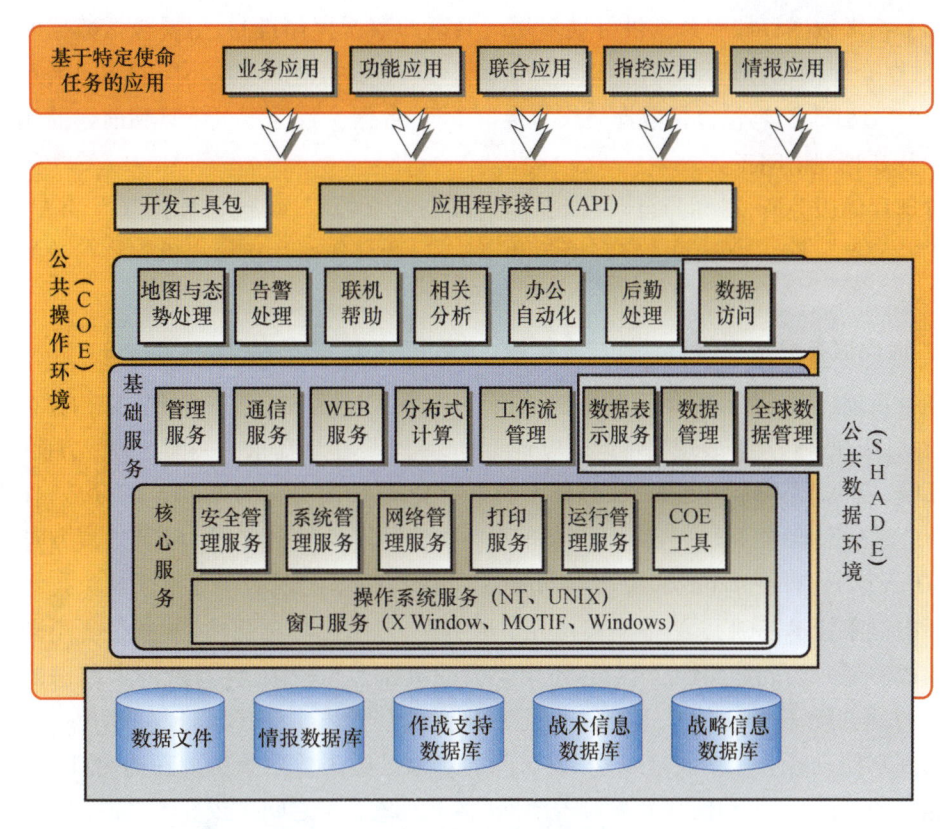

图 3-96 公共操作环境(COE)体系结构

之间能够按照"即插即用"的设计思想、在统一的标准框架下进行开发,使它们之间能够互通并共享信息,极大提高了指挥信息系统的"三互"能力。

2) SHADE

SHADE 由元数据管理服务、公共数据表示服务、数据访问服务、数据交换服务、物理数据存储服务、SHADE 工具包 6 个部分组成。

(1) 元数据描述了 SHADE 中数据内容及其与数据源之间的关系,几乎描述了整个 SHADE 的逻辑结构,最终用户可以通过元数据了解 SHADE 中的内容。元数据管理服务通过元数据知识库及其管理和访问工具,对 SHADE 中的公共数据模型和数据元素进行存储和管理,并提供对元数据的访问能力。

(2) 公共数据表示服务用于定义共享数据的标准模型、数据元素和元数据,支持关系模型、XML、ASN.1,以及自定义编码等多种表示模型,可用于描述数据的语法和语义。

(3) 数据访问服务提供可供多系统共享的数据访问机制,并提供对数据透明访问的工具,主要包括用户访问权限控制、数据库访问与管理服务、文件访问与管理服务、对共享资料的全文检索服务。

(4) 数据交换服务提供不同应用系统之间的数据交换能力,主要包括数据订阅与分发、动态数据复制、基于 XML 的数据交换、基于 ASN.1 的数据交换和基于自定义 bit 编码的数据交换等。

（5）物理数据存储服务提供可供多系统共享的数据存储机制,主要包括数据库物理存储、数据仓库物理存储和文件物理存储服务,不同的数据存储需要不同的访问服务。

（6）SHADE 工具包包括数据集成与接口工具、数据一致性测试工具和前述的元数据知识库及其管理访问工具。

物理存储服务所依托的具体存储实体是战场共享数据库,包括敌我双方的人员、装备、任务、位置、行动、物资和战场环境等共享信息,为各级指挥机构提供完整一致的战场综合信息。

3. 面向服务的指挥信息系统技术架构

随着系统规模与复杂度的不断增加,基于共用平台的指挥信息系统技术架构存在的一系列问题日益凸显,已经表现出难以适应时代发展和实际军事需求的一面。另一方面,随着民用领域以互联网为核心代表的信息技术的不断发展,面向服务的体系结构(SOA)作为一种更有效的技术架构,开始被应用于指挥信息系统建设领域,并逐步成为主流发展方向。

SOA 最早是基于分布式对象(Distributed Object)技术实现的。分布式对象技术在传统的面向对象技术基础上,进一步实现分布透明性,包括位置透明性(对象位于不同物理位置的机器上)、访问透明性(对象在不同类型的机器上)、持久透明性(对象状态既可以是活动的,也可以是静止的)、重定位透明性(对象的位置发生变化)、迁移透明性(对象已经迁移到其他机器上)、失效透明性(要访问的对象已经失效)、事务处理透明性(与事务处理相关的调度、监控和恢复)、复制透明性(多个对象副本之间一致性的维护)等。

分布式对象技术主要包括 CORBA、DCOM/COM + 与 J2EE/Java EE 3 种主流架构。但这三种主流架构也无法同时实现上述所有透明性,在技术和商业实用性上进行了各自的折衷。而且,基于不同分布式对象架构建立的"服务"之间往往无法进行互连、互通与互操作,仍然无法实现 SOA 的核心理念。

而当前基于三层/多层的分布式应用程序更倾向于使用基于浏览器的瘦客户端,以避免花在桌面应用程序发布、维护以及升级更新等方面的高成本。由于浏览器与服务器之间交互的通信协议主要是 HTTP,一种全新的实现 SOA 的思路就是,客户端和服务器之间采用 HTTP 进行通信,协作完成业务逻辑;这样既能实现服务的调用,又不必关心两端的操作系统平台、编程语言和具体的分布对象技术实现。

这就需要有一个独立于平台、组件模型和编程语言的应用程序交互标准,使采用各种实现技术的应用之间能够像使用 XML 技术交换数据那样实现集成与互操作。它可以提供一种标准接口,能够使一种应用更容易地调用其他应用提供的功能或服务——这就是 Web 服务技术。

1）Web 服务与 SOA

通俗地说,Web 服务就是一种 Web 应用程序,它公布了一个能够通过 Web 进行调用的 API,任何人都能通过 Web 调用此应用程序。Web 服务也具有自包含、自描述、模块化等特性,可以实现分布式、跨平台、跨多种编程语言的发布、定位和访问。

更准确地说,Web 服务是一套标准,它定义了分布式应用程序如何在 Web 环境中实现服务化的调用与互操作。遵循这套标准,可以用几乎所有主流的编程语言,在任何一种操作系统平台上编写 Web 服务,并通过互联网对这些服务进行查询和访问。

与上述 3 种主流的分布式对象技术相比,Web 服务的优点包括跨平台、跨语言、跨编程模型、松散耦合、接口与实现分离、基于 XML 消息(易于实现数据共享)和容易理解的 HTTP 协议、容易跨越防火墙和网络基础设施的限制等。

需要特别注意的是,Web 服务与面向服务的体系结构这两个概念中均有"服务"一词,但其涵义并不相同。SOA 中的"服务"是更加通用和抽象的概念;而可以把 Web 服务理解为一种具体实现技术,通过它实现 SOA。两者是完全不在同一层次上的概念,SOA 的概念要远比 Web 服务的概念大而广的多。通过 Web 服务实现 SOA 自然具备了 Web 服务的上述优点。

当然,Web 服务技术也存在一些固有缺陷。首先是效率问题,或者说是服务质量保证(QoS)问题。HTTP 是一个无状态、效率较低且没有 QoS 的协议,构建在 HTTP 协议之上的 Web 服务也同样具有类似的缺点,对于时间敏感性要求比较高的服务需求力不从心;而这一点在军事领域内恰恰十分重要。因此,美军在未来的指挥信息系统建设中也未完全采用 Web 服务技术,对于关键的时间敏感性服务,仍然在经过改造后的 COE 框架中构建,并纳入到 GIG 的体系结构之中。

其次,Web 服务技术在安全方面仍然没有较好的解决方案。虽然相关组织已经围绕 Web 服务的安全问题提出了一系列成体系的协议标准(或标准草案、WS-Security 系列),但到目前为止,尚无充分的令人信服的证据证明其安全问题已经完全得到解决。对于军事领域的应用来说,这同样是一个无法忽视的问题。

总体来说,随着技术的不断发展,上述问题最终会得到较好的解决,指挥信息系统的技术架构向着 SOA 方向发展已经是大势所趋。

2) 面向服务的指挥信息系统技术架构

由美军的指挥信息系统发展过程可见,为了适应网络中心战,美军的国防信息基础设施(DII)已经演变为全球信息栅格(GIG),并继续向联合信息环境(JIE)转变,基于平台的共性服务也发展为 GIG 核心全局/企业服务(Core Enterprise Service, CES)[1]和利益共同体(Community of Interest, COI)服务。

(1) 核心全局/企业服务。在 GIG 的概念体系中,全局/企业服务(ES)是"一个系统或者一个系统组合提供的、所有用户都能够使用的具有重要意义的能力集合"。常见的 ES 包括网络传输服务、信息资源服务、管理服务等,具有信息资源的存储、传输、处理和显示等通用能力,以及故障恢复、资源配置、安全审计、服务质量保证、服务管理等管理能力。

CES 能力的初始集合已经确定,包括企业服务管理服务、消息服务、应用服务、发现服

---

[1] 关于 CES 中 enterprise 一词,目前有不同的译法。在与服务关联时,较为常见的翻译是"企业服务",或者意译为"全局服务"。实际上,enterprise 指为特定任务目的建立起来的某种复杂大型组织机构;因此,也有人认为在某些上下文背景下译为"组织"更为合适。一种方便的做法是,在理解其本质含义的基础上,不妨全部直译为"企业",可以避免在不同上下文环境下转译为不同术语的烦琐。

务、中介服务、协同服务、存储服务、信息保障/安全服务、用户辅助服务9项核心企业服务。它是GIG的基础，对于随时随地访问决策所需的高质量可靠信息十分关键。

GIG的目标之一是要建立网络中心化的全局/企业服务（Network Centric CES, NC-ES）。NCES是提供支持作战域、情报域和业务域的最重要的信息基础设施，由一系列标准、指南、体系结构、软件基础设施、可重用组件、应用程序接口、运行环境定义、参考工具以及构建系统环境的方法论组成。NCES将使前沿作战人员能够反馈信息、提取信息或按需访问服务，而不需要知道信息或服务的位置。

（2）利益共同体服务。利益共同体是为实现共同目标而组合在一起的机构、组织、人员或设备的集合，COI成员之间可实现高度的信息与态势共享，行动保持协调一致。COI包括作为担负日常运行职责的实体而持续存在的常设性COI（他们也有义务对意外事件或紧急行动提供支援），主要用于应对意外事件或紧急行动而动态组合短期存在的临时性COI，以及同时具备上述两种特性的COI。COI服务可与其他服务结合起来、相互协作，以实现COI使命或过程所需的所有功能。

（3）典型的基于SOA的指挥信息系统技术架构。美军已经将SOA确立为其指挥信息系统技术架构，正在积极推进现有系统的演化、改造与集成。

具体来说，美国国防部拟采用基于Web服务的SOA作为其NCES的核心，要求数据及时提供给消费者，并阻止非授权用户访问被保护的资源，允许消费者在不拥有相关知识的情况下发现信息。在实时战术领域，美军仍然保持和发展基于分布式对象技术的COE体系，先后提出和发展了GIGCOE、NCOE等一系列支持实时业务的应用服务。

在面向服务的指挥信息系统技术架构下，信息分发方式发生了根本改变。以网络为中心的作战方式要求改变原有平台中心环境下的"灵巧推送"式信息分发方式，而代之以"灵巧提拉"，将信息的主导权从信息生产者手中转到信息消费者手中。在网络中心环境中，GIG就像是一个覆盖全球的军用因特网，所有美国国防部的用户只要接入GIG都可以在其权限范围内发现并提拉到所需的信息。GIG 2.0的参考模型是一种典型的面向服务的指挥信息系统技术架构，如图3-97所示。

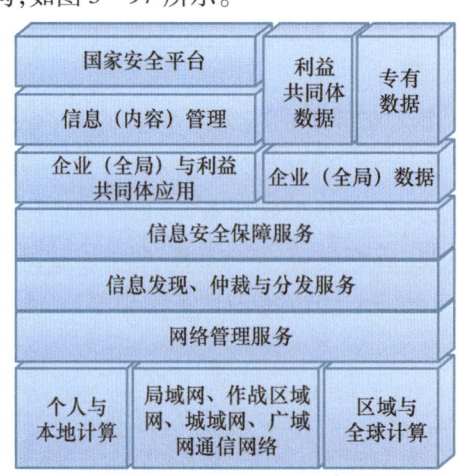

图3-97 一种典型的基于SOA的指挥信息系统技术架构

面向服务指挥信息系统技术架构本身正在持续不断地发展,尚未形成稳定的产品化和标准化成果。可以预见的是,在未来相当长一段时间内,可能会产生多种典型的代表性架构;此外还有众多与不同应用领域特点密切相关的特定技术架构与之并存。但是,上述技术架构均符合 SOA 思想,可以在一定程度上提供资源共享服务与互操作性。

参考文献

[1] 秦继荣. 指挥与控制概论[M]. 北京:国防工业出版社,2012.

[2] 乔忠. 管理学[M]. 3 版. 北京:机械工业出版社,2012.

[3] 倪天友. 指挥信息系统教程[M]. 2 版. 北京:军事科学出版社,2013.

[4] 彭鹏菲,李启元,余平波. 指挥信息系统理论与工程[M]. 北京:电子工业出版社,2020.

[5] 徐玫平,吴巍. 多属性决策的理论与方法[M]. 北京:清华大学出版社,2006.

[6] 肖筱南. 现代信息决策方法[M]. 北京:北京大学出版社,2006.

[7] 刘鹏. 云计算[M]. 3 版. 北京:电子工业出版社,2015.

[8] 施巍松,张星洲,王一帆,等. 边缘计算:现状与展望[J]. 计算机研究与发展,2019,01,56(1):69-89.

[9] 曹雷,等. 指挥信息系统[M]. 2 版. 北京:国防工业出版社,2016.

[10]《中国军事通信百科全书》编审委员会. 中国军事通信百科全书[M]. 北京:中国大百科全书出版社,2009.

[11] 吴建平,彭颖,覃章健. 传感器原理及应用[M]. 3 版. 北京:机械工业出版社,2015.

[12] 阿基迪兹·沃安. 无线传感器网络[M]. 徐平平,刘昊,褚宏云,译. 北京:电子工业出版社,2013.

[13] 宁津生,陈俊勇,李德仁,等. 测绘学概论[M]. 3 版. 武汉:武汉大学出版社,2016.

[14] 史蒂芬·卢奇,丹尼·科佩克. 人工智能[M]. 2 版. 林赐,译. 北京:人民邮电出版社,2018.

[15] 王万森. 人工智能原理及其应用[M]. 2 版. 北京:电子工业出版社,2007.

[16] 李德毅,杜鹢. 不确定性人工智能[M]. 2 版. 北京:国防工业出版社,2014.

[17] 吉奥克,等. 专家系统:原理与编程[M]. 4 版. 印鉴,陈忆群,刘星成,译. 北京:机械工业出版社,2006.

[18] 梁郑丽,贾晓丰. 决策支持系统理论与实践[M]. 北京:清华大学出版社,2014.

[19] 海金. 神经网络与机器学习[M]. 3 版. 申富饶,徐烨,郑俊,晁静,译. 北京:机械工业出版社,2011.

[20] 杜鹏,谌明,苏统华. 深度学习与目标检测[M]. 北京:电子工业出版社,2020.

[21] 魏秀参. 解析深度学习:卷积神经网络原理与视觉实践[M]. 北京:电子工业出版社,2018.

[22] 李晨溪,曹雷,张永亮,等. 基于知识的深度强化学习研究综述[J]. 系统工程与电子技术,2017.

[23] 张宏军. 作战模拟系统概论[M]. 北京:国防工业出版社,2012.

[24] 胡斌. 作战模拟基础[M]. 2版. 北京:国防工业出版社,2019.

[25] 翁冬冬,郭洁,包仪华,等. 虚拟现实:另一个宜居的未来[M]. 北京:电子工业出版社,2019.

[26] 迪特尔·施马尔斯蒂格,托比亚斯·霍勒尔. 增强现实:原理与实践[M]. 刘越,译. 北京:机械工业出版社,2020.

[27] 燕雪峰,张德平,黄晓冬,等. 面向任务的体系效能评估[M]. 北京:电子工业出版社,2020.

[28] 李志猛,徐培德,冉承新,等. 武器系统效能评估理论及应用[M]. 北京:国防工业出版社,2013.

[29] 汪应洛. 系统工程[M]. 5版. 北京:机械工业出版社,2015.

[30] 张英朝,宋晓强,张亚琦,等. 指挥控制系统工程概论[M]. 北京:国防工业出版社,2018.

[31] 张宏军,韦正现,鞠鸿彬,等. 武器装备体系原理与工程方法[M]. 北京:电子工业出版社,2019.

[32] 王智学,等. 指挥信息系统需求工程方法[M]. 北京:国防工业出版社,2012.

思考题

1. 计划的主要内容有哪些?制订计划的一般步骤是什么?
2. 决策包括哪些要素?典型的决策过程是怎样的?
3. 控制有哪些分类方式?在作战指挥中是如何体现的?
4. 并行计算、网格计算、云计算、边缘计算的联系和区别是什么?
5. 解释什么是服务、面向服务、面向服务的体系结构。
6. 通信中信源编码和信道编码各有什么作用?
7. 同步有哪些类别?各有什么意义?
8. 有哪些主要的信道复用技术?其相互区别是什么?
9. 什么是扩频通信,有何用途?
10. 传感器网络的协议栈是怎样的?有哪些主流的通信标准?
11. 现代测绘技术主要有哪些?测绘得到的空间对象在计算机中如何表达?
12. 解释人工智能、知识工程、专家系统的概念。
13. 机器学习有哪些主要类别,各有什么典型的应用?

14. 什么是作战模拟？什么是计算机作战模拟？
15. 军事概念模型、数学模型和计算机模型的联系和区别是什么？
16. 采用蒙特卡罗法编程实现圆周率的计算（编程语言不限）。
17. RTI 对 HLA 提供了哪些功能？其作用是什么？
18. 什么是虚拟现实、增强现实、混合现实？其区别是什么？
19. 什么是效能？效能评估的指标因素有哪些？
20. 层次分析法的主要步骤有哪些？
21. 系统有哪些特点？在指挥信息系统中有哪些体现？
22. 什么是系统工程？霍尔三维结构是个什么样的框架？
23. 体系有哪些特征？体系工程的研究内容有哪些？
24. 什么是体系结构？什么是体系结构框架？
25. DoDAF 1.0 的三视图各描述什么内容？DoDAF 2.0 有哪些新的变化？
26. 什么是需求？什么是需求工程？需求分析过程一般包括哪几个阶段？
27. 指挥信息系统分析设计包括哪些关键环节？
28. 数据流图有哪些基本组成？各代表什么含义？
29. IDEF0 和 IDEF1X 各用于什么建模？IDEF0 与数据流图有何异同点？
30. UML 包括哪些图？各描述什么内容？
31. 集中式结构与分布式结构的指挥信息系统各有哪些优缺点？
32. 指挥信息系统技术架构经过了哪些发展演变？
33. 基于共用平台的指挥信息系统技术架构的基本思想是什么？
34. 用 Web 服务实现 SOA 有哪些优势和不足？
35. 什么是核心全局/企业服务、利益共同体服务？

第4章 态势感知系统

信息技术真正用于作战至少需要三个基本条件,即一张数字化的战场信息网络、一幅数字化的战场态势图和一套数字化的指挥控制系统。态势感知信息是战场信息的重要组成部分,战场态势感知是生成数字化态势图的基础。因此,要获得战场态势图,必须要研究态势感知信息的获取、处理、发布、管理和共享等活动。其实,早自20世纪70年代始,美国就率先开始了军事传感技术领域的革命,其目的是使战场变得"透明"。尤其是近几场局部战争,更使美国深刻认识到战场态势感知能力的重要性,从而不断加强了相关系统的开发,以支持未来信息化战争中精确制导武器实施精确打击所需要的战场态势信息,以上便是态势感知系统应运而生的客观背景。

4.1 态势感知概述

4.1.1 基本概念

1. 态势

态势(Situation)是关于事物的状态、形态、形势及发展趋势的描述,即包括"态"和"势"两方面。"态"是对当前的客观描述,包括状态和形态。"势"则是一种主观判断,包括形势和趋势,形势包含了能力和力量,由于能力和力量的改变,使形势有利或有弊,趋势是指发展的方向。

战场态势则是对战场空间中兵力和环境当前的状态、形态及发展趋势的总称,其中战场状态包括了敌我双方兵力、武器装备、战场设施的组成、部署、状态等;战场形态是敌我双方的兵力编成、作战序列、战场实体之间的关系,包括指挥关系、控制关系、协同关系等,从形态中可以看出敌我双方的关键部位、薄弱点等信息;战场趋势是通过敌我双方力量对比、部署分析和行动预测而形成的战场发展方向。

根据态势描述关注的内容侧重,战场态势可以分为作战空间态势、专题态势、战场环境态势、战场综合态势等。

1）作战空间态势

作战空间态势是指汇集由多种侦察探测手段所获取的陆上、海上、天空、太空等战场情报信息，针对特定作战空间融合生成的战场态势。例如：①陆上、海上、空中态势分别包括了陆战场、海战场、空战场的目标位置、行动状态、相互关系和趋势。主要态势要素可以有敌、我、友作战部署、作战企图、目标属性、行动状态和趋势，与作战相关的地形、气象、水文、电磁、人文等环境信息。②太空目标态势包含了通过天地一体太空态势感知手段获取的太空战场空间在轨航天器、空间碎片、空间环境和空间事件的目标位置、运动状态和趋势。③网络空间态势包含了网络空间相关网络节点、网络资源所形成的拓扑结构、逻辑关系、活动状态和趋势。④电磁空间态势包含了作战空间内相关电磁设备、用频装备配置和电磁活动及其变化所形成的能力状态和趋势。主要态势要素可以有敌、我、友及其他方的雷达、电子对抗、通信、导航、制导等设备部署情况和设备属性；相关电磁设备的活动状态、侦察预警效能、电子对抗能力、通信导航范围以及变化趋势等；对电磁空间有较大影响的自然电磁辐射、民用电磁设备及非用频设备辐射情况等。

2）专题态势

专题态势指为满足某种军事需求，融合生成的指挥员重点关注的特定方面的战场态势。例如：①战争潜力目标态势包含了与战争行动密切相关的经济类和民生类目标的部署分布、潜在能力、运行状态和趋势。如大型工矿企业、重要交通线和交通枢纽、通信电力、供水供气、能源和原材料储存等设施。主要态势要素可以是目标组成分布、结构性质、要害部位、防卫警戒等基本情况信息，目标卫星图片、航空照片等影像信息，目标精确位置、周围地形地物状况等地理空间信息，目标区域气象水文信息等。②战略预警态势包含了敌战略袭击武器和其他对我构成战略威胁的重要目标的部署、状态、征候、企图、相互关系和趋势。主要态势要素可以是战略袭击武器和威胁目标的部署编成、目标定位、性质类型、行动企图、行动征候、状态趋势、打击能力、威胁程度、影响区域等信息，以及相关的战场设施与战场环境信息。③海上民用力量态势包含了海上民兵和民用船只、专业作业平台等民用力量及其在海上的活动状态和趋势。这些力量通常作为专业侦察力量手段的补充，可遂行海上目标搜索、机动侦察、抵近侦察和区域跟踪拦截等任务，为海上联合侦察目标发现识别、辅助印证和消弥补盲发挥重要作用。主要态势要素可以是海上民用力量分布区域、属性、数量、编成、活动状态等，也可以是海上民用力量特别是海上民兵侦察力量所获目标类型、位置、数量、性质、特征和活动状态，还可以是海上民用力量活动区域海况、气象等环境信息。

3）战场环境态势

战场环境态势包含了与作战指挥和部队行动相关的战场频谱和地形、气象、水文等自然条件信息，以及民族、交通、生产、社会等人文条件信息，是战场综合态势的组成部分。①气象水文信息包括作战空间内气象、水文、海洋环境的历史资料、实况信息、预测预报信息、图形图像等。②测绘导航信息包括作战空间内陆海空天测绘成果和北斗导航、时间频率、军事地理、综合兵要地志等。③战场频谱信息包括作战空间内自然电磁环境、敌我装备频率使用、用频设备实时效能、电磁场强状态、电磁频谱占用、电磁信号特征、电磁频谱变化等。④社会环境信息包括作战区域内种族、民族、宗教、文化、民情风俗、医疗卫生等文化环境，自然资源、经济结构、生产布局、交通运输、城镇等经济环境，社会制度、政府内外政策、政党和社会团体、行政区划和行政中心、武装力量编成等政治环境，以及领土疆界、海洋权益、舆论传媒等。

4）战场综合态势

战场综合态势综合了作战空间态势、专题态势和战场环境态势，是指对作战空间内敌情、我情和战场环境变化的状态、关系和趋势的综合描述。一般以敌方作战体系态势为主，我方态势和战场环境信息为辅，形成作战战场整体状态。

2. 态势图

态势图是对战场态势的可视化描述，又称战场态势图。战场态势图提法源自美军，全称为"通用作战态势图"（Common Operational Picture，COP），又称"战场通用态势图"，如图4-1所示。它是美军在运用信息系统革新作战方式时出现的新事物。美军将其定义为：从战场环境、侦察、情报、监视、作战规划、武器装备、兵力动员、作战部队、武器平台等数据源获取数据，构建统一的、分布式的通用作战态势数据库，根据用户需要，融合整编后与形象化图形符号相关联，生成COP。我军对战场态势图没有严格定义，本教材认为，战场态势图是指依托指挥信息系统，对各类基础数据、情报信息、态势产品进行分析判断、融合整编，生成的能够实时、近实时联动表示敌对双方力量对比、部署和作战行动等状态和形势的数据化信息集，这些信息通常在数字化底图基础上，通过军队标号等可视化图符来描述和显现各种战场态势元素。

图4-1 通用作战态势图

1）态势图特点

（1）基准统一。态势图遵循统一的时空基准,时空基准是确定作战空间信息几何形态和时空分布的基础,是军事地理要素空间位置及其时变的参考基准。

（2）标识唯一。态势图上标绘的每个目标元素都具有唯一性,同一态势元素数据尽管可以显示在不同态势图上,但对各级指挥员及指挥机构是一致和统一的。只有基于统一态势,才能同步感知,共同认知。

（3）内容动态。态势图上显示的内容不是静态的,是根据战场情况的变化而动态变化,战场上变化的情况,如运动状态、目标属性、动向情报等需同步或准同步刷新显示于态势图上,以适合指挥人员实时掌握、共享战场情况。

（4）呈现综合。态势图是图、文、声、像、表的综合呈现,战场态势最直接的是用图形来表示,特别是用队标来表示,但是这只是一种主要表现形式,除了图形之外,还表现为文、声、像、表等多种形式。

2）态势图用途

（1）共同感知,支撑信息优势获取。信息化条件下,信息优势就是制胜优势,信息优势取决于信息共享的程度。运用态势信息,各作战单元对战场态势可以实现"按需获取、同步感知",相互之间知道是谁、在哪、在干什么、要干什么,这样封闭的"信息孤岛"即可打破,信息共享水平即可大幅提升。

（2）联动筹划,支撑决策优势获取。通过在各决策实体之间实时共享态势信息,上下级决策实体可以基于同一态势,更加全面、深入、细致的了解情况,改变了"下级等上级,行动等指令"传统决策模式,实现基于态势筹划、基于态势作业、基于态势指挥,聚优集智,形成决策优势。

（3）自主协同,支撑行动优势获取。利用态势图在各行动实体间实现基于同一态势,在"进程交互、自适态势"中,相互之间能够突破计划的限制,知道你需要什么,我能提供什么,如何配合,各行动实体实现自适应调控、自主协同,动态聚合出最大作战效能。

3. 态势感知

"感知"是感觉和知觉的总称,态势感知(Situation Awareness,SA)则指客观事物发展的形势和状态,通过感觉器官获取并在人脑中综合反映。战场态势感知(以下简称态势感知)则是指在特定的时间和空间内,通过各种侦察预警手段,及时获取战场状态和形态,融合生成和动态更新战场态势的过程,以支持指挥员对当前及未来战场状态进行认知、判断与预测。当前,部分文献将态势感知片面理解成对战场状态和形态信息的获取过程,或者仅限于指挥员或指挥机构等人员群体在认知域对战场的察觉、理解、评估和预测,这都显得不够完整。本教材认为态势感知是指挥控制环路中实现信息从物理域或信息域映射到认知域的一种认知活动,覆盖物理、信息、认知三域,既包括了对物理域目标的信息获取识别,信息域信息的融合处理过程,也包括了认识域的指挥决策判断过程。只有具备态势感知优势,才会有后续的决策优势和行动优势。

"感知能力"是指人们在实践中对丰富生动的外部现象直接摄取和反映的能力,它包括感觉和智力两个方面,感觉能力是指信息的获取能力,而智力能力是指对信息进行加工、处理、使之转化,进而提出新理论、新观点的能力。1988年,恩兹利把态势感知定义为"在一定的时空条件下,对环境因素的获取、理解以及对未来状态的预测",所建立的三层感知模型"感觉、理解、估计"正是体现了感觉能力即态势要素获取能力,智力能力即态势理解和态势预测能力。

4.1.2 感知过程

态势或者态势图是战场态势感知过程输出的主要产品,这种产品的形成一般包括态势信息的采集获取、信息处理、评估预测等活动,对于此过程,不同学者认识角度不同,会产生不同理解,从而形成不同的感知模型。

1. 感知模型

戴维·S·艾伯特在《理解指挥与控制》中提出了一种态势感知参考模型,把态势感知模型从功能上分为三层:实体感知层、关系理解层、态势评估层,如图4-2所示,每层根据不同的问题域实现不同的功能,三层协作完成态势感知的过程。其中实体感知主要是对战场实体当前状态的察觉认知,关系理解主要是对战场时空实体相互关系的整体判知,态势评估主要是对战场整体风险的评估及发展预测。

对快速变化的态势及时地做出感知响应是有效决策的必要条件之一。完成感知响应的时间主要由两部分组成:一个是形成态势信息的时间,这主要依赖于系统的性能;另一个是指挥员对态势信息进行感知理解所花费的时间,这依赖于指挥员的认知能力和态势变化的速度。只有指挥员的认知理解速度能够跟上战场态势的变化,他才可能进行"信息完全"情况下的有效决策。当前最为广泛使用的态势感知模型是1995年由恩兹利提出的态势感知三层次模型,如图4-3所示。

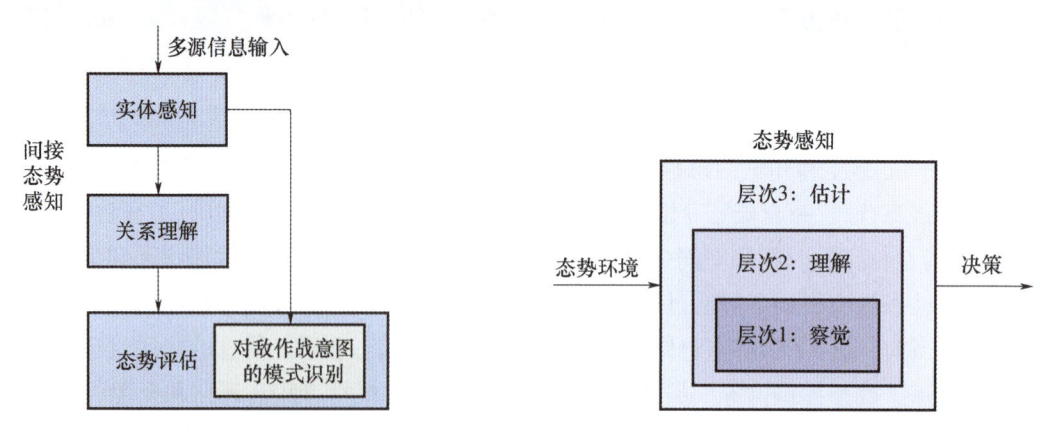

图4-2 艾伯特的态势感知模型

图4-3 恩兹利的态势感知模型

该模型第一层次是对环境中各种要素的察觉(Perception),包括了对战场环境及目标的观察结果,可以有直接发现和间接发现两种方式。例如战斗机飞行员必须对周围环境中"哪有飞机、哪有山脉"这一客观事实进行察觉;战术指挥员需要对兵力部署、气象、水文等要素进行察觉。现代战争条件下,指挥员一般经由 C^4ISR 系统获得这一层次的信息,也即间接发现,称之为"察觉信息"或者"系统信息"。第二层次是结合已有知识和资料对态势要素"状态参数"意义的理解。"理解"建立在"察觉"的基础上,它描述的是"一种客观属性对于观察者意味着什么"。完成这一层次态势感知需要有一定的实际经验。在这一层次中,指挥员通过对"察觉信息"的感知得到"理解信息"。第三层是综合当前的"察觉信息"和"理解信息",再结合资料或趋势对将来事物进行的估计。这一层次是态势感知的最高一层,它要求决策者能够对战场环境中要素实体的行为进行预测或估计。例如,根据各战场要素所处的状态及地形、地貌等外部条件,来刻画当前两军所面临的形势,然后预测或估计形势未来的演化发展。

该模型显然主要是以人为主体进行的研究,充分反映了人员对态势的认知过程,但并没有反映态势信息获取过程。本章介绍一种以态势为主体,基于业务层次分解的态势感知过程,如图 4-4 所示。

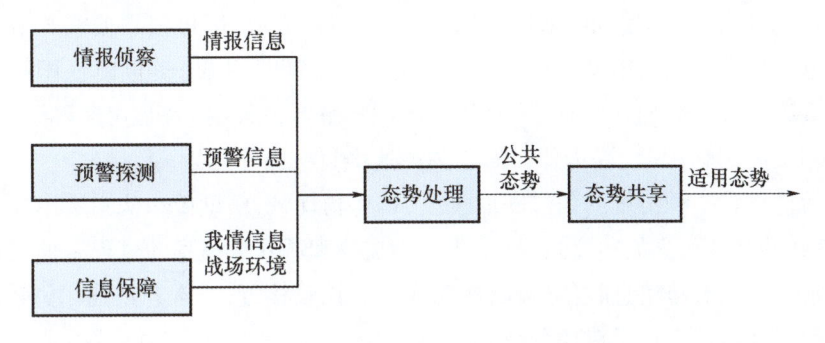

图 4-4 层次化分解的态势感知模型

在上述态势感知模型中,情报侦察与预警探测是敌情态势获取的两大手段,分别获得情报信息和预警信息,信息保障是我情态势获取的重要手段,主要获取我情及战场环境信息,敌情和我情信息经过态势处理过程,形成可以满足各种需求的战场态势。最后通过态势共享过程,根据不同的指挥控制用户需求,将作战态势进行适当的裁剪,形成针对特定目的的专题态势图,分发给态势用户。

2. 态势获取

态势获取是整个态势感知过程中最前端也是最重要的一个环节,其能力大小直接影响了态势感知的能力和水平。态势获取主要通过情报侦察、预警探测及专业化的信息保障过程分别获取敌方情报信息、预警信息和我情信息。

1) 情报侦察

情报侦察过程是利用各种侦察平台、侦察传感器或人工等手段,对战场空间各种军事目标和军事活动进行连续不断的侦察监视,并对获取的信息进行迅速判断、分析、识别和处理,最后形成完整、准确情报信息的过程。外军将此过程称作为"情报、监视与侦察"(Intelligence, Surveillance and Reconnaissance, ISR),ISR 是实现战场态势获取的主要手段。

"情报"是对有关国家、敌对势力或潜在敌对势力各种可用信息进行搜集、处理、综合、评估、分析和判读后所形成的产品,使决策者能够就何时、何地、以何种方式与敌军交战做出正确的行动决策,以实现预定的作战效果。

"监视"是利用可见光、声学、电子、照相或其他手段对地面、海面、水下、空中、太空和网络等空间各种场所、人员和事物进行系统性、连续性的观察,不断更新有关敌方行动和威胁态势的评估信息,发现敌方在某段时间内可能出现的各种行动变化信息。这种观察往往在发现目标前带有被动性质,并不针对具体目标,当发现目标后则对其进行持续的观察。

"侦察"是根据某一特定任务需要,在一定时间内利用上述各种手段,获取有关敌方或者潜在敌方各种行动与资源信息的行动。与"监视"不同,这种行动带有主动的性质,时间较短,主要针对某一具体目标,且不会在目标上空或者目标区域内作长时间的停留。

从功能上来说,"情报、监视与侦察"是一个完整的整体,三者不可分割,其原因在于"情报、监视与侦察"的作用同时取决于这三项活动:一方面,情报依靠侦察与监视来获取数据和信息;另一方面,情报又是侦察与监视的目的。2001年初,美国时任国防部长拉姆斯菲尔德给出了"情报、监视与侦察"整体性的独特解释:"侦察"就是找到目标,"监视"就是紧盯目标不放,"情报"就是为什么需要关注这个目标的原因。

情报活动作为一种传统的信息获取手段,是在物理域、信息域和认知域不断循环的过程,而侦察和监视从狭义的角度来说,主要是指在物理域获取信息的过程。侦察和监视两者都是非常重要的态势信息收集过程,概念和含义比较接近,非常容易混淆,表4-1从4个方面对侦察和监视进行了对比分析。

表4-1 侦察与监视的区别

角度	侦察	监视
对象	侦察通常是指发现被侦察对象是什么,已经有什么,是发现被侦察对象的现在时	监视通常是指发现被监视的对象将会发生什么,是发现被监视对象的将来时
目的	主要为了对侦察的对象进行探测	主要为了对监视的目标进行预警
时间	侦察在时间上是离散的,实时性要求相对较低	监视在时间上是连续的,实时性的要求很高
方式	侦察通常是一种主动的态势信息获取过程	监视则一种相对被动的信息获取过程

2) 预警探测

预警探测过程是利用各种预警探测平台、预警探测传感器等手段,对战场空间的飞机、舰艇、巡航导弹等目标进行连续不断的探测,对获取的目标信息进行融合处理、分析、跟踪与判断,为各级指挥机构提供尽可能多的预警时间和精确的目标信息。

相比于"情报侦察",预警探测属于一种对外层空间、空中、海上进行不间断搜索、探测,及早发现威胁性目标并实时报警的侦察活动。预警探测需在尽可能远的警戒距离内,保持全天候昼夜监视,对目标精确定位,测定相关参数,并识别目标的性质,为国家决策当局和军事指挥系统提供尽可能多的预警时间,以有效地对付敌方的突然袭击。

从本质上看，预警探测也属于情报和监视的范畴，只是在其任务目的、监视对象以及实时性等方面与"情报侦察"有所区别。预警探测的主要目的是探测和监视尽可能远距离的威胁性目标，并着重对于目标的实时探测，其探测信息实时用于指挥控制。比如战略预警系统的主要对象是防御战略弹道导弹、战略巡航导弹和战略轰炸机；战区内战役战术预警系统的对象是探测大气层内的空中、水面、地下、陆上纵深和隐蔽等战役战术目标。另外，从信息类别上看，预警探测信息主要特指飞机、舰艇、巡航导弹等敌方武器平台的位置、状态等信息，情报侦察信息主要指战场空间部队行动、部署、位置、状态及战场环境等信息，两者在内容与获取手段上的区别还是很明显的。需要特别注意的是，在广义上，情报信息也包括预警信息，要根据上下文来确定情报信息的准确含义。

3) 信息保障

信息保障是指为谋取信息优势，服务部队作战指挥和部队作战行动，综合运用各种信息保障力量、技术手段和信息资源，开展的信息网络、信息系统、数据信息保障和信息应用服务、信息安全防护等活动的统称。从流程上看，信息保障是一条信息采集、汇聚、处理、分发和使用的完整闭合链路，其目的是构建作战信息环境，努力形成信息优势，支撑转化为决策优势和行动优势。

信息保障与前述的情报侦察及预警探测过程既有联系又有区别。从态势信息获取角度看，情报侦察及预警探测主要是对敌情侦搜获取、融合处理、整编分析，"知彼"是其核心；信息保障主要提供我情和战场环境信息保障，"知己"是其核心。如果从活动开展角度看，情报侦察及预警探测离不开信息保障中的信息网络和信息系统的构建和运维支撑，反过来，信息保障中的数据信息保障和信息应用服务都需要情报产品的支持，两者紧密关联、相辅相成，只有密切配合、综合运用，才能发挥最大保障效益。

4) 态势信息分类

根据使用方式或时机不同，从态势源获取的信息可以分为：

(1) 按数据格式分。感知信息可分为：①格式化数据，指遵循一定数据标准，计算机可以自动解析的数据，如雷达所获海空情数据、技侦态势数据、矢量地图数据等；②文本情报，指文字类情报及其多媒体附件；③声像情报，指音频或与视频相结合的数据形式，一般为视频标准格式，包括网络电视、海警、无人机侦察视频、边海防监控视频等；④影像情报，主要是指航天、航空、部侦等手段获取的图像数据等；⑤信号情报，主要是指通过相关侦察手段所获取的通信信号、非通信信号、电子目标信号等信息。

(2) 按融合作用分。感知信息可分为：①在线融合类，主要包括雷达、技侦、电抗手段所获海空目标信息，以及支撑态势融合的目标基础数据、专业知识数据等，可通过自动融合方法在线参与融合，实时生成并不断更新战场态势；②关联分析类，主要包括文字动向报、声像信息、边海防视频、海警船监控视频、遥感影像数据等，可通过人工或计算机提取属性特征，以人工融合方法补充完善态势要素；③支撑融合类，主要包括气象水文、测绘导航、战场频谱、社会环境等信息，可为战场态势融合提供时空基准、战场环境信息，以及可视化处理环境。

(3) 按信息时效分。感知信息可分为：①实时类，指更新周期快、需快速跟踪处理的信源，包括雷达、技侦、电抗手段所获海空情，时效性强、准确率高，更新时间一般在秒级；②准实时类，指更新时间一般在分钟一级且目标属性信息完整规范的信源，主要指航天侦察，可弥补其他侦察手段，扩大战场态势监视范围；③非实时类，指更新时间较长、用于专题研判的信源，主要指各类动向情报，通常以文字和图像情报为主，时效性较差，可作为人工融合印证的补充信息。

3. 态势处理

态势处理过程主要是将通过情报侦察、预警探测和信息保障等各种手段获取的原始态势信息进行连续的加工处理，形成可以满足各种指挥控制需求的公共态势，具体可以分为态势接收、数据融合、情报整合、态势汇合等子过程，如图4-5所示。

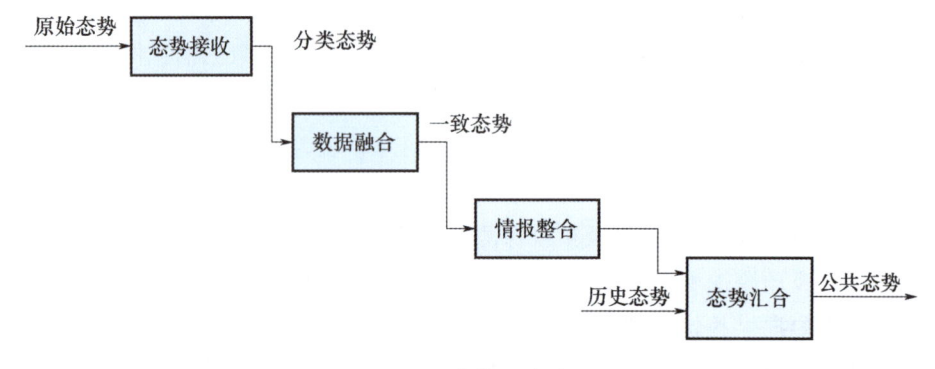

图4-5 态势处理过程

态势接收的主要任务是收集通过ISR获取的不同来源、不同格式的原始态势信息，并对这些原始信息进行分类、编号以及归档处理，并以文档（纸质或电子）、声音、图形和视频等格式形成原始态势信息的资料库，为进一步的态势信息处理提供原始材料。在传统条件下，态势信息的载体主要是非电子化的媒介，并且信息接收主要以人工接收方式为主，而在信息化条件下，态势信息主要是数字化或电子化的媒介，并且态势信息的来源和内容更加广泛，如信号侦察、密码破译、空间监测、遥感图像等战场目标状态和属性数据。

数据融合是对多源态势信息通过格式转换、消除冗余和信息互补等融合处理过程，形成一致的、精确的态势信息。在信息化条件下，多传感器的数据融合具有非常广泛的应用。随着战场空间的扩大以及联合作战对情报信息需求的日益提高，靠单一类型的传感器不能满足指挥决策的需要，必须利用分布在物理空间不同位置的、多种类型的传感器去收集战场态势信息，从而提高目标的探测识别能力，增加可信度和精度。数据融合可以将分布在各类平台上的各种传感器，按照各自对同一目标测得的发现概率、精度等数据，进行去噪声、去重复处理和关联分析，从而得到精确的目标运动状态和物理属性。

情报整合是对整个战场环境的各类态势信息进行选择、关联、比较、甄别和分级等处理过程，将经过整合的信息转化为可信的、有价值的、具有重要程度和紧急程度区分的态势信息。在作战过程中，各种信息数量大、来源广，大量的垃圾信息和错误信息不仅淹没了重要的、有价值的信息,同时也会严重影响指挥人员分析判断的及时性和科学性。态势整合首先要根据态势信息的获取时间、地点和方式,研究与判别信息来源的可靠程度及获取时的具体情况。其次,仔细分析情报所含内容,并与同一目标的其他情况进行比较,进一步判断情报的可靠程度、重要程度、紧急程度和价值,最后,将各类态势信息的位置、时间及性质进行关联分析,对态势信息做出综合判断结论,如,敌军的强弱、编成、部署、行动性质以及行动路线等。

态势汇合主要是向各级指挥员提供战场空间内敌对双方的态势信息及战场变化情况,形成通用作战态势图,便于各级指挥员形成对战场态势的一致理解。态势接收、数据融合、态势整合等态势处理过程主要是针对敌方的信息进行加工处理,而为了获取信息优势,指挥员必须全面地掌握战场物理空间情况,包括敌我双方的兵力部署、作战任务、运动情况,以及所处地理环境(如地形、天气、水深条件)等各方面的信息,这些信息汇合到指挥所,并且通过态势标绘形成通用态势图,直观地显示,供指挥员分析、研究,这个过程就是态势汇合。

4. 态势共享

态势共享主要是指将各种态势信息以声音、图像、文档(纸质或电子)或态势图为载体进行归档存储,供各级军事指挥人员共享使用,指挥人员能够根据各自需求获取一致的态势信息。态势共享的方式主要包括态势信息分发、态势信息检索以及态势信息订阅等三种方式。

态势信息分发主要是信息提供方根据相关信息需求方的实际需求将态势信息分主题、分类别、分等级、分时段、分地域进行推送发布。信息提供方主动发送信息,而信息需求方处于被动的接收状态,通常信息需求明确、实时性要求高,并且能够事先约定的信息通常采用分发的方式。如战场实况信息、海空情信息等。

态势信息检索是指信息提供方预先将信息资源以纸质或电子的形式进行分类、归档和存储,形成信息资料库,信息需求方根据实际需求在信息资料库中进行查找和分析,获得所需的态势信息。通常比较稳定的、实时性不强且信息需求方不明确的信息通常采用这种检索的方式,如军事地形、战场设施、兵要地志等信息。

态势信息订阅是指信息需求方预先向信息提供方定制所需要的态势信息内容和格式,态势信息的提供方不定期地向信息的需求方发布相关的信息。通常实时性要求高、周期性比较强、信息提供方比较明确,但信息需求方不明确的态势信息通常采用这种信息订阅的共享方式,如气象水文、卫星过境等信息。

4.1.3 感知系统

态势感知系统是部队获取信息优势的信息系统。军事上,态势感知之所以重要,是因为在动态复杂的战场环境中,决策者可以借助态势感知系统(或工具)实时或半实时生成战场态势图,显示战场状态及连续变化趋势,辅助其快速准确地做出决策。

1. 系统定义

态势感知系统是一种通过情报收集、目标监视、环境探测等手段获取战场空间目标与环境信息,辅助指挥员或指挥机构了解战场空间现状和变化趋势,提供分析、评估及预测等决策支持的信息系统。作为指挥信息系统的一个重要组成部分,态势感知系统的主要任务是全天时(战时和平时,白天和昼夜)、全天候(风、雨、雪、雾各种气象情况和各种海况)、全方位(陆、海、空、天、网络、电磁等)应用一切手段来搜集和查明战场环境中有关参战各方军事人员和装备的分布、集结和调动,武器装备的类型、数量和性能等情报,以及地形、地貌、气象等资料,并及时传递到各级指挥机关,经分析、识别、综合处理后形成综合情报,为各级指挥员做出正确的决策提供依据。因此,战场态势感知系统能将态势信息转化为战斗力,地位十分重要。可以说,战场的主动权和战斗的胜利在很大程度上取决于态势信息的获得,战场态势感知是获取信息优势的重要环节,也是取得信息战胜利的重要保障。

从 OODA 环的角度看,如图 4-6 所示,态势感知系统应包括作战过程中目标侦察(Observer)与判断处理(Orient)两类基本活动,覆盖了恩兹利态势感知模型中的"感觉、理解、估计"三类活动,对应于美军提出的 ISR 系统过程和国内的"情报侦察系统和预警探测系统"。

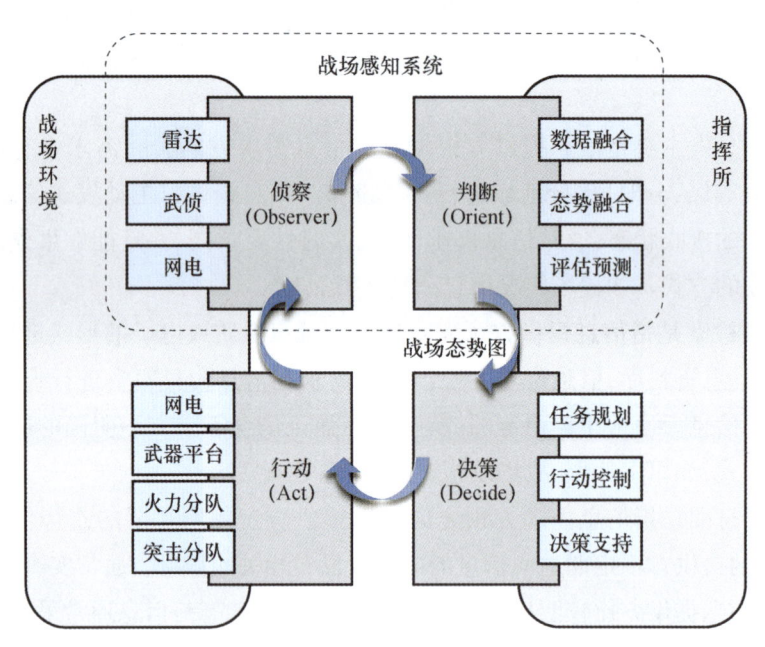

图 4-6 OODA 环中的战场感知系统定位

2. 系统功能

1) 战场态势信息的多层次全方位搜索

现代战争环境复杂,态势信息种类繁多,随着态势信息的范围不断增大,依靠单一的获取手段将无法完成态势保障的任务,为取得信息优势,必须不断提高战场搜索能力,包括提高对直接序列扩频、跳频等低截获概率信号的侦察、捕获能力,提高对突发短暂信号的测向和定位能力,提高非协同目标分选识别能力,提高对复杂信号侦听、解调、破译能力,以及提高遥感图像成像的分辨力、定位精度和实时获取图像的能力等。因此,态势感知系统必须具备多层次、全方位、分布式战场态势信息搜索能力。

2) 战场态势信息的智能融合和实时处理

态势感知系统应构成有机的多级综合处理体系,各级态势处理系统具有态势信息指挥和智能化处理平台,无论平时和战时都能接收来自上级的命令,并向下级下达感知任务和作战命令;接收下级上报的态势信息,运用信息融合技术,进行智能融合分析处理和综合判证整编处理,使之迅速形成准确、完备、有价值的综合态势信息,及时上报和分发,以便指挥者及时做出决策。

3) 战场态势信息的可靠传输和高效共享

各类侦察传感器与态势信息处理中心之间,以及态势信息处理中心之间需要安全可靠的通信网络保证态势信息的传输交换与高效共享。对实时性很强的态势信息,需通过战术数据链及时传送到武器平台实施精确打击。信息栅格网络为态势处理系统安全、可靠、灵活、高效地提供了良好的传输平台。各种传感器、各类态势处理系统等可作为栅格网络的节点,形成传感器信息栅格网,这不但能安全可靠地完成态势信息的传输任务,还有利于态势信息的分发。

4) 战场态势信息的可视化显示

运用计算机图形图像处理、多媒体、人工智能、人机接口和高度并行实时计算等技术,将战场空间态势数据转化为动态直观的可视图形、图像或动画,形象地描述数据与数据之间的关系,便于对战场空间态势的表达和理解。通常,可视化技术还向使用者提供与态势数据实时交互的功能。

5) 战场态势信息的作战保障

态势感知系统的最终目的是支持部队作战,因此必须具备完善的支持联合作战、防空反导作战、信息对抗的态势保障能力。支持联合作战是现代态势感知系统的主要功能之一,陆军、海军、空军、火箭军的态势感知系统能通过信息网络相互提供所需的态势情报,实现传感器到武器系统端到端的直接交链,从而实现陆、海、空和导弹部队的联合作战。综合防空反导、反卫星,以及信息对抗是现代战争的一种新的作战形式,态势感知系统能在获取敌方各种电子信号参数和网络结构的基础上对其实施攻击,把敌机和导弹消灭在起飞和发射之前,或者在目标飞行过程当中。同时采取保护措施,预防敌方的攻击。

3. 系统分类

(1) 按指挥级别,可分为战略级态势感知系统、战役(战区)级态势感知系统和战术级态势感知系统。

(2) 按使用部队,可分为海军、空军、陆军、火箭军等部队态势感知系统。如海军陆战队态势感知系统、防空导弹态势感知系统、航空兵态势感知系统、炮兵态势感知系统、装甲兵态势感知系统、导弹旅态势感知系统等。

（3）按控制对象，可分为以控制部队为主的态势感知系统，以及以控制兵器为主的态势感知系统。

（4）按依托平台，可分为机载态势感知系统、舰载态势感知系统、车载态势感知系统、地面固定态势感知系统和地下/洞中态势感知系统。

（5）按使用方式，可分为固定式态势感知系统、机动式态势感知系统、可搬移式态势感知系统、携带式态势感知系统和嵌入式态势感知系统。

（6）按感知空间，可分为陆战场、海战场、太空空间、赛博空间态势感知系统等。

4. 发展趋势

随着科学技术的发展进步，战场态势感知系统的能力会进一步得到增强，系统将朝着更加网络化、智能化、无人化等方向发展，使得军队在整个战斗空间夺取信息优势，打赢信息化条件下的战争。

（1）网络化的战场态势感知系统在陆军、海军、空军、火箭军、战略支援部队等不同军种，不同各平台之间实现互联、互通、互操作，形成一个无缝连接的信息获取、处理与分发平台，使作战人员在任何地点、任何时间都能够全面、准确地掌握实时的战场态势。

（2）智能化的态势感知系统能够对传感器获得的大量不确定性情报进行快速、自动化的融合处理，形成实时、准确、高置信水平的可利用情报，这种能力是信息化战争中提高决策速率和生存能力的基础和关键，使大规模、多系统联合作战成为可能。

（3）无人化平台是未来信息化战场的一种重要信息获取手段。用于战场侦察和监视的无人化平台包括卫星、无人机、无人潜航器、无人战车、机器人等。无人化平台通常搭载了先进的光电、红外和雷达传感器，再加上其强大的全天候、隐身、定位能力，小型化的设计，低廉的成本，使其得到越来越广泛的应用。

未来态势感知系统将逐步发展成为一体化联合战场侦察、情报和监视系统，利用强大的信息网络，有机融合多种探测手段（侦察卫星、侦察飞机、预警机、舰艇及其他情报部门和地面侦察部队等）获取的各种目标信息，迅速地形成整个战场空间的多维战场态势，并实时发布到各级作战人员和各武器平台，使多兵种、多部门的作战人员可以同时迅速、全面、准确地掌握整个作战区域的统一的敌我态势信息，根据战场态势和目标性质，快速选择并控制具有最佳打击效果的武器系统进行攻击，有效指挥多平台和跨平台的兵力和武器协同作战。一体化联合战场情报、监视和侦察系统将完全突破过去只强调发挥单一侦察情报系统作战能力的局限性，更重视充分发挥由多维侦察情报系统组成的体系作用。

4.2 态势感知技术

态势感知技术用于支撑情报、监视与侦察活动，实现对作战空间目标、环境及其发展趋势可察、可知与可视，是根据作战活动需要，支撑战场空间当前状态及其发展趋势被认知的相关方法与手段，主要包括态势信息获取、信息处理和信息管理等技术。

4.2.1 态势信息获取技术

态势信息获取技术是运用信息科学的原理和方法,通过对军事目标的搜索、探测、定位、跟踪、辨认和识别等过程,获取其外部特征、时空和属性等信息的一类技术,该技术是支持信息化战争的核心技术之一。下面重点介绍技术侦察、导航定位、目标识别等相关技术。

1. 技术侦察

技术侦察是指通过物理、化学或生物效应等感受事物运动的状态、特征和方式信息,并按照一定的规律转换成可利用信号,用以表征目标外部特征信息。主要包括传感器侦察、雷达侦察、多光谱侦察、声波侦察等。在军事上,技术侦察被广泛应用于发现目标并获取目标的外在特征信息,对于准确、可靠、稳定地获取有关战场态势信息,保障作战行动的正确性、夺取作战胜利,具有十分重要的作用,是现代作战行动的基本保证。

1)传感器侦察

传感器是利用物理效应、化学效应及生物效应,把被测的非电量(如物理量、化学量、生物量等),按照一定的规律转换成可用输出信号的器件或装置。常用传感器的输出信号多为易于处理的电量,如电压、电流、频率等。传感器作为一种功能性器件,一般由敏感元件、传感元件和测量转换电路等几个部分组成。图4-7显示了传感器的组成。

被测非电量 → 敏感元件 → 传感元件 → 测量转换电路 → 电量

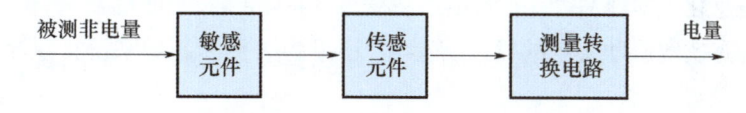

图4-7 传感基本组成框图

图4-7中,敏感元件用来直接感受被测非电量,并输出与被测量成确定关系的某一物理量的元件,传感元件把敏感元件的输出转换成电路参数,测量转换电路则把传感元件转换成的电路参数,再转换成电量输出。

传感器的基本特性包括灵敏度、分辨力、线性度、稳定性、电磁兼容性和可靠性等。

传感器的种类名目繁多,分类不尽相同。常用的分类方法有:①按被测量分类。可分为位移、力、力矩、转速、振动、加速度、温度、压力、流量、流速等传感器。②按测量原理分类。可分为电阻、电容、电感、光栅、热电偶、超声波、激光、红外、光导纤维等传感器。

在信息化战争条件下,传感器感知技术主要表现为战场传感器技术和无线传感器网络技术。战场传感器技术是利用布设到敌方活动区的传感器探测到的信号来判别目标范围和活动规模的感知技术。战场传感器多采用飞机空投、火炮发射和人工埋设等手段布置到交通线上及敌人可能的活动区域,探测到的信号用无线电波发送给位于远处的己方地面站或中转设备。由于具有轻捷简单、运用灵活、易于携带埋伏、便于伪装隐蔽等特点,因此多用于排一级小分队完成作战任务。战场传感器技术包括振动侦察技术、声响侦察技术、磁敏侦察技术和压敏侦察技术。振动侦察技术利用振动换能器来拾取地层震动信号以达到探测目标的目的。声响侦察技术利用声电转换器,将目标运动时所发出的声响转换为相应的电信号,再经过放大、处理,探测目标的性质、运动方向和位置。磁敏侦察技术是通过磁敏传感器探测带磁目标体(武装人员、轮式车、履带车等)在地磁场中运动时造成的磁畸变来达到探测的目的。压敏侦察技术是通过压力传感器测量目标沿地面运动时对地面产生的压力来进行侦察。如图 4-8 所示。

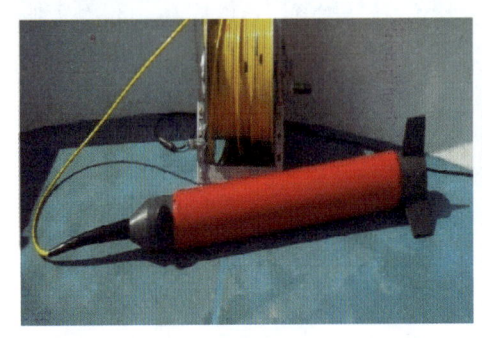

(a) 磁性传感器　　　　　　　　　　(b) 声响传感器

图 4-8　陆战场传感器

无线传感器网络技术是一种新型的,把传感器、信息处理和网络通信技术融为一体的信息获取技术。无线传感器网络是由大量传感器结点通过无线通信技术自组织构成的网络,如图 4-9 所示。这种技术可广泛用于医疗监护、空间探索、环境监测和军事信息获取等领域。在信息化战争条件下,能满足信息获取实时、准确、全面等需求,可以边收集、边传输、边融合,有效地协助实现战场态势感知,还可为火控和制导系统提供精确的目标定位信息。

图 4-9　无线传感器网络

2) 雷达侦察

雷达是利用电磁波发现目标并测定其位置、速度和其他特征的电子设备。雷达感知技术是利用雷达作为感知手段,通过接收并检测特定目标反射的回波来发现与测定目标的一种感知技术。虽然不同雷达的具体用途和结构不尽相同,但其基本组成形式是一致的,主要包括发射机、接收机、天线、天线控制装置、定时器、显示器,以及电源和抗干扰等分系统组成,图 4-10 显示了脉冲雷达的基本组成。

雷达探测目标的基本原理:雷达发射机通过天线把电磁波射向空间某一方向,处在此方向上的物体反射电磁波;雷达天线接收此反射波,送至接收设备进行处理,提取有关该物体的某些信息(目标物体至雷达的距离,距离变化率或径向速度、方位、高度等)。测量距离实际上是测量发射脉冲与回波脉冲之间的时间差,因电磁波以光速传播,据此就能换

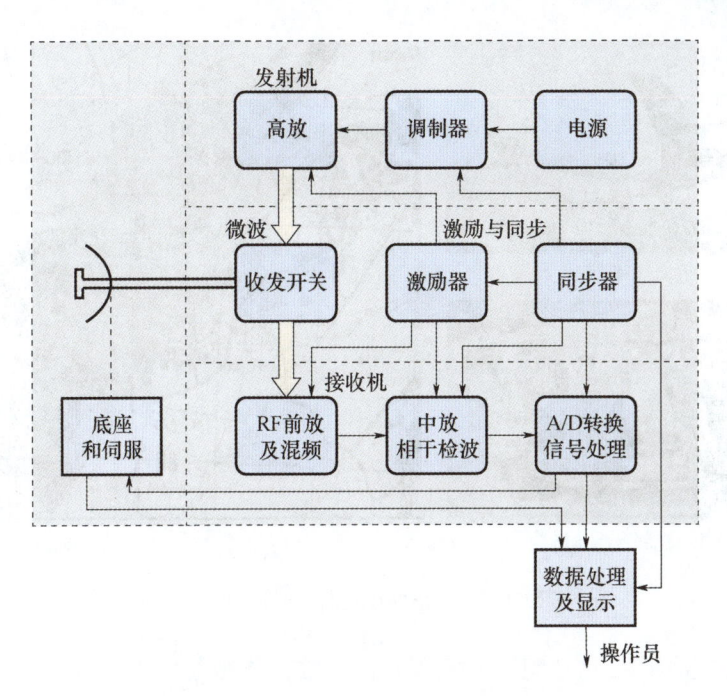

图 4-10 脉冲雷达基本组成框图

算成目标的精确距离。测量目标方位是利用天线的尖锐方位波束测量。测量仰角靠窄的仰角波束测量。根据仰角和距离就能计算出目标高度。测量速度是雷达根据自身与目标之间有相对运动产生的频率多普勒效应原理。雷达接收到的目标回波频率与雷达发射频率不同,两者的差值称为多普勒频率。从多普勒频率中可提取的主要信息之一,即雷达与目标之间的距离变化率。当目标与干扰杂波同时存在于雷达的同一空间分辨单元内时,雷达利用它们之间多普勒频率的不同就能从干扰杂波中检测和跟踪目标。

雷达主要的战术技术指标有:探测距离、分辨率、精度、抗干扰能力、可靠性、工作频率、脉冲重复频率、脉冲宽度、脉冲功率、灵敏度和波束宽度等。雷达侦察具有探测距离远、测定坐标速度快、不受雾、云和雨的阻挡,有一定的穿透能力,并能全天候、全天时使用等特点,因此,它是军事上必不可少的电子装备,图 4-11 显示了美军联合监视目标攻击雷达系统(JSTARS,代号 E-8)获取的高分辨率合成孔径雷达侦察图像。

雷达的种类很多,按用途可分为警戒雷达、引导雷达、侦察雷达、制导雷达、气象雷达和目标雷达等;按载体不同可分为地面雷达、机载雷达、舰载雷达、弹载雷达、航天雷达等。按实现体制可分为脉冲雷达、连续波雷达、相控阵雷达、脉冲多普勒雷达、合成孔径雷达、逆合成孔径雷达等;按采用的特殊技术措施可分为单脉冲雷达、频率捷变雷达、脉冲压缩雷达、动目标显示雷达、低截获概率雷达;按探测范围可分为视距雷达和超视距雷达;按工作波长波段可分为米波雷达、分米波雷达、厘米波雷达和毫米波雷达等;按辐射源种类可分为有源雷达和无源雷达;按扫描方式可分为机械扫描雷达和电扫描雷达(如相控阵雷达);按雷达设置的位置可分为双基地或多基地雷达,也就是说,如果将多部雷达在特定地域或空域适当部署,对不同雷达获取的信息进行数据融合处理,并对各雷达统一控制的布

(a) E-8
独木舟形雷达天线罩

(b) E-8控制台操作员

(c) E-8雷达传下的合成孔径雷达图像

图4-11 JSTARS监视与控制效果

局,可以实现雷达组网。雷达组网是实现效能集成的作战组织形式。其目的是利用不同体制、不同频段的雷达交错配置、雷达盲区互补,能及时发现和掌握来自不同方向、不同高度的各类目标。雷达组网能够显著增大对空中目标的探测概率,提高对目标航迹探测的连续性和测量精度,增强对隐身目标和低空飞行目标的探测能力。

3) 多光谱侦察

多光谱感知技术是同时利用多种感知技术分别在接收到的目标辐射和反射的不同电磁波段上对同一目标进行感知的技术。主要包括在可见光照相基础上增加了红外和紫外感光的多光谱照相技术,在红绿蓝之外增加了红外摄像功能的多光谱电视技术,以及可感知紫外、可见光、远红外、中红外等大范围光波波段的多光谱扫描技术等。由于这种多种波段的感知技术可以获得目标更全面的信息,因而具有重要的军事应用价值。

常用的多光谱感知技术有以下几种。

(1) 红外侦察技术。是通过接收目标热辐射产生的中远红外波来获取目标相关信息的一种感知技术。主要包括根据目标辐射红外线的强度和波长的差异来形成可见图像的红外成像技术,以及将目标的红外辐射信息转换成可用数据信号的红外非成像技术等。这种技术具有可感知黑暗中的目标、受气候影响小、有反伪装能力的优点。其中,红外成像技术是利用物体的热辐射原理进行红外探测,将物体的分布以图像形式显示出来的技术,如图4-12的红外瞄准镜。该技术的主要特点是:①不受低空工作时地面和海面的多径效应影响,穿透烟雾能力强,分辨率高,空间分辨能力可达0.1毫弧度,可探测0.1~0.05℃的温差;②抗干扰、无辐射、隐蔽性好、生存能力强、低空导引精度高,具有良好的抗目标隐形能力,能使现有的电磁隐形等非影像红外隐身技术失效,可直接攻击目标要害;③与微处理器整合,具有多目标全景观察、追踪及目标识别能力,可实现对目标的热影像智能化导引。

美军AN/TAS-4热成像瞄准镜及其配在"陶式"导弹发射架上

图4-12 红外侦察技术运用

（2）可见光无源侦察技术。是通过接收目标辐射和反射的可见光来获取目标相关信息的一类感知技术。是出现最早、至今应用最广的感知技术。主要有照相技术、电视摄像技术、微光夜视和微光电视技术等。与其他感知技术相比，其主要优点是分辨率高、直观清晰、技术成熟。其中，微光夜视技术是将目标反射的微弱夜天光加以放大成像的无源感知技术。微光夜视装备的核心部件是像增强管，它用几万伏的高压将微弱光线放大、成像。多用于黑夜条件下的单兵观察、战场监视和武器制导等方面。微光夜视仪是利用微光夜视技术，能在微弱光照条件下将图像亮度增强几万倍的观察仪器。这种仪器可扩展人在低照度下的视觉能力，将人眼不可见的图像转变为可见图像。主要用于夜间侦察、瞄准、驾驭车辆和其他战场作业，并可与红外、激光、雷达等装备结合，组成光电侦察、告警和武器的光电火控系统。

4）声波侦察

声波感知技术是利用声波获取目标相关信息的一类感知技术。可分为有源和无源两大类。有源技术通过向目标发出声波，再接收并检测其回波来获取目标信息，其典型代表是声纳。无源技术通过直接接收目标变化或运动中发出的声波来获取目标信号，主要包括利用空气声波的炮声传感器和窃听技术，利用水声感知的听水器，利用大地震声波的震动传感器等。

声纳是利用声波在水中传播衰减很小的特性，通过电声转换和信息处理，完成水下探测、定位和通信的电子设备，是水声学中应用最广泛、最重要的一种装置。声纳广泛采用脉冲压缩、多普勒和相控阵等先进技术，主要用来探测潜艇、鱼雷和水障等目标。

声纳装置一般由基阵、电子机柜和辅助设备三部分组成。基阵由水声换能器以一定几何图形排列组合而成，其外形通常为球形、柱形、平板形或线列形，有接收基阵、发射机阵或收发合一基阵之分。电子机柜包括发射、接收、显示和控制等分系统。辅助设备包括电源设备、连接电缆、水下接线箱和增音机、与声纳基阵的传动控制相配套的升降、回转、俯仰、收放、拖曳、吊放、投放等装置，以及声纳导流罩等。换能器是声纳的重要器件，是声能与其他形式的能（如机械能、电能、磁能等）相互转换的装置。换能器的功能是在水下发射和接收声波，其工作原理是利用某些材料在电场或磁场的作用下发生伸缩的压电效应或磁致伸缩效应。专门用于接收的换能器称为"水听器"。

影响声纳工作性能的因素除声纳本身的技术状态外,外界条件的影响也很严重。比较直接的因素有传播衰减、多路径效应、混响干扰、海洋噪声、自噪声、目标反射特征和辐射噪声强度等,它们大多与海洋环境因素有关。例如,声波在传播途中受海水介质不均匀分布和海面、海底的影响和制约,会产生折射、散射、反射和干涉,会产生声线弯曲、信号起伏和畸变,造成传播途径的改变,以及出现声阴区,严重影响声纳的作用距离和测量精度。现代声纳根据海区声速,即深度变化形成的传播条件,可适当选择基阵工作深度和俯仰角,利用声波的不同传播途径(直达声、海底反射声、会聚区、深海声道)来克服水声传播条件的不利影响,提高声纳的探测距离。

声纳可按工作方式、装备对象、战术用途、基阵携带方式和技术特点等进行分类。例如按工作方式可分为主动声纳和被动声纳;按装备对象可分为水面舰艇声纳、潜艇声纳、航空声纳、便携式声纳和海岸声纳等。按战术用途可分为测距声纳、测向声纳、识别声纳、警戒声纳、导航声纳、侦察声纳等。

主动声纳技术是指声纳主动发射声波"照射"目标,而后接收水中目标反射的回波以测定目标的参数。该技术多数采用脉冲体制,较少采用连续波体制。它由简单的回声探测仪器演变而来。适用于探测冰山、暗礁、沉船、海深、鱼群、水雷,以及关闭了发动机的隐蔽潜艇。被动声纳技术是指声纳被动接收舰船等水中目标产生的辐射噪声和水声设备发射的信号,以测定目标的位置和某些特性。它由简单的水听器演变而来。特别适用于不能发声暴露自己而又要探测敌舰活动的潜艇。

声纳 1906 年由英国海军的刘易斯·尼克森所发明,他发明的被动式声纳仪主要用于侦测冰山。这种技术在第一次世界大战被应用于战场,用来侦测潜藏在海洋中的潜水艇。目前,声纳仍是各国海军进行水下监视所使用的主要技术,用于对水下目标的进行探测、分类、定位和跟踪;进行水下通信和导航,保障舰艇、反潜飞机和反潜直升机的战术机动和水中武器的使用。此外,声纳技术还广泛用于鱼雷制导、水雷引信,以及鱼群探测、海洋石油勘探、船舶导航、水下作业、水文测量和海底地质地貌的勘测等。

5) 电子侦察

电子信号侦察主要包括对通信、雷达、导航等电子信号的搜索截获、参数测量分析、测向定位、信号特征识别等。信号分析包括通信信号分析和非通信信号分析。通信信号分析是对侦察到的通信信号进行各种分析,识别其通信体制、调制方式、编码类型等,掌握信号的属性,进而推断对方的通联情况、网台关系和作战态势。非通信信号分析包括对雷达、导航、敌我识别、遥控遥测等信号的分析。非通信信号分析的主要对象是雷达信号,具体包括雷达信号的参数、脉内细微特征的分析,以及雷达信号综合分析等。测向定位的原理是利用无线电波在均匀媒体中传播的匀速直线性,根据入射电波在测向天线阵中感应产生的电压幅度、相位或频率的差别来判定被测目标的方向,根据多站测向(角)的结果进行交会计算,确定被测目标地理位置,实现目标的定位。受篇幅限制,更具体的技术原理请参阅电子对抗相关书籍。

电子信号感知技术主要用于电子侦察和通信侦察。电子侦察是利用电子装备对敌方通信、雷达、导航和电子干扰等设备所辐射的电磁信号进行侦收、识别、分析和定位,以获取敌方军队信息系统及设备的特征参数等情报,并以此为依据实施电子对抗和反对抗的一种特殊的军事侦察手段。通信侦察是以敌方通信电台为侦收目标,以电台信号为侦测对象,通过信号搜索与截获等方式,实现对敌方通信信号的检测、识别、信息提取和解译等,以获取敌方通信信号的内涵信息,查明敌方通信网络电台的分布和活动规律及隶属关系,掌握敌方军事、政治、经济动态和企图。这里主要介绍电子信号感知技术在电子侦察中的应用。

电子侦察按侦察任务和用途的不同,可分为电子情报侦察和电子支援侦察。电子情报侦察属于战略侦察,是通过具有长远目的的预先侦察来截获对方电磁辐射信号,并精确测定其技术参数,全面地收集和记录数据,认真地进行综合分析和核对,以查明对方辐射源的技术特性、地理位置、用途、能力、威胁程度、薄弱环节,以及敌方武器系统的部署变动情况和战略、战术意图,从而为战时进行电子支援侦察提供信息,为己方有针对性地使用和发展电子对抗技术,为制订电子进攻、防御和作战计划提供依据。为了不断监视和查清对方的电子环境,电子情报侦察通常需要对同一地区和频谱范围进行反复侦察,而且要求具有即时的与长期的分析和反应能力。但是,它主要着眼于侦察新的不常见的信号,同时证实已掌握的信号,并了解其变化情况。由电子情报侦察所收集的情报力求完整准确,利用它可以建立包括辐射源特征参数、型号、用途和威胁程度等内容的数据库,并不断以新的数据对现行数据库进行修改和补充。通过电子情报侦察所获得的情报,可分为辐射情报和信号情报。辐射情报是从对方无意辐射中获得的情报;信号情报是从对方有意辐射的电磁信号中获得的情报。信号情报一般又可分为通信情报和电子情报。通信情报是从通信辐射中获得的情报,涉及通信信息、加密和解密原则等,其信息价值高,保密性强;电子情报是从非通信信号中获得的情报,主要是从雷达信号中获得的。其他作为电子情报源的信号还有:导航辐射和敌我识别信号、导弹制导信号、信标和应答机信号、干扰机信号、高度计信号和某些数据通信网信号等。

电子支援侦察属于战术侦察,是根据电子情报侦察所提供的情报在战区进行实时侦察,以迅速判明敌方辐射源的类型、工作状态、位置、威胁程度和使用状况,为及时实施威胁告警、规避、电子干扰、电子反干扰、引导和控制杀伤武器等提供所需的信息,并将获得的现时情报作为战术指挥员制订当前任务的基础,以支援军事作战行动。对电子支援侦察的主要要求是快速反应能力、高的截获概率,以及实时的分析和处理能力。

由于电子侦察不是直接从敌方辐射源获得情报,而是在离辐射源很远处,依靠直接对敌方辐射源的快速截获与分析来获取有价值的情报,所以电子侦察具有作用距离远、侦察范围广、隐蔽性好、保密性强、反应迅速、获取信息多、提供情报及时和情报可靠性高等特点。但是,电子侦察也有其局限性,主要是完全依赖于对方的电磁辐射,而且在密集复杂的电磁环境中信息处理的难度较大。

为了适应日益密集复杂的电磁信号环境,电子侦察系统已由早期人工控制的简单的电子侦察设备,发展为由计算机控制的,具有快速反应能力的,可自动截获、识别、分析、定位和记录的多功能电子侦察系统。电子侦察技术的发展趋势主要是:广泛采用小型、高速、大容量的计算机和处理机,进一步提高电子侦察系统对密集、复杂信号的信息处理和分析能力,以及对信号环境的适应能力;进一步研制快速反应、灵活的综合多功能系统;探索新的信号截获方法;扩展侦察频段;加强对毫米波和光电设备的侦察能力,进一步开展对精确定位打击系统的研究,以及加强电子侦察的战术运用方法的研究等。

6)网络侦察

未来的军事对抗是体系间的对抗,是全维的对抗。网络对抗按行动性质可分为网络侦察、网络攻击和网络防御。网络侦察为实施网络攻击创造条件,是获取网络攻击胜利的基本保证。

网络侦察是利用网络侦察技术及相关装备、系统,在信息网络上进行的信息侦察行动。网络侦察是网络战的组成部分。其目的是为了发现对方网络的安全漏洞,以期确定网络攻击的策略、目标和手段提供依据,以及直接从敌方网络系统获取情报信息。

网络侦察的主要手段有:①网络扫描。运用专用的软件工具,对目标网络系统自动地进行扫描探测和分析,广泛收集目标系统的各种信息(包括主机名、IP地址、所使用的操作系统及版本号、提供的网络服务、用户名和拓扑结构等),以发现其中可能存在的安全漏洞和安全检查保护最弱环节。统计表明,许多网络入侵事件都是从网络扫描开始的。②口令破解。运用各种软件工具和系统安全漏洞,破解目标网络系统合法用户的口令,还可避开目标系统的口令验证过程,冒充合法用户潜入目标网络系统,实施网络侦察。③网络监听。在计算机接口处截获网上计算机之间通信的数据,从而获得用其他方法难以获取的信息,如用户口令、敏感数据等。④密码破译。利用计算机软件和硬件工具,从所截获的密文中推断出明文一系列行动的总称。又称密码攻击和密码分析。⑤非授权登录或非授权访问。非授权登录是指未曾获得访问计算机、服务器和其他网络资源的授权而非法进入系统;非授权访问则指低授权用户对系统和网络进行超越其指定权限的访问。⑥通信流分析。对信息网络中通信业务流进行观察和分析以获取情报信息。⑦电磁泄漏信息分析。利用高灵敏度的电磁探测仪器,接收计算机的显示器、CPU芯片、键盘、磁盘驱动器和打印机等在运行中所泄漏的电磁波,通过处理和分析,从中获得有价值的情报信息。

2. 导航定位

导航是为引导飞机、船舰、车辆或人员等(统称为运载体)准确地沿着事先选定的路线准时地到达目的地,为运载体的航行提供连续、安全和可靠服务的一种技术。定位是确定目标在规定的坐标系中的位置参数、时间参数、运动参数等时空信息的操作过程。信息化战争中,导航定位的作用将越来越突出。2003年11月24日,美国防部"国家图像与测绘局"正式更名为"国家地理空间情报局",这不但反映了该局与日俱增的重要地位,更标志着导航定位已由传统的测绘保障领域转变为情报领域。因此,导航定位技术也可以归类到态势感知技术之中。

导航和定位的主要作用是为运载体的驾驶员或自动驾驶仪提供运载体的实际位置和时间。航行中的运载体据此便可以推算出当前的偏航距、应航航向、待航距离和待航时间,从而对运载体进行引导和操控。因此,运载体的实时位置是导航系统引导运载体航行最基本的信息。随着导航技术的进展,导航系统除了为运载体提供实时位置外,还可提供速度、航向、姿态与时间等信息。在当今的局部战争中,无论是部队调遣、后勤支持或长途空中奔袭,以及陆军在不明地形特征的沙漠中机动开进主要依赖于卫星导航系统。卫星导航在军事上至少有以下几方面重要用途:为舰艇、飞机等武器平台提供导航定位服务;协助武器系统实施精确打击;协助部队规划进攻线路;支持人员救援行动;提高卫星自主定轨能力。

卫星导航系统可为地球上任何地方任何时候的用户提供三维位置、三维速度和精确的时间信息。其工作原理是:绕地球运行的卫星发射经过编码调制的连续波无线电信号,编码中含有卫星信号发射的准确时间和不同时间卫星在轨道上的准确位置(称为星历)。用户的卫星导航接收机接收到卫星发出的无线电信号,如果用户的时钟与卫星上的时钟准确同步,就可以计算出信号从卫星到用户的传播时间,从而算出两者之间的距离。只有一个距离数据还不能确定用户准确位置,用户接收机必须同时接收三颗卫星的信号,得到三个距离数据,通过计算,得出用户的三维坐标。但由于用户的时钟与卫星的时钟往往是不同步的,即有时间差,所以还要接收第四颗卫星播发的导航信号,才能计算出用户位置的三维坐标和准确的时间。

以 GPS 卫星定位技术为例,自 20 世纪 90 年代以来,GPS 卫星定位和导航技术与现代通信技术相结合,空间定位技术起了革命性的变化。GPS 卫星定位测量的基本原理是:利用 GPS 接收机在某一时刻同时接收 3 颗(或 3 颗以上)GPS 卫星的信号,用户就可测量出测站点与 GPS 卫星的距离,并计算出该时刻 GPS 卫星的三维坐标,再根据距离交会原理解算出测站点的三维坐标。然而,由于卫星和接收机的时钟误差,GPS 卫星定位系统测量应至少对 4 颗卫星进行观察来进行定位计算。图 4 – 13 为表示通过对 4 颗卫星观察进行测距的示意图。

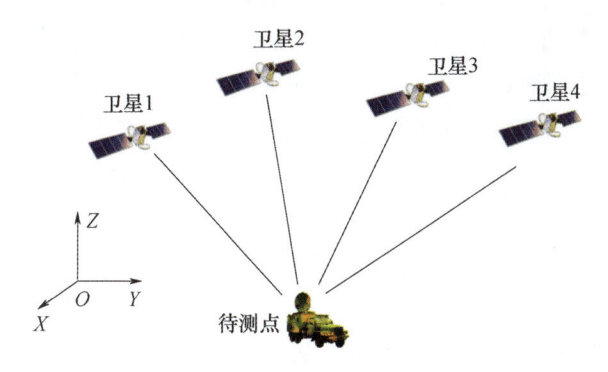

图 4 – 13 通过对 4 颗卫星观察进行测距的示意图

由图 4 – 13 可确定四个距离观测方程为

$$p_i = [(X_i - X)^2 + (Y_i - Y)^2 + (Z_i - Z)^2]^{1/2} + c \times \Delta T$$

式中：$i = 1, 2, 3, 4$；c 为 GPS 信号的传播速度（光速）；(X_i, Y_i, Z_i) 为卫星的轨道坐标；ΔT 为接收机与卫星导航系统的时钟差；p_i 为各个卫星到待测点接收机天线的距离；待测点坐标 (X, Y, Z) 和时钟差 ΔT 为未知数。由于用户接收机一般不可能有与卫星导航系统时间完全同步的时钟，由它测出的卫星信号在空间的传播时间是不准确的，这样测出的距卫星的距离 p_i 称为伪距。但不管如何，在接收卫星信号的这个瞬间，接收机的时钟与卫星导航系统时间的时间差是一个定值，这就是 ΔT。

GPS 技术具有以下优点：①覆盖全球地面，可全天候观测，进行实时导航和定位；②定位精度高，若采用码定位方式，理想情况下，一般民用精度为 3m，军用精度为 0.3m；③观测速度快，20km 以内的相对定位仅需 5～20min；④测站点之间不要求相互通视，可依据实际需要选点，使选点工作灵活方便；⑤操作简便，操作人员只需进行对中、整平等基本操作，接收机就可自动观测和记录数据。

目前，我国正在大力发展北斗卫星导航系统，限于篇幅，请参阅相关书籍。

3. 目标识别

战场目标的识别，包括目标的类属识别以及目标的敌我身份识别。

目标的类属识别主要通过红外、雷达、声响、震动等感知技术获取目标的相关类属属性，采用信息融合（见 4.2.2 节）等技术，对目标对象进行自动或半自动的归类识别。再结合敌我识别技术，可将目标的属性及身份准确地反映到战场态势信息中。

敌我识别是指战场上目标的敌我属性识别。传统的敌我识别主要是依靠人的判断，通过对敌我服装、装备形态，或临时的某种识别信标，甚至暗号等方法来实现。由于缺少合适的敌我识别系统而造成己方伤亡已成为现代战争的一个突出问题，例如海湾战争中多国部队的误伤。态势信息需要的是目标对象明确的敌我身份，敌我识别系统要能够在战争中正确的自动区分敌我目标，它可以大大增强作战指挥与控制的准确性和各作战单位的协调性，显著地加快系统反应速度，降低误伤概率，特别适合多兵种联合作战使用。

敌我识别系统从工作原理上一般分为协作式和非协作式两种。协作式敌我识别系统由询问机和应答机两部分构成，通过两者之间数据保密的询问/应答通信实现识别。这种识别方式过程简单、识别速度快、准确性高，而且系统体积小，易于装备和更换。非协作式敌我识别系统采用感知技术感知目标的外在特征信息，从而自动证实和判断目标本质特性。这种识别方式没有与目标间的通信过程，而是利用各种不同功能的传感器收集目标各方面的信息，将这些信息被汇总到数据处理中心，通过信息融合技术来得到识别结果。这种识别方式可以利用几乎所有可探测到的信息，例如目标的电磁辐射、反射信号、红外辐射、声音信号、光信号等，作用范围大，并可以同时对多个目标进行识别，识别结果可以在各作战武器间共享。但从发现目标到采集信息、分析判断需要做大量的计算，系统结构较复杂，各种干扰和不确定因素很多，而且数据融合的处理方法目前还不够完善，这都导致非协作式的敌我识别系统工作的可靠性难以保证。因此，协作式统是目前敌我识别的主要手段，但非协作式系统可以作为很好的辅助识别手段，为战场指挥和决策提供大量信息。

4.2.2　态势信息处理技术

态势信息的处理技术是将获取的战场空间参战部队、装备部署分布等战场信息情况进行分析处理,并利用军队标号符号系统(或者特定的其他符号系统)在地图或地理编码影像背景的基础上进行标绘和显示的相关技术。

态势信息处理将以态势信息数据模型为核心,通常建立在地理信息数据库、兵要地志数据库、军事专业符号数据库的基础之上,涉及的基本理论与技术包括计算机科学与技术、数据库技术、地理信息系统、计算机图形学、军事地形学、人工智能等,其关键技术是时空数据库技术、信息融合技术与态势综合技术等。该技术将传统的、在纸质地图以及沙盘上进行的战斗文书拟制、作战情况记录、指挥作战和资料整理等参谋业务工作,运用计算机及显示器形象快速地显示出来,具有辅助决策的重要作用。态势标绘作业在以二维电子地图基础上,态势信息处理技术利用计算机网络技术,实现网络环境中态势信息处理的分布式协同,利用三维可视化技术,以电子沙盘为基础,实现三维军事标号系统的态势处理、编辑和显示,利用人工智能技术,实现态势信息处理的高度自动化和智能化。

1. 态势信息的融合

战场态势的掌控历来是各级指挥员共同关注的焦点,随着感知手段的增强,信息化战争条件下的指挥员所面临的主要困难不再是信息的缺乏,而是被海量的感知数据所湮没。因此,应使决策人员从大量的冗余信息中解放出来,突出战场焦点,这就是态势信息融合技术所要解决的问题。

态势信息的融合属于数据融合(Data Fusion,DF)技术。在 C^4ISR 系统中,最重要和最复杂的信息处理问题之一就是要正确、有效地进行多传感器数据的融合处理,以便把来自多传感器的各种各样的数据组合成连续的战术和战略态势表示,对各传感器收集的大量信息和情报进行分析、处理和综合,以做出正确的决策,这一类技术被统称为数据融合技术。随着技术的发展,目前,这项技术更多地被称为信息融合(Information Fusion,IF)。

多传感器信息融合是人类或其他动物的信息综合系统中常见的基本功能。人类能够非常自然地运用这一能力,把来自人体各个传感器(眼、耳、鼻、四肢)的信息(景物、声音、气味、触觉)综合起来,并使用先验知识去估计、理解周围环境和正在发生的事件。由于人类感觉具有不同的度量特征,因而可测出不同空间范围内的各种物理现象,把各种信息或数据(图像、声音、气味以及物理形状或上下文)转换成对环境的有价值的解释。而多传感器数据融合的基本原理就像人脑综合处理信息一样,充分利用多个传感器资源,通过对这些传感器及其观测信息的合理支配和使用,把多个传感器在空间或时间上的冗余或互补信息依据某种准则来进行组合,以获得被测对象的一致性解释和描述。

美国国防部实验室联合指导委员会(Joint Directors of Laboratories,JDL)对信息融合给出过下列定义:信息融合是对单源和多源的数据和信息进行关联、相关和组合。以得到更精细的位置和身份估计、完整和及时的态势评估的过程。之后,JDL 又多次不断地修正上述定义:①信息融合是在多级别、多方面对单源和多源的数据和信息进行自动检测、关联、相关、估计和组合的过程;②信息融合是组合数据或信息以估计和预测实体状态的过程。

信息融合的功能层次结构见表 4-2。

表 4-2 信息融合的层次功能体系(引自美国国防部《数据融合术语词典》)

层次	功　能
0	为得到更多目标细节信息的信号级预处理
1	目标估计,即估计和预测战场实体的状态
2	态势估计,即估计和预测实体之间的关系
3	威胁估计,估计和预测行动或实施计划的效果
4	过程优化,实现目标的自适应数据获取和处理
5	用户优化,实际上是一个知识管理过程

从表 4-2 可以看出,第 0 级属于战场感知范畴,第 4 级则体现了战场态势不断发展中的自适应调整过程,是 1、2、3 级对应过程的反复迭代,而第 5 级则是一个知识的管理过程。图 4-14 显示了信息融合的功能结构。

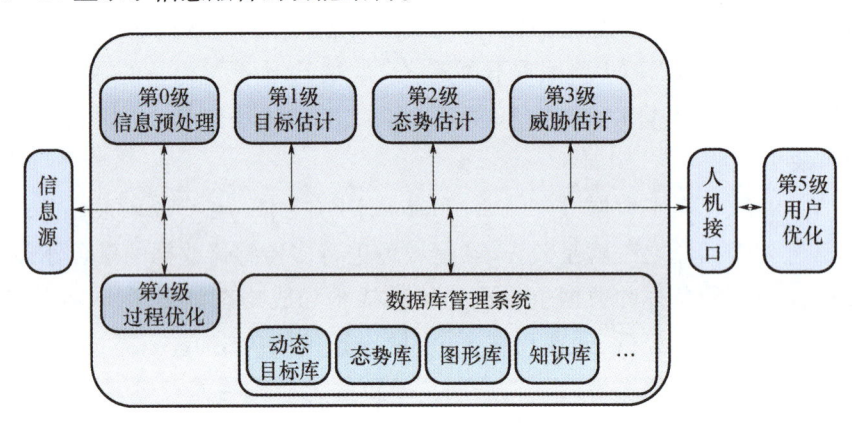

图 4-14　信息融合的功能结构

第 0 级信息预处理将传感器数据分配给后续的各个处理级别,以分别进行处理。这些数据可能包括时间、空间、图形、图像等各种类型。

第 1 级目标估计将位置、参数、辨识等数据进行组合,获得各个目标的更精确信息。主要完成 4 个关键功能:①对传感器数据进行坐标变换、时空校准;②将传感器数据分配到各个目标;③及时估计目标的位置、运动特性和属性;④进行目标识别和分类。具体又可分为 3 层,分别是像素层融合、特征层融合和判定层融合。其中,像素层融合是对多个或多类传感器原始数据进行融合处理的过程;特征层融合是对已经提取出的目标多类特征信息(位置、速度、方向、边缘等)进行融合处理的过程;判定层融合是对目标可能的多个判定结果进行融合处理的过程,如图 4-15 所示。

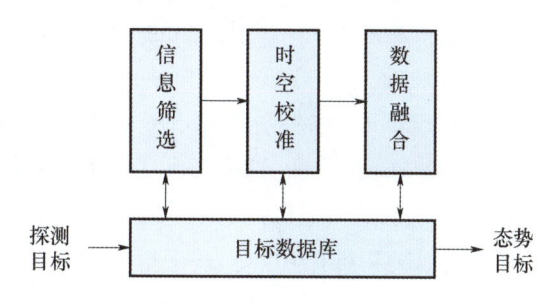

图 4-15　目标估计过程

第 2 级态势估计是将 1 级融合获得的各个目标信息或单元数据聚合为有意义的态势事件,并对态势事件和活动进行评估,以确定其行为及战场态势的过程。

第 3 级威胁估计主要是在前面的基础上继续进行聚合处理,以评估敌方的作战威胁(敌方能力和企图等),特别是其中的致命因素、主要企图和机会等。

第 4 级过程优化是对融合过程的动态监视和持续优化,目的是在最优地控制传感器和系统资源的基础上,进行精确、及时的预测,并通过反馈来完善整个融合处理过程。

第 5 级则是由人通过人-机接口参与的用户级态势优化和评估。

上述的信息融合功能模型可以作为理解或讨论多传感器信息融合的基础,0~5 级的划分也只是人为的划分,而实际的信息融合系统通常是不同级别融合功能的交叉和集成。

以上模型体现了"信息融合"的通用体系结构,其中 1~4 级是从军事领域直接提出的,反映了战场环境下态势信息融合的层次结构。因此,通常情况下,态势信息的融合只涉及 0~4 级的内容。对指挥员而言,第 1~第 3 级是作战态势分析与决策所关注的主要内容。其中,第 1 级和第 2 级是从作战实体、实体的聚类(群)、实体或其聚类(群)发出的行动或行动序列、实体之间以及群之间的静态和动态关系、各种关系中体现的战术计划(包括目标、意图等)到各子目标共同体现的高层目标(战役、战略目标)的递进计划识别过程。第 3 级则是在计划识别(或称为规划识别,军事领域中特指识别敌方的计划)基础上进行的威胁判断。

2. 态势信息的标绘

为在信息作战中获取信息优势,需建立全面反映战场物理空间中的各种信息,诸如作战任务分配、敌我双方的兵力部署以及战场地理环境等,并使用先进的通信技术,把战场上各种态势情报信息汇合到指挥所,使用军队标号在电子地图上对敌对双方的部署进行标绘,通过计算机处理形成战场态势,或者在监视器、大屏幕等设备上清晰、直观地显示出来,供指挥员分析研究,为指挥决策提供资料。

战场态势信息的快速标绘、处理和表达是军事标绘技术发展的重点之一。在作战指挥过程中,战场态势信息和指挥人员作战意图的表达已经从传统的手工标绘纸质地图演进到分布式多功能电子沙盘显示。态势标绘是态势信息处理系统的组成部分,是作战指挥的重要工具,由于可动态地将战场态势信息呈现给作战指挥人员,对于提高指挥员和指挥机关的工作效率有重要意义。

下面介绍一种较为先进的标绘技术——基于草图的标绘技术。目前电子地图产品与可视化系统界面功能繁多,操作烦琐,不宜于普通用户使用。况且多数系统仍采用 WIMP(窗口 Windows、图标 Icons、菜单 Menus、指针选取 Pointing)界面,用户需要通过操作键盘和鼠标频繁地选择菜单工具栏完成标绘作业,这既不利于决策思路的连续,也会影响信息的表达速度。因此,人们希望在电子地图上标绘也能像在传统纸质地图上一样方便,且具备电子地图的各种浏览、查询、编辑和维护功能。基于草图的战场态势标绘系统,是将草图识别技术引入到军事标绘领域,以达到用户在电子地图上快速态势标绘来表达作战意图的目的。识别草图的方法有两类:一类是基于结构特征和规则库的方法。该方法先为每类图形定义不同的特征,然后在识别时检查图形是否与某些特征相符合。这里所述的特征包括全局特征,如外闭包、最大内嵌三角形、最大内接四边形等,也可以是自定义的用户的笔画速度、曲率等。该方法的优点是易扩展、无须大量训练数据,即可识别图形符号,也不需改动软件;缺点是计算复杂度高、易受噪声影响、健壮性不强。常见的有基于笔画和图元表示的方法、基于几何特征的方法等。另一类是基于统计模型的方法。该方法是以特征空间中的一组特征来描述图形,不同的类型表现为特征空间中围绕某个质心的多维概率分布函数。识别过程就是判断样本在特定模式类中出现的概率过程。该方法的优点是具有较好的健壮性,允许用户自由地、多笔画绘制草图,用户可以重新按照自己的绘图习惯重新训练分类器,具有一定的用户适应性。其缺点是需要大量的训练数据,且不易扩展。属于此类方法的有人工神经网络、隐马尔可夫模型和支持向量机等。

图 4-16 表示基于草图的战场态势标绘过程,该过程由草图输入、草图预处理、草图识别和基于军事地理信息系统(GIS)的战场态势快速标绘等模块组成。

其中,草图输入可用手写屏或手写板输入。输入的草图可分为军标和手势。国军标指军事实体和手势信息的符号,按其构成特点及军事规则可分为常规军标和函数军标两大类,常规军标由点、线、矩形、圆等规则几何图元构成,图形比较固定(如军事设施、武器等)。函数国军标不能由基本的图元构成,需要控制点拟合曲线形成(如行军路线等)。手势是指用户在手写屏上绘制的简单笔画,简单的手势笔画可用来取代原来需要通过鼠标、菜单、工具条等才能完成的选择、复制、拖动、删除、撤销等交互操作。草图预处理模块主要用于消除手绘草图噪声,包括消除笔画冗余点和折点,减少曲线闭合误差,校正端点等。预处理完成后进行草图识别。草图识别可分为草图特征提取和草图分类两部分。由于特征提取与所用的识别方法有着很大的关联,又影响到分类器的设计和性能,所以在特征提取前应先确立采用的识别方法。草图特征提取是提取合适的可区分的特征。常用的草图特征包括笔端压力、笔的倾斜度、笔的移动速率、笔画曲率等。草图识别包括基本图形识别和组合图形识别。复杂图形可拆分成基本图形。识别完成后,用标准国军标图替换原始草图,并以地图坐标(经纬度)作为基准,将标准图与地图一起显示在屏幕上,这样就可以对识别后的图形进行编辑、维护和检索。为了方便用户编辑草图时不影响地图的显示,可将草图与地图分开存储,并采用图层叠加的显示方式。这样做的实质是标绘仅在白板上进行,可不受地图的约束,从而简化了识别过程。草图快速标绘是指用户在手写屏

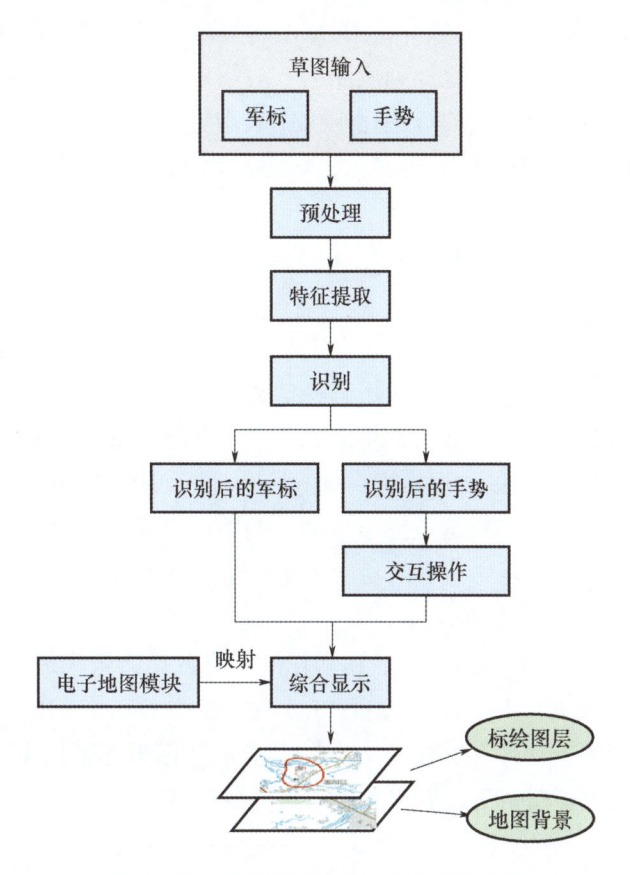

图 4-16 基于草图的战场态势标绘过程

上绘制所需图形,对已绘制国军标的操作可通过工具栏切换到手势输入模式,无须键盘鼠标即可达到快速标绘的目的。

态势标绘的主要发展趋势是:①提高态势呈现的直观性,如基于三维战场场景的态势标绘;②提供多种标绘图生成方式,如文本与标绘图之间的相互转换、语音输入标绘等;③实现各种不同态势标绘系统、电子地图和军队标号库的标准化。

4.2.3 态势信息管理技术

态势信息的管理技术是对态势处理形成的成品态势信息进行有效维护管理,并按作战需要进行并通过信息网络将态势信息分发到至所需的平台的相关技术。使战场传感器和态势处理系统直接与相关的指挥控制或武器控制系统相连,实现战场态势信息交换、共享与应用。

1. 态势信息的集成

态势信息集成是指将战场中的各种信息进行集成管理。本小节以战场地理信息系统为例,通过战场地理环境信息和作战态势信息的应用,来说明态势信息的集成。

战场地理环境信息的主要数据源是地理空间的数据,而作战态势主要以敌我部署和作战行动为主。由于这两者都要用到相应的地理坐标,所以战场地理环境信息和作战态势信息可以在显示层次上进行集成。其中,战场地理环境信息作为战场态势信息的基础和底图,而作战态势作为若干层叠加到底图上。战场地理环境信息的可视化可用地图显示中间件来实现,作战态势信息的可视化则由作战态势标绘中间件来实现。战场态势信息系统通过调用地图显示中间件实现多源、多比例尺的二维和三维地图的显示、地图符号化和坐标系统转换等功能。

战场态势信息的集成模式,基本上有以下3种。

(1) 模式一(图4-17)。

在此模式下,作战态势标绘中间件不直接通过窗口显示,标绘后的军队标号转换成底图数据格式,作为底图的一个图层。战场态势信息系统通过调用地图显示中间件的功能来实现战场地理环境信息的可视化,并生成底图。作战态势数据通过数据转换接口转换成为地图显示中间件所支持的数据格式,再通过地图显示中间件将作战态势信息可视化。当处于作战态势层时,调用作战态势标绘中间件的功能对军队标号进行编辑和管理。当处于底图层时,调用地图显示中间件的功能对底图进行编辑和管理,而显示控制功能则由地图显示中间件统一管理。

"模式一"的优点是战场地理环境数据和作战态势数据无缝集成,底图和作战态势层的同时显示控制(如放大、缩小、漫游等)易于实现。缺点是由于军标符号的组成和结构十分复杂,许多底图管理软件无法处理这些符号,且有些军事部署和作战行动并不需要和底图同时缩放和漫游,该模式无法实现其显示控制的分离。

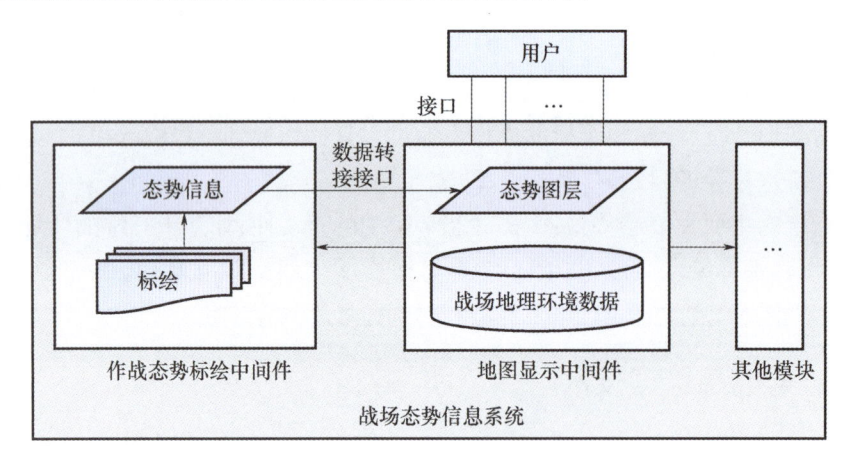

图4-17 战场态势信息集成模式一

(2) 模式二(图4-18)。

在此模式下,由于作战态势标绘中间件具有自己的窗口,因此它具有独立的窗口属性。作战态势并没有直接绘制在底图上,而是标绘于作战态势中间件的透明窗口上,然后再叠加于底图窗口。当用户发出请求命令时,首先激活的是作战态势标绘中间件,然后作战态势标绘中间件根据不同的消息内容决定由哪一个模块来掌握系统的控制权。

"模式二"的优点是作战态势标绘中间件能够自由地处理消息响应,用户在使用时只需指定战场态势系统的当前状态即可。其缺点是作战态势标绘中间件必须有效地过滤消息,并将消息传递给正确的模块进行处理,而底图管理等模块也需将部分消息反馈给上层的作战态势标绘窗口,这种交互通信方式在具体实现中难度较大,且效率很低。

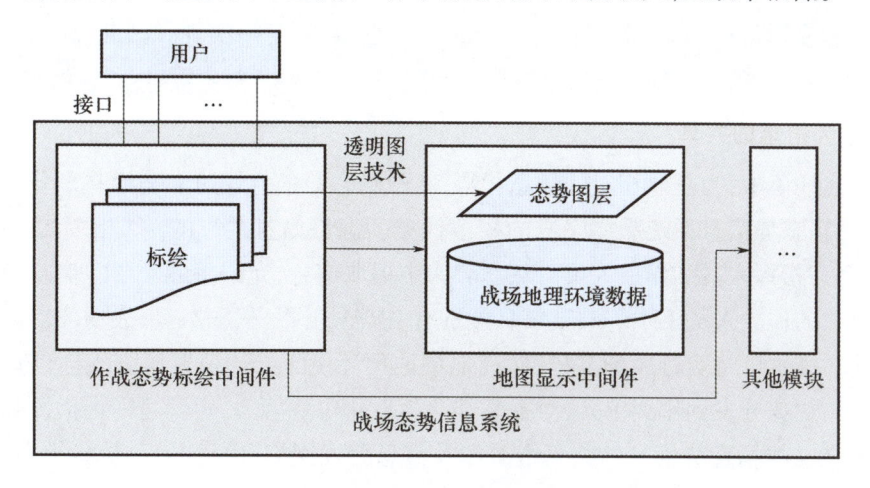

图 4-18　战场态势信息集成模式二

(3) 模式三(图 4-19)。

在此模式下,作战态势标绘中间件没有自己的窗口,也不需要将作战态势数据转换成底图数据格式。作战态势中间件首先在内存中进行标绘,再同底图进行叠加;然后再统一显示到系统窗口上。当用户发出请求命令时,用户将消息同时发送给作战态势中间件和地图显示中间件,根据消息内容的不同,由不同的模块做出不同的响应。

"模式三"的优点是作战态势标绘中间件既可以响应用户请求,又可以方便地与底图数据进行交互,从而实现作战态势图层与底图的联动。其缺点是用户需要同时向战场态势信息系统的各模块发送消息。

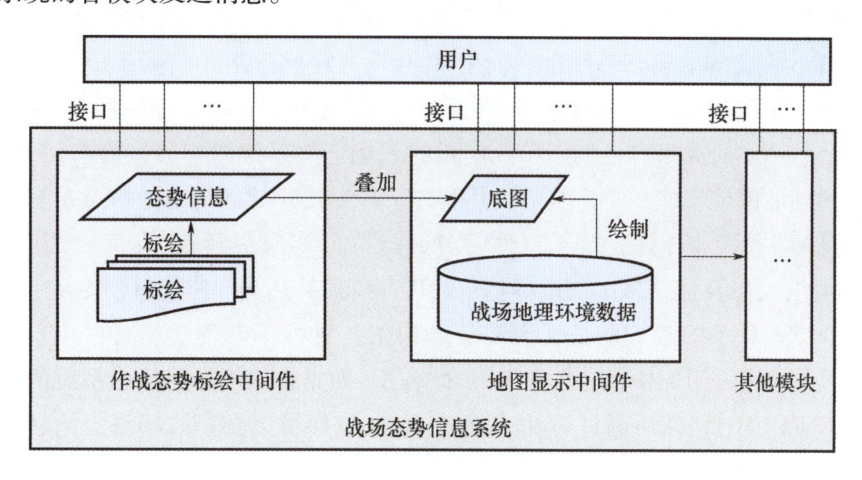

图 4-19　战场态势信息集成模式三

对以上 3 种模式进行比较,可得如下结论:"模式一"虽在数据管理上实现了作战态势信息数据与战场地理环境信息的无缝集成,但在军队标号显示方面存在较大的弊端,所以不常采用;"模式二"在具体实现中涉及过多的操作系统底层消息响应技术,难度很大,效率也不高;模式三有效地克服了前两种模式的不足,使作战态势标绘中间件既可以独立管理军标,又可实现作战态势图层与底图的联动。虽然"模式三"需要用户向战场态势信息系统的不同模块传递消息,但用户的参与程度较小,且很容易实现。因此,战场态势信息的集成往往采用第3种集成模式。

2. 态势信息的共享

在现代战争中,为获取相对的信息优势,将战场态势信息快速准确地共享分发给各个用户,是战场态势信息系统需要完成的根本任务。态势信息共享的主要目标是在规定的时间内,允许指挥人员和作战人员可从态势库中提取信息,允许将最紧要的信息及时传送到最需要它的作战人员手中。共享信息类别有:指控、情报、战场态势、战场环境等。战场信息的共享技术可将实时战场态势、作战地域地理环境、天气、位置等多媒体信息通过宽带广播传输快速分发到作战单元,对提高部队信息化作战能力、实现扁平化指挥和作战具有重要意义。战场态势信息的共享主要涉及信息分发网络、信息共享、信息推送、用户及业务授权、分发控制等技术。

战场态势信息系统前台工作有两种模式:客户/服务器模式和浏览器/服务器模式(C/S模式和B/S模式)。C/S模式是通过应用程序主要为局域网用户提供战场态势信息的管理、显示、查询、分析和存储等功能,而B/S模式则通过浏览器主要为IP网用户提供战场态势信息的显示、查询和分析等功能。由于B/S模式的战场态势信息系统功能较弱,实现作战态势的编辑及推演等功能较难,从而影响了战场态势信息的实时共享和更新的实现;而C/S模式的战场态势信息系统中功能齐全,但由于一般只适用于为局域网用户服务,难以实现广义上的战场态势信息的共享。将这两种模式结合起来使用,则能达到战场态势信息实时共享和更新的目的。即在部分网络结点上安装C/S模式的战场态势信息系统,对战场态势信息进行实时更新,并将其存入战场地理环境数据库和作战态势数据库,然后通过B/S模式的战场态势信息系统在IP网络上发布已更新的战场态势信息。这样,所有网络结点用户都可以通过浏览器查询和分析已发布的战场态势信息,达到广义上的战场态势信息的实时共享和更新。C/S模式的战场态势系统的构架较简单,只需通过调用中间件的功能就能构成一个完整的应用程序。B/S模式的战场态势信息系统是发布战场态势信息的主要手段,具有跨平台性、互操作性好、实时更新快、支持复杂应用、支持GIS应用的整合,以及适合多次调用等特点。B/S模式的系统构建相对较为复杂。

下面介绍一种B/S模式的战场态势信息构架。战场态势信息系统的B/S子系统可采用基于Web服务与COM+技术的WebGIS模型,即先将战场态势信息系统的各中间件包装成为COM+组件,然后通过Web服务在IP网络环境下发布战场态势信息。该模型结构如图4-20所示。

该模型的体系结构可分为3个层次:数据层、服务层和表现层。数据层主要包含战场态势信息数据库和作战态势数据库,提供对战场地理环境数据和作战态势数据的存储、更新和维护等功能。服务层对外提供服务功能,由Web Services服务器和Web应用服务器两个部分组成。其中,Web应用服务器接收来自客户的请求,并将其通过Web Services服

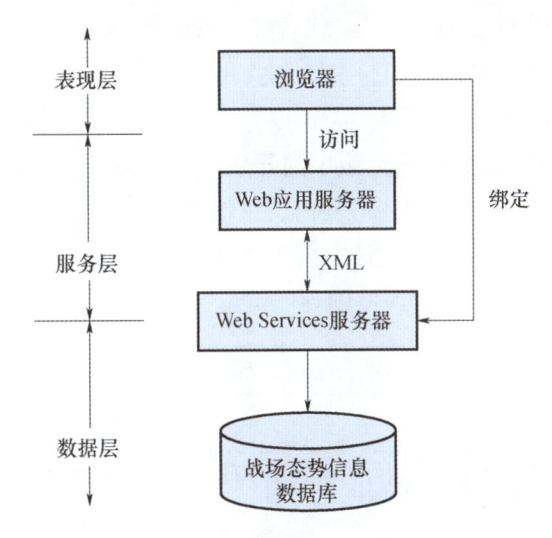

图 4-20　战场态势信息系统 B/S 子系统的模型结构

务器传送给相应的 Web 服务，最后将处理结果以图片形式回送给客户。Web Services 服务器对战场地理环境信息以及作战态势信息进行操作，是服务功能的具体实现。表现层是指浏览器(如 IE 等)，用户可以通过浏览器查看最终的处理结果。

战场态势信息共享的基本原理是：先将战场态势信息系统所包含的中间件包装为 COM + 服务，并将这些服务在 Web 应用服务器上通过统一描述、发现和集成协议(Universal Description Discovery and Integration ，UDDI)注册并发布。客户描述所需要的服务，并向 Web 应用服务器提出访问请求，Web 应用服务器则把此请求发送给 Web Services 服务器，Web Services 服务器返回查询的结果。若查到相应的服务，则将客户与 Web Services 服务器进行绑定，并协商以使浏览器可以访问和调用所查询的服务。在 B/S 模式的战场态势信息系统的客户程序中，调用 Web 服务产生作战态势图，当数据更新时，服务使用者就能够实时享用到新的数据，从而实现战场态势信息的共享。

4.3　态势感知系统

4.3.1　系统组成

态势感知系统是对战场空间内各方兵力部署、武器配备和战场环境等信息进行实时掌控的信息系统，支持集战场信息搜集、整理、识别、融合、聚合、收发为一体的新的情报信息处理机制和信息流程，通过战场综合态势图，实现联合作战中诸军兵种的战场情报信息高度实时共享。

1. 组成结构

从功能组成角度看，态势感知系统可包括情报侦察系统、预警探测系统、导航定位系统和信息管理系统，其中情报侦察系统一般又包括侦察监视和情报处理两相对独立的子系统,信息管理系统包括了敌我态势信息的存储、检索、收发等子系统,如图4-21所示。从战场分布角度看,态势感知系统可区分为指挥所外的态势信息获取系统和指挥所内的态势处理分析系统两部分。这里需要说明的是,对于涉及我情态势感知的信息保障系统,本书有专门章节论述。因为信息保障域中的导航定位系统是形成我情态势的重要功能,尤其是使用我国"北斗"系统,用户还可利用其短信功能实现自身位置报告和状态信息上报,以便上级快速汇集下级部队位置状态信息,形成我情主要态势,因此在讲述我情态势感知系统时,本章重点论述信息保障中的导航定位系统,其余相关系统参见相关章节。

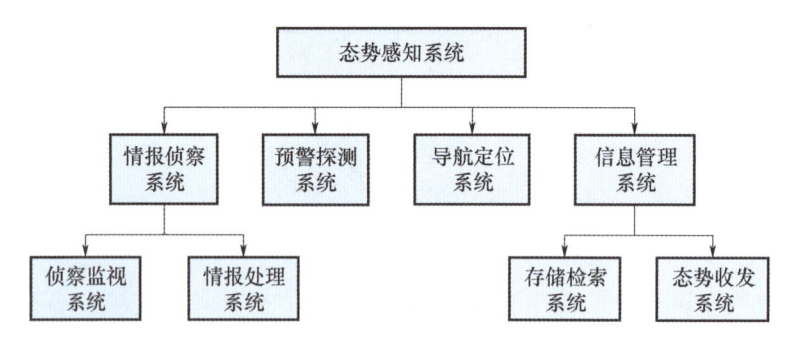

图4-21 态势感知系统主要组成

2. 信息流程

态势感知系统的基本信息流程是:侦察监视、预警探测、导航定位等系统将获取的敌情、我情和环境信息以情报信息的格式传递给情报处理系统;情报处理系统首先对采集的声、文、图、像等情报信息进行归类、整理,形成规范格式的情报信息,随后还要对情报信息进行融合、分析和判断,形成更有价值的态势情报;信息管理系统的情报收发子系统接收情报处理系统的战场态势情报,集成上级或其他作战集团的态势信息融合成综合态势图,根据态势分发规则将其分发到各级指挥所和分队用户。其流程如图4-22所示。

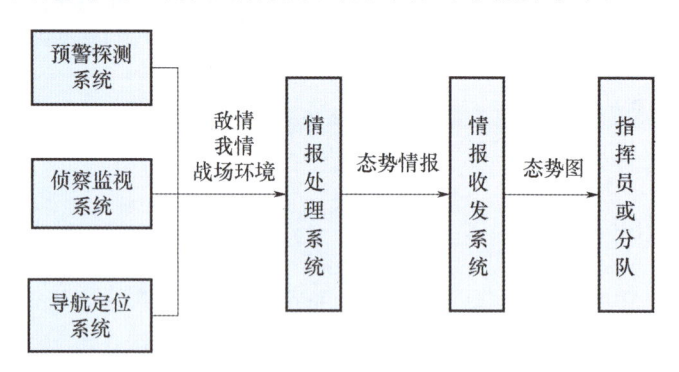

图4-22 态势感知系统信息流程

4.3.2 技术结构

从技术结构看,战场态势感知系统可分为3个层次:后台态势信息管理层、中间件服务层和前台态势信息应用层。图 4-23 表示战场态势感知系统的体系结构。

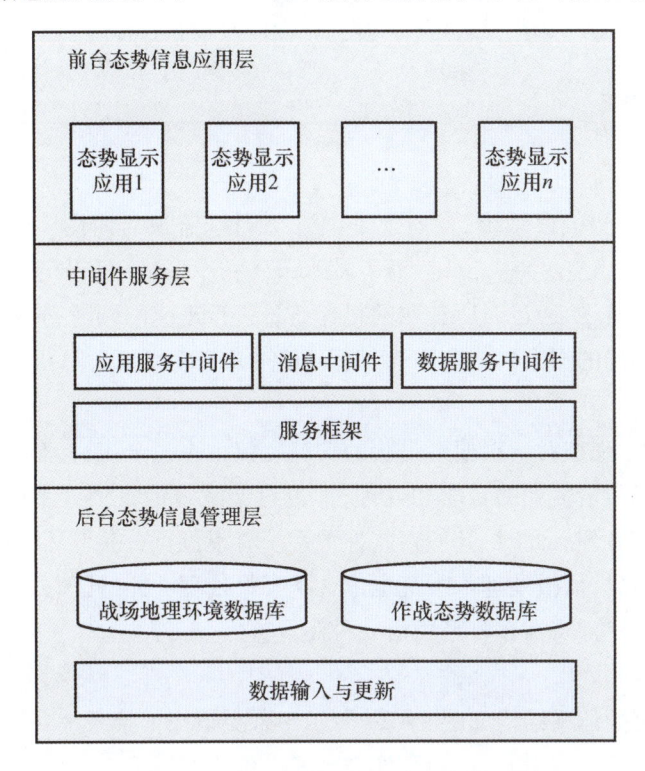

图 4-23 战场态势感知系统的体系结构

1. 后台态势信息管理层

该层主要对态势信息进行管理。包括两个数据库：战场地理环境数据库和作战态势数据库，还有数据输入与更新程序。战场地理环境数据库主要包括多尺度数字线划地图、遥感影像数据和扫描图等地图数据。作战态势数据库主要包括敌我双方的军事行动、兵要地志和其他与作战相关的数据。该层将态势信息存储于关系型数据库管理系统中，并提供数据备份、数据更新以及数据安全等功能。

2. 中间件服务层

该层是系统的核心层，它以中间件的形式为前台应用层提供功能调用和数据访问服务。主要包括各种态势信息服务功能、元数据服务、态势信息访问接口和分布式信息服务。该层通过.NET组件来实现战场态势信息系统的功能，通过元数据库技术实现态势信息的共享机制。信息访问接口服务定义了访问态势信息的标准接口，系统可通过标准的访问接口直接或间接访问态势信息。中间件技术提供了功能复用机制，以分布式形式实现态势信息的共享与交互，使得各种数据访问可以统一、高效地运行。另外，中间件技术也是提供二次开发的软件包，可以任意嵌入各种军事应用系统。

3. 前台态势信息应用层

该层是系统面向用户的窗口。它通过中间件服务层调用操作功能来访问战场态势信息。通过可视化方式为用户提供各种战场态势信息应用服务,包括战场环境信息的显示与查询、情报侦察、预警探测、导航定位、信息管理以及预案推演等。

4.3.3 系统功能

1. 情报侦察系统

国内称谓的"情报侦察系统"实质上是国外"情报、监视与侦察"三者的综合,它利用各种侦察传感器,对太空、空中、陆上、海上及水下各种军事目标和军事活动的各种变化进行连续不断的侦察监视,通过对所获取的目标信息进行迅速的判断、分析、识别和处理后,就可以形成完整准确的国家情报和军事情报,为各级军事指挥人员提供有力的作战决策支持。

应该说明的是,现在对情报侦察系统的功能定位也不完全统一,有些文献将情报侦察系统功能归为只对敌情信息的获取和处理,但也有文献将情报侦察系统功能视为对整个战场信息的获取和处理。此时,其侦察监视子系统将不仅负责获取敌情信息,还要管理我情和战场环境等信息,情报处理子系统也包含了态势处理功能,处理分析整个战场态势信息,负责形成综合态势图,本教材采用后一种观点。

1) 体系结构

情报侦察系统的体系结构如图4-24所示。各类情报侦察系统获取的情报信息汇集到指挥机关情报搜集处理中心,经融合处理形成有价值的情报。

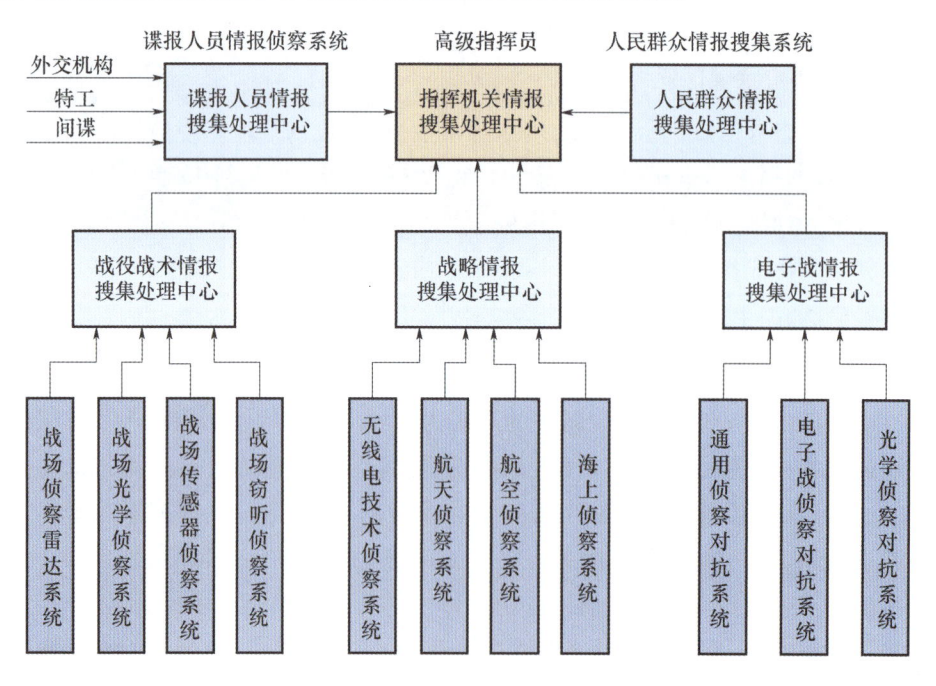

图4-24 情报侦察系统体系结构

战略情报侦察系统是为获取国家安全和战争全局所需情报而进行的侦察活动。搜集的内容包括:对有关国家、集团和地区的战略指导思想及战略企图,武装力量的数量及其战略部署、备战措施、战争潜力、军政要人以及社会、经济、外交、科技等情况,相关的国际环境及其变化对国家安全和战争进程的影响等重要情报。重点查明敌方战争直接准备程度,重点集团的集结地区,主要作战方向,核生化等武器的配置以及作战开始时间、方式等影响当前战局发展最为急需的情报。实施战略情报侦察的主要方式和手段包括:谍报侦察、无线电技术侦察、航天侦察、航空侦察和海上侦察等。

战役战术情报侦察系统是获取战役战术作战所需情报而进行的侦察。它包括对敌军的兵力部署、编制、装备、战斗编成、作战能力、作战特点、行动企划、指挥员性格、指挥机构、通信枢纽、军事基地、工事障碍、后勤和技术保障等进行侦察,查明敌方发起进攻或反击的时机、规模和方向。实施战役战术情报侦察同样应用航天、航空和海上的侦察手段,还可应用武装侦察、战场侦察雷达系统、战场光学侦察系统、战场传感器侦察系统和战场窃听系统等方式和手段。

电子战情报侦察系统是为获取战略和战役战术电子战情报而进行的侦察。它通过对电磁辐射信号进行搜索、截获,对被截获信号进行分类、信号参数测量、分析处理,对辐射源进行测向和定位,对目标进行分析、判断。实施电子战情报侦察的主要方式和手段包括:雷达侦察、通信侦察、光电侦察等。

2) 侦察监视系统

侦察监视系统是由部署在战场上的各种侦察情报信息器材构成的"战场触觉"系统。它首先通过各种传感器获取各种目标信息,再由前端侦察力量(各个分队专职负责信息采集的人员)将发现的敌目标信息和我情变化信息(位置、实力、弹药、物资等)以及环境信息通过信息采集设备手动或自动输入系统,将声、文、图、像等情报信息以情报数据格式传递给情报处理分析信息系统。它是整个侦察情报系统的信息来源,如果按照获取信息的类型来分,典型的侦察监视系统主要有:

(1) 图像情报侦察系统,包括可见光成像侦察、雷达成像侦察、红外成像侦察和多光谱成像侦察以及微光、激光、紫外等其他成像侦察系统。如美国"长曲棍球"雷达成像卫星采用了合成孔径雷达,利用雷达与目标之间的相对运动所产生的目标上两个相邻位置点之间的多普勒频移增量来实现高的角分辨力。在从海湾战争到伊拉克战争的多次局部战争和地区冲突中发挥了巨大作用,不仅能够跟踪装甲车辆、舰船的活动和监视机动式弹道导弹发射车的动向,还能发现经过伪装的武器装备和识别假目标,甚至可以穿透干燥的地表,发现埋在地下深达数米的目标。又如美国"全球鹰"无人侦察机在机头下方搭载了综合化图像情报侦察系统,包括有合成孔径雷达、电视摄像机、红外探测器等3种成像侦察设备,提高了系统的全天候侦察能力。

(2) 信号情报侦察系统,包括电子情报侦察系统和通信情报侦察系统。如美军的RC-135V/W电子侦察飞机上装有AN/ASD-1电子情报侦察装备、AN/ASR-5自动侦察装备、AN/USD-7电子侦察监视装备和ES-400自动雷达辐射源定位系统等。其中ES-400能快速自动搜索地面雷达,并识别出其类型和测定其位置;能在几秒钟之内,环视搜索敌方防空导弹、高炮的部署,查清敌方雷达所用的频率,测出目标的坐标,为AN/

AGM-88高速反辐射导弹指示目标。又如日本防卫省在靠近东海的鹿儿岛构建的通信情报侦听站,能截获任何方向的微弱电波,探测距离可达上千千米,可捕获到来自我国东海沿海的各种通信信号。

3)情报处理系统

情报处理系统的首要任务是情报的整理,就是将侦察监视系统传送回来的声、文、图、像情报信息进行格式化处理,形成便于计算机识别、储存、传递和显示的格式。随后由情报分析系统对其进行去伪存真、去粗取精、由此及彼、由表及里的分析处理,形成有价值的战场情报数据支持综合态势图生成。

情报处理系统中的情报整理相对简单,但是如何对所获得的多源信息进行实时自动综合分析是一个难题,情报的分析功能主要包括对目标进行状态估计、目标识别和行为估计等功能。

(1)状态估计功能。能够将每次扫描结束时产生的新数据集与原有的(以前扫描得到的)数据进行融合;能够根据信息源的观测值估计目标参数(如位置、速度);能够利用这些估计预测下一次扫描中目标的位置;能够将预测值反馈给随后的扫描,以便进行相关处理。能够输出目标的状态估计结果,如状态向量、航迹等。

(2)目标识别功能。能够根据不同信息源测得的目标特征形成一个多维特征向量;能够估计每类目标的特征,将实测特征向量与已知类别的特征进行比较,确定目标的类别;能够输出目标属性报告。

(3)行为估计功能。能够将所有目标的数据集(目标状态和类型)与先前确定的可能态势的行为模式相比较;能够确定哪种行为模式与作战区域内所有目标的状态最匹配;能够输出态势评定、威胁估计以及动向、目标企图等。

2. 预警探测系统

预警探测系统的主要功能包括:及时发现目标、稳定跟踪目标、位置预测和报告、准确识别目标、作战效果评估。即将担负不同任务的预警探测资源联合形成一个能够探测远、中、近距,兼顾高、中、低空以及空间、海面目标,具备全时域、全空域作战能力的预警系统,在尽可能远的警戒距离,及时、准确地探测到来袭目标;通过多源信息的综合集成,完成从目标的发现到连续的跟踪,为指挥系统提供可靠、准确的预警信息;在发现和跟踪目标的同时,可根据目标的运动方向和速度等信息,对目标的位置进行预测,以便更好地、及时地跟踪目标,并将目标的位置信息报给相关的指挥机构,以便后者及时做出指挥决策,并预测攻击的线路,引导拦截武器;综合目标特征信息,判定目标属性,给出结果和可信度,为指挥控制提供依据;综合多种技术手段,对战斗效果进行评估,将评估结果报告给指挥系统供决策。

1)系统组成

预警探测系统主要由传感器系统、预警信息处理系统和预警信息传输系统三部分构成。其中,传感器系统负责搜集信息;预警信息处理系统负责对传感器系统获取的信息进行综合处理,形成指挥决策所需的情报信息和武器系统的引导信息;预警信息传输系统将传感器系统、信息处理系统和指挥控制系统连接起来。

（1）传感器系统主要包括雷达、声纳和光电设备等。其中雷达具有全天候优势，是探测系统的主要传感器，声纳主要用于探测潜艇和舰艇等水下有声目标，光电设备是利用可见光、红外、激光等手段实现目标探测的设备的总称，红外手段常用于导弹及飞机尾焰等高温目标探测，综合光电成像跟踪手段常用于对近距离目标的预警、探测、监视、识别和跟踪。

（2）预警信息处理主要包括传感器系统管理、多传感器数据处理、态势显示与分发三部分。传感器系统管理是指根据预警任务的不同分配相应的传感器，以发挥不同传感器的优势，进行协同探测。多传感器数据处理是将多个传感器观测结果进行融合，最终得出一个全面的、精确的目标态势。态势显示与分发则是将处理后形成的态势信息进行显示，并将态势信息按需分发给相应的情报用户。

预警信息的传输一般由军用通信系统完成。

2）系统分类

预警探测系统按作用可分为战略、战役和战术预警探测系统；按目标种类可分为防空、反导弹、防天、反舰（潜）和陆战等预警探测系统；按传感器平台可分为陆基、海基、空基和天基预警探测系统。具体的探测目标包括：外层空间目标，如空间轨道卫星、战略和战术弹道导弹等；大气层目标，如各种飞机、巡航导弹、直升机、各种导弹等；水面和水下目标，如水面舰船、水下潜艇、鱼雷等；陆上目标，如地面设施、坦克、火炮、导弹、车辆、部队人员等。

3）典型预警探测系统

（1）防空预警系统，能对敌方空中进攻目标进行搜索、发现、跟踪、识别、信息融合，并为己方武器系统提供拦截信息。如常规对空情报雷达、超视距雷达、无源雷达、预警机。例如预警机，装有远程搜索雷达、数据处理、敌我识别以及通信导航、指挥控制、无线电侦察等完善的电子设备，是用于搜索、监视和跟踪空中和海上目标的作战支援飞机。它自身就是一个完整的系统，机上各种设备相互配合、各司其职，共同组成一个位于空中的"雷达站"和"指挥所"。其中，远程搜索雷达、无线电侦察设备、敌我识别系统是"眼睛"，实现目标探测；数据处理系统、指挥控制系统是"大脑"，实现目标信息融合、形成作战指令；通信系统是"神经中枢"，负责信息的传递和分发。

（2）弹道导弹预警系统，用于早期发现来袭弹道导弹及其发射阵地，测定弹道参数，判断来袭弹攻击的目标，为国家战略防御决策提供警报信息。如导弹预警卫星系统、远程预警相控阵雷达、多功能相控阵雷达等。例如美军的"铺路爪"相控阵雷达是导弹预警系统中远程预警雷达的典型代表，在探测和识别多目标的同时，可以提供预警数据、导弹发射位置、命中区域、空间位置和速度信息，用于实现对北约区域导弹攻击和北美区域潜射弹道导弹攻击的预警。又如美军"萨德－THAAD"系统中的 X 波段 AN/TPY－2 雷达属陆基移动弹道导弹预警雷达，如图 4－25 所示。它可远程截获、精密跟踪和精确识别各类弹道导弹，主要负责弹道导弹目标的探测与跟踪、威胁分类和弹道导弹的落点估算，并实时引导拦截弹飞行及拦截后毁伤效果评估。作为 THAAD 系统的重要组成部分，AN/TPY-2 为拦截大气层内外 3500km 内的中程弹道导弹而研制，是美军一体化弹道导弹防御体系中的重要传感器，美国已将该雷达部署于世界各地以对他国弹道导弹发射进行监视。

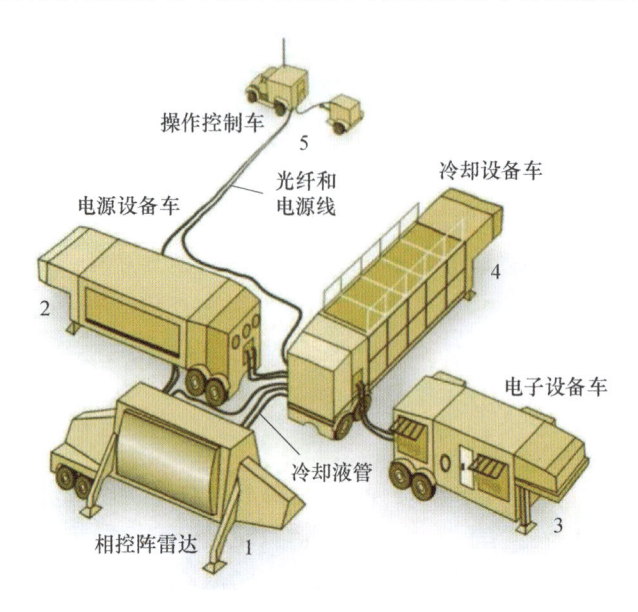

图 4-25 AN/TPY-2 雷达系统组成

（3）空间目标监视系统，对空间目标进行探测跟踪、定轨预报、识别编目。如地基空间目标监视系统、天基空间目标监视系统等。例如美军天基空间监视系统（Space Based Surveillance System，SBSS）部署了"探路者"卫星，主要实现对低轨道空间飞行器的近距离高分辨率成像和高轨道空间飞行器的探测编目。对高轨道空间飞行器的近距离高分辨率成像则由轨道深空成像卫星（Orbit Deep Space Imager，ODSI）完成。

（4）海上目标探测系统，在海洋中监视、搜索海上和水下目标，并对其分类、识别、定位。包括水上目标探测系统和水下目标探测系统。前者主要针对海面舰艇及飞行器，后者主要针对水下潜艇。水上目标探测系统又分为天基、空基、海基和地基等子系统。例如，美国海军的 E-2 "鹰眼"系列舰载预警机就是针对水上目标的天基预警探测系统，主要实现空中目标探测，不仅能够为舰队提供早期预警信息，而且能用来引导战斗机或舰载武器进行防御和反击，还可成为海军与其他兵种协同作战的节点。

3. 导航定位系统

导航系统可分为自主式导航系统和它备式导航系统两大类。自主式导航系统是指安装在运载体上的导航设备可单独产生导航信息的导航系统。惯性导航系统、多普勒导航系统和地形辅助导航系统都属于此类。它备式导航系统是指除了在运载体上或个人携带的导航设备（常称为用户设备）外，还需在其他地方设置一套设备（称为导航台）与之配合工作，才能产生导航信息的导航系统。在自主式导航系统中，驾驶员或自动驾驶仪根据导航设备的仪表指示或输出信号，便可在天上、海上或任何陌生环境中，操纵运载体正确地向目的地前进。在它备式导航系统中,只要运载体进入导航台所发射电磁波的作用范围内,它的导航设备便能向驾驶员或自动驾驶仪输出导航信息。由于导航台一般设在陆上或舰上,设置在飞机上的则不多,导航台与运载体上的导航设备用无线电相联系,因此常称为陆基无线电导航系统。20世纪90年代,随着航天技术、精密时间技术、电子信息技术和微电子技术的进步,则出现了卫星导航系统。卫星导航系统是把导航台设置在人造地球卫星上,因此又称为星基或空间导航系统。陆基导航系统和卫星导航系统都利用无线电波的传播特性,故又统称无线导航系统。无论是陆基导航、星基导航,还是自主式导航都各有特点,并存在很好的互补性,因此把它们有机地结合,可形成更具特色的组合导航系统。

1)卫星导航系统

卫星导航系统是由导航卫星网、地面台站、用户设备三部分组成的电子信息系统,如图4-26所示。导航卫星网由均匀分布在几条轨道上的多颗导航卫星构成。每天不间断地发射无线电导航信号。地面台站包括跟踪站、遥控站、计算中心、驻人站和系统中心等部分,用于跟踪、测量、计算及预报卫星轨道并对星上设备的工作进行监控,保证卫星运行正常。用户设备由接收机、定时器、数据预处理器、计算机和显示器等部分组成。目前世界上主要有四大主流卫星导航系统,包括美国的 GPS、俄罗斯"格洛纳斯"系统、欧盟"伽利略"系统和我国的"北斗"卫星导航系统。

我国的"北斗"卫星导航系统于1994年开始建设,由空间端、地面端和用户端3部分组成,致力于向全球用户提供高质量的定位、导航和授时服务,2012年12月正式提供亚太区连续导航定位与授时服务,2017年11月,"北斗"三号首批组网卫星顺利升空,标志着我国正式开始建造"北斗"全球卫星导航系统,2020年6月,"北斗"三号的最后一颗组网卫星[①]发射成功,开启了"北斗"全球系统的应用时代。

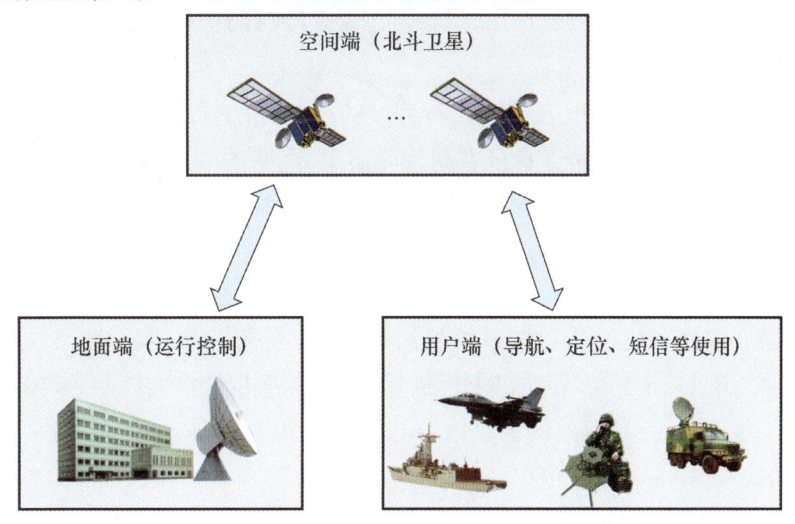

图4-26 "北斗"卫星导航系统组成示意

---

① 即北斗三号第30颗卫星。

"北斗"卫星导航系统具有以下特点:①系统独立自主、开放兼容、技术先进、稳定可靠,可覆盖全球的导航系统。②短信服务和导航结合,增加了通信功能,指挥机可与用户机之间进行点名通信或信息群发,集团内用户也可以实时点对点通信且不受距离限制。③能够实现全天候快速定位,组网完成以后,通信盲区极少,精度与 GPS 相当。④向全世界免费服务,在提供无源定位导航和授时等服务时,用户数量没有限制;有源定位系统最大容量为 540000 户/h。⑤授权服务有较高的保密级别。"北斗"B1、B2 频点发播开放式信号,主供民用;B3 频点发播的导航信号具有加密功能,主供军用。加密信号和部分开放式信号具有授权功能,指挥机和下属终端设备内部有 IC 卡,保证每台设备身份唯一,指挥卡与下属卡的配属关系由上级权威机关设定,下属机构无权更改,特别适合集团用户大范围监控与管理,以及无通信依托地区数据采集用户的数据传输应用。⑥独特的中心节点式定位处理和指挥型用户机设计,可同时解决"我在哪?"和"你在哪?"的问题,系统正常工作以后,移动终端会每隔一定时间(根据授权情况)向指挥机发送位置信息,类似于二次雷达的功能,杜绝了二次雷达的信号盲区,定位精度要比二次雷达高很多,且不受距离限制,有利于指挥机构准确掌握用户动态。⑦自主系统,高强度加密设计,安全、可靠、稳定,适合关键部门应用。

2) 组合导航系统

惯性导航系统常用于弹道导弹的制导、飞机、舰艇和车辆的导航,或短程武器的制导,辅助产生载体的三维位置、三维速度和三维姿态数据。由于其不依赖电波传播,因此惯性导航系统的应用不受环境限制,包括海、陆、空、空间和水下,不怕干扰,无法反利用,生存能力强。它的主要缺点是:由于位置是由积分运算求得的,传感器的误差将随时间而积累,即定位误差是不断增长的,因此,其短期精度高,长期工作则要靠其他手段,包括用无线电导航校正。惯性导航很适合军用,但其定位误差随时间积累,出发前要用一段时间进行对准,另外,价格也较贵。

由于卫星导航和惯性导航之间存在着良好的互补特性,若能把卫星导航的长期高精度特性和惯性导航的短期高精度特性有机地结合起来,便有可能使各自的优点得到更充分的发挥。现在美国正在大力发展和应用 GPS 与惯性导航相组合的系统,"战斧"巡航导弹采用的便是这种组合系统。

3) 地形辅助导航系统

卫星导航和惯性导航组合导航系统虽然精度、抗干扰能力、连续性及其他性能均较好,然而还不能满足所有军事导航需求。例如,当飞机进行低空突防时,要沿着所选定的航线绕山谷飞行,此时卫星导航的卫星信号可能被遮挡,地形辅助导航系统便是适应这种需要而产生的。

地形辅助导航系统的使用时先由机载的气压高度表和雷达高度表分别测出飞机的海拔高度和离地高度,两者相减,便能求出飞机正下方地面的海拔高度。当飞机飞行时,便由此产生出一条地形起伏曲线。飞机上载有存储着一定区域的地形标高数据的基准数据库。在飞机起飞后一段不长的时间内,可以用惯性导航或其他一些导航设备较准确地定位,以这个定位信息为出发点,按此后所测得的地形起伏曲线在基准数据库中进行搜索,找出与实测曲线拟合最好的一条地形标高变化曲线,以此求出飞机新的准确位置,再用这个位置数据去校准机载惯导,从而在以后一段时间为飞机提供准确的导航信息,并开始新的一轮地形拟合。

与用雷达实现的地形跟踪和回避相比,地形辅助导航系统没有飞机爬高时雷达波束上指的问题,因此,隐蔽性更好。由于有地形数据库,它不但能知道飞机前面的障碍物,而且知道飞机周围的地形,因此,可实施威胁回避、地形掩护、贴地告警、障碍告警、目标截获和精确武器投放。由此可见,地形辅助导航系统采用的也是组合导航方法,但基准来自地形,抗干扰能力比用 GPS 时更强,定位精度可达 20~45m。地形辅助导航技术的应用到 20 世纪 80 年代才走向成熟。美国、英国、德国、法国都是研制这种系统的主要国家。在海湾战争中,美国从舰上发射的"战斧"导弹使用的便是地形辅助导航系统。

4. 信息管理系统

态势信息作为一种作战资源,同物质资源和能量资源一样已成为作战的支柱性资源。在任何时候、任何地点,必须以任何方式及时向指挥人员提供恰当的信息。态势数据往往是海量的,仅用普通的文件方式管理不仅会影响本地访问效率,还会影响到传输速度及信息共享效果,因此必须有针对性地采用合理有效的数据管理系统来支持态势信息的数据存储和发布。

1) 存储管理系统

态势数据存储管理系统的核心是数据库管理系统。数据库管理系统是态势数据库和指挥人员、武器平台之间的接口。用户可以通过数据库管理系统对本级本军兵种态势数据进行管理,如创建数据库文件、修改数据库文件、增加删除数据记录、查询更新态势信息等。未来作战中,"海量"数据处理难度加大与必须在有限时间内掌握有用信息之间的矛盾尤为突出。解决这一矛盾的迫切需求导致了联机分析处理(Online Analytical Processing,OLAP)、数据仓库、数据挖掘和大数据分析等技术的出现,促使数据库向云端化、智能化方向发展。数据仓库系统为此提供了一种数据管理的新模式。在这种模式中,态势感知系统对数据资源的管理,已经由原来的以单一数据库为中心转向以分布数据仓库为基础的体系化数据管理转型,既支持传统独立的数据操作,也支持高层数据分析(信息处理)。与之相适应,态势数据管理也必须着眼实现各态势应用与数据的紧密连接,将态势数据库管理系统与硬件、操作系统、网络及接口软件集成起来,使态势数据及其他信息顺畅地在系统之中流动,减少干扰,提高态势信息的利用效率。

2) 态势分发系统

态势信息分发系统主要功能在分发规划约束下,在合适的时间,把合适的态势信息分发给合适的用户。信息分发可以通过多种方式进行。随着计算机网络技术的普及,基于网络的信息分发方式正日益成为信息分发的趋势。主要分发模式有强制推送、智能推送、发布/订阅、信息检索 4 种。

(1) 强制推送(Compulsively Push)分发模式是指由分发管理人员(位于情报中心)决

定信息应发送给谁,随后通知信息提供者发送信息。这种模式适用于分发因作战任务需要临时推送的一些信息。这种分发方式下,信息提供者需要进行发布信息、发送信息等操作;分发管理中心负责策略管理,即强制推送关系建立。具体的分发流程如图4-27所示:①信息提供者发布自己能提供的信息;②分发管理中心确定强制推送关系,并通知信息提供者;③信息提供者将信息发送给信息使用者。

(2) 智能推送(Smart Push)是信息分发中最高级模式,指信息用户在不参考信息产品列表情况下,根据自己的信息需求,利用编辑工具填写信息需求描述文件并发给分发管理中心,由分发管理中心根据信息现有情况组织具体的信息产品,再通知提供这些产品的信息提供者发送给该用户。美军在其几代信息分发系统上都提到这种模式,认为它是信息按需分发最好的体现方式。

智能推送模式既可针对未来产生的信息,又能针对现有信息,但都是以主动方式提供给用户。因此,这种分发方式下,信息提供者需要进行发布信息、访问现有信息、发送信息等操作,分发管理中心负责需求文件的解析,判断此需求可由哪些信息提供者提供,信息用户需要编辑并发送其需求文件。具体的分发流程如图4-28所示:①信息提供者发布自己能提供的信息;②信息使用者编辑需求文件并发送给分发管理中心;③分发管理中心解析信息需求文件,确定并通知能提供产品的信息提供者;④信息提供者将信息发送给信息使用者。

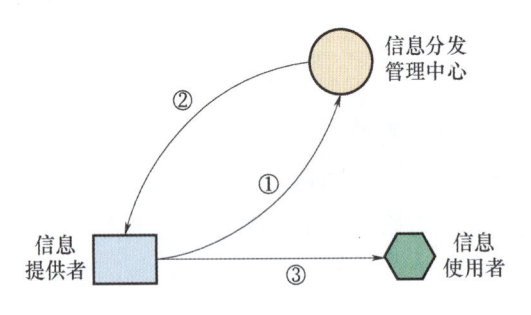

图4-27 强制推送模式示意图 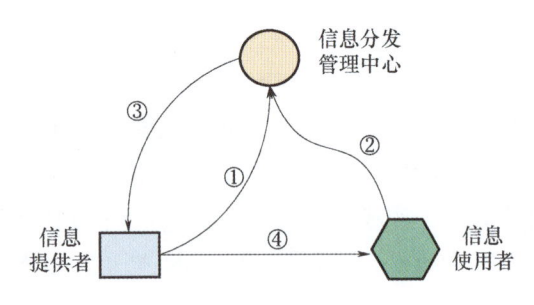　　　　图4-28 智能推送模式示意图

(3) 发布/订阅(Publish/Subscribe)分发模式是指信息发布者发布信息产品,信息用户基于产品目录列表进行信息订阅,分发管理中心完成信息匹配,并通知信息提供者。当信息产生后,信息提供者就发送给信息用户。这种模式可看作是由信息用户主动"拉取"信息的过程,比较适合未来产生的信息的分发,包括实时情报信息、图片等。

发布/订阅分发模式具体的分发流程如图4-29所示:①信息提供者发布信息;②分发管理中心将信息产品目录发送给信息使用者,供订阅使用;③信息使用者订阅信息;④分发管理中心进行信息匹配,并通知能提供产品的信息提供者;⑤信息提供者将信息发送给信息使用者。

(4) 信息检索(Information Retrieval)是指信息使用者以检索方式进行信息获取,检索主要针对信息产品的历史信息(如数据库中信息或者历史文件信息),是一种由信息使用者发起的信息"拉取"方式。

这种模式和信息发布/订阅模式基本类似,不同地方在于信息提供者需要进行历史信息访问操作,信息用户将信息订阅操作改为信息检索操作。具体的分发流程如图 4-30 所示。

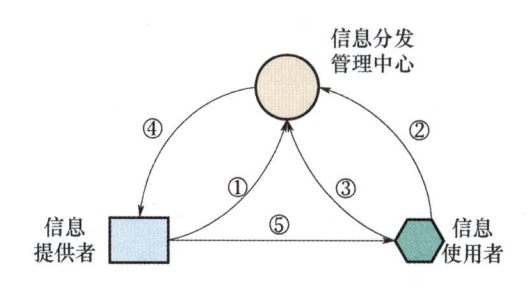

图 4-29　发布/订阅模式示意图 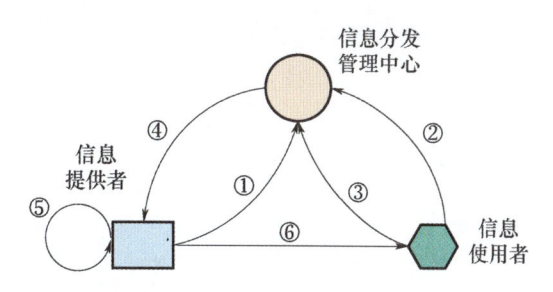　　　　图 4-30　信息检索模式示意图

4.4　外军态势感知系统

在信息化战争中,态势感知是军事斗争的首要任务和关键环节。从海湾战争、科索沃战争,到阿富汗战争和伊拉克战争,美军在战场上采用的态势感知手段越来越多,涉及的技术越来越先进,感知设备的功能也越来越完备,这大大增强了美军对战场态势的感知能力,成为其克敌制胜、打赢信息化战争的重要基础。实战证明,良好的态势感知能力可极大地提高部队的杀伤能力和生存能力,加快作战节奏,减少和避免误伤,有效提升作战效能,从而大大消除"战争迷雾"。因此,世界主要军事强国都把提高态势感知能力作为其 C^4ISR 系统发展的一个重要方向。

4.4.1　美军态势感知系统

1. 全源分析系统

全源分析系统(All Source Analysis System,ASAS)是美国陆军的主要情报分析系统,是美国陆军作战指挥系统(Army Battle Command System,ABCS)的关键组成部分。ASAS 是一个自动化的地面移动情报处理和分发系统,为作战指挥员提供及时、准确的情报和目标支持。该系统融合来自所有种类情报源的威胁信息,向营级以上机动指挥官及其参谋提供有关情报,其作用相当于陆军战术指挥控制系统的情报和电子战分系统,使指挥官和参谋及时、全面地了解敌军的部署、能力和可能采取的军事行动。

1) 系统组成

美军现装备的 Block Ⅰ 型全源分析系统,由 6 个设备组组成:远程工作站、全源工作站、单源工作站、通信控制设备、数据处理设备及辅助电子设备。BlockⅠ 软件包括 UNIX 操作系统、安全和控制机制、业务系统、人-机接口以及系统实用程序。BlockⅠ 最基本的组成模块是便携式 ASAS 工作站。便携式 ASAS 工作站是加固的模块化处理系统。每个便携式 ASAS 工作站可分解成 5 个运载箱,通过电缆与方舱的自动数据处理接口相连。其可连接两种不同的方舱数据接口：TYQ-36(V)1/2 接口模块或 ASAS 双接口模块；TYQ-40(V)前方传感器接口和控制。便携式 ASAS 工作站可在方舱内也可在系统方舱外不远的地方使用。

2) 功能及特点

ASAS 为战术指挥员提供高度自动化的能力，使它们能分析、关联、融合和报告情报数据。这些数据来自战场电子战系统和大量战术战略传感器系统，如 USD-9"护栏"(Guard Rail)V 机载/地面通信情报改进型系统、ALQ-133"快视"(Quick Look)战术电子情报系统、ALQ-151 电子对抗系统、MSQ-103"队组"(Team Pack)陆基定位系统和 TSQ-114"开路先锋"(Trail Blazer)陆基甚高频测向系统、MLQ-34 甚高频干扰机、TSQ-112 战术发射源定位和识别系统及 APS-94 机载侧视雷达等。

上述信源情报数据自动进入美国 ABCS 全源数据库并成为当前态势更新和目标生成的基础。全源分析系统的主要特点如下。

(1) 情报来源广泛。该系统自身并不处理原始情报，原始情报均由各探测系统自行处理。该系统汇集各信息源及传感器经初步处理过的情报，进行综合分析与比较，便用户能获得有关敌军军事实力及作战行动方案的综合情报信息。

(2) 极大地缩短情报采集时间。在军事冲突之前，作战指挥官可向该系统的数据库输入有关敌方在特定作战条件下的作战原则等知识。一旦发生军事冲突，计算机便可根据预先输入的知识对情报进行处理。

(3) 具有地形显示功能。全源分析系统中作战指挥官用的视频显示设备之关键部分是数字地形支援系统。它能以立体图形方式显示地形背景，可一目了然地了解地形对敌方机动性能的影响。它还能向作战指挥官提供敌方指挥所、补给供应点及部队集结地的地形位置。该两种功能使作战指挥官可迅速将注意力集中到敌军可能会采取军事行动的路线上，并集中注意力去搜集敌方的关键设施。数字地形支援系统已于 1991—1992 年应用于空地一体化的战术情报系统。

(4) 能保持与作战部队密切的联系。该系统旨在提高战场指挥官的工作效率，故系统中建立了"快速发射通信通道"，可迅速地将目标情报信息传至火力部队，战场态势图亦能在近程航空兵分队、导弹部队、火炮部队、防空部队、作战后勤保障部队及机动作战指挥分队的终端上显示出来。

3) 系统发展

美国陆军正在发展的 ASAS 系统类型有以下几种。

(1) 扩展型 ASAS。美国陆军 1994 年加速了部署 ASAS 的策略，"扩展型 ASAS"计划便应运而生。扩展型 ASAS 包括 ASAS 扩展远程工作站、ASAS 扩展全源工作站、ASAS 扩展单源工作站以及 ASAS 分类文电处理系统，系统重用了 Block I 软件、商用硬件和 Block II 样机硬件，装备还没有配备 Block I 标准硬件的部队，为他们提供自动情报能力和 ASAS 完全互操作性。

(2) Block II。这是 20 世纪 90 年代初提出的用于取代 Block I 的第二代全源分析系统,其改进的软件能满足系统各种基本需求。Block Ⅰ 的工作站将被装备 Block Ⅱ 的工作站取代。Block Ⅱ 的组成包括:8~24 个可重新配置的敏感分类信息工作站、一个通信控制设备或分类文电处理系统以及两个远程工作站。其他改进部分还有通信接口、数据处理和公共应用程序的现代化。

(3) Block Ⅲ。该系统是一个将 Block Ⅱ 能力按作战、环境和性能要求进一步扩展的目标系统。其采用开放的体系结构,Block Ⅲ 在 2000 年后装备。Block Ⅳ 和 Block Ⅴ 这两种版本系统最初计划在 ASAS 计划下研制,现有可能转变为研制后的软件支持项目。

2. "蓝军"跟踪系统

美军"蓝军"跟踪系统(Blue Force Tracking, BFT)是美国陆军"21 世纪旅及旅以下作战指挥系统"($FBCB^2$)的一个子系统(在西方国家的军事语言中,"蓝军"指代"己方")。目前在坦克、步兵战车、装甲人员输送车、"阿帕奇"和"黑鹰"直升机等平台上安装的即是这一种系统。该系统通过天基民用 L 波段卫星通信网络将各个孤立的卫星导航装备连接起来,为各车辆平台提供准确、近实时的态势图,如图 4-31 所示,实现平台之间的扁平通信以及与战术作战中心的垂直通信,其能在通用作战图上自动显示所有平台的位置,使部队能够及时掌握友邻部队的态势情况。

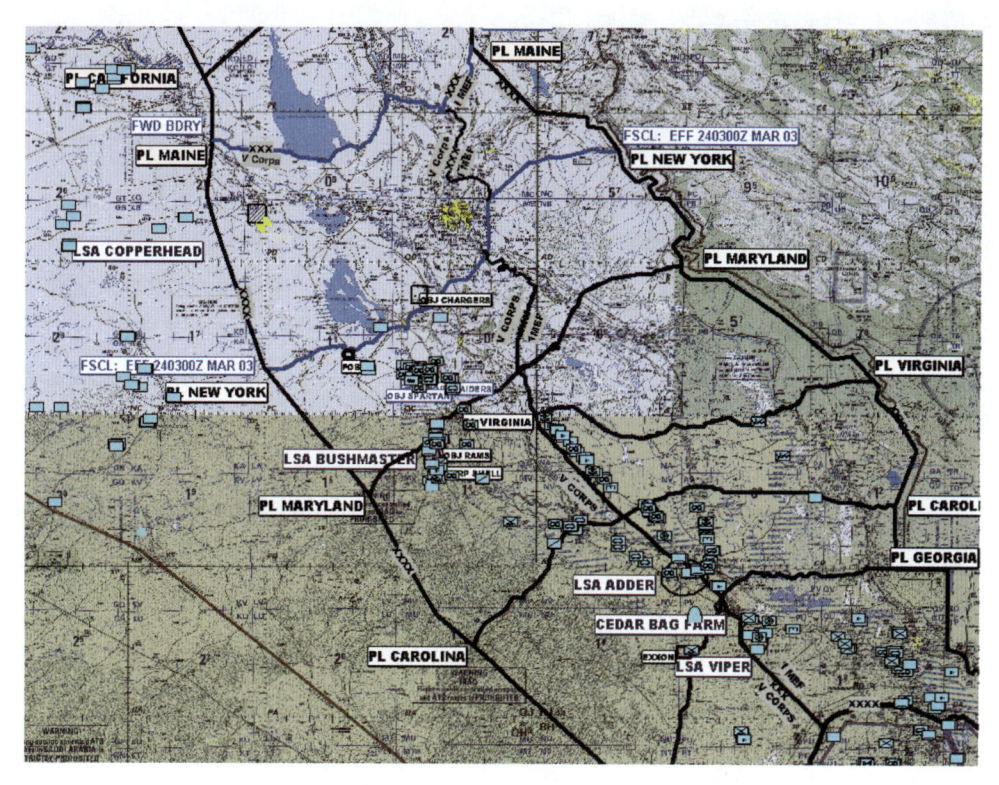

图 4-31 美军蓝军跟踪系统的截图

20 世纪 90 年代诺斯罗普·格鲁曼公司开发了第一代"蓝军"跟踪系统(BFT-1)系统,实现了美军获取战场态势感知的梦想。BFT-1 是一种采用 GPS 定位,为美军在全球部署的部队提供态势感知能力的重要系统。BFT-1提供了战场环境概览、蓝军(友军)和红军(敌军)部队之间的位置标记,还支持战场部队和指挥中心之间的通信。

1) 系统组成

"蓝军"跟踪系统主要包括加固计算机终端(含跟踪软件)、GPS接收机、卫星通信系统、FBCB2文本格式,以及地面处理中心等。GPS收集的位置数据通过卫星发送到地面处理中心,经融合处理后,地面处理中心再通过卫星将战区内所有己方部队和车辆的位置发送给单兵、车辆或飞机等终端用户,在终端用户的计算机屏幕上,蓝色图标显示己方部队。除了提供复杂的环境特征(如障碍物跟踪和带有接近告警的路径规划工具),并借助先进的制图功能进行蓝军和红军部队位置监视外,较新版的系统还提供包括文本和图像在内的信息发送功能。

2) 功能特点

从系统功能上,"蓝军"跟踪系统包括4个子系统,即定位系统、信息收发系统、通信系统、信息处理及显示系统。定位系统解决了车辆的定位问题;信息收发系统将本车辆的定位信息以及其他信息通过网络发送给其他用户,并接收其他用户通过网络发来的各种信息;通信系统的作用在于为网络中的用户提供信息传输网络;各车辆的信息处理及显示系统对信息进行处理,并将战场态势显示出来。

"蓝军"跟踪系统是现代信息网络通信技术和GPS精确定位系统在指挥控制领域综合运用的结果,大大改变了地面作战的样式,具体特点如下。

(1) 系统集定位、位置报告、行动情况判识、己方目标跟踪和通信保障为一体。

(2) 系统综合使用万维网、全球定位系统和卫星通信等技术,使战区内的部队,从指挥官到普通士兵能够及时分享战术信息。

(3) 系统有助于指战员在瞬息万变的战况下,掌握己方兵力的位置和行踪,大幅度提高指挥控制和态势感知的能力,以减少误伤、加强协同。无论决策制订人员、指挥官以及部队身处在五角大楼、前线指挥部还是战场上,"蓝军"跟踪系统都能为他们提供最新的战场态势图。

3) 系统发展

目前,Viasat公司研发的第二代"蓝军"跟踪系统(BFT-2)提供了更快的位置定位信息、刷新率以及更大的数据吞吐能力。BFT-2系统是美国陆军联合作战指挥平台系统的一部分,可为美军士兵提供全球实时态势感知和联网功能。BFT-2比BFT-1大约快10倍,可提供几乎实时的准确信息,网络可用性为99.95%。今天,美国陆军几乎所有的空中和地面平台,以及许多盟军都使用BFT-1或BFT-2。尽管两个迭代版本是在各自的专用信道上单独运行的,但是它们实现了相同的功能。只是,BFT-1不仅通信延迟很高(长达5min),而且该系统也无法渗透到建筑物内部。

Comtech电信公司是BFT系统和设备的主要供应商,2018年10月,Comtech宣布成功演示了高性能版"蓝军"跟踪系统2(BFT-2 HC)多模解决方案。该解决方案证明,BFT-2 HC的移动卫星收发器可以提供替代的通信路径,以提高弹性和通信能力。

尽管 BFT-1 和 BFT-2 为战场士兵和前线指挥官提供了无与伦比的能力，并将继续得到财政和技术支持，但美军已经将重点放在战场技术的下一个重大目标——联合作战指挥平台上。其使用 BFT-2，并提供更快的卫星通信，新型收发器利用 InmarsatI-4 卫星星座以更高的数据速率获得更多的带宽。联合作战指挥平台将与战术情报地面报告系统集成，该系统提供历史情报数据，包括给定站点的区域结构、障碍物和先前发生的历史事件。随美国陆军新型标准化"车载系列计算系统"的推广部署，这两种系统的结合将构成了美国陆军的下一代"蓝军"跟踪系统。

4.4.2 俄军态势感知系统

1. 俄军预警探测系统

俄军预警探测系统主要由预警卫星、地面雷达、预警飞机和侦察卫星等系统组成。预警卫星和地面雷达中的大型相控阵雷达用来对导弹预警。超视距后向散射雷达和预警飞机用来对战略轰炸机预警。侦察卫星主要用于扩大覆盖范围、延长预警时间、提高探测精度和加速数据传送四个方面。

1）预警卫星

俄军战略预警卫星有早期的"宇宙"系列如"宇宙"-1849 和"宇宙"-1851 等，也有最新的"藤蔓"天基战略预警系统。"藤蔓"系统现已实现四星组网，由 2 颗"荷花-S"无线电技术侦察卫星，以及 2 颗"芍药-NSK"雷达侦察卫星组成，轨道高度为 1000～2000km，定们精度 3m，可识别体积在 1m³ 以上的陆、海、空、天来袭目标。此外 2015 年，俄军又推出"苔原"卫星规划，其由 10 星组网，未来将大幅提高俄军的战略预警能力。

2）导弹预警雷达

在导弹预警方面俄军拥有一个由新老各型雷达组成的全国性弹道导弹预警雷达网，主要包括三个部分：①莫斯科周围导弹防御系统中的雷达；②沿周边部署的早期预警雷达，包括"鸡笼"雷达、超视距后向散射雷达和新式大型相控阵雷达 3 种类型；③中部克拉斯诺亚尔斯克的雷达，该类雷达也属于新式大型相控阵雷达之列。

(1)"鸡笼"雷达，有一个巨型横列定向天线阵。天线阵长 305m，高约 15m，倾角 45°。天线工作在 A 频段（约 150MHz），峰值功率超过 10MW。脉冲重复频率为 25～100 个脉冲/s。最大探测距离 6000km。雷达用五个波束扫描，两个波束用于方位角搜索，两个波束用于仰角搜索，一个波束用于环向搜索。其总的性能类似于美国弹道导弹预警系统使用的 AN/FPS-50 型探测雷达。"鸡笼"雷达能进一步确认卫星和超视距雷达发出的警报，提供目标跟踪数据，粗略地评估攻击规模，以支援反导部队的作战活动。

(2) 超视距后向散射雷达，超视距雷达可对飞机、潜射导弹和洲际导弹的攻击提出预警。俄军一共部署了四部超视距后向散射雷达。这些雷达对美国洲际导弹的攻击能提前约 30min 发出警报，但精度不如预警卫星。雷达的发射功率很大，为 20～40MW 或更多。工作频段约为 4～27MHz，可根据电离层的情况从中选用不同的频段，例如黎明时一般采用 14MHz 或稍低的频率。但始终以 14.215MHz 为中心。雷达的作用距离约为 850～3000km。发射时每 10.5 个脉冲/s 产生的静电干扰声使这种雷达被西方称为"俄罗斯啄木鸟",也称为"钢结构"雷达。

(3) 新型相控阵雷达。新型相控阵雷达的天线阵呈扇形,长约 90m,高约 33m。雷达工作在 B 频段(500MHz),峰值功率 5MW,波束宽度 2°×2°,探测距离 3000km。该类雷达对多个目标的跟踪和分类能力很强,跟踪洲际导弹的精度大于"鸡笼"雷达。新型相控阵雷达的部署扩大了"鸡笼"雷达的覆盖区,填补了雷达预警网覆盖之间的空隙,大大地加强了俄军的预警能力。进入 21 世纪,俄军已开始研制和部署新一代的"沃罗涅日"系列地基预警雷达,如图 4-32 所示。

3) 防空雷达

除导弹预警雷达外,俄军还有一个庞大的防空雷达网,雷达分为三大类:①边境雷达,探测距离约 450～600km,支援拦截部队,如 P-14"高王"雷达,这是一种大功率、高空(4500km)预警探测雷达,工作在 180MHz,探测距离约 600km,"高王"雷达通常与"边网"雷达和"记分牌"雷达设在同一地点,前者是俄军主要的测高雷达,工作在 2650～2710MHz,探测距离近 200km,后者用于敌我识别;②目标捕获与火控雷达,支援俄罗斯境内上千战略地对空导弹发射场;③支援地对空导弹的移动式雷达,如俄罗斯 S-300、S-400、S-500 防空导弹系统中的 64N6、91N6、96L6 相控阵搜索雷达等。

图 4-32 "沃罗涅日"地基预警雷达

4) 预警飞机

俄军预警飞机主要是在伊尔-76 基础上改制的"A-50 中坚"预警机,如图 4-33 所示。该机背上有一个常规的旋转雷达天线罩,机头上有一条长长的加油管。该机前部和后部各有一个绝缘材料做的天线罩,安装电子情报装置和有源及无源电子干扰装置,该机具有水面和陆地上空的下视能力,能发现在水面或地面低空飞行的巡航导弹和飞机,并能指挥战斗机作战。

图4-33　俄罗斯"A-50中坚"预警机

5）侦察卫星

俄军的侦察卫星主要有照相侦察卫星、电子侦察卫星和海洋侦察卫星,它们是俄军空间侦察系统的三大支柱,其既可以用于战略目的,又可用于战术目的,一向处在优先发展的地位。

(1) 照相侦察卫星是俄军主要的空间侦察工具,主要为"宇宙"系列,一般来说,俄军的照相侦察卫星设计比较简单,可以大批生产,卫星和运载火箭都留有一定的库存。每当某一地区发生危机,俄军能在24~48h内发射以便及时收集情报,而且,这种超出一般发射量的状况可连续保持几个星期。也就是说,一接到通知,俄军可以马上把一颗卫星送入轨道。照相侦察卫星采用低轨道,近地点约170~220km,远地点约300~420km,倾角约62~82°,周期约88~90min。

(2) 海洋监视卫星中最负盛名的是安装了雷达的核动力卫星,又称雷达型卫星。该类卫星长约14m,重4950kg,星上裂变式核反应堆采用50kg铀-235做燃料,功率极大,比美国同类卫星的功率大得多。它以星载雷达作为侦察设备,搜索海上目标,扫描范围约400~500km,轨道高度为近地点250km。一般采用双星工作方式,可提供目标的立体图像,加强俄军对具体船只的识别能力,除了能识别海上目标类别外,该雷达型卫星还能确定目标的坐标、方位和速度。

(3) 电子侦察卫星,电子侦察卫星利用星载电子设备侦察截收雷达信号和无线电通信信号,从中获得有用情报。若把照相侦察卫星比作眼睛,电子侦察卫星就相当于耳朵。其侦察方法是在敌方上空运行期间捕获无线电和雷达电波,把它记录于磁带上,并倒卷磁带,在其飞经本国上空时发回数据。从数据分析中可以发现敌方防空和防导弹雷达的位置,掌握它们的特点和性能。卫星还可以窃听军事和外交通信等。这些数据具有战略和战术价值,是判断国际形势的重要资料。

2. "星座"指挥控制系统

"星座"陆军战术指挥控制系统是俄军新一代的陆军数字化战术级指挥控制系统,旨在提高提高俄罗斯陆军战术环节的自动化指挥控制水平。目前系统版本为"星座 - 2015",整合了指挥自动化、战场侦察、环境情况自动化收集和融合、卫星导航和数字无线电通信等多项功能,可在各种装甲机动车辆上使用。该系统利用"格洛纳斯"系统实时获取分散在战场上的坦克、装甲车、单兵等位置信息,并联入统一的信息网络中,各种作战环境资料、己方和敌方位置等信息能够在车载电子地图上实时显示更新,就兵力运用、火力配置等问题提出参考建议,并自动生成命令、战斗计划等作战文书。各级指挥员能够通过车载计算机显示器屏幕,实时掌握确定己方、敌方目标的位置坐标和战场水文气象等数据,高效下达作战命令,以及跟踪分队完成任务所需的物资器材的保障情况等,从根本上改变传统战术指挥方式,使指挥员能够对作战分队进行实时指挥,成倍地提高作战效能。

参考文献

[1] 童志鹏,等. 综合电子信息系统[M]. 2版. 北京:国防工业出版社,2008.
[2] 总装备部电子信息基础部. 信息系统——构建体系作战能力的基石[M]. 北京:国防工业出版社,2011.
[3] 刘作良,等. 指挥自动化系统[M]. 北京:解放军出版社,2001.
[4] 李德毅,等. 发展中的指挥自动化[M]. 北京:解放军出版社,2004.
[5] 蔡菁,等. 基于草图的战场态势标绘系统[J]. 舰船电子工程,2008,(11):134 - 137.
[6] 陈引川,等. 战场态势信息系统的研究与实现[D]. 郑州:中国人民解放军信息工程大学,2006.
[7] 曾鹏,等. 基于态势信息融合体系的军用计划识别关键技术研究[J]. 军事运筹与系统工程,2006,(3):53 - 58.
[8] 吕艳. 指挥信息系统概论[M]. 夹江:空军第二飞行学院,2010.
[9] 王伟,等. 陆军信息系统研究[M]. 北京:解放军出版社,2007.
[10] 刘勇,等. 联合战役信息系统集成与运用[M]. 武汉:通信指挥学院,2008.

思考题

1. 态势感知系统的基本概念是什么?
2. 阐述态势感知系统的地位和作用。
3. 态势感知系统采用的感知技术主要有哪些?请分别简要描述。
4. 简要描述 GPS 卫星定位测量的基本原理。
5. 简述常见的几种导航定位技术。
6. 简要描述敌我识别技术。

7. 什么是态势信息的处理与分发？
8. 信息融合的概念与层次是什么？
9. 如何共享战场态势信息？
10. 阐述 ISR 的概念。
11. 阐述情报侦察系统和预警探测系统的区别与联系。

第5章 军事通信系统

军事通信系统是信息传输的基础设施,军事通信系统是适应现代信息化作战条件,利用现代军事通信技术,统筹多种通信手段和网络资源,构建而成的纵向贯通各级各类指挥所、作战部队和武器平台,横向连接军兵种情报、指挥、打击、保障各类要素的一张数字化通信网络。没有通信网络就没有军事指挥,因此军事通信网络构建是现代作战指挥的基石,只有全域通联,才能立体感知、精确指挥。美军所提的"网络中心战",以及我军所提的"网络信息体系",其目标能否如愿实现,都与军事通信网络系统的成功构建密切相关。

5.1 军事通信概述

5.1.1 基本概念

1. 军事通信

通信是通过某种方法或手段,在不同位置、不同进程之间传递信息的过程。军事通信则随着战争的出现而发展,是为保障作战和其他军事任务,运用通信手段支撑信息存储、传输、处理和管理的活动。军事通信按业务分为话音通信、数据通信和图像通信等;按任务分为指挥通信、协同通信、报知通信、后勤通信、装备保障通信等;按层次分为战略通信、战役通信、战斗通信,按手段分为无线电通信、有线电通信、光通信、运动通信和简易信号通信等。

2. 军事通信网

通信网是由一系列设备、信道和规则(或协议)组成的有机系统,从而使得与之相连的用户终端设备之间可以有效进行信息交流。这种交流可以只在两点之间,即进行点到点通信,也可以在多点之间,即需要跨越多个节点进行通信,此时就需要交换设备进行信息转接。多个交换设备通过传输链路互联形成一定拓扑结构,从而构成通信网基本结构。如图 5-1 所示,通信网通常由用户终端、传输线路和交换设备构成。

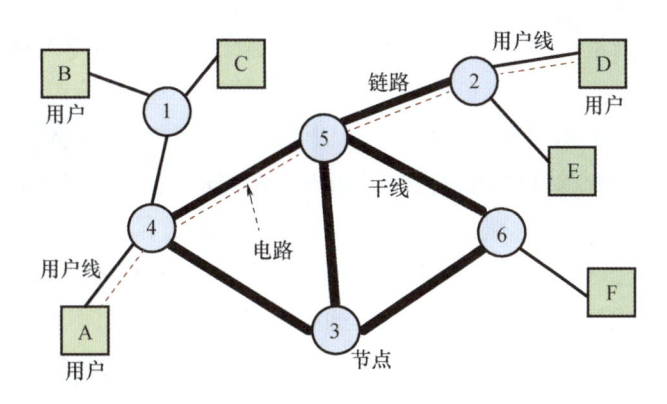

图 5-1 通信网一般结构

图中 A,B,C,…为用户终端,它们可以是电话机、电传机、数据终端、计算机等,1,2,3,…为交换设备,用户终端与交换设备之间以及交换设备与交换设备之间通过传输线路建立起来的连接,统称为链路。一般用户终端与交换设备之间的传输链路称为用户线,交换设备与交换设备之间的传输链路称为干线,用户终端与用户终端之间临时建立的传输链路称为电路。

军事通信网与一般通信网结构基本类似,是为保卫国家主权、领土完整,抵御外来武装侵略和颠覆而建立的通信网,军事通信网通常由军队自行建立或由军民合建,主要为军委、军兵种、作战部队和各类武器平台提供作战指挥和信息交互的通信保障。军事通信网覆盖全军,具有多手段、高可靠和灵活机动的信息传送能力,既包括军事通信干线网(军事通信公用网),也包括由各军兵种自建的专用通信网;既包括固定通信设施,也包括各种野战机动通信装备,其典型组成如图 5-2 所示。通常由战略通信网、战役/战术通信网、卫星通信系统、数据链系统等各级通信系统构成。

图 5-2 军事通信网一般结构

（1）战略通信网是一种大容量、多手段、高可靠和灵活机动的广域通信网络，它以固定通信装备和设施为基础，以机动通信装备和设施为补充，覆盖范围包括军队各级指挥机关、作战部队、通信枢纽和指挥所，是组织实施战略指挥通信的必备手段，是多军种共用的通信网。它是保障战略指挥控制的重要手段，同时也是战役战术通信网的依托。战略通信网的主要特点包括：覆盖范围广，能够覆盖大部分国土范围；抗毁能力强，具有天、空、地等多种通信手段。按其功能和作用可分为基本战略通信网和最低限度应急通信网两大类。基本战略通信网是国家军事通信网的核心网，通信容量大，服务种类多，能够支持话音、数据、视频、多媒体和军事专用业务等；最低限度应急通信网具备最低限度保障能力。

① 基本战略通信网，是指提供基本战略指挥能力的通信网，包含的网系从通信业务上分主要有军用电话网、军用数据网、军用保密电话网、军用 B-ISDN 等；从传输手段上分主要有军用光通信网、战略短波电台网和战略卫星通信系统。具体而言，典型的基本战略通信网在构成上主要分为核心网和机动网。核心网主要采用光纤和卫星通信方式构成广域网络，提供机动部分和固定用户之间的远程连接。固定用户内部采用局域网通信方式，并通过光纤、地面无线电或卫星通信链路与核心网接口。机动网包括战场上部署的各种机动通信系统，它们通过多个综合接入点接入核心网。移动部队用户通过无线电台和无线接入设备连接到机动网或核心网。此外，基本战略通信网还包括由多种军用和商用卫星通信系统组成的空间部分，为远距离机动作战部队和移动部队提供通信支持。

② 最低限度应急通信网，是指在遭到敌方高强度打击，特别是核武器袭击之后，常规通信手段均被敌干扰或摧毁以致通信中断的危急时刻，用以确保完成最基本任务的通信网。常用手段包括对流层散射通信、极高频卫星通信、对潜甚低频/超低频通信、机载指挥所通信、低频地波应急通信、流星余迹通信、地下通信等。

（2）战役/战术通信网，是指保障战役/战术作战指挥的通信网，主要由便携式或车载（机载、舰载）式通信设备组成。它综合运用野战光缆、短波、超短波、微波和卫星等通信手段构成覆盖整个作战区域的通信网络，是诸军兵种遂行战役/战术联合作战、保障信息传送与分发的基础通信平台。如图 5-3 所示，典型的战役/战术通信网有初级战术互联网、战术互联网、联合战术通信系统等，具体组成包括野战地域网、野战综合业务通信网、战术电台网、空中通信节点系统、卫星通信系统、数据链等。其中野战地域网和野战综合业务网虽技术体制不同，但都是一种能够快速在战场机动部署的骨干通信网络，主要使用微波、散射和卫星等无线通信装备和机动通信枢纽交换装备，具备大容量传输和节点交换能力。战术电台网则是一种支持运动通信"动中通"的移动通信网络，是战术用户接入网的重要组成。战役战术通信网还可通过数据链、空中通信节点、卫星通信系统延伸扩展保障范围，单兵通信系统则是战术通信网的末端系统。

3. **军事通信指挥**

军事通信指挥，是指分管信息保障的指挥员及其指挥机关对所属通信力量的通信保

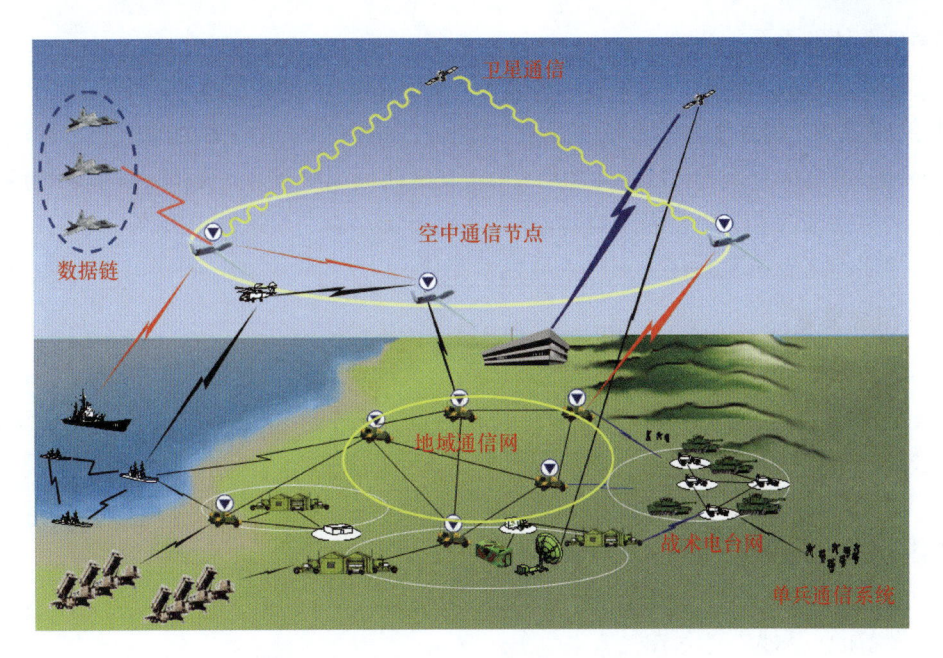

图 5-3　战役"1"战术通信网典型构成

障行动所进行的专业组织领导活动。军事通信指挥根据分类方法的不同可以分为不同规模、范围、类型、形式和样式的通信指挥。按作战规模和层次分为战略通信指挥、战役通信指挥和战术通信指挥。

1）战略通信指挥

战略通信指挥，是指最高通信指挥员及其指挥机构为执行战略通信任务所实施的组织领导活动，包括战略通信决策、协调、监督和控制战略通信力量作战行动。战略通信指挥是战略指挥的重要组成部分，贯穿于军事行动的全过程，是形成整体通信保障能力，完成战略通信任务的关键。

2）战役通信指挥

战役通信指挥，是指战役通信指挥员及其指挥机构为执行战役通信所实施的组织领导活动，是战役指挥的组成部分。战役通信指挥按军种，可分为陆军战役通信指挥、海军战役通信指挥、空军战役通信指挥和战略导弹部队战役通信指挥；按军队作战力量构成，可分为合同战役通信指挥和联合战役通信指挥。

3）战术通信指挥

战术通信指挥，是指为保障战术兵团作战指挥，而采用各种通信手段实施的组织领导活动，又称为战斗通信指挥。

5.1.2　军事通信系统

军事通信系统是指为完成军事通信保障任务而建立的通信联络系统，由通信装备、设施及通信人员（架设电话线的通信兵）构成，能够完成人和人、人和机器、机器和机器之间的通信。军事通信系统是以通信网络为支撑，保持军队指挥畅通的信息传输系统，是军队

303

指挥信息系统的重要组成部分。

通信系统和通信网是一个相近的概念,两者有时相互包容,复杂的通信系统中含有通信网,例如战略通信系统中有军用电话网、军用数据网,而复杂的通信网中也含有一些通信系统,例如军用电话网中有光纤通信系统、卫星通信系统等。一般来讲,军事通信网就是具有网状结构的军事通信系统,然而并不是所有的军事通信系统具有网状结构,比如部队临时构建指挥专向就是一个点对点通信系统等。

1. 组成要素

军事通信系统主要由终端设备、连接线路和交换设备组成,如图 5-4 所示。各种终端设备组成用户终端系统;连接线路组成各种信息传输系统;交换设备组成的信息交换系统。这三大子系统便是军事通信系统的 3 个基本组成要素。

终端设备一般置于用户处,故终端设备与交换设备间的连接线常被叫作"用户线",而将交换设备与交换设备间的连接线叫作"中继线"或"干线";由于交换设备承担用户终端设备的汇接及转接任务,在通信网络中是关键点,故在军事通信信息的结构图中,常将含交换设备的点称为"网络节点"。

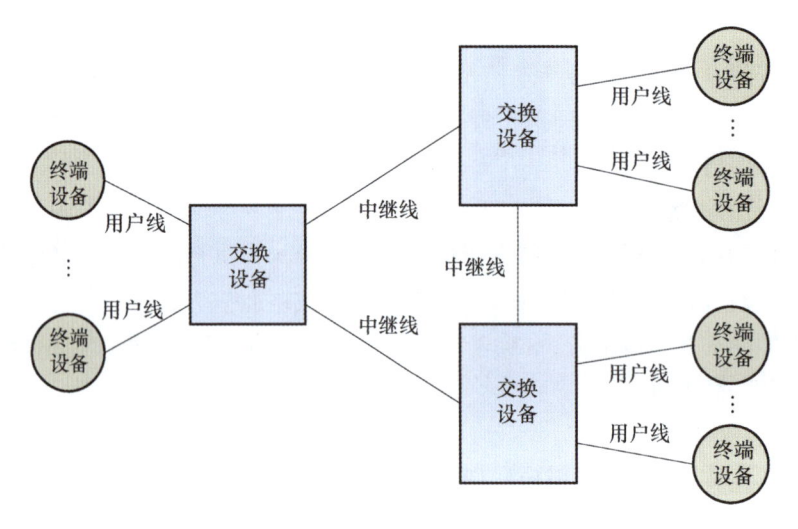

图 5-4 军事通信系统组成

1) 用户终端系统

用户终端系统由支持各种通信业务的终端设备组成,比如指挥所指控车、战斗分队单兵等。用户终端系统是通信网中的源点和终点,作为通信系统中的信源和信宿,它一般还包括部分信号变换和反变换装置。用户终端系统在发送时信息时,须将待传送的信息转换成能在信息传输系统中传送的信号;接收时,再将传输系统送来的信号还原成用户终端系统能够处理的信号。因此,信息转换装置是终端设备中的核心。终端设备也随传输信息类型不同而不同。例如,对应语音信息的终端设备有电话机;对应静止图像信息的终端设备有传真机;对应数据信息的终端设备有数据终端或计算机等。

2)信息传输系统

信息传输系统是网络节点的连接媒介,是信息和信号的传输通路。根据信息传输系统使用的传输媒介类型,可分为有线传输系统(军用被复线、架空明线等)和无线传输系统(超短波、微波等);根据信息传输系统中所传输的信号类型,可分为模拟传输系统及数字传输系统;根据信息传输系统中多路信息的复用方式,可分为频分复用传输系统及时分复用传输系统等。目前,军用通信网中常用的信息传输系统有载波传输系统、数字微波传输系统、数字光纤传输系统、卫星传输系统等。

3)信息交换系统

信息交换系统是军事通信系统的核心,它对接入交换节点的所有链路进行汇集、转接和分配。根据不同信息类别,对交换设备的要求也不尽相同。例如,对于语音信息,要求交换节点不允许对话音电流的传输产生时延,故需采用直接接续通话电路的电路交换方式;对于用于计算机通信的数据信息,由于数据终端或计算机终端可有各种不同速率,同时为了提高传输链路的利用率,可将接收的信息流进行存储,再转发至所需要的链路,即采用存储转发的交换方式。目前,军事通信网中使用较广泛的交换技术有电路交换、分组交换、帧中继等,宽带网中亦开始广泛使用异步传送模式(ATM)。

2. 系统结构

军事通信系统无论是战略通信系统,还是战役/战术通信系统,在物理空间上分布于陆基、海基、空基和天基,从应用上看,其系统结构往往可分为骨干网、接入网和用户网三个层面,如图 5-5 所示。

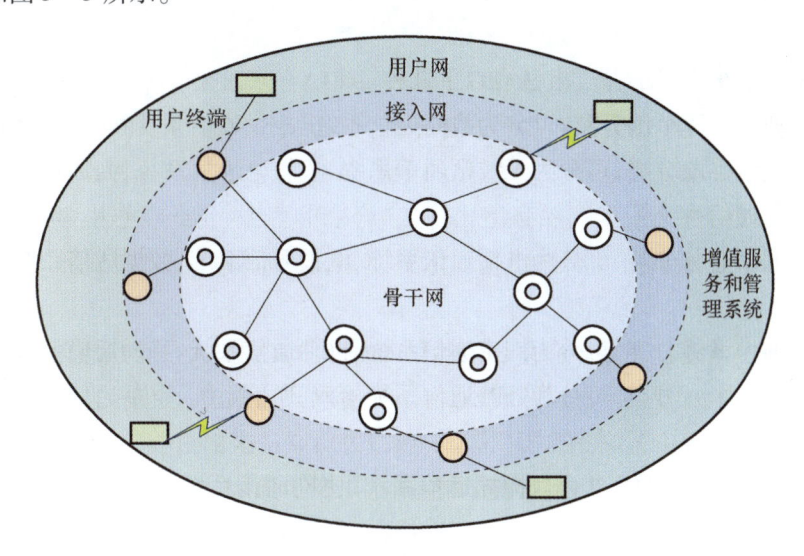

图 5-5 军事通信系统层次结构

图 5-5 中三层结构是相对,也就是说,不同级别的通信系统,其骨干网、接入网和用户网有所不同。例如,对于战略通信系统,其骨干网可以是陆基战略通信系统中的宽带综合业务通信网、自动电话网、全军数据网,也可以是天基的战略卫星通信系统、中继卫星系

统的网络,接入网是地面既设接入节点或空中卫星接入节点,应用网可以是各种战役/战术通信系统或战略通信系统中的其他网系。而对于战役通信系统,比如集团军联合战术通信系统,其骨干网是由干线节点车所构成的机动骨干网,接入网是由综合接入节点车构成的伴随或定点接入节点,用户网则是不同级的指挥所子网和分队战斗电台网。

在现代战争中,对军事通信系统的要求主要有以下几个方面。

(1) 通信速度。要求实现通信现代化,使通信的开设、接续、传递、转移与恢复都能高速运转,并能直接提供给用户使用;信息传递的速度要快,以保证情报和指挥信息的时效性。

(2) 通信容量。未来作战将是全方位、多层次、全时域的立体战,所以战场情报、部队指挥和相关信息的信息量巨大,要求通信网有足够大的通信容量和带宽。

(3) 协同通信能力。要求通信装备系列化、通用化,网络接口、通信规约标准化,使各军兵种的通信系统一体化,以保证互连互通。

(4) 保密性。军事通信要求有较强的保密性,通信手段应不易被截获、通信内容不易被破译。

(5) 可靠性。为了保证通信系统连续、不间断,通信系统的可靠性要高,要有冗余措施、迂回路由和备份通信手段。

(6) 抗毁性。现代战争中武器打击更快更精确,必须提高通信系统的顽存性,要有结构重组能力、机动能力和伪装能力。

(7) 抗干扰性。整个通信系统对战场复杂的电磁环境要有较强的适应性,具有较强的抗干扰能力,确保通信系统在复杂电磁环境中的安全运行。

3. 系统分类

军事通信系统常见的分类方法有以下几种。

(1) 按通信保障范围分类,可分为战略通信系统、战役通信系统和战术通信系统。

(2) 按通信手段分类,可分为无线电通信系统、有线电通信系统、光通信系统、运动通信系统和简易通信系统等。

(3) 按通信业务分类,可分为电话通信系统、电报通信系统、数据通信系统、多媒体通信系统等。

(4) 按通信设施分类,可分为固定通信系统、机动通信系统、移动通信系统等。

(5) 按空间平台分类,可分为陆基通信系统、海基通信系统、空基通信系统、天基通信系统等。

(6) 按通信任务分类,可分为指挥通信系统、协同通信系统、报知通信系统和后方通信系统。

(7) 按通信设备安装和设置方式分类,可分为固定通信枢纽、野战通信枢纽和干线通信枢纽。

(8) 按军兵种分类,可分为陆军通信系统、海军通信系统和空军通信系统等。而就某军种通信系统而言,还可作进一步细分,如空军通信系统又可分为平面通信系统、地－空通信系统和空中交通管制系统。

5.1.3 军事通信系统地位作用

在现代指挥信息系统中,军事通信系统支撑着军委联指、各战区联指、各作战部队、友邻部队、支援保障部队指挥所之间的指挥控制信息传递任务。它是指挥信息系统连接各种作战力量的"神经网络",是"战斗各要素之间的黏合剂",是现代作战部队形成体系作战能力的基石,图 5-6 表现出了军事通信系统的地位与作用。

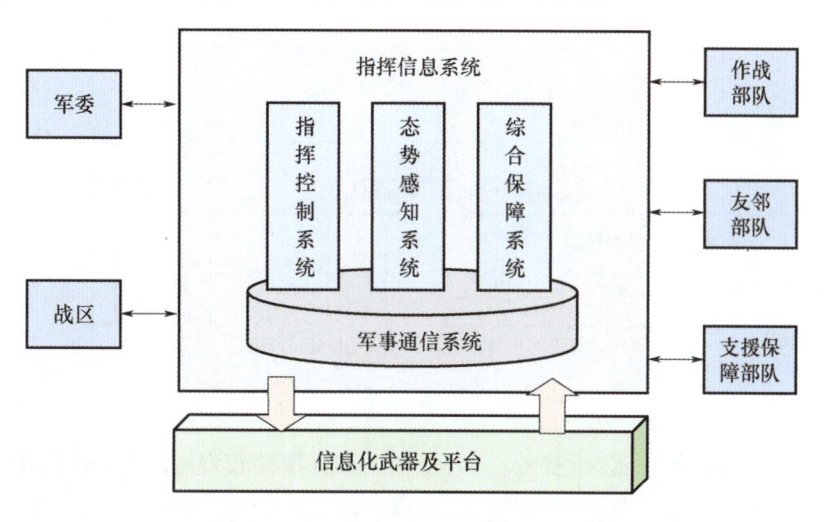

图 5-6 军事通信系统的地位与作用

5.2 军事通信技术

5.2.1 信道与频谱

在军事通信系统中,物理的传输链路通过传输技术可在逻辑上分成多条传输信道(以下简称信道),也就是说,一条传输链路可以包含多条逻辑信道。理解信道可以有两种角度:一种是将传输媒体和完成各种形式的信号变换功能的设备(如调制解调器)都包含在内,统称为广义信道。另一种是仅指传输媒体(如双绞线、电缆、光纤、短波、微波等)本身,这类信道称为狭义信道。本书采用狭义信道的概念。图 5-7 表示广义信道与狭义信道。

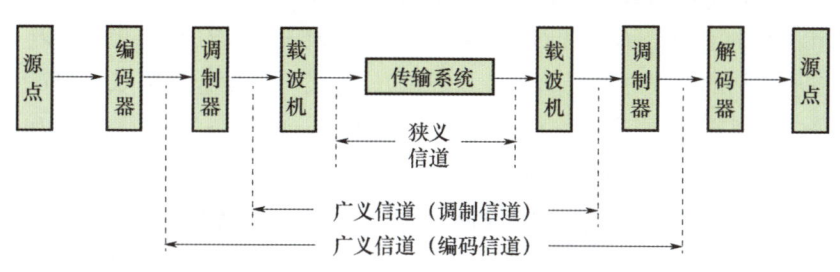

图 5-7 广义信道与狭义信道

按照电磁波在媒体中的传输方式,信道可以分为有线信道和无线信道。无论是有线信道,还是无线信道,其传输通信过程都离不开对电磁波的有效运用,图5-8表示应用于通信领域的电磁波频谱分布。

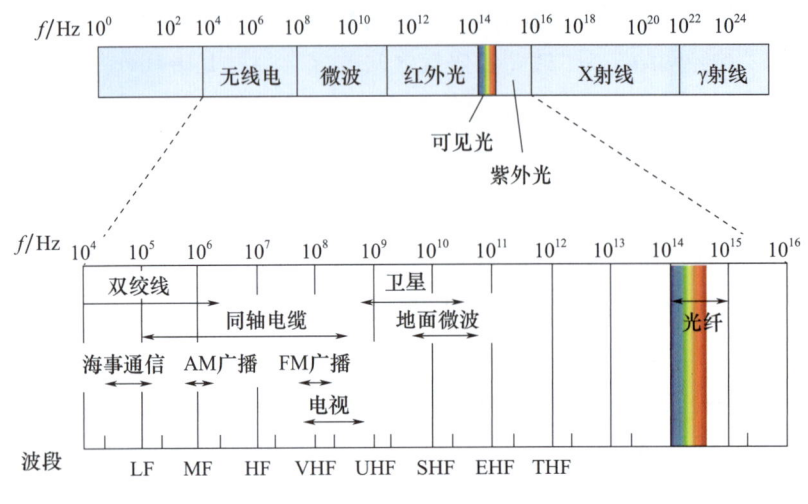

图5-8 应用于通信领域的电磁频谱分布

有线信道具有传输稳定、干扰较小、容量较大和保密性较强等优点,但需敷设线缆,并沿线建设增音站以补偿线路损耗,投资大、建设时间长。因此,如何扩大系统容量、提高线路利用率和降低每个话路的成本,是有线通信研究的重要问题。目前,军事通信中常用的有线传输包括双绞线、同轴电缆、被复线和光缆等。

5.2.2 有线传输

1. 双绞线通信

双绞线是由两根具有绝缘保护层的铜导线按一定密度互相绞缠在一起形成的线对构成的。双绞线的缠绕密度、扭绞方向和绝缘材料,直接影响它的特性阻抗、衰减和近端串扰。常用的双绞电缆内含4对双绞线,按一定密度反时针互相扭绞在一起,其外部包裹着金属层或塑料外皮,起着屏蔽作用。双绞线的带宽取决于铜线的直径和传输距离。双绞线不仅用于电话网的用户线,也常用于室内通信网的综合布线。

双绞电缆按其外部是否包裹有金属层和塑料橡胶外皮,分为无屏蔽双绞(Unshielded Twisted Pair,UTP)电缆(图5-9(a))和屏蔽双绞电缆(图5-9(b)~图5-9(d)),屏蔽双绞电缆按所增加的金属屏蔽层的数量和绕包方式,又可分为金属箔双绞(Foiled Twisted Pair,FTP)电缆、屏蔽金属箔双绞(Shielded Foiled Twisted Pair,SFTP)电缆和屏蔽双绞(Shielded Twisted Pair,STP)电缆3种。

1995年美国电子工业协会公布了EIA-568-A标准,将无屏蔽双绞电缆分为3类、4类和5类三大类。常用的是3类和5类UTP。此后,又出现了5类增强型、6类以及7类双绞电缆,它们的带宽各不相同。表5-1列出了常用双绞线的应用情况。

(a) UTP

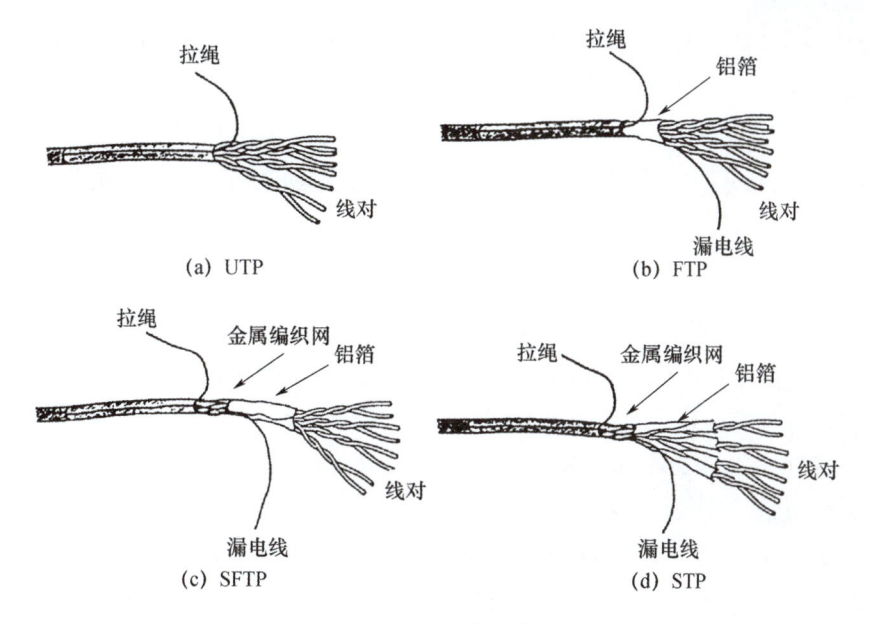

(b) FTP

(c) SFTP

(d) STP

图 5-9　双绞电缆

表 5-1　常用双绞线的应用情况

类型	带宽/MHz	典型应用
3 类	16	低速网络,如模拟电话网
4 类	20	短距离的以太网,如 10BASE-T
5 类	100	10BASE-T 以太网,某些 100BASE-T 快速以太网
超 5 类	100	100BASE-T 快速以太网,某些 1000BASE-T 吉比以太网
6 类	250	1000BASE-T 吉比以太网
7 类	600	可用于 10 吉比以太网

2. 同轴电缆通信

同轴电缆由若干根同轴管组成,同轴管由一个金属圆管(外导体)及一根位于金属圆管中心的导线(内导体)所构成。内导体采用半硬铜线,外导体采用软铜带或铝带纵包而成。内外导体间用绝缘材料介质填充。在实际应用中,同轴管的外导体是接地的,起到屏蔽作用,外来的电磁干扰和同轴管间的相互串扰减弱到可忽略的程度。单根同轴电缆的基本结构如图 5-10 所示。

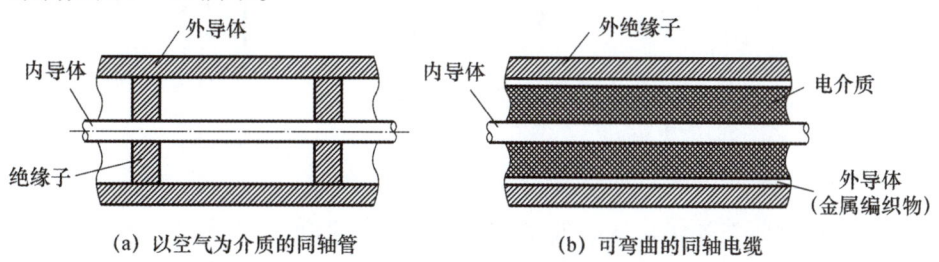

(a) 以空气为介质的同轴管

(b) 可弯曲的同轴电缆

图 5-10　单根同轴电缆的基本结构

309

根据内、外导体半径的不同,同轴电缆可分为中同轴(2.6/9.5mm)、小同轴(1.2/4.4mm)及微同轴(0.7/2.9mm)等标准规格。同轴电缆还可按其特性阻抗的不同,分为两类:一类是 50Ω 同轴电缆(又称基带同轴电缆),用于传送基带信号,其距离可达 1km,传输速率为 10Mb/s;另一类是 75Ω 同轴电缆(又称宽带同轴电缆),它可作为有线电视的标准传输电缆,其上传送的是频分复用的宽带信号。

3. 被复线通信

野战被复线是由钢丝或尼龙和铜丝绞合而成的电信号传输线,包括了线芯与外包绝缘层,主要用于向用户提供传送电话的业务。由于其坚固耐用在部队得到广泛使用,为充分利用这些资源,满足用户对高速数据、视频业务日益增长的传输需求,现主要采用高速率数字用户线(High Digital Subscriber Line,HDSL)和不对称数字用户线(Asymmetric Digital Subscriber Line,ADSL)技术解决高速率数字信号在被复线上的传输问题。

HDSL 是在 2 对用户线上,利用 2B1Q 等编码技术,高速自适应数字及信号处理器来均衡全部频段上的线路损耗,消除杂音及串话,借助于每对线上的回波消除器和混合线圈设备,将 2 对全双工铜线并用而得到基群速率(2Mb/s)的宽带电路。如图 5-11 所示,HDSL 系统由 2 台分别安装在接入节点和用户终端处的 HDSL 设备(即收发信机)及 2 对(或 3 对)被复线构成。

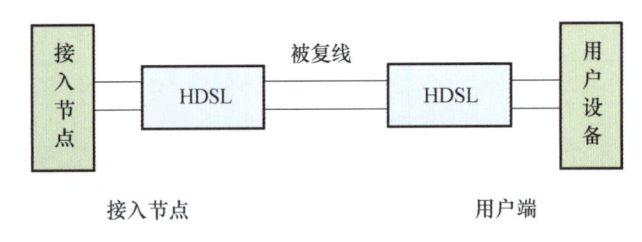

图 5-11　HDSL 系统构成

ADSL 技术可以在 1 对普通电话线上传送电话业务,同时向终端用户单向提供 1.5~6Mb/s 速率的业务,并带有反向低速数字控制信道,ADSL 的不对称结构避免了 HDSL 方式的近端串音,从而延长了用户线的通信距离。与 HDSL 相似,ADSL 系统是在 1 对普通双绞线对两端各加装一个 ADSL 收发信机而构成,如图 5-12 所示。

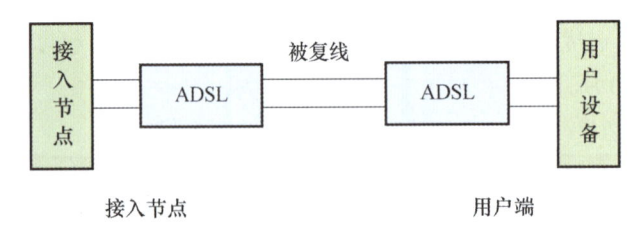

图 5-12　ADSL 系统构成

在 ADSL 系统中,收发信机从每对铜线中辟出 3 个通道,如图 5-13 所示,即高速下行信道、窄带上行信道和普通电话业务信道。普通电话业务占据基带,并通过无源滤波器等器件与数字数据信号分开,保证在 ADSL 系统出现故障时仍能正常传送电话业务;一条窄的上行频带能在各种配置的条件下传输数字数据,总速率可达 384kb/s;下行通道占据其余带宽,是 ADSL 双向信道的下行部分,最大传输速率可达 6Mb/s。

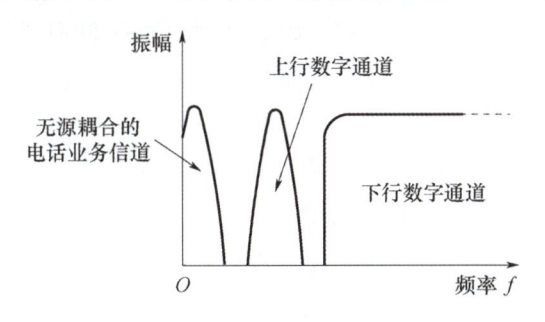

图 5-13　ADSL 频谱

4. 光纤通信

光导纤维(简称光纤)是一种新型的光波导,其结构一般是双层或多层的同心圆柱体,由纤芯、包层和护套组成,如图 5-14 所示。纤芯的直径为 2~120 μm,主要成分是高纯度的石英(SiO_2)。包层也由石英制成,但掺入了极少量的掺杂剂,起到提高纤芯折射率的作用。护套由塑料或其他物质构成,用来保护其内部。

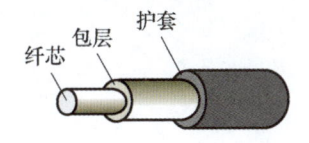

图 5-14　光纤的结构

图 5-15 表示光线在纤芯中的传播情况。由于纤芯的折射率 n_1 大于包层的折射率 n_2,当光线到达纤芯与包层的界面时,将使其折射角 φ_2 大于入射角 φ_1。如果入射角足够大,就会出现全反射,使得光线又重新折回纤芯,并不断向前传播。

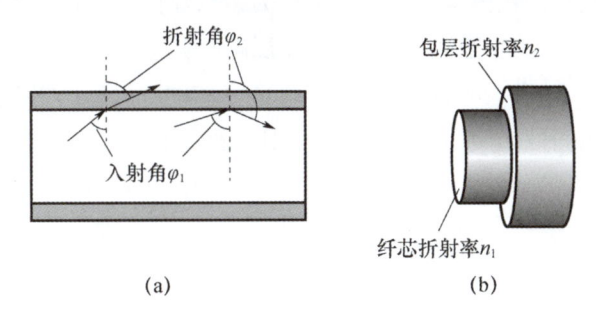

图 5-15　光线在纤芯中的传播

影响光纤传输质量的因素是光纤的损耗特性和频带特性。光纤损耗可简单地分为固有损耗和非固有损耗两大类。固有损耗是指由光纤材料的性质和微观结构引起的吸收损耗和瑞利散射损耗。非固有损耗是指杂质吸收、结构不规则引起的散射和弯曲辐射损耗等。从原理上讲,固有损耗不可克服,它决定了光纤损耗的极限值。而非固有损耗可以通过完善制造技术和工艺,得到改进或消除。光纤的总损耗是各种因素影响之总和。表示光纤损耗与波长的关系。

图 5-16 中,在波长 0.8~1.8 μm 范围内,出现 3 个较低损耗的波段区域,它们常被用作光纤通信的工作波段,称为"窗口"。常用的窗口波长为 0.85 μm、1.3 μm 和 1.55 μm。

光纤通信是现代通信网的主要传输手段,容量大、抗干扰性能好,在军事通信领域已得到广泛的应用,如干线传输、局域网引接等。

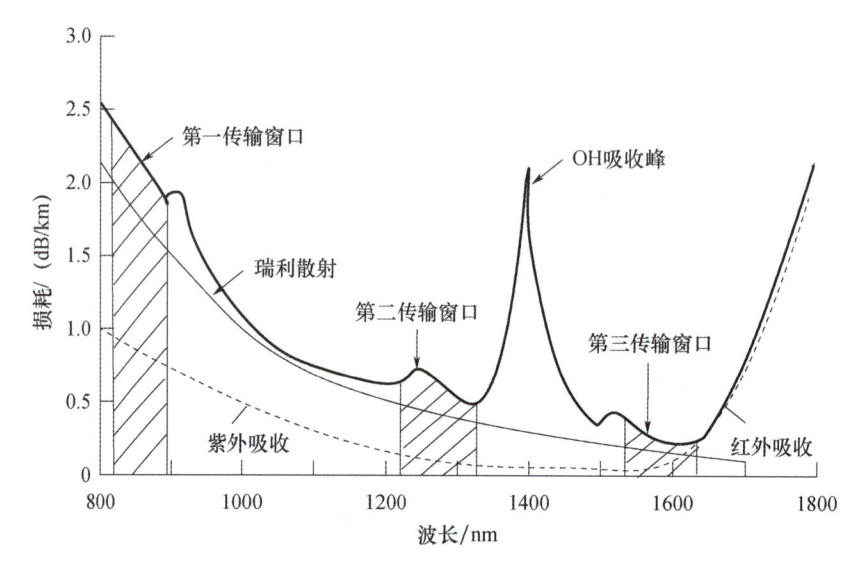

图 5-16 光纤损耗与波长的关系

5.2.3 无线传输

无线传输信道是利用包围地球的大气层作为传输媒体的信道。大气层按其结构和物理特性沿垂直高度的分布和变化,可分为对流层(从地表到约 12km 高处之间)、平流层(离地表约 10~60km 高处)、电离层(离地表约 60~2000km 高处)和磁层(离地表约 2000 到数万或数十万千米高处)。无线电信道频段划分及主要业务表如表 5-2 所列。

表 5-2 无线电信道频段划分及主要业务

频率范围	频段名称	波段名称	传播方式	典型应用
3~30Hz	极低频(ELF)	极长波	地波	
30~300Hz	超低频(SLF)	超长波	地波	水下通信
300~3000Hz	特低频(ULF)	特长波	地波	
3~30kHz	甚低频(VLF)	甚长波	地波	水下通信、导航
30~300kHz	低频(LF)	长波	地波	导航、海上通信、广播

（续）

频率范围	频段名称	波段名称	传播方式	典型应用
300~3000kHz	中频(MF)	中波	地波、天波	港口广播、调幅广播
3~30MHz	高频(HF)	短波	天波	国际广播、军用、无线电业余爱好者、飞机和船只通信、电话、电报、传真
30~300MHz	甚高频(VHF)	超短波	视距直线	电视、调频立体声广播、调幅飞机通信、飞机导航
0.3~3GHz	特高频(UHF)	分米波	视距直线	电视、飞机导航、雷达、微波接力、个人通信
3~30GHz	超高频(SHF)	厘米波	视距直线	微波接力、卫星通信
30~300GHz	极高频(EHF)	毫米波	视距直线	雷达、卫星通信、科学试验
300~3000GHz	至高频(THF)	亚毫米波	视距直线	

目前用于军事通信的主要有长波通信、短波通信、超短波通信、微波通信、卫星通信、散射通信和光通信。

1. 电台通信

电台通信是利用长波、短波和超短波无线电台进行的通信。根据波(频率)不同，分为长波电台、短波电台和超短波电台。由于无线电台通信设备简单、组织灵活和便于部队机动过程中通信，因而在军事通信领域得到长期的、广泛的应用，成为各国军队野战通信的主要传输手段。

1) 长波通信

长波通信使用的电磁波长为10000~1000m(或频率为30~300KHz)。长波电台通信以地波及天波的形式传播。在一定范围内，以地波传播为主(图5-17)，当通信距离大于地波的最大传播距离时，则靠天波来传播信号，通信距离可达数千千米。波长越长，传输衰减越小，穿透海水和土壤的能力也越强，但相应的大气噪声也越大。由于长波的波长很长，地面的凹凸与其他参数的变化对长波传播的影响可以忽略。在通信距离小于300km时，到达接收点的电波，基本上是地波。长波穿入电离层的深度很浅，受电离层变化的影响也很小，电离层对长波的吸收不大，因而长波的传播比较稳定。虽然长波通信在接收点的场强相当稳定，但它也有缺点：①由于表面波衰减慢，发射台发出的表面波对其他接收台干扰很强烈；②天电干扰对长波的接收影响严重，特别是在雷雨较多的夏季；③需要有大功率发信设备及庞大的天线系统，造价高；④通频带窄，不适于多路和快速通信。

长波通信在军事上主要用于潜艇通信、地下通信和远洋通信和导航等，也可用作防电离层骚扰的备用通信手段。随着导弹、核武器的发展，导致越来越多的军事设施转入地下，长波地下通信将是保障地下指挥所和坑道间应急通信的重要手段。

2) 短波通信

短波通信使用的电磁波长为100~10m(或频率为3~30MHz)，实用短波电台通信波长范围已被扩展为1.5~30MHz。短波既可沿地球表面以地波形式传播，也能以天波的形

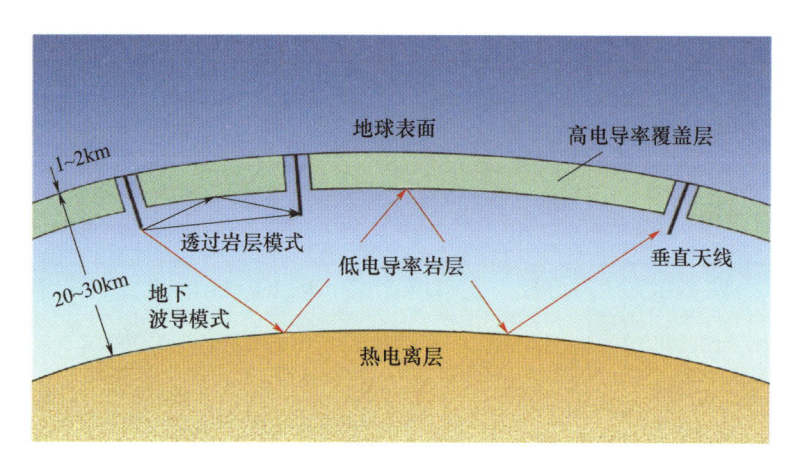

图 5-17　长波地波通信示意图

式靠电离层反射传播,如图 5-18 所示。这两种传播形式都具有各自的频率范围和传播距离,只要选用合适的通信设备,就可以获得满意的收信效果。当短波通信以地波形式进行时,其工作频率范围为 1.5~5MHz。陆地对地波衰减很大,其衰减程度随频率升高而增大,一般只在离天线较近的范围内才能可靠地收信。海水对地波衰减较小,沿海面传播的距离要比陆地传播距离远得多。短波在距离超过 200km 时,主要靠天波传播,借助于电离层的一次或多次反射,达到远距离(几千千米乃至上万千米)通信的目的。在地波与天波的有效作用距离之间(几十千米至上万千米)的区域内,短波信号很弱,称为短波通信的寂静区。

短波通信主要是依靠电离层反射来实现,而电离层又随季节、昼夜,以及太阳活动的情况而变化,所以短波通信不及其他通信方式稳定可靠。正确选择短波通信的工作频率非常重要。在一定的电离层条件下,存在一个最高可用频率 MUF。考虑到电离层结构随时间的变化,为保证获得长期稳定的接收,在选择短波工作频率时,不能取预报的 MUF 值,而是取低于 MUF 的最佳工作频率 FOT,通常选取 FOT = 0.85MUF。

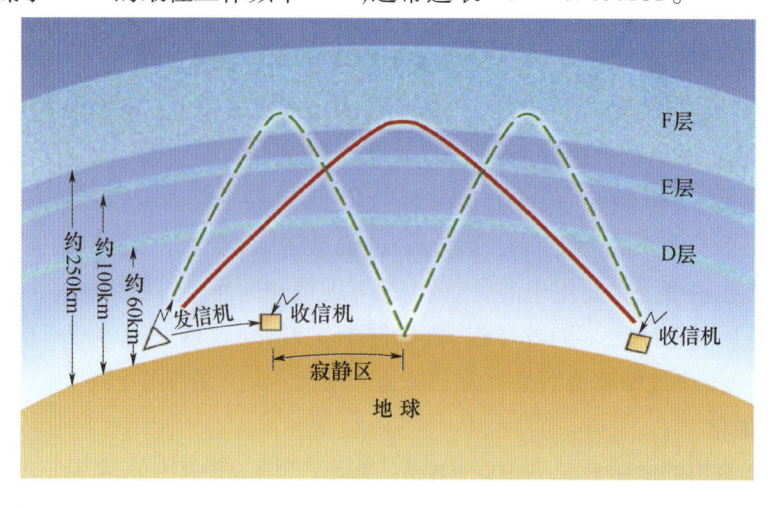

图 5-18　短波通信示意图

短波电波通过若干条路径或者不同的传播模式由发信点到达收信点,这种现象称为多径传播。不同路径的时延差称为多径时散,它与路径长度、工作频率、昼夜、季节等因素有关。多径时散对数据通信的影响主要体现在码间干扰上。通常为了保证传输质量,短波通信往往限制数据传输速率。若要进行高速数据传输,则应采取多径并发等措施。图 5-19 表示引起多径时散的主要因素,它们是:①电波由电离层一次反射或多次反射;②电离层反射区的高度不同;③地球磁场引起的寻常波与非寻常波;④电离层的不均匀性引起的漫射现象。其中,以第一种因素造成的多径时延差为最大,可达数毫秒。

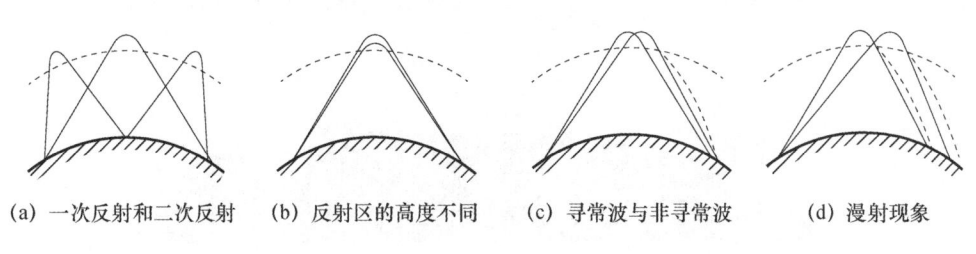

(a) 一次反射和二次反射　　(b) 反射区的高度不同　　(c) 寻常波与非寻常波　　(d) 漫射现象

图 5-19　引起多径时散的几种主要因素

在短波通信过程中,收信电平出现忽高忽低随机变化的现象,称为"衰落"。衰落可按其成因分为 3 种:①由多径传播引起的干涉衰落;②由电离层的吸收损耗所引起的吸收衰落;③由电离层反射电波引起信号相位起伏不定的极化衰落。

与其他通信方式相比,短波通信有着许多明显的优点:①短波通信不需要建立中继站即可实现远距离通信,因而建设和维护费用低,建设周期短;②设备简单,既可根据使用要求,进行定点固定通信,也可以背负或装入车辆、舰船、飞行器中进行移动通信;③组网方便、迅速,具有很大的使用灵活性;④对自然灾害或战争的抗毁能力强,通信设备体积小,容易隐蔽,便于改变工作频率以躲避敌人干扰和窃听,破坏后容易恢复;⑤与卫星通信相比,运行成本低。但是,短波通信也存在着明显的缺点:①可供使用的频段窄,通信容量小;②短波的天波信道是变参信道,信号传输稳定性低,通信质量差;③无法抵御窃听,以及受大气和工业无线电噪声干扰严重,因此它的可靠性低。为克服这些缺点,短波通信采用了许多新的技术,如实时信道估值技术、分集接收技术、现代调制技术、跳频技术和各种自适应技术等,可提高短波通信抗干扰、抗衰落的能力,以适应高速数据通信业务的需求。

使用短波进行远距离通信时,仅需要不大的发射功率和适中的设备费用,通信建立迅速,便于机动,且具有抗毁性强的中继系统(指电离层),因而它在军事通信和移动通信方面仍有着十分重要的实用价值,是军用无线电通信的主要方式之一。

3) 超短波通信

超短波(又称"米波")通信使用的电磁波长为 10～1m(或频率为 30～300MHz)。超短波在传输特性上与短波有很大差别。由于频率较高,发射的天波一般将穿透电离层射向太空,而不能被电离层反射回地面,所以主要依靠空间直射波传播(只有有限的绕射能力),如图 5-20 所示。超短波用于超视距通信时有超短波接力通信、超短波散射通信和流星余迹通信。如同光线一样,超短波传播的距离不仅受视距的限制,还要受高山和高大

315

建筑物的影响。如架设几百米高的电视塔,服务半径最大也只能达150km。要想传播得更远,就必须依靠中继站转发。超短波的波长较短,收发天线尺寸可以做得较小。在短距离通信时,只需要配备很小的通信设备,因此广泛应用于移动通信方式。

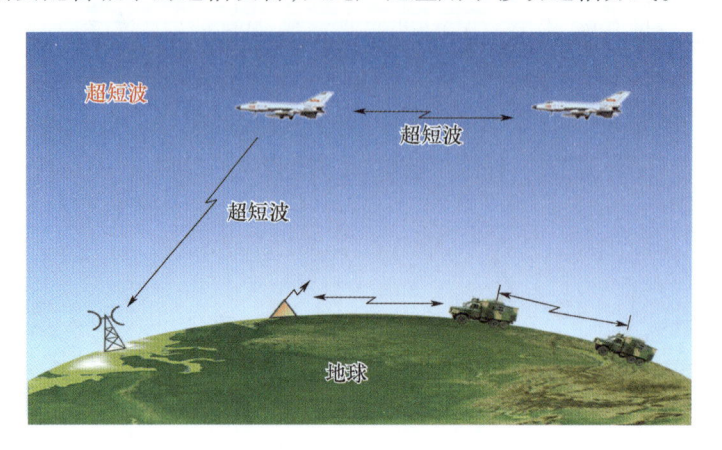

图 5-20 超短波通信示意图

超短波通信的特点是:①利用视距传播方式,比短波天波传播方式稳定性高,受季节和昼夜变化的影响小;②天线可用尺寸小、结构简单、增益较高的定向天线,发射机功率较小;③频率较高,频带较宽,能用于多路通信;④调制方式通常用调频制,可以得到较高的信噪比,通信质量比短波好。

由于频带较宽,通信容量大,比较稳定,因而被广泛应用于传送电视、调频广播、雷达、导航、移动通信等业务,主要适用于步兵团以下部队的近距离通信。

2. 微波通信

微波是指波长为1m~1mm(或频率为300MHz~300GHz)的电磁波,是分米波、厘米波、毫米波和亚毫米波的统称,通常也称为"超高频电磁波"。微波通信的主要方式有接力通信、对流层散射通信和卫星通信。微波接力通信由于受地球曲面的影响以及空间传输的损耗,一般每隔50km就需要设置中继站,将电波放大转发而延伸。图5-21为地面微波接力通信的示意图。微波对流层散射通信的单跳距离为100~500km,跨越距离远,信道不受核爆炸的影响,在军事通信中受到广泛重视。此外,各种车、舰及机载移动式或可搬移式微波通信系统也是通信网的重要组成部分,适用于战术通信,亦可用于救灾或战时快速抢通被毁的通信线路、开通新的通信干线或建立地域通信网等。

由于微波的频率极高,波长又很短,其空中的传播特性与光波相近,可进行直线传播。当遇到障碍物时,微波会产生反射、绕射或阻断,因此微波通信的主要方式是视距通信,超过视距则需进行中继转发。自然环境对微波通信有着很大的影响。地形对微波传播带来的影响主要表现在电波的反射、绕射和地面散射等方面。对流层对电波传播的影响,主要表现在电波受大气折射后其传播轨迹可能发生变化,气体分子对电波的吸收衰耗、雨雾水滴对电波引起的散射衰耗,多径传播引起的干涉型衰耗,以及对流层结构的不均匀(俗称大气湍流)使电波产生的折射、反射、散射等现象,其中尤以大气折

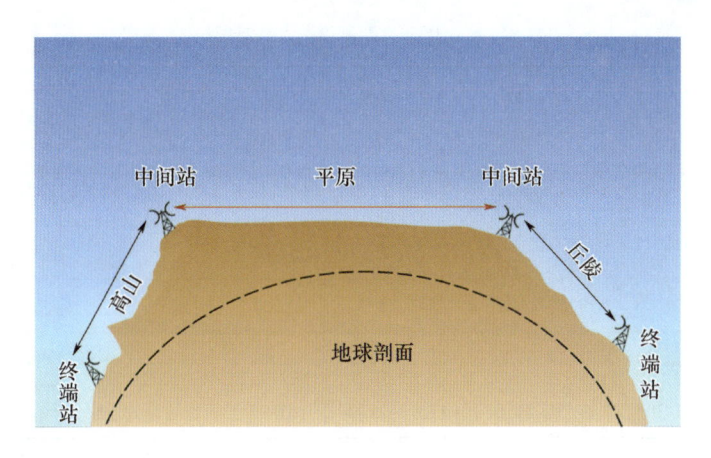

图 5-21 微波接力通信示意图

射的影响最为显著。

微波通信具有频段宽、容量大、质量高、抗干扰能力强等优点,可实现点对点、一点对多点或广播等形式的通信联络。微波通信存在主要问题是:①中继站选点比较复杂,如站址选择在山顶上,对施工、维护都会带来不便;②易受自然环境(包括地形、对流层和气候条件等)的影响;③属于暴露式通信,容易被人截获窃听,通信保密性差。

3. 卫星通信

卫星通信利用人造地球卫星作为中继站来转发或反射无线电信号,在两个或多个地球站之间进行通信,如图 5-22 所示。由于它采用的仍是微波波段,俗称卫星微波。一般来说,选用卫星通信的工作频段必须考虑下列因素:①电波应能穿越电离层,且尽可能地减少传播损耗和外加噪声;②应有较宽的频带,以便增大通信容量;③尽量避免与其他通信业务产生干扰。因此,卫星通信的工作频段应选择在电波能穿越电离层的特高频或微波频段,它的最佳频段范围为 1~10GHz。表 5-3 所列为卫星用户的工作频段。

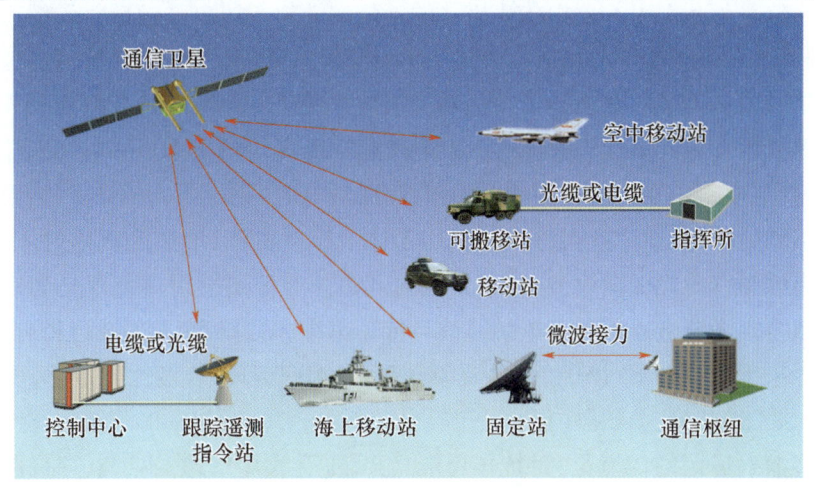

图 5-22 卫星通信示意图

表 5-3　ITU-T 为卫星用户分配的工作频段

频段	工作频率/GHz	上行链路/GHz	下行链路/GHz	带宽/MHz	存在问题
UHF	(L)1.5/1.6	1.6	1.5	15	频段窄,拥挤
SHF	(S)2/4	2.2	1.9	70	频段窄,拥挤
	(C)4/6	5.925~6.425	3.7~4.2	500	地面干扰
	(Ku)11,2/14	14~14.5	11.7~12.2	500	受雨水影响
	(Ka)20/30	27.5~31.0	17.7~21.2	3500	受雨水影响,设备成本高

卫星通信的特点是:①覆盖区域大,通信距离远;②频段宽、容量大;③组网机动灵活,不受地理条件的限制;④通信质量好,可靠性高;⑤通信成本与距离无关。

卫星通信存在的不足主要有:①传播距离远,时延长;②传播损耗大,受大气层的影响大;③存在"回声"效应和通信盲区;④卫星通信信号易被敌方截获,也易遭受敌方的电磁干扰;⑤卫星中继系统可能发生故障或被摧毁,这是卫星通信不能取代短波通信的原因所在。

军用卫星通信网一般利用军用通信卫星或租用民用通信卫星线路。目前,甚小孔径地球站(Very Small Aperture Terminal,VSAT)已在民用和军事等部门及边远地区通信中得到广泛的应用。这种站采用口径很小的天线(一般为 0.3~2.4m),消耗功率在 1W 左右,上行链路速率可达 19.2kb/s,下行链路速率通常超过 512kb/s。VSAT 系统综合了诸如分组信息传输与交换、多址协议以及频谱扩展等先进技术,可以进行数据、语音、视频图像、图文传真等多种信息的传输。

4. 散射通信

散射通信是指利用大气层中传输媒体的不均匀性对无线电波的散射作用进行的超视距通信,如图 5-23 所示。散射通信一般分为对流层散射通信、电离层散射通信和流星余迹突发通信。通常所说的散射通信是指对流层散射通信。对流层是从地面到十几千米高空的大气层。由于在对流层中存在着大量随机运动的不均匀介质——空气涡流、云团等,它们的温度、湿度和压强等与周围空气不同,因而对电波的折射率也不同。当无线电波照射到这些不均匀的介质时,就在每一个不均匀体上感应电流,形成二次辐射体,从而向各个方向发出该频率的二次辐射波,这就是散射现象。对流层散射通信就是利用这种现象而实现的超视距无线电通信。其单跳通信与传输速率、发射功率及天线口径有关,跨距可达几百至上千千米。由于对流层散射现象在 200~8000MHz 频段比较显著,所以对流层散射通信主要工作在这个频段内。

对流层散射通信的优点是:①抗核爆能力强,不受太阳耀斑的影响,这是散射通信突出特点;②通信保密性好,散射通信采用方向性很强的抛物面天线,空间电波不易被截获,也不易被干扰;③通频带较宽,通信容量大,对流层散射通信的通信容量比视距微波通信

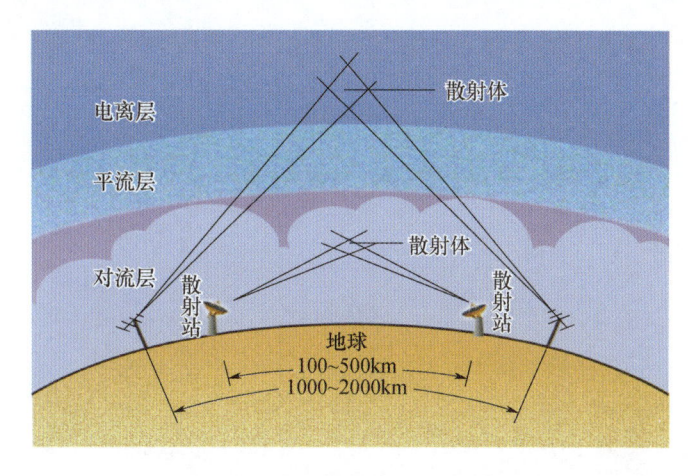

图 5 -23　散射通信示意图

小,但比卫星通信和短波大;④通信距离较远,单跳距离一般约 300km,多跳转接可达数千千米;⑤机动性好,对于高山、峡谷地、中小山区、丛林、沙漠、沼泽地、岸-岛等中间不适宜建微波接力站地段,可使用移动散射通信设备进行通信,设备的架设和撤收都很快,可快速地将设备移动到指定位置。对流层通信的不足之处是:①传输损耗大,且随着通信距离的增加而剧增,因而要用大功率的发射机、高灵敏的接收机及庞大的高增益、窄波束天线,故耗资大;②散射信号有较深的快衰落,其电平还受散射体内温度、湿度和气压等的影响,且有明显的季节和昼夜的变化。

对流层散射通信具有建站快、抗毁性强、机动性好、适应复杂地形能力强等特点,是其他通信手段无法取代的。在军事应用方面,对流层散射通信主要用于建立战略、战役通信干线。另外,在远程预警网中应用甚广。在战术网中,对流层散射通信主要用于建设三军联合战术通信网和保障战区的指挥通信网。

受篇幅限制,这里不再介绍电离层散射通信和流星余迹突发通信,请参阅相关书籍。

5. 光通信

光通信是一种以光波为传输媒体的通信。光波和无线电波同属电磁波,但光波的频率比无线电波的频率高,波长比无线电波的波长短。因此,它具有传输频带宽、通信容量大和抗电磁干扰能力强等优点。光波的电磁频谱分布如图 5 – 24 所示。

目前,光通信有以下 3 种分类:

(1)按照光源特性的不同,分为激光通信和非激光通信。激光是由激光器产生的具有很强方向性(即在传播过程中光束的发散性很小)的一种相干光。激光通信就是利用强方向性的激光来传输数据信息的。非激光通信是利用普通光源(非激光)传输信息的,如灯光通信。利用发光二极管作为光源的光纤通信亦属非激光通信。

(2)按照传输媒体的不同,分为有线光通信和无线光通信。有线光通信就是光纤通信,而无线光通信也称大气激光通信。以大气为传输媒体的大气激光通信不需敷设线路,设备较轻,便于机动,保密性好,传输信息量大,可传输声音、数据、图像等信息。但易受气

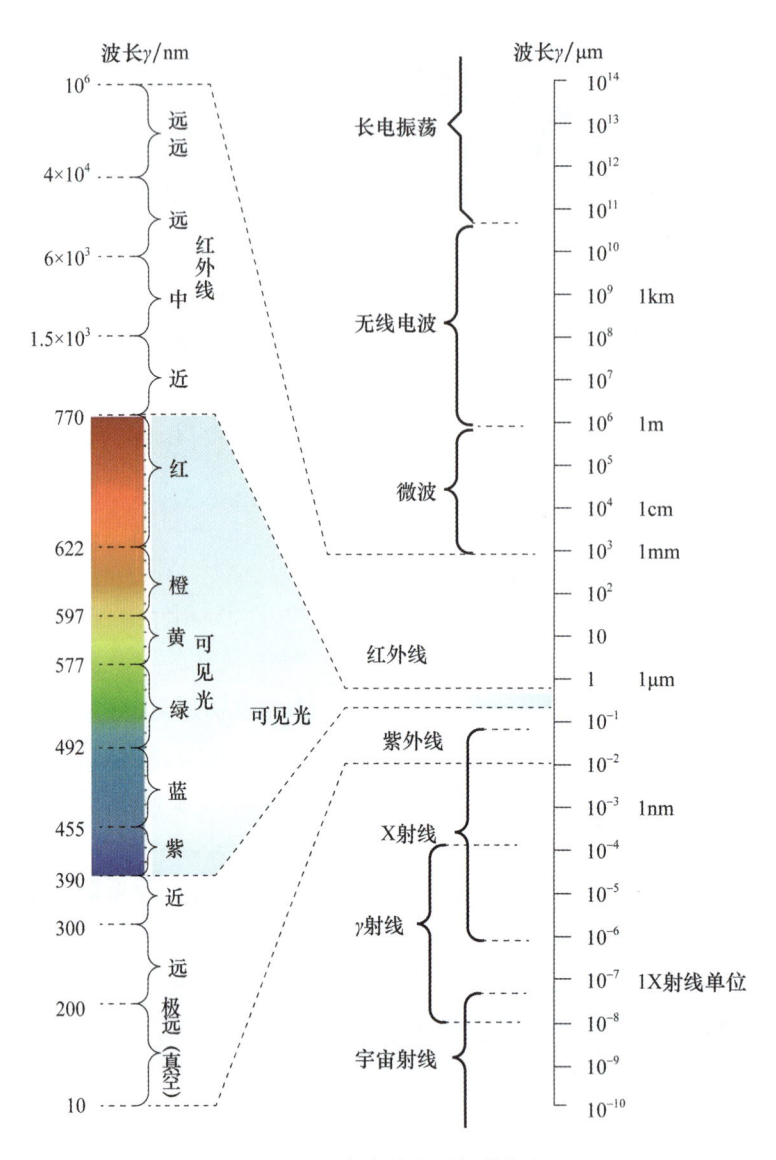

图 5-24 光波的电磁频谱分布

候及外界环境的影响,适用于地面近距离通信(如河湖山谷、沙漠地区及海岛之间)和通过卫星中继的全球通信。大气层外的激光通信称为空间激光通信,其优点是传输损耗和湍流影响小、传输距离远、通信质量高。

(3) 按照光波波长的不同,光波通信分为可见光通信、红外线(光)通信和紫外线(光)通信。红外线光和紫外线光属于不可见光,它们同可见光一样都可用来传输信息。可见光通信是利用可见光传输信息的。早期的可见光通信采用普通光源,如火光通信、灯光通信、信号弹等。由于可见光光源散发角大,通信距离近,只可做视距内的辅助通信。近代的可见光通信有氦氖激光通信和蓝绿激光通信等。红外线通信和紫外线通信均属于非激光通信。此类通信所用的设备结构简单、体积小、重量轻、价格低,但在大气中传输时易受气候影响,仅适用于沿海岛屿间的辅助通信。红外线通信还可用作近距离遥控、室内

无线局域网、飞机内广播和航天飞机宇航员间的通信等。

5.2.4 信息交换

军事通信系统的传输与交换部分构成了通信网络。交换是通过交换设备在通信网大量的终端用户之间,根据用户呼叫请求建立连接,相互传送话音、数据和图像等信息。任何一个主叫用户的信息,都可以通过通信网中的交换设备和传输设备发送到任何一个或多个被叫用户。交换技术的发展大致经历了人工交换、机电交换(步进制、纵横制)和电子交换(程控数字交换、分组交换及宽带交换)等阶段。交换方式主要有电路交换、分组交换和宽带交换。

1. 电路交换

电路交换概念始于电话交换。传统电话网由传输电路、交换机和电话机组成。网络节点电话交换机用来完成对主叫、被叫用户之间传输链路的选择和连接。一次长途电话呼叫建立一般需要经过发端局、转接局(汇接局)和收端局。交换机的作用是在主叫和被叫用户通话前根据信令将传输链路逐段连接起来,从而形成主叫至被叫的物理电路(一对实线、一个时隙或频段),通话结束时再拆除该物理电路。这种交换方式称为电路交换方式,电路交换可分为模拟电路交换和数字电路交换(简称数字交换),图5-25显示的数字电路交换网络,但模拟电话通过模数转换也可进入数字交换。

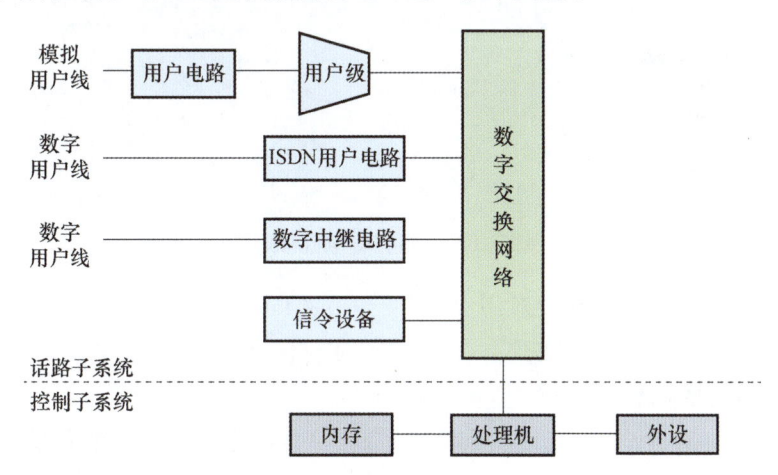

图5-25 数字交换机基本结构图

利用电路交换进行数据通信要经历三个阶段,即建立电路、传送数据和拆除电路,因此电路交换属于电路资源的预分配。在双方进行通信之前,需要为通信双方分配一条具有固定带宽的通信电路,不管电路上是否有数据在传输,通信双方在通信过程中将一直占用所分配的资源,这犹如为用户提供了完全"透明"的信号通路,直到通信双方有一方要求拆除电路连接为止。电路交换的特点是采用面向连接的方式,接续路径采用物理连接。

电路交换的主要优点是:①电路实时建立,传输时延小;②电路独占,双方通信时按发送顺序传送数据,不存在失序问题;③"透明"传输处理开销少,效率较高;④交换设备及

321

控制均较简单,成本较低。

电路交换的主要缺点是:①电路的接续时间较长;②电路的带宽利用率低,一旦电路被建立不管通信双方是否处于通话状态,分配的电路都一直被占用;③在传输速率、信息格式、编码类型、同步方式、通信规程等方面,通信双方必须完全兼容,这不利于用户终端之间实现互通;④当一方用户终端设备忙或交换网负载过重时,可能会出现呼叫不通(呼损)的现象。

2. 报文交换

为了克服电路交换存在的缺点,提出了报文交换的思想。当 A 用户欲向 B 用户发送数据时,A 用户并不需要先接通至 B 用户的整条电路,而只需与直接连接的交换机接通,并将需要发送的报文作为一个独立的实体,全部发送给该交换机。然后该交换机将存储的报文根据报文中提供的目的地址,在交换网内确定其路由,并将该报文送到输出线路的队列中去排队,一旦该输出线路空闲,就立即将该报文传送给下一个交换机。依次类推,最后送到 B 用户。

图 5-26 所示为报文交换示意图。图中,由发信端 H_s 发送的报文 M 经由路径 N_1-N_3-N_6 传送到收信端 H_D。

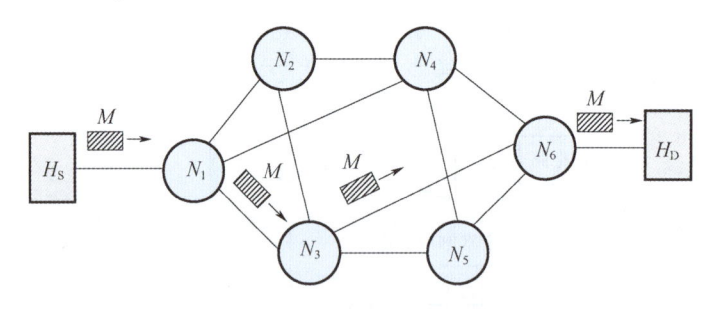

图 5-26 报文交换示意图

报文交换的特点是交换机要对用户信息(即报文)进行存储和处理,因此它是一种接收报文之后,将报文存储起来,等到有合适的输出线路再转发出去的技术。它适用于传输报文较短、实时性要求较低的通信业务。

报文交换的主要优点是:①线路利用率较高,一条线路可为多个报文多路复用,从而大大地提高了线路的利用率;②交换机以"存储-转发"方式传输数据信息,它不但可以起到匹配输入/输出传输速率的作用,还能起到防止呼叫阻塞、平滑通信业务量峰值的作用;③易于实现各种不同类型终端之间的互通;④不需要发、收两端同时处于激活状态;⑤因采用"存储-转发"技术,便于实现多种服务功能,包括速率/格式转换、多路转发、优先级处理、差错控制与恢复,以及同文报通信(指同一报文由交换机复制转发到不同的收信端)等。

报文交换的主要缺点是:①报文交换的实时性差,不适合传送实时或交互式业务的通信;②交换机必须具有存储报文的大容量和高速分析处理报文的功能,这增加了交换机的投资费用;③报文交换只适用于数字信号。

3. 分组交换

分组交换是报文分组交换的简称,又称包交换。它是综合了电路交换和报文交换两者优点的一种交换方式。分组交换仍采用报文交换的"存储-转发"技术。但它不像报文交换那样,以整个报文为交换单位,而是设法将一份较长的报文分解成若干个定长的"分组",并在每个分组前都加上报头和报尾。报头中含地址和分组序号等内容,报尾是该分组的校验码,从而形成一个规定格式的交换单位。在通信过程中,分组是作为一个独立的实体,各分组之间没有任何联系,既可以断续地传送,也可以经历不同的传输路径。由于分组长度固定且较短(如每个分组为512b),又具有统一的格式,就便于交换机存储、分析和处理。

图5-27所示为分组交换示意图。图中,发信端将报文 M 划分成3个分组 P_1、P_2 和 P_3,这三个分组经由不同的路径传输到目的结点交换机。P_1 经由 $N_1-N_2-N_4-N_6$,P_2 经由 $N_1-N_4-N_5-N_6$,P_3 经由 $N_1-N_3-N_5-N_6$。请注意图中 P_3 可能先于 P_2 到达 N_6。

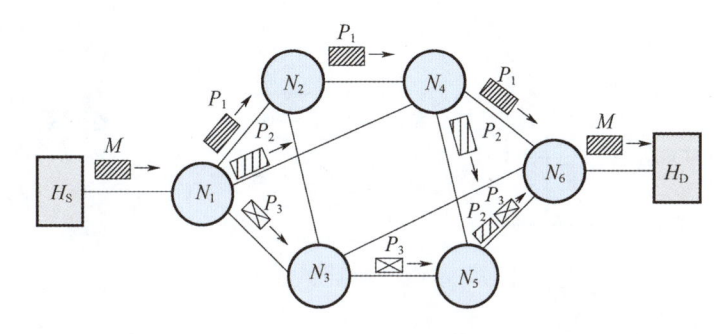

图 5-27 分组交换示意图

分组交换的特点与报文交换相同,是面向无连接而采用存储转发的方式。但是,由于分组穿越通信网及在交换机中滞留的时间很短,因而分组交换能满足大多数用户对实时数据传输的要求。

分组交换的主要优点是:①传输时延较小,且变化不大,能较好地满足交互型通信的实时性要求;②易于实现线路的统计时分多路复用,提高了线路的利用率;③容易建立灵活的通信环境,便于在不同类型的数据终端之间实现互通;④可靠性好,分组作为独立的传输实体,便于实现差错控制,从而大大降低了数据信息在分组交换网中传输的误码率,"分组"的多路由传输,也提高了网络通信的可靠性;⑤经济性好,数据以"分组"为单位在交换机中进行存储和处理,节省了交换机的存储容量,提高了利用率,降低了交换机的费用。

分组交换的主要缺点是:①尽管分组交换比报文交换的传输时延少,但仍存在存储转发时延,而且其结点交换机必须具有更强的处理能力;②由于网络附加的传输信息较多,影响了分组交换的传输效率;③当分组交换采用数据报服务时,可能出现失序、丢失或重复分组,分组到达目的结点时,要对分组按编号进行排序等工作,增加了麻烦。若采用虚电路服务,虽无失序问题,但有建立虚电路、数据传输和释放虚电路三个过程。

目前,采用分组交换技术最为广泛的分组交换网有 X.25 网和帧中继网。X.25 网属低速分组交换网,分组交换传输时延比较大,只适用于数据型通信业务,同时 X.25 网应用了 OSI 功能分层模式的公用数据网,在网络层(分组层)实现复用传送,故称为分组交换数据网。帧中继网属高速分组交换网,是在分组交换技术充分发展、数字和光纤传输线路替代了模拟线路以及用户终端日益智能化的条件下诞生的。帧中继交换网大大简化了通信协议,使分组传输时延很少。同时采用虚电路技术,能充分利用网络资源。因此它不仅适用于数据通信业务,也能满足话音和图像业务的要求,既支持窄带通信业务,也支持宽带通信业务,具有吞吐量高、时延低以及适合突发性业务的特点。

4. ATM 交换

异步传送模式(ATM)以异步时分复用为基础,以面向连接的方式工作,是一种基于信元的宽带交换技术。信元方式适用于各种类型的信息传输,采用信元方式信息传送示意图如图 5-28 所示。

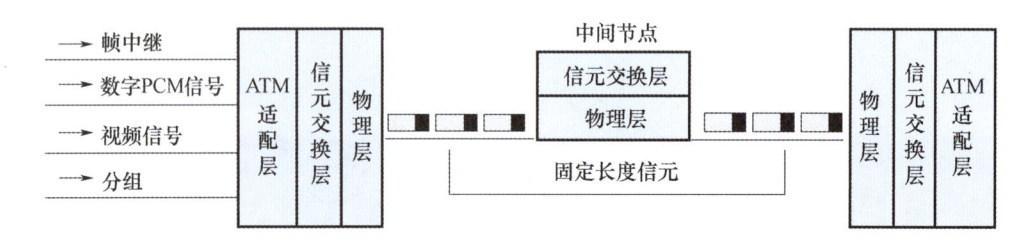

图 5-28 采用信元方式的信息传送示意图

1) ATM 交换原理

ATM 适配层通过对信头的处理完成信元的复用、交换和相关控制。任何形式信息进入 ATM 网络就会转换为信元格式,即信息通过 ATM 适配层分割成固定长度的信元(Cell)。信元主要由信头和信息段两部分构成,共 53B,其中信头为 5 B,信息段为 48 B,如图 5-29 所示。

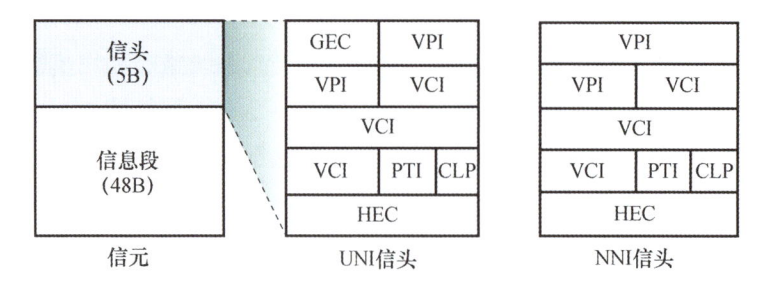

图 5-29 ATM 信元结构

为了提高端到端的传送能力,ATM 交换网络在接入点之间建立虚连接,该虚连接包含了虚通道(VP)和虚通路(VC)两级连接,由信头中的 VPI 和 VCI 来表明。ATM 通过信头中的 VPI 和 VCI 一起标识一个虚连接。VPI 以半固定的方式分配,每个虚通路最多可有 4096 个虚连接,即每个 VP 可以看成是 4096 个具有相同 VPI 值的 VC 的集合。同属于

一个 VP 的各 VC 具有不同的 VCI，ATM 物理层可同时支持多个 VP 的连接。通常 VC 用于直接完成两个用户间的连接，而 VP 则用于不同网段间的连接。物理传输通道、VP 和 VC 之间的关系如图 5－30 所示。

图 5－30　VP、VC 及其物理传输通道间的关系

ATM 交换是以信元为单位进行交换的，实际就是 VP/VC 交换。从交换功能来看，ATM 端点或连接点可具有 VP 交换或 VC 交换功能，也可以同时兼有 VP 交换和 VC 交换功能。VP 交换和 VC 交换的概念如图 5－31 所示。VP 交换时，VPI 值要改变，而其中包含的所有 VCI 值都不改变；VC 交换时，则 VPI 和 VCI 的值都要改变。实现 VP 交换或 VC 交换的 ATM 实体可以是 ATM 交换机或 ATM 交叉连接器。

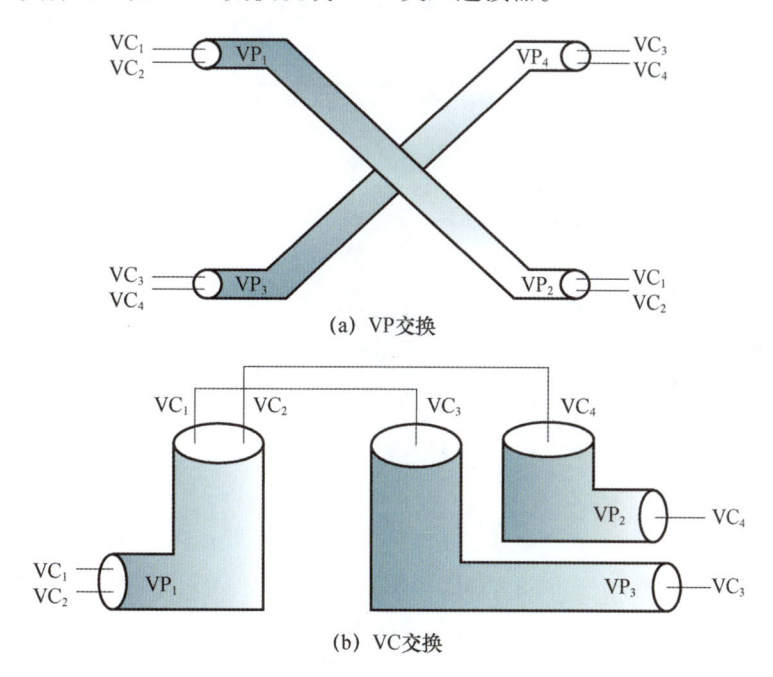

(a) VP交换

(b) VC交换

图 5－31　VP 交换和 VC 交换的概念

虚通路 VC 的建立过程有两种方式：永久虚电路和交换虚电路。永久虚电路是由网管控制在虚通路内建立的一条永久/半永久的连接，称为 PVC 方式；交换虚电路是由信令控制动态建立的连接，VCI 及虚信道占用的网络资源都在连接建立时分配，称为 SVC 方式。即用户在传送信息前要有连接建立过程，信息传送完毕则拆除。ATM 交换机具有 PVC 和 SVC 功能，ATM 交叉连接器只具有 PVC 功能。

2) IP 交换原理

IP 交换是一种专门用于在 ATM 网络中传送 IP 分组数据的技术。它将 IP 层的路由功能与 ATM 层的交换功能结合起来，使 IP 网络获得 ATM 选路功能，ATM 端点只需使用 IP 地址标识，从而不需要地址解析协议。IP 交换的思想是对用户业务流进行分类：对持续时间长、业务量大、实时性要求较高的用户业务数据流直接进行交换传输，即使用 ATM 虚电路来传输，如文件传输和视频图像传输等；对持续时间短、业务量小以及突发性强的用户业务数据流，使用传统的分组存储转发方式进行传输，如电子邮件、网络管理等，从而大大提高了传输效率。

IP 交换技术即 IP 包交换技术，实质上是将 IP 路由器与 ATM 交换机捆绑在一起（称为 IP 交换机），然后采用数据驱动方式，根据一定的规则，来判断对数据流是进行 ATM 交换式转发还是进行传统的 IP 分组式传输。相对于标准的 ATM 交换机来说，IP 交换机去掉了所有的 ATM 信令和路由协议，ATM 交换机将由其相连的 IP 路由器控制。IP 交换机的结构如图 5-32 所示。

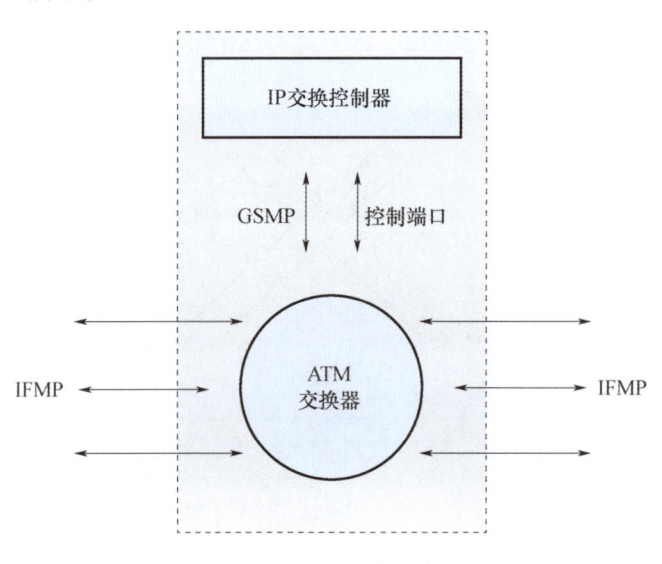

图 5-32 IP 交换机结构

IP 交换机由 IP 交换控制器和 ATM 交换器组成。IP 交换控制器是存储了路由软件和控制软件的高性能处理机；ATM 交换器采用通常的 ATM 交换机的硬件，但没有高层软件（AAL5 以上），即通常的 ATM 交换机的高层信令、寻址和选路等软件均不需要，而代之以 GSMP 软件。控制接口用于传送控制信号和用户数据。通用交换机管理协议（GSMP）是 IP 交换控制器与 ATM 交换器之间的通信协议，允许 IP 交换控制器完全控制 ATM 交换器的工作。IP 流量管理协议（IFMP）是 IP 交换节点之间的协议，用于 VCI 的分配，完成 IP 交换机之间的数据传送。

IP 交换网络主要由 IP 交换机和 IP 交换网关等设备组成。在 IP 交换控制器中利用 GSMP 软件，完成 IP 的直接交换。在 IP 交换网关中，利用 IFMP 软件将现有网络（以太网、FDDI、令牌环等）接入到 IP 交换网络。IP 交换网络的组成如图 5-33 所示。

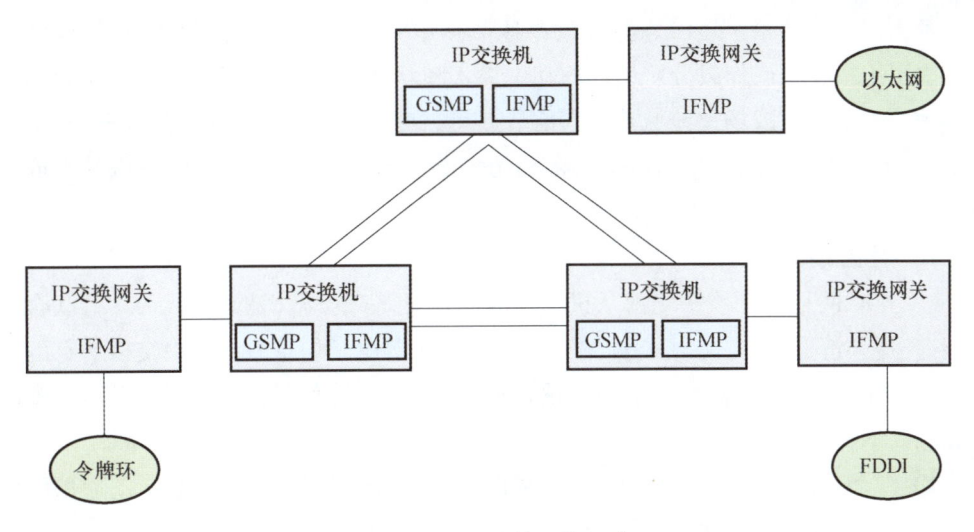

图 5-33　IP 交换网络组成

IP 交换工作过程是针对不同用户业务流提供不同的信息传输机制,可分为快速通道工作过程和慢速通道工作过程。

快速通道工作过程是:①输入 IP 交换网关完成路由选择、分段 IP 信头以及直接在 VC 上发送 IP 帧等;②IP 交换机的 ATM 交换发送信元,IP 交换控制器负责标识用户业务流;③输出 IP 交换网关负责重组 IP 数据包、重构 IP 信头、发送 IP 数据包和路由选择等。

慢速通道工作过程:①输入 IP 交换网关负责路由选择、分段 IP 信头和发送 IP 帧等;②IP 交换机负责将收到的 IP 数据包发送给 IP 交换控制器;③IP 交换控制器负责重组 IP 数据包、用户业务流分类、发送 IP 数据包以及路由选择等。④输出 IP 交换网关负责重组 IP 数据包、重构 IP 信头、发送 IP 数据包以及路由选择等。

5.3　军事通信系统

5.3.1　战术互联网

1. 战术互联网概述

战术互联网概念最早由美军提出,是指支持美陆军数字化师战斗人员以"动中通"形式运用其陆军作战指挥系统(Army Battle Command System,ABCS)的战术通信网络,它在战场作战单元、战斗勤务支援与指挥控制平台之间提供了无缝隙的态势感知和指挥控制数据交换能力。2011 年颁布的《中国人民解放军军语》指出:战术互联网是通过互联网协议(IP 协议),将战术电台网、野战综合业务数字网等各类通信网络、系统和信息终端设备连为一体的机动战术通信网络。主要由机动部署的野战综合业务数字网(简称野综网)、运动战术电台互联网,以及机动卫星通信系统和升空平台通信系统等融合组成。野综网主要基于微波接力机组网,用于覆盖作战地域,实现指挥所网、作战分队子网间的互联互通;战术电台互联网基于短波、超短波、高速数据电台,通常以不同工作模式构成电台子网,主要用于指挥所或作战分队用户的动中接入和互联;机动卫星通信系统基于通信卫星平台组网,主要用于战场大地域范围通信节点间,或指挥所、作战分队间的互联;升空平台通信系统主要用于对地面高速数据电台和超短波电台间的通信进行转信,以扩大或延伸电台通信保障地域范围。

1) 战术互联网的特点

战术互联网是我军数字化部队机动作战的信息基础设施,是诸军兵种遂行联合作战时,指挥控制、情报侦察、火力支援、通信和电子对抗等电子信息系统传输交换信息的公共平台,是我军战役/战术信息系统网的重要组成部分,也是我军新一代野战通信装备的主体,具有以下特点。

(1) 机动通信与运动通信相融合。战术互联网实现了机动通信网与运动通信网的有机融合,采用机动卫星组网、高效信令接入、时分双工、数话同传、低速声码话等关键技术,超短波电台随遇接入、无缝切换,从根本上改变了传统战术电台使用模式,增强了机动作战条件下部队通信与指挥控制能力。

(2) 组网开通与伴随保障效率高。战术互联网利用动中通卫星组网,微波天线自动升降、自动对准等技术,网络基本业务开通时间大幅缩短;通信节点越野机动和防护能力较强,运动通信伴随保障能力强,显著提高了部队高机动作战条件下的快速反应和远程机动通信能力。

(3) 通信与指挥控制一体化设计。战术互联网遵循通信与指控一体化设计原则,具有支持 IP 数据和承载指挥控制、态势感知、侦察情报等多种业务的能力,全面提高了战场信息的传输容量与质量,实现了从传统的传输服务向信息服务转变,较好地适应了未来数字化战场的需求。

(4) 机动通信与固定网络一体互联。"机固一体"指的是"机动"的战术互联网与"固定"的战略通信网之间的互联互通问题。机动通信须建立在固定网络之上才有生命力,仅仅依托机动通信来解决机动过程中的通信问题比较困难,将机动通信及时就近接入固定网络,可以解决很多问题,比如通过卫星通信、光纤通信,可以快速地实现指挥专网、军事综合信息网、军用自动电话交换网的互联互通,以及实现资源的共享。

2) 战术互联网的业务

战术互联网本质上是一个数据通信网,它通过 IP 协议将各类机动通信设备和信息终端互联而成,主要承载数据和话音业务,为作战地域内机动和运动作战实体的战场态势、指挥控制、武器控制和战斗支援等应用提供信息传输服务。

(1) 战场数据业务。战术互联网的战场数据业务主要包括态势感知、指挥控制、通信管理等。态势感知是指作战人员能够清楚地知道我方在哪里,友军在哪里,敌军在哪里。因此,态势信息主要包括我方、友军、敌军的位置、威胁报警、地理环境数据等;指挥控制是指挥员及其指挥机关对部队作战或其他行动进行掌握和制约的活动,因此指控信息包括自上而下的作战命令、行动命令或指示,以及相应地自下而上的报告、汇报信息等。比如作战命令、火力呼唤、作战计划、人员报告、战场报告等；通信管理信息主要是为了维持战术互联网正常运转所需要的额外数据流量。

（2）战场话音业务。战场话音业务是战场通信的传统业务，也是作战过程中的最重要业务之一。从话音传输体制划分，战场话音可以分为电路话音和分组话音。电路话音是指以电路交换方式传输、交换的话音，分组话音是指以数据分组方式承载并传输、交换的话音。战术互联网支撑的主要是分组话音，分组话音将是话音传输交换的发展趋势。但考虑到战场通信网需要将大多数传统通信设备用起来，而这些传统通信设备大多不支持分组话音，因此现阶段实现中，战场话音传输还大都以电路话音为主，将来逐渐转向全分组话音。

2. 战术互联网组成

战术互联网通常为三层结构：第一层是无线分组子网层，主要由单工战术电台和单工跳频电台组成；第二层是无线干线网层，由宽带数据电台及其终端构成的通信网络，用于提供广域网连接；第三层是宽带数据网层，由装载在通信节点车、指挥控制车、战斗指挥车等的车载宽带数传设备组成，为军、旅及旅以下陆军作战指挥系统与其他系统之间提供数据和图像通信链路。图 5-34 是美军 FBCB2 中使用战术互联网的典型结构。

该典型结构在应用上分为两个部分，即旅以上部分和旅及旅以下部分。旅以上部分传输的信息量较大（大于 2Mb/s），主要采用移动用户设备 MSE 进行传输。旅及旅以下部分由于受带宽限制，多采用无线电广播通信，并对移动性要求较高。图 5-34 中，增强型定位报告系统（EPLRS）是旅及旅以下网络的骨干传输网络，为战术互联网提供高速广域网链路，主要用来传输态势感知数据；改进型单信道地面与机载无线电系统（SINCGARS）主要传输指挥控制数据。

我陆军战术互联网主要由战场骨干网和战术应用网构成。战场骨干网采用野战综合业务数字网技术；战术应用网主要由指挥所子网和营连战斗子网构成，指挥所子网可采用有线或军用无线局域网技术，营连战斗子网通常由超短波电台组建。为扩大和延伸战术互联网保障范围，战术互联网还使用机动卫星通信系统和升空平台通信系统。机动卫星通信系统利用在轨军事卫星的成熟设备进行综合集成，主要包括各类卫星中继站和车载/背负地球站；升空平台通信系统主要包括中程无人机通信系统和机动式系留气球通信系统，其组成如图 5-35 所示。

1) 战场骨干网

战场骨干网是战术互联网的公共传输平台，支持相对宽带的战场综合业务传输，交换机制采用承载综合业务的 ATM 交换技术，传输体制上采用传输速率更高、抗干扰能力更强的野战大功率微波数字接力机。作为军（旅）级部队遂行作战任务的骨干通信系统，主要为营以上指挥所及营以下战斗群队提供广域连接。其设备组成主要包括基于野战 ATM 技术体制的交换系统和野战传输设备系列，如图 5-36 所示。

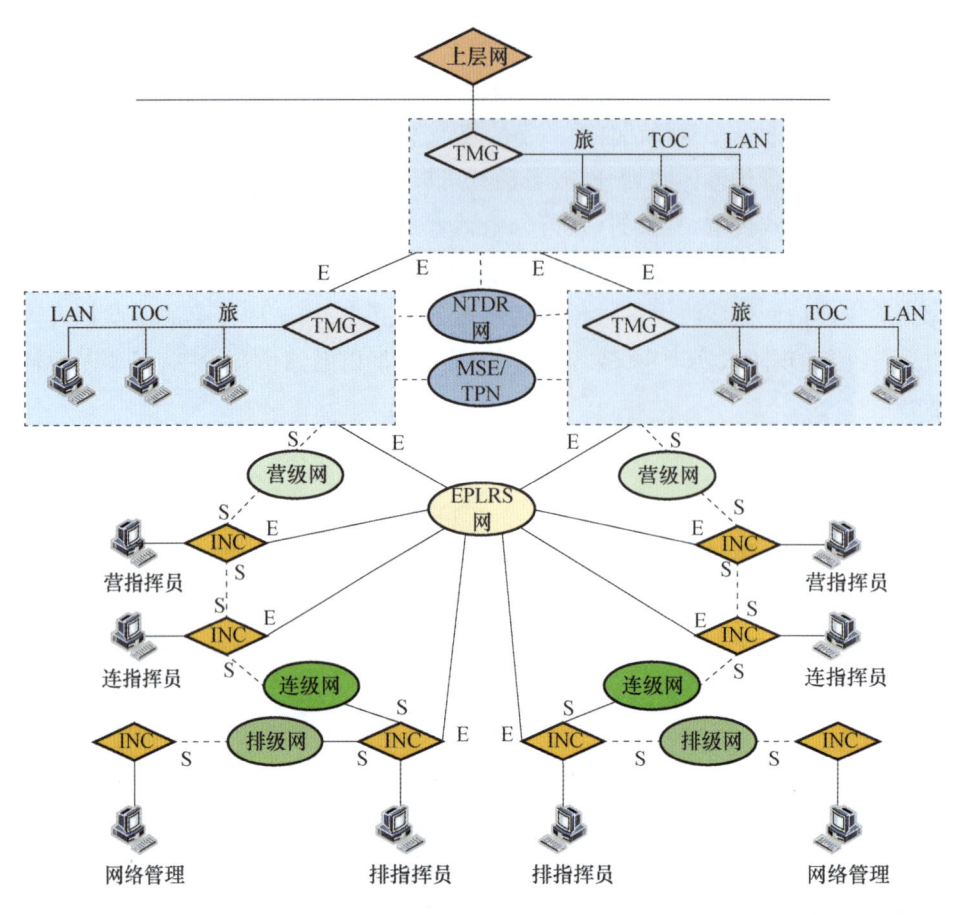

图 5-34 美军战术互联网的典型结构

TMG—战术多网网关；TOC—战术作战中心；LAN—局域网；TPN—战术分组网；S—单信道地面与机载无线电系统（SINCGARS）；NTDR—近期数字无线电；E—增强型定位报告系统（EPLRS）；MSE—移动用户设备；INC—互联网控制器。

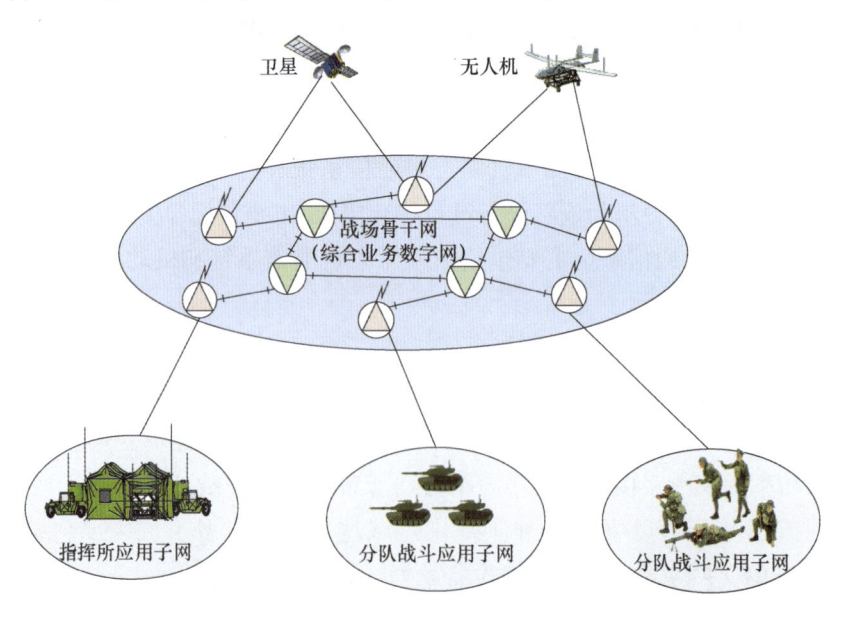

图 5-35 战术互联网的典型结构

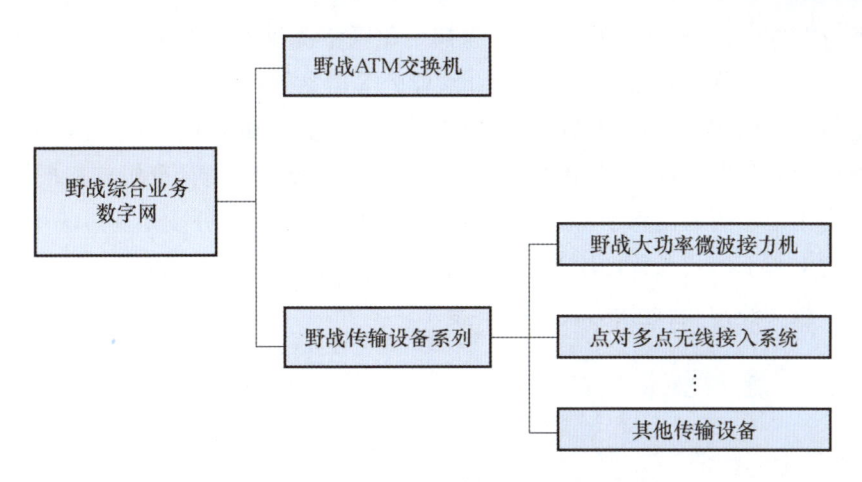

图 5-36 野战综合业务数字网系统组成示意图

2）战术应用网

指挥所子网是保障指挥所内各指挥车辆及席位之间互联构成的信息网络，其覆盖地域有限，常采用光纤、有线远传、区域宽带电台、高速数据电台或超短波电台实现通信连接；营连电台子网一般使用超短波电台在作战车辆及单兵之间实现通信连接，构成相对独立又互相协作的战斗分队。两者都通过网络互联协议将各作战实体互连在一起，形成无缝 IP 分组网络，为作战地域内运动分队提供基本的战场态势、指挥控制和话音通信能力，增强指战员及武器平台对战场信息的共享能力，保障各作战要素之间纵向和横向的信息传输，形成强大的整体作战能力。

战术应用网通过标准接口与战场骨干网互联，通过野战综合业务数字网达成分布在不同地理位置的指挥所子网和战术电台互联网之间的互联互通。

3）互联及网管系统

战术互联网通过互联及网管系统中的互联网控制器实现对野战综合业务数字网、战术电台互联网的集成、监控与管理。主要设备包括互联网控制器（单独设备或内嵌于多信道网关设备）以及内嵌于战术电台内部的网络控制功能模块。战术互联网互联及网管系统组成框图如图 5-37 所示。

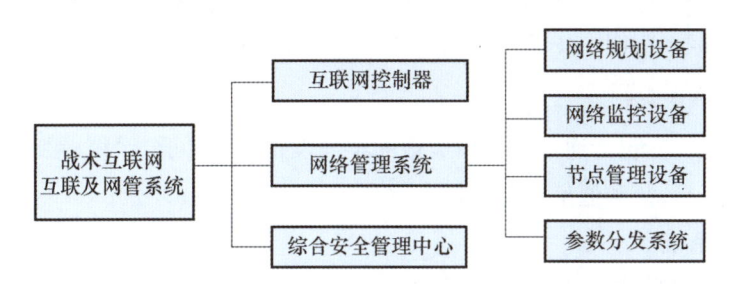

图 5-37 战术互联网互联及网管系统组成

网络管理系统功能分为四个组成部分，包括网络规划、网络监控、节点管理和参数分发。网络规划负责对网络资源（频率、地址、设备等）统筹安排，根据组织运用方案，合理制订资源分配方案,形成网络配置视图,为初始化网络提供基本框架;网络监控应用于网络开通之后各级网管中心对网络结构、性能、业务等信息的收集、处理,通过分析各被管设备代理上报的数据,调整网络参数达到排除故障、优化性能的目标;节点管理主要完成节点通信设备参数分发、节点设备状态监控与管理以及节点性能统计分析与汇报等功能;参数分发分为集中参数分发和手持式加注器参数分发,集中参数分发是通过集中式参数加注器同时对多个手持式参数加注器分发参数,手持式参数加注器能为通信车的节点管理设备导入参数文件,并能直接为设备加注参数。

5.3.2 卫星通信系统

1. 卫星通信概述

卫星传输系统是指地球上的无线电通信站之间利用人造卫星作为中继站而进行通信的系统。由于作为中继站的卫星处于外层空间,使得卫星传输方式不同于其他地面无线电通信方式,而属于宇宙无线电通信的范畴。自20世纪60年代中期开始,卫星传输系统就用于军事通信,现已广泛应用于战略与战术通信中。海湾战争中,美国在海湾的部队与其本土之间90%的通信依赖卫星通信。目前,军事大国均拥有自己的军用卫星通信系统,随着空间技术的发展,卫星通信在军事通信中将起着越来越重要的作用。

如果卫星的位置相对于地球站来说不固定,这样的卫星称为运动卫星或非同步卫星,由这种卫星组成的通信系统称为非同步卫星系统。如果卫星的位置相对于地球站来说静止不动,这样的卫星称为静止或同步卫星。同步卫星正好处于地球赤道上空35860km高空的圆形轨道上,卫星绕地球一周的时间恰好等于地球自转一周的时间,即24h,这样,卫星和地球始终保持着相对静止的运动状态,因此,从地面上看,卫星就像静止不动。由静止卫星中继站组成的通信系统称为静止卫星通信系统或同步卫星通信系统。以下主要介绍同步卫星通信系统。

图5-38所示为静止卫星与地球站位置的示意图。由卫星向地球引两条切线,切线间夹角约为17.34°,而通信区域边界与地心夹角为152°(天线仰角在5°以上)。由此可见,按通信的实际需要,适当配置3颗静止卫星,就能建立(除纬度76°以上地区)全球通信系统。目前,国际国内卫星通信系统中几乎都是采用同步卫星通信系统。

2. 卫星通信系统组成

卫星通信系统应包括通信和保障通信的全部设备,由空间分系统、跟踪遥测及指令分系统、监控管理分系统和通信地球站群四部分组成,如图5-39所示。

1) 空间分系统

空间分系统指通信卫星,其主体是通信系统,另外还有星上遥测指令系统、控制系统和电源系统(包括太阳能电池与蓄电池)等保障部分。通信卫星主要起无线中继站的作用,靠星上的转发器(微波收、发信机)和天线完成工作。卫星上的通信系统可以有一个或多个转发器,每个转发器能同时接收和转发多个地球站的信号。显然,当每个转发器所

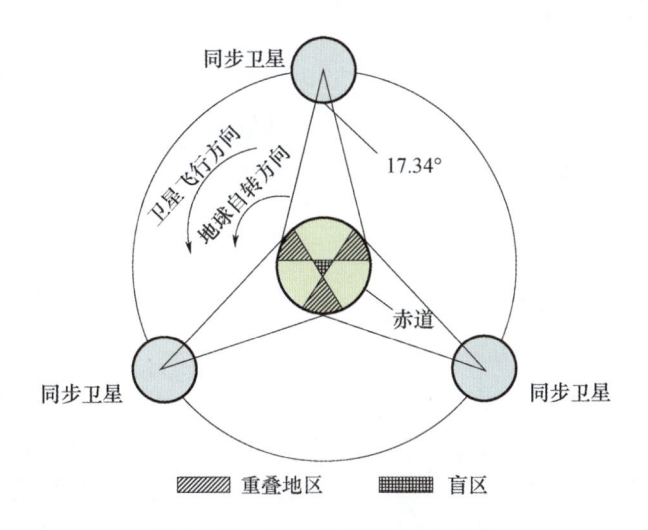

图 5-38 静止卫星配置几何关系

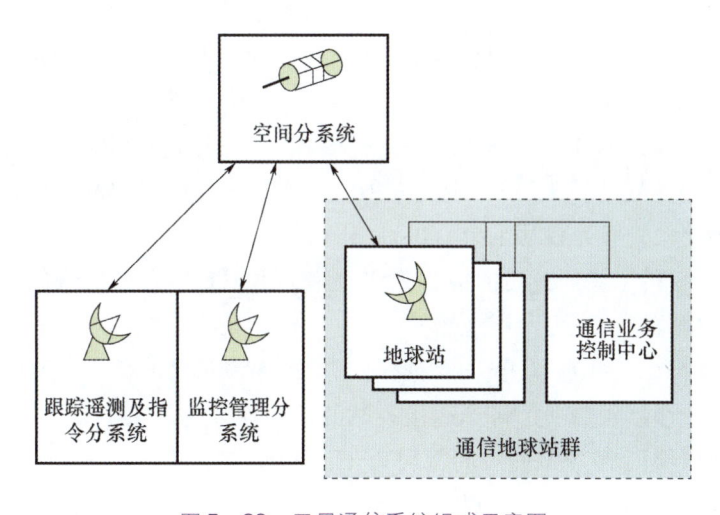

图 5-39 卫星通信系统组成示意图

能提供的功率和带宽一定时,转发器越多,卫星通信系统的容量越大。

2) 跟踪遥测及指令分系统

跟踪遥测及指令分系统的任务是对卫星进行跟踪测量,控制其准确进入同步轨道并达到指定位置,卫星正常运行后,要定期对卫星进行轨道修正和位置保持。

3) 监控管理分系统

监控管理分系统的任务是对轨道定点上的卫星在业务开通前后进行基本的通信参数的监测和控制(如卫星转发器功率、卫星天线增益、各地球站发射功率、射频和带宽等),以保证网络的正常通信。

4) 通信地球站群

通信地球站群是微波无线电收、发信台(站),用户通过它们接入卫星通信线路。典型的地球站由天线伺服跟踪分系统、发射分系统、接收分系统、信道终端设备、保密终端设备、电源等设备组成。

（1）天线的基本作用是将发射机送来要传输的射频信号变成定向（对准卫星）辐射的电磁波，同时收集卫星发来的、含有其他地球站信息的电磁波，送到接收设备。由于卫星通信系统工作于微波波段，所以地球站天线是面天线，例如抛物面天线、喇叭天线等，目前大多数采用卡塞格伦天线及环焦天线。通常地球站的天线收、发共用，因此要有双工器。天线增益是表示天线定向辐射能力的一个参数，是一个重要指标。频率一定时，天线主反射面直径越大，其增益越高。天线口径大小由地球站的具体用途决定，地球站系列往往以天线口径来划分，如3m站、10m站、15m站等。

（2）跟踪和伺服设备可分自动跟踪和手动跟踪两种。由于种种原因，同步卫星并非绝对与地球同步，而会有相对漂移。地球站的天线必须经常校正自己的方位和仰角，才能对准卫星。手动跟踪是相隔一定时间对天线进行人工定位，这是所有类型地球站都有的，但其定位精度往往不很精确。在大型（天线）的地球站中，都应用自动跟踪功能。因为天线越大，方向性就越强，波束越窄，稍微偏离卫星，增益就大大下降，因此需要极短时间就调整一次。为此，要用一套电子机电设备，使天线电轴对卫星进行自动跟踪，以保证天线最大增益的方向对准卫星。

（3）发射设备的主要任务是将已调制的中频信号向上变频到射频信号，并放大到一定的功率电平，经波导送给天线，向卫星发射。功率放大器可以单载波工作，也可以多载波工作，其输出功率一般为数瓦至数千瓦。

（4）接收设备的主要任务是把接收天线收集的由卫星转发器来的有用信号，经加工变换后，送给解调器。

（5）信道终端设备的基本任务是在发射端处理用户送来的信息，变成适合在卫星信道上传输的信号；在接收端则是将到达接收站的信号恢复为原来的信息。现代卫星通信系统，一年中要求保证99.9%的时间都可以不间断地稳定可靠工作。为此，一般要有几种供电电源，如市电、应急柴油发电机和不间断电源系统。此外，地球站还有网控、网管、监视系统。

5.3.3 空中平台中继系统

1. 空中平台中继系统概述

空中平台（或升空平台）中继通信是指用近地空间的航空器（如飞机、直升机、无人机等重于空气的航空器，及飞艇、系留气球等比空气轻的航空器）作载体，将无线电通信设备或系统置于此种载体内作中继处理转发，完成地面台（站）间或通信网间的无线电通信。简单讲，是利用升空载体作中继通信平台转发无线电信号，在多个地面台（站）之间进行的通信。它是实现超视距、大区域通信的一种手段，本质是利用升高天线把超视距通信转化为视距通信，一般工作在VHF、UHF和微波频段。注意，这里说的空中平台是以某种方式停留在地球大气内的航空器，而不是在大气外地球轨道中运行的航天器——卫星。

空中平台中继通信近年来引起人们广泛重视，由于其位置高度比通信卫星低得多，无论从传输性能到系统的经济性比起卫星通信都有很大的优势。在军事通信中,空中平台中继通信不仅能作为常用的通信手段,如在集团军作战地域机动通信网中用作空中转信通信系统,而且它还极适用于应急通信,如当通信网中的对流层散射中继线路遭到破坏时,即可用空中平台中继来维持原有的超视距干线链路不致中断。

1) 空中平台中继系统的特点

空中平台中继通信是一种独特的通信方式,其主要特点有以下几个方面。

(1) 电波传播受空间的限制少。由于通信平台升空一定高度,天线有效高度大大提高,减少了地形、建筑物和树林等引起的多径衰落影响。电波传输路径开阔,没有阻挡,传输路径损耗只与工作频率和通信距离有关。

(2) 通信覆盖范围扩大。架高天线可以减少地球曲率对电波视距传播的影响,增大通信距离,这不难从以下视距近似公式看出,即

$$R = 3.57\sqrt{h}$$

式中:R 为收、发两端间的视距(km);h 为架高一端的天线高度(m)。

例如,利用空中平台将中继转发站的天线从 15m 升高到 1000m,则转信覆盖半径就从 13.8km 扩展到 113km。

(3) 适应各种不同制式的中继转发。空中平台既可作点对点的中继站,也可作通信网的基站,进行自动转发,还可作为广播式的中心转发站。确切地说,只要空中平台的通信设备或系统与地面通信设备或系统制式相同,都可以进行中继转发。

(4) 电磁环境差,干扰严重。空中平台的空间有限,天线较多且相隔距离近,发射功率大,接收灵敏度高,工作频段宽,电磁信号密集。内有各种电子、电气设备产生的高、低频干扰,外有雷、电等自然干扰,而且天线居高临下,容易收到地面其他无线电台信号,即遭受系统外的干扰。这也意味着它容易受到敌方的截获与干扰。

(5) 无人值守。不管航空器是无人驾驶(系留气球、无人机),还是有人驾驶(飞机、直升机),都要求平台上通信设备的控制与管理无须人的干预。这一方面要求地面通信系统通过指令对平台设备进行遥控操作,由系统统一网管;另一方面要求增强平台上收、发信机功能的自动化与智能化。平台通信设备不仅能接受地面指令完成远距离控制、操作,还能在指令引导下进行编程控制和操作。

(6) 空中平台工作环境恶劣,对通信设备的可靠性和战术性能要求高,要防震、抗冲击、耐湿、耐高低温、防雷电;通信设备要坚固耐用、高可靠、体积小、重量轻、功耗低、互换性好及维修方便。

2) 空中平台中继系统要求

(1) 载荷要求。

① 升空高度。根据通信区域覆盖范围大小或中继通信距离确定,一般从几十米至几千米,甚至上万米或更高。

② 有效载荷。按通信系统的规模、所选用的通信设备和辅助设备的重量来估算,载体可承受的重量一般为几十千克至几吨。

③ 空中持续工作时间。这取决于航空器本身，一般短则 3~5 小时，长则一个月，有的甚至以年计；可采用备份方式、增补燃料来延长持续工作时间。

④ 环境适应性。能全天候工作，抗 12 级台风，防雷击。

⑤ 机动性。要求升(放)降(收)时间短、速度快、移动性好。

（2）通信系统要求。

① 一般选用全向型天线，数量尽量少。空中平台通信既要保证覆盖面，又要考虑载体方向的随机性，因而通常要求使用有一定增益的全向性天线。由于平台空间受限，为减小电磁信号相互干扰，天线数量应减到最少，这必然要求采用低损耗的天线共用器或者研制相控阵多波束天线。

② 无线信道可通率。在保证无线通信服务质量的前提下，在扩展后的覆盖边缘界面内，无线信道可通率不能低于 90%。

③ 具有电子反对抗能力。扩频具有抗干扰与抗侦听的双重功能，是电子反对抗的一种有力措施。目前多采用跳频或直接序列扩频(DSSS)体制，有的还加有前向纠错、自适应零位天线等抗干扰措施。

④ 降低发射机杂波辐射，提高收信机抗干扰性能。空中平台集中了数部收、发信机"同台"工作，并且多为双工方式、共用天线，容易造成相互干扰。除了加强防护、隔离之外，还必须降低发射机的宽带噪声、杂波辐射和邻道辐射，提高收信机的抗邻道干扰、互调干扰、寄生响应及阻塞等性能。

⑤ 平台通信系统的功能与技术性能应高于陆地通信系统的要求，环境适应性、可靠性不低于航空电子设备的要求。

2. 空中平台中继系统组成

空中平台通信采用双向通信方式，常以网络形式实现中继转发，由地面通信系统和空中平台中继转发系统组成。这里重点介绍无人机空中平台中继转发系统，由此可了解这种通信方式的一般构成。

无人机中继通信系统由空中通信平台、地面总站及用户终端组成。地面总站包括测控站及通信交换机，总站对地面各终端话路或数字信息进行相互交换。例如，总站对各终端的发送链路可采用时分多址的方式，并以广播的形式发送出去；地面各终端对总站的上行链路可采用频分多址方式发送；两链路信号通过空中平台中继转接。图 5-40 描述了这种中继通信系统，图中 f_a、f_b 为总站与空中平台通信的频点，f_c 为空中平台对各终端的广播式发送频点，f_1，f_2，…，f_n 为各终端频分式上行频点。

最简单易行的方法是采用数字多路方式，如一次群 30 路，其数据率为 2Mb/s。由图 5-40 可见，总站与空中平台的通信链路及平台至各终端的链路采用数字多路方式。总站将送往各终端的信号及对平台的遥控信号按数字多路方式复接发向平台，平台接收后解调并提取出遥控信号，同时再将该多路信号调制发向地面各终端，各终端接收后解调、提取出各自时隙的信息。各终端的发射信号按频率分割方式发向空中平台，平台接收后解调出各路信号，再与其遥测信号进行复接、调制发向地面总站。总站配备了一个小型

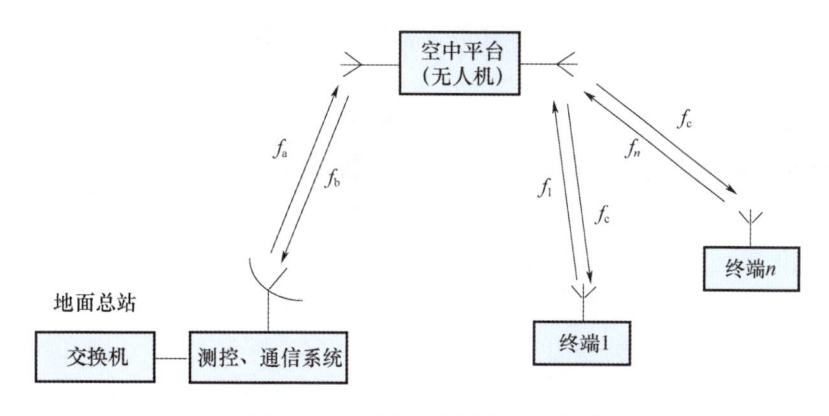

图 5-40　无人机中继通信系统组成

交换机,对各终端用户信号进行交换。由于采用了标准的数字多路通信帧格式,所以可方便地进入局域网。

各终端上行链路也可采用码分多址方式,应用扩频技术,平台对各路信号进行相关接收解调,再复接为数字多路信号传往地面总站。这种方式将增加平台的设备量和复杂度,但优点是具有抗干扰性。地面总站应具有遥控、遥测和通信网管两套系统。网管系统可对各终端进行监测、设置参数及设定工作方式等,总站采用单脉冲跟踪体制对平台进行实时跟踪和测控。平台采用全向天线,地面总站用定向跟踪天线。实战飞行中,应控制平台以尽量小的半径飞行,以保证可靠的中继通信。为了能在复杂的电磁环境中工作,系统还必须具有抗干扰功能,一种有效的方法是采用扩展频谱技术。若数据率为 2Mb/s,扩频增益为 20dB,则频谱扩展后的带宽是 200MHz,所以要选用较高的载波频率,如 C 波段或更高。

还有一个问题是平台工作切换问题,当主平台飞行到时间后,就要用备份平台对其进行接替,换替时要求保证通信链路无损伤进行切换,并且地面测控站能同时对两架无人机进行测控。如果平台载体是固定翼的无人机,则其中继纵深可至 200km。

5.3.4　数据链系统

1. 数据链系统概述

数据链,又称战术信息链或战术数据链,主要以提高作战效能、实现共同战术目标为目的,将作战理念与信息编码、数据处理、传输组网等信息技术进行一体化综合设计。数据链采用专用数字信道作为链接手段,以标准化的消息格式为沟通语言,建立从传感器到武器系统之间的无缝链接,将不同地理位置的作战单元组合成一体化的战术群,以便在要求的时间内,把作战信息提供给需要的指挥人员和作战单元,对部队和武器系统实施精确的指挥控制,构成"先敌发现、先敌打击"的作战优势,从而快速、协同、有序、高效地完成作战任务。

20 世纪 50 年代,美军启用了"半自动防空地面环境系统"(SAGE),它是数据链最早的雏形。SAGE 使用各种有线/无线的数据链,将系统内 21 个区域指挥控制中心,36 个不同型号共 214 部雷达连接起来,通过数据链自动地传输雷达预警信息,从而大大地提高了北美大陆的整体防空能力。现代战争作战形式的改变加快、作战节奏的增加幅度也越来越快,迅速交换情报信息的数据链可使海军舰队中各舰艇或飞行编队中的各机共享全舰队或整个机队的信息资源,使其战场感知范围由原先的各舰或各机所装备的传感器探测范围扩大到全舰队或全机队所有的传感器探测范围,编队内的各平台被数据链连接为一个有机整体,极大地提高了各平台的战场态势感知能力。

1) 数据链定义

数据链的定义目前尚无统一说法。美军参联会主席令(CJCSI6610.01B)的定义是:"战术数字信息链通过单网或多网结构和通信介质,将两个或两个以上的指控系统和(或)武器系统链接在一起,是一种适合于传送标准化数字信息的通信链路,简称为TADIL"。从这个定义可见,战术数字信息链由标准化的数字信息、组网协议和传输信道三个核心要素所组成,如图5-41所示,其主要连接对象是传感器、指控系统和武器系统。"TADIL"是美国国防部对战术数据链的缩写,而北约组织和美国海军对战术数字信息链的简称是LINK,二者通常是同义的。

图5-41 数据链三个核心要素

数据链最大特点是传输能力强和传输效率高,而且自动化程度也很高,是将传感器、指控系统与武器系统三者一体化的重要手段和有效途径,目前已成为提高武器系统信息化水平和整体作战能力的关键。数据链的应用模型如图5-42所示。

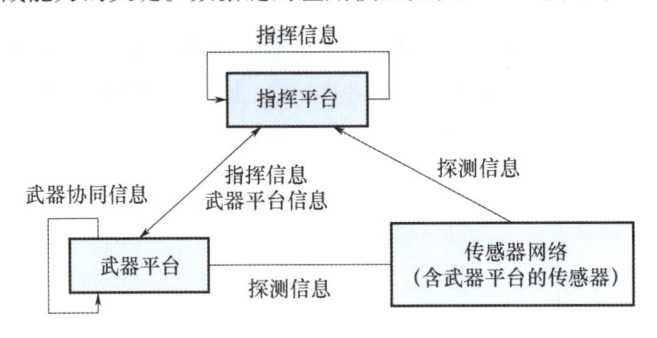

图5-42 数据链的应用模型

图5-42中,传感器网络包括分布在陆、海、空、天的各类传感器,是作战部队在战场环境中进行不间断的侦察和监视,并通过数据链获取战场态势信息的主要来源。指挥平台包括各级各类指挥所,是部队实施作战指挥的核心。武器平台包括各类陆基武器平台、海上武器平台、空中武器平台和天基武器平台。

2) 数据链分类

从应用角度,数据链有三种类型:指挥控制数据链、情报侦察数据链和武器协同数据链。指挥控制数据链可覆盖整个战场区域,将作战区域内的敌我分布态势实时分发到各参战单元，并指示、引导各作战成员做好准备，及时捕获敌方目标；情报侦察数据链用于图像、视频等高速侦察情报信息分发；武器协同数据链用于在武器平台之间分发目标信息和武器协同命令，再根据各武器平台的特点，在敌方攻击之前，协同地对敌目标实施攻击。这几种数据链相辅相成，将大大增加系统作战的整体效能。除专用数据链之外，也可构成既具备作战指挥又具备武器协同的多功能综合数据链[①]。

（1）指挥控制数据链是传送指挥控制命令和态势信息的数据链，主要是作战指挥控制和武器控制系统用于命令传递、战情汇报和请示、勤务通信及战术行动的引导指挥。例如，可用于控制中心向战斗机编队传送控制命令或配合作战命令，也可用于指挥所之间传送协调信息。它所传送的信息通常是简单的非话音命令数据或态势信息（包括传感器获取的目标参数、平台自身的导航参数、对机动平台的引导信息、超视距目标指示信息等）。大致可以分为两类，一类是适用于各军兵种多种平台、多种任务类型的通用数据链，例如，美军的 Link 4、Link 11、Link 16 等。其中：Link 4 以指挥命令传达、战情报告和请示、勤务收集和处理、战术数据传输和信息资源共享等功能为主；Link 11 以远距离情报资料收集和处理、战术数据传输和信息资源共享等功能为主；Link 16 有下达命令、战情报告和请示、勤务通信等功能，可在网络内互相交换平台位置与平台状况信息、目标监视、电子战情报、威胁警告、任务协同、武器控制与引导信息等。另一类指挥控制数据链是专为某型武器系统而设计，如美军"爱国者"导弹专用的"数字信息链"（PADIL）。

（2）情报侦察数据链的功能是完成情报侦察信息的分发，把情报侦察设备获取的信息从侦察平台传输到情报处理系统，然后将产生的情报产品分发给相关用户。情报侦察数据链是实现传感器、情报处理中心、指挥控制系统和武器平台之间无缝链接的关键环节，是实现情报侦察数据实时共享、完成侦察打击一体化目标的重要装备。目前该类数据链已可适用于多种平台，包括有人侦察机、预警机、战斗机、无人侦察机，以及海上侦察平台、侦察卫星等，甚至单兵也开始装备。例如美军的"多平台通用数据链"（Multi-platform Common Data Link，MP-CDL）能够实现多种类型作战平台的大规模高速组网。

（3）武器协同数据链是用于实现多军兵种武器协同的数据链，装载于飞机、舰艇、装甲战车、导弹发射架等武器平台以及炮弹、导弹、鱼雷等弹药上，实现各种武器联合防御、协同攻击的作战效果。武器协同数据链主要传递复合跟踪、精确提示和武器协同信息。例如美军典型的武器协同数据链"战术目标瞄准网络技术"（Tactical Targeting Network Technology，TTNT），在未来有人、无人空中平台和地面站间建立一个高速的数据链网络，满足空军作战飞机对机动性很强的地面活动目标的精确打击需求。

3) Link-16 数据链

Link-16 是美军与北约多军种联合使用的通用数据链，它的传输通道是联合战术信息分发系统/多功能信息分发系统（JTIDS/MIDS），格式化消息采用 J 系列信息，传输通道设备有 JTIDS 端机和战术数据系统（TDS）组成，如图 5-43 所示。上面环状表示 Link-

---

① 如联合战术信息分发系统（JTISD）。

16通道系统采用的多网结构和同步时分多址接入方式。

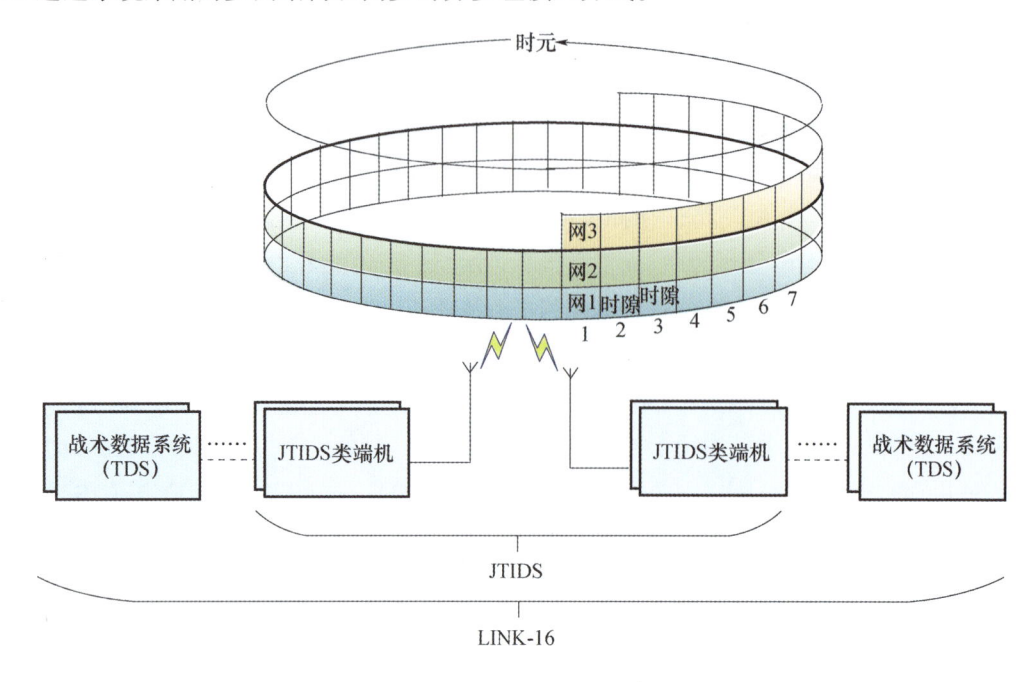

图 5-43 Link-16 组成

JTIDS/MIDS 采用同步时分多址(TDMA)接入方式的无线数据广播网络,每个 JTIDS 端机根据网络管理规定,轮流占用一定的时隙来广播自身平台所产生的信息。在非广播时间,则根据规定,接收其他成员广播的信息。JTIDS/MIDS 把系统时划分为时元和时隙,如图 5-44 所示。时元为 12.8min,每个时元又划分为 $3 \times 2^{15} = 98304$ 个时隙,每个时隙为 7.812ms,时隙被分为 A、B、C 三组,每组时隙的编号为 0~32767,交叉排列。

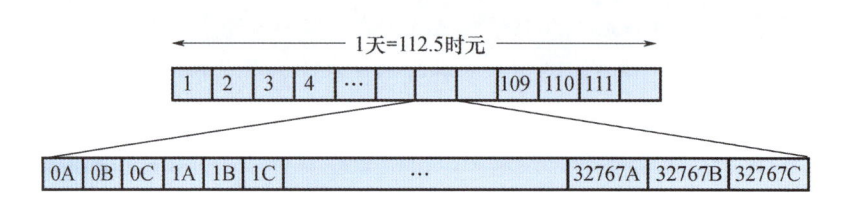

图 5-44 Link-16 的 TDMA 结构

JTIDS/MIDS 以时隙为单元分配组网内成员,所有成员具有统一的系统时间,每个成员在规定的时隙内发送本站的战术情报信息,整个通信网络就像一个巨大的环状信息池,所有的用户都将自己的信息投入池中,也可从池中取得自己需要的信息。

Link-16 以特殊的格式化消息进行信息传输。这些消息格式由多组字段构成,每组字段依次包括规定数目的比特位,这些比特位将被编码与预定的模式来代表专门的含义,这些标准化的消息格式称为 Link-16 的 J 序列消息。每种 J 序列消息标识为 J$n.m$ 形式,其中 n 为标识符,表示大类(0~31),m 为子标识符,表示小类(0~7)。例如 J13 表示机场状态,J13.2 表示机场空中状态,而 J13.3 表示机场地面状态。对于每一种序列消息,

Link-16还详尽规定的每个字格式,即每个字包含的数据元素、数据元素长度及其位置。例如,J13.0(机场状态)由初始字 J13.01、扩展字 J13.0E0、继续字 J13.0C1 和 J13.0C2 组成,而 J13.0C1 又由风向、风速、能见度等数据元素组成,如图 5-45 所示。

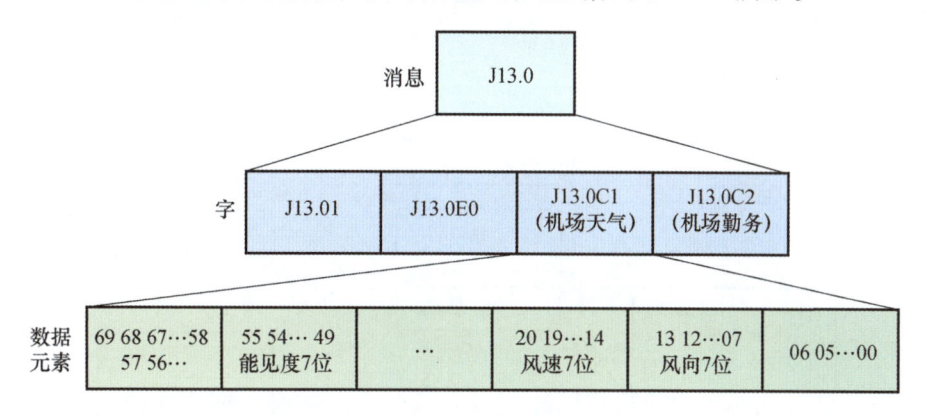

图 5-45　Link-16 中的格式化消息

2. 数据链系统组成

与数据链3个核心要素对应,数据链系统通常由信道传输设备、通信协议控制器和信息处理设备组成,如图 5-46 所示。①信道传输设备又称为数据终端设备,主要由信道机、传输控制器和保密设备组成,负责信息的传输和加密;②通信协议控制器又称为接口控制处理器,用来产生点对点、一点对多点、多点对多点等数据通信协议;③信息处理设备又可称为战术数据系统(TDS),负责将战术数据依照规范的通信协议和消息标准进行处理。有的数据链还有网络管理中心,负责接纳入网用户,分配信道资源,维持网络的有效运行。

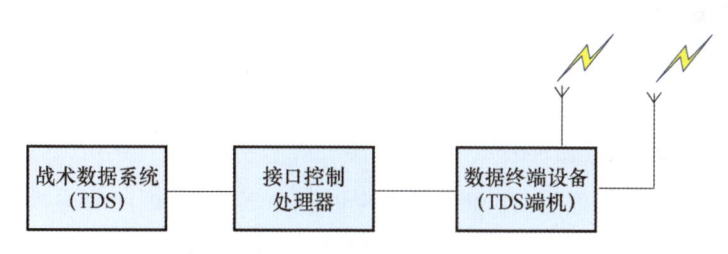

图 5-46　数据链相关设备构成

数据链的工作过程是:首先由作战单元或平台的主任务计算机将本平台欲传输的战术信息,通过战术数据系统按照数据链消息标准的规范转换为标准的消息格式,经过接口控制处理器对组网通信协议处理后;然后经数据终端设备发送出去(通常是无线信道),接收平台(可能有数个)由其无线电终端机接收到信息;最后由战术数据系统还原成原来的战术信息,送交到由作战单元或平台的主任务计算机进行进一步处理和应用,并显示在平台的显示器上。完整的数据链应用系统如图 5-47 所示,各传感器、武器平台、指控装备通过包含三要素设备的数据处理机进行互联互通。

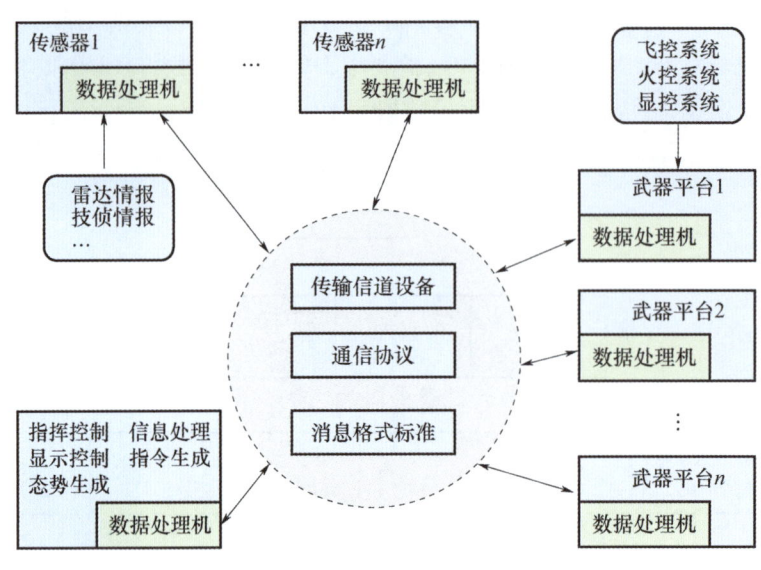

图 5-47 数据链系统构成示意图

数据链的工作频段一般为 HF、VHF、UHF、L、S、C、K。具体的工作频段选择取决于被赋予的作战使命和技术体制。例如，HF 一般传输速率较低，却具有超视距传输的能力；VHF 和 UHF 可用于视距传输，传输速率较高的作战指挥数据链系统；L 波段常用于视距传输、大容量信息分发的战术数据链系统；S、C、K 波段常用于宽带高速率传输的武器协同数据链和大容量卫星数据链。

5.3.5 散射通信系统

1. 散射通信系统概述

散射通信系统通常是指利用对流层散射信道的通信系统。对流层是大气层的一个区域，其顶部位于地面上空十多千米，并在不同纬度地区有所不同。中纬度地区约为 10～12km，低（高）纬度地区较高（低）些。对流层中存在着大量随机运动的不均匀介质，如空气涡流、云团等，它们的温度、湿度和压强等与周围空气不同，因此对电波的折射率也不同。当无线电波通过这种存在有大量不均匀介质的对流层时，电波将受到折射、散射和反射。电磁波二次辐射的方向是不均匀的，其大部分能量在电波通过的方向及其附近，而对流层散射通信系统的接收天线所收到的信号是收、发天线波束相交部分散射体内介质的前向散射信号之和。可见，散射信道是一种典型的多径信道，同时，对流层散射通信也是一种超视距通信，其单跳通信与传输速率、发射功率及天线口径有关，跨距可达几百上千千米。

1) 多径信道的传播特性

散射传输属典型多径传播，所引起的衰落都是快衰落。不过在各类衰落信道上，除快衰落之外，信号电平中值（或均方根值）都存在有较长期的慢起伏，称为慢衰落。由于气象条件的有规律变化（昼夜、季节的变化）和随机变化（如气流运动、大气锋的影响等），造成散射信道的接收信号"短时"平均功率或"短时"中值电平的缓慢起伏而形成慢衰落。一般情况，散射信道模型是由上述快衰落和慢衰落的两种信道链接而成。

2) 信道适应技术

克服散射信道衰落的主要方法是采用分集接收技术。分集接收是指由不同途径获得多个衰落特性互不相关的接收信号样本，然后采用合并技术将其合成，从而改善合成后的接收信号的质量。空间分集是指利用分布不同空间的多副接收天线可以获得多个接收信号样本，不同天线的接收信号衰落特性就可认为是互不相关的；频率分集和时间分集是指利用多个频道或多个时隙（多个时隙是时分复用的多个信道）获得多个样本的分集方式。多个接收样本信号的合并技术常用的有三种：选择性合并，在多个分集信号中，选择具有最大输出信噪比的信号作为输出；等增益合并，对各分集信号以相同的系数进行加权后合并；最大比合并，对各分集信号以最佳加权系数进行加权后合并。"最佳的加权系数"将保证合成的信号输出信噪比最大。

2. 散射通信系统组成

散射通信系统可以分为点对点散射通信系统（背负式）和多向散射通信系统（车载式），相对于点对点散射通信系统，多向散射通信系统具有集成度高、通信链路数量多、组网灵活、自动化程度更高等特点，在军用通信专网、地空导弹通信配套等领域中有着广阔的应用前景，尤其在多级指挥、多阵地的联合作战中发挥着重要的作用。这里以多向散射通信系统为例加以说明其系统组成。

1) 基本组成

由于多向散射通信系统不能采用频分、时分、码分等一点多址体制，所以常采用通过多套设备物理叠加的方式来实现。考虑机动性需要，多向散射通信系统节点内所有的通信设备均安装在1辆通信车内，车内通信设备主要包括：散射设备、终端设备、网管设备等。

传统的多向散射通信系统包括：2个散射低频设备（调制解调器）、4个散射高频设备（收发信机、功放等），每个低频设备、每2个高频设备和每2面天线组成一套散射通信设备，该系统能同时和2个方向进行通信，每个方向都是8重分集，对称传输方式，如图5-48所示。

2) 扩展组成

为了扩展链路数量，实现多方向通信（大于2个方向），可以增加2个散射低频设备和1个中频切换设备，这样一辆通信车共集成4个低频设备、4个高频设备、4面散射通信天线和1个中频切换设备。在点对4点进行通信时，1个低频设备、1个高频设备和1面天线组成一套散射通信设备，这样每套设备与对端站的2面散射通信天线进行通信时变成4重分集，非对称传输，但是通信方向增加为4个，如图5-49所示。

系统同样也可以实现1点对3点通信，此时1条通信链路为8重分集、对称传输；另外2条通信链路为4重分集、非对称传输，如图5-50所示。

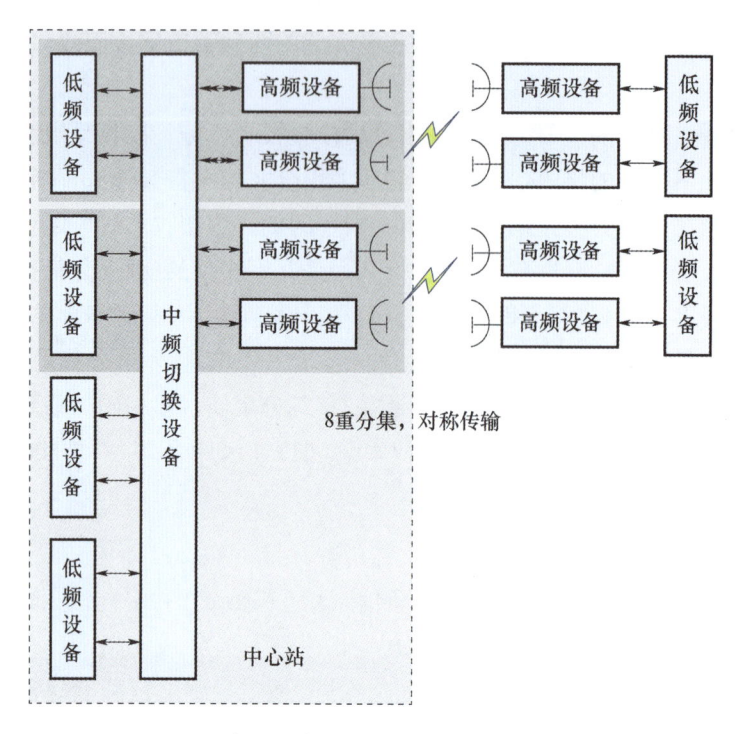

图 5-48　点对 2 点、对称传输(2+2 模式)示意图

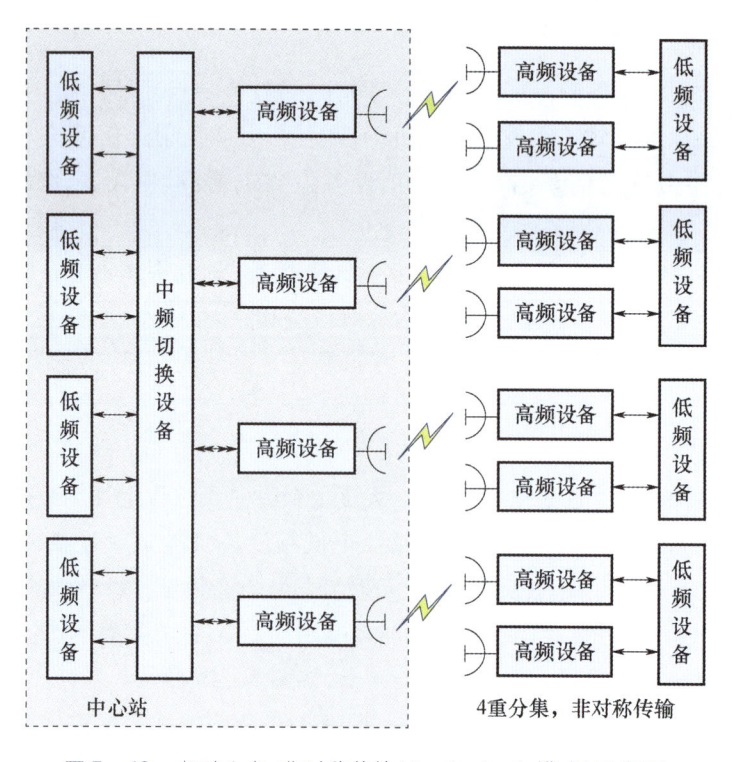

图 5-49　点对 4 点、非对称传输(1+1+1+1 模式)示意图

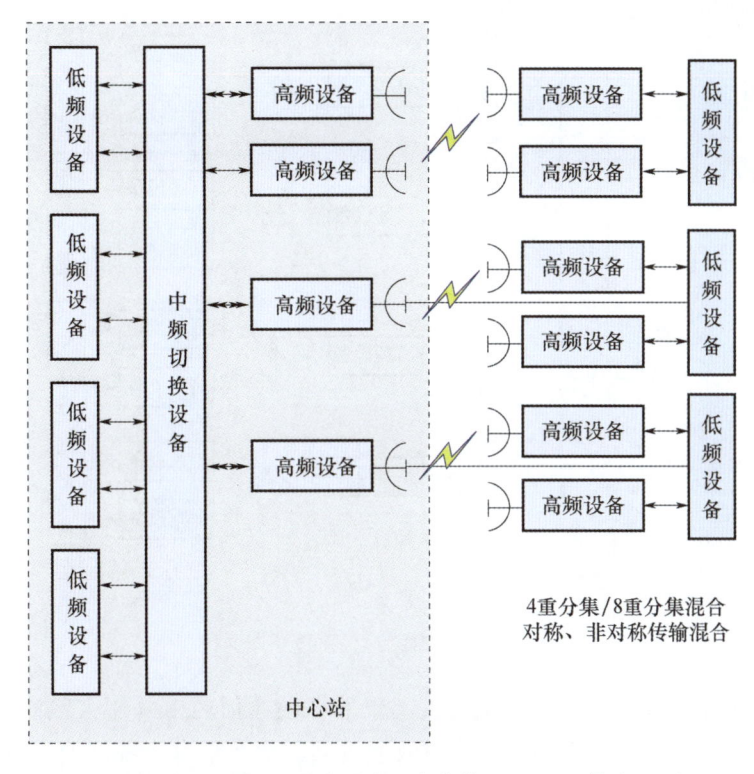

图 5-50　点对 3 点、对称非对称混合传输(2+1+1 模式)示意图

在低频设备和高频设备之间的中频切换设备主要完成 4 个高频设备的中频输出至 4 个低频设备之间的连接组合。通信车的 4 面天线对应 4 个高频设备,可进行不同的组合,构成 4 重或 8 重分集,高频设备与低频设备之间的连接不是一一对应,需根据某个通信方向的具体配置进行连接,接线关系通过监控单元进行控制。

综上所述,多向散射通信系统在传输模式上可分为 3 种:①2+2 模式:点对 2 点、对称传输模式;②2+1+1 模式:点对 3 点、对称非对称混合传输模式;③1+1+1+1 模式:点对 4 点,非对称传输模式。

除了散射通信设备和切换设备,通信车内可配置微波通信设备、短波通信设备、复分接和交换设备、网管设备、光电复用设备等。多向散射通信系统通信车全车配置如图 5-51 所示。

5.3.6　集群移动通信系统

1. 集群移动通信系统概述

移动通信是指通信双方或至少其中一方在运动状态中进行信息传递的一种通信方式。集群移动通信系统则是指多个用户(部门、群体)自动动态地共用一组无线电信道的移动通信系统,简称集群系统,是无线通信技术与微计算机技术紧密结合的产物,是一种先进、高效多用途专用调度指挥系统。近年来,该系统以其独特的优点和功能得到迅猛的

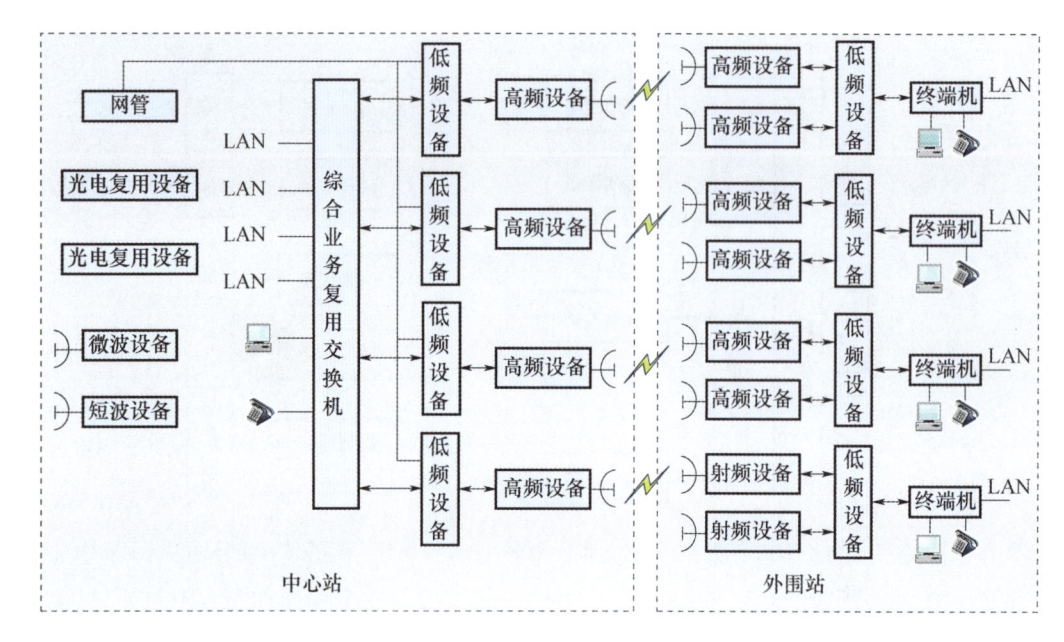

图 5-51 多向散射通信系统组成原理图

发展,成为移动通信系统的一个重要分支。集群移动通信通常采用大区制组网方式,因此,特别适用于部队野战条件下一定地域内的机动通信。集群系统能使大量用户共享相对有限的通信资源,这种资源(频率)动态分配的概念有效汇集了所有信道的可用时间,因而,为每个用户提供了最大限度的可用工作时间,并将信道阻塞减至最小(蜂窝网除外)。

1）集群移动通信系统的特点

集群系统是频谱利用率较高的一种移动通信网,其特点如下。

（1）具有星形拓扑网络结构,因此,它是一种区域服务调度系统。

（2）在一个多信道中继系统中,用户自动共享若干条信道。这是与普通信道共用系统的本质区别。普通系统无需人工变换频道,但完成一次通话的信道是固定的,集群系统中,完成一次通话的每个收发转换过程都不断地变换信道,这正是提高频谱利用率的关键所在。

（3）缩短了等待进入系统的时间。

（4）在保持原有通信质量的基础上,提高了信道容量。

（5）其阻塞机会比只有一个信道单独使用时小得多。

（6）具有很强的指挥调度功能,集群系统是专用调度系统发展的高级阶段,它具有很强的调度功能,如选呼、组呼、群呼、紧急呼叫、动态重组等。

2）集群移动通信系统的分类

（1）按控制方式分类。

① 集中控制方式。集中控制方式是指采用一条专用信道作控制信道(信令信道),并由集群系统的中央控制器集中控制和管理系统内的所有信道。其优点是接续快,除了设

置一些专用功能外,还可完成紧急呼叫、短数据传输、防盗选择和无线电台禁用等功能,此外,还具有连续分配、信息更新、提高通信可靠性以及遇忙排队、自动回叫等优点。

② 分布控制方式。分布控制方式是指系统内基站的每个转发器都有一个单独的智能控制器负责信道控制和信令转发。各转发器之间的信息交换是通过一条高速数据总线进行的。移动台可在任何空闲信道上实现接入操作。其优点是可以发挥系统的最大效率,分布式处理的逻辑控制技术可省去系统控制器,也可省去独立的专用信道,所有信道均可用于通话,而且,当某个转发器失效时,系统中的其他转发器还能正常工作。

(2) 按占用信道方式分类。

① 消息集群。消息集群是指当用户建立通信联络后,便一直使用一个信道,直到通话结束,信道才释放。其优点是通话连续性好,缺点是信道利用率低。

② 传输集群。传输集群是指在单工或半双工工作时,用户的通话是以 PTT 开关按键、松键为条件来申请和随机占用信道的。即用户按下 PTT 开关就占用一个空闲信道,松键后该信道立即释放,用户再按 PTT 开关时又重新占用一个信道,但不一定是原信道。该方式不存在通话间隙和通话完毕仍占用信道的现象,因而信道利用率大大提高。但通话间歇 PTT 开关一旦松开,原通话信道就释放而被其他用户使用,这样就有可能在系统业务繁忙时,用户再次按下 PTT 开关而无空闲信道或要经过一些延迟时间才能占用空闲信道,导致通话连续性差。

③ 准传输集群。为了克服传输集群可能出现的通话中断现象,准传输集群在通话间隙用户松开 PTT 开关后,信道仍然保留 0.5~1s 的时间,如果通话双方在此时间内按下 PTT 开关,通话仍在原信道上进行。只有当超过 0.5~1s 时间,通话双方均未按 PTT 开关,此信道才释放成为公用空闲信道。该方式克服了传输集群的缺点,同时,兼顾了消息集群和传输集群的优点。

3) 集群移动通信系统的主要功能

(1) 系统通信功能。能进行普通话音的通信、传输数据信息、状态信息和传真。支持主台(调度台)到用户组(群)、用户台到主台、用户台到用户组(群)、PABX 或 PSTN 市话有线用户到移动用户或相反,实现有/无线互联。可以进行单呼、组呼(群呼)、全呼(通播)、电话呼叫,呼叫有优先等级,紧急呼叫为最高优先级,可根据系统内用户情况分成若干级。

(2) 系统入网功能。用户入网时间短,任一用户按下 PTT 开关,0.5s 后即可插入话音信道、呼叫申请自动重发、繁忙排队/回叫、紧急呼叫优先、限时通信。具有新用户优先、动态重组、位置登记及漫游、连续性更新指令、系统寻找和锁定等可选功能。

(3) 系统维护管理功能。系统维护管理的主要功能有监视系统通信忙闲状态、基站无人值守、自动检测系统设备的故障显示及报警、故障弱化。可选功能有通话记录和计费、发射机故障自动关闭、接收机遇扰自动关闭、系统自检等。

(4) 多区联网功能。在多区联网上,集群系统具有单区网扩展多区网、自动搜索信令信道、多区信令信道管理、多区信令信道管理、多区动态使用信道以及多区业务管理等功能。

2. 集群移动通信系统组成

集群移动通信系统属于专用调度指挥系统,它与公用移动电话网相比,用户容量要少得多。为使系统结构简单,节省投资,网络结构通常采用大区制。集群移动通信网最初建立基本系统的单区网,当通信范围需扩大时,则基本系统将单基站设计成为多基站,当覆盖区再扩大、用户增加时,则可将基本系统作为基本模块,把多个基本模块叠加成为多区的区域网,甚至成为多区、多层次网络,从而构成一个或几个大区域,甚至全国或跨国联网。对于集群移动通信系统,无论是集中控制方式还是分布控制方式,基本上由移动台、调度台、基站(转发器)、控制中心和区域控制中心所组成。

1) 集中控制方式的集群系统

这类集群系统最基本的模块为单区单基站系统,只设一个系统控制中心和一个基站,主要包括基站、系统控制中心、系统管理终端、调度台、移动台等 5 部分组成,其结构如图 5-52 所示。

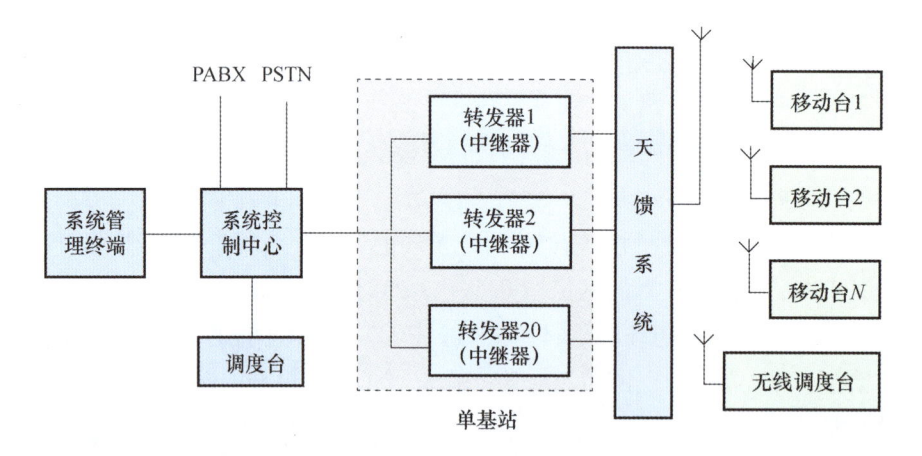

图 5-52 集中控制方式的单区系统

随着集群移动通信系统的覆盖范围增大,逐步形成应用于一个较大区域或以一个专业部门为主的多层次、多控制中心多区系统,如图 5-53 所示。

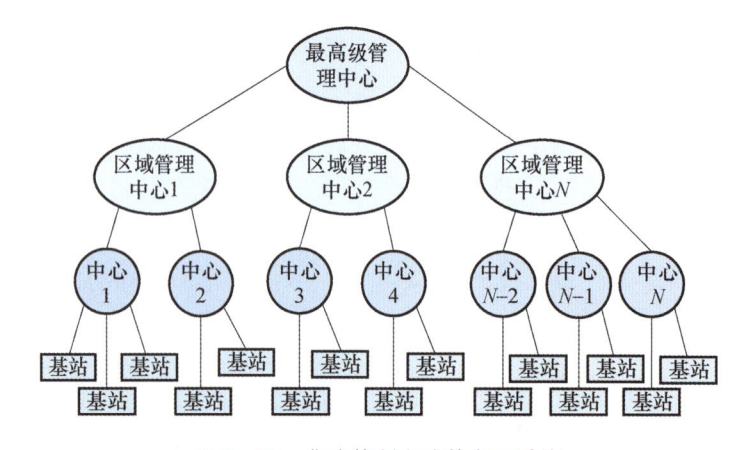

图 5-53 集中控制方式的多区系统

集中控制方式具有系统控制器进行控制,系统功能齐全,能满足指挥、控制和调度功能,便于智能化管理,便于处理特殊功能,便于单区系统联成区域网。

2) 分布控制方式的集群系统

这种集群系统最基本的模块也是单区单基站,它与集中控制方式的单基站单区系统不同的是控制器与基站在一起,而基站的若干个转发器带有相同数量的控制器。每个信道有一个转发器(含有集群控制逻辑模块),把多个单区系统相连,并由网络交换中心控制,这样便构成了分布式控制的多区系统,达到全区的联通及用户的漫游,其结构如图 5-54 所示。

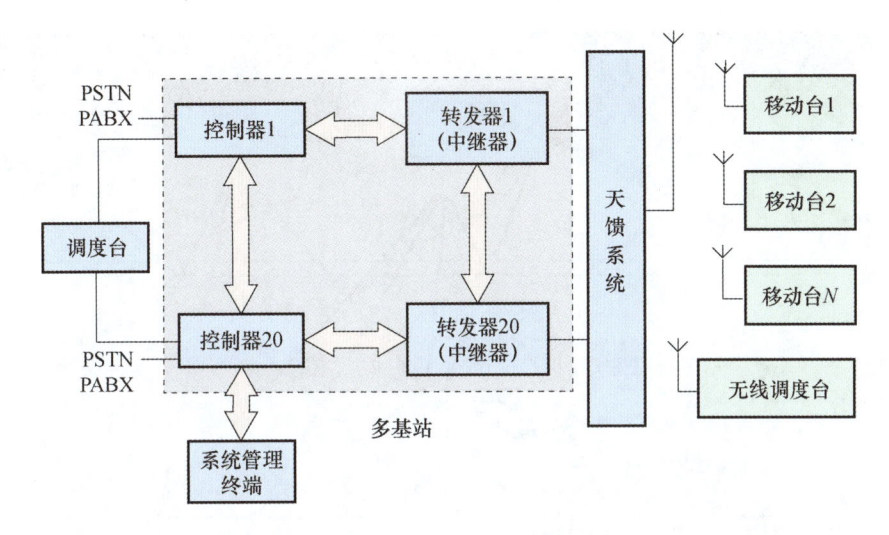

图 5-54 分布控制方式的单区系统

5.4 外军军事通信系统

5.4.1 美国陆军战场通信网络

美国陆军战场通信网络主要为陆军各级指挥员、各类作战人员、传感器和武器平台等提供通信和信息保障,由包括陆地、机载和空间层在内的多层网络组成。伴随美国陆军战术指挥控制系统(ATCCS)发展至陆军作战指挥系统(ABCS),其通信系统也从移动用户设备(MSE)、单信道地面与机载无线电系统(SINCGARS)、增强型位置报告系统(EPLRS)等独立发展运用,逐步发展到多种战术通信系统综合运用阶段。目前,美国陆军战场通信网主要系统包括战术级指战员信息网(WIN-T)、联合战术无线电系统(JTRS)、转型通信卫星系统(TSAT)、国防信息系统网、全球广播系统、GIG 带宽扩展计划(GIG-BE)等。这里重点介绍 WIN-T 和 JTRS。

1. 战术级指战员信息网(WIN-T)

WIN-T 是美军 GIG 陆战网的重要组成部分,是美军下一代陆战场高机动、高容量的骨干通信网络,综合地面、空中和卫星通信能力,现正逐步替换美军现役的三军联合战术通信系统(TRI-TAC)和移动用户设备(MSE)。WIN-T依靠"动中通"卫星和高频段网络电台实现动中宽带灵活组网,逐步实现网络整体移动,为地面部队提供灵活、安全、生存能力强、无缝连接的多媒体信息网,将GIG信息共享和服务能力延伸到战术末端,提升机动用户的信息获取能力。WIN-T由空间、空中和陆地部分组成,是一个高速率、大容量、无缝隙、互操作、可升级、可重组的动态自适应网络,系统以节点为中心,主要包括战术通信节点(TCN)、中继节点(TR)、网关节点(JGN)、嵌入式接入节点(POP)和网络运作节点(NOSC),网络体系结构如图5-55所示。

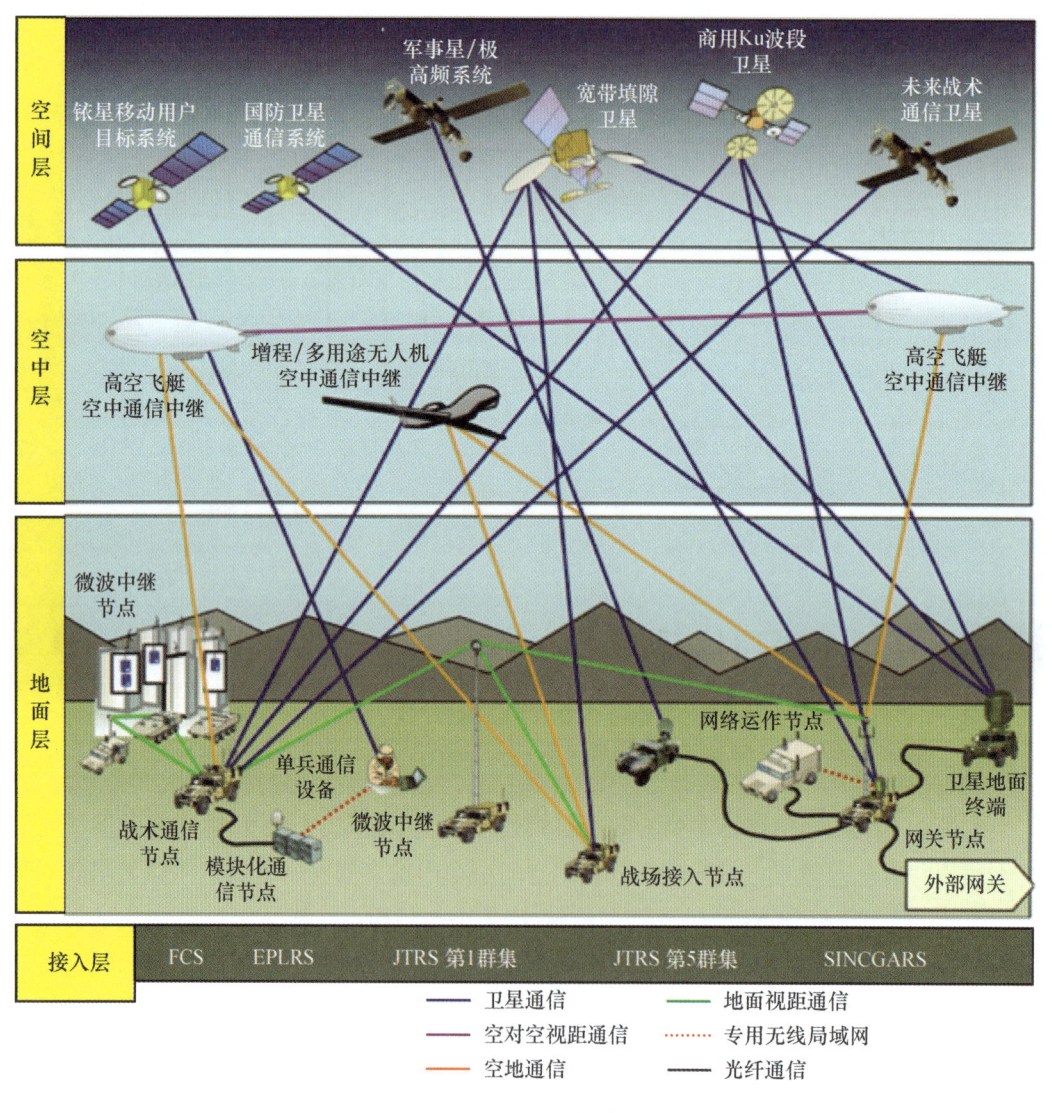

图 5-55 WIN-T 网络体系结构

WIN-T采用了多种先进的通信技术,包括第三代蜂窝电话、无线局域网、下一代卫星、IP6协议和网络电话等。WIN-T项目最关键的技术难题是运动通信技术,包括无线通信、蜂窝通信、卫星通信和互联网协议等，其作用是保持作战人员的通信与网络连接。WIN-T 主要特点包括：①采用全 IP 技术，由传输网向信息网转变；②大量依靠动中通卫星、动中通宽带电台，由机动网向全移动网络转变；③从面向指挥所通信保障向以指挥员为中心通信保障转变；④具有自动化网络管理能力；⑤具有 IDM 能力。

2. 联合战术无线电系统(JTRS)

美军联合战术无线电系统(JTRS)计划的主要目标是利用软件无线电技术，基于统一开放的体系结构和标准规范，研制可灵活配置、便于升级维护的战术电台系列，以 4 个域 5 个系列的软件无线电台取代陆军、海军、空军和海军陆战队现役的 25~30 个系列 100 多种型号 70 多万部电台，解决现役战术通信系统工作频段窄、支持波形少、互联互通困难和软硬件技术升级复杂等问题。

为实现上述目标，JTRS 提出了系统顶层设计规范——软件通信体系结构(SCA)，全面定义了 JTRS 设备软、硬件体系架构及波形接口规范，实现了战术通信装备软件组件配置、管理、互联互通的标准化。JTRS 系列电台在 SCA 规范的约束下，分地面、机载/海上/固定站、网络企业和特种电台域 4 个域组织项目研制，如图 5-56 所示，地面域包括车载、单兵、传感器以及武器系统使用的通信装备，机载/海上/固定站域包括机载、舰载及固定台站平台使用的通信装备，网络企业域包括波形、网络企业服务，特种电台域指特种部队使用的增强型多频带内部通信装备。

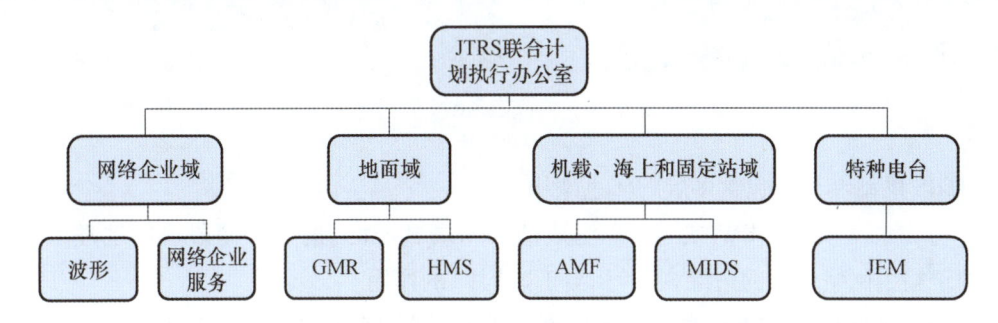

图 5-56 JTRS 装备分类

在波形系列方面，JTRS 按照优先发展宽带网络波形的原则，开发了宽带网络(WNW)波形、士兵电台(SRW)波形、联合机载网络-战术边界(JAN-TE)波形、移动用户目标系统(MUOS)波形等新波形。WNW 是 JTRS 的骨干和组网功能的核心，JTRS 计划初期设想 WNW 能满足所有军种的需求，但忽略了各军种的特殊组网要求和使用平台对尺寸、重量和功耗要求的差异。因此，又引入了 SRW 和 JAN-TE 波形来实现特殊的功能。SRW 是针对尺寸、重量和功耗有限制的平台(如手持、背负和小型嵌入式电台)设计的，面向徒步士兵、传感器等；JAN-TE 是为更好实现时间敏感的机载作战而设计的，以解决 WNW 在支持战斗机目标瞄准网络(Ad Hoc 网)时的速度太慢问题。MUOS 是美军下一代的窄带卫星通信系统，它依靠运行在同步轨道上的 5 颗卫星，提供全球覆盖、支持动中通、联合互操作的组网通信。同时，为实现于传统装备的兼容，还对 SINCGARS、EPLRS、Link-16、特高频多波段卫星通信系统(UHF SATCOM)等现有波形进行了移植。目前,JTRS 信息库中已存有 13 种波形、3 种操作环境、不少于 400 万条代码供开发商共享和更新,装备种类涵盖了电台、卫星、数据链等。目前,以 AN/PRC – 117G、AN/PRC – 148、AN/PRC – 152、AN/PRC – 154 为代表的 JTRS 电台已相继投入使用,装备能力已得到基本验证。联合战术无线电系统(JTRS)的作战体系结构视图如图 5 – 57 所示。

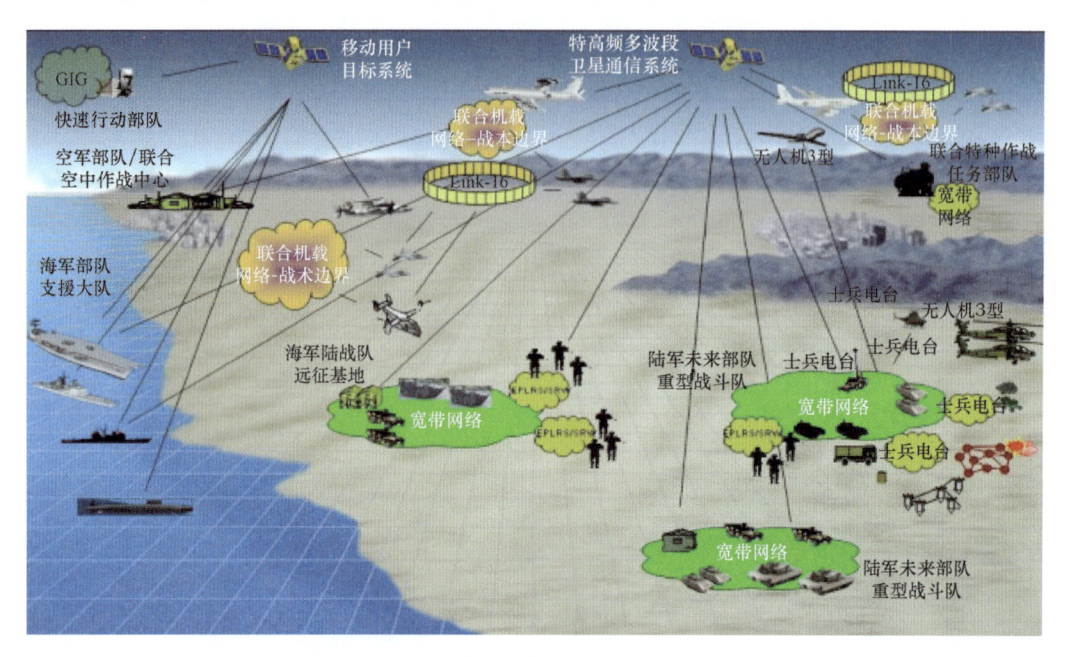

图 5 – 57 JTRS 作战体系结构

JTRS 网络结构中包含多层的体系架构:

(1)第一层是由 SRW 或 WNW 组成的战术局域子网,这种子网覆盖的地理区域较小,处于整个网络体系的边缘,或者相当于"叶片"的作用。

(2)第二层是由 WNW 构成战术级别的骨干网络将各种子网连接起来。

(3)第三层是由 JAN – TE、UHF SATCOM 作为高层骨干网络。

(4)第四层是由 MUOS 提供全球覆盖能力的网络互联,构造完整的 GIG 网络。

JTRS 的应用场景中主要包括以下要素:

(1)海上单位通过 Link – 16,经 MUOS 卫星或空中平台,实现到 GIG 网关的连接。

(2)陆地单位通过 WNW、SRW 构建若干个子网,并经过空中平台或经过 UHF SAT-COM 实现子网间的互联以及接入到 GIG。

(3)WNW/SRW 用于构建小范围的局域网络,地面 WNW 骨干网为局部范围网络互连及各个 SRW 子网的接入提供干线传输支撑;JAN – TE 用于构建小规模的空中战术子网,空中 WNW 骨干网、UHF SATCOM 及 Link – 16 用于实现较大地理范围内的网络互连;MUOS 提供各种骨干网、关键节点到 GIG – BE 网关的连接,从而实现 GIG 的全球覆盖目标。

5.4.2 法国战术无线电系统

战术无线电系统是指军以下战斗部队为实现信息的传递和交换而建立的通信系统。对上与战役或战略通信网互联,对下与各战斗实体互联,是部队底层通信系统。为了满足战术作战部队在未来作战中对通信的要求,法国陆军于1980年计划研制一种采用先进技术,具有抗干扰和通信保密功能的新一代战术跳频电台。在1986年10月进行的投标中,法国汤姆逊CSF公司一举中标,成为全面负责研制PR4G电台的主要承包商。1988—1989年,军方和生产厂家联合对PR4G电台样机进行了战术技术性能试验,试验结果表明其各项技术指标均达到了原设计要求。1989年4月,汤姆逊CSF公司决定小批量生产,并于1990年6月与法国陆军签订了首批生产500部背负式和车载式电台的供货合同。

1. 系统概况

PR4G是法国陆军战场通信的第四代无线电台,有车载、背负、手持和机动4种类型,是一种超短波自适应跳频电台。法军总需求量约46600部,其中,27000部车载型,8600部背负型,10000部手持式,1000多部机载型。整个PR4G计划的总耗资达100亿法郎,最终取代50000部于1964—1984年装备法国陆军的TRPP11型背负电台、PRPP13型背负电台、TRVP213型车载电台和TRAP113型机载电台,并优先装备武器系统,如MLRS炮兵火箭弹系统、LECLERC主要战斗坦克、SAMANTHA炮兵系统、CL289遥控无人驾驶侦察机和未来的MSAM地对空导弹系统。海湾战争中的法军坦克部队即装备了PR4G电台。

PR4G系统由一系列抗干扰/保密战术无线收/发信机、频率和密钥管理系统以及各种操作和安装辅助设备(战术数据信息终端、遥控装置、天线、音频附件、适配器和电源等)组成。

2. 系统的发展

PR4G是一种可发展的系统,它在基本设计的进一步开发和现用收/发信机的改进/现代化这两方面都体现了不容忽视的发展潜力。

第一批改进项目是法军的系列产品,于1995年完成,接着对现用系统进行翻新。这些改进实际上应视为PR4G系统目前所能提供的性能的一部分。第一批改进的"项目"包括:单信道无线电入口功能,可使PR4G用户进入法军的"里达"(RITA)综合传输网络(或其他高级网络),供一个军地域内的PR4G用户使用。这一功能的重要性是不言而喻的,尤其是在武器系统相互传送数据方面。它的引用将进一步加强PR4G系统的技术领先地位,因为,据报道现存的或计划中的同类系统中都不具备这种能力。

在1995年后引用的第二批改进项目包括如下内容。

(1) 自适应天线,可进一步增强抗单向干扰的能力。

(2) 分组信息交换。这一特性将使一套PR4G设备能与其有效通信范围以外的另一设备进行通信,中间通过被当作中继台使用的一些中继设备自动地迂回信息。需要特别指出的是,这一工作方式是通过相同的标准设备实现的,不需要任何中央变换站来进行信息迂回和全网管理。不仅如此,这一工作程序遍布于网中的各个无线设备,这使整个网络在局部被毁的情况下仍能继续工作。

(3) 自动数据速率选择,根据链路质量调整数据速率。

(4) 低速(50b/s)扩频方式,作为保障数据通信的"最后一招",在传播条件极其恶劣或有严重干扰的情况下,用于传输必须传递的数据信息。

(5) 低速声码器(800~2400b/s),用于增强在严重干扰的电子战环境中的干扰能力,或允许用同一套无线设备进行话音和数据传输。

5.4.3　英国战术无线电系统

英军的战术无线电分系统常被称"松鸡"系统,于1971年开始研制,1984年装备英军陆军第一军。这里主要介绍"松鸡"系统中的光纤分系统。"松鸡"光纤分系统的研制计划是由英国国防部"松鸡"计划办公室于1976年制订的。该系统的设计目标是用于"松鸡"战术通信网中节点内部的传输子系统,即通过4段500m长的无中继光缆,以群或超群的速率传输双工业务。

1. 系统概况

在英军"松鸡"战术通信系统中,高频4芯电缆分系统用于10~2000m的车厢间互联,线路上传输的基带信号一般包括独立业务信息和勤务线比特流,可提供干线通信车与通信节点之间的群线路。此外,该电缆分系统还用于远程多路复接设备及无线设备与它们所属的通信车之间的互联。

战术应用的光缆的主要特点如下:

(1) 重量轻,灵活性大,缆盘容缆多,能节省敷设和收缆时间;

(2) 光连接器易于清洗;

(3) 由于光缆的故障以及水或灰尘的浸入而造成传输质量降低的情况会很少发生;

(4) 系统抗电磁脉冲和电子干扰能力强,无须配备电磁脉冲防护装置;

(5) 信号传输辐射小,且无串音,无须射频干扰滤波器;

(6) 不易被"搭线"(窃听);

(7) 在同一比特率时,中继间隔可更远;

(8) 不存在接地问题,也不必使用线路匹配器和均衡器。

2. 系统结构

"松鸡"光缆线路分系统的结构,如图5-58所示。该系统有两部光调制解调器,通过由内部光缆和4条500m长的外部光缆组成的通路传输信息。光调制解调器插件和设备光缆都要装在主设备中。主设备可安装在野外,但最常采用的是安装在移动设施(通信车)中。车载使用时,需通过通信车厢外壳接口,将主设备和500m野外光缆连接,因此,装备主设备、通信车外壳以及外部光缆均需要有连接器。该光纤分系统应能支持完成群(256kb/s 或 512kb/s)或超群(2048kb/s)业务信息的全双工传输,以及完成 16kb/s 的工程勤务线(EOW)信号和一种展开设备的单向告警信息(DEA)的传输。业务信息误码率应优于 10^{-7},工程勤务线误码率应优于 10^{-5},抖动特性应能允许 6 个系统串联工作。

光缆和连接器需容纳 2 芯光纤,每个传输方向占用 1 芯;光调制解调器必须通过 1 条单光纤通路,将业务信息、工程勤务线以及展开设备告警信号进行合组和分组。

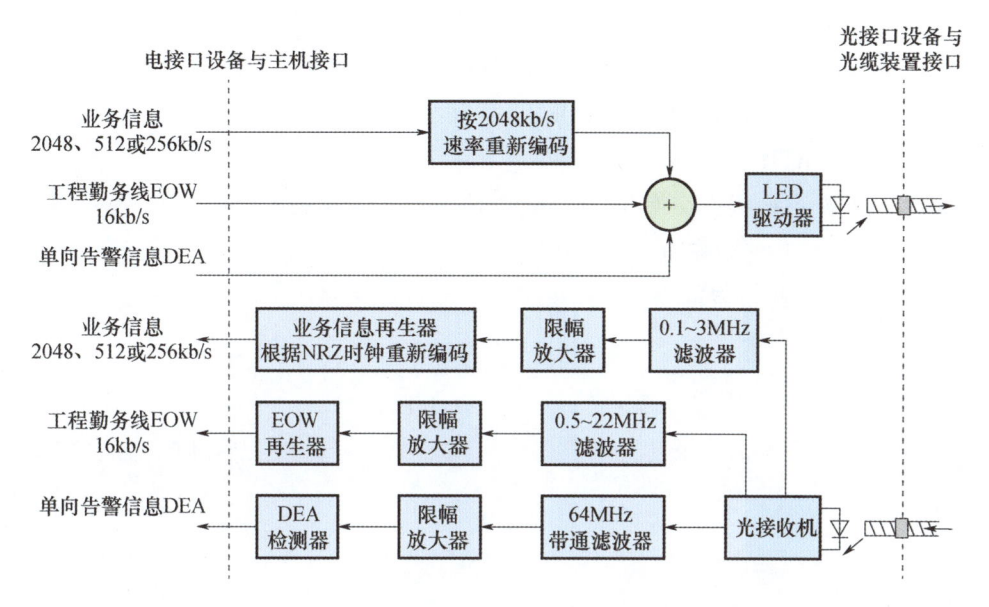

图 5-58 "松鸡"光缆线路分系统结构图

参考文献

[1] 杨心强,等. 数据通信与计算机网络[M]. 3 版. 北京:电子工业出版社,2007.

[2] 总装备部电子信息基础部. 信息系统——构建体系作战能力的基石[M]. 北京:国防工业出版社,2011.

[3] 童志鹏,等. 综合电子信息系统[M]. 2 版. 北京:国防工业出版社,2008.

[4] 张冬辰,等. 军事通信[M]. 2 版. 北京:国防工业出版社,2008.

[5] 骆光明,等. 数据链[M]. 北京:国防工业出版社,2008.

[6] 张传富,等. 军事信息系统[M]. 北京:电子工业出版社,2010.

[7] 刘建国. 军事通信网络基础教程[M]. 北京:北京航空航天大学出版社,2001.

[8] 何非常,周吉,李振帮. 军事通信——现代战争神经网络[M]. 北京:国防工业出版社,2000.

[9] 范冰冰,邓革. 军事通信网[M]. 北京:国防工业出版社,2000.

[10] 姜韬. 多向散射通信系统及其关键技术[D]. 西安:西安电子科技大学,2010.

思考题

1. 阐述军事通信系统的基本组成与结构。
2. 阐述军事通信系统的主要要求及地位作用。
3. 被复线通线有哪些特点？
4. 请解释散射通信的基本原理。
5. 请说出长波、短波、超短波通信的异同点？
6. 什么是信道？FDMA、TDMA、CDMA 之间的差别？
7. 简要描述 ATM 交换技术的特点。
8. 比较电路交换、报文交换和分组交换三种不同的交换技术。
9. 简要描述空中平台中继系统的作用。
10. 阐述数据链的三大要素及基本组成。

第6章 指挥控制系统

指挥控制系统,其目的是为作战指挥提供手段支撑,具有指挥与控制两个内涵。指挥是指在作战筹划阶段,在理解作战任务的基础上,进行战场情况判断、定下作战决心、生成作战方案、拟制作战计划,并下达作战命令;控制是指在作战实施过程中,及时掌握战场态势,并根据战场情况对作战行动进行调整、对作战力量进行控制的行为,使得作战进程向着有利于我方达成作战企图的趋势发展。在以信息系统为支撑的信息化战争中,指挥控制系统就是实施指挥与控制的信息化手段,能够辅助指挥人员及时全面的掌握战场态势,科学迅速的制订作战方案,快速准确的下达作战命令,在现代战争中起着至关重要的作用。

6.1 指挥控制系统概述

6.1.1 指挥控制模型与指挥控制系统

在指挥控制领域,大量学者研究并提出了诸多经典的指挥控制模型,这些模型从不同的角度描述了指挥控制的基本过程,而指挥控制系统作为实施指挥控制的主要手段,与指挥控制模型各要素及流程之间必然存在对应关系。指挥控制模型定义了指挥控制的逻辑过程,对指挥信息系统的信息处理过程提出了具体要求,而指挥控制系统的功能实现是对指挥控制模型的具体化,为指挥控制逻辑的实现提供系统支撑。例如,在 OODA 模型中,包括观察、判断、决策和行动四个要素,这四个要素不断往复循环,贯穿整个作战过程。在指挥控制系统中,必然有相应的功能域和 OODA 模型中的要素相对应,如图 6-1 所示,态势感知功能域,主要实现战场情报获取、分析等功能,对应于"观察"和"判断"要素;作战筹划功能域,主要实现制定作战方案、拟制作战计划、作战流程推演等功能,对应于"决策"要素;行动控制功能域,主要实现作战命令下达、战斗力量控制等功能,对应于"行动"要素;三个功能域共同支撑了态势感知、作战规划和行动控制,实现全流程指挥控制。

指挥控制系统是指挥信息系统的核心组成部分,是实现指挥所各项作战业务和指挥

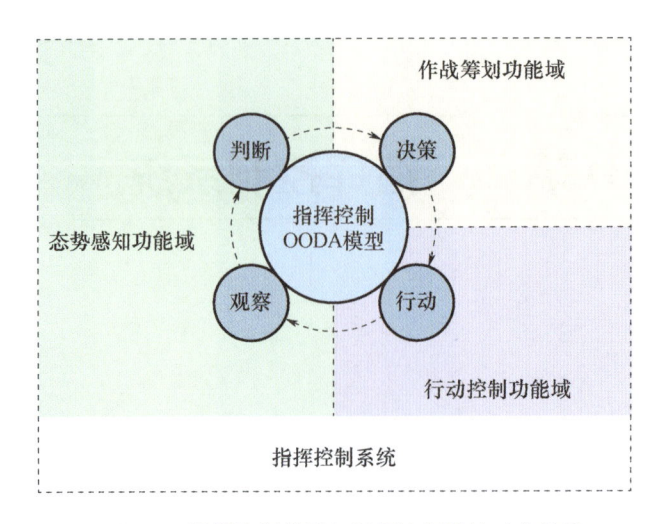

图 6-1 指挥控制模型与指挥控制系统对应关系

职能的信息系统,是指挥信息系统的核心。不同的时期和语境下,指挥控制系统有不同的定义。

美军对指挥控制系统这样进行定义:"联合部队指挥官通过指挥控制系统行使职权,进行指挥。该系统由各种设施、装备、通信器材、程序、参谋机构职能及程序,以及作战计划制订、准备、作战行动的监控与评估的人员组成。而且,指挥与控制系统还必须能够帮助联合部队指挥官做好与上级、施援部队及其下属部队的良好通信,使其能集中精力指挥当前作战行动的同时,调整未来作战制订的计划。"[1]

《中国人民解放军军语》将指挥控制系统定义为:"保障指挥员和指挥机关对作战人员和武器系统实施指挥控制的信息系统,是指挥信息系统的核心。按层次,分为战略级指挥信息系统、战役级指挥信息系统和战术级指挥信息系统;按军兵种,分为陆军指挥控制系统、海军指挥控制系统、空军指挥控制系统和火箭军指挥控制系统;按状态,分为固定指挥控制系统、机动指挥控制系统和嵌入式指挥控制系统。"[2]

《中国人民解放军联合作战术语规范》将指挥控制系统描述为:"联合作战体系中,用于作战筹划和指挥控制的作战系统。由联合作战指挥机构、指挥信息系统和指挥运行机制组成。是联合作战体系的中枢。"[3]这种定义将指挥控制系统视作包含于指挥信息系统的作战系统,是一种更加广义的概念。

本书从系统功能和组成的角度,采用如下定义:

指挥控制系统是以战场信息网络为支撑,连接各指挥层级直至武器平台,具备情报处理、作战筹划、行动控制和综合保障功能于一体,用于保障各级指挥机构对所属部队和武器实施科学高效指挥控制的军事信息系统。

---

[1] 摘自《美军联合出版物 JP3-0 联合作战纲要》,2017 年出版。
[2] 摘自《中国人民解放军军语》,2011 年出版。
[3] 摘自《中国人民解放军联合作战术语规范》,2018 年出版。

6.1.2　指挥控制系统发展历史

随着人类社会科技水平的不断提升,战争形态也随之演变,而指挥与控制方式始终与战争形态相匹配,尤其是 20 世纪 50 年代后期开始,随着机械化战争向信息化战争逐步过渡,指挥控制系统对指挥与控制的支撑作用越来越显著。指挥控制系统作为指挥信息系统的重要组成部分,其发展历史与指挥信息系统的发展历史基本一致[1]。尤其是电子技术、信息技术的快速发展,对指挥控制系统技术路线产生了深远的影响。

20 世纪 80 年代,指挥控制系统开始普遍采用"客户机/服务器"架构,指挥所通过计算机网络相连接,军兵种内各层级指挥控制系统初步实现了纵向贯通;人机交互方面,随着小型、微型计算机的普及,鼠标键盘成为主要的输入方式,借助显示器可输出简单的符号和图形信息;软件实现上,开始采用高级语言进行程序设计,并引入数据库管理系统进行数据管理。

20 世纪 90 年代,指挥控制系统分布式特征更加明显,已经开始体现出以平台为中心的层次化组网结构;随着软件工程的发展和 VC++、Java 等高级语言的出现,指挥控制软件的重用性、系统性和可移植性大大提升;系统架构方面,一系列的标准化规范使得信息交换、数据共享更加高效,使得指挥控制系统水平进一步提升。

21 世纪以来,新一代指挥控制系统以网络中心化为主要特征,引入栅格技术、面向服务的体系结构以及大数据、云计算、人工智能等新技术,业务功能进一步拓展,同时强化各军兵种系统间的横向协作和信息跨域流转。系统构成方式更加灵活多样,可以根据作战任务、战场环境快速灵活的聚合生成所需的通信、计算、情报、软件等资源环境,为用户提供网络化资源服务能力。在软件开发方面,系统开始采用面向服务的软件架构,通过软件聚合实现功能组合,提高指挥控制系统的开放性和灵活性;网络接入方式由广域网接入向栅格化网络发展,综合通信和网络业务能力大幅提升;人机交互上,语音识别、VR/AR 技术提供了更加先进丰富的方式。支撑功能上,态势感知和共享能力大幅提升,可从海量态势数据中提取相关信息推荐给相关用户;自动化决策支持与任务规划技术逐步进入实用阶段,开始应用于特定领域和任务的作战指挥流程中。

6.2　指挥控制系统的功能与组成

指挥控制系统是各级指挥所实施作战指挥活动的支撑系统,其系统功能直接决定了在现代战争中发挥的作用,其组成方式则影响了指挥控制系统在现代战争中的使用模式。本节首先从指挥控制系统的核心能力着手,介绍其典型功能,然后从系统、软件、硬件等角度介绍指挥控制系统的组成。

---

[1]　参见本书 1.3 节。

6.2.1 指挥控制系统的基本功能

指挥控制系统是各级指挥所实施作战指挥活动的重要支撑手段。在现代战争中,要实现基于信息系统的体系化作战,指挥控制系统需具备战场感知、作战筹划、行动控制和综合保障四种功能域。这四种功能域,战场感知是实施指挥控制的基础,作战筹划是实施指挥的核心,行动控制是实施控制的关键,综合保障是支持指挥控制的基石,这四个功能域分别包含若干业务功能,由信息传输、地理信息等基础功能支撑,这些功能构成了指挥控制系统的主要功能,如图6-2所示。

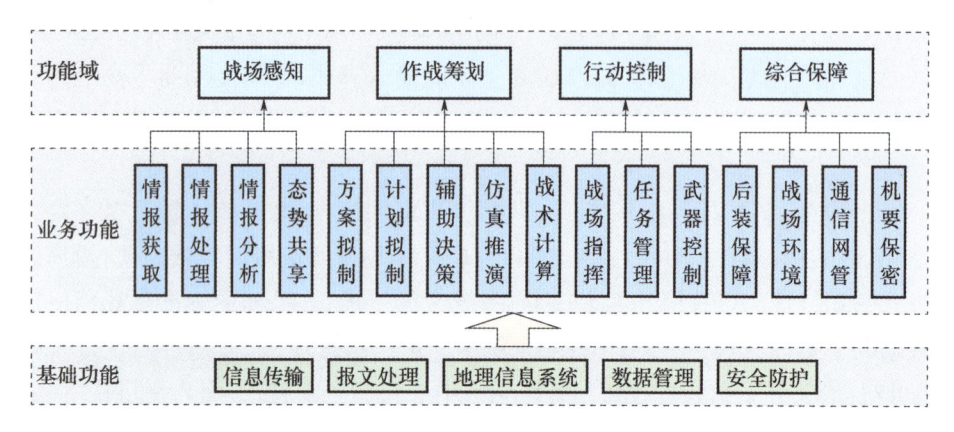

图6-2 指挥控制系统功能组成

需要说明的是,指挥控制系统的四个功能域中,作战筹划和行动控制是指挥控制的核心功能;战场感知功能从总体上说是属于指挥信息系统的态势感知功能模块,在指挥控制中重点是情报的处理、融合和分析;综合保障对指挥控制形成重要支撑,但综合保障自身又是指挥信息系统中重要的功能模块。指挥控制系统功能流程如图6-3所示。

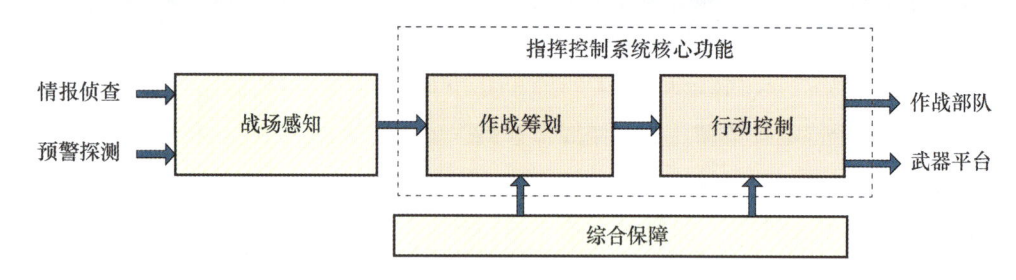

图6-3 指挥控制系统功能流程

1. 战场感知功能域

战场感知功能域,是指对战场各类情报信息汇集、处理、分发、共享的功能集合,能对获取的情报信息进行融合处理、对多源情报信息进行识别去重、对比印证,生成战场敌情态势图,辅助指挥员实时掌握战场情况。主要功能包括:

1)情报获取

情报获取主要是通过各种侦查探测手段或特种作战获取各类战场情报,以及接收来自各级指挥所的情报信息。情报获取是战场感知的信息来源,一般来说,情报获取涉及各种情报获取手段、技术和装备,按照本书指挥控制系统的定义,指挥控制系统中的情报获取功能主要是指挥所情报处理席位从情报侦查装备、情报终端席位或情报采集单元等情报来源获取情报信息,其核心是将情报信息依据规定的访问权限快速、准确地发送给相应指挥所。

2)情报处理

对获取的各类情报进行整理,对通过各种途径获取的情报信息进行各类处理。情报处理的目的是为了便于情报信息的传输和情报分析等功能。以图6-4所示的情况为例,侦查无人机在空中拍摄到视频图像数据后,将数据回传至无人机地面控制方舱,方舱需要将视频图像数据依次通过侦察分队情报处理车、通信接入节点发送至指挥所侦查情报要素;由于无人机地面控制方舱、侦查分队情报处理车和通信接入节点之间采用超短波通信,其信道带宽无法支撑视频图像数据传输,于是需要在无人机地面控制方舱对侦查无人机采集到的视频图像情报数据进行处理,将其转换成适合信道传输的信息形式,而后再进行情报传输。

图6-4 情报处理示例

3)情报分析

情报分析是指在获取情报信息后,对情报数据进行筛选、融合、评估和解读,将处理过的信息转化为有价值的情报,以满足指挥员等作战人员的情报需求。情报分析的主要功能通常包括:从海量情报数据中筛选出和指挥员信息需求相关的各类情报;对各类情报去伪存真;对多种来源的情报信息进行融合分析,提高情报置信度;对关键情报信息进行关联分析,探寻隐形情报信息;对情报信息进行解读,生成情报分析报告;结合情报信息对战场态势进行分析和预测,协助指挥员进行敌方意图预测、识别敌方作战计划、威胁评估等活动。情报分析为指挥员提供了及时、准确、完整的战场感知,反映了战场信息的综合获取和处理能力。多元融合信息与战场实际状态存在的差异就是所谓的"战争迷雾"。据统计分析,实际战场上敌方近2/3的情况都可能被掩盖在"迷雾"中,成为作战指挥控制中最大的困惑。如果指挥控制系统能在情报侦察、预警探测等系统的支持下,快速而全面地融合分析战场信息,形成清晰的战场态势,作战的不确定性就会大大降低,作战效果和代价也能预先评估,指挥决策就会变得更加正确有效。所以,情报分析对于消除战争"迷雾"、夺取信息优势具有重大意义。

4)态势共享

经过综合分析获得的敌情、我情和战场环境信息会以态势信息的形式供指挥员和参谋人员使用。态势信息需要通过各种手段共享至各级指挥所,让各级指挥员充分掌握战场态势。态势共享一方面要考虑尽可能详尽全面的态势信息,各级指挥员获取态势信息后,可对态势数据进行筛选、整编、形成各类态势产品,作为态势信息数据来源;另一方面,要考虑态势信息需求,在满足指挥控制需求的前提下,尽可能降低态势信息传输成本,各级指挥所信息系统可区分类别、区域的态势信息进行订阅,按照指定的频度不间断获取战场态势,尽可能发挥情报信息的使用效益。美军21世纪旅及旅以下部队作战指挥系统,其核心功能便包括:①标绘并传送作战分队自身的位置;②在运动中以近实时的方式接收友邻分队的位置信息、情报信息,显示己方和敌方的态势图像。

2. 作战筹划功能域

作战筹划功能域,是指辅助指挥员进行指挥决策的功能范畴,能为指挥员提供决策支持运算模型和协同筹划环境,辅助指挥员制订作战构想,定下作战决心,拟制作战计划。主要功能包括以下几种。

1)方案生成

方案生成是指在理解上级意图的基础上,结合作战力量编成、装备组成、作战保障等综合因素,采用工程化、智能化的方法,将作战行动明确化具体化精确化,以便快速生成作战方案、行动计划及任务指令[①]。方案生成是指挥员和参谋人员对战场态势进行分析、理解、判断、预测,并与作战决心融合决策的过程。指挥控制系统通常为指挥员提供一些信息化辅助手段,帮助指挥员进行筹划决策,提高态势分析和任务优化分配的质量,协助指挥员生成和优化方案。

2)计划拟制

计划拟制与方案生成一样,也属于作战筹划功能范畴,计划拟制通常是在前期形成的作战构想和方案的基础上,经过分析评估和优化,将指挥员的作战决心以作战计划的形式表现出来。作战计划应该尽可能详尽,任务部队应该可以通过作战计划全面细致地了解何时、何地、面对何种对手、执行何种任务。现代战争战场形态复杂,需要进行周密的计划,计划拟制通常由指挥机构合力完成,作战计划通常由总体计划和分支计划组成,分支计划一般包括火力计划、侦查计划、防空计划、工程保障计划、后装保障计划、信息保障计划、兵种计划以及协同计划等。计划拟制完毕后,需要对作战计划进行协同推演,确保作战计划可顺利实施。作战计划拟制工具可以减少指挥员的事务性工作,使其集中于作战

---

① 谢苏明,等. 关于作战筹划与作战任务规划[J]. 指挥控制学报,2017.

决策活动,从而满足快节奏、高时效性的现代战争要求。1991年海湾战争时期,一套中等规模的作战计划的规划时间需要4h,到了2003年伊拉克战争时期,通过技术改进,大幅缩短至40min。现阶段美军作战任务规划采用整体筹划、分层规划的思路[①]。在战略层次,采用联合战略规划系统(Joint Strategic Planning System,JSPS)产生联合战略能力计划,是战役级规划的基本指导;在战役层,采用联合作战计划与执行系统(Joint Operation Planning and Execution System,JOPES)产生联合作战计划,对作战行动进行设计,对作战任务进行分解;在战术平台层,采用联合任务规划系统(Joint Mission Planning System,JMPS)产生任务加载数据,是对武器平台控制的方法手段。

3) 辅助决策

辅助决策是指在作战指挥控制的各个阶段,为指挥员提供自动化的决策支撑手段。决策是指挥控制的核心活动之一,在指挥控制过程中,几乎所有的环节都涉及决策问题,例如态势分析、威胁评估、目标价值分析、兵力部署、环境建模、作战推演等,辅助决策运用人工智能、大数据、云计算等先进技术,极大提高辅助决策的实用性,减轻了指挥员的工作负担。美军"指挥官助手"运用图文识别和自然语言处理等技术识别指挥员语音和手写图文,并对其进行分析和理解,推荐补充相关信息,辅助指挥员形成详细方案。

4) 仿真推演

仿真推演功能是指利用软、硬件仿真环境,运用计算机仿真技术,对战场环境、作战对象、武器装备等要素进行建模,模拟作战方案/计划的执行过程,从而实现对行动方案/计划的评估、修正、比较及优选等工作。使用仿真推演进行作战评估,相对于按指标或规则的静态评估有更大的真实感和周密性,可以有效提高行动计划/方案的科学性、正确性和可行性。根据仿真推演的过程划分,指挥控制系统的仿真推演功能可以分为仿真建模和模拟推演两个层次。

① 仿真建模。仿真建模是指对战场环境、参战兵力、武器装备等进行模型构建,在计算机系统内建立起对应的软件或硬件模型,将各种要素的主要特征、行为等进行抽象并表示为计算机仿真模型,使得该模型具备规范性和可计算性。

② 模拟推演。模拟推演是指按照指定的行动方案或计划,在仿真环境中设定初始态势和交战规则进行模拟推演。推演过程中通过随机等方式引入外部影响因素,实时监控各模型作战状态,反复模拟在动态战场环境下模拟双方在对抗条件下的行动方案或计划执行过程,模拟推演产生的数据由仿真系统记录下来,模拟推演结束后用于复盘分析,并给出方案或计划的评估结果。

5) 战术计算

战术计算功能主要为指挥员和参谋提供自动化的业务计算能力,如油量计算、弹量计算、运输荷载计算、兵力计算、地图量算等,以满足各种作战业务需要。战术计算功能可替代传统的手工计算,可将指挥员从繁重的业务计算工作中解脱出来,同时也大大提高了战

---

① 美军参联出版物5-0《联合作战计划制订纲要》。

术计算的准确率和效率。战术计算通常根据相关作战业务的经典计算方法、模型和公式进行计算，随着技术的不断发展，逐渐也将智能处理技术引入战术计算中，将战术计算与辅助决策功能相融合，如机动路线推荐、道路通行性分析、气象水文预测等，进一步提高战术计算结果准确性和相关性。

3. 行动控制功能域

行动控制功能域，是指对部队进行行动监控、临机决策和指挥的功能范畴，能辅助指挥员掌握部队行动状况，调控作战力量和资源，下达作战指令。主要功能包括以下几种。

1) 战场指挥

战场指挥功能是指指挥机构通过作战文书或指令的形式，对参与作战的各类作战力量实施战场指挥，及时准确地将计划、命令、指示、请示、汇报等传达到对应的指挥机构、部队或武器平台。实施战场指挥需要根据具体情况采用多种手段，例如美军在实施战略/战役级指挥控制时，通过 GCCS-J 联接 GCCS-A、GCCS-M、GCCS-AF 等军种指挥控制系统实施数字化指挥，但是在战术级行动中，陆军合成兵种营则需要同时依靠数字化陆军战斗指挥系统和模拟通信手段(如调频语音通信)对所属分队实施指挥。

2) 任务管理

任务管理功能是指指挥机构在向所属部/分队布置作战任务后，及时掌握任务进展和完成情况，在必要时，可对正在进行的作战任务进行调整或部署新的作战任务，力争让战场态势向着利于本方的方向发展。美军的未来指挥所(CPOF)系统采用了分布式协同作业的方式，为上/下级指挥员提供了公共的作战任务管理工具，上级指挥员可以通过 CPOF 向下级指挥员展示任务目标、计划和决心，让下级指挥员充分了解上级指挥员的意图，下级指挥员则可以通过 CPOF 共享任务进度表、任务情况报告等，使上级指挥员尽快掌握任务完成情况。

3) 作战控制

作战控制功能是指指挥机构依托指挥控制系统，按照既定的作战计划及战场形势发展变化，对参与作战的部/分队进行行动控制，对末端武器平台进行火力引导和协同控制。对部/分队的行动控制主要包括及时下达各类控制指令，实时掌握各部/分队的位置、运动状态、作战实力等信息；对末端武器平台进行控制，主要是将各型武器系统火力单元接入指挥控制系统，按照统一接口将传感器、信息处理和控制设备及火力单元铰链为一体，对武器平台实施控制。采用数学规划模型，生成火力分配方案，然后生成火力协同打击计划。为了实现多平台火力对同一目标的协同打击，还需要生成对单一目标多平台协同打击计划，协同各打击平台的打击行动。此外，武器控制还具有目标打击效果收集和评估功能，支持决策指挥对整个作战过程进行效果评估。作战控制功能流程如图 6-5 所示。美军和北约部队主要采用 Link-16 数据链作为连接指挥控制系统和武器平台的桥梁，Link-16 数据链具备扩频、调频抗干扰能力，支持部/分队间的综合通信、导航和敌我识别，装有 Link-16 终端的武器平台能够接收链路上的数据信息，从而收到来自指挥机构的指挥指令,实现对武器平台的远程控制。

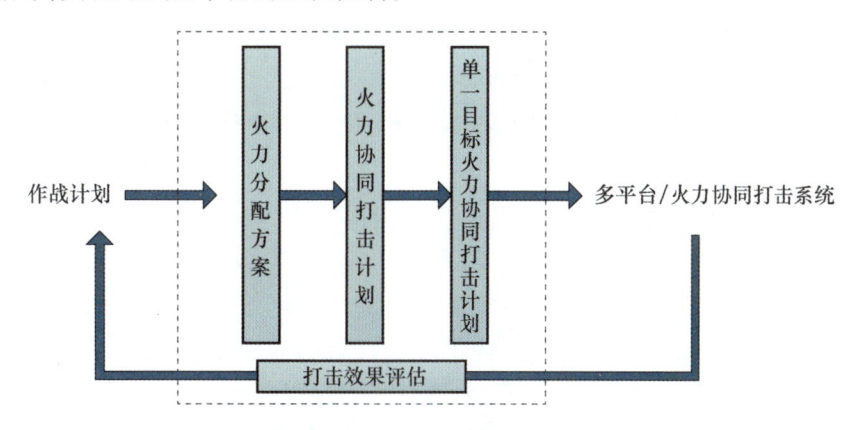

图 6-5 作战控制功能流程

4. 综合保障功能域

综合保障功能域,是为作战提供各类相关保障的能力,包括后装保障、通信网管、战场环境保障等。主要功能包括以下几种。

1) 后装保障

后装保障功能是指指挥机构对作战各阶段的卫勤、物资、油料、弹药、装备等实施保障的指挥功能,运用指挥控制系统对保障活动进行统一的筹划和管理,当需要提供战场保障时,指挥控制系统可根据保障需求,基于当前保障能力和预定的保障方案,迅速组织实施保障。美国陆军主要使用战场指挥与勤务支援系统(BCS^3)实施后勤保障指挥与控制,该系统用于掌控军以下单位的后勤资源状况,并可对部队当前、未来战斗力和行动方案进行分析,快速处理大量后勤、人事、医疗信息,为作战指挥控制以及战斗管理提供支持,还可通过数据分析预测未来的燃料、弹药、关键武器系统的后勤保障情况。

2) 战场环境

战场环境保障功能是指指挥机构为作战指挥提供战场环境信息保障。战场环境信息保障通常包括测绘导航、气象水文和电磁频谱管理。

① 测绘导航。战场地理空间信息对于军事行动的重要性不言而喻,在指挥、控制、协同等领域得到广泛应用,特别是远程精确打击更是离不开测绘导航,所以测绘导航信息保障在作战指挥控制中有着非常重要的地位。信息化战争中,准确及时的地理信息已成为提高战场综合态势能力的基础。测绘导航保障综合运用各种信息技术实现地理信息获取、地理信息产品生成、时空基准等服务,同时为各种业务系统提供数字化地理信息支持。借助及时、准确的测绘导航保障,才能正确地感知战场,将空间信息优势转化为指挥决策优势,从而能够更加有效地运用作战力量,发挥作战效能。

② 气象水文。随着信息化武器装备使用范围越来越广,其作战威力直线上升,但对恶劣气象水文条件的适应力却逐渐下降,武器装备变得越来越"弱不禁风",故而对气象水文信息保障的要求越来越高。各级指挥员在进行指挥决策时,气象水文条件已经成为

不得不考虑的因素之一。气象水文信息保障主要为指挥员提供及时、准确的气象、水文、天文、潮汐等信息，保证己方部队能趋利避害，正确利用气象条件，防范危险天气危害，同时预测、削弱敌方实施气象战对我方造成的威胁和影响，充分发挥武器装备效能，以顺利实施己方作战计划。气象水文信息保障主要依靠对当前和历史相关气象和水文信息进行收集、整理、分析和处理，生成预报信息和报警信息等产品，为相关部队及时提供相关信息。此外，不同军兵种对于气象水文信息保障还有特殊的需求，例如，空军关注机场上空风、雷、雨、电、雾、气压、温度、水平能见度、日出日落时间等影响飞机起降的信息，以及飞行路线和作战空域上的高空风、云层高度厚度等信息；海军则根据需要提供包括海洋温度、海流、深度、盐度、潮汐、风浪、海冰、洋流等在内的信息；地面军事行动则需要掌握风速、风向、雨雪、冰冻、日出日落时间等信息。

③ 电磁频谱管理。信息化条件下的现代战争中，雷达、通信、导航等电子装备辐射功率越来越大，频谱逐渐拓宽，装备数量不断增加，使战场的电磁环境日趋复杂，而电子对抗系统的广泛应用和电磁脉冲武器的出现，以及雷电和静电等自然电磁源，使战场空间电磁环境变得更加恶劣，不仅会危及电子装备和人员安全，还会直接影响信息化武器装备的战术技术性能。这种情况下，电磁频谱管理对于实施顺畅的指挥控制至关重要。电磁频谱管理主要完成无线电频率管理和战场频谱管理两项任务，无线电频率管理是指对军用无线电频率实施统一划分、分配、使用、管制等，以维护空中电波频率秩序，有效利用频率资源，保证正常无线电系统正常运行；战场频谱管理是指通过科学的频谱管理，保护己方有效地使用频谱，同时采取严格的管理措施阻止敌方有效利用电磁频谱。

3）通信网管

通信网管功能是指对通信网络、指挥控制信息系统以及各种支撑服务提供运行态势、资源管理、故障定位与处理等服务，满足指挥保障人员对基础设施的综合保障需求，确保各类网络、系统处于良好运行状态。

4）机要保密

机要保密功能是指对计算、通信、服务、应用等各类资源设置不同等级不同层次的安全防护与加密手段，实现安全与保密动态协同，建立有效的预防、监测、相应、恢复和重构机制，实现各类服务自动接替抗毁，确保系统安全可靠运行。机要保密通常包括用户认证、通信网络、计算设施、应用服务、数据等各类资源的安全保密以及系统顽存抗毁等主要方面。

5. 基础支撑功能

1）信息传输

为各指挥所提供快速、稳定、高效的信息传输服务，是指挥信息系统核心基础功能之一。战场态势、命令指示、各类保障信息能否到达各级指挥所，均需依托底层通信服务的支撑。战场通信网络环境中，通信带宽是非常宝贵的资源，作战指挥信息传输应该根据指挥控制业务提供差别化传输服务，在有限带宽的条件下，尽可能完成作战指挥信息的传输，如命令指示等短报文类信息，需要以最高效、快速的方式进行传递，同时要向用户反馈传输状态和结果,则需采用面向连接的可靠传输服务,而像地理信息、视频情报等大容量信息,则需要综合考虑战场网络带宽资源和数据优先级,采用更加合理的方式进行传输,例如支持断点续传的传输技术。

2）报文处理

报文处理功能主要为指挥员和参谋人员提供相关军用文书的处理功能,包括各类机关公文和作战文书的起草、编辑、接收、发送、管理、检索等功能。军用文书是军队各级指挥员在处理公务和实施指挥控制中,形成和使用的具有法定效力和规范格式的各种文书图表的统称。报文处理通常为用户提供标准的军用文书模板,并采用自动填充等技术,方便用户进行报文编辑,提高报文处理效率。

美国国防部使用专用的国防文电系统(DMS)作为专用系统。国防文电系统依托现有的和新兴的技术,提供高、中两个等级的赋能服务。高级服务提供机构文电、记录业务,包括指挥控制、作战支持和其他功能领域,另外还有不兼容的、非安全的电子邮件系统。中级服务使用基于互联网标准和软件的国防部 3 类公钥基础设施证书,能够跨多平台互操作。基于国防文电系统,美军可为包括战术用户在内的所有用户提供文电服务,可实现国防部全球地点双向访问,并可为美国政府其他机构、盟国部队和合作机构提供文电访问接口。

3）地理信息系统

指挥控制系统中,各类情报经过分析处理后,大多以态势图的形式进行展现,其展现的基础便是地理信息系统。地理信息系统为指挥控制系统提供地理信息展示的功能支撑,可以直观的向指挥员和参谋人员展示战场区域的二维/三维空间信息,支持漫游、放大/缩小、地理信息查询、地图量算等操作,同时支撑在地理信息系统平台的基础上,进行态势标绘、态势整编等态势信息操作,为指挥员提供方便直观的态势展现方式。

4）数据管理

数据管理是指为指挥控制系统提供各类数据支撑功能,包括提供敌情、我情、战场环境、气象水文、地理环境等基础数据,提供兵力状态、系统运维状态等实时数据,以及辅助决策系统与计划数据、状态数据、模型数据、仿真数据等的动态关联。

5）安全防护

安全防护主要是指对指挥控制系统本身实施安全防护措施,包括用户身份认证、访问权限控制、操作日志审计、入侵检测控制、防火墙、容灾备份等措施,确保指挥控制系统安全稳定运行,同时保护信息安全。

6.2.2 指挥控制系统的分类

指挥控制系统按照指挥层次可以分为战略级、战役级和战术级指挥控制系统。战略级指挥控制控制系统主要侧重于战争全局的宏观指导,制订实施战争的方针、策略和方法;战役级指挥控制系统主要侧重于对一系列战斗实施的联合指挥;战术级指挥控制系统则重点关注对某次战斗进行具体的指挥与控制,是指挥与控制的末端体现。战略级、战役级和战术级指挥控制系统不是严格划分的,例如美军的指挥控制系统通常分为战略/战区级和战术级两级,如图6-6所示。战略级指挥控制系统具有鲜明的特点:一是全局性,支持军队最高指挥机构部通观并驾驭战争全局;二是长远性,支持军队最高指挥机构基于国际战略平衡和地缘政治因素指定战略规划和方针;三是与战略威慑、战略防御、战略打击相结合,实时或准实时指挥控制核武器、中远程弹道导弹等战略打击武器及其运载平台;四是高可用性,战略级指挥控制系统整体及内部主要功能要素都必须采取主备机制,提供不间断服务能力,确保在危机、战时等复杂情况下,指挥机构能对各级作战部队实施可靠的指挥控制。

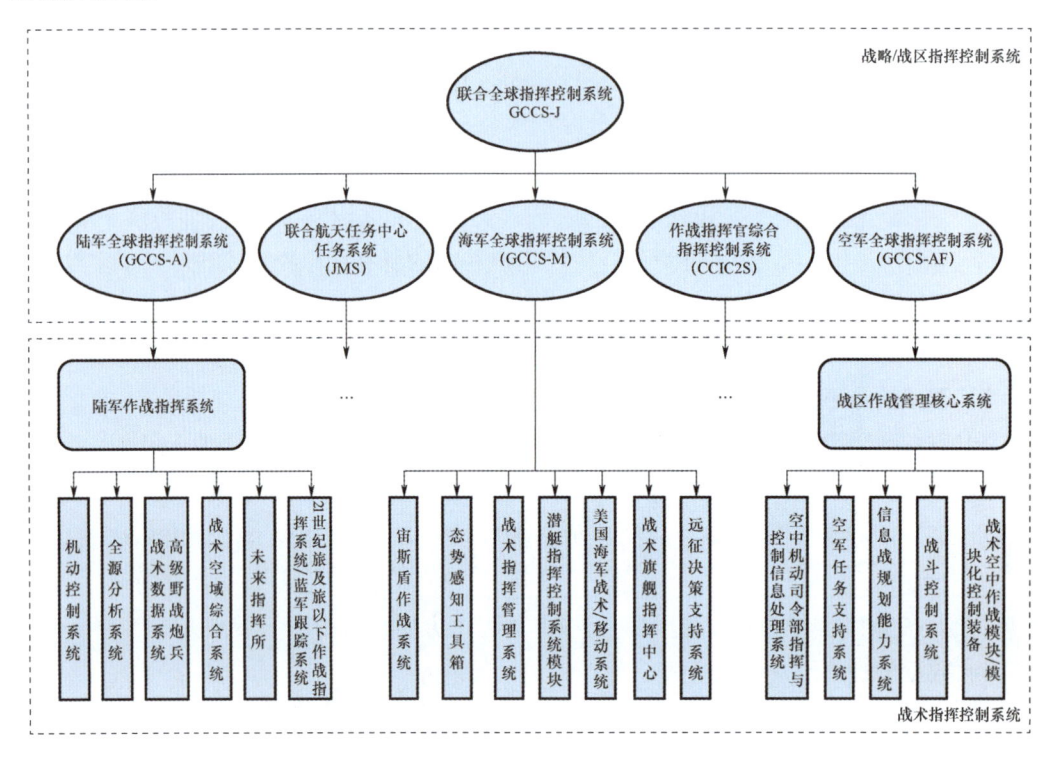

图6-6 美国指挥控制系统体系组成示意图

指挥控制系统按照依托载体可分为固定式、机动式和开设式指挥控制系统。固定式指挥控制系统主要是指依托固定设施开设的指挥控制系统,通常包括地面、地下指挥所信息系统;固定式指挥信息系统依托固有设施开设,运行环境良好、通信手段齐备,但是机动性差。机动式指挥控制系统依托车辆/飞机/舰艇等机动装备开设,具有机动性好的特点,但是在通信接入、运行环境、电力供应、抗毁性等方面较固定式指挥所有一定的劣势;机动式指挥控制系统分为作战指挥控制系统和武器平台指挥控制系统两类,作战指挥控制系统是依托机动装备开设的指挥所控制系统,而武器平台指挥控制系统主要用于对末端武器装备进行控制。开设式指挥控制系统主要用于在野外开设临时指挥所时使用,通常依托帐篷、掩体、坑道等工事开设,可独立运行,也可作为机动式指挥信息系统的扩展补充。固定式、机动式和开设式指挥控制系统通常搭配配置,例如美军战略级指挥控制系统——

"国家军事指挥系统",由一个基本指挥中心和两个预备指挥中心组成。其中"国家军事指挥中心"设在国防部五角大楼内,供总统、国防部长和参谋联席会议主席使用,而"国家军事指挥中心(地下作战指挥中心)"设置在五角大楼地下工事内,是备用指挥所,两者都属固定式指挥控制系统。

指挥控制系统按照军兵种属性可分为陆军、海军、空军、火箭军、炮兵、特战、网电等指挥控制系统。

6.2.3 指挥控制系统的组成

指挥控制系统的组成主要是指从不同的角度说明系统的组成部分,由哪些子系统、软件系统、硬件系统组成,而指挥控制系统的结构主要说明这些组成部分之间的逻辑上或物理上的关系。本小节从不同视角介绍指挥控制系统的组成。

1. 指挥控制系统的体系组成

指挥控制系统的体系组成,是指按照军队的指挥架构,将不同层级的指挥控制系统组成一个完整的体系,涉及不同级别、不同军兵种以及不同业务的指挥控制系统。指挥控制系统的体系组成取决于军队的指挥体系、作战编程和作战指挥职能。通常指挥控制系统的体系按指挥层级包括战略、战役、战术级指挥控制系统,每一级指挥控制系统还可以分为多个级别,例如战术级指挥控制系统可以进一步分为旅级、营级指挥控制系统,指挥控制系统按军种包括陆军、海军、空军、天军等军种的指挥控制系统。

指挥控制系统的体系组成可以以美军指挥控制系统为例进行说明,如图6-6所示。美军指挥控制系统总体上可分为战略/战区指挥控制系统和战术指挥控制系统两部分组成。其中,战略/战区级指挥控制系统主要包括联合全球指挥控制系统和各军种全球指挥控制系统。联合全球指挥控制系统(GCCS-J)是美军指挥控制系统的顶层战略级指挥控制系统,旨在提高联合部队指挥官管理和执行联合作战的能力,帮助指挥官同步陆、海、空、太空和网络部队及特种部队作战行动。陆军全球指挥控制系统(GCCS-A)是陆军战略和战区级指挥控制系统,该系统既是联合全球指挥控制系统的组成部分,又对接陆军作战指挥系统(ABCS),能够提供从联合全球指挥控制系统到陆军军和军以下部队的无缝连接,构成自上而下完整的作战体系。海军全球指挥控制系统(GCCS-M)是全球指挥控制系统的海军部分,是海军战略和战区级指挥控制系统,该系统为岸基和海上指挥官提供近实时的通用作战图,辅助指挥官实施指挥决策。

2. 指挥控制系统的系统组成

指挥控制中心或指挥所内的指挥控制系统,通常由若干分系统组成,分系统通常按照指挥控制业务功能进行划分,通常可分为情报处理分系统、作战筹划分系统、行动控制分系统、作战保障分系统等,如图6-7所示。

(1)情报处理分系统。情报处理分系统是指用于获取、加工、传递情报信息的信息系统。情报处理系统主要用来接收上级、下级及友邻部队指挥信息系统报送的情报信息或

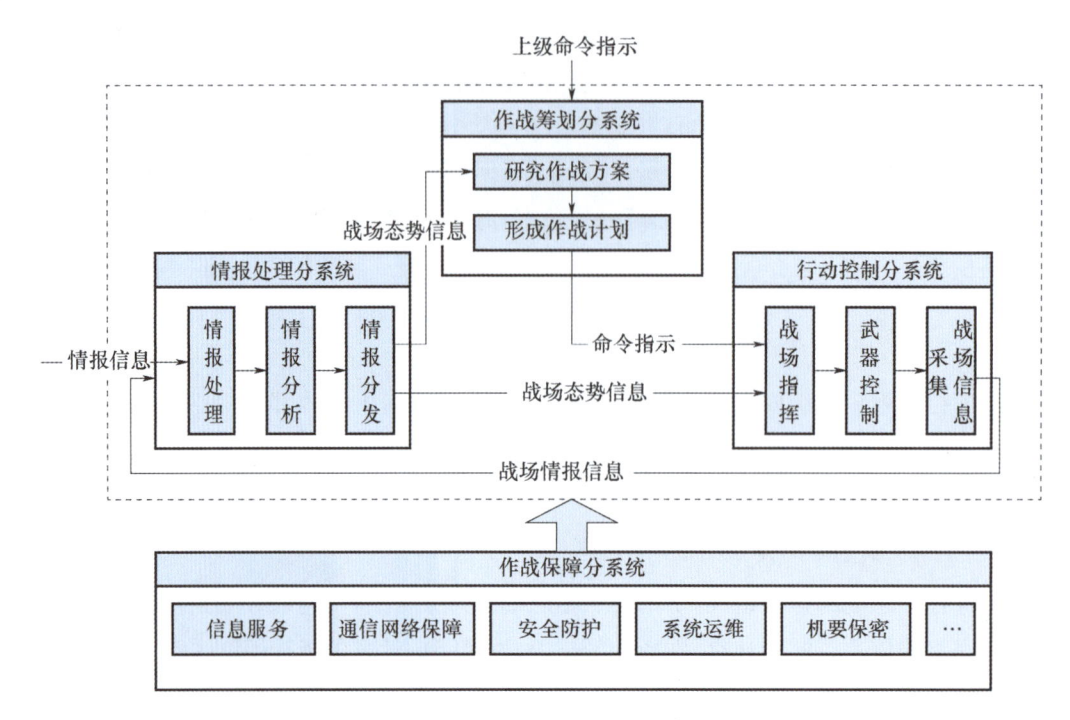

图 6-7　指挥控制系统的系统组成示意图

通过各种侦查探测装备器材或特种力量获取情报信息，进行情报融合处理后，为情报用户提供各类情报产品。情报信息流转一般以情报信息侦查前端为起点，经过情报处理系统，最终提交给情报用户。侦查前端通常包括无人机、侦察车、雷达、光电观测装备、技术侦查装备、传感侦查装备及其他感知源；情报用户包括指挥员、参谋人员、情报业务人员、指挥控制系统及武器平台；情报处理系统根据所属指挥控制系统的层级，也可分为战略级、战役级和战术级等不同级别，级别越高，情报综合处理功能越丰富，面向的情报用户也更加多元化，级别越低，情报处理越具有针对性。

（2）作战筹划分系统。作战筹划分系统是指挥控制系统的核心，是指挥员和参谋人员进行筹划指挥的支撑系统，通过作战筹划分系统，指挥员和参谋人员的判断力、创造力、执行力以及知识、智慧可以得到充分的发挥。指挥决策分系统的主要任务包括：协助指挥员根据接收的情报信息对战场情况进行综合分析判断，深刻理解上级指挥机构的作战意图；结合作战任务，在综合分析判断的基础上，初步提出行动构想要点，形成作战构想；针对各种作战构想，制定多套作战方案，并采用作战实验、方案评估等模拟推演手段评估、优化、完善作战方案，并根据优选方案定下作战决心；根据指挥员定下的作战决心，进行作战业务计算，指定详细的作战计划，经指挥员确认后，向各执行单位下达作战命令。

（3）行动控制分系统。行动控制分系统主要用于在作战实施行动的过程中，对战斗进程实施监视和调控，确保作战行动进程向着有利于己方、不利于敌方的趋势发展。行动控制分系统的主要任务包括：实时掌握作战行动进程，研判作战计划执行情况；分析战场实时态势，根据需要修正作战方案，提出行动控制建议，定下处置决心；经指挥员确认后，向各执行单位下达行动调控命令,实施战场指挥。

(4) 作战保障分系统。作战保障是指在作战过程中实施各类战场保障,主要业务包括装备保障、物资油料保障、卫生勤务保障、战场环境保障、通信指挥保障等。作战保障分系统可以按照各保障业务进一步细分,依托各业务保障系统掌握各种保障资源,规划保障行动,拟定保障方案,实施保障指挥,确保战场保障有序高效实施。

3. 指挥控制系统的硬件组成

指挥控制系统的硬件组成主要是指实现指挥控制功能的物理设施,主要包括计算机设备、人机交互设备、存储设备、网络通信设备、辅助设备等。

(1) 计算机设备。计算机是指挥控制系统的核心设备,是构建各类指挥信息系统的基础。随着指挥控制系统架构不断演进,使用范围逐步延伸,越来越多类型的计算机设备被指挥控制系统所使用。在固定指挥所环境中,主要使用各种台式计算机、便携式计算机作为指挥控制终端供用户使用,使用高性能服务器作为数据存储和后台服务设备;在车载式机动式指挥所环境中,主要使用便携式计算机作为车载指挥终端,车载服务器根据实际情况可采用小型服务器;武器平台和信息处理终端通常采用嵌入式计算机和实时计算机,以满足特定战术计算任务高效实时的计算需求;单兵主要使用平板计算机等移动手持终端,完成战场指挥、导航定位、战场情况采集等指挥控制功能。随着大数据、云计算技术的飞速发展,各国纷纷开始构建数据中心、计算云等资源平台,以支撑"云-端"架构的新型指挥控制系统。数据中心、计算云等资源平台通常基于大型计算机构建,其运算速度快、存储容量大,可按需分配存储和计算资源,能够灵活满足气象、情报等大密度计算任务以及地理信息、视频图像等海量数据存储需求,为指挥控制系统提供更强的能力敏捷性、更少的建设开支和更灵活的基础计算设施。

(2) 人机交互设备。人机交互设备是指挥员和参谋人员与指挥控制系统进行交互的媒介,指挥控制系统应该为各类用户提供方便、快捷、友好的交互方式。常用的人机交互设备包括鼠标、键盘、显示器、触摸屏、扫描仪、传真机、打印机、音箱等,在一些专用系统中,通常需要配备一些专用的交互设备,如高精度轨迹球等。随着多媒体技术、人机交互技术的不断发展,更多先进的人机交互方式越来越多地出现在指挥控制系统中。自然语言处理、图像识别和语音识别已进入实用化阶段,高精度的语音、图像识别允许指挥员通过语音或者手写图文直接下达指令;脑机接口可以使用指挥员或操作员的脑电波特征信号进行系统控制,真正做到"想什么做什么";综合运用头戴式显示器、双目显示、眼球跟踪、动作捕捉、虚拟现实、增强现实等技术,可以为指挥员营造虚拟化指挥控制场景,让指挥员置身于虚拟化的战场环境,直接与作战力量、战场环境进行交互,进一步加深指挥员对作战任务的理解,提高指挥效率,激发作战指挥创造力。

(3) 存储设备。存储设备主要用来存储指挥控制系统运行过程中所需的静态数据以及实施指挥过程中收集和产生的动态数据。指挥控制系统涉及海量信息的存储、处理和访问,因此,数据的存储、备份与恢复对其至关重要。指挥控制系统一般采用成熟度高、使用广泛的民用存储系统进行数据存储,磁盘、磁带和光盘是主要的存储介质,本地存储通常使用磁盘阵列方式,网络存储则多采用分布式云存储方式。

（4）网络通信设备。指挥控制系统与外部其他系统或设备的互联、互通能力是指挥控制系统核心能力指标之一,必须具备与外部系统安全、稳定、高效的数据通信能力,所以网络通信设备是指挥控制系统重要的组成设备。网络通信设备主要包括路由器、交换机、防火墙、光端机、收发机、保密设备、综合通信管理设备等,指挥所内通常使用路由器、交换机组建成指挥所网络,指挥所网络边界设置硬件防火墙,指挥所间通过交换机连接组成广域网络,网络信道可以是光缆、卫星、微波、短波等,信道两端通过加解密设备实现保密通信。

（5）辅助设备。辅助设备包括环境保障设备、导航定位与时频设备、系统监视与控制设备等。环境保障设备主要为指挥控制系统提供安全可靠的工作环境;导航定位设备是机动式指挥控制系统的必备设备,为机动式指挥控制系统提供准确的地理位置信息;时频设备保障各个指挥控制系统节点的时间同步,系统时间可由导航系统提供,也可以由独立授时系统提供;系统监视与控制设备主要保障指挥控制系统稳定、可靠的运行,由监视系统和分散在各关键部位的信息采集设备组成。

上述硬件是指挥控制系统的通用硬件组成部分,不同类型的指挥控制系统还有其特有的硬件组成,例如开设式指挥控制系统除上述硬件组成外,还包括供电设备、防雷击设备、携行设备等,如图6-8所示。

(a) 开设式指挥控制系统储运状态图

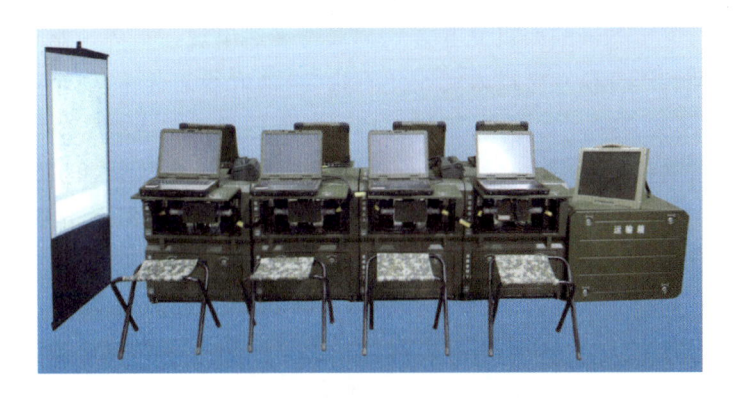

(b) 开设式指挥控制系统展开状态图

图6-8 开设式指挥控制系统

4. 指挥控制系统的软件组成

指挥控制系统是一个庞杂的综合信息系统，由众多软件共同构成。按照各软件在指挥控制系统中的功能层次，可以将软件分成系统软件、基础服务软件、共性应用服务软件和专用指控软件，如图6-9所示。

1) 系统软件

系统软件主要包括操作系统、数据库管理系统、系统支持服务软件和物理环境服务软件。操作系统是管理计算机计算和存储资源、为用户提供友好界面的系统级软件，指挥控制系统中，桌面计算机和服务器常用的操作系统包括UNIX、Windows、Linux等，嵌入式操作系统主要是VxWorks、WindoswCE、嵌入式Linux等，便携和移动终端主要使用Android系统。数据库管理系统主要实现数据存储、管理、校验等功能，常用的数据库管理系统包括Oracle、SQL Server、MySQL等，近年来国产数据库管理系统取得较大发展，应用比较广泛的包括达梦、金仓等数据库管理系统。大数据平台管理系统主要为分布式数据存储和管理提供支持，主流的大数据平台服务软件包括ZooKeeper、HDFS、YARN、HyperBase服务等。系统支持服务软件主要包括网络通信软件、用户接口软件、编程开发语言、虚拟运行环境等支撑软件。物理环境服务软件主要提供基于硬件设备的服务，主要是指指挥控制系统的各种硬件设备驱动程序和接口服务软件。

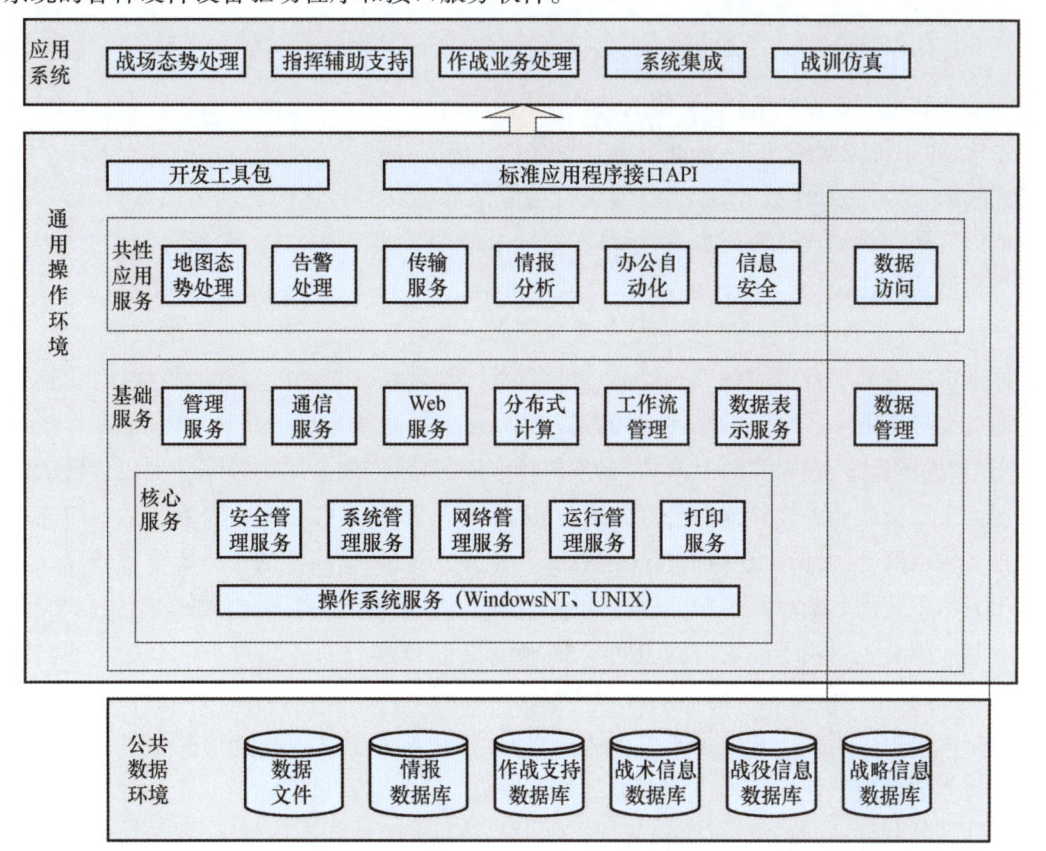

图6-9 指挥控制系统软件组成示意图

2) 基础服务软件

现代指挥控制系统不再是各类指挥控制业务软件的简单组合,而是一种基于特定体系架构的软件集成系统,基础服务软件则是为这种软件集成系统提供基础服务的软件,主要包括管理服务、通信服务、Web 服务、分布式计算服务、工作流管理、数据表示服务等。管理服务主要对指挥控制系统软件集成环境进行统一管理,协调各共性服务、应用软件间信息交互、协同运行。通信服务主要为共性服务和上层应用业务软件提供公共的底层通信服务,为上层的通用传输服务提供通信支撑。Web 服务是指挥控制系统集成环境独立提供的 Web 容器服务,允许指挥控制系统使用 Web 方式提供服务和应用。分布式计算服务为上层业务应用提供了分布式计算支撑平台,将繁重的计算任务交给专用计算节点处理,上层业务应用可以通过服务申请的方式将计算任务提交给分布式计算服务,计算完成后获取计算结果,适用于瘦客户端运行模式。工作流管理主要目的是实现指挥业务流程自动化,由于作战指挥是一项连续性工作,由若干环节构成,每个环节可能需要多个应用支撑,工作流管理可以辅助用户在恰当的时间执行正确的工作,确保作战指挥流程完整正确的实施。数据表示主要实现对多源和异构数据的规范化整理和结构化表示,使得数据能够遵循特定的标准、采用统一的编码、使用兼容的数据访问服务,为上层应用提供通用数据访问接口,实现各指挥业务间数据兼容和共享。

3) 共性应用服务软件

共性应用服务软件是指独立于各军兵种、各业务部门专用业务需求,为指挥控制提供通用功能和服务支撑的应用,典型的共性应用服务软件包括地理信息系统、态势标绘、文书系统、通用传输服务、时空基准服务、视频指挥、作战计划等。地理信息系统主要用于为研究战场态势、制订作战计划、组织战役行动等活动提供所必须的地理信息资料,通常包括地形地貌、交通运输、河道水系、行政区划等信息,提供地理信息查询、量算判读、地形分析等典型功能,随着战场范围的延伸,空间地理信息和电磁地理信息也纳入了地理信息系统产品范畴,成为作战指挥需要考量的重要因素。态势标绘是指按照一定的规则和分类,在地理信息系统平台上对各类态势信息进行标绘、展现和共享、分发、获取等操作,让指挥员通过态势图的形式直观的掌握战场态势;战场态势信息通常包括敌我兵力态势、作战行动态势、战场设施态势、实时空海情态势、战场电磁态势、作战企图态势等。通用传输服务主要为上层应用业务软件提供公共的数据传输服务,常见的数据传输服务包括面向连接的报文传输服务、面向无连接的报文消息服务、面向实时传输需求的实时传输服务以及适用于大体积文件的断点续传服务,统一的通信服务更加有利于指挥信息系统间数据交互。时空基准服务主要用于战场时间空间校准,确保各指挥所以及各执行单位有统一的时间空间基准,在使用信息系统时做到时间和空间坐标同步,确保作战行动协同进行。视频指挥为指挥员提供指挥所和战场实时视频信息,让指挥员实时掌控战场情况和指挥所运转情况。作战计划软件主要提供计划拟制和管理功能,用于各种作战决心、作战计划和作战保障计划的制订,同时还负责监视战场实际情况并与行动计划进行对比,评估作战计划完成情况,并根据作战需要实时调控作战计划。

4) 专用指控软件

专用指控软件是构建在基础服务软件和共性应用服务软件之上,面向各军兵种指挥控制业务流程的应用软件。专用指控软件具有专业性,通常根据各军兵种、各业务部门指挥控制业务的特点,以及主要装备和作战任务等进行功能定制,包括专用战术计算软件、仿真模拟软件、作战指挥软件、武器控制软件等。专用战术计算软件主要针对各兵种特有业务进行相关战术计算,例如炮兵弹着点计算、常规导弹弹道计算等,专用战术计算软件因其功能的特殊性,通常只有部分作战部队可以使用,有别于地图量算、通视分析等通用战术计算,所以属于专用指控软件。仿真模拟软件通常是针对特定军兵种和典型作战任务,根据专家知识库和模型库,对作战力量、武器装备和作战进程进行建模与仿真,常用于作战方案评估、作战计划推演等活动。作战指挥软件是为执行军事行动而制订和发布作战命令的软件,用来监视作战任务执行情况并与行动计划进行对比,从而评估计划完成情况;随时掌控战场态势发展,指导作战计划实施,根据战场态势变化及时调整作战行动计划,进行部队状态管理和目标状态管理,实施调控所属部队作战任务,以达到预期的作战目标。武器控制软件针对特定武器平台,根据作战任务要求形成武器打击参数,并将其传递到武器平台,进而控制武器的动作,如对飞机、舰船的引导,对地面固定式、机动式、机载、舰载导弹的发射控制,对雷达、电子战武器的参数注入等;武器控制涉及打击目标数据、武器特性参数、打击条件及环境因素等,根据各种武器装备模型和打击模型进行解算,有助于缩短指挥控制周期,提高武器打击效能。

6.3 指挥控制系统典型应用

2018年2月7日晚,24名美国游骑兵特种兵正在叙利亚北部代尔祖尔石油产区巡逻,突遭俄罗斯瓦格纳雇佣兵包围,美军首先呼叫附近地面部队增援,16名美军绿色贝雷帽特种兵乘坐4辆"悍马"军车迅速赶到现场,并投入战斗。然而,美军发现敌方参战人员居然有500余人,敌众我寡,随即紧急呼叫空中支援,几分钟后,2架AH-64"长弓阿帕奇"武装直升机、1架AC-130炮艇机和3架F-22隐身战机依次投入战斗,F-22隐身战机负责制空,AC-130炮艇机和AH-64"长弓阿帕奇"武装直升机负责火力打击敌地面力量。在地面特种兵与武装直升机、隐身战机的密切协同下,美军很快结束了战斗,并取得了大量伤亡敌军、己方无一伤亡的战绩。这个案例表明,在指挥控制系统的强力支撑下,美军作战部队与指挥机构之间实时、顺畅、高效的彼此呼应,形成了临机、快捷、高效的战场指挥,实现了有条不紊的作战节奏控制,一举制胜。初看是火力制胜,其实是信息主导、精确打击、联合制胜,指挥控制系统的倍增器作用体现得淋漓尽致。本节通过指挥控制系统在伊拉克战争中的几个案例,简要介绍美军指挥控制系统在实战中的典型应用,进一步说明高效的指挥控制对作战行动带来的优势。

1. 态势感知

在2003年美军"自由伊拉克行动"中,指挥控制系统的有效运用,带来了信息质量的提高,对战斗行动和作战效率产生了明显的影响。尤其是在泰利尔空军基地行动中,"远程先进侦察监视系统(Long Range Advanced Scout Surveillance System,LRAS)"对战场的影响尤为明显,突显了技术革新对作战能力开发的重要性。

"远程先进侦察监视系统"是前端侦察和定位装备,连接"21世纪部队旅及旅以下作战指挥系统",为其提供目标信息。该系统主要用于战场目标识别,能对10km外目标得出十位数网格读数,误差不超过60m,可在视距范围内提供实时目标获取、探测、识别和定位信息。2003年2月,美军为第3机械化师共装备了42套"远程先进侦察监视系统",每个旅装配13套车载"远程先进侦察监视系统"[①]。装备"远程先进侦察监视系统"之前,旅侦察部队的侦察车通常都在地势较低的地方行驶,否则被敌方发现的概率大幅增加;侦察部队只能通过地图估计来确定敌军位置坐标,精度较低而且耗时较多;夜间监视能力仅限于1000m范围内通过夜视镜进行观察。装备"远程先进侦察监视系统"后,侦察部队的监视能力大幅提升,使得侦察部队能在敌方直接火力之外获取敌方目标情报并实施观察,并大幅降低暴露风险;敌方目标定位方面,借助该系统可立即给出所有目标的十位数网格读数,位置精度大幅提升;由于采用了更加先进的地面夜间远程观察系统,侦察部队具备了更大的夜间和全天候作战能力。"远程先进侦察监视系统"与"21世纪部队旅及旅以下作战指挥系统"的数字化联通,提高了信息搜集速度、信息共享能力和态势感知能力。

2. 作战筹划与行动控制

2003年3月31日~4月1日,美军第5军在巴格达附近同时发起5项攻击行动[①],成功打击了萨达姆政权及其军队。5项攻击行动同时展开,密切配合,第5军情报中心和火力效果协调中心发挥了重要作用。情报中心的分析与控制分队使用"自动纵深作战协调系统(Automated Deep Operations Coordination System,ADOCS)"行使了作战筹划与行动控制职能。行动开始时,主要通过战场态势感知手段获取伊拉克部队的及时动态,并以此为依据协助第5军指挥部制订作战方案。掌握伊拉克军队的反应动态后,分析与控制分队通过"自动纵深作战协调系统"迅速将目标信息传送给火力效果协调中心。根据所获得的情报,指挥官判断伊拉克军队以为美军第5军会越过幼发拉底河,并判断出在卡尔巴拉谷地一带没有伊军主力,这为后来美军重创伊军、占领巴格达机场和实施"目标圣人"行动打下了坚实的基础[②]。

"自动纵深作战协调系统"是美军联队到中队级别的"战区作战管理核心系统"的主要组成部分,在"伊拉克自由行动"中发挥了巨大的作用,它可以通过现有的C^4ISR系统获取多源信息,为指挥员提供综合态势图,借助综合态势图,指挥员可以行使多种作战规划和控制职能,包括联合时效目标管理、战区空中作战中心目标管理、空中任务命令计划、间接火力管理、通用作战态势图、战场空地管理等。以战区空中作战中心目标管理为例,指挥员通过该工具进行任务协调和目标打击,用户通过该系统针对目标来协调和选派作战

---

① 详见第8章。
② 本节内容多出自参考文献[6]。

飞机、解除冲突,并向"战区作战管理核心系统"提出"空中命令任务"请求。在整个战争期间,第 5 军火力效果协调中心都将"自动纵深作战协调系统"作为确定和攻击目标的主要工具。战区空中作战中心目标管理系统的,将通过"自动纵深作战协调系统"获取的目标情报数据与其他目标定位信息进行对比,在目标定位过程中更快达成协作和决策,极大缩短了空中作战中心对关键目标的"探测-消灭"时间。

近年来,美军开始尝试将"自动纵深作战协调系统"与"高级野战炮兵战术数据系统(AFATDS)"进行融合,以期发挥其火力控制支撑功能[①]。"自动纵深作战协调系统"可以充分应用其目标候选、筛查、分配以及计划部队动态定位任务的能力,与 AFATDS 进行深度信息交互,提高战场态势感知能力,为作战关键目标提供动态定位。两个系统进行融合后,能够发挥各自优长,实现联合瞄准过程,并进行性能分析、指挥决策、武装力量部署和火力打击执行,提升火炮打击效能。2017 年驻韩美军对融合系统进行了全方位试验,认为试验达到了最初设计目的。

3. 作战支援保障

在 2003 年"自由伊拉克行动"中,在作战支援系统(Combat Support System,CSS)的支撑下,美军支援体系开始从库存式逐渐向分发式转型。作战支援系统的推广应用,使得第 3 军支援司令部可以及时掌控作战支援保障态势,从而提高了作战支援保障的灵活性和效率。

自由伊拉克行动中,第 3 军支援司令部负责为第 5 军提供作战支援保障,但是第 3 军支援司令部技术力量薄弱,其后勤保障计划需要第 22 信号旅提供通信保障,不利于在远距离实施有效的作战支援保障指挥控制。而第 5 军地面部队作战消耗巨大,通常地面进攻部队需要携带 5 天的补给品和基本数量的弹药、障碍物及备件,但由于进攻命令提前 24h 下达,第 3 机械化步兵师的许多部队在出发时没有携带足够的物资。进入伊拉克后,许多部队开始出现食物和水短缺问题。为了解决这一问题,第 3 军支援司令部不得不根据现有运输能力尽力提供后勤物资保障。后勤运输部队主要使用无装甲防护的车辆,面临着伊拉克武装力量的威胁。

为了及时掌握作战支援保障态势,及时调整支援保障计划和运输路线规划,第 3 军支援司令部开始使用多种信息系统来对作战支援保障进行指挥与控制,其中主要是"国防跟踪、报告和控制系统"与"移动跟踪系统"。

"国防跟踪、报告和控制系统"是一种自动化识别系统,该系统使用车载式应答器,通过卫星与网络连接,在战区范围内对行驶中的车队进行可视化管理,从而使指挥员能够对运输的物资进行跟踪。第 3 军支援司令部为 1000 辆左右的运输车都装上了系统设备,在计划准备阶段,伊拉克战区开通了系统信号,并在战斗打响前一周开通卫星信道,从此,司令部具备了跟踪车队和发送报文的能力。"国防跟踪、报告和控制系统"由指挥控制站、网络管理中心和单兵移动通信终端三部分组成,如图 6-10 所示。单兵移动通信终端通

---

① 参考文献[7]。

过GPS卫星进行定位,通过通信卫星将位置信息通过网络管理中心发送至指挥控制站,指挥员可通过指挥控制站监视车队的位置和行驶情况,必要时,可通过通信卫星向各车辆发送最新态势情况。

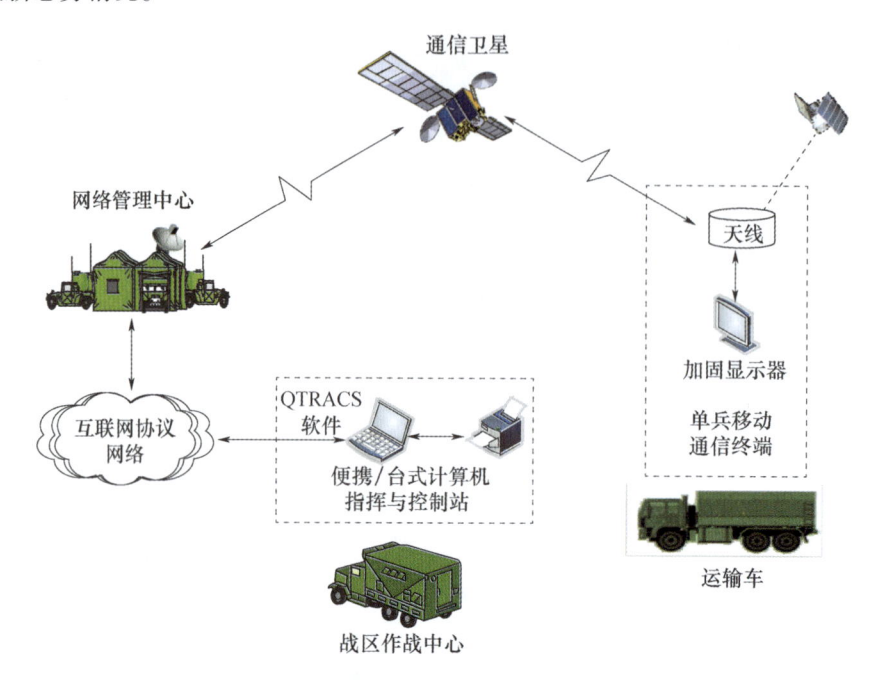

图6-10 国防跟踪、报告和控制系统组成示意图

"移动跟踪系统"是一种低成本跟踪系统,可与车辆保持联系并对其进行跟踪。为第3机械化步兵师提供支援的是第3军支援司令部下属的师支援司令部,该司令部只装备了19部"移动跟踪系统",于是将这19部系统配备到各后勤跟踪节点和重要车队。由于第3机械化步兵师快速、连续的向前推进,移动无线通信手段基本无法建立,"移动跟踪系统"在大多数情况下成了师支援司令部监视和管控大多数车队运输情况的唯一手段。"移动跟踪系统"主要由移动单元和移动控制站两部分组成,其工作原理与"国防跟踪、报告和控制系统"类似,均通过GPS进行定位,通过通信卫星传递信号,不同之处在于"移动跟踪系统"的移动单元也可作为控制站使用,增强了系统的灵活性。

以上系统的运用,使得支援司令部具备了对其作战勤务保障部队进行指挥和控制的能力,这是伊拉克自由行动中通过实战检验形成的能力。车队可视化监控系统,使得司令部的物资分配管理者具备了前所未有的感知能力,让运力和物资分配得以更加灵活高效。双向通信能力,也使得车队在路上就能收到及时的敌情和预警信息,有助于车队规避风险,提升战场生存能力。

6.4 指挥控制系统的发展趋势

随着作战理论、武器装备、科学技术等不断发展,作战样式也在进行深刻的变革,指挥控制形式、方法必定也会随之变化,指挥控制系统作为实施指挥控制的重要支撑手段,也会在各方面不断发展。本节将从全域化、网络化、智能化和敏捷化几个方面介绍指挥控制系统的发展趋势。

6.4.1 指挥控制全域化[①]

作战理论是对作战问题的理性认识和知识体系,反映了各国军队对战争形态、战略环境、作战条件、作战对手和使命任务的理解,是各国武装力量实施作战行动的重要依据。美国作为世界上头号军事强国,一直引领着世界作战理论的发展。自冷战结束以来,根据作战对手、作战环境的变化和军事技术的发展,美军针对抑制中国、反恐战争、亚太再平衡等军事部署实践和战略要求,先后提出了网络中心站、混合战争、空海一体战、跨领域协同、空间攻防、多域战等作战理论,并同步开发了适应协同交战、电子战、网络战等新兴作战形式的指挥控制系统。

2012年初,美军首次提出"跨域协同"作战思想,该思想逐渐成为美军开发新作战概念、发展武器装备和推动部队建设的新目标。"跨域协同"是指在陆、海、空、天、网等多个领域互补性的运用多种能力,使各领域之间互补增效,从而在多个领域建立优势,获得完成任务所需的行动自由。为了满足"跨域协同"作战的新要求,美军明确了联通和互操作、有效指挥控制、跨域整合、态势感知、任务式指挥5种指挥控制能力,要求各层级指挥控制系统向这些能力靠拢。

2016年,美国陆军提出"多域战"概念,描述了作为联合作战力量的一部分,美国陆军如何开展军事行动,以适应未来战争需要。"多域战"通过"跨域协同"的基本战法,给予作战力量的全域融合,实现作战行动的跨域协同增效。除了在传统作战领域获得优势外,"多域战"更加重视太空、网络空间、电磁频谱、信息环境等无形对抗领域,这就要求指挥控制系统向这些新的战场维度延伸,进一步提升战场信息获取能力,实现战场环境和态势的全方位感知。

指挥控制是联合作战的核心。多域战本质上可视为联合作战的最新形式,与传统的联合作战在作战域划分、组织形式、融合粒度等方面存在区别。随着对未来主要竞争对手的深入研究,美军逐渐认识到,面对强敌时,特别是在电子战和网络战领域,美国在战场上使用的传统联合作战指挥控制手段根本行不通。2019年,美国开始致力于推进联合全域指挥控制($JADC^2$)[②]。联合全域指挥控制是多域指挥控制(MDC^2)概念的自然延伸,从指挥控制系统的角度来看,其目的是把各军种指挥控制系统连接成一个一体化指挥控制网络,所有作战域的各级指挥控制系统共享战场信息,实现各军兵种内部及之间顺畅、无缝的通信,进而实现全域联合指挥控制,其核心是使用"全新架构、相同技术",连接"每一个传感器,每一个射手",构建面向无人化智能化作战的"网络之网络",是"后网络中心战"

[①] 参见2.4.3节多域战的有关内容。
[②] 参考文献[8]。

时代美军指挥控制体系的一次巨大飞跃。

联合全域指挥控制的实现途径重点在于将信息优势转变为决策优势，通过分布更广泛的情报收集节点和信息处理平台使决策者从不同渠道及时掌握所需的关键信息，了解不同领域间信息的相互关系及其对联合作战行动的影响，从而大大改善 OODA 环中的感知和判断阶段。同时，采用基于云平台的体系架构取代传统高度集中的通信节点，实现信息发布扁平化。大数据、人工智能、机器学习等技术的广泛应用，提升了数据处理质量和效率，使得指挥员获的更大的信息优势，进一步形成联合全域作战的相对优势。

联合全域指挥控制将会给联合作战能力带来以下几方面的提升：一是全域全维信息融合能力，使得各作战单元快速获取陆、海、空、天、网等各作战域态势，形成及时、精确、统一的通用作战态势，为后续作战行动提供信息优势；二是智能主导态势认知能力，基于人工智能技术的深度赋能和天基互联网的信息交互，使决策者能清晰洞察多域数据之间的相互关系，以及对联合部队行动的影响，极大改善 OODA 环中的感知和判断环节；三是"人在回路"高效智能决策，利用人工智能、机器学习等前沿技术，借助持续的信息优势和信息共享，通过任务式指挥，解决在对抗环境中高级别指挥官无法持续对战术边缘提供反馈与指挥的困境，加深对不可预测和不确定战场环境的理解，加快决策和多域行动速度，同时保证人工智能决策的可靠、可控；四是按需聚合、智能控制，根据作战任务可在广域战场空间对力量编成、打击手段按需聚合，通过综合运用人工智能、自主性技术等进行人机协作、自主决策，实现智能控制。

为了实现联合全域指挥控制，美军已经在多个领域开始了试验和验证工作。2019 年 11 月，美联合参谋部授权美空军将"先进战斗管理系统"（ABMS）作为联合全域指挥控制的核心技术架构，陆军、海军、海军陆战队、太空军、网络空间部队分别在多域作战、海上分布式作战、远征前进基地作战等军种概念的框架下，寻求与空军建立联合网络，在共同推动联合全域指挥控制概念发展的同时，实现自身作战概念、指挥控制系统与联合全域指挥控制的充分融合；2019 年 12 月，该系统进行首次实地测试，成功展示了陆、海、空多种作战平台快速共享模拟巡航导弹袭击相关数据的能力。同时，美陆军稳步推进"战术情报目标接入点"（TITAN）和"融合计划"（Project Convergence），整合陆军大量分散战术地面站和传输设施，综合利用太空、空中、地面传感器，直接向火力网提供目标数据，并利用人工智能和机器学习技术对海量数据进行筛选处理，使作战人员能在战场上快速做出决策；2020 年 7 月，美陆军成功演示了利用太空传感器支援地面火炮实现远程精确打击，显示了"美国陆军在战场任何地方及时准确地开火、打击和摧毁时敏目标的能力"。2020 年，美海军提出"超越计划"（Project Overmatch），旨在设计一个能连接武器和传感器的战术数据网络，并与美空军签订握手协议，就联合开发联合全域指挥控制达成共识。美太空军依托"国防空间架构"（NDSA）为联合全域指挥控制提供实时、无缝的全球信息获取能力，能够为全球范围内联合全域作战行动提供泛在的信息传输渠道。美网络空间部队依托"联合网络指挥控制系统"，为执行网络空间作战的所有层级作战部队提供综合的网络空间指控能力，以支持网络空间任务部队和作战司令部之间的规划与协同，该系统还将实现网络

空间指控与各军种、盟军、其他国防机构指控的集成,缩短规划时间,提高决策速度,加快作战节奏。

6.4.2 指挥控制网络化

随着作战方式逐步向多兵种联合作战不断演进,指挥控制组织结构必然需要满足联合作战指挥体系需求。为了实现多军兵种间的信息共享和高效协同,各军兵种各级指挥机构间的横向协同、跨级指挥需求日益增加,指挥控制组织形式也向着扁平化、网络化方向发展,因此,网络化指挥控制系统是指挥控制组织结构网络化的必然产物。网络化指挥控制体系逻辑结构如图6-11所示,这种结构中,除了传统的垂直指挥线外,还打通了友邻及跨级指挥链路,构成网状指挥控制架构。这种结构可以有效缩短指挥控制过程时间,减少情报获取、态势判断、信息觉得等关键环节的时间消耗,加快作战节拍,缩短作战行动时间,从而进一步获取信息优势和决策优势。

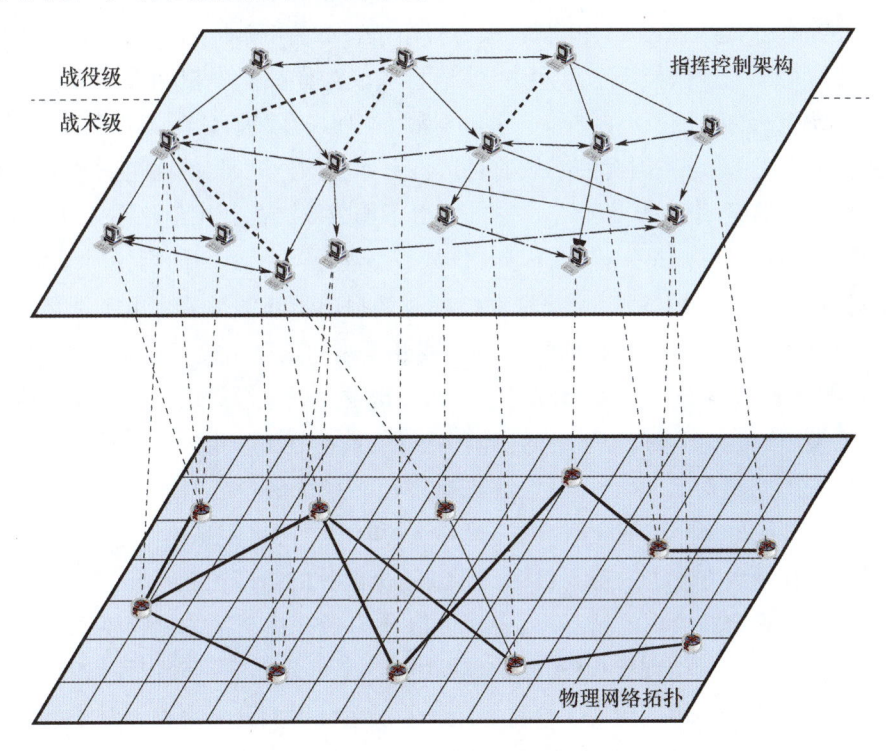

图 6-11 网络化指挥控制体系逻辑结构

另外,网络化技术的应用大大提升了指挥控制系统的适应性和灵活性。通过网络化指挥控制系统,为入网的所有作战单元提供合成的、一致的战场态势信息,这种态势信息将是协同作战指挥控制的重要依据。使各个作战单元的协同作战处理系统独立安装相同的算法,使用统一标准的平台软件,依据格式严格一致的输入数据进行信息传递与处理,这样就能保证尽管在各个节点上独立、并行的进行信息处理,但是处理的数据在结构上高度一致,所以经过处理的战场态势对于各个作战单元都是通用的,联网的每个节点都能共享所有其他成员的信息。这种严格意义上的分布式处理方式使得网络中的每一个节点都具有物理意义上的相同性,于是每个节点的逻辑关系就可以在网络空间内进行重新定义和灵活调整,每一个节点都可以作为"主节点"而获得指挥控制其他"从属节点"的权利。所以,网络中心将使军队能够根据战场变化,对整个指挥控制系统的各个层次进行灵活快速的调整,使战场指挥控制系统能够迅速适应战场环境的变化。

为实现灵活的战场态势支撑体系,建立网络化的信息服务体系是充分发挥信息资源效益,加快生成基于信息系统体系作战能力的保证。随着网络化指挥控制系统的不断发展,各级各类用户、信息系统和信息化武器装备的信息服务需求日益强烈。因此,通过构建"网云端"架构的信息服务体系、整合各类资源,以适应网络化指挥控制系统的发展。

当然,网络化指挥控制系统也面临着巨大的挑战。网络空间不同于传统的物理空间,网络的能力更多地取决于网络节点的数量,节点的互联程度越高,其蕴含的价值就越高。在网络中心化战争中,指挥控制系统、未来联合作战指挥对信息网络的依赖程度越来越高,网络化的战场信息感知、一体化联合火力打击、远程遥控武器应用、无人作战平台协同控制等作战应用都高度依赖于信息网络,使信息域成为作战的中枢和神经。在信息域对敌方部队进行阻断,可以起到在物理空间包围敌人相似的效果,使敌方部队失去协同,无人作战武器完全失去效用,因此网络域的对抗将更加激烈。同时,网络空间作战对联合作战指挥信息系统的时效性要求更高。一方面,由于作战双方都利用信息系统实施对抗,系统带来的效益差对双方都是一样的,因此,作战双方都在寻找更高的指挥时效性;另一方面,网络对抗的隐蔽性、破坏性、快捷性对指挥时效提出了新的挑战。由于网络对抗难以知道攻击何时发起、何处发起,而且对抗是以接近光速的速度进行,其后果可能是破坏指挥中枢、瘫痪作战体系,这些均要求网络指挥在攻击发生后立即做出反应。相对应的指挥方式也必须做出调整,要求指挥系统的协调性更强,具备更高的指挥控制时效性。

网络化指挥控制系统,也能很好地解决指挥控制系统健壮性问题。健壮性是指挥控制系统面临内部或外部环境变化时,维持其功能的能力。网络信息体系下的联合作战,指挥控制系统往往是敌方攻击的首要目标,因此,一个健壮的指挥控制系统是其生存能力的重要保证。在不确定性出现的情况下,鲁棒性已成为指挥控制系统能否生存的关键。对于指挥信息系统而言,不确定性因素通常包括两类:一是外部的不确定性,如敌方的干扰破坏;二是系统内部的不确定性,如参数估计误差及系统模型的不完善。对于指挥控制系统而言,软件系统的鲁棒性关系到指挥决策的正确性、及时性,关乎战争的胜负,建立具有强大鲁棒性的指挥控制系统是夺取战争胜利的有力保障。由于指挥控制系统内部是一个复杂网络,它必然具有鲁棒性和脆弱性并存的特点。软件工程方法着重从软件开发的各个过程出发,致力于解决软件脆弱性问题,但从实际情况来看,很难达到期望的效果。网络化的指挥控制系统可以有效增强软件系统的鲁棒性,提升系统的指挥控制效能。从复杂网络的时间演化观点来看,网络化指挥控制系统的整个生命周期是一个自适应和自组织的进化过程。模块化的软件单元,在保证自身的封装性和松散耦合的基础上,通过继承和聚合等方式有选择的与其他个体发生交互作用,形成一个灵活的局部网络组织,通过与环境交互作用和自身调整,在功能和结构上不断进化。因此,网络化软件系统作为人工设计和实现的复杂网络系统,可以借鉴和使用这种进化模式和网络结构,通过使用规则和控制的方法组织对象之间交互关系,避免由于系统内部的紧耦合约束而导致软件难以进化的问题,合理使用经过仔细设计的各种设计模式,按照无尺度网络拓扑特性协调系统的进化和人工控制关系,并从复杂网络的观点控制软件开发方法和过程,最终形成灵活可用的软件系统,增强对网络化软件系统适应性及鲁棒性的有效控制。

6.4.3 指挥控制智能化

美国提出的全域指挥控制存在着跨平台联合作战规划困难、多兵种指挥协调性差、多武器控制系统精确控制要求高等诸多难点,仅凭传统的人类指挥控制作战难以在短时间内做出快速合理的全局部署。随着人工智能、大数据、云计算等技术的飞速发展和实用化,指挥控制系统也必将向智能化转变,依托智能化的软硬件基础平台,提供面向任务的智能服务,极大提升目标识别、情报处理、态势认知、任务规划、辅助决策等智能化指挥控制能力。

美军设想的未来指挥控制模式是:从全球的感知器和武器系统网络收集数据并快速的形成能够支撑行动的有用情报,进而在各军种部门之间实现共享,辅助决策系统将综合各类情报形成作战策略供指挥官参考,在决策选定后由系统生成作战规划并协同调度各军种和武器系统。智能化技术在这一指挥控制流程中将发挥重要作用。

战场目标识别方面,美军在2016年就已成功攻克大数据目标识别相关理论和关键数据,通过对侦察卫星、预警机、地面雷达和传感网络等多种系统所收集的海量数据进行综合研判和分析,获取战场目标的众多特征,进而对战场态势和真伪目标进行精确研判,能大幅度降低传统的战场伪装与欺骗效果,为有效实施精确打击创造条件。2019年,美军开始启动研发功能先进瞄准和致命性自动化系统,系统将综合运用图像识别、地图构建、距离确定、机器学习算法,具备目标自动获取功能,可与地面作战车辆的火力控制系统相结合,将地面战车打击效能提高3倍以上。

智能情报处理技术着重解决战场情报来源多、情报数据量大、难以快速获得准确情报的问题。美国国防部每年使用超过1万架次无人机收集情报,采集的视频情报信息多达数十万小时,必须辅以先进的智能处理技术,才能从这些数据中获得有用的信息。从2017年开始,美国先后启动了Project Maven项目和Mercury Program项目,使用机器学习技术对大规模信息进行提取、识别和分类,用于处理监听电话、网络信号等情报信息收集,也可进行目标识别和跟踪。

态势智能认知技术,以多维战场空间内的侦查、感知和技术手段为基础,在实时共享战场态势的基础上,对战场数据进行智能化处理,形成对战场军事活动的智能认知。智能态势认知是指挥控制活动从信息域向认知域跨越的重要标志,也是后续智能决策和自主控制的重要前提。实现战场态势智能认知,需要建立广域分布的战场感知体系。按照技术性能和作战需要,将分布在陆、海、空、天、网等不同空间,以及不同工作频域的各种侦查感知装备进行优化整合,形成全域、全频、全时的战场感知体系,确保各作战单元从不同空间、不同距离、不同频率精确获取所需情报信息,形成以智能为主、人工为辅的感知信息处理模式,提高作战单元战场感知的智能化水平。智能态势认知面临的主要技术挑战包括:智能态势标绘、态势智能分析、态势演化预测等。早在 2007 年,DARPA 就启动了"深绿"(Deep Green)计划,试图通过对未来敌我可能行动及态势的自动生成、评估和预判,帮助指挥员掌握战场态势的及时变化。目前战场态势感知智能化取得了初步进展,但是依然主要依赖指挥员人工处理,由于战场维度的延伸,陆、海、空、天、网各领域态势深度融合呈现出高度复杂性,使得战场态势单纯依靠人工处理越来越困难。智能战场态势认知是人工智能领域亟待解决的关键技术之一,也是其他复杂军事问题的起点。

智能任务规划技术,作为传统手段和新兴信息技术的最佳结合点,正逐步成为解决未来智能化战争的关键所在。随着现代智能技术的发展,任务规划技术将进入蓬勃发展的新时期。任务规划技术可利用知识工程、大数据、云计算、人工智能等新技术进行战场态势智能分析与预测,获取敌情、我情和战场环境信息,对获取的战场数据进行智能分析和数据挖掘,从中挖掘出深层次的信息和特征,为决策提供支撑。人工智能是任务规划技术发展的新引擎,正在重构影响军事作战过程的各环节,知识、信息、数据是这个引擎的原始燃料,例如通过数据挖掘寻找战场的未来走向、通过大数据分析含量数据内在的联系、通过机器学习预测未来对手的行动等。面向作战应用的智能任务规划技术主要解决路径域、目标域、预演域和终端域四个域的问题,路径域问题包括任务分配、航迹规划等问题,目标域包括目标分析、毁伤计算等问题,预演域包括仿真推演、攻防对抗等问题,终端域包括远程管控、效能评估等问题。以美军为代表的西方国家已经开展智能任务规划的研究和应用。2017 年,洛克希德·马丁公司与美国空军合作进行了多域指挥控制系统的推演,检验空、天和网络作战域中的作战计划编制,后续还将研制综合任务指令系统,实现对所有空、天和网络部队的任务分配。美国陆军目前也在研发"自动计划框架原型系统",该系统能够将执行军事决策所需的任务自动分配到对应兵种和单位,减少指挥人员的工作负担,并提高决策部署效率。

智能辅助决策也是指挥决策智能化的关键能力之一。随着作战指挥信息化程度不断提高,在作战指挥流程中信息更新显著加快,作战指挥决策的时效性、准确性要求越来越高,这就要求指挥控制系统应具有智能决策支持能力,通过指挥控制系统提供的智能化辅助决策,能够分析处理大量情报,智能化优选确定目标和评估方案,为联合作战指挥决策和部队行动提供及时可靠的辅助支持功能。未来战争中的智能化辅助决策系统,应能准确理解指挥员的真实意图,快速准确地找到合适的决策资源,给出合理建议,处理决策问题,从而减轻指挥员的决策负担。"深绿"(Deep Green)计划,试图进行战场态势预测,帮助指挥员进行情况判断,并提供决策方案,但是该项目并没有取得令人满意的结果,其主要困难在于战场态势的理解、仿真推演的高复杂度、不同决策层次决策问题粒度划分等问题。2020 年,美国空军资助的"Alpha"人工智能程序,采用深度强化学习技术,通过博弈对抗学习和自主决策提升实时决策水平,以 5∶0 的战绩战胜人类飞行员。

智能化技术除了用于指挥控制决策流程中外,也可以为指挥员提供更加智能便捷的交互手段。通过利用脑机接口、力回馈、眼动跟踪、语音等智能化人机交互构建指挥所自然高效智能的人机交互环境。虚拟现实技术可以逼真的还原战场环境,为远离战场的指挥员提供身临其境的作战环境观察条件,实施感知战场态势,在直观形象的条件下进行态势研判,有助于消除指挥员间对任务理解的分歧,达成共性的态势感知和态势理解。

6.4.4 指挥控制敏捷化

为了应对信息时代国际形势变化和安全威胁,需要更加快速的指挥控制速度和更加灵活的指挥控制机制。指挥控制敏捷化,有助于提升指挥控制系统响应能力,确保指挥信息系统适应复杂战场环境下的指挥控制机制,及时贯彻指挥意图。

现代战争中,指挥控制速度是指挥控制系统的基本测量标准之一,也就是从识别战场态势到方案评估、制订作战计划,最后生成可执行的作战命令,这个周期所耗费的时间。随着高新技术武器装备的广泛应用,战争节奏显著加快,战场情况变化迅猛,这些都对指挥控制系统的时效性提供了更高的要求。

传统的指挥控制系统由于指挥体制和技术运用方面的多方面的原因,在很多方面还存在不足,限制了指挥控制响应能力的提升。指挥机构方面,当前各级指挥机构指挥功能庞杂,机构编成庞大;指挥方式上,集中式指挥还是主流指挥方式,任务式指挥少,依案式指挥多,临机指挥少,缺乏灵活处理的能力和手段;指挥手段上,在战术级,特别是营连级,指挥控制更多依赖于调频通信、卫星等对上通联,传输速度慢,业务单一,旅团级指挥所随遇接入能力差,指挥体系调整耗时长。

美军在多域战作战理论中提出,未来的指挥控制系统必须是一体化和敏捷的。近年来大力推动的"网络中心战"指挥体系,要求实现对战场实时、全天候、全频域的侦查监视,通信网络能高速、安全的传输信息,其根本目的是缩短指挥周期,提高决策速度和质量;武器系统网络化,则使得各个作战单元和指挥控制系统融为一体,实现多维战场武器统的高度协同,各级指挥控制系统既能及时掌握与其作战单元密切相关的局部战场情况,又能实时了解整个战场的全局信息,能根据战场情况实时变化,及时进行判断、决策和行动,实施武器系统之间实时协同;同时,信息栅格技术所具有的连通性、灵活性和自适应性可以大大化解指挥跨度增加、指挥机构动态调整所带来的复杂性,可以增加指挥控制系统的适应性,降低指挥控制系统重构难度,大大缩短作战指挥控制的时间。

参考文献

[1] Joint Publication 3-0: Joint Operations[M]. 知远战略与防务研究院, 2017.
[2] 中国人民解放军军语[M]. 北京:军事科学出版社, 2011.
[3] 中国人民解放军联合作战术语规范[M]. Item 48, 2018.
[4] 谢苏明. 关于作战筹划与作战任务规划[J]. 指挥控制学报, 2017.

［5］Joint Publication 5-0：Joint Operation Planning［M］. 知远战略与防务研究院，2017.

［6］Dave Cammons, Network Centric Warfare Case Study［M］. 2011.

［7］U. S. Army Fires［M］. 2018.

［8］Joint All Domain Command and Control［EB/OL］（2020-8）. https://crsreports.congress.gov/.

［9］张传富,等. 军事信息系统［M］. 2版. 北京：电子工业出版社，2017.

［10］张维明,等. 指挥与控制原理［M］. 北京：电子工业出版社，2021.

［11］刘波,等. 指挥信息系统［M］. 北京：国防工业出版社，2019.

［12］蓝羽石,等. 联合作战指挥控制系统［M］. 北京：国防工业出版社，2019.

［13］赵国宏. 作战任务规划若干问题再认识［J］. 指挥与控制学报，2017,3(4).

思考题

1. 战略、战役和战术级指挥控制系统有什么区别和联系？战略级指挥控制系统能否用于战术级作战任务的指挥控制？

2. 结合指挥控制的基本概念,简述指挥控制系统的基本功能。

3. 指挥控制全域化发展的出发点是什么？期望解决哪些问题？

第7章 综合保障系统

综合保障系统,其目的是为指挥机构、作战部队和武器平台提供战场环境、信息保障、后勤装备等相关保障信息,便于各类保障力量顺利实施各类保障任务,是指挥信息信息系统的重要组成部分。

7.1 综合保障系统概述

伊拉克战争中,美军依靠其周密筹划和严密组织,特别是使用大量先进的后勤装备,有效保障了部队作战,充分显示了美军后勤保障的优势。战略空运方面,美军使用了104架C-5和58架C-17战略运输机,还征用了47架民用运输机和31架宽体运输机,2003年3月19日~4月21日期间,共实施空运11450架次,运输量约为7.4万吨(t)。战略海运方面,使用了8艘快速海运船将重型装备和补给运到战区,包括122辆M1A1主战坦克、183架直升机和2339辆其他车辆,平均1天就可装卸一个机械化师的坦克、火炮、车辆等大部分装备。卫勤保障方面,大量新装备新器材投入使用,包括生物战剂侦检系统BIDS、M113A装甲救护车、UH-60L救护直升机、"舒适"号医疗船、新型防护服、战场伤员救治医疗通信系统等。油料保障方面,专门铺设了160km长的输油管线,利用巨型油罐开设野战油库,每天为各类装备供应5678万升油料。地面部队作战保障方面,美军利用各种后勤保障车辆、战勤直升机和集装箱是设备实施"伴随、直达、立体"保障,战争期间,每天在路上行驶的车队多达20个,每个车队由20~30辆车组合而成,为部队提供食品、饮水、油料、弹药和其他补给品。此外,后勤保障信息化实施,提高了后勤保障的精确性和实时性。后勤装备以完善的网络系统为支撑,实现了战场后勤保障信息的互联互通;使用自动识别装置,自动采集装运资产信息,实现装备物资运输实时可视;使用安装有移动跟踪系统的后勤保障车辆,实现战场补给的实时监控;应用远程保障系统,及时获得后方技术支持。

古语说:兵马未动,粮草先行。形象地说明了战争中后勤保障的重要性。随着战争形态的不断发展,战场复杂程度日益提升,现代战争能够顺利实施,作战保障早已大大超出简单的粮草物资供应的范畴。作战部队的多样化,武器装备的现代化,信息技术的广泛使用,使得作战保障的空间范围越来越广,保障对象越来越多,保障难度越来越大,要实现综合化的作战保障,必须建设相对应的综合保障系统,对各级各类型综合保障进行统筹和管理,形成综合保障体系,提升综合保障能力。

7.1.1 系统组成

综合保障系统实际上是各类作战保障业务相关信息系统的总称,各国家军队由于编制体制、管理方式的不同,在作战保障业务划分上会有所区别。早期,各类作战保障业务相对简单,保障系统提供的功能也比较单一,各系统相对独立。随着保障对象越来越多,保障范围越来越大,对保障信息的精度、粒度、可信度、时效性和共享性要求也越来越高,保障信息系统也在向着一体化、综合化的趋势发展。作战保障通常包括情报侦察保障、信息保障、后勤装备保障和国防动员保障等,每一类保障范畴可以按照保障内容进一步细分,如图7-1所示。本章重点介绍气象水文、测绘导航、频谱管理、后勤和装备保障信息系统。

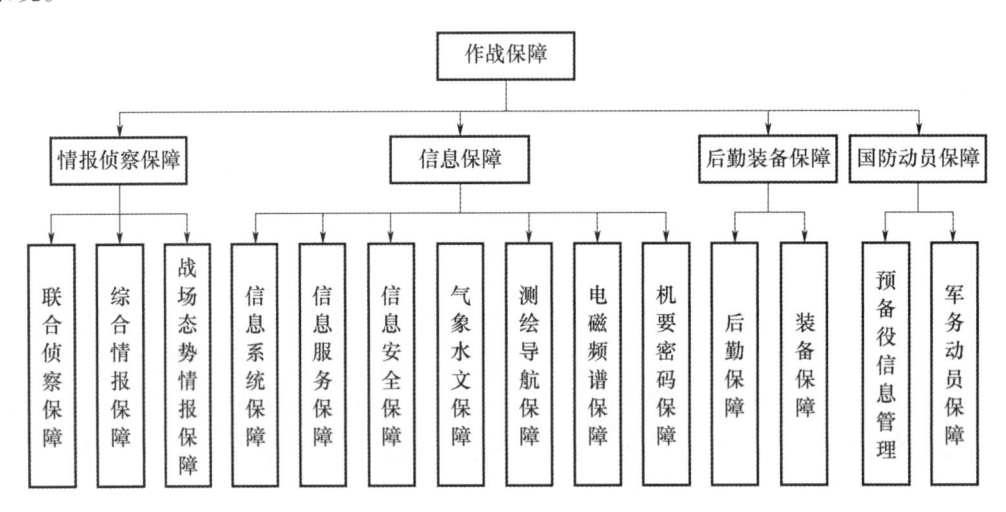

```
作战保障
├── 情报侦察保障
│   ├── 联合侦察保障
│   ├── 综合情报保障
│   └── 战场态势情报保障
├── 信息保障
│   ├── 信息系统保障
│   ├── 信息服务保障
│   ├── 信息安全保障
│   ├── 气象水文保障
│   ├── 测绘导航保障
│   ├── 电磁频谱保障
│   └── 机要密码保障
├── 后勤装备保障
│   ├── 后勤保障
│   └── 装备保障
└── 国防动员保障
    ├── 预备役信息管理
    └── 军务动员保障
```

图7-1 作战保障组成示意图

美军主要的综合保障系统是全球作战支援系统(Global Combat Support System,GCSS),负责物资采购、财务管理、人力资源、后勤装备保障、工程保障、运输保障等任务,以作战支援数据环境(Combat Support Data Environment,CSDE)、通用作战态势图(COP)、GCSS Web 3个部分作为通用支撑模块。CGSS目前包括战区总部/联合特遣队GCSS、空军GCSS、陆军GCSS、海军GCSS、海军陆战队GCSS、全球运输网(Global Transportation Network,GTN)、联合资源可视化系统(Joint Total Asset Visibility,JTAV)、国防后勤局业务系统(DLABSM)、战区医疗系统(Theater Medical Information Program,TMIP)和国防财务与记账系统(Defense Finance and Accounting System)等业务系统[①]。

系统体系结构上,综合保障系统体系完整,覆盖全面,例如GCSS包含了国防部下属

---

① 可参考http://www.disa.mil/mission-support/Command-and-Control/GCSS-J。

业务部门使用的各类业务信息系统,涵盖了各军种使用的作战保障系统,以及 GTN、JTAV 等保障专用业务系统,平战一体,能保障业务系统和指挥控制系统有效衔接,构成完整的综合保障信息系统体系。层次结构上,综合保障系统满足战略、战役和战术的不同层级、不同军种间的联合作战保障指挥要求。国防部级的 GCSS – J 用于战略级联合作战。GCSS – A、GCSS – M、GCSS – AF、作战指挥勤务保障系统等分别针对陆、海、空的战役、战术级作战保障需求,提供相应指挥控制功能。技术特点方面,综合保障系统利用通用支撑平台兼容不同系统,实现贯穿兵种保障和业务保障系统的综合集成,提高系统兼容性;基于完善的通信基础设施,确保各系统间信息畅通,实现连通性;利用先进的系统架构,支持用户在任意地点随遇接入并开展工作,实现网络化保障;通过信息融合与共享、保障方案计划辅助生成以及资源可视化等技术聚焦作战保障,为联合作战提供全方位保障服务。

7.1.2 基本功能

综合保障系统由各类保障信息系统综合而成,在作战行动不同阶段发挥不同的作用,例如在作战筹划阶段,主要为指挥员提供作战保障决心建议,拟制各种作战保障计划,在作战实施阶段,主要监控各类保障行动执行情况,及时调整保障资源和保障力量,确保作战保障行动顺利实施。总体而言,综合保障系统的基本功能如下。

(1) 获取、处理和分发各类保障信息。及时掌握本级保障实力、物资数据信息以及各类保障数据信息,从上、下级业务部门以及相关国家部门和机构获取各类保障信息,对各类信息进行处理、分析和管理,形成保障数据产品;按需向上级报送各类保障信息,向下级分发各类保障信息,为各级指挥员提供决策依据。

(2) 实施各类保障行动指挥控制。拟制各类保障计划,掌控保障行动实施情况,适时调控各类保障行动,确保作战行动顺利实施。

(3) 支持平时各类保障业务管理。平时为后勤装备等物资保障和战场环境信息保障提供专业规范的管理平台,提升综合保障能力。

7.2 气象水文保障信息系统

气象水文保障信息系统是最早开始建设的专项业务保障信息系统,为指挥员和各类指挥信息系统提供全面的气象水文保障信息。

7.2.1 主要功能

随着科学技术的发展,各种高新技术和精密器件广泛运用到各类武器系统中,武器装备的性能直线上升,但对恶劣气象水文环境的适应能力却呈下降趋势,武器装备变得越来越脆弱,随之而来的是对气象水文保障信息系统的保障要求越来越高。现如今,战场气象水文情况,已成为各级指挥机构和指挥员在进行决策和行动时必须考虑的因素之一。

气象水文保障系统对当前和历史相关水文、气象信息进行收集、整理、分析、处理,提供预报信息和警报信息等产品,并向有关部门、作战部队定时和实时分发,对指挥员下定作战决心、选择适当的作战时机、作战样式和投入部队的类型和规模、保障部队有效地遂行作战行动具有极为重要的作用。其功能可以概括如下。

(1) 气象水文分析。对战场气象水文环境进行分析,包括气象水文概况,战场气象分析等部分。

(2) 气象水文情况综合。综合分析显示军事气象卫星、民用气象卫星、国家气象中心、气象雷达、实况气象探测、军用数值预报等各类气象水文实况和预报信息,以图表、态势图等方式展现气象水文综合情况。

(3) 气象水文信息查询。以图形、图像等多种形式,为指挥员提供主要方向、重点地区以及相关地域(海域)气象水文查询服务,查询内容包括气象水文实况、卫星云图、气象警报、历史水文资料、主要海域港口潮汐信息等。

(4) 气象水文预报产品发布。气象水文专业保障人员通过系统进行计算和预测,制作多种形式的气象预报产品,通过多种手段向各类用户提供预报信息。

7.2.2 系统分类

气象水文保障系统按其保障级别、保障空间范围、保障能力和决策能力可分为战略级、战役级和战术级。

战略级系统是指总部级气象水文保障系统,战时用于向国家军队高层提供气象保障决心建议,对下属军事气象信息系统和直属部队实施指挥控制,主动向保障对象发布气象信息和灾难气象情况警报;平时用于对全军各级军事气象保障信息系统实施气象保障指导,收集、处理、分析全国和周边地区的气象信息,向全军发布全国和周边地区宏观气象预报、灾害性气象警报信息和警报解除信息,同时对直属气象保障勤务部队实施有效的指挥和管理。该系统充分利用国家级气象系统的气象信息资源,具有掌握信息多、处理能力强、预报能力强的特点。该系统重点提供 3~15 天中期气象预报和 1~12 个月长期气象预报。

战役级气象水文保障系统平时可依托于战区和军级军事气象保障信息系统,处理日常气象保障专业业务和管理业务,为部队训练、演习和武器装备试验提供气象保障服务;战时经过扩充和重新编成,负责向战区、军级指挥机构和指挥员提供气象保障决心建议,重点负责向战区所属部队和单位发布整个战区和周边地区的 1~3 天短期气象预报和 3~15 天中期气象预报,发布危险气象警报信息和警报解除信息。该系统接收战略级系统的指挥,并对下属军事气象保障信息系统和直属气象保障勤务部(分)队实施指挥控制。

战术级系统是旅级部队建立的军事气象保障信息系统,负责本部队作战地区的微观气象保障,重点负责发布未来 2h 内临近预报、未来 12h 内甚短期预报和 1~3 天短期预报,以保障部队顺利遂行作战行动,并保障主战武器装备在最佳气象条件下有效发挥其作战效能,该系统更关注本部队局部地区精确气象信息的需要。战术级军事气象保障信息系统应适应野战环境的要求,以地面机动式系统为主。比较典型的战术级气象保障信息系统是美军的综合气象保障系统 IMETS,该系统以"悍马"越野车为运载平台,主要从极低轨道民用和军事气象卫星、空军全球气象中心、遥控传感器和民用预报中心获得气象信息,处理并核对各种预报、观测信息和气候数据,能够为上至军级陆军部队、下至营级作战部队提供及时和准确的气象保障信息。

气象水文保障系统按军兵种保障对象的特殊要求可分为海军、空军、陆军、火箭军、电子对抗等气象水文保障系统。

空军气象水文系统主要关注影响空军遂行作战行动和航空武器装备使用的主要气象因素,包括机场上空的风、雷、雨、电、雾、雹,气压、气温和空气密度,水平能见度和垂直能见度,飞行航路和作战空域的高空风信息,雷、电信息云层高度和厚度等信息。

海军气象水文系统主要关注海军作战和航行关心的水文气象资料包括海洋温度、盐度、深度、海流、水文、重力、地貌地质等海洋信息,影响舰艇操纵、航行和作战行动的潮汐信息,以及影响舰艇航行的风向、风速、风浪、海冰、洋流信息等。

地面部队重点关注的水文气象因素包括:地面部队遂行军事行动的雾、雨、雪、冰冻信息,导弹发射和火炮射击的风向、风速、温度、雷、电等信息,当前作战地域日出时间、日落时间月出时间、月落时间等天文信息等;地面部队行动的季节性水系的水文信息、地面部队抢滩登陆行动的潮汐信息、空降场或空投场水平和垂直能见度、云层高度、风速、风向,以及空降或空投高度以下的合成风信息。

电子对抗部队则更多的关注影响雷达装备、电子对抗装备、通信装备效能的太阳黑子活动和磁暴等天文信息等。

7.2.3 系统组成

气象水文保障系统通常由信息感知与获取分系统、预警与发布分系统、辅助决策分系统、指挥控制分系统组成,如图 7-2 所示。

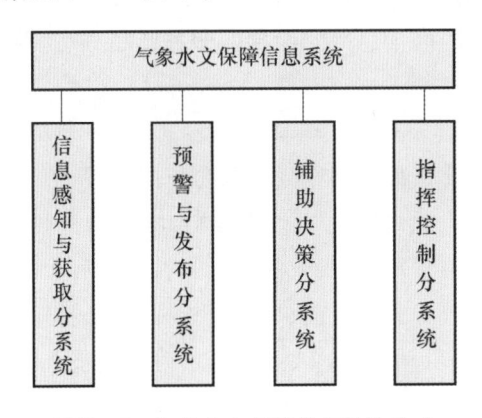

图 7-2 气象水文保障信息系统组成

(1)信息感知与获取分系统。主要用于接收上级军事气象水文保障信息系统、民用气象台站发布的相关气象水文信息;获取本级气象装备探测的和友邻部队提供的气象水文信;收集地方气象信息系统的相关气象水文信息数据;建立、维护管辖地区气象、水文、天文、潮汐历史情况数据库,用于对气象情况进行处理和分析,为发布气象预报、警报和解除警报提供依据。常用的气象探测装备包括气象卫星、气象侦察机、雷达、气象观测站、机动气象观测车、气象水文探测传播、潜标等。

（2）预警与发布分系统。根据任务需要,制作提供不同时效、不同类型的气象水文预报产品和实况资料,为作战指挥和部队行动提供精细化保障。预警和发布的信息包括:实时推送任务区域气象水文实况信息;制作发布短期气候预测和中长期天气预报产品;滚动制作发布中短期、短时、临近气象水文预报;及时制作发布危险性、灾害性天气警报;跟踪掌握战场态势和兵力动态,分析气象水文对部队行动、武器使用的实际影响,及时修订预报结论,提出兵力使用建议。

（3）辅助决策分系统。综合利用计算机和气象预报技术,针对气象水文保障问题,通过各种评估模型和决策方法,评估气象水文条件对人员、装备、武器弹药和军事行动的影响,从而为指挥员和作战人员提供决策依据。辅助决策手段包括:作战标准、气象数据库等查询与管理;辅助气象业务计算;气象预案管理、查询、评估与优选;决策仿真与效果评估等。

（4）指挥控制分系统。平时主要用于气象业务作战值班;战时主要用于接收上级保障指示和命令,明确作战目标和作战意图,明确气象保障部队编成和任务,提出气象保障决心和建议,拟制气象保障计划并组织实施,下达保障指示和命令,实现对所属保障力量的指挥与控制。

7.3 测绘导航信息系统

从古至今,感知战场环境,掌握地理地形,是排兵布阵的基础。近年来,军事测绘导航技术随着科学技术的飞速发展不断进步,构建起数字化测绘导航技术体系,为指挥员提供数字地图、空间位置信息、时间信息等测绘导航服务产品,成为现代战争的眼睛。

7.3.1 主要功能

现代战争已进入信息化条件下多军兵种联合作战阶段,战场覆盖范围广,并延伸至太空、空中、水下。"夫地形者,兵之助也"[①]。军事行动中,指挥员和作战人员迫切需要了解战场地理环境及敌我双方位置等信息,方能知己知彼,战场地理空间信息对于军事行动的重要性不言而喻。在信息技术普及以前,地图是指挥所内的必备用品,指挥员在地图上进行标注、测量、计算,对作战行动进行谋划,一份精确的地图可谓价值连城。海湾战争期间,美国为军队提供了约3500万张各类军事地图。随着计算机在军事领域中逐步推广运用,电子地图以其信息量大、形式多样、交互性强等特点,逐渐获得指挥员的青睐,在许多应用场合已经替代纸质地图,现如今,几乎所有的指挥系统都是基于电子地图呈现各类战

---

① 参见《孙子兵法（地形篇）》。

场信息的。2018年11月，美国国防部发布了《国防部定位、导航和授时整体战略——确保美国军队PNT优势》报告[①]，期望在未来为美军提供稳定可靠的测绘导航体系。

测绘导航信息系统的主要功能如下。

(1) 战场地理环境分析。搜集整理战场区域的地理环境信息，包括地缘自然环境、人文环境、电磁环境和战场建设情况，为指挥员进行指挥决策及部队行动提供地理环境分析建议。战场地理环境分析要紧贴作战任务，既要能够通观全貌整体分析，也要能够对关键区域分区分析，还要能对重点要素逐个分析。

(2) 提供导航定位服务。综合运用民用和军用导航定位系统，为部队和武器装备提供导航定位服务。早在第二次世界大战时期，各国均开始使用各种办法绘制精确的地形图，以便在地图上对武器射击范围和弹道进行量算，从而提高打击精度。如今弹道导弹、巡航导弹、远程火箭炮等精确制导武器已成为信息化战争时代的主要武器种类，在确定打击目标时需要精确的坐标进行定位，部分武器在巡航过程中还需要高程数据和定位系统进行匹配和修正，部分武器的定位雷达探测结果也需要地理空间数据定位的支持。对于部队机动来说，定位导航则可以为部队进行路线规划和引导，便于部队顺利到达指定地域，同时也方便部队掌握友邻部队位置。

(3) 提供授时服务。当前战争多为多兵种联合作战，强调各作战单元间密切协同，特别是各种高精度自动化武器系统之间的协同，需要高精度的时间同步。测绘导航系统需根据授时用时要求，在战场范围内，为作战单元提供军用标准参考时间服务，通过导航等系统为各作战单元进行时钟同步，定时检测时频统一情况，确保各作战单元使用相同的作战时间。

(4) 战场应急测绘。社会快速发展，战场环境随时在变化，数字地图由于采集周期的缘故，可能存在已有地图数据与当前地形不符的状况。战场应急测绘主要依托无人机、地形勘测车等装备进行地形勘察，获取战场空间信息，查明地貌特征，进行简易测绘，快速生成实景地图，绘制地形变化略图，并向任务部队汇报地形变化情况。

7.3.2 系统分类

测绘导航信息系统按照测绘导航保障的范围可分为战略级、战役级、战术级3类。战略级测绘导航信息系统包括测绘卫星系统、侦察卫星系统、遥感图像全数字测绘系统、总部级测绘保障信息系统等，获取全球性测绘数据，收集全球性军事地理信息，在战略范围内提供导航和时空基准服务；战役级测绘导航信息系统包括战役级测绘导航系统、地理信息中心、联合战役地理信息保障信息系统、野外地面测量信息系统、中低空测绘信息系统、专用地理信息支援电子信息系统等区域测绘保障信息系统；战术级测绘导航信息系统包括各种伴随式测绘保障信息装备、野战地形测绘保障系统和野战综合测绘保障车等。

---

① 参考文献[2]。

7.3.3 系统组成

测绘导航信息系统通常由测绘信息系统、导航信息系统和时空基准信息系统组成，如图 7-3 所示。

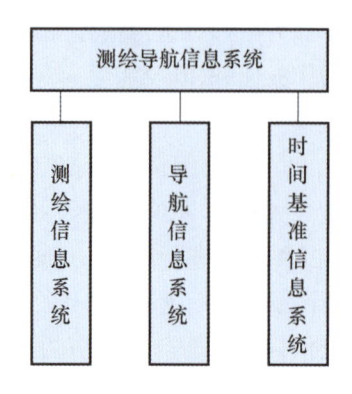

图 7-3 测绘导航信息系统组成

（1）测绘信息系统。依托信息技术实现测绘信息获取、测绘保障产品的生产处理，为部队作战、训练演习等活动提供准确、有效的数字化地理信息支援。测绘信息系统还可根据保障内容进一步细分为以下分系统。

① 地理信息探测系统，主要包括各种探测平台、探测装备、传感器等地理空间信息探测设施和器材，具备多维战场空间地理信息感知能力，为实时感知地理空间信息提供支撑。

② 地理信息处理系统，用于对通过各种方法采集的地理信息进行参考测量、数据修正、坐标系转换、数据集成与融合等处理，以实现地理空间信息标准化和规范化，提高地理信息适用性，最大限度发挥使用效能。典型系统有数字遥感影像处理系统、地理信息集成处理系统、专用数据快速制作系统等。

③ 地理信息服务保障系统，定期对地理空间信息进行维护更新，确保地理空间信息数据的有效性；通过多种方式提供信息查询、推送和分发服务，使得各级指挥所、作战单元和武器平台能够方便快捷的获取地理信息服务。

④ 信息管理子系统，主要用于存储、更新、管理各类地理空间信息，如矢量数字地图、栅格数字地图、正射影像图、数字高程模型、数字地面模型、兵要地志数据、地名数据等。

（2）导航信息系统。导航保障信息系统种类繁多、构成复杂，主要包括陆基导航保障信息系统、自主导航保障信息系统和卫星导航保障信息系统。

① 陆基导航保障信息系统由地面设施和用户设备组成，地面设施包括发射台组、工作区监测站和控制中心。用户设备主要是指导航终端，包括专用的导航用户机和使用导航芯片的战术级综合业务终端。由于陆基导航台的有效覆盖范围有限，通常需要设置多个陆基导航台以实现对某一区域的全面覆盖。

② 自主导航保障信息系统，无须外部导航台或导航卫星，系统构成相对较为简单，自主

式系统由运载体上装载的导航设备构成,如惯性导航系统由运载体上装载的惯性导航设备构成,地形辅助导航系统由运载体上装载的惯导无线电高度表和数字地形数据库构成。

③ 卫星导航保障信息系统,主要根据卫星播发的无线电文和导航电文,为航天、航空、航海及地面用户连续提供精确的三维位置、速度和精密时间信息,具有快速定位、精密导航和授时功能,个别还具有短报文通信、搜救等功能。卫星导航保障信息系统由空间部分、地面控制部分和用户接收部分构成。空间部分由导航卫星组成,一颗卫星包含多个功能系统,一般包括卫星星体、电功率系统、热控制系统、姿态和角度控制系统、导航载荷、轨道注入系统、反作用力控制系统、遥测跟踪及指令系统等。地面控制部分由主控站、监测站、注入站和通信网组成。用户接收部分主要由接收机硬件和数据处理软件等组成。

(3) 时间基准信息系统由守时系统、授时系统和时统终端构成,提供标准时间频率信号,以实现大系统或体系内时间同步。

① 守时系统主要有守时原子钟组、内部钟差测量、外部时间比对、综合原子时处理及标准时间频率信号生成等软硬件构成,能产生和保持标准时间,用于建立和维持时间坐标。

② 授时系统通过短波无线电授时、长波无线电授时、卫星授时和网络授时等手段,传递和发播标准时间信号,系统主要功能是向用户授时和提供时间服务。授时系统一般由工作钟房、发播控制设备、发射机、天线交换开关、发射天线和监测设备组成。

③ 时统终端是指能接收授时信号,并提供标准时间与频率信号的用户设备,具有标准时间接收、标准时间频率信号生成和输入输出等功能。时统终端主要包括定时校频接收机、频率标准、时间码产生器、时间码分配放大器等设备。

7.4 频谱管理信息系统

电磁频谱作为一种自然资源,其特殊性表现在电磁频谱资源有限上,目前国际上只划分出 9kHz~40GHz 的频段范围,而实际上能使用的部分集中在 4GHz 以下,军用通信设备主要工作在 3GHz 以下;频谱资源极易受污染,各种无线电设备,高压输电线和工业、科技、医疗电子设备等非无线电设备,以及宇宙射线都可能对正常的无线电业务产生干扰;频谱资源具有可重复使用性,频谱是一种非消耗性资源,其使用不受地域、空域、时域限制,也不受行政区域、国家边界的限制,不充分利用、使用不当或管理不善,都是一种浪费。

7.4.1 主要功能

战场频谱管理是通过采取强制性管理措施,阻止敌方有效地利用电磁频谱;同时通过严格科学的频谱管理,保护己方有效地使用频谱。主要体现在:通过对电磁频谱的变化情况进行监测分析,及时调整我方各层次通信、指挥信息系统的使用频率,保证作战指挥顺畅;根据电磁环境变化,及时准确地捕捉敌方电磁信息,为我方实施电磁攻击提供支持;通过实时动态管理,掌握作战全过程的电磁频谱使用情况,提出获取信息优势的方案。其主要功能如下：

（1）频谱检测。主要是对短波、超短波和卫星通信的频谱使用情况进行监测。短波监测主要是对短波信号的基本参数和频谱特性参数进行测量，对信号进行解调监听和频谱特性分析，监测指配频率的使用情况，以便合理、有效地进行频率指配，并对非法台站和干扰源测向定位；对超短波监测，主要是根据超短波信号特点和任务部队超短波无线电信号进行监测，可分为常规监测、特殊监测和干扰查找三部分；卫星监测主要是通过卫星监测设备对各种人造卫星信号进行监测，对卫星的发射频率信号带宽、转发器频谱占用度、极化方式以及卫星轨道位置等技术参数进行确定，以此来掌握卫星转发器的占用情况和使用效率，是否存在非法使用情况并判别信号的属性和来源。

（2）频谱探测。主要是通过发射短波无线电波对电离层变化情况进行实时探测，根据接收信号的情况，对电离层进行分析和预测，掌握并及时发布电离层的变化情况对境内以及临近海域短波通信频率可用资源快速探测预报，并提供实时、近实时、短期以及中长期的区域或链路短波通信频率可用资源数据，以及对短波通信资源信息的传输和调用、预测与分析，确保短波通信台站的正常使用。

（3）电磁频谱资源管控。电磁频谱作为一种自然资源其特殊性表现在电磁频谱资源有限，而且频谱资源极易受污染，各种无线电设备，高压输电线和工业、科技、医疗电子设备等非无线电设备，以及宇宙射线都可能对正常的无线电业务产生干扰；频谱是一种非消耗性资源，其使用不受地域、空域、时域限制，也不受行政区域、国家边界的限制，不充分利用、使用不当或管理不善，都是一种浪费。电磁频谱资源管控就是对频谱资源进行有效管理，充分发挥其使用效益，具体功能包括频谱需求管理、频谱预案生成、用频计划制订、用频协调、辅助决策、频谱态势综合、频谱数据管理等功能。

7.4.2 系统分类

频谱管理信息系统按照频谱监测和探测范围可分为战略级、战役级、战术级 3 类。战略级频谱管理信息系统主要面向全球范围内的军用和民用资源，对卫星通信频谱资源使用情况进行监控，收集全球性的频谱资源使用信息；战役级频谱管理信息系统主要在战役区域范围内进行频谱监测和用频规划；战术级频谱管理信息系统则是对作战地域内的频谱使用情况进行实时管理和监控，组织用频分配和协同，组织战场用频秩序管控，实时发布用频信息。

7.4.3 系统组成

频谱管理信息系统通常由频谱感知信息系统、频谱管控信息系统和频谱信息服务支持系统组成，如图 7-4 所示。

（1）频谱感知信息系统是指对空中无线电信号频谱特征参数和电离层变化情况进行监测、探测与分析的系统，是感知电磁环境的主要手段，主要由频谱监测系统和频谱探测系统构成。频谱监测系统主要监测空中无线电频谱，对指定电磁信号实施测向，对特定信

```
                    频谱管理信息系统
                           │
         ┌─────────────────┼─────────────────┐
    频谱感知           频谱管控          频谱信息服务
    信息系统           信息系统           支持系统
```

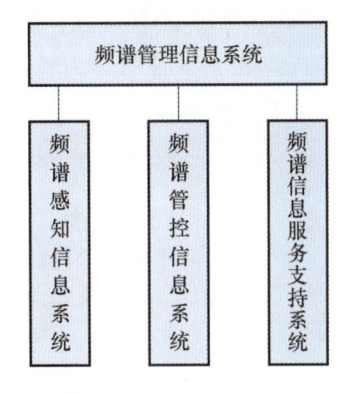

图 7-4　频谱管理信息系统组成

号进行参数测试的系统,主要由监测测向天线和接收机组成;频谱探测系统由短波频率探测预报系统和电离层闪烁预报系统组成,频率探测预报系统主要完成对作战地域可用频率资源的探测、分析、预报,为各级频谱管理部门对频率指配以及指配频率的动态调整提供技术支持,电离层闪烁预报系统主要用于监测我国及周边地区内任意区域任意频段的地空信道实时状态,近实时地预报电离层闪烁效应对卫星链路的影响,为卫星通信系统提供实时数据,为频率优选提供参考。

（2）频谱管控信息系统由频谱管控软件和频谱管控设备组成,主要装备于各级指挥所和用频装备使用部门,综合利用当前各用频系统的频谱管控能力,实现用频系统频谱管控要素的上下贯通。在频谱数据环境的支撑下,可以独立完成联合作战战场频谱的用频筹划、临机频谱协调和干扰查处等任务。

（3）频谱信息服务支持系统主要用于扩展频谱管理手段、延伸频谱管理应用、系统集成各类频谱数据发布服务和在线频谱计算工具,为全网用户提供授权的频谱服务。

7.5　后勤保障信息系统

"兵马未动,粮草先行。"自古以来,后勤保障是战争能否持续进行并获得最终胜利的重要因素。随着军事科学技术的发展,军队现代化程度越高,对后勤的依赖性越大,后勤的地位和作用就越重要。2020 年 4 月开始,印军频繁在加勒万河谷越线挑衅,遭到我解放军果断回应,双方进入对峙局面。进入 10 月后,中印边境的高原地区气温骤降,大雪封山,为了提供必须的后勤保障,印军启动了整个后勤网络,调用了陆军航空兵、勤务运输兵、骡马兵、农场兵、军邮兵,构成了"轻、中、重"互补的运输体系,但是依然不能保障必要的物资给养,在住房、医疗方面,更是缺乏能够抵抗寒冬的基础设施和必要医疗条件。解放军方面,新型拆装式自供能保温方舱正式投入使用,解决了高原高寒地区官兵住宿问题,运输方面,除传统手段外,无人机等投递手段也为一线官兵源源不断运送给养,强大的后勤保障使得我方人员在对抗中始终处于有利态势。

能在最短的时间内,以最快的速度将人员和物资运送到作战所需的地方,成为战争取得胜利的关键。信息技术的运用,使后勤保障可以随时了解作战部队的需求,后勤指挥人员可以准确掌握后勤自身的物资储备情况和后勤部队的部署情况,并对后勤保障全过程实施监控,根据不断变化的情况,及时修订保障方案,确保节约高效地实施后勤保障。

7.5.1 主要功能

后勤保障信息系统是对战场实施后勤保障提供技术支援的主要手段。后勤保障信息系统的应用将大大缩短拟订保障计划、协调保障资源和运输保障物资的时间,全面、可靠地提供有关保障物资的需要量、现存量、运交量等信息,因而将减少物资在各保障层次中的周转量,以提供高效充裕的战场后勤保障服务。其主要功能如下。

(1) 后勤保障信息获取。利用各种后勤保障装备或传感器,获取各类后勤保障信息,主要包括后勤保障运输兵力的信息、各级各地军需物资保障状况信息、医疗保障状况信息、技术支援状况信息、战斗勤务保障任务有关信息、战场情况相关信息、后勤保障力量以及后勤保障要素状况相关信息等。对获得的后勤保障信息进行分析和处理,使其转变为后勤保障辅助决策和指挥控制的支撑数据。

(2) 后勤保障辅助决策。根据作战目标、后勤保障对象的需求、后勤保障兵力及后勤保障支援能力,提供后勤保障决心建议;提供各种战役、战斗的后勤保障方案;提供实施联合作战的统一规划的后勤保障方案,应急机动后勤保障部队的保障行动方案,以及与后勤保障对象、装备保障、地方保障力量等友邻单位协同方案等。

(3) 后勤保障指挥控制。提供各种后勤保障需求信息和战场态势信息,辅助指挥员对后勤保障实施筹划,对各种保障资源运输状态、伤员后送等过程进行全程监控,辅助指挥员采用合理的保障方式,选择最佳的保障路线,组织实施精确的后勤保障。

(4) 后勤保障信息处理与分析。对获取的后勤保障信息进行相应的处理和分析,将其转换成后勤保障辅助决策和指挥控制的支撑数据。

美国陆军战场指挥与勤务支援系统(BCS^3)应用于战区至连及各个梯队的作战支援保障,提供作战勤务支援部署过程、运输过程、补给点资产、装备维修状态以及部队后勤状态可视化信息,以态势图或表格的形式为陆军战斗指挥系统提供作战勤务支援数据,是陆军战斗指挥系统(ABCS)中的支援保障部分。借助该系统,任务部队可以根据部队编制和任务情况,生成并上报作战过程中的弹药报告、油料紧急报告、后勤物资补给品报告等,可以制订勤务保障方案,还可以评估各类物资保障情况。BCS^3可以和陆军未来指挥所(CPOF)系统进行互操作,实时传送后勤补给点位置信息、物资运送信息等报告,使得勤务保障指挥员可以迅速掌握后勤保障实时态势。目前美军陆军21世纪旅及旅以下部队作战指挥系统($FBCB^2$)也已经和BCS^3对接,提高作战指挥和勤务保障指挥的交互程度,优化了勤务保障指挥流程。

7.5.2 系统分类

军事后勤保障信息系统可分为多种类型,按其保障级别、保障的空间范围和保障能力可分为战略级、战区级、战役/战术级3类。战略级后勤信息系统是总部级系统,规划、指挥全军的后勤保障事务。战区级后勤保障信息系统主要包括战区后勤保障系统、应急机动后勤保障信息系统、海军后勤保障信息系统、空军后勤保障信息系统、导弹部队后勤保障信息系统等战区和军兵种级的后勤保障信息系统。战役战术级后勤保障信息系统,主要包括各军兵种的军、师(旅)、团等级别后勤保障机构的信息系统和装备、战术级应急机动后勤保障信息系统、舰艇海上后勤保障信息系统以及专用后勤保障部(分)队的后勤保障信息系统和装备。

7.5.3 系统组成

后勤保障信息系统依据战场作战需求提供后勤信息保障,按照后勤保障的具体内容可将后勤保障信息系统分为后勤保障指挥信息系统、军需物资保障信息系统、卫勤保障信息系统和交通运输保障信息系统,如图7-5所示。

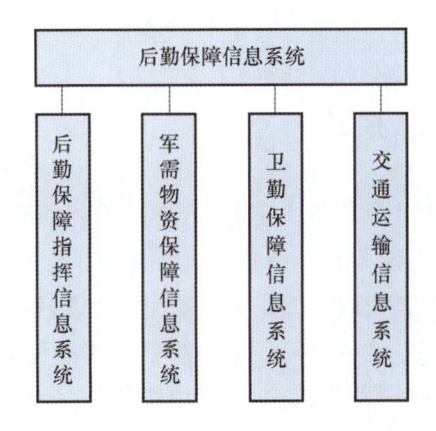

图7-5 后勤保障信息系统组成

(1)后勤保障指挥信息系统是以信息通信网络为基础,以后勤保障筹划和后勤实施控制为手段,以满足作战、训练等行动的后勤保障需求为目的,对后勤保障进行计划、决策、控制和协调的信息系统,后勤保障指挥信息系统可融入指挥控制系统,构成一体化的指挥体系。后勤保障指挥信息系统主要用于实时获取保障信息,辅助指挥员制订保障计划和保障方案,监控保障行动进程,同时还可实现后勤保障指挥模拟推演的功能。

(2)军需物资保障信息系统。军需物资保障主要为作战部(分)队提供油料、被装、给养和其他生活保障物资。现代战争中,军需物资保障复杂、难度大:一方面战时需要物资的数量种类巨大品种型号复杂;另一方面,战争的突发性、连续性、高消耗性的特点对军需物资保障的准确性和快速性提出了更高的要求。军需物资保障信息系统主要协助保障部门快速掌握各部(分)队的物资需求,加强对物资需求量和流动方向的精确控制,不断提高信息化条件下的军需物资保障能力。现如今,世界各国已不再单纯依靠军队自身的后勤保障力量实施保障,而是充分利用军需物资保障信息系统等信息技术手段,整合国家的财力、物力、资源,构建"配送式"军需物资保障体系,实现全方位、立体的后勤保障。

（3）卫勤保障信息系统主要利用信息技术、网络通信技术，实现卫勤信息采集、传递、汇总、分析等功能，为卫勤保障决策服务，提高战时卫勤保障能力。卫勤保障信息系统按层次可分为战略、战役和战术卫勤保障信息系统。卫勤保障信息系统推动卫勤保障体制由"树状"向"网状"转变，实现了扁平化、一体化、快速高效的卫勤指挥与保障。卫勤保障信息系统，通常包括医院信息管理系统、远程医疗系统、卫勤办公自动化系统等。随着单兵便携式设备的不断普及，单兵状态跟踪系统已经开始配发部队，卫勤保障信息系统可与单兵状态跟踪系统对接，及时掌控作战人员的身体和心理状态，及时给出身体和心理健康建议。除了提供医疗服务外，卫勤保障系统还可对部队战斗力进行评估，给出兵力使用建议。

（4）交通运输信息系统主要与军事运输保障指挥人员相结合，把指挥、控制、通信、管理、安全防护等方面的信息有机综合到一起，构成对部队实施交通运输保障的信息化体系。交通运输保障信息系统主要包括交通运输信息系统、交通运输指挥控制系统，交通运输业务处理系统和交通运输可视化系统等4个子系统。

7.6 装备保障信息系统

虽然战争的胜负不是由武器装备决定的，但是武器装备却是战争的基础。现代战争中，装备消耗巨大、损耗严重，装备状态的好坏直接影响了作战计划的制订和作战行动的执行。装备保障的主要任务是及时掌握武器装备使用状态，组织装备维护与维修，确保武器装备处于良好的使用状态。装备保障信息系统使用信息化手段，使指挥员和保障人员能够快速了解装备保障需求、装备状态，并及时组织装备保障，大幅提高了装备保障效率和质量。

7.6.1 主要功能

装备保障信息系统是对部队装备的研制、试验、采购、配发、维护、维修、补充、延寿、报废等全寿命期进行管理的系统。装备保障信息系统通过与指挥信息系统交互信息，为指挥机构和指挥员提供装备保障信息，为部队作战行动提供装备保障支持，接受同级指挥信息系统和上级装备保障信息系统的双重指挥。各级装备保障信息系统还要与友邻装备保障信息系统保持密切的信息交流，和国家有关装备研制、生产部门、交通运输部门保持密切的装备供应关系和维修保障关系。同时各级装备保障信息系统还应具有对直属部（分）队遂行装备保障行动的指挥控制能力。其主要功能如下。

（1）装备需求搜集与处理。搜集装备及备件需求信息、库存信息、生产信息，拟制、上报装备及备件采购计划；根据上级指示、作战基数和部队使命、任务需求，拟制装备及备件分配方案；搜集新装备需求信息，制订新型装备发展规划和计划，制订新型装备预先研究规划和计划。

（2）装备库存控制与管理。根据部队需求计划和装备保障能力，科学合理地控装备和备件库存,拟制库存储备方案;拟制库存装备及备件管理制度;建立装备及备件库存管理数据库;按管理时限动态提示对库存装备及备件进行检查、维护和保养;在线动态提出增加某种装备及备件库存量建议,按分配方案配发装备及备件;装备及备件入库、出库时,实时更新库存管理数据库。

(3) 装备运输控制与管理。拟制装备及备件进库、出库运输计划,合理选择运输路线;跟踪、指挥、控制运输路线上的运输承载平台;建立装备及备件运输承载平台规范化管理数据库,对运输承载平台实施定期维护与管理,实时反映运输承载平台的技术状态。

(4) 装备保障指挥控制。向指挥机构和指挥员提出装备保障决心建议;根据装备及备件入库、出库运输计划,制定装载计划,按照优选路径指挥运输部队执行输任务;跟踪、指挥、控制在途运输承载平台;拟制平时和战时装备维修计划,合理配置装备维修站点,科学调度使用装备维修资源,指挥装备维修部(分)队执行装备维修任;拟制新型武器装备试验保障计划,指挥所属部(分)队执行新型武器装备试验保障任务;拟制部队训练演习装备保障计划,指挥所属部(分)队执行训练演习装备保障任务。

7.6.2　系统分类

装备保障信息系统按照装备保障级别、保障范围、保障决策能力和保障业务要求,可将装备保障信息系统分为战略级、战区级、战役战术级。

战略级装备保障信息系统是配置于全军最高装备保障管理机构的信息系统,负责全局性管理保障,包括通用装备和专用装备的发展规划、预先研究、装备发展计划、制订装备管理条令和条例、制订装备管理制度和标准、实施装备试验、定型、采办、训练、维修、延寿等全过程管理和保障。

战区级装备保障信息系统是和平时期依托于各战区级装备保障机构的保障信息系统,处理日常业务,支持部队训练、演习和武器装备试验。战时通过扩充和重新编成,组成战区级装备保障信息系统。系统能够向指挥机构和指挥员提供装备保障决心建议,拟制战区通用装备与专用装备保障计划并组织实施,进行装备的配发、维修和补充,实现装备及备件自动化库存管理。

战役战术级装备保障信息系统是指不同军兵种的军及军以下装备保障信息系统,对通用装备与专用装备实施作战保障,但重点是各军兵种专用装备的保障。该系统在平时可实现装备库存自动化管理,支持部队训练、演习和武器装备试验;战前可向指挥机构和指挥员提交装备保障建议;战时可指挥控制所属部(分)队实施战场装备及备件补充保障和战场装备维修保障。除此之外,装备保障信息系统还可按军兵种专用装备保障特殊性要求,可分为空军、海军、导弹部队、特种部队、空降兵、装甲兵、炮兵、防空兵、工程兵、防化兵、武警部队等装备保障信息系统等。

7.6.3　系统组成

从装备保障工作的内容角度看,装备保障信息系统主要由装备保障指挥信息系统、装备技术保障信息系统、装备调配保障信息系统、装备动员信息系统等构成,如图7-6所示。

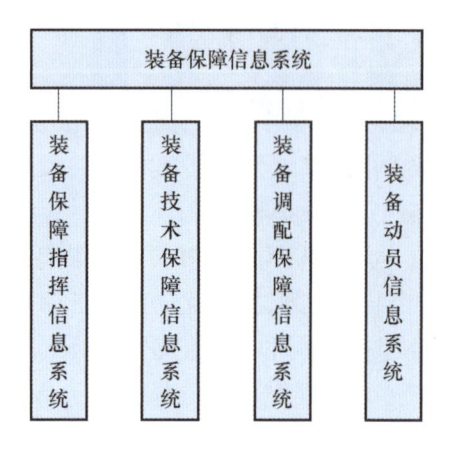

图7-6 装备保障信息系统组成

(1) 装备保障指挥信息系统。装备保障指挥信息系统是装备保障信息系统的核心,是装备保障的指挥平台,支持各级指挥机构对装备保障力量(资源)实施指挥控制,实现装备保障的情报获取、信息处理与分发、决策支持、计划制定、任务部署和协调控制等。装备保障指挥信息系统,能够实时收集和管理各类装备业务数据,接收上级有关装备保障的命令、指示、通报,为拟制和优选装备保障方案计划,指挥控制装备保障行动提供决策支持,同时为组织实施装备和器材的筹措、储备和供应,组织实施技术设备的保养和修理业务等提供高效的指挥手段。

(2) 装备技术保障信息系统。装备技术保障信息系统采用科学的方法和先进的技术,对装备实施有效的监控维护、修理和技术管理,主要用于保持和恢复装备良好技术状态,以保障军队作战、训练和其他军事行动顺利完成。装备技术保障各个阶段,对装备技术保障信息系统的要求都是全方位的,但又有其侧重点:在保障准备阶段,要求提供有关情况,了解相关技术领域的发展水平和趋势,掌握自身技术水平,为制定装备技术保障计划提供有效服务;在保障实施阶段,要求及时做好动态跟踪,适时提供信息跟踪服务,保证数据共享、交流,为解决技术难题提供信息支持;在保障总结阶段,要求为总结保障经验、查找保障问题提供技术信息支撑。

(3) 装备调配保障信息系统。装备调配保障信息系统,主要完成装备的筹措、储备、补充、换装、调整、退役、报废,以及申请、调拨供应、交接任务。装备调配保障信息系统的基本任务是保持装备的在编率、配套率,保障部队战备、训练和作战的需要,保持和提高部队战斗力。用于支持各级指挥机构对装备物资的筹措、储备与补给;有效组织实施装备物资的请领、采购、储备、保管和补给;合理分配和使用装备物资事业费;具有实施废旧装备物资回收、利用和处理的信息管理功能,辅助部(分)队正确使用、维护、保管装备物资;支持用于组织实施装备物资的技术检查、年度维修和测试;提供组织实施装备物资供应人员专业训练的功能,以提高专业技术水平;具有支持拟制装备物资供应方案、计划,评估保障行动效能、优化装备保障方案的功能。

（4）装备动员信息系统。装备动员信息系统,主要完成装备维修力量动员、军民通用装备和物资动员、装备保障设备与设施动员和装备储备动员等任务。支持根据战略方针及作战计划,拟制动员计划;按照动员计划要求,对地方保障人员、民用通用装备及保障物资、民用通用装备设施进行储备及管理;支持对部队装备勤务人员的预编满员信息的存储与管理;提供信息共享支持、对预备役装备保障力量建设提供决策支持;支持在国家发布动员令后,实施装备动员,使装备勤务力量迅速完成平战体制的转换,以确保在战争各阶段连续不断地获得充足、优质的人员和装备物资,完成装备保障任务。

参考文献

[1] 孙子. 孙子兵法[M]. 北京:中华书局,2019.
[2] US Department of Defense PNT strategy:"GPS is not enough"[J]. GPS World,2019,11.
[3] 张传富,等. 军事信息系统[M]. 2版. 北京:电子工业出版社,2017.
[4] 刘波,等. 指挥信息系统[M]. 北京:国防工业出版社,2019.
[5] 史兵山,等. 美军GCSS全球作战保障系统建设研究[J]. 数码世界,2017.
[6] 李国华. 美军联合后勤保障体制及其信息系统[J]. 指挥信息系统与技术,2017.
[7] 陶露菁,等. 联勤保障部队指挥信息化建设[J]. 指挥信息系统与技术,2019.

思考题

1. 各类保障系统既是独立的业务系统,也是指挥控制系统的组成部分。保障系统通常采取什么方式与指挥控制系统对接,以便更好地发挥保障职能?

2. 后勤保障信息系统是后勤保障部门实施后勤保障活动的支撑系统。请根据后勤保障信息系统的基本功能简述后勤保障的基本流程。

3. 测绘导航信息系统为指挥控制提供时空基准服务,时空基准服务的主要用途是什么?

第8章 指挥信息系统组织运用

8.1 概述

8.1.1 基本概念

1. 指挥信息系统组织运用

按照《高级汉语词典》的定义,组织是指按照一定的目的、任务和形式对事物进行编制和安排,使之成为系统或构成整体。运用是指把某种东西用于某个特定的预期目的,与使用、利用的概念相近。组织运用所作用的对象都是某一实体,如机构、系统或设备等。

在军事上,组织运用主要是指将武器装备系统按照作战目的、任务,以一定的形式加以编制和安排,使之充分发挥系统整体效用,并直接用于作战、训练或演习的行为。因而,组织运用是一种指挥活动,是作战指挥的重要内容,如火力组织运用、通信装备组织运用等。

相应地,指挥信息系统组织运用则是指各级指挥员和指挥机构,根据作战目的、任务、行动及其对指挥信息系统的要求,科学合理地编制与安排系统,实施系统计划、建立、开设、运行、防护、保障、管理维护、支撑作战的全部活动。指挥信息系统组织运用的目标是为了使系统与作战过程紧密结合、互相匹配,以充分发挥系统功能,提高指挥效率,增强部队整体作战能力,夺取信息优势和决策优势。

指挥信息系统组织运用的核心就是要形成一套系统完整的方法,用于指导作战部队围绕作战使命任务,科学合理地编制和安排指挥信息系统,以充分发挥系统整体最优的作战效能,实现"人–系统–作战过程"的有机结合。

需要注意的是,由于指挥信息系统结构复杂,根据其级别和规模的不同,有可能会覆盖联通多级指挥机构、参战各军兵种作战集团、作战部队、作战单元和各类武器平台;因此,其组织运用既有一般作战指挥理论和武器装备运用的性质、特点、规律、原则和方法,又有其特殊的要求和内容。

2. 信息保障

信息保障是和指挥信息系统组织运用密切相关的一个概念,指为谋取信息优势、服务作战指挥和作战行动,综合运用各种信息保障力量、技术手段和信息资源,开展的信息网络、信息系统、信息服务、信息安全防护等保障活动的统称。

本书认为,指挥信息系统组织运用与信息保障的区别与联系包括以下3个方面。

(1) 从内容看,指挥信息系统组织运用内容主要包括系统如何构建、信息如何组织、系统如何运用三个方面。系统如何构建、信息如何组织属于信息保障的范畴,而系统如何运用,即指挥作战人员如何运用系统功能完成指挥筹划和作战行动任务,则不属于信息保障范畴。

(2) 从过程看,指挥信息系统组织运用过程包括系统构建、信息组织和系统运用,而信息保障的过程覆盖指挥信息系统组织运用的这三个过程,但要特别注意的是,在系统运用过程中,信息保障的任务是进行信息获取、处理、分发以及系统的运维管理。

(3) 从主体看,指挥信息系统组织运用在系统构建和信息组织环节,其主体是信息保障人员,而在作战运用环节,其主体是指挥作战人员,信息保障人员在作战运用环节是起辅助保障作用的。

还需要说明的是,信息保障属于作战保障的范畴,作战保障的另一个重要内容就是侦察情报保障,由于其保障主体、保障内容、保障方法、保障组织和保障程序都存在巨大差别,因此,情报信息的保障属于侦察情报保障的范畴。换句话说,信息保障是我情信息的保障,而侦察情报保障则是敌情信息的保障。但从广义上看,信息保障在保障信息内容上是包含敌情信息的,只不过敌情信息由侦察情报保障经过获取、处理后引接至信息保障流程中。

8.1.2 发展历史

伴随着指挥信息系统本身的发展,其组织运用形式也随之不断发展,大体经历了三个阶段,分别是:单一系统独立组织运用阶段、多系统联合组织运用阶段以及以网络为中心的一体化组织运用阶段。

在单一系统独立组织运用阶段,各种指挥信息系统彼此相对独立、自成体系,由各部门自行组织和独立运用,这在 20 世纪 80 年代以前是比较普遍的组织运用模式。

进入 20 世纪 90 年代以后,特别是在 1991 年的海湾战争中,产生了多业务领域指挥信息系统联合组织运用的需求并实际应用,典型的战例是以美军为首的多国部队运用"爱国者"拦截"飞毛腿"导弹的过程。在战争中,伊拉克军队的"飞毛腿"导弹一发射,12s 之后,位于太平洋上空的"美国国防支援计划"导弹预警卫星就可发现目标,迅速测出其飞行轨道和预定着陆地区,并把预警信息及有关数据传递到美国航天司令部位于澳大利亚的一个数据处理中心;数据处理中心的巨型计算机紧急处理这些数据之后,得到对"飞毛腿"导弹进行有效拦截的参数,传给美国本土的夏延山指挥所;之后,再从美国本土将这些参数通过卫星传给位于沙特阿拉伯利雅得的"爱国者"防空导弹指挥中心;防空导弹指挥中心命令"爱国者"操作员进入战位,并将数据装填到"爱国者"导弹上发射。整个过程看似简单，实际上要牵动部署在大半个地球上的诸多系统与兵器，光是在 90s 的预警阶段，就要依赖空间系统和多种指挥信息系统之间的多次传接配合。众多武器与系统之间超远距离的实时协作，形成了前所未见的作战能力，而这是之前无法想象的事情。在这次战争中，伊拉克共发射了 80 余枚"飞毛腿"导弹，其中向沙特阿拉伯发射了 42 枚，向以色列发射了 37 枚，向巴林发射了 3 枚，但只有一枚命中目标。大部分导弹不是被"爱国者"拦截，就是因技术原因自爆。该战例充分反映了多系统联合组织运用的需求与实际效果，通过这种多业务领域指挥信息系统的联合组织运用，发挥了极大的作战效能。

随着世界各国新军事变革和军队转型建设的持续推进，信息化战争已经成为现代战争的核心形态，基于信息系统的体系作战能力成为对军队作战能力的全新要求，这都进一步要求实现多军兵种多要素的一体化组织运用。

海湾战争集中体现了指挥信息系统组织运用方式第二阶段的特点，但那场战争同时暴露出美军各军兵种独立的、"烟囱式"C^4ISR 系统之间互通性差的严重问题。战后，美国国防部以及海、陆、空各军种分别提出计划，试图将各军兵种原本独立的 C^4ISR 系统集成为一个大系统，经过 10 余年的不断建设发展，使"网络中心战"的作战思想得以成熟，围绕全球信息栅格（GIG）等概念建设的指挥信息系统逐步成型，以网络为中心的组织运用方式不断完善，并最终在 2003 年的伊拉克战争中得到实际应用和实战检验。

在伊拉克战争中，多军兵种依托信息化的作战环境和网络化作战平台及设施，实现了较大程度的信息共享与互操作，使指挥信息系统的组织运用真正进入到以网络为中心的一体化组织运用阶段。美军仅用 21 天就攻下巴格达，投入兵力 12 万，阵亡 131 人，美国国防部长拉姆斯菲尔德的新战争理念取得巨大成功。该理念强调军队必须具备多军兵种一体化联合作战能力，未来军队的陆军、空军和海军应不再界线分明，而是你中有我，我中有你，各军兵种之间应能更密切地配合，同时各军兵种又必须具备一体化的联合作战能力。而这一切均需要网络化信息环境以及全新的组织运用方式的支撑。

但是，同时也必须看到，实施以网络为中心的一体化指挥信息系统组织运用的难度相当之大，即使是目前走在世界各国前列的美军，也仍然存在许多待解决的复杂问题。目前，横亘在其军兵种之间的鸿沟之上只是架起了一些桥梁，离完全弥合乃至互相融合还有相当长的距离。这其中有着作战活动和指挥信息系统本身作为开放复杂巨系统所固有的复杂性原因，也有着不同军种核心利益之间的矛盾冲突原因。因此，在可以预见的未来相当长一段时间内，世界各国军队都将为此不断地进行建设和演进。

8.2 指挥信息系统组织运用的基本原则与基本内容

8.2.1 指挥信息系统组织运用的基本原则

指挥信息系统的组织运用原则是使系统用于支撑军队遂行作战指挥和作战行动的基本准则，必须遵守科学规律和作战原则，按照系统工程的思想，在体系结构、职能划分、人机互动等系统行为上综合分析、统筹考虑,兼顾指挥关系需求、作战要求、技术条件以及指挥员掌握运用系统的素质能力。

指挥信息系统组织运用的基本原则是各级各类指挥信息系统组织运用过程中通常都要遵循以下原则。

(1) 统一领导、分级负责。指挥信息系统的组织运用必须在指挥信息系统保障业务主管机构的统一领导和协调下,按照统一的计划,着眼全局,密切协调各军兵种力量,对各军兵种指挥信息系统的组织实施进行统一控制和管理。在具体实施过程中,应由各级指挥信息系统保障业务主管部门根据上级的统一部署和安排,分级负责实施具体的组织、保障和管理工作。

(2) 立体配置、综合集成。指挥信息系统的配置应在地理上分散,由建立在陆、海、空、天等多种平台上的各类单元组成,形成一种立体的网系,这样既保证了对作战空间的覆盖,也具备了手段的多样性和更高的战场生存能力,能够在体系对抗和部分损毁等条件下实现指挥信息系统的基本功能。系统中各功能模块应相互独立,又要具有统一规范的接口,这样既能完成单一具体功能,也便于综合集成。

(3) 信息主导、整体保障。在指挥信息系统组织运用中,要以整个战场空间指挥信息链形成和指挥信息流贯通为主导,充分利用信息的联通性与融合性,实现前后方、诸军兵种、上下级之间指挥信息系统的互联互通,并通过指挥信息系统,将情报、侦察、监视和打击联成一体,覆盖整个作战流程,将单一能力聚集形成整体保障能力。

(4) 野固结合、军民兼容。要充分利用作战地域内的指挥信息系统资源,以军用和民用既设设施为基础,以固定指挥信息系统为依托,固定和野战(机动)指挥信息系统相结合,做到相互兼容、优势互补,建立起作战地域内指挥控制的综合保障体系。

(5) 确保重点、灵活主动。要在全面组织、统筹考虑的基础上,突出重点地区、重点方向以及重点部队指挥信息系统的组织与运用,把担负主要作战任务的部队、高层指挥机关和技术含量高的军兵种作为优先运用的重点。为适应战场态势变化和作战行动的调整,系统必须具有灵活性和主动性,在不降低信息质量和不影响信息流动的前提下,各级指挥信息系统要能够及时调整与重组,以适应作战行动重点地区、重点方向或重点部队发生改变的需要。

(6) 攻防兼备、安全保密。在指挥信息系统的组织运用中,必须兼顾进攻和防御两个方面,正确处理攻与防之间的辩证关系。还要在技术、战术和管理等方面采取有效的安全保密措施,以确保指挥信息系统运行的安全可靠。

(7) 适应性强、注重时效。系统要能够适应不同作战任务、作战环境、作战对手、作战样式的需要,做到因人、因地、因人、因敌而异。指挥信息系统的构建应具有弹性,可在一定范围内适应多种可能情况,同时要有若干种系统建立的预案,能根据情况变化组成新的系统。由于未来信息化战场作战节奏加快,战场情况变化急剧,指挥信息系统的组织运用必须能够在规定时限内完成系统的建立、展开和重构等工作,具备高度的时效性。

8.2.2　指挥信息系统组织运用的基本内容

指挥信息系统组织运用包括以下3个方面的内容。

（1）指挥信息系统构建，也称为指挥信息系统开设，即根据作战的需要，将指挥信息系统展开、部署至相应的指挥或作战位置，将作战空间各要素链接在一起，形成网络化的作战体系（即网络信息体系），为一体化联合作战奠定重要物质基础。

（2）组织信息服务，即在构建好的指挥信息系统基础上，依托专业化的信息保障力量，为指挥筹划和作战行动推送各类经过整编的信息以及提供信息服务功能，为精细筹划、精准控制、精确行动提供信息支持。

（3）指挥信息系统作战运用，这是指挥信息系统组织运用的根本，前两项组织运用的内容就是为作战运用做好准备与服务。指挥信息系统作战运用要求各级指挥人员依托指挥信息系统建立的网络化作战环境，有效利用指挥信息系统的各项功能，共享信息、共享态势、一体筹划、协同行动，切实提高基于网络信息体系的一体化联合作战能力。

指挥信息系统组织运用的3个基本内容相辅相成，形成一支部队信息化能力的3个能力层次。其中，指挥信息系统构建是基础，信息服务是核心，指挥信息系统作战运用是目的。就好比修建高速公路，高速公路的修建是基础，车辆调度、流量控制是关键，为物流、客运服务是目的。如果建好高速公路，没有车辆行驶，再好的公路也无用；如果没有好的流量控制和管理，行驶速度缓慢，再好的公路也没人愿意上路。

因此，要发挥好指挥信息系统的功能，从根本上提升部队信息化作战能力和水平，深刻认识指挥信息系统组织运用主要内容的层次性，平衡好3个层次的关系，尤为关键。在以往有些部队指挥信息系统组织运用中，往往偏重于指挥信息系统的构建，由于种种原因，忽视或者无法有效开展信息服务工作，导致指挥信息系统的作战运用难以达到理想的效果，使得部队整体信息化作战能力达不到应有的水平。这是我们开展指挥信息系统组织运用时，要特别引起重视的问题。

8.3　指挥信息系统构建

根据《中国人民解放军司令部条例》的规定，司令部应当根据作战指挥的需要和首长指示组织建立指挥信息系统。因此，指挥信息系统构建的时机通常在首长定下决心，明确作战任务后。

指挥信息系统构建的程序通常为筹划指挥信息系统构建、构建战场信息网络、构建信息系统、组织运行维护。指挥信息系统构建程序以及构建内容，在保持主体框架不变的情况下，根据不同指挥层次和军兵种的特点会有所调整[①]。

指挥信息系统构建属于信息保障的范畴，是信息保障的重要内容之一。

---

① 若不进行特别说明，本章节均以陆军机动作战部队为例。

8.3.1 筹划指挥信息系统

筹划指挥信息系统是对指挥信息系统构建的整体设计,由指挥机构各要素共同完成。筹划流程可具体区分为:理解构建任务、明确构建需求、拟制方案计划等3个主要步骤,如图8-1所示。

1. 理解构建任务

在综合考虑上级作战意图基础上,理解上级信息保障指示中对指挥信息系统构建的有关任务和要求,分析影响指挥信息系统构建的敌情、我情、战场环境,提出对指挥信息系统构建的总体设想。

2. 明确构建需求

包括明确指挥要素、指挥通联关系及信息通信需求。明确指挥要素是依据作战编成、指挥协同关系,以及指挥所编成、要素编组和席位构成,提出各指挥所每个指挥要素配备的指挥信息终端类型和数量。明确指挥通联关系及信息通信需求是依据作战编成编组和指挥关系,区分作战阶段和作战行动,提出本级内部以及对上级、友邻和下级的通联要求,主要包括传输信息内容、通联手段及带宽要求等。这些信息通信的需求是下一步构建信息网络和信息系统的基础。

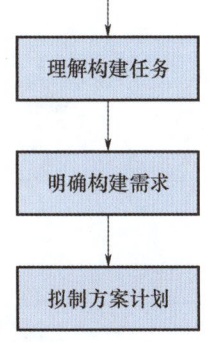

图8-1 指挥信息系统筹划流程

3. 拟制方案计划

按照指挥信息系统构建需求,制订构建方案和计划。构建方案围绕主要作战行动安排指挥信息系统构建各项活动,主要内容包括:一是指挥信息系统构建保障力量编成编组及任务区分、业务关系、保障要点等;二是信息网络构建的基本方法,特别是完成网络规划,明确战场骨干网、战斗网的配置;三是信息系统建立的基本方法,特别是信息流转路径、节点和信息处理关系。按照一套作战方案对应拟制一套指挥信息系统构建方案的要求实施。根据构建方案制订出更加详尽的构建计划。

8.3.2 构建战场信息网络

战场信息网是指以作战任务通信保障需求为牵引,依托国防信息基础设施,主用机动通信系统装备,建立的无缝覆盖作战地域、综合传输各类信息、服务支撑参战力量,高速宽带、即插即用、抗扰顽存、敏捷灵活的通信网络,为作战信息按需汇聚、融合处理、分发利用提供安全可靠的公共传输与交换平台。

战场信息网属于战役/战术通信网,机固一体,以机动为主,是为在该地域遂行作战任务部队提供信息通信服务的公网。战场信息网已由主要提供话音、传真、电报等服务的野战地域网发展到现在的以 IP 通信网络服务为基础的战术互联网。

战场信息网通常由战场骨干网和机动战术网构成,如图8-2所示。

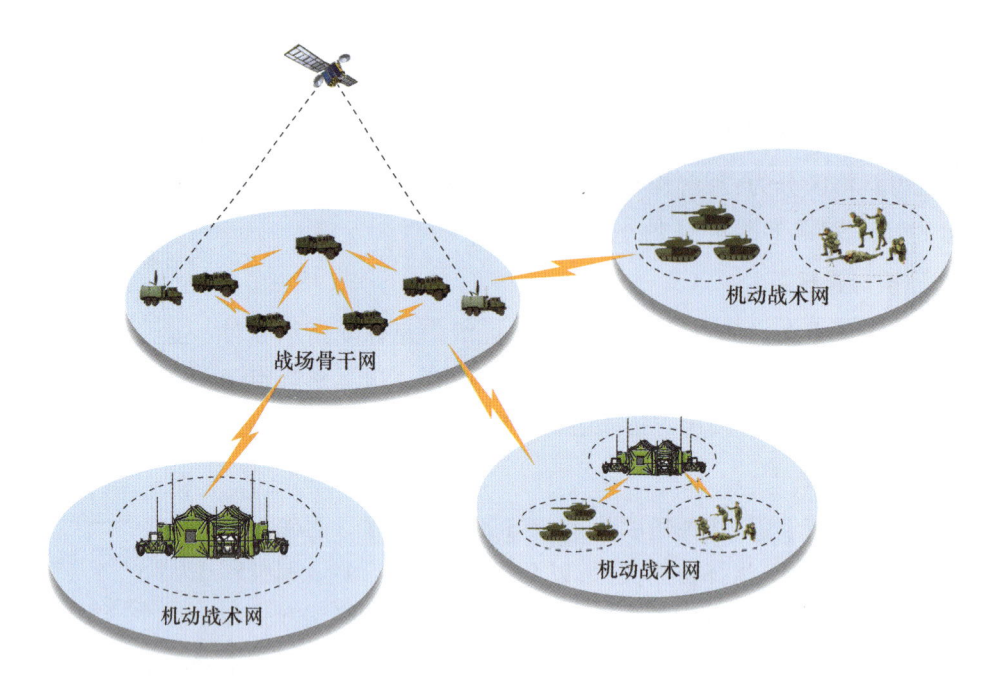

图 8-2 战场信息网络构成

战场骨干网主要为作战地域提供大容量高速宽带通信网络。机动战术网分为指挥所网和战斗网。指挥所网指指挥所内部的信息通信网络,战斗网指战术分队内部的机动信息通信网络。机动战术网接入战场骨干网后,机动战术网用户可以在整个战场信息网内与其他联入战场骨干网的用户进行多路由通信与信息交换。

1. **战场骨干网**

战场骨干网构建通常以微波通信为主,卫星通信为辅,散射通信为补充。

(1) 微波骨干网构建。微波通信骨干网通常以栅格状组网,为用户提供多路由迂回的信息通信方式,保证了信息通信的可靠性。如图 8-3 所示,A 用户通过 $AijB$ 路由与 B 用户进行信息通信,如节点 i 被敌摧毁、遭敌网络攻击或电子干扰而阻塞,则可通过路由 $AkjB$ 进行迂回信息通信。

微波通信是视距通信,适合在开阔的平坦区域构设。在地形条件复杂、有遮挡的情况下,则不适用。另外,微波通信必须在驻止状态下,不具备动中通的功能[①]。

(2) 卫星骨干网构建。卫星通信则可克服微波通信的上述缺陷,但卫星通信属于稀缺资源,只能作为辅助信息通信手段,在重要及关键的场景及时机使用。卫星通信骨干网依托卫星通信管理车作为网络管理站,利用动中通卫星通信设备、卫星箱式站作为业务站构建卫星骨干网,建立卫星通信链路,如图 8-4 所示。

---

① 目前,微波电台已经具备动中通的功能。

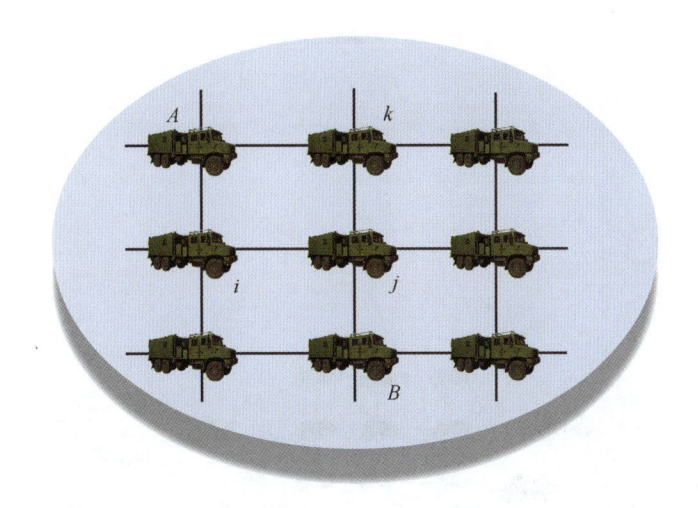

图8-3 微波骨干网

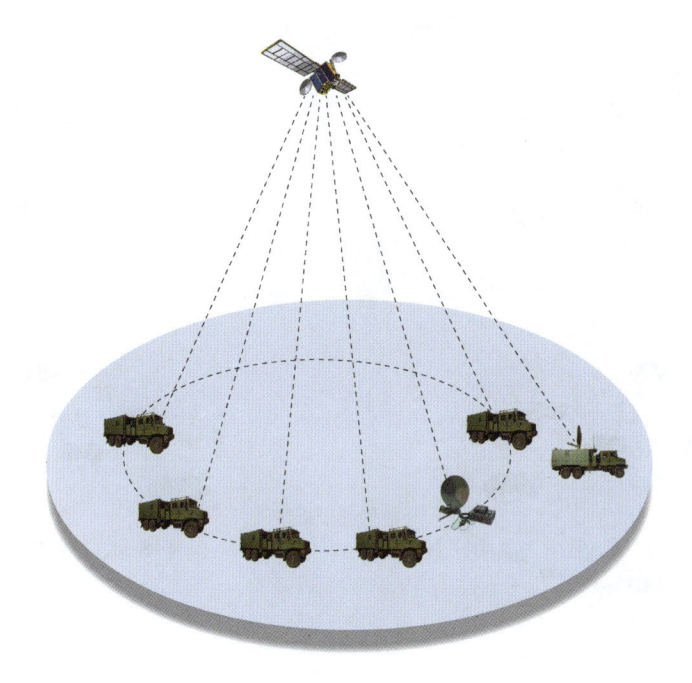

图8-4 卫星骨干网

(3) 微波卫星双链路骨干网构建。骨干节点间受地形、距离和环境等因素导致微波链路无法建立的情况下,利用卫星箱式站接入骨干节点,建立节点间卫星链路实现补盲。其组网方式如图8-5所示。

(4) 散射骨干链路构建。当骨干节点配置距离超出微波通信保障范围时,可利用散射通信车构建点对点的散射骨干链路,如图8-6所示。

411

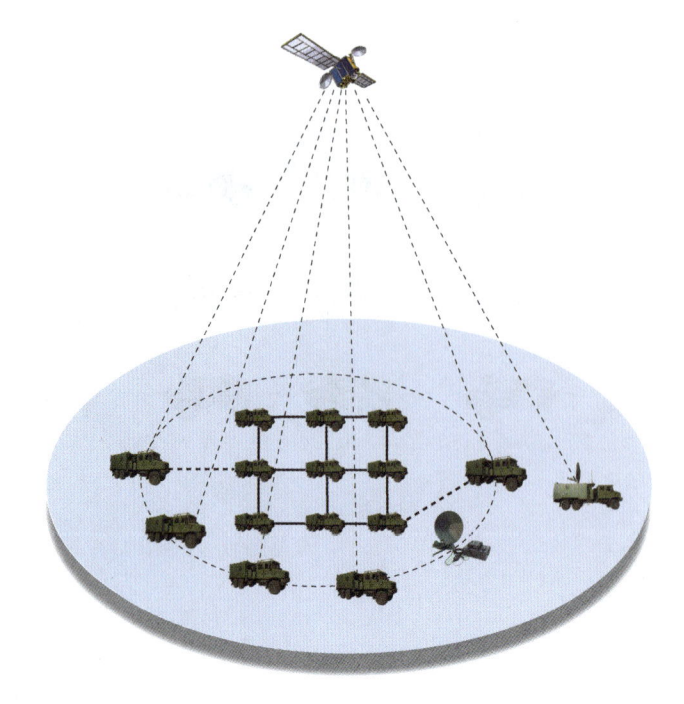

图 8-5 微波卫星双链路骨干网

散射骨干链路

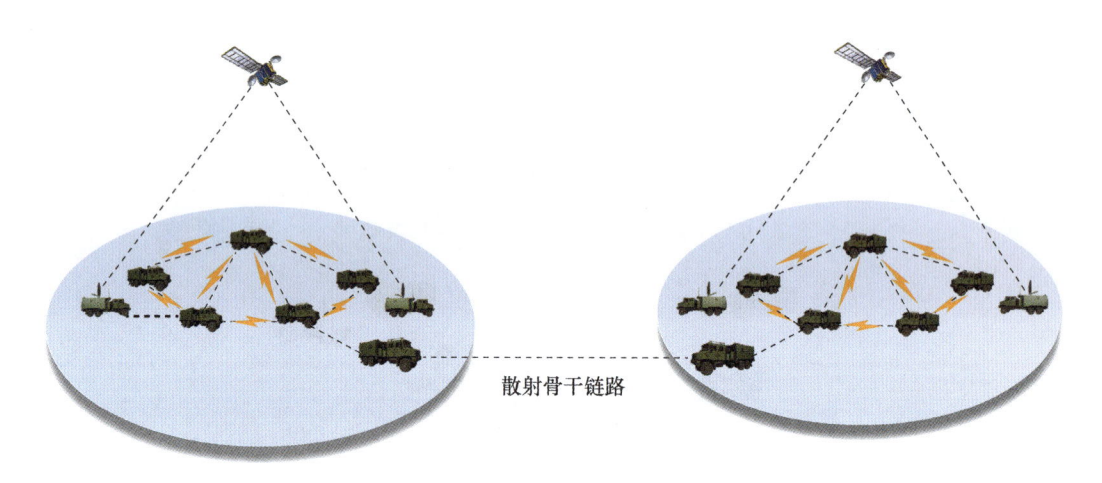

图 8-6 散射骨干链路

2. 机动战术网

机动战术网构建包括指挥所网构建和战斗网构建。

（1）指挥所网构建。指挥所网是保障指挥所内用户通信的信息网络。在驻停状态下主要使用有线手段，在机动过程中优先使用无线手段。在驻停状态下，主要通过光环网、有线远传实现指挥所内部互联，以区域宽带电台、高速数据电台和超短波电台等通信手段为备份，并接入骨干网节点；在机动状态下，通过区域宽带电台、高速数据电台和超短波等无线通信手段实现指挥所内部通信，并接入骨干网节点。

（2）战斗网构建。战斗网是保障作战分队用户内部通信的信息网络，为分队作战指挥和战斗行动提供网络支撑。按照"无线为主、机动伴随、随遇接入"的原则，通过超短波、高速数据电台、区域宽带等无线通信手段实现分队内部通信，并接入战场骨干网；或利用卫星、散射手段远程接入指挥所或战场骨干网。

8.3.3 构建信息系统

战场信息网络的构建，综合运用各种通信手段，形成了覆盖整个战场空间的信息通信IP网络，或者说战术互联网，或联合战术通信系统。此时，在整个战场空间已经具备了基于IP的信息通信能力，信息系统可以架构在这样一个IP网络上进行数据、信息、话音、视频等交互。

信息系统构建，依托信息网络，按照作战编成编组与指挥信息系统构建计划，组织开展各级、各兵种指挥所信息系统开设与调整，并通过联调联试和综合管理，形成各级各类信息系统集成运用环境，有效支撑作战指挥、有效保障作战行动。

如果说信息网络是在物理上构建了链接战场各要素的通道，那么信息系统就是在逻辑层面链接了战场各要素，使得战场各类实体、各种要素可以依托这个逻辑信息链路，利用信息系统接收、处理、利用各类战场信息，支撑指挥与作战行动。

所谓信息系统是指指挥信息系统的各类功能系统，如态势感知系统、指控系统、综合保障系统等，以及各种兵种系统，比如情报侦察系统、炮兵防空兵系统、陆航系统、空突系统、后装保障系统等。

因此，信息系统构建的目标就是通过在各作战实体和要素上安装部署信息系统，建立战场空间各实体和要素之间的信息链路，保证各指挥链路的顺畅与高效。

1. 信息链路与指挥链路

所谓信息链路或信息链，就是指以战场信息网络为依托，以战场实体为链路节点，以保障作战活动为目标，包含信息流的信息通路。

战场实体通常可以分为4种类型，即情报侦察类实体、指挥控制类实体、行动打击类实体和综合保障类实体。

因此，信息链路根据链路节点所属战场实体的类型，可以区分为4种信息链路。

至此，我们可以将1个信息网络和4条信息链路称为网链通路，这是战场空间链接各类作战实体的信息通路。

所谓指挥链路就是按照指挥关系构建的信息链路基础之上的指挥与作战人员之间的交互链路。我们可以把指挥链路理解为"信息链路+指挥作战人员+指挥规则"，也即指挥作战人员基于信息链路和指挥规则之上，利用信息系统提供的功能和信息来完成指挥控制交互活动。

如果我们把信息网络称为通信链路的话，那么在战场空间就存在3类链路，即通信链路、信息链路和指挥链路，如图8-7所示。从空间上看分别对应于物理域、信息域与社会域，从层次上看，分别对应于互操作的3个层次，即"互联、互通、互操作"。"互联"指物理上的连接,即物理上将作战实体链接起来,对应的是通信链路;"互通"指作战实体之间在通信链路基础上的信息交互,对应的是信息链路;"互操作"指指挥作战人员之间在信息链路基础上利用信息系统进行的指挥、协同、控制、调整、保障等交互活动。

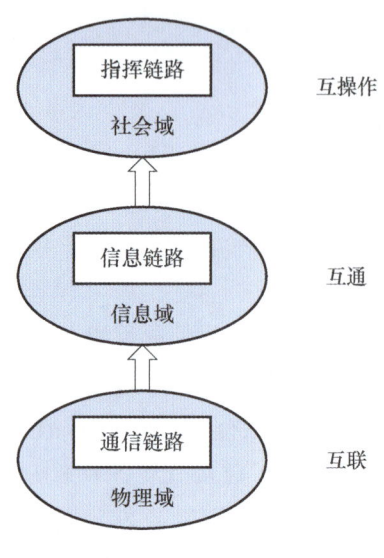

图 8-7 三类链路

需要注意的是,虽然我们一直在讲链路,但那只是因为强调局部概念。从整体上看,网链通路及指挥链路是相互交错的,不仅纵向贯通,而且横向互联,形成的是覆盖整个战场空间的"网"。这就是网络信息体系强调的"以网络为中心"的核心概念,这个"网络"实际上就是指的是以网链通路与指挥链路构成的战场网络,也是我们在复杂系统中介绍的复杂网络,此处这个复杂网络就是链接战场空间各类实体的网络。

2. 信息系统构建流程

信息系统构建根据指挥机构编成和作战任务保障需要,构建侦察情报、指挥控制、兵种、综合保障等业务信息系统,满足情报、指控、打击与保障等业务需求。

信息系统构建是在各级指挥所按照作战编成编组开设同时或完成后进行的,主要步骤包括技术准备、系统展开、系统联通和联调联试等工作,如图 8-8 所示。

(1)技术准备。主要包括指控装备参数配置、软件安装部署、数据加载、安全防护系统加载、系统备份等 5 方面内容。

(2)系统展开。按照指挥所编组和配置方案,对系统进行配置的行动。一般采取同步展开的方法,即各分系统同时分头进入展开位置,按照编组和既定席位快速配置,完成指挥所内部网络连接、接入战场骨干网。

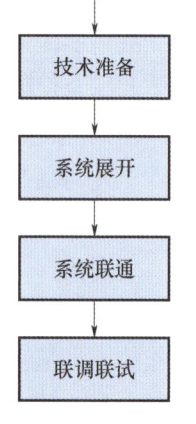

图 8-8 信息系统构建流程

(3)系统通联。即利用信息网络将各分系统和各个指挥要素连接成信息链路，形成网链通路的有机的整体，实现互联互通。

（4）系统调试。系统调试是对已形成的信息链路进行检查和测试的过程，过程中全系统进行联调联试，检验网络可达性、时延、路由策略是否符合规定指标，检查系统应用功能是否正常等。系统调试应该分为两个层面：一是由信息保障部门进行技术性的联调联试，保证网链通路的技术性通联与对通联需求的符合度；二是由指挥作战人员在技术性通联满足要求的基础上，对指挥链路实施联调联试，确保指挥控制的顺畅。

8.3.4 组织运行维护

指挥信息系统运行维护保证指挥信息系统处于良好的技术状态，提高系统效能，最大限度满足作战和其他军事行动的需求，主要包括系统运行监测、计算机网络管理、电磁频谱与电磁兼容管理、信道管理、硬件设备管理、软件与数据管理和安全保密管理等内容。

（1）系统运行监测。监测内容包括系统整体和各分系统运行状况、网络接口技术连接可靠程度、信息流程与流量分配、敌方干扰破坏和外部环境变化对系统运行的影响情况等，并分析与评估、判断和预测可能出现的情况。同时对监测中发现的问题应迅速查明原因，及时报告和解决。重点围绕"传输服务、名录解析、文电处理"等关键服务，突出信息服务中断报警、应急处理自动执行、故障诊断与修复方案辅助制订等功能，达成信息服务智能监控。

（2）计算机网络管理。通过对网络运行状况的监视、业务流量统计和流向控制、资源配置及调度、设备故障修复等措施，提高网络的安全和运行效率。重点包括用户管理、网络性能管理、网络配置管理和网络故障管理。

（3）电磁频谱和电磁兼容管理。为保证指挥信息系统内各分系统、各电磁设备能正常工作，须加强电磁频谱和电磁兼容管理。主要包括电磁频谱分配、电磁兼容、电磁环境监测与控制等。

（4）信道管理。合理、统一规定信道的分配，明确区分管理任务，合理分配线路、电路，按区域实施分级管理；当部署变更或有临时任务时，应及时调整网络组织，灵活调度线路、电路，确保信道畅通；适时组织检查计划落实和分析通信质量等情况，根据通信信道遭受干扰、破坏和故障的程度，统一组织恢复与重建，为作战指挥控制提供可靠的信道保障。

（5）系统硬件设备管理。严格按照有关制度和规定，明确分工与责任，加强督促检查，合理调配使用，及时维护修理，确保系统设备配套齐全、质量良好、符合编配用途，系统设备的工作与保管环境符合有关技术标准与安全规定。

（6）软件和数据管理。统一使用正式配发的软件，妥善保管，未经批准不得擅自修改或者更新，以及对软件使用过程的维护。软件的维护包括：对软件运行中出现的故障问题及时进行查错、纠错；根据使用需求对软件进行扩充功能和改进性能。对在使用中发现的问题和修改建议，应及时反馈给上级主管部门和研制单位。系统数据管理主要包括对作战相关地区电子地图、作战部队编制与编成、武器装备、兵要地志等相关信息的收集、更新、存储、分发与有权共享、备份与冗余安全管理措施等。

(7) 安全防护与保密管理。安全防护主要做好网络安全防护和电磁安全防护两个方面工作。保密管理包括密码、密钥等管理,以及失泄密的管控等。

8.4 组织信息服务

指挥信息系统组织运用的核心之一就是为指挥员提供决策信息服务。指挥信息系统构建已经在战场空间架设了"信息高速公路"的基础设施,组织信息服务就是要在保证"信息高速公路"正常运转的前提下,通过有效的组织流程和机制,将战场各类信息在"信息高速公路"上高效、通畅地流转到目的地,为获取信息优势提供关键的支撑。

8.4.1 指挥员关键信息需求

近几年来,"指挥员关键信息需求"的概念受到我军重视。所谓"指挥员关键信息需求"指指挥员在进行作战筹划和行动控制时对指挥决策起至关重要的战场信息。

指挥员关键信息需求是组织信息服务的基本依据。此概念来源于美军"指挥官关键信息需求"概念。

美军在《联合作战规划(JP5-0)》、《联合作战纲要(JP3-0)》等文件中明确规定了"指挥官关键信息需求(Commander's Critical Information Requirement,CCIR)"的概念,旨在强化聚焦支撑指挥决策的理念。

下面重点介绍美军《联合作战规划》中有关指挥官关键信息需求的基本概念和主要内容。

指挥官关键信息需求是指各级指挥官指挥控制作战行动所需的重要情报和信息,这有助于指挥官与作战环境的交互,并在作战中识别决策点。它将直接影响着指挥官决策过程与结果,影响着任务的顺利实施。

从作战行动信息流转角度看,指挥官关键信息需求是指挥官履行其职责最重要的一种信息管理途径与过程。充分、准确地满足此类信息需求,将帮助指挥官准确、及时地评估作战行动环境,确定行动中出现的决策点,有助于行动风险管理过程。

指挥官关键信息需求由指挥官本人建立,建立的原则包括:一是基于任务环境、意图与作战构想,对指挥控制部队行动所需的信息需求;二是指挥官关键信息需求必须是对使命任务成功起关键作用的信息,指挥官关键信息越少,其参谋团队越能聚焦其有限资源和精力于特定信息领域;三是指挥官关键信息需求会随着作战行动的进程和战场态势的发展,由指挥员适时增减、调整和更新。

当然,参谋团队也可以向指挥官建议其关键信息需求,但必须经指挥官本人同意审批才能加入指挥官关键信息需求列表。

指挥官关键信息需求列表以条目形式列出指挥官关键信息需求,下发至情报和信息保障部队执行保障任务,以满足指挥官关键信息需求。

指挥官关键信息需求分为两类:优先情报需求和己方部队信息需求。

(1) 优先情报需求,即指挥官及其参谋团队为履行其决策、监督行动和计划制订职责时,应优先收集、处理与分析的,针对敌方和作战行动环境的情报需求。情报部门通常向指挥官提交其建议三维优先情报需求,指挥官审批同意后,才能调集情报资源加以收集和处理。

(2) 己方部队信息需求,即指挥官及其参谋团队为顺利完成行动筹划和计划制订,所需认识和理解的有关己方投入行动的兵力及资源信息。

从美军条令对指挥官关键信息需求的描述中,我们可以得出以下几个结论。

(1) 指挥官关键信息需求是美军在战场上获取信息优势的核心抓手,牵引着整个战场空间情报和信息保障的龙头,情报和信息保障都是围绕着如何满足指挥官关键信息需求而展开。

(2) 指挥官关键信息需求必须尽量少而精:一方面有助于情报和信息保障部队集中资源和精力来满足关键信息需求;另一方面也有助于避免战时大量信息对指挥官决策的干扰。美军在条令中明确规定,只有指挥官关键信息才会提交给指挥官,其他信息提交给参谋人员。

(3) 指挥官关键信息需求分为敌方情报和己方信息两类关键信息,分别由情报部队和信息保障部队加以保障。

另外,美军对指挥官关键信息保障的程序和规范也是非常严谨的,限于篇幅在此不再赘述。

美军指挥官关键信息需求对战场信息保障有序、高效的牵动作用是值得我们借鉴的。我们在组织信息服务时,应坚持以指挥员关键信息需求为牵引,聚焦指挥员重大关切,确保在第一时间实施优先保障。

正如美军指挥官关键信息需求包括敌情和我情信息一样,从广义上说,信息服务包括敌情、我情的信息服务,由于敌情信息和我情信息分别由情报侦察专业人员和信息保障专业人员保障,其业务流程、方式方法均有很大的不同。本书中,信息服务主要指我情的信息服务,不涉及具体敌情信息的处理,敌情信息整体体现在信息的采编过程中。

8.4.2 信息处理与服务

信息处理与服务是组织信息服务的核心内容,关系到信息提供的质量与时效性能否满足指挥员决策的关键环节,包括信息处理过程以及向各级提供信息服务的方式。

1. 信息处理过程

信息处理过程包括信息采集、信息整编、信息审核、信息报送和信息分发等环节,如图8-9所示。

信息采集 → 信息整编 → 信息审核 → 信息报送 → 信息分发

图8-9 信息处理过程

（1）信息采集。信息采集包括系统生成、信息引接、人工录入等方式。系统生成即由指挥信息系统生成的各类业务数据，包括同步、推送、拉取的各类数据和信息。信息引接一般指侦察情报信息、气象水文信息、测绘导航信息、电磁环境信息等专业信息，以及上级支援的海空情信息、地方支援的社情信息等。人工录入主要指非系统自动生成和引接的、需要依靠各类采集录入手段人工输入系统的信息采集方式。

（2）信息整编。信息整编是对信息采集产生的数据信息进行多源融合、验证、甄别、提取，产生规范化、格式化的高价值信息产品，并加以分类存储。

（3）信息审核。信息审核按照完整性、准确性、规范性和时效性的要求，采取技术审查和业务审核相结合方式，对采集整编的信息进行审查校验。

（4）信息报送。信息报送按照指挥关系，自下而上、由外围向核心汇总报送。通常应当逐级报送，特殊情况也可越级报送。

（5）信息分发。信息分发按照指挥关系和接受单位信息资源使用权限，自上而下、由核心向外围逐级切割分发数据，必要时也可越级实施点对点精准分发，直接支援保障到对应作战单元。

2. 信息服务方式

信息报送和信息分发涉及信息服务的方式，包括：指挥信息系统推送、网站信息服务推送以及云计算大数据推送。

（1）指挥信息系统推送。指挥信息系统推送是利用指挥信息系统相关功能直接向指挥参谋人员或作战单元推送战场态势、敌情信息、我方信息等时效性强的战场信息，包括整编融合后的信息，也包括经过战术计算、模型运算后得到的辅助决策信息。

（2）网站信息服务推送。网站信息服务主要利用在各层级设置指挥网站，通过网站获得信息服务，包括关键信息整编、专题信息支持、战情信息发布及专业信息引接等。由于光缆引接车只配属到集团军以上层级，在机动作战条件下，合成/兵种旅及以下部队一般不直接使用网站信息服务推送。

（3）云计算大数据推送。云计算与大数据服务本质上也是网站信息服务的一种。所谓云计算就是在后台部署大量的计算、存储资源，通过云计算管理策略与设备将这些巨量的计算、存储资源统一管理与调配，对于用户而言只需要提出计算或存储的需求即可，无需关心细节，远端的云计算设备就能完成相应的操作。由于这些计算与存储设备一般配置在距离用户较远的后台远端，用户看不见也摸不着，就像云一样虚无缥缈，因此就叫云计算。对于军事运用而言，也称为作战云。而大数据不是仅仅指数据量大，而是强调收集整个战场空间的各类数据，包括结构化、半结构化或完全非结构化（如语音、指令、作战文书等），通过后台云计算的强大计算资源进行智能化处理，挖掘出对指挥决策有用的决策信息。大数据服务,可以打个比方,就像是从垃圾堆里发现有价值的东西。

8.5 指挥信息系统作战运用

指挥信息系统组织运用的前两个内容构建了指挥信息系统,打通了战场通信物理链路与信息逻辑链路,即网链通路,用指挥信息系统将战场空间各类实体与要素链接在一起;并且组织信息保障力量,以指挥员关键信息需求为牵引,在保证链路畅通的基础上,满足各级各类指挥员在作战筹划和行动控制中的信息需求。指挥信息系统作战运用环节则是指挥信息系统组织运用的根本目的,其运用主体为各级指挥参谋人员,利用指挥信息系统提供的各种功能,在指挥规则的规范和信息保障力量的支撑下,通过指挥链路完成作战筹划和行动控制中的相关任务。至此,指挥参谋人员、作战人员之间通过网链通路形成的指挥链路,就是信息化作战体系的基本形态,即网络信息体系。因此可以说,没用作战运用,指挥信息系统就形成不了作战体系。

指挥信息系统作战运用是在指挥信息系统构建完毕、形成网链通路后,交付指挥参谋人员、作战人员进行作战运用。从指挥、作战人员视角看作战运用有两个层面:一是从功能层面看如何使用指挥信息系统提供的各种功能完成作战运用;另一个层面就是在功能运用的基础上从网链通路体系角度看如何使用体系来完成作战运用。体系层面的作战运用涉及大量的作战背景与知识,本书只从功能角度讨论作战筹划和行动控制两个主要阶段的作战运用。

8.5.1 指挥信息系统作战筹划阶段运用

指挥信息系统在作战筹划阶段的作战运用包括获取战场信息、形成战场态势,理解上级任务、分析判断情况,提出作战构想、拟制方案计划等3个主要环节。

1. 获取战场信息、形成战场态势

对情报侦察和信息保障力量获取的敌情、我情信息,按照三级信息融合的要求,对目标信息进行目标识别、关联聚合和威胁判断的处理,叠加战场环境信息,形成战场通用态势和专题态势产品,并按要求订制和分发。运用流程主要包括目标信息处理、战场态势融合、威胁判断分析、态势分发共享等。在目标信息处理环节,主要运用系统的目标属性管理、目标去重等功能,进行目标识别,生成目标识别结果和属性。在战场态势融合环节,主要运用系统的目标关联、目标聚合等功能,将上个环节识别出的单目标融合成一张综合态势图。在威胁判断分析环节,主要运用作战企图分析工具、威胁评估工具,评估分析敌方整体态势、作战企图及对我威胁程度。在态势分发共享环节,运用系统的态势分发管理工具,实现战场态势按需订制、主动推送和按权共享,将战场态势在全网内高效传递、共享,如图8-10所示。

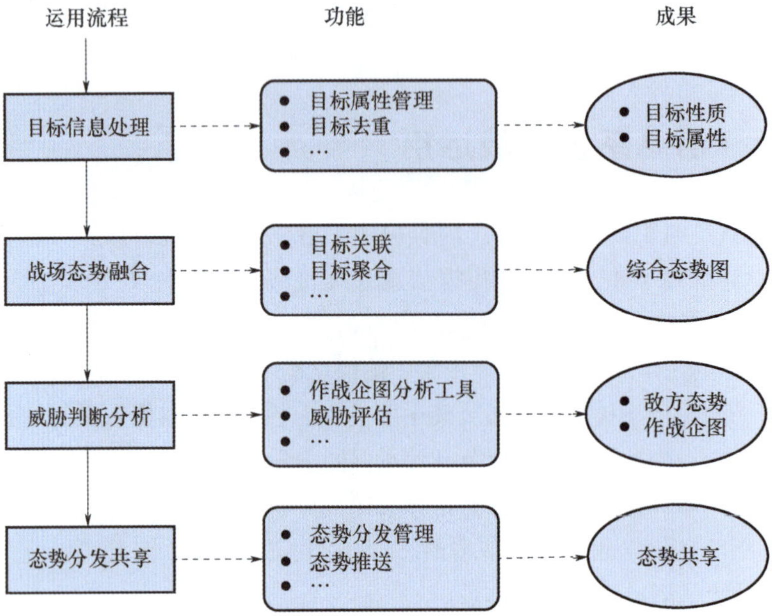

图8-10 获取战场信息、形成战场态势

2. 理解上级任务、分析判断情况

理解上级任务、分析判断情况主要是结合战场实际情况，深刻领会上级作战意图，在分析判断情况的基础上，逐步勾画出作战场景，渐进形成作战思路。运用流程主要包括理解上级意图、分析作战任务和提出指挥员关键信息需求。在理解上级意图环节，主要运用系统的情报信息查询功能，查询相关敌情、我情、战场环境信息产品和形势分析报告，在分析敌情、我情、战场环境对上级部署任务影响的基础上，辅助指挥员理解掌握上级意图，生成上级意图判断结论。在分析作战任务环节，主要运用系统的作战重心分析、打击目标分析、兵力统计分析、目标清单管理等功能，辅助指挥员进行作战任务分析，生成初始任务清单、打击目标清单和相应的兵力需求。在提出指挥员关键信息需求环节，运用系统的指挥员关键信息需求管理工具，生成指挥员关键信息需求清单，如图8-11所示。

3. 提出作战构想、拟制方案计划

根据对上级任务的理解与分析，提出作战构想，并基于此拟制作战方案，定下决心并制订作战计划。运用流程主要包括提出作战构想、拟制作战方案、制订作战计划。在提出作战构想环节，主要运用系统的作战构想有关作业和编辑工具，提出最终作战状态标准、划分作战阶段、设计作战进程、分析作战形势、优化打击目标，最终形成作战构想。在拟制作战方案环节，主要运用系统的战术计算、模拟推演、方案拟制等工具和功能，支撑指挥参谋人员拟制多套作战方案，并经过模拟推演，优选作战方案，最终定下作战决心。在制订作战计划阶段，主要运用系统的战术计算、模拟推演、计划制订等工具和功能，支撑指挥参谋人员将作战方案逐步细化为具体作战行动的各类作战计划。如图8-12所示。

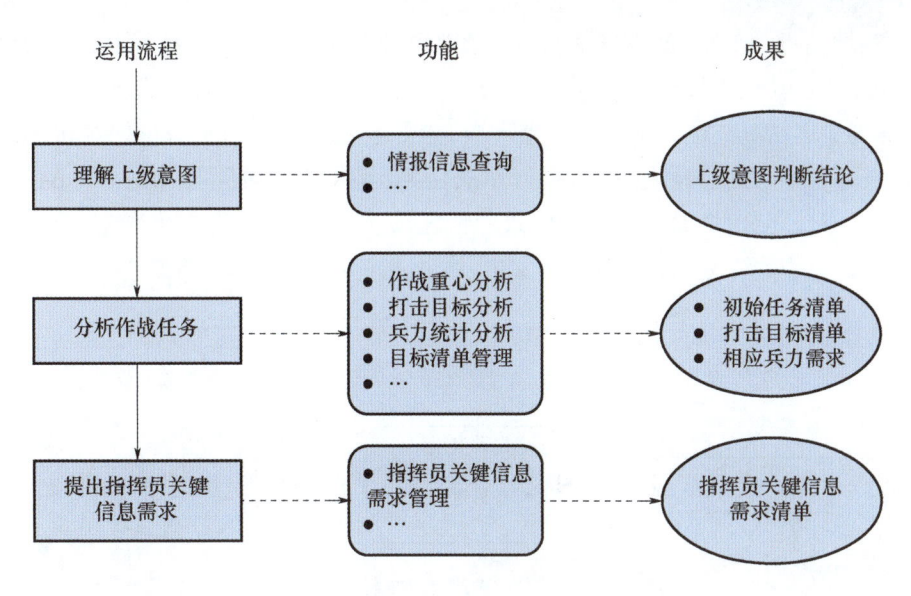

图 8-11 理解上级任务、分析判断情况

运用流程	功能	成果
理解上级意图	• 情报信息查询 …	上级意图判断结论
分析作战任务	• 作战重心分析 • 打击目标分析 • 兵力统计分析 • 目标清单管理 …	• 初始任务清单 • 打击目标清单 • 相应兵力需求
提出指挥员关键信息需求	• 指挥员关键信息需求管理 …	指挥员关键信息需求清单

图 8-11　理解上级任务、分析判断情况

运用流程	功能	成果
提出作战构想环节	• 构想作业和编辑 • 构想设计工具 …	形成作战构想
拟制作战方案	• 战术计算 • 模拟推演 • 方案拟制 …	定下作战决心
制定作战计划	• 战术计算 • 冲突消解 • 计划制定 …	各类作战计划

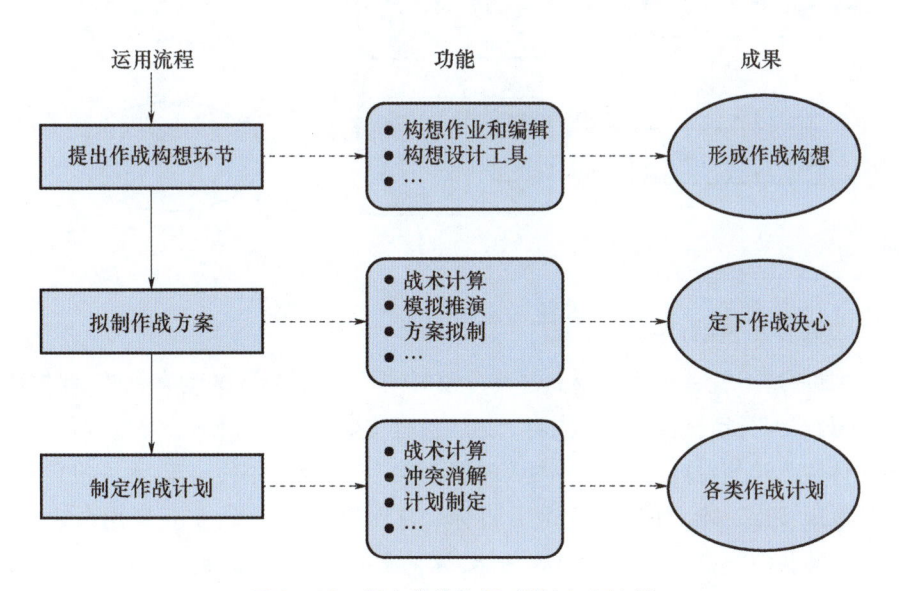

图 8-12　提出作战构想、拟制方案计划

8.5.2　指挥信息系统行动控制阶段运用

行动控制阶段在部队发起作战行动之后,因此,指挥信息系统在行动控制阶段的作战运用包括监控部队状态、调控作战行动和评估敌方目标、引导火力打击两个主要环节。

1. 监控部队状态、调控作战行动

在部队作战行动或行动协同开始后,转入行动监控,根据监控到的部队执行任务偏离既定目标的情况,或作战计划调整的情况,调整部队的作战行动。运用流程主要包括监控

421

部队状态、评估行动效果、调控作战行动。在监控部队状态环节,主要运用系统的自动卫星定位功能或手动位置报送功能,实时监视部队位置;利用系统的任务进度功能接收部队完成任务的进度情况。在评估行动效果环节,主要运用系统提供的行动数据,采用人机结合的方法,评估部队到达预定地域、执行作战任务、实施行动协同与计划目标的符合度。在调控作战行动环节,根据评估行动效果的情况,或战场情况发生变化,或上级意图发生变化,战中调整作战计划,通过系统的文电、数据指挥或话音下达调控指令,如图 8-13 所示。

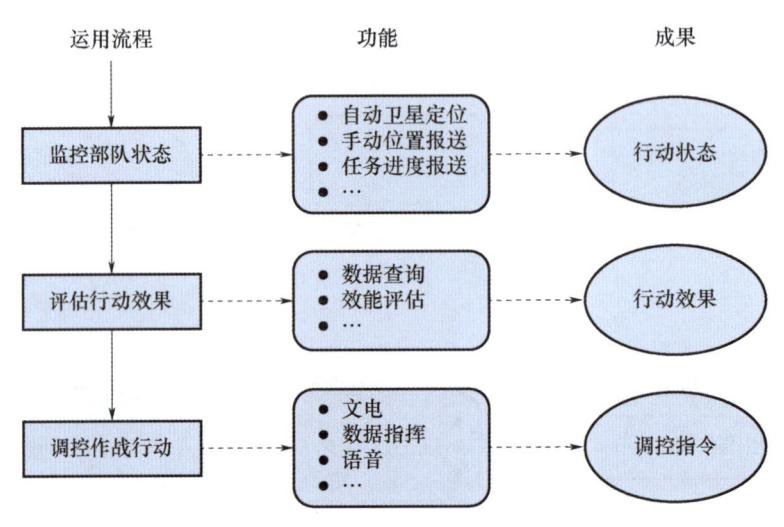

图 8-13　监控部队状态、调控作战行动

2. 评估敌方目标、引导火力打击

作战的核心之一就是对敌目标实施火力毁瘫,那么对敌目标的动态跟踪、评估决策、引导火力打击就成为行动控制的重要内容。运用流程主要包括目标侦察跟踪、评估决策、火力引导、毁伤评估,即"侦控打评"。在目标侦察跟踪环节,主要运用侦察车、无人机等各种侦察监视手段,发现、跟踪、持续不断监视敌方目标。在评估决策环节,主要运用系统的战术计算、敌方武器装备性能参数信息查询等功能,评估敌目标价值和打击方式、确定打击方式与任务兵力。在火力引导环节,利用建立的打击信息链路,传送敌目标信息、核实目标状态、实施火力打击。在毁伤评估环节,运用侦察车或无人机对敌目标进行不间断监视,评估敌目标毁伤情况,根据毁伤情况实施下一轮火力打击,直至摧毁敌目标,如图 8-14 所示。

8.5.3　美军伊拉克战争信息系统运用战例

2003 年 3 月发生的伊拉克战争,是人类战争历史上第一次也是唯一一次具有完全的信息化战争特征的、具有一定规模的战争。美军在这次战争中,利用信息系统和信息化武器,实践了网络中心战战法,其革命性的信息化作战方式所取得的成果,震惊了世界,引发了世界新一轮的军事革命。

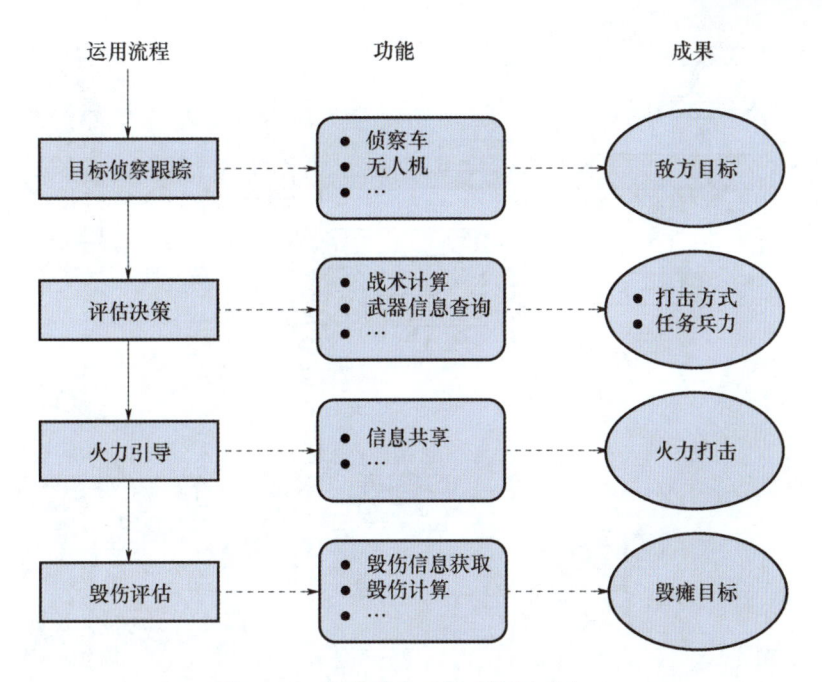

图 8-14　评估敌方目标、引导火力打击

美军认为网络中心战对作战的影响分为三类：传感器、系统连通性和信息系统，分别对应的就是指挥信息系统（C^4ISR）中的情报侦察（ISR）、通信（C）和指挥控制（C^2）。这实际上就是指挥信息系统在作战运用中最核心的 3 个组成部分。美军认为，传感器、系统连通性和信息系统一道，提高了指挥官对战场空间的观察能力，增强了协同作战能力，加快了指挥速度，从而提高了任务实施效率。

本节将在伊拉克战争中选取 3 个分别代表传感器、系统连通性和信息系统运用的典型战例。选取的战例来自于《美军网络中心战案例研究》[1]，该研究报告是美国陆军战争学院在美国防部军队转型办公室委托与协助下，针对"自由伊拉克行动"主要进攻作战阶段的行动，参考《陆军"ON POINT"报告》《兰德公司伊战报告》《第 3 机步师战后总结报告》《英美联军网络中心行动案例报告》《陆军经验教训汲取中心系列报告》等文献，以及对参战军官的访谈和数据统计而完成的。

2003 年 3 月 20 日，美国中央司令部的地面部队开始越过科威特边境向伊拉克境内进发，开始了所谓的"自由伊拉克行动"（图 8-15）。美第 5 军第 3 机步师为主力，先期目标如下：

（1）突破在科威特边境障碍进入伊拉克；

（2）夺取泰利尔空军基地和纳西里耶周边地区；

（3）孤立塞马沃。

---

① 见参考文献[2]。

图 8-15 "自由伊拉克行动"先期目标

1. 泰利尔空军基地("目标火鸟"行动)

1)行动概况

泰利尔空军基地是美军地面部队突破科威特边境后的第一个重要目标,用以提供最初的后勤和必要的航空设施保障。

2003 年 3 月 21 日至 22 日,美军第 3 机步师开始进攻泰利尔空军基地和纳西里耶附近的目标,这些目标是进攻巴格达前必须清除的障碍。纳西里耶是第 3 机步师遇到的第一个人口众多的重镇。

攻击泰利尔空军基地的任务赋予了第 3 机步师第 3 旅战斗队。第 3 旅战斗队的任务是于 22 日晚在炮兵掩护下发动陆空联合攻击。第 3 旅制订了一个旅级联合攻击方案,由航空兵负责打击空军基地及附近目标,地面部队在炮兵打击 1h 后发动进攻。

就在预定发起联合攻击的前一天,即 3 月 21 日,第 3 旅战斗队指挥官艾伦上校接到师部询问,由于整个师推进较快,而敌军意图不明朗,加之其他因素,第 3 旅战斗队能否提前一天发动攻击。

艾伦上校根据整个部队的部署情况,即装甲团、野战炮兵团、直属炮营已进入进攻位置,两个特遣队正快速进入攻击位置,另外还将得到两个炮营的支援,另外考虑到旅战斗队的训练水平、机动调整能力及其强大的火力,同意了师部意见。

3 月 21 日 14:00,旅侦察部队向前推进,使用"远程先进侦察监视系统"从远距离对敌进行定位。下午 15:40,在炮火压制和直升机攻击支援下,旅战斗队开始出击,22 日上午顺利完成战斗任务。

2）系统运用

战斗的顺利实施得益于"远程先进侦察监视系统"的运用，如图 8-16 所示。

图 8-16　远程先进侦察监视系统

"远程先进侦察监视系统"是第二代前视红外线系统，具有远程光学系统、一个护眼激光测距仪、一个低光电视摄像机和一个能测高度的全球定位系统。能向"21 世纪旅及旅以下部队作战指挥系统（$FBCB^2$）"传送目标信息，能识别目标，并对 10km 外目标得出十位数网格读数，并能全天候使用。

在装备"远程先进侦察监视系统"之前，旅侦察部队的侦察车通常都在山势较低的地方行驶，以免被敌军发现；只能通过地图估计敌军目标网格坐标；夜间监视能力最多不超过 2~3km；而火炮支援进攻需要使用阶梯式火力压制进行长时间预射。

在装备"远程先进侦察监视系统"之后，侦察部队监视能力大幅提高，可以在敌火力范围之外进行侦察；对目标的精确测量，可以与火炮相结合，对目标实施精确打击，避免长时间的预射；全天候的侦察能力可极大减少误伤概率。

3）行动总结

该行动由于使用了"远程先进侦察监视系统"，使其信息获取速度、信息获取质量、信息共享能力、态势感知能力大幅提高，最终提高了旅侦察部队、旅战斗队、炮兵和整个部队的作战效率，是在传感器环节的典型作战运用。

（1）"远程先进侦察监视系统"的全天候、远程监视以及目标精确测量能力，提高了旅侦察部队的信息质量，从而提高了整个部队的信息质量。

（2）精确的侦察报告、系统信息整合能力，以及与 $FBCB^2$ 的数字化联通能力，极大地提高了部队的态势感知能力。

（3）由于能在敌火力有效射程之外进行观察，以及具备了轻便灵活的观察能力，旅侦察部队的行动变得更迅速、更安全。

（4）"远程先进侦察监视系统"的新能力使部队具备了新的作战程序，从计划、射击和效果等方面极大提高了火力支援能力。

（5）精确的目标测量能力使得支援火炮避免长时间预射；一方面节约了弹药，从而减轻了后勤运输负担；另一方面使得更多的火炮可用于执行反火力压制任务，提高了炮兵的反火力反应能力。

2. 塞马沃行动

这个战例的主要特点，是部队预定行动经常进行调整，涉及大量的协调、联络。"塞马沃行动"案例通过15步兵团第1特遣队在接防塞马沃骑兵中队的过程中，利用"蓝军"跟踪系统具备了前所未有的沟通能力，从而提高了部队的行动效率。

1）行动概况

2003年3月22日，按原定计划第7骑兵团第3中队占领了塞马沃东南方向桥梁，并遭到伊军炮击。

3月23日，第3旅战斗队接到师部命令，要其在塞马沃接替第7骑兵团第3中队的作战任务。第3旅战斗队派15步兵团第1特遣队（TF1－15IN），而TF1－15IN正准备从纳西里耶出发与第2旅战斗队汇合。

TF1－15IN指挥官查尔顿中校接到命令后，通过$FBCB^2$的"蓝军"跟踪系统（BFT）知道第7骑兵团第3中队指挥官的位置，并在两小时后即与之会合并交接。

交接后，查尔顿在一个擅长使用$FBCB^2$的连长建议下，将作战命令通过$FBCB^2$发送到各个连队。下午各个连队开始进入各自区域并开始与敌军交战。第3旅战斗队将战术作战中心搬到塞马沃地区，通过骑兵团和TF1－15IN来孤立塞马沃，并防止敌人切断8号和28号公路。战斗持续一晚。

3月24日下午，第7骑兵团第3中队回归师部控制，并出发去夺取另一座桥梁（"目标佛罗伊德"），同时第3旅战斗队受命防守"目标海盗"，如图8－17所示。

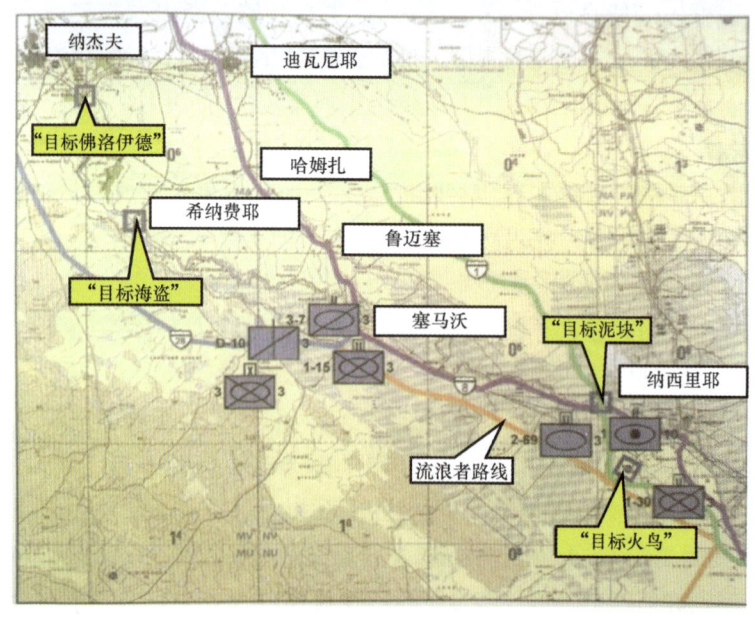

图8－17 "目标弗洛伊德"和"目标海盗"

位于塞马沃西北约 70km 的"目标海盗"是一条横跨幼发拉底河的交通要道。第 3 机步师又将保护这条交通线路安全的任务交给了 TF1-15IN，查尔顿中校又将任务交给了 TF1-15IN B 小队。

3 月 24 日夜晚，B 小队使用"21 世纪部队旅及旅以下作战指挥系统 –'蓝军'跟踪系统（FBCB^2 – BFT）"作为主要导航工具向"目标海盗"移动，如图 8-18 所示。机动过程中遇到了沙尘暴。查尔顿通过 FBCB^2 – BFT 屏幕发现在 B 小队行动过程中，1 名侦察兵脱离了队伍，于是通过系统使这名士兵回到了自己的位置。

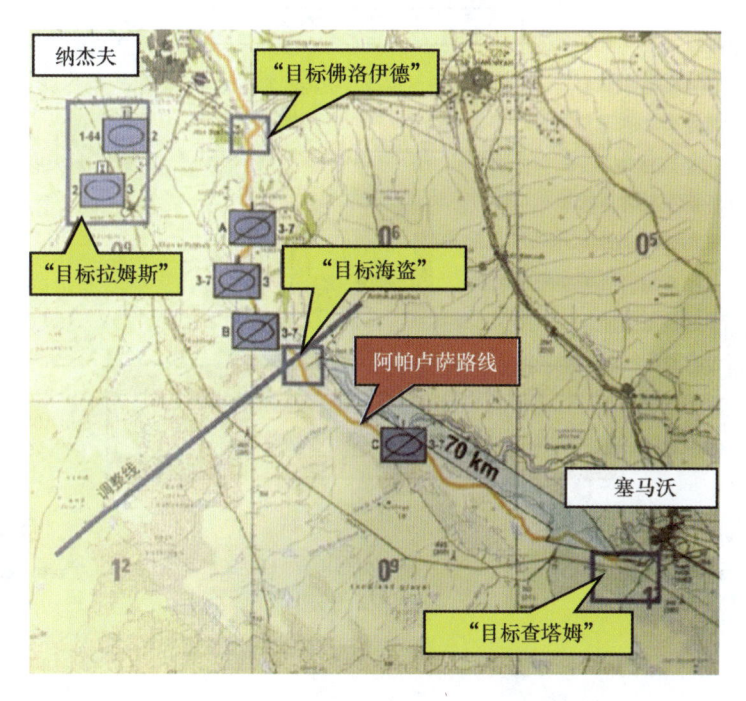

图 8-18 "目标海盗"和"目标拉姆斯"

3 月 25 日，师部询问 TF1-15IN 何时与在拉杰夫执行"目标拉姆斯"任务的第 2 旅战斗队会合。艾伦上校将 TF1-30IN 接替 TF1-15IN，TF1-15IN 乘坐重型运输机前去与第 2 旅会合，B 小队在接防后利用 FBCB^2 – BFT 穿越沙漠于 3 月 27 日与第 2 旅会合。

2）系统运用

在本次行动中主要运用了 FBCB^2 – BFT 系统。我们在第 1 章介绍过 FBCB^2 系统，是用于旅及旅以下部队的机动指挥控制系统，需要与战术互联网配合使用。以往美军更多地使用密集部署的、基于视距通信的"增强型位置报告系统（EPLRS）"，而在伊拉克战争中，第 3 机步师以"非线性作战"方式长途奔袭巴格达，创造了第二次世界大战以来闪击战速度的新纪录。显然这种靠密集部署的视距通信方式显然无法跟上机动速度。因此这次在"自由伊拉克行动"中，FBCB^2 使用的是 BFT。

BFT 使用 L 波段卫星收发机，如图 8-19 所示，因而具备了超视距传输能力，无需通过密集部署来保持网络联通，突破了地形视距限制。BFT 每 5min 更新一次信息，或在地面车辆移动800m、空中平台移动2300m后更新信息。伊拉克战争后,美军对"蓝军"跟踪系统进行了升级改造,改造后的"蓝军"跟踪系统称为BFT2,可以达成近实时的信息更新。

"蓝军"跟踪系统在"自由伊拉克行动"期间备受赞誉,从战术层次到战略层次都能提供前所未有的态势感知能力。

由于美军将己方称为"蓝军",因此,"蓝军"跟踪系统实际上就是美军及其友军的态势显示系统。

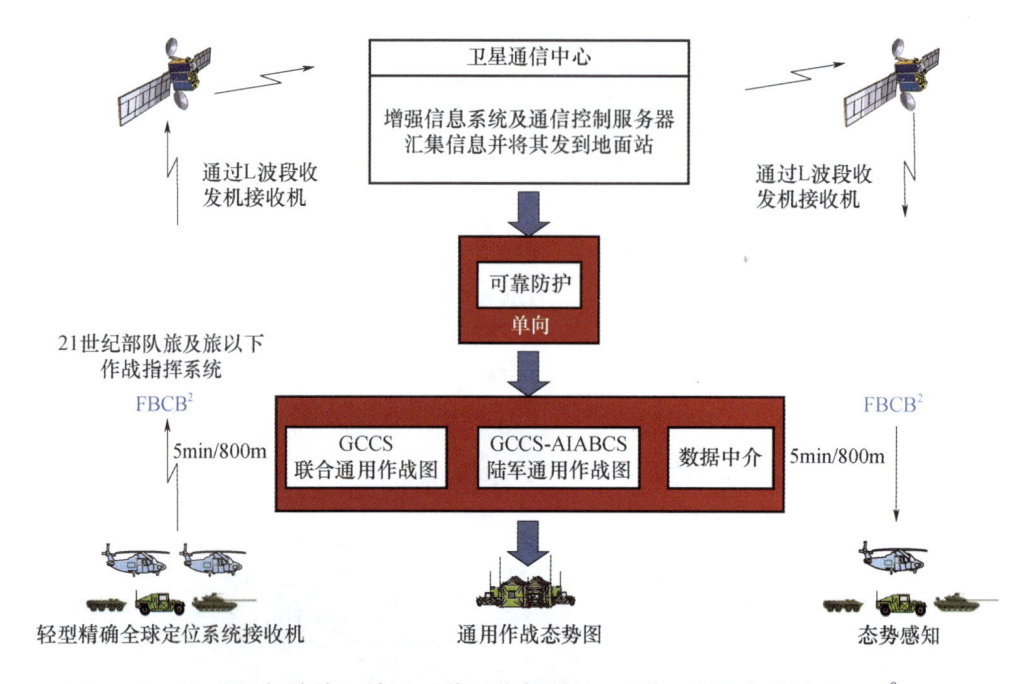

图8-19 21世纪部队旅及旅以下作战指挥系统-"蓝军"跟踪系统(FBCB^2-BFT)

在装备"蓝军"跟踪系统之前,营特遣队和连指挥官靠人力观察、与其他指挥官面对面交流和无线电网的报告来获得态势感知。而独立、分散作战的连队常常受到无线通信距离的限制,这种限制造成的风险往往达到难以承受的地步。部队的会合需要使用预设网格坐标,要求相关部队必须在正确的时间到达预定位置。

装备"蓝军"跟踪系统后,为部队提供了前所未有的态势感知能力,指挥控制方式发生了巨大的变化。指挥官改变了向下级传达命令和作战地图的方式,减少了上下级之间无线电通信量,使得指挥官能将更多精力投入到作战中,而不是频频发送位置信息和态势报告。

第15步兵团第1特遣队指挥官说,多亏有了FBCB^2-BFT,他才得以在一次行动中于塞马沃与第7骑兵团第3特遣队指挥官会合,而在另一次"目标拉姆斯"行动中于夜间同第2旅战斗队会合。此外,"目标海盗"行动的第15步兵团第1特遣队B小队也是通过FBCB^{2}得以与其他部队会合。

第15兵团第1特遣队通过BFT与在70km以外执行"目标海盗"任务的B小队有效保持联系,提高了对分散部队的指挥控制能力,使得原本高风险的任务,其风险程度大大降低。此外,该系统也是第3旅战斗队有效指挥控制100km外部队的主要工具。

3）行动总结

本战例通过使用 FBCB^2 – BFT，提高了信息质量、态势感知和前所未有的沟通能力，从而提高了部队的作战效率。

（1）提高了部队态势感知能力。通用作战态势图地面目标每 5min 或 800m 更新 1 次，空中目标每 1min 或 2300m 更新一次。这种态势感知能力的直接效果就是减少了无线电通信的使用量，在战术层次上体现为联系更为轻松和误伤率的降低。

（2）特遣队从实践中学习和认识到了 FBCB^2 – BFT 所具备的能力和信息质量，因而采用新的作战程序。例如，例行报告通过短信发送而不是无线电发送，命令和图像用数字发送。

（3）以通用作战态势图和提高通信能力的形式体现出来的态势感知能力对部队的动态自我协调能力产生了很大影响。

3. "5 个同时攻击"

1）行动概况

本战例是发生在 2003 年 3 月 31 日~4 月 1 日期间，第 5 军在巴格达附近卡尔巴拉谷地的作战行动。卡尔巴拉谷地宽度 1.5km，进攻机动空间有限，是伊军天然的防御屏障。而从塞马沃沿 8 号公路则便于组织机动突击行动。美军判断幼发拉底河东侧应有伊军主力部署，特别是装备精良的共和国卫队麦地那师。因此，第 5 军决心避开其锋芒，出其不意地从卡尔巴拉谷地主攻。从拉尔巴拉谷地进攻面临的问题是：一是伊军有可能在谷地周围部署火炮、坦克、反坦克导弹；二是如伊军有化武的话，这是最后使用的机会。因此侦察力量的使用非常关键。

3 月 25 至 3 月 29 日，第 5 军停止向北推进，就地休整准备穿过卡尔巴拉谷地，并制订佯攻的作战计划。同时调 101 空降师接防纳杰夫附近第 3 机步师剩余部队，并请求联合部队地面部队的后备部队 82 空降师接防第 3 旅战斗队在泰利尔空军基地至塞马沃的防区。

3 月 29 日，第 82 和 101 空降师控制了交通线。

3 月 30 日，第 3 机步师第 7 骑兵团第 3 中队向前推进，并在卡尔巴拉谷地以南的调整线上建立起一道屏障。

3 月 31 日，当地时间 6 时，进攻开始。由于进攻行动由 5 支部队同时展开，如图 8 – 20 所示。美军将此次行动称为"5 个同时攻击"行动。

（1）第 3 机步师第 2 旅战斗队对"目标墨累"实施了火力侦察，以迫使敌调整位置，加强第 5 军佯攻效果。

（2）第 101 空降师第 2 航空团对米尔湖以西的敌雷达阵地和其他目标实施了武装侦察。

（3）第 101 空降师第 1 旅战斗队攻占了伊拉克军事训练基地和纳杰夫附近的一个机场，以扰乱其准军事部队的作战部署。

（4）第 101 空降师第 2 旅战斗队对希拉实施了佯攻以支援主攻。

（5）第 82 空降师第 2 旅战斗队攻占了塞马沃幼发拉底河大桥，并沿 8 号公路以北对迪瓦尼耶实施佯攻，以切断敌交通线。

在此期间，情报搜集的重点是监视敌方反应。第 5 军使用"猎人"无人机搜集情报，还

图 8-20 "五个同时攻击"行动

得到联合部队"捕食者"无人机的支援。分析与控制分队(情报中心)负责识别目标,并将信息传送给火力效果协调中心,由该中心决定是使用火炮还是飞机来打击这些目标。

上述行动使得伊军指挥官认为美军要越过幼发拉底河并沿 8 号公路发动进攻,于是在 8 号公路一端调整防御阵地,共和国卫队麦地那师大规模的调防活动终于首次暴露在美军面前。

第 5 军分析与控制分队开始确定目标,并通过"自动纵深作战协调系统"迅速将这些目标信息传送给火力效果协调中心。火力效果协调中心呼叫空军第 4 空中支援作战大队的战斗轰炸机对伊军目标发动连续攻击。第 5 军调集了该地区所有无人机跟踪伊军目标,进行毁伤评估,然后再继续实施打击。

4 月 1 日,麦地那师大多被歼灭。根据伊军的反应,第 5 军判断出在卡尔巴拉谷地一带没有敌军主力。美第 3 机步师在第 3 旅战斗队的带领下开始攻入卡尔巴拉谷地。这是整个战役的转折点。

2) 系统运用

"自动纵深作战协调系统"在卡尔巴拉谷地作战行动中对于决策与协调火力打击任务,发挥了关键性的作用。在"自由伊拉克行动"期间,由于"自动纵深作战协调系统"具有无缝融合不同军种作战指挥系统的功能,被称为"无名英雄"。

"自动纵深作战协调系统"是一种联合任务管理软件,是火力支援协调(陆航、野战炮兵、空军)的一整套工具和界面,从横向和纵向促成了整个战区的合成,其主要功能包括:联合时效目标管理;战区内空中作战中心目标管理;空中任务命令计划;间接火力管理;反火炮和炮兵通用作战态势图;战斗搜救;空地战场管理;目标限制清单管理。

"自动纵深作战协调系统"在融合多源信息方面,可谓是一种独特的全任务整合与协调系统。该系统不仅能提供通用作战态势图,而且还能通过这一信息来理顺任务协调与实施步骤,通过全方位计划、协调和实施来融合整个联合作战空间。

如图 8-21 所示,"自动纵深作战协调系统"通过 C^4ISR 架构在联合系统中显示出一幅统一的态势图。图 8-22 和图 8-23 分别是 C^4ISR 与"自动纵深作战协调系统"的信息交互以及"自动纵深作战协调系统"任务管理器与工具。

图 8-21 "自动纵深作战协调系统"在联合系统中的显示

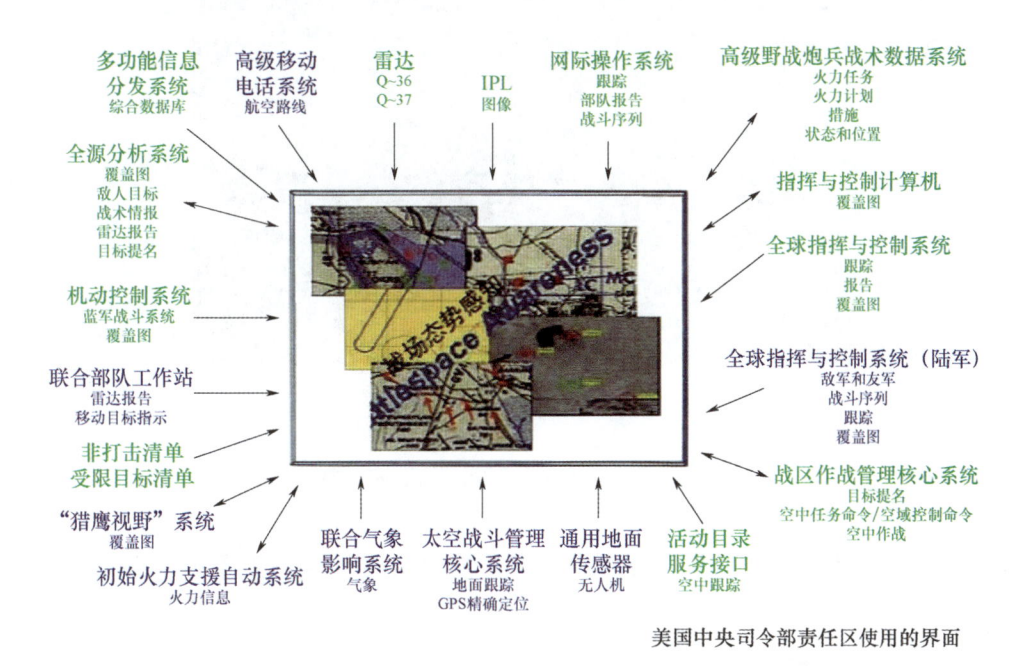

图 8-22 "自动纵深作战协调系统"与 C^4ISR 系统的信息交互

联合力量战场空间协调
- 脱离交战空域
- 火力和空域规划
- 可视化空域控制命令
- CSOF任务管理
- 时间敏感目标管理
- 限制及受保护目标管理
- 杀伤火力平台管理
- 联合个人搜索救援管理

目标指示
- 雷达信息整合利用
- 电子情报显示和分析
- 数字化地图绘制及图形化
- 作战区域地形分析
- 战场三维可视化
- 战场测量需求申请管理

时间敏感目标指示
- 横向作战力量协调
- 目标—攻击武器匹配
- 脱离交战

威胁评估

反炮兵通用作战图

机动路线规划

攻击位置分析

火力管理
- 火力任务管理
- 反火力通用作战图
- 预先战斗损毁评估
- 协调测量探测管理
- 武器平台位置及状态显示
- "战斧"陆攻导弹任务管理

空中任务命令
- 战区一体化数据库
- 测量目标数据库
- 空中任务命令规划管理
- 空中任务命令执行管理
- 空中任务命令变更请示管理
- 可视化空中任务命令
- 近距离空中支援管理
- XINT任务管理

陆军航空兵
- 陆军航空兵任务规划管理
- 对敌防空压制行动规划
- 空域控制（空域指挥与控制）

图8-23 "自动纵深作战协调系统"任务管理器与工具

在这次行动中，RQ-5A猎人无人机（图8-24）在对打击目标进行毁伤评估中发挥了重要作用。RQ-5A"猎人"无人机是一种固定翼、双尾翼、双舵无人机系统，可执行的主要任务包括：实时图像情报；火炮调整；战斗毁损评估；侦察与监视；目标定位；战场观察。

图8-24 "RQ-5A"猎人无人机

这次行动的成功除了指挥艺术方面的因素外，很关键的因素是组织结构、指挥程序与信息系统之间的有机结合、高效运作。

在以往的火力支援程序方面，最大的障碍就是，如果需要空中支援的话，缺乏一个能让空中支援作战中心来寻找、证实和打击目标的有效机制。现在这个机制就是让空中支援作战大队的情报和目标定位分队融入第5军"分析与控制分队"和"火力效果协调中心",这样,空中支援作战大队就具备了对敌我双方的最及时的态势感知能力,能在军整个任务区内调动战机。

"分析与控制分队"(情报中心)一旦发现目标,就通过"自动纵深作战协调系统"将信息传递到"火力效果协调中心",并由该中心决定派谁和使用什么武器来对付目标。攻击决策的依据是哪种武器系统反应最快、最能达到最佳效果。第5军的火力批准程序能让"火力效果协调中心"的所有成员都能马上看到目标,并迅速在"火力协调中心"内进行任务协调,清理空域或发起近距离空中支援。在对时敏高价值目标实施攻击时,"自动纵深作战协调系统"是中央司令部与军之间协调火力支援部队的主要手段。

3)行动总结

本次行动是指挥艺术与控制科学完美结合的范例,新的信息技术促成了组织形式、作战程序的创新,信息系统从横向和纵向整合了整个战役空间,极大地提高了作战效率。

(1)"猎人"无人机昼夜监视能力和它所提供的敌目标实时视频和坐标,融入"自动纵深作战协调系统",快速提高了部队态势感知共享能力和战场可视化程度,从而加快了决策和目标打击速度。

(2)新信息技术的运用,促成了"分析与控制分队""火力效果协调中心""空中支援作战中心"新的组织形式、战术、程序与规程,极大地提高了任务效率,尤其是近距离空中支援的打击效果,使地面部队获得了更大的机动自由,促成和加强了第5军的协同作战能力,以及第5军与其他司令部的协同作战能力。

(3)"自动纵深作战协调系统"的多渠道信息融合能力为决策者提供了极为可靠的多维通用作战态势图。通过"自动纵深作战协调系统"这一工具,信息得以在整个战场横向和纵向分发,极大地提高了信息共享和态势感知共享能力。

以上3个战例都体现了作战实施阶段,指挥信息系统对行动控制的支撑。从某种程度上看,指挥信息系统对于作战筹划阶段的运用是辅助性的,可以提高指挥筹划的效率;而在行动控制阶段的运用,则可以极大地提高指挥人员对所属部队的掌控能力,极大地提高火力打击的精确性和作战行动效率,极大地提高各军兵种之间协同作战的效率。

正是有了信息化的作战环境和网络化作战平台及设施,各级主要指挥官才能使其下属部队以更高的机动速度和战争节奏,在分布如此广阔的战场空间内,高效地实现各级指挥官的意图。

这3个战例有力地实证了控制科学在作战行动中的极端重要性。对指挥信息系统有效地组织运用及与指挥艺术的高度结合,是我们打赢未来高科技局部战争的不二法宝。

参考文献

[1] 毛翔. 美军联合作战计划流程[M]. 知远战略与防务研究所,2015.
[2] 戴维·卡门斯. 美军网络中心战案例研究[M]. 北京:航空工业出版社,2016.

思考题

1. 如何理解指挥信息系统组织运用与信息保障的区别与联系？
2. 请说出指挥信息系统组织运用三个方面的内容。如何理解三个方面内容之间的关系？
3. 战场信息网络主要由哪两个网络构成？请分别说出这两个网络的构建内容。
4. 如何理解信息链路与指挥链路的关系？
5. 信息系统构建的成果是什么？
6. 请简述指挥信息系统在作战筹划阶段的运用。
7. 请简述指挥信息系统在行动控制阶段的运用。
8. 请通过"五个同时进攻"战例，说明美第5军指挥官是如何运用指挥艺术与控制科学的有机结合，快速高效地完成作战使命的。

第9章 外（台）军指挥信息系统

世界上主要国家和地区的军队一直大力开展指挥信息系统的建设,装备了多种级别多种类型的指挥信息系统。各国军队的指挥信息系统建设各具特色,亦有共同之处,其中,美军指挥信息系统建设水平最高,美军和俄军指挥信息系统的发展最具有代表性。深入分析和研究外(台)军指挥信息系统建设的经验和教训,以窥指挥信息系统建设的规律和未来发展趋势,对于我军指挥信息系统的建设具有非常重要的意义。本章所指的外(台)军是我国大陆以外地区的军队,包括美国、俄罗斯、日本、印度等国家以及我国台湾地区。

9.1 美军战略级 C^4ISR 系统

美军指挥信息系统一直处于世界先进水平,对指挥信息系统的建设起着引领和示范作用。1962 年,美国建成的半自动防空地面环境系统(Semi – Automatic Ground Environment,SAGE)是国际上公认的指挥信息系统的先驱。随后,美军指挥信息系统建设经历了海湾战争前的军兵种系统独立建设的形成阶段、20 世纪 90 年代开始的军兵种系统集成建设阶段、21 世纪以来体系功能整体融合的一体化发展阶段。半个多世纪以来,美军建设了从战略级到战术级、从全军到各军兵种,各种层级和类型的指挥信息系统,主要分为国家战略级指挥信息系统和军兵种指挥信息系统两大类。战略级指挥信息系统供战略统帅部对陆军、海军、空军、战略核力量进行指挥控制,军兵种指挥信息系统作为战略级指挥信息系统的分系统。本节重点介绍美军几类典型的指挥信息系统,例如全球军事指挥控制系统、全球指挥控制系统和联合指挥控制系统等战略级指挥信息系统。

战略级指挥信息系统发展阶段如表 9 – 1 所列。

表 9 – 1 美军战略级指挥信息系统发展阶段表

项目	总体思路		
	"灵活反应"战略	武士 C^4I 计划	网络中心战国防部体系结构
指挥信息系统	全球军事指挥控制系统（WWMCCS）	全球指挥控制系统（GCCS）	联合指挥控制系统（JC^2）
信息基础设施	通信基础设施	国防信息基础设施（DII）	全球信息栅格（GIG）

(续)

项目	总体思路		
	"灵活反应"战略	武士 C^{4}I 计划	网络中心战国防部体系结构
互操作性	0级(烟囱式)	1～2级	3～4级
构建基础	国防军事通信网	通用操作环境(COE)	网络中心化的全局/企业服务(NCES)
服务时间	1968—1996 年	1996—2006 年	2006 年—

表中的互操作性（interoperability）指为了有效地协同工作，两个系统之间数据共享和应用程序交互操作的能力。一般而言，可将系统互操作能力和互操作等级指标分为五级，如表 9-2 所列，即人工环境的隔离级互操作性（0 级）、点到点环境的连接级互操作性（1 级）、分布式环境的功能级互操作性（2 级）、集成环境的领域级互操作性（3 级）、全球环境的企业级互操作性（4 级）。级别越高，互操作能力越强。

表 9-2 互操作性等级

等级	连接方式	功能	共享内容
0	无直接的电子连接	通过人工或可移动媒介传输信息	无
1	通过电子线路连接	仅传输同构的数据类型	可交换一维信息
2	通过局域网连接	可传输异构的数据类型	共享系统间或功能间融合的信息
3	通过广域网连接	允许多个用户访问数据	共享数据
4	全信息空间相连	多个用户可同时访问复杂数据并交互	完全共享数据和应用

9.1.1 全球军事指挥控制系统

美军第一代战略 C^{4}ISR 系统是全球军事指挥控制系统（WWMCCS），该系统是美国在 1962 年古巴导弹危机时为适应肯尼迪总统的"灵活反应"战略而开始筹建的，自 1968 年初步建立至 20 世纪 90 年代完成。

WWMCCS 的任务是保证美国国家军事当局在平时、危机时和全面战争时的各个阶段，不间断地指挥控制美国在全球各地部署的战略导弹、轰炸机和战略核潜艇部队，完成战略任务。为此，WWMCCS 系统具有能提供情报收集、情报分析和评估、威胁判断及攻击预警、制订作战方案和作战计划、命令部队做出快速反应等功能。

WWMCCS 包括 10 多个探测预警系统、30 多个国家和战区级指挥中心和 60 多个通信系统，以及安装在这些指挥中心里的自动数据处理系统。这是一个规模庞大的多层次系统，部署在全球各地，并延伸到外层空间和海洋深处。

（1）预警探测系统。预警探测系统用来监视有关情况、收集各种情报、提供攻击警报、防止战略突袭，由海上、地面、空中和太空中的雷达、红外和可见光侦察设备构成。主要包括支援计划预警卫星系统、弹道导弹预警系统、空间探测与跟踪系统、远程预警系统和北方警戒系统、超视距后向散射雷达系统、空中预警与控制系统和侦察卫星、核探测系统等。

(2) 指挥系统。WWMCCS 有 30 多个指挥中心,服务于国家战略军事指挥。其中,国家指挥当局有 4 个地面(或地下)指挥中心,1 个紧急机载指挥所和 1 个国家级地面移动指挥中心。

美国十分重视空中指挥中心的建设,认为在核战争中空中指挥中心具有较强的抗毁性。空中指挥中心主要包括 3 部分:国家紧急机载指挥所;战略空军司令部的核攻击后指挥与控制系统;战区核部队总司令的空中指挥所,如太平洋总部的"蓝鹰"系统等。

美军的各指挥中心用国防军事通信网连接起来,各指挥所内除有各种通信设备外,主要是各种计算机和显示设备,用来完成各种情报处理和显示。

(3) 通信系统。通信是指挥信息系统必不可少的要素,战略通信系统是整个战略 C^4ISR 系统的"脉络",用来在各指挥中心之间、指挥中心和探测系统之间、指挥中心和部队之间传送情报、下达命令,回报命令的执行情况等。WWMCCS 采用的通信手段包括卫星、国防通信系统以及极低频、甚低频、低频最低限度应急通信网,用于保障空中、地面、地下、水面、水下和太空中军事设施间不间断、安全可靠和快速的通信,甚至在遭到敌人核袭击后仍能生存。

(4) 信息处理系统。信息处理系统负责处理、存储、传输、显示各种信息,贯穿于所有系统之中,是整个指挥信息系统的"中枢神经"。

在 WWMCCS 建设的同时,美陆军、海军、空军和海军陆战队各自独立建设战役战术级指挥信息系统。在这期间,美军关注的重点是战略层次力量的联合,并未重视对战役战术力量进行联合作战指挥控制。在海湾战争中,各军种独立开发的"烟囱式"指挥信息系统,缺乏统一的整体设计,自成体系,表现出许多不足之处:各军种信息系统不能互连、互通、互操作;系统处理情报不及时,贻误战机;信息系统不能有效识别敌我,造成多起误伤。

这些因素成了新军事革命的导火线,美国军方深刻认识到必须建设全军一体化的指挥信息系统,把过去那种分立的"烟囱式"系统集成为分布式、横向互通的扁平式大系统。因此,美军参联会于 1992 年 2 月提出一个新的联合 C^4I 结构计划,即武士 C^4I 计划(C^4I for The Warrior),旨在建立各军种一体化的指挥信息系统,使得各级指战员能在任何地方、任何时间获取所需的准确、完整、经融合的作战信息,从而最有效地完成作战任务。武士 C^4I 计划是美国军事一体化信息系统发展的目标,以建立高性能、无缝、保密、互通的全球指控系统。为了实现武士 C^4I 计划,美军开始建设全球指挥控制系统(GCCS),以取代 WWMCCS。

9.1.2 全球指挥控制系统

全球指挥控制系统(GCCS)是美军第二代战略 C^4ISR 系统,1996 年 8 月 30 号开始投入使用,形成初始作战能力,于 20 世纪末已逐步替代使用了 20 多年的 WWMCCS。GCCS 包括国防信息系统局(Defense Information System Agency,DISA)的联合指挥控制系统(GCCS-J)、陆军全球指挥控制系统(GCCS-A)、空军全球指挥控制系统(GCCS-AF)、海军全球指挥控制系统(GCCS-M),为美军战略指挥机构提供作战、动员、部署、情报、后勤支援、人员管理等6大类作战应用。

GCCS是可互操作的、资源共享的、高度机动的、无缝连接任何一级C^4ISR系统的、高生存能力的全球指挥控制系统,可以提供有效执行核、常规和特种作战的指挥控制手段。作为美军综合C^4ISR系统的重要组成部分,GCCS的主要作用是:提高联合作战管理以及应急作战的能力;与联合作战部队、特种部队及联邦机构C^4I系统连接;用于和平时期和战争时期制订作战计划和执行军事行动等。美军在全球700多个地区都安装了该系统,用其保障全球范围内部队的派遣和协调,实施危机管理和协调多军兵种/多国联合作战,可满足作战部队对无缝一体化指挥和控制的要求,显著增强了美军一体化联合指挥控制能力。

GCCS是一个跨军(兵)种、跨功能的系统,通过通用操作环境(COE),为指战员提供一个统一的战场态势图形。COE是构建诸军兵种联合指挥控制平台的基础环境,也是实现联合情报信息高度共享和联合指挥控制系统互操作的基础。

从系统架构上来看,GCCS是一种分布式系统,其最根本的互连机制是基于客户端/服务器模式的分布式网络,可保障指挥和控制功能的软件即数据分布在通过网络互联的异构与互操作的计算机上。该系统采用扁平式网络结构,通过卫星、无线通信和有线通信与遍布全球的50多个指挥中心连接,减少指挥层次,强化全系统的互通和互操作,支持各种级别的联合作战,以期实现在任何时间、任何地点向作战人员提供实时融合的战斗空间信息。

GCCS具有三层结构。最高层是国家汇接层,由国家指挥当局、国家军事指挥中心和战区总部及特种作战司令部等所属的9个分系统组成;中间层是战区和区域汇接层,由战区各军种司令部、特种/特遣部队司令部和各种作战保障部门指挥控制系统组成;最低层是战术层,由战区军种所属各系统组成。核心功能包括:应急计划、部署和控制部队、后勤保障、情报态势、通信、定位、火力支援、空中作战、战术图像、数据表示与处理、数据库、办公自动化等。GCCS由全球作战保障系统来补充、支持和增强作战能力,将人事、后勤、财务、采办、医疗及其他支援活动合并成一个跨职能的系统。

2003年,GCCS在全球部署完625个基地,美军利用GCCS只需要3min左右即可命令其全球战略部队进入战备状态。自2001年"9·11"事件起,国防信息系统局已经对GCCS进行了27次修改,2006年发布了最终版本。

GCCS的建设除了通用部分外,还包括各军兵种的一些专用计划(或称为独立系统),如陆军的"企业"(Enterprise)计划、空军的"地平线"(Horizon)计划、海军的"奏鸣曲"(Sonata)计划和海军陆战队的"海龙"(Sea Dragon)计划。各军兵种在各自的计划下,开发出相应的战术级指挥信息系统,如陆军在开发陆军战斗指挥系统、空军在开发战区作战管理核心系统、海军在开发海军战术指挥支援系统、海军陆战队在开发战术战斗作战系统,各系统之间的关系如表9-3所列。

这些系统通过全球指挥控制系统提供的通用操作环境都能互通,都是按照一体化指挥信息系统的要求,在纵向和横向能够实现"三互"。此外,GCCS还包括"全球指挥控制系统——日本""全球指挥控制系统——韩国"以及用于战略核部队的"全球指挥控制系统——绝密"等系统,并与北约的指挥控制系统相连,从而实现各军种指挥信息系统的互通以及与盟军指挥信息系统的互通。

表 9-3 美军第二代战略级指挥信息系统 GCCS

	总体思路	战略级指挥信息系统	战术级指挥信息系统
全军	"武士 C^4I"计划	GCCS	—
陆军	"企业"计划	GCCS-A	陆军作战指挥系统
空军	"地平线"计划	GCCS-AF	战区作战管理核心系统
海军	"奏鸣曲"计划	GCCS-M	海军战术指挥支援系统
海军陆战队	"海龙"计划	GCCS-M	战术战斗作战系统

GCCS 初步实现了美军各军兵种信息系统的互联互通,形成了一个无缝的全球信息系统,在一定程度上适应了联合作战的需求。GCCS 和 DII 在伊拉克战争中起了很大作用,但是也出现了很多问题:互操作能力仅达 1~2 级,远未达到端对端的能力;获取公共作战图像的差距相当大,例如 F-16 飞机无法获得"爱国者"导弹系统的图像;美军各军兵种之间和美军与英军之间的敌我识别系统互不兼容。究其原因,美军发现各军兵种虽然在战略上实现了一体化,但是具体的战役战术中还是只能使用各自的系统,系统之间的互操作能力很差,这是由于各军种 GCCS 是为满足各自任务需要而开发的,缺乏联合互操作性和通用的数据结构,从而阻碍了联合部队各军种之间横向的信息交换及协作。为了克服系统缺陷,满足美军联合指挥控制的转型及能力要求,美军提出了第三代联合作战指挥信息系统的研发计划。2004 年 3 月,负责美军 C^4ISR 工作的国防信息系统局宣布在 GCCS 的基础上发展联合指挥控制系统(JC^2),以取代 GCCS。

9.1.3 联合指挥控制系统

联合指挥控制系统(JC^2)是美军继 WWMCCS、GCCS 之后的第三代战略级指挥信息系统,在 GCCS 以及其他系统的一些增量改进计划基础上研制而成,期望实现战略与战术之间的沟通,实现各级各类指挥信息系统的互操作,即实现真正的作战一体化。

JC^2 的建设源自于网络中心战理论的提出和美军推行军事转型计划的需求,《2020 年联合构想》中,美军提出形成决策优势,以 GIG 和网络中心战为基础建设指挥信息系统。网络中心战的理论是将分散的各种探测系统、指挥控制系统和武器系统等集成为一个统一高效的作战体系,要求战场感知一体化、指挥控制一体化和火力打击一体化,实现以网络为中心,网络上的各系统和平台共享信息和资源,实施协同和联合作战。

美军期望 JC^2 能用于战略、战役以及战术等所有的指挥层次,满足指挥官的各种作战指挥需求,即该系统不但能为国家军事指挥系统、美军各作战司令部、中央情报局等机构服务,也能为战场上的指挥员、作战人员(不论处于地面、水下、天空甚至太空,也不管什么时间、什么任务)提供战场综合态势、辅助决策、传送信息等服务。

JC²要实现在任何时间、任何地点、任何信息的传递和处理,就必须构建连接到各个作战单元的基础网络,这主要依赖于美军构建的GIG,其为美军实现全球任意两点或多点之间信息传输能力的基础设施。关于GIG的详细内容,参见9.3.1节。

GCCS构建在COE之上,而COE已不能满足建设JC²的需要,因此首先需将GCCS的COE转变为一系列以网络为中心的服务,即网络中心企业服务(NCES),实现信息和服务在提供者和用户之间无缝交换和使用。NCES建立在GIG之上,为JC²提供包括安全、服务注册、发现服务、告警、协作、消息、存储、中介、报告解析、数据融合、轨迹管理、COP分发、企业服务管理在内的各种服务,为JC²的指控决策支持、训练和办公自动化提供支撑。

JC²作战视图分为4个层次,基于NCES开发的JC²的作战体系结构如图9-1所示。第一层是网络中心企业服务(NCES);第二层是作战时的相关信息共享;第三层是协同协作环境,供不同作战实体进行合作、协调与指导;第四层是涉及作战指挥的各个模块,包括情报、预警、监视、侦查、ISR管理、作战计划决策(COOP)、兵力部署计划的制订和实施、联合作战计划的制订和实施、保障计划的制订和实施、战略计划制订和实施。

在NCES的基础上JC²能够为国家最高指挥当局、联合部队指挥官以及其他参谋机构提供如下方面的指挥控制能力支持:兵力准备,兵力计划、部署、维护,战场态势感知,情报获取及处理,兵力保护,兵力运用,兵力机动,联合火力。

JC²的技术视图主要包括各个作战单元所涉及的技术,通过基础网络实现互联,主要包括:为作战支持中心提供情报、后勤、分析;为作战部队提供公共作战图像、信息共享、计划、执行状态、合作;为作战士兵提供掌上电脑、无线网络等。这些作战单元都通过协作进行会话。

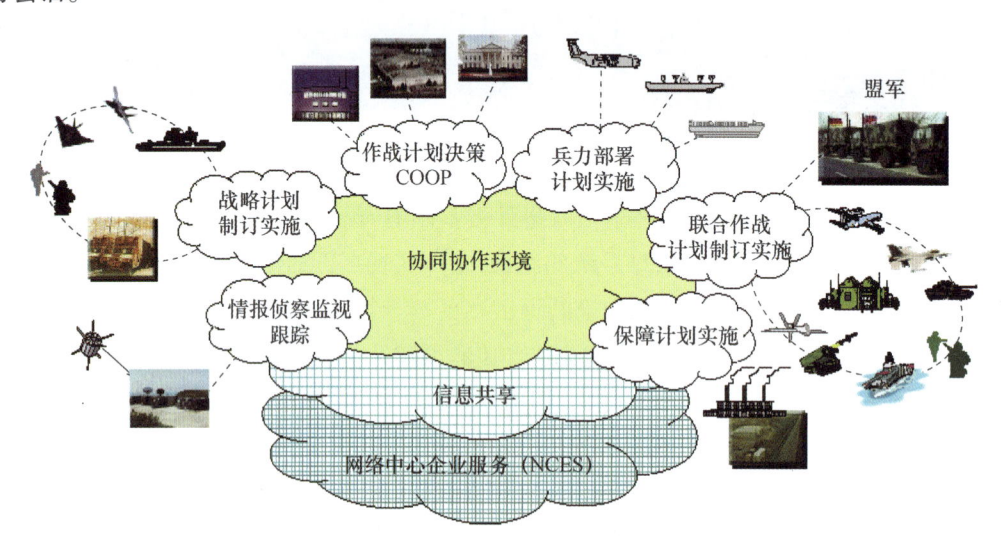

图9-1 基于NCES开发的JC²作战体系结构

JC²的物理视图是采用Web Service技术的三层软件体系结构。底层是JC²的数据层;中层是JC²的应用层,主要通过抽取底层的数据,提供一些基本的任务应用;顶层是JC²的表现层,该层提供面向用户的接口,用户通过接口实现对作战的指挥控制。

从技术的角度来看,JC^2包含数据传输基础设施、操作系统、Web 服务、应用程序和数据等部分,采用面向服务的体系结构(SOA),在统一技术体制和开放式体系结构的前提下,实现了功能的服务化,使数据和应用相分离,实现系统与系统之间以及系统内部的松耦合,为应用程序的重用建立了"即插即用"的环境。联合开发与验证环境,允许从作战的角度对产品进行迭代式的开发与测试,为系统的独立升级提供了保证,以便于未来对某一部分进行单独的升级和改进。系统采用 Web 技术,增强了系统对 Web 技术的应用能力,支持基于浏览器的用户接口。

纵观 JC^2 的发展,GCCS 向 JC^2 的转变是一个渐进过程,由于其是在 GCCS 基础上发展而来的,其发展过程主要体现在指挥信息系统和公共运行环境两个方面,其研制采用了螺旋式滚动发展的方式。2003 年同步发布了 GCCS3.X 和 COE3.X,2004 年同步发布了 GCCS4 和 COE4,2005 年发布 GCCS5 和 NCES 基础服务包,从 2006 年开始用 JC^2 替代 GCCS,用 NCES 替代 COE,逐步发布 GCCS 和 NCES 的多个版本,渐进式地完善和提高 GCCS 和 NCES 的能力和功能,并最终形成成熟的 JC^2 系统。

与 GCCS 相比,JC^2 的改造主要基于两个方面:一是实现指挥控制系统体系结构和组件的现代化,实现以 GIG 为中心的基础设施和实现端到端的系统能力;二是实现在决策优势上的改进,即连续、动态和端到端的支持,服务能力的紧密集成,联合和互操作能力的实现,进一步强调分布式协同和智能化决策来提升作战能力。

从组织结构看,JC^2 的组织和管理由国防信息系统局牵头,陆、海、空三军和海军陆战队参与完成。随着 JC^2 的建设,各军兵种相应提出了许多新计划,如陆军发展"陆战网",空军建设"星座网",海军建设"部队网",还包括"联合战术无线电系统"和"未来作战系统"等。按照要求,各军兵种指挥信息系统的开发采用了通用体系结构,以确保互操作能力,并计划于 2020 年前完成建设计划。

2006 年 3 月,美国国防部将 JC^2 更名为"网络驱动的指挥能力"(Network Enabled Command Capability,NECC),该名称能更好地体现"向网络中心战转型"和"联合作战"概念。NECC 顶层建设目标是提供从司令部到战区联合部队和下属司令部的无缝的联合指挥控制。NECC 的实现途径包括:将 GCCS-J 和各军种的 GCCS 汇聚成一个通用体系结构,以及将全球通信卫星系统并入 GCCS,成为它的组成部分;改进端到端的指挥控制能力,包括态势感知、情报和战备能力;向 GIG 网络中心企业服务体系结构过渡。

美军原本计划在 2015 年后所有的军事行动都通过 JC^2 系统来实施指挥,但是临近 2011 财年,受全球经济危机和军事战略调整的影响,美国国防部开始对大型转型计划进行重新审查,到 2010 年 2 月 1 日和 2 日,美国陆续公布了《2010 年四年防务审查报告》和 2011 财年国防预算,正式决定中止 NECC 计划。NECC 计划被终止的深层原因主要在于:①美国政府的军事战略转型与军事需求转变,美国防部关注的重点是在非对称条件下,如何运用现役常规武器和系统有效应对在不同地区同时发生的多场战争,而 NECC 的超前发展特征已经难以与美国防部更加务实的战争策略和装备发展思路相吻合。②技术风险大,成本推升,进展缓慢。NECC 计划启动之初预计耗时 6 年,耗资 25 亿美元。截至 2011 财年,NECC 的实际花费已近 10 亿美元,但是性价比不高而风险过高、项目进展缓慢,最终导致 NECC 被终止。

美军中止 NECC 计划,并不意味着放弃联合指挥控制系统的转型,而是放弃"大跃进"式的转型战略,更加务实地处理战备与转型之间的关系。JC^2 和 NECC 是美军面向未来设计的系统,其研究具有一定的超前性;在发展的过程中,美军实际在用的 GCCS 也在同步完善和融合。GCCS 作为美军在用的系统,其实用性使得 GCCS 能力又重新回到美国防信息系统局的转型计划,将原 NECC 计划中已经开发和交付的能力模块集成到 GCCS 中。美军把重点放在了对联合全球指挥控制系统(GCCS-J)的升级改造上,2013 年签订了一份潜在价值为 2.11 亿美元的合同,为 GCCS-J 提供现代化改造和维护服务。同时,还制订了将 GCCS 过渡到未来联合指挥控制能力的长远计划,坚持向更强的网络中心能力发展。

9.1.4 联合全球指挥控制系统

联合全球指挥控制系统(GCCS-J)旨在提高联合部队指挥官管理和执行联合作战的能力,可实现与军种和部门通信系统的互操作,提供一种包含军事和民用通信系统、为联合部队指挥官获取和发送关键信息的全球网络。该系统为总统/国防部长到作战指挥官及其下属部队的信息交互提供支持手段。联合全球指挥控制系统帮助联合部队指挥官同步陆、海、空、太空和网络空间以及特种作战部队的行动;为作战指挥官提供完整的作战环境图像,并传输命令、协调通信系统信息等。经过多次升级,能通过提供保密、综合、网络赋能和可调整的指挥控制结构,为部署于美军 11 个作战司令部在全球的 54 个关键站点和 112 个重要节点提供支持。该系统在"伊拉克自由"等军事行动中得到实战应用,成为美军进行联合和多国军事行动的骨干指挥控制系统。该系统运行在国防信息网(DISN)上,具有较高的灵活性,可以用于从实际战斗到人道主义救援等多种类型的军事行动。

联合全球指挥控制系统主要由全球公用基础系统、联合作战计划和执行系统、资源与训练状态系统三个部分组成,集成了用于联合各军种的关键指挥控制任务应用系统、数据库、Web 技术和办公自动化工具。通过该系统,指挥官可以规划和管理部队与装备向战区或者在战区内配置,收集战区数据以构建具备综合态势感知能力的作战图像,并指挥联合军兵种及多国作战。

全球公用基础系统用于提供近实时的全球综合情报数据,提高作战指挥官的态势感知能力,通过构建可视化的全局战场通用作战态势图(COP),提供军事地形、全局战场空间信息以及美军、友军和敌军战场态势的信息,有助于高层指挥决策机构在联合作战中做出更加科学和准确的决策。

联合作战计划和执行系统用于战区指挥官对所属部队与装备的部署任务进行规划,通过连接自动数据处理系统、自动报告系统以及基本的自动数据处理支持设备等,完成对行动策略、人员设备等要素的综合分析。

资源与训练状态系统用于报告和评估美军作战部队状态信息,是美国国防部唯一能够向国家最高指挥当局和参联会主席直接提供各部队标识、方位、任务分配、人员和装备数据的独立自动报告系统。

联合全球指挥控制系统可为总司令、国防部长、国家军事指挥中心、作战指挥官、联合部队指挥官和各军种指挥官提供鲁棒、无缝的指挥控制能力,同时为联合作战人员在计划、执行和管理军事作战时使用的各系统之间提供至关重要的连通性。

联合全球指挥控制系统的核心基础设施包括综合的 C^4I 系统框架,可提供数据通信、融合和显示能力,可满足计算机用户的所有需求。该基础设施提供目录服务、企业管理、网络服务、协作业务以及包括防病毒和加密软件的安全业务;其体系结构可使联合全球指挥控制系统与外部系统连接,更易于访问来自各军种、各机构和其他国家的信息。

经过多年建设,联合全球指挥控制系统已经发展到 6.0 版,在安全性、协作性、网络化等功能方面得到了一系列的增强:支持基于公钥基础设施的认证,极大提升了信息安全管理能力;实现了包括预警、航迹、作战内容、无人机信息、轰炸效果评估等 110 项 Web 服务,并能提供消息收发服务和发现服务;可集成所有军种的指挥控制系统,融合无人机、地面和卫星的数据,并传输至图像与情报综合系统,帮助指挥官分析作战情报数据,管理和生成目标数据以及规划任务。

与联合全球指挥控制系统相配合的各军兵种战略指挥控制系统包括陆军全球指挥控制系统、海军全球指挥控制系统、空军全球指挥控制系统、联合航天作战中心任务系统和作战指挥官综合指挥控制系统。其中陆军全球指挥控制系统详见 9.2.1 节;海军全球指挥控制系统是海军战略和战区级指挥控制系统,为岸基和海上部队指挥官提供近实时的通用作战图,辅助指挥官实时指挥决策;空军全球指挥控制系统主要用于美国空军司令部、空军部队、空军基地等,实现跨情报、作战、人力、后勤等各个领域的联合指控能力;联合航天作战中心任务系统旨在向全球部署的美国联合太空部队提供 $7 \times 24h$ 的指挥控制和空间态势感知能力;作战指挥官综合指挥控制系统是防空反导指挥控制系统,提供空域监视、导弹防御和太空监视控制能力。

9.2 美国陆军指挥信息系统

陆军指挥信息系统作为军兵种指挥信息系统的典型系统,亦随着战略级指挥信息系统的发展而不断演化。1965 年~1968 年,美国陆军研制出由战术指挥系统、射击指挥系统和后勤物资保障系统组成的陆军自动化数据系统,是第一代陆军指挥信息系统。1979 年陆军提出"陆军指挥控制管理计划",至 1982 年提出空地一体战理论后,建设了被称为"五角星"系统的陆军战术指挥控制系统(ATCCS),是第二代陆军指挥信息系统。到 20 世纪 80 年代末,美国陆军基本建成了各兵种和功能区具有一定纵向集成能力的战术级 C^3I 系统,能够将体制内的传感器、指挥所和平台有机地联为一体。20 世纪 90 年代中期,为适应信息化战争和数字化战场的要求,根据"武士" C^4I 计划,美国陆军 1993 年提出了

"企业"(Enterprise)C⁴I 计划,开始对各兵种信息系统装备进行横向集成建设,即采用开放式体系结构和模块化设计方法,通过战术互联网将升级改造后的第二代陆军战术指挥控制系统、新增系统与通信设备集成为陆军作战指挥系统(ABCS),是第三代陆军指挥信息系统。

9.2.1 陆军作战指挥系统

作为美国陆军的典型信息系统,陆军作战指挥系统由三个层次、13 个子系统组成,实现从国家指挥总部到班/排级的互联互通,主要包括陆军全球指挥控制系统、陆军战术指挥控制系统、21 世纪旅及旅以下作战指挥系统等,其组成如图 9-2 所示。

图 9-2 美国陆军作战指挥系统框架结构示意图

第一层次是陆军全球指挥控制系统(GCCS-A),作为陆军的战略与战役指挥控制系统,用于战区和军以上部队,实现陆军与美军全球指挥控制系统直到国家指挥总部的互联互通。

第二层次是陆军战术指挥控制系统(ATCCS),由第二代陆军战术指挥控制系统升级而来,用于军至旅级部队,提供从军到营的指挥控制能力。

第三层次是 21 世纪旅及旅以下作战指挥系统(FBCB²),也属于核心指挥控制系统,用于旅及旅以下部队,为旅和旅以下部队直至单平台和单兵提供运动中实时、近实时态势感知与指挥控制信息。

1. 陆军全球指挥控制系统

陆军全球指挥控制系统(GCCS – A)作为陆军指挥信息系统的战略层,通过国防信息基础设施(DII)向下与陆军战术指挥控制系统(ATCCS)相衔接,将陆军各级作战部队与战略指挥机构连接起来,实现陆军战略指挥控制的基本功能,为战略指挥机构提供战备、计划、动员、部署部队和战争支援的功能;向战区指挥机构提供陆军部队状态以及提供动员、部署、指挥部队作战以及后勤支援功能。

GCCS – A 主要包括以下几个组成部分。

1) 战区指挥控制系统

战区指挥控制系统(STCCS)是美国陆军战区指挥控制系统,是 GCCS – A 的子系统,具有平战管理和战时指挥功能,为战区指挥机构指挥军以上部队实施远程兵力投送、集结等作战准备行动,实施战场机动和作战。

STCCS 采用开放式体系结构,使用通用硬件系统、通用操作环境,能够与 GCCS – J 和 GCCS – A 实现无缝对接。

2) 全源分析系统

全源分析系统(ASAS)是系列化的情报处理与分发系统,使用于战区至旅级,战区级 ASAS 是根据战区司令部情报机构的需要定制的,为战区指挥机构提供及时的、准确的情报支持。

ASAS 自身具有通信与情报处理能力,能够自动将侦察监视系统及其他情报来源获取的信息输入全信息源数据库,并能同时在多个分析工作站上分布式工作,生成战场态势、分发情报信息、辅助管理情报与电子战资源,提供作战安全支持,辅助欺骗和反情报作战。

3) 军以上部队战斗勤务支援控制系统

战斗勤务支援控制系统(CSSCS)是美国陆军使用的后勤指挥控制系统,用于战区对军以上部队战斗勤务支援指挥控制,由作战支援信息采集处理分系统、作战物资保障分系统、技术保障分系统、卫生勤务保障分系统及军事交通运输保障分系统组成。主要功能包括:收集处理分析各种作战勤务信息、辅助后勤指挥官和参谋人员分析信息、制订计划和实施任务、为后勤部门提供访问作战指挥系统的渠道。

CSSCS 由通用硬件系统、通用操作环境软件和计算机单元等功能模块组成。该系统使用标准装备,可兼容一般商用软件和设备,包括操作系统、图形、数据库管理系统、字处理、电子制表软件、通信、培训、维护诊断程序、各种存储设备、打印机、显示器及通信设备等。

2. 陆军战术指挥控制系统

陆军战术指挥控制系统(ATCCS)由"五角星"系统升级而成。"五角星"系统包括机动控制系统(MCS)、全源分析系统(ASAS)、高级野战炮兵战术数据系统(Advanced Field

Artillery Tactical Data System，AFATDS)、前沿防空指挥与情报系统(Front Area Aerial Defense System of Command Control and Intelligence，FAAD C^{2}I)、战斗勤务支援控制系统(CSSCS)共5个指挥控制系统,如图9-3所示,分别负责合同指挥、侦察情报、火力支援、野战防空和后勤支援等各个方面;还包括陆军数据分发系统、移动用户设备、单信道地面和机载无线电系统等3个通信系统以及1个解决通用性的公共软硬件项目。

升级后的陆军战术指挥控制系统,主要包括机动控制系统、全源分析系统、高级野战炮兵战术数据系统、防空反导计划控制系统(由前沿防空指挥与情报系统改进而来)、战场指挥与勤务支援系统(由战斗勤务支援控制系统改进而来)等5个核心指挥控制系统,和数字地形支援系统、综合气象系统、一体化战术空域系统、综合控制系统4个为上述核心指挥控制系统提供相关数据支撑的通用作战支援系统。

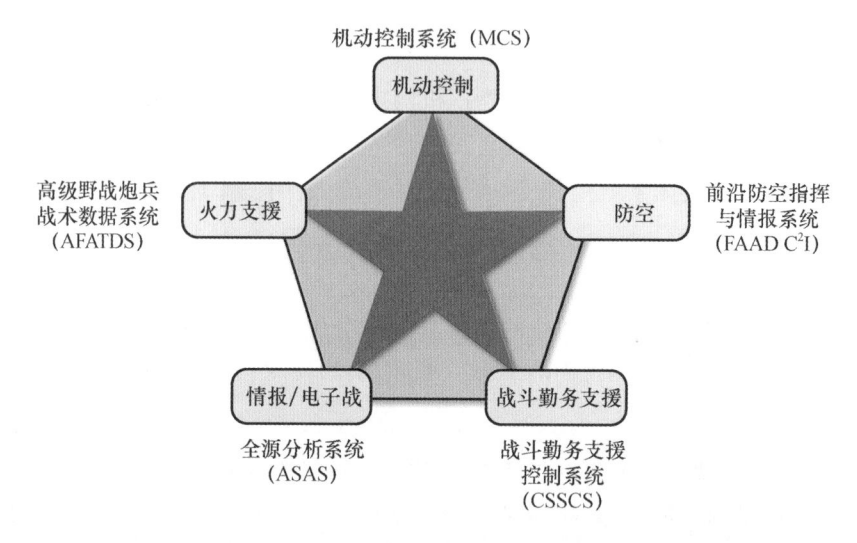

图9-3 陆军战术指挥控制系统("五角星"系统)组成

（1）机动控制系统。机动控制系统(MCS)是一个从军到营的自动化指挥系统,用于帮助机动指挥官及其作战参谋控制作战部队。通过该系统,指挥参谋能收集、存储、处理、显示和发布重要战场信息,并制订和交流战斗计划,命令,以及敌、友方的状况报告。

（2）全源分析系统。全源分析系统(ASAS)是师、旅和营的情报系统,负责组织和处理多种渠道来源的信息,保证对敌方态势信息的不断更新,其信息源从单兵到侦察卫星不等。

（3）高级野战炮兵战术数据系统。高级野战炮兵战术数据系统(AFATDS)能实现对包括空中打击和海上火炮在内的所有战术间瞄火力的自动控制,有助于指挥官确定打击敌方目标的最佳射击平台和弹药搭配,可实现炮兵火力计划与协调的自动化并为机动指挥官提供炮兵信息。

（4）防空反导计划控制系统。由前沿防空指挥与情报系统改进而来,可实现防空以及防空火力单元与传感器的一体化,以挫败敌方低空威胁和巡航导弹攻击,还能自动生成防空计划和设备状态报告。

（5）战场指挥与勤务支援系统。由战斗勤务支援控制系统(CSSCS)改进而来,是

ATCCS 系统的后勤支援功能部分,能生成当前态势下的供给、保养、运输、医疗和人员方面的信息以及未来作战的计划预测,为战斗勤务支援和部队指挥官及其参谋提供所需的勤务支援指挥和控制信息。

(6) 通用作战支援系统。通用作战支援系统为以上 5 个核心指挥控制系统提供相关数据支撑,其中数字地形支援系统提供地理信息数据支持,综合气象系统提供气象数据支持,一体化战术空域系统与战术空军进行空地协同,综合控制系统对各个系统进行协调控制。

3. 21 世纪旅和旅以下作战指挥系统($FBCB^2$)

$FBCB^2$ 是美陆军为数字化战场量身定做的,是一个数字化的作战指挥信息系统,它主要为战术系统、战斗支援和战斗勤务支援指挥官和实兵提供综合的、运动中的实时和近实时作战指挥信息和态势感知能力,可以装备在单兵、坦克、战车、火炮和飞机等平台上。

$FBCB^2$ 由计算机和硬件、系统操作软件、全球定位系统和网络通信设备组成,主要包括嵌入式计算机系统、数字化部队指挥软件系统、定位导航和报告系统、全球通信系统接口和数字化部队战斗识别系统共 5 大系统。

嵌入式计算机系统包括一系列的硬件设备。

数字化部队指挥软件系统用于及时传送和接收命令、报告以及数据,所有装有软件的系统平台都能撰写、编辑、传递、接收、处理所有种类的消息,也可以选择针对某一特定任务的部分种类的消息。在战术互联网严格限制带宽的情况下,可以近实时地收发各种命令、报告和数据。

定位导航和报告系统向作战中的旅及旅以下作战人员提供近实时的数据分配和位置/导航服务,其功能包括传输火力请求信息、目标跟踪数据、情报数据、作战命令、报告、环境态势感知信息、战斗识别和指挥控制同步信息等。

$FBCB^2$ 提供全球通信系统接口。海湾战争中美军发现支撑 ATCCS 的 3 大战术通信系统是互不相通的"烟囱"式系统,之后美陆军致力于技术革新,采用技术上已经成熟的互联网控制器和战术多网网关把这 3 个系统互联起来,形成了目前的战术互联网单元。

$FBCB^2$ 提供一个通用数据库,能来存储自动更新的己方部队(蓝军)位置信息,为蓝军提供战术范围内的战场地貌和怀疑或已被确认的敌军(红军)位置。通过综合一些信息,$FBCB^2$ 系统产生蓝军作战行动态势图,显示出相关的信息,标明用户当前的位置和所有已知的障碍物、敌军阵地等。

从功能上讲,$FBCB^2$ 满足对战术级部队作战指挥的任务需求,主要具有四大功能。

(1) 提供态势感知。$FBCB^2$ 数字化信息感知系统,可以将敌、我、友的位置信息以图像形式显示在电脑屏幕上,能够让美国陆军地面车辆、飞机和指挥中心近实时的看到同一副战场态势图,并向旅及旅以下部队直到单兵级提供动中实时和近实时的指挥信息和态势感知信息,同时利用无线电和卫星通信,根据单兵输入的信息不断更新战场态势。

(2) 共享战场空间。$FBCB^2$ 可将卫星及空中侦察机获取的信息、地面部队以及美中央情报局等机构的信息进行融合,通过一套稳定的数字式无线信息传输网络,将大量数据瞬间传递给侦察机、特种部队及中央情报局的特工人员,由他们对搜集到的信息进行综合处理,并定期向网络上发送以更新信息,及时向所有用户提供当前的战场态势。

(3) 进行目标识别。$FBCB^2$ 虽然不是一个敌我识别系统,也不是专为预防误伤事件而研制的,但对解决这一问题却大有帮助。由于加装设备延伸至作战平台甚至单兵,所以通过对目标 GPS 定位,就可以简单地判断目标敌我性质。

(4) 增强网络控制能力。在数字化战场上,士兵和指挥官主要依靠由 $FBCB^2$ 为指控核心的计算机网络。由于 $FBCB^2$ 的终端设备直接安装到步兵班的装甲车上,从而可将网络延伸到连、排级部队以至每个作战平台,克服了以往机动控制系统不能延伸到排、班的缺陷。

当然,$FBCB^2$ 也有自身的缺陷,例如信息链容易被阻断、无线电通信系统容易被干扰、过分依赖全球定位系统等,但是在经过伊拉克实战检验后,其强大功能仍得到了美国军方的认可。该系统首次使营、连指挥官能够在地面机动车辆上制订作战计划、确定补给路线、下达作战任务、跟踪友军及敌军行动。在实战使用中,$FBCB^2$ 将整个战场从最高司令部到最基层单位整合为有机整体,美国防部高级官员在 2003 年 4 月 7 日几乎可以实时观看到第 3 机步师第 2 旅开进巴格达。从 2008 年起,已经有超过 67000 台系统装备到美国陆军和海军陆战队。

作为未来联合作战旅及旅以下指挥信息系统的核心,美军正在持续改进 $FBCB^2$,主要包括:升级软件系统、改进硬件性能、拓展通信能力。另外,美陆军 $FBCB^2$ 项目还将加强与战术信息网项目的工程设计合作,增加战术个人通信业务,使士兵能够在高度移动的战术环境中实现动中瞬时通信。根据实战经验,$FBCB^2$ 正在向陆军和海军陆战队通用系统发展,被升级为一种界面更友好、功能更强大的通用态势感知/指挥控制系统,即联合作战指挥平台。

ABCS 的 13 个子系统通过战术互联网融合而成。战术互联网用于为 ABCS 提供通信保障,能基本满足师旅级作战指挥控制的要求。从提供使用层级可分为 3 类:第一类是为 $FBCB^2$ 提供通信保障的系统;第二类是连接营与旅指挥所的通信系统;第三类是连接旅、师和军的通信系统。

ABCS 是美国陆军根据数字化建设需要为整个陆军研制的指挥控制系统,研制成功后首先装备数字化试点建设部队第 4 机步师试用,2001 年 11 月 1 日起,该师成为第一个完成战斗准备的数字化师。2004 年 5 月,研制成功陆军作战指挥系统 6.4 版(ABCS6.4),使其各分系统完全实现了互联互通,第 4 机步师在数字化过程中存在的一些不足也逐步得以解决。随后,ABCS6.4 于 2004 年应用到第 3 装甲骑兵团和第 3 军军部,于 2005 年应用到第 3 机步师和第 101 空中突击师,到 2007 年下半年应用到所有参加伊拉克战争和阿富汗战争的陆军师部和旅战斗队。到 2009 年底,陆军现役师部和旅战斗队都已装备了 ABCS6.4,初步实现了其最初制订的"2010 年实现全陆军数字化"的建设目标。

9.2.2 陆军未来作战系统

21 世纪以来,美军提出了"全谱优势"建设目标。为了抢占信息战略制高点,以在全谱军事行动中占据绝对优势,美军开始进行 C^4I 系统与监视(S)和侦察(R)系统的一体化建设。2003 年,美军 GCCS 软件升级到 6.2 版,初步建成了一体化 C^4ISR 系统。与全军 C^4I 系统集成建设和 C^4ISR 系统一体化建设相适应,在其信息系统装备建设经历了"消除军兵种系统冲突""缝补军兵种系统缝隙"的集成建设阶段后,美国陆军于 2003 年开始全新研制的未来战斗系统(FCS),依托全新网络系统尝试设计开发由多个分系统融合在一起的"天生联合、完全一体化"的"系统之系统",是陆军全新装备研制对美军 1997 年提出的网络中心战理念和 2001 年提出的 C^4KISR 概念的首次全面实践。

FCS 是由多种系统集成的多功能、网络化、轻型化以及机器人化的全新概念陆军武器系统,是一个由 18 个独立系统、网络和士兵通过先进的通信系统组成的大型系统。各种作战系统通过一种先进的网络体系结构连接在一起,使联合互通性、态势感知和态势理解以及同步作战达到前所未有的水平。FCS 作为一个系统之系统来运作,把现有的、目前正在开发的以及今后要开发的各类系统通过网络连接起来,满足陆军未来行动部队的要求。

FCS 由"18 + 1 + 1"个分系统组成,它们包括无人值守地面传感器,2 种自动弹药即非视距发射系统和智能弹药系统,排、连、营及建制的 4 种无人驾驶飞行器,3 种无人地面车辆即武装无人驾驶车辆、小型无人驾驶地面车辆、多功能通用/勤务和设备车辆以及 8 种有人地面车辆(共计 18 个独立系统),加上网络("18 + 1")以及士兵("18 + 1 + 1")。

FCS 是美国陆军未来部队的核心构件,行动部队将包括 3 个装备有 FCS 的诸兵种合成营、1 个非视距加农炮营、1 个监视侦察和目标捕获中队、1 个前方支援营、1 个旅建制的情报和通信连及一个司令部连。装备 FCS 的行动部队是陆军战术级作战梯队,是补充主力联合作战小组的地面优势作战部队,适于进攻性作战,也能进行全谱作战。FCS 将在不降低杀伤性或生存能力的情况下改善地面作战编队的战略可部署能力和作战机动性。

使用 FCS 的士兵,通过网络系统能够获得周围战场态势的更精确图像。根据美国陆军的设想,FCS 将使美陆军获得前所未有的强大火力、机动力和生存能力,能够遂行全频谱作战,对付 21 世纪战场上的各种敌人,并能轻松取胜。

然而,由于伊拉克反恐作战导致决策层观念转变以及预算严重超支,FCS 采用的技术过于先进,成熟度不高,而且运用庞大网络将 FCS 所有分系统融为一体的构想风险过大等多种原因,FCS 项目于 2009 年被取消。虽然 FCS 项目终止,但其传感器、无人空中与地面平台、非直瞄发射系统以及改进后的 FCS 网络继续保留,并融入陆军旅战斗队现代化项目。美军致力于 2025 年前将剩余的 FCS 系统转移到所有的 73 个旅战斗队,陆军的现代化建设依然任重而道远。

作为一体化阶段美国陆军的骨干信息系统装备,WIN – T"增量 2"系统是美国陆军新一代战术互联网,依靠由微波视距通信、空中机载通信和卫星通信中继组成的三层网络基础结构,形成全域互联、动态运行、宽带传输、灵活升级、安全可靠的多媒体信息网络,是一个可动态配置、具有高速高容量特点的骨干战术网络。从 2013 财年开始,WIN – T"增量 2"系统已开始融合并取代集成阶段使用的松散的战术互联网,主要用于取代旅以上部队装备的移动用户设备。

在 FCS 下马后经过两年的探索,美国陆军建立了一种具有革新意义的陆军装备试验与评估体制——每年进行两次网络集成评估,将来源不同、技术成熟度各异的多种独立系统集成在一起进行一体化试验,不仅分别评估各种装备的性能,还从"系统之系统"角度评估其互联互通能力,以加快战术通信网络的成熟和一体化,与快速发展的通信技术保持同步以具备一体化网络与任务指挥能力。不过,作为陆军的未来骨干网络项目和历次网络集成的主角,WIN-T"增量2"系统却由于对手干扰与网络攻击能力的增强及其自身存在的作战条件下可靠性低、网络安全存在大量漏洞、不便运输等问题,陆军首席信息官克劳福德在 2017 年 10 月 9 日～10 月 11 日举办的美国陆军协会年会上决定暂停采购WIN-T"增量2"系统。

9.2.3 陆军联合指挥控制系统

新一代陆军联合指挥控制系统 JC^2 是在对 GCCS-A 以及其他系统的集成与改进的基础上发展而成的,包括:将 GCCS-A 的基本软件系统进行改进与升级并移植到 JC^2;与 ABCS6.4 版本进行集成;将 ABCS 系统正在进行的网络化改进以及各种网络服务环境移植到 JC^2;将 FCS 的一些功能移植到 JC^2。通过这一系列集成与移植,JC^2 将成为一个统一的陆军联合作战指控系统,主要供战区陆军司令部使用。

目前,已装备的机动部署 JC^2 系统(Deployable JC^2,DJC^2)供战区陆军指挥机构使用。该系统是一个模块化的、集成的 C^2 系统,使得指挥机构无论部署到全球任何地点都能在 6～24 小时内建立起一个基于计算机网络的设备齐全的司令部。DJC^2 采取模块化的多种配置,以帐篷作为单元,内置网络服务器、指控工作站、语音与数据加密设备、显示设备、打印机传真机等。此外,DJC^2 还专门为战略空运设计内置了主要的网络与通信设备的滚装舱段,为战略海运设计了内置指控席位和网络、通信设备和视频分配设备的标准集装箱。这些设备可以构建战区指挥机构,也可以构建战役指挥机构。

DJC^2 包括核心配置、快速反应配置、先遣配置、空中机动配置、海上机动配置等 5 种配置方案,能满足从先遣指挥小组到大型联合指挥控制中心的不同需求。

(1)核心配置。DJC^2 最基本的配置称为核心配置,是一个内置 60 个指控工作站及完整的通信与网络的帐篷,可以在抵达战场 24 小时内展开。每个指控工作站可以接入 2 个指挥网络,具有独立的通信设备。核心配置使用灵活、易于升级,系统规模可以根据作战规模伸缩。核心配置支持小规模联合特遣队指挥机构,多个核心配置一起可以支持大规模联合特遣队指挥机构。

(2)快速反应配置。快速反应配置是供小型指挥机构携带的轻型指控与通信装置,能够在任何时间搭乘军用或民用飞机部署到全球任何地点。该配置支持 2～15 个指控席位,自身没有服务器,通过卫星通信连接到 GIG,为指挥人员提供话音和数据通信以及视频会议功能。

(3)先遣配置。先遣配置是核心配置的一个可独立的模块,功能是确保先遣指挥小组在抵达战场 4～6 小时内建立一个具有 20～40 个指挥席位和相应通信与网络的前指,等到其他设备到达后,先遣配置组件可以迅速与核心配置连接。

(4) 空中机动配置。空中机动配置的作用是从驻地到远程部署地点的空运过程中,为指挥机构提供有效的指控和战场态势感知能力。该模式具有 6~12 个指控工作站,可连接到飞机的特制底座上,还专门设计了内置主要的网络和通信设备的滚装舱段,可在 3 小时内安装完毕。

(5) 海上机动配置。海上机动配置是为在海运渡航期间为指挥机构提供指挥能力,该配置是一套完整的联合特遣部队指挥机构,装于国际标准集装箱内,有参谋模块和技术控制模块两种类型。每个参谋模块有 10 个指控席位,技术控制模块有网络、通信设备和视频分配设备。这些集装箱安装在舰船上,通过卫星通信连接到 GIG,也可借助舰载卫星通信设备连接,可以根据作战需求增减模块化集装箱。

截至 2011 年,美军已经在美国和欧洲部署 6 套 DJC^2,用户包括美国南方司令部及其陆军司令部、太平洋司令部、非洲司令部的陆军司令部和海军陆战队第 3 远征部队等。除此以外,DJC^2 曾于"卡特里娜"飓风灾害后在新奥尔良用于救灾,在美国和海外多次用于军事演习。

9.2.4 陆军斯特瑞克旅 C^4 系统

斯特瑞克旅是美国陆军根据"网络中心战"和"模块化部队"等现代军事理念设计、组建和打造的一支新型陆军部队。2003 年初,美国陆军第 2 机步师第 3 旅作为第一个斯特瑞克旅正式改制完毕,并于同年在联合战备训练中心参加了验证性演习,证明其已形成完整作战能力。在伊拉克战场上,通过作战实践表明,斯特瑞克旅承担的作战任务比 101 空降师多,但伤亡人数仅有 101 空降师的 1/5。

在斯特瑞克旅装备体系中,指挥信息系统将各级部(分)队、各个作战单元、各类武器装备高效地集成为一个相互呼应、反应敏捷、攻防兼备的作战体系。斯特瑞克旅的指挥信息系统包括指挥控制机构、通信网络和作战指挥软件 3 部分,如图 9-4 所示。

1. 指挥控制机构

战时斯特瑞克旅的指挥控制机构通常包括 2 个指挥组和 3 个指挥所。指挥所要素是构成指挥组和指挥所的基本元素,这是"模块化"思想在指挥所编成上的重要体现。

1) 指挥所要素

指挥所要素是构成指挥控制机构的基本元素,是为了满足作战指挥控制的需求而将特定的协调参谋、专业参谋和装备有机结合在一起,行使特定指挥控制职能的系统。指挥所要素分为功能要素和合成要素两大类。

(1) 功能要素。功能要素是按照战争功能来组织的,负责作战中某一功能领域内作战行动的计划、准备、监督和执行,通常包括以下 7 类功能要素。

机动要素:负责协调、指导部队向有利于我、不利于敌的战场位置机动。

情报要素:指导并协调全源分析系统与分布式情报系统的运作,接收、分析、处理各类情报信息,支持旅指挥员即时获得并理解敌情、我情、天气、社情等重要的战场态势信息。

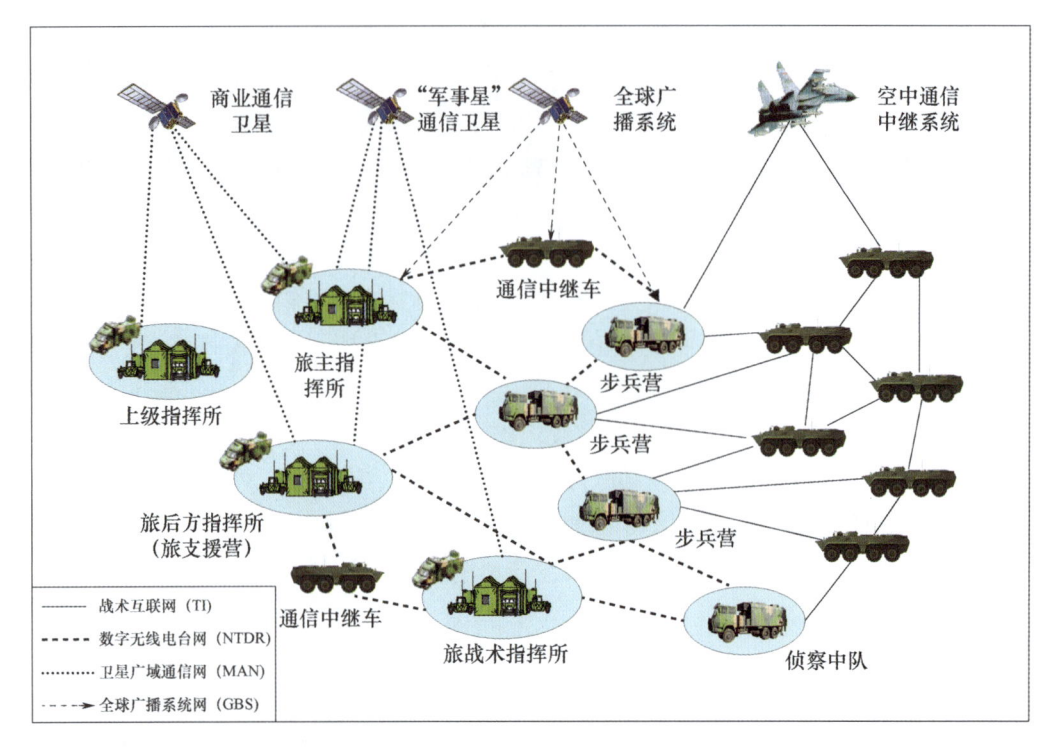

图9-4 斯特瑞克旅 C^4 系统结构图

火力要素:负责协调、使用陆军间接火力与海、空军的联合火力。

防护要素:包括空中与导弹防御、伤员救治、信息防护、避免误伤、作战地区安保、反恐、抗毁、军人保健、核生化防护、安全、作战安全、爆炸物排除等12项内容。一般不单独设立,而是融入其他功能要素中。

保障要素:负责部队的后勤、人事、医疗等保障工作,以确保部队的持续作战能力。

网络要素:包括网络管理、信息传输管理和信息安全防护等。

防空空域管理要素:为旅指挥员提供空中威胁预警、空中管理,协助绘制旅通用作战态势图,对外申请、协调航空战斗支援力量与防空战斗支援力量。

(2) 合成要素。合成要素是按照作战阶段来组织的,负责一定作战阶段内旅所有作战行动的计划、准备、监督和执行,包括计划要素和当前作战要素两类。

计划要素:通常根据军事决策程序制订作战的短期或中期规划。

当前作战要素:负责监督、评估与指导部队当前的作战行动。

2) 旅指挥组

旅指挥组是一个独立于旅指挥所的精简的旅指挥控制机构,根据使命任务的需要,旅司令部一般组织1~2个指挥组。指挥组通常被派往关键的战场地点处理一些重大的、具有决定性影响的作战事件。

3) 旅指挥所

根据美陆军作战条令,战时旅指挥所通常开设基本指挥所、战术指挥所和旅支援营指挥所三个指挥所。

旅基本指挥所囊括了各个参谋小组的代表，装备全套指挥信息系统，可以完成作战行动的计划、准备、执行、评估等系列任务。旅基本指挥所的典型结构应包括当前作战要素、计划要素、机动要素、火力要素、情报要素、防护要素、保障要素等。

旅战术指挥所是一个精简的指挥所，负责前方地域内关键作战行动的指挥控制。

支援营指挥所相当于传统的后方指挥所，负责为斯特瑞克旅提供行政支持和各类后勤保障。

2. 通信系统

斯特瑞克旅的通信系统主要由战术互联网、战斗无线电台网、指挥控制节点网、卫星广域通信网和全球广播系统等 5 个异构的子网络组成。这些通信网络的性能与运作方式各异，可以优势互补，共同满足斯特瑞克旅的作战通信需求。一般而言，前 2 个子网络用于营以下战术层次各战斗车辆之间的低带宽数字/语音通信；后 3 个子网络用于营及营以上指挥所之间的高性能数字通信。

1）战术互联网

战术互联网是以增强型位置报告系统（EPLRS）为数据传输骨干的低带宽、视距通信的地面传输网络。为了扩大战术互联网的工作距离，通常需要使用中继站。

战术互联网可以看作一系列 EPRLS 子网，每个子网都由"通视"的所有 EPRLS 用户构成。如果一个子网内的用户与另一个子网内的用户通信，则必须使用网关（中间节点）转送。因此，斯特瑞克旅的 EPRLS 网络结构可以根据用户车的移动而自动动态配置。

EPRLS 网络可以自动生成己方分队战车的位置信息，并在斯特瑞克旅内所有配备了 EPRLS 的车辆之间分发。士兵们可以通过 $FBCB^2$ 获取己方态势信息和指挥控制文本、数据信息，并在战车显示屏上呈现出来。排及排以上各级指挥车都装备了 EPRLS/$FBCB^2$，未装备 EPRLS/$FBCB^2$ 的车辆可通过战斗无线电台网与装备了 EPRLS/$FBCB^2$ 的战车共享必要的态势感知信息和作战命令。

2）战斗无线电台网

战斗无线电台网是战术互联网的语音部分，是一个纯话音网络。其载体是单信道地面与机载无线电系统（SINCGARS）背负式调频电台，用以组成班、排、连、营、旅各级子网。与 EPRLS 一样，SINCGARS 也面临通信容量小和通信距离短的问题，对于远距离通信，必须通过中继站才能实现。

由于 EPRLS 数据信息网的使用，战斗无线电台网不再承担态势感知信息的传输任务，主要用于作战协同和传输其他不适用 EPRLS/$FBCB^2$ 传输的信息。

3）指挥控制节点网

指挥控制节点网是一种基于近期数字无线电台的低带宽地面数据通信网，用于保持旅与各营指挥所之间的互联互通、分发指挥员的命令、共享作战计划与情报数据，以及交换陆军作战指挥系统内部使用的数字地图等。

近期数字无线电台有点对点视距模式和多址网络模式两种工作模式。点对点视距模式用于旅基本指挥所和旅支援营指挥所之间,采用旅用户节点设备和带定向天线的大容量视距无线电台,通信容量可达 8.192Mb/s。多址网络模式下,十几个装备了近期数字无线电台且相互"通视"的指挥所和车辆可以构成一个多路路由网络,该模式下平均通信容量仅为 28.8kb/s。旅指挥车装备了近期数字无线电台,旅指挥员可以通过 EPRLS 或卫星通信终端实时访问战术互联网,也可以通过近期数字无线电台访问营及营以上指挥控制网络。

4)卫星广域通信网

卫星广域通信网包括"军事星"卫星通信网、"特洛伊精灵"卫星通信网和"超高频军事卫星数据通信"系统。"军事星"卫星通信网为斯特瑞克旅提供了一个高带宽、抗干扰的通信网络,是斯特瑞克旅通信网络中生存能力和抗干扰能力最强的一部分。"特洛伊精灵"卫星通信网是一种借助民用通信卫星系统的点对点数据通信系统,用于斯特瑞克旅与上级司令部之间的通信,可以从国家级情报中心获取情报,还可以用于获取战术无人机传回的影像信息及战术单位之间其他情报信息的传输,但不能实现动中通。"超高频军事卫星数据通信"系统对应于"烈性者"军事卫星通信终端,安装在配备小型天线的旅指挥车上,也可作为便携式装备使用,可提供 24kb/s 以下的带宽通信,向陆军作战指挥系统传送战术通用图,还可实现"动中通"。

5)全球广播系统

全球广播系统是一种高带宽数据广播网络,可以 24kb/s 的速率将国家级指挥信息系统的视频、图像等信息发送至斯特瑞克旅。

3. 作战指挥软件系统

斯特瑞克旅的作战指挥软件系统是基于陆军作战指挥系统(ABCS)开发而来的,由 10 个核心战场自动化系统和一些通用的服务与网络管理组件组成。每个战场自动化系统都可以通过旅指挥控制网络对某一作战功能或军事行动进行计划、协调和组织实施。

战术作战指挥系统由机动控制系统和未来指挥所系统组成,配备在旅、营的战术作战中心和指挥车上,支持机动作战计划,为旅指挥控制节点网提供通用作战图的中心集成平台。

全源分析系统配备在军事情报连和旅、营的战术作战中心,用于将情报和传感器信息融合为统一的敌情图,生成并显示通用作战图中红方(敌方)的态势信息。

高级野战炮兵战术数据系统主要用于处理各种火力任务及相关信息,协调并优化所有间瞄射击的火力资源,实现目标攻击与最有效武器系统的最佳配合,生成最佳火力平台和弹药匹配计划,实现火力计划与协调的战术控制自动化。

战场指挥与勤务支援系统取代了原有的战斗勤务支援控制系统,用于搜集、校对和融合战斗勤务支援数据,并向战术指挥员及时提供给弹药、燃料、医疗和人员情况、运输、维修以及其他战场信息。

FBCB^2 几乎在旅每个作战平台都已装备,通过旅战术互联网获取和显示通用战术图像,成为营及营以下单兵、单车通信及发送战场态势信息的首选电子系统,对增强营及营以下单兵、单车的态势感知能力和态势理解能力意义重大。

数字地形支持系统用于从不同渠道接受各种格式的数字地形数据,加以处理、复制和分发,并为所需作战单位提供相应地形分析产品。

战术空域集成系统可以为多军种联合指挥员提供实时空域信息,在战斗空域管制措施图上显示飞机的位置和运动情况。

综合气象系统可以分析、处理和分发气象观测报告、气象预报以及天气与环境对战场作战情况影响等报告。

防空反导工作站配备在防空空域管理要素,在功能上与防空反导部队的指挥控制系统对接,能够从战区一体化防空反导情报网络接受有关敌空中威胁目标的远程预警信息,并及时上报旅指挥员。同时,斯特瑞克旅可通过防空反导工作站参与战区防空反导作战的计划与协同。

作战指挥通用服务平台是一组面向陆军指挥控制系统的通用硬件服务器和软件应用程序。装备了 ABCS 的各平台间可以通过服务器、数据库、浏览器、邮件等手段实现互联互通。

以上 10 类指控软件之间的关系如图 9-5 所示。

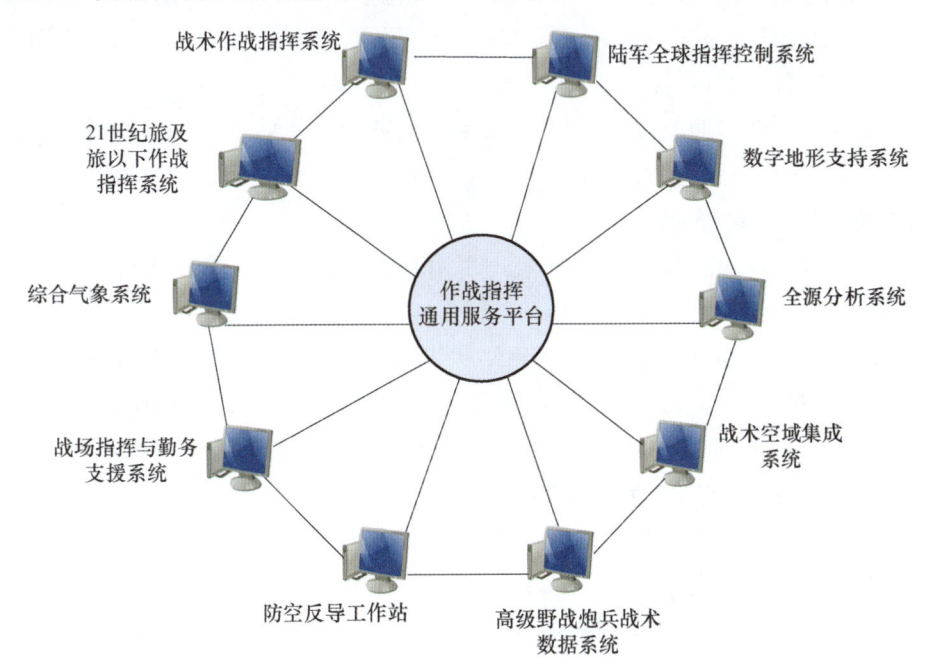

图 9-5　斯特瑞克旅指控软件之间的关系

各类态势感知信息经过裁剪和融合后,形成通用作战图或通用战术图,以增进旅战斗人员的态势感知能力和态势理解能力。这一过程也就是斯特瑞克旅将各战场功能整合为一个一体化旅战斗队的过程。

9.3 美军指挥信息系统基础环境

9.3.1 全球信息栅格

1999年9月22日,美国国防部首席信息官颁布了《全球信息栅格备忘录》,提出了GIG的概念和适用范围。备忘录指出:"我们计划通过GIG来实现信息优势",并认为"GIG政策是革新现有事务方法的基础"。美军开发GIG的目标是:"把适当的信息,在适当的时间和适当的地点,以适当的格式,传送给适当的作战人员和决策人员"。GIG通过呈现一个融合、实时、真实的三维战场空间,使作战人员不断保持信息优势,其核心是提供端到端的信息能力。

2000年3月31日,美国防部《GIG指南和政策备忘录》将GIG定义为:"全球信息栅格由全球互连的一组端到端的信息能力、相关过程和人员构成,旨在收集、处理、存储、分发和管理信息,以满足作战人员、决策人员和保障人员的需要"。

GIG是实现网络中心战和其他优势的信息基础设施,包括为获取信息优势所必需的所有自有和租用的通信和计算系统与服务、软件(包括应用程序)、数据、安全服务以及其他有关服务,还包括国家安全系统。通过这个基础设施,作战人员和其他国防部用户可以在任何位置、任何时间利用保密话音、文本和视频业务快速共享所需信息。GIG支持战时和平时所有国家任务和职能(战略、战役、战术和业务级),能够为各作战单元(基地、指挥所、军营、驻地、设施、移动平台和现有阵地)提供信息服务,能为联盟、盟国和非国防部的用户与系统提供接口。

GIG是C^4ISR概念的继续和发展,利用军用和商用技术为未来作战提供能实现广泛信息共享的信息支持能力。该项目是一个综合性的复杂大系统,既包含了国防部以前规划的项目,又有基于"全球信息栅格"体系结构提出的新建项目。截至2008年11月,GIG已经连接全球88各国家,3544个基地、岗营与哨所,支持所有军兵种的派遣部队和地区作战司令的信息需求,拥有700余万部计算机,全天候运行,上千种作战和保障应用软件,可与保密与非保密网络连接,为超过200万人提供网络中心信息服务。

GIG虽然包含了通信网络、联合作战指挥控制、情报侦查、作战支援、后勤,以及陆军的"陆战网"、空军的"C^2星座网"、海军的"力量网"和海军陆战队的"海军陆战队网",但本质上来说,GIG是构建一体化指挥信息系统的基础,而不是指挥信息系统本身,主要是为指挥信息系统提供信息支持,而不是代替各军兵种进行作战方案的制订、发布作战命令、指挥部队行动,因此,与指挥信息系统的建设并不冲突。

GIG包括4类能力和7种基本功能:计算能力(包含处理功能和存储功能)、通信能力(包含传输功能)、表示能力(包含人与GIG间的交互功能)、网络运行能力(包含网络管理功能、信息分发管理功能、信息保证功能)。作战人员和各类系统用户随时随地都可以接入GIG,实现信息的收集、处理、存储、分发和管理。GIG计划在实施中各军种负责建设自己内部的栅格,国防信息系统局负责联通国防部各个部门的栅格,最终形成GIG。GIG是一个规模宏大的系统,包括所有军队专用的和租用的通信与计算系统,以及这些系统的各种软件、数据、应用、服务和保密业务。

1. GIG体系结构组成

美国国防部在1999年9月提出GIG的体系结构组成,包括武器单元、全球应用、计算、通信、基础、网络运作和信息管理等7个部分,如图9-6所示。

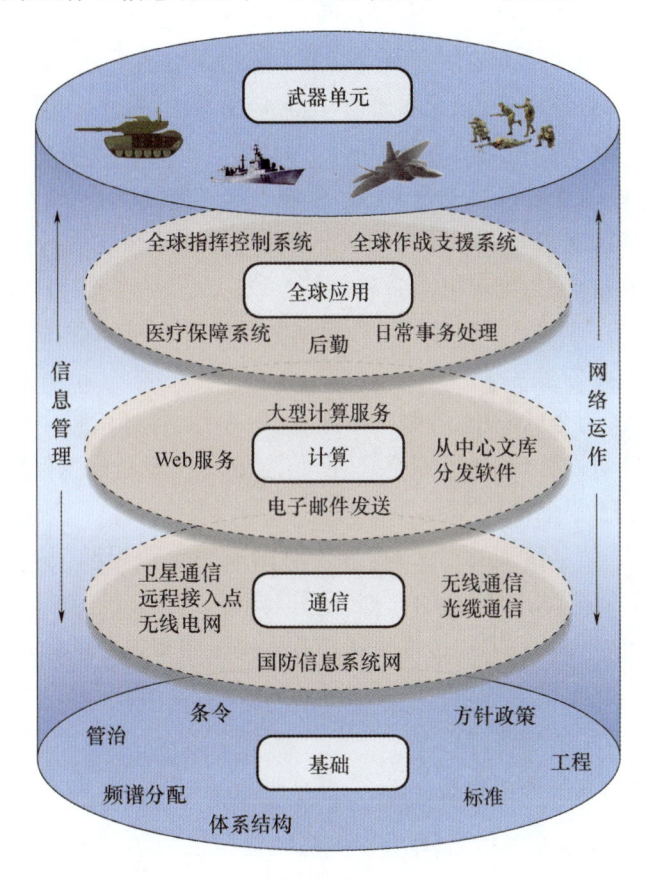

图9-6 全球信息栅格GIG体系结构组成

(1) 武器单元。在军事系统中,武器系统对于作战任务是否成功非常重要,在过去美军的平台中心战中,传感器与武器发射系统之间的链路纤细且缺乏时间保障,而GIG可提供融合、可靠、及时的信息,使指挥员通过传感器到发射器的高效连接,动态指挥军事力量来获取时效性,GIG可支撑飞机、火炮、潜艇、坦克、导弹等各种武器单元。

(2) 全球应用。全球应用包括全球指挥控制系统(GCCS)、全球作战支援系统(GCSS)、日常事务处理系统、医疗保障系统和后勤系统等。GCSS和GCCS是支持联合指挥控制和作战概念的两个关键应用,其中GCSS提供核算、金融、人员和医疗等方面的信息,这对聚焦后勤的计划、部署、补给极为重要;GCCS提供广泛的全球端到端信息处理和分发的能力,支持态势感知、战备评价、行动过程开发等应用。

457

(3) 计算。GIG 的计算部分由硬件、软件、服务能力和过程组成,利用软硬件设备提供计算能力,包括用于存储/访问的共享数据仓库、软件发布、共享地图服务、许可服务、电子邮件传递、Web 服务、共享信息和想法的协作服务和通用目录的搜索服务等。这些服务将为美国军队发送及使用不间断的信息,与此同时阻止敌军的这种能力。

(4) 通信。美军认为,为了支持当前甚至更远的联合作战人员,用于信息的传输和处理的、可互操作的、可靠的、端对端的传输网络是至关重要的。在美军 GIG 的通信部分中,要求所有的信息和数据是端对端可得到的,并且支持所有存在的使命需求,而不管环境如何。通信部分综合利用国防部通信和商用通信系统为国防部所有用户提供通用的信息传输服务,包括光纤通信、卫星通信、无线通信、国防信息系统网、无线电网、移动用户业务和远程接入等。

(5) 基础。GIG 的基础包括条令、政策、管理方法、训练、工程、资源、一致性、标准、体系结构和测试等内容,这些元素在 GIG 的实际应用中是必不可少得。如,GIG 需要多个数据源,以确保信息的精确,为确保决策过程的科学性,还需要建模与仿真及决策支持系统的支持。GIG 通过一系列的政策和标准,为建立互操作的、安全的国防部网络化机构奠定基础。

(6) 网络运作。为全球应用、各级作战人员、各军种、各部门提供的跨 GIG 的服务提供集成的、无缝的端对端管理,通过网络管理、信息分发管理和信息保障等 3 方面网络运作内容确保 GIG 的有效运作。

(7) 信息管理。信息管理的定义为"在信息的整个生命周期(如产生或收集、处理、分发、使用、存储和配置)内对信息的计划、预算、操纵、控制。"它使得授权人员能够在任何地方进入所需的数据库,获取经过优化和具有优先级的相关信息。

美国参联会于 2006 年 3 月 20 日颁发的《JP6-0:联合通信系统》中,对 GIG 的上述 7 个部分又进行了详细定义和描述。

2. GIG 体系结构系统参考模型

2001 年 7 月,美军遵循国防部《C^4ISR 体系结构框架》2.0 版的要求,开发《全球信息栅格体系结构》1.0 版,定义了完成任务所需的各种行动、相关信息交换和保障系统能力等,描述了特定条件下联合特遣部队如何执行想定任务,以及为支持联合特遣部队,国防部特定功能领域内所采取的行动所要具备的相关信息能力与系统能力。为了使 GIG 的发展与作战需求、技术发展相同步,2002 年 11 月,美国国防部公布了《GIG 体系结构主导计划》,规定了 GIG 体系结构开发、管理和应用的全过程,并将其用于指导开发 GIG 体系结构的各个版本,2003 年 8 月,《GIG 体系结构》2.0 版,即最终版公布。

《GIG 体系结构主导计划》给出了 GIG 体系结构系统参考模型,该参考模型把 GIG 分为 5 个层次:第一层是由计算和通信资源组成的核心基础部分;第二层是保障 GIG 信息服务和业务功能服务的网络运作层,由信息保障服务、计算和网络管理服务以及信息分发服务构成;第三层是由全球和功能领域应用组成的系统应用层;第四层是信息管理层,为各类信息资源提供组织和管控功能;第五层是包括作战部队和其他的国家安全部门在内的

GIG 用户层。

随着 GIG 体系结构的开发，美军相继颁布了多个版本的网络中心战参考模型，并将网络中心战参考模型的开发过程中一些好的经验及时反映到 GIG 体系结构的开发过程中。修改的 GIG 体系结构系统参考模型体现了以网络为中心转型和面向服务的思想。一是在原来"网络运作层"增加了"核心全局服务"，强调了核心全局服务的重要性；二是采用网络中心数据策略思想，增加了数据共享机制，将原系统内的数据划分为全局数据、利益共同体（COI）数据和私有数据三类。全局数据是整个国防部范围内所共享的数据；COI 数据是利益共同体内拥有的数据；私有数据是本级系统内使用的数据。

3. 目标 GIG 体系结构系统构想

2007 年 6 月，美国国防部发布《GIG 体系结构构想》1.0 版，其副标题为"以网络为中心、面向服务的国防部全局体系结构设想"。该文件认为目标 GIG 不同于以往信息系统，是一个动态、不断演进的系统，不可能一次建成。此前，最初的 GIG 在组织结构和功能上仍然是"烟囱式"系统，是静态的，不是动态的，无法快速适应并做出调整以满足非预期的用户需求。最重要的是，以前的 GIG 不能支持网络中心作战，不能支持作战人员、业务人员和情报人员充分利用信息的能力。

为了满足国防部日益增长的信息需求以及未来作战概念，GIG 必须进行重大转型，转型的一个重要内容是信息和服务的交换与管理的支持方式。该设想提出，未来的 GIG 将通过明确定义的接口，在所有国防部用户之间以及国防部用户与任务伙伴之间，使所有信息和服务都具有可发现、可接入、可共享能力和可理解能力，并且将这些能力扩展到非预期的用户。未来还将可提供任务保障，也就是在可信和可互操作的网络上提供信息共享及信息保障。因此，GIG 将支持并实现快速响应的、敏捷的、自适应的、以信息为中心的作战行动。

《GIG 体系结构构想》1.0 版给出的目标 GIG 系统构想，包括通信基础设施，计算基础设施，核心全局服务基础设施，信息安保基础设施，网络运作基础设施，应用、服务与信息和人机交互等 7 个部分，如图 9－7 所示。

GIG 目标体系结构支撑的能力包括：信息共享能力将得到提高；信息资源和信息形式及相关专业知识将得到极大扩展，可支持快速的协作型决策；高度灵活的、动态的和可互操作的通信、计算和信息基础设施，将能响应快速变化的作战需求；信息保障能力能够随时随地在恰当的时间和地点，使用正确的、恰当的信息完成指定的任务。

9.3.2 联合信息环境

经过近 30 年的 C^4ISR 系统一体化建设，美军现阶段的信息网络特别是用于作战任务的网络，多是以部门或者军种为中心，导致信息基础设施无法高效支持联合作战，其"烟囱式"信息网络和系统仍然大量存在，不仅降低了系统安全性，制约了信息共享能力，且造成了大量资源浪费。其中，全球信息栅格的建设并未实现预期目标，其信息共享能力、海量数据管理能力与联合作战需求仍然存在较大差距，同时，由于网络规模和复杂度不断增

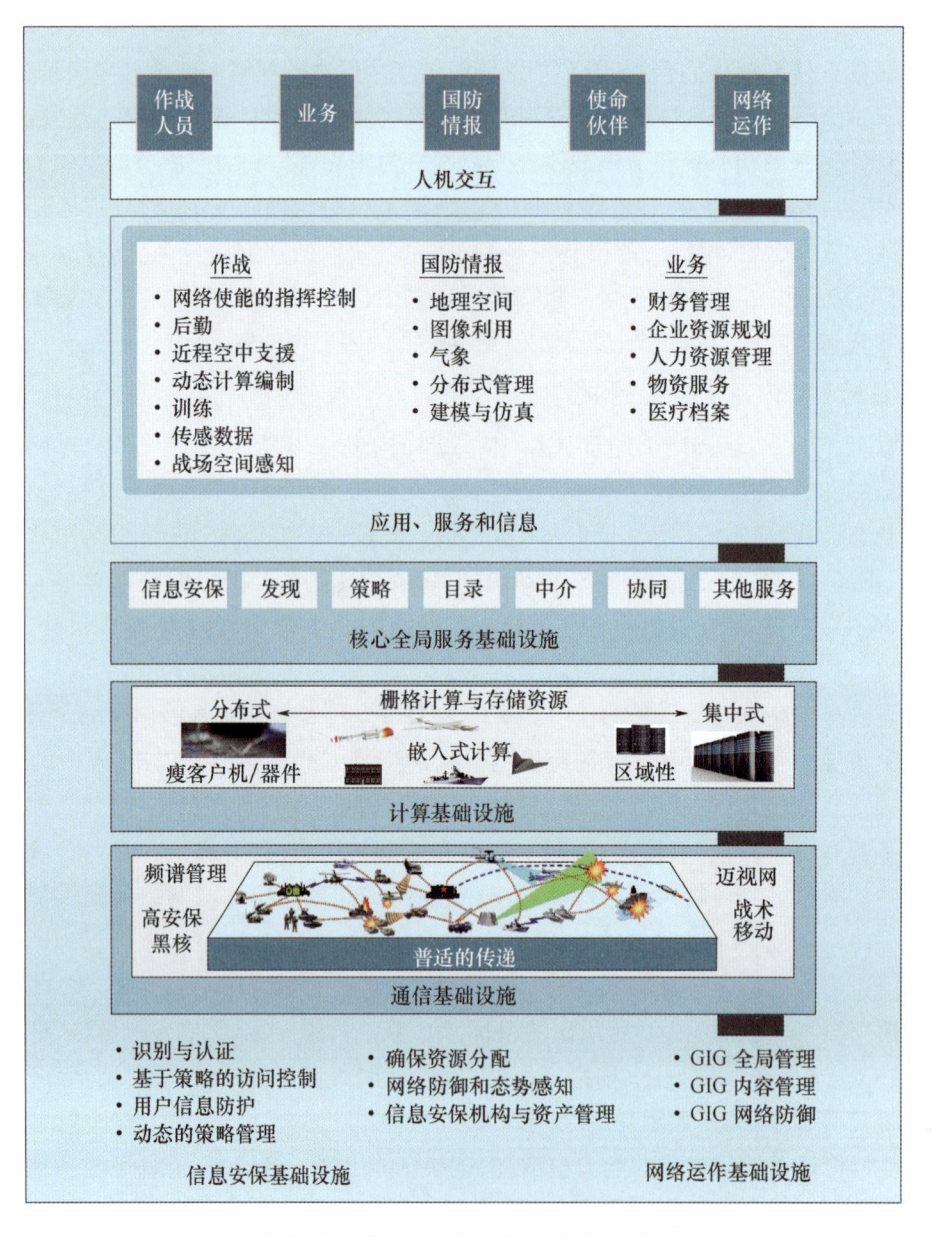

图9-7 美军目标信息栅格的系统构想

大,导致网络风险日益突出。现有信息环境的各系统之间互操作性不足,意味着联合部队无法按照全球一体化作战的要求在各军兵种、任务领域、军事领域和组织之间实现信息共享;赛博安全存在的脆弱性将直接影响各作战单元无法互信地交互数据和信息,联合部队也就无法实施全球一体化作战;进程缓慢和成本增高使得指挥信息系统的建设难以适应快速的技术变化,无法满足部队未来联合指挥的需要。

为满足2020年联合作战需求,标准的、统一的联合信息环境是非常必要的。因此,美国防部2011年12月正式提出整合美军所有信息资源,构建一个一体化、安全的"联合信息环境"(Joint Information Environment,JIE),实现各层级、各领域的信息系统、网络、服务等资源的全面整合,为美军在全球范围内的军事行动提供无缝、可互操作的信息服务。

1. 联合信息环境的内涵

2009年美国太平洋司令部J6局局长罗恩就提出,"必须通过通用标准和集中管理把美军的信息技术服务转变为单一的信息环境。"2011年12月,美国防部在《国防部信息技术领域战略及路线图》中明确提出,在继续进行"全球信息栅格"项目的同时,开发建设"联合信息环境",通过构建灵活、安全的联合信息环境,推进美军信息系统、资源的全面整合。这意味着美军信息基础设施的建设模式从部门间相互协同转变为真正的一体化,也意味着美军从"网络为中心"向以"数据为中心"的转变。

JIE的最终目标是提高国防部网络和信息资源的效用、安全与效率,其思路是将美军所有信息基础设施整合到一个具有极强的防御能力、并能在各层级都实现虚拟统一的全球网络架构中,进而实现资源和服务的共建、共享、互操作,可以为整个国防部的作战任务来使用。

JIE的实现途径是通过引入新技术,特别是云计算和移动计算等技术,通过整合、优化国防部所有的通信、计算和企业服务等IT资源,统一标准,统一体系结构,使其聚合成为一个所有执行任务的部队都可使用的联合平台。

美军要求联合信息环境具有三个突出特点:一是数据统一,即建设核心数据中心集,通过将重要信息能力整合为核心数据中心集,作为共用资源提供给美军各军种和各级机构;二是网络统一,即简化网络构成,以一个独立网络取代现有的大量单独设计和管理的网络;三是系统统一,即实现系统、设施、软件的全面标准化,提高建设效费比。美军还提出,在未来联合信息环境下,美军作战指挥员要能够实时了解关键链路和节点上正在发生的情况。

JIE将使美军的部队能够在其驻地与部署地点间无缝地传输数据和命令,允许部队无缝使用共享的战场工具,从而提高指挥官和作战人员的指挥控制能力。JIE关键优势在于能够将军事网络延伸到战术前沿,这是美国防部目前无法做到的。

2. 联合信息环境的技术特点

为了实施和实现联合信息环境,自2012年以来,美国国防部发布了多份有关联合信息环境的战略和指南,阐述了联合信息环境的9种重要的技术特点。

(1)单一安全体系结构。单一安全体系结构(SSA)是一个通用的国防部安全体系结构,构建跨部门、跨机构的联合防护机制,可提高国防部联合安全防御能力。统一的安全体系结构将大幅降低网络复杂度、显著提高安全管理的效费比;转变移动设备、嵌入式系统等的安全劣势;对赛博攻击能更好地拦截;便于标准化管理,对运行安全和技术安全进行控制。

(2)最优化的网络。实现最优化的网络,将减少网络的数量,允许多个相互独立的网络之间共享资源。最优化的网络采用共享的信息技术基础设施和企业服务、瘦客户端的技术、统一的通信、电子邮件和云计算服务等。最优化网络的基本特征是提供一个单一的已防护的信息环境,把作战人员安全地、可靠地、无缝地互联在一起。

(3) 识别和访问控制。识别和访问控制(IdAM)是国防部信息保障的重要组成部分,包含数字身份管理、用户身份认证、授权用户资源访问三个部分,将通过生成唯一和可追溯的"身份"特征,来管理网络上的所有人员和系统。IdAM 与现有的访问控制功能配合使用,确保经过授权的人员和系统能够在任何地点、任何时间快速访问和获取所需信息。

(4) 数据中心整合。数据中心整合将促进国防部向标准化的计算体系结构转移。整合完成后,不仅能增强信息服务的功能和使用效率,且能大幅缩小易受攻击"界面"、提高可靠性。

(5) 云计算。云计算技术是 JIE 的核心支撑技术,JIE 的云计算方式是开发敏捷性联合部队 2020 的关键核心推动力量,在 JIE 云中可以实现联合部队的信息共享以及部队通信的安全无缝移动。通过几千个共享计算机构建云计算环境,同时要考虑赛博安全、柔性可扩展、故障冗余以及应用软件移植等因素,只有大量使用基于云计算技术,才能使大量冗余服务器的军事信息系统服务端敏捷化。

(6) 软件应用合理化与服务虚拟化。可以利用共用网络获取各种资源和应用服务,从而减少了硬件建设和维护成本、提高了资源利用率,实现了高效费比的信息服务能力。

(7) 工作台面虚拟化与瘦客户环境。在该种模式下,所有的应用程序运行都在服务器端进行,使用将更加安全,同时可以减少维护成本,扩充规模也更加简单。

(8) 移动服务。JIE 通信和网络体系结构必须具备移动服务能力。移动技术将用于 JIE 的运行、安全与非安全通信的集成。移动计算也是 JIE 的核心支撑技术,只有大量应用便携智能移动设备,才能使现有的军事信息系统用户端敏捷化。

(9) 企业服务。开发和部署企业服务是 JIE 的重要组成部分,企业服务是由单一组织以通用的方式对跨领域的用户提供的服务,其范围非常宽,从关键的业务到办公室职能到作战应用都属于企业服务。

综上所述,JIE 是一个联合的公共环境,建立在标准的规则基础上,构建出一个安全的、可防御的、冗余的、弹性的环境,采用开放的体系结构、共享的 IT 信息基础设施和企业服务,使用统一的身份识别和访问控制。

3. 联合信息环境的实现

JIE 不是一个新的从头做起的项目,需要在现有的以网络为中心的项目和系统基础上,分步、分阶段、各部门齐头并进。从技术实现角度看,联合信息环境涉及安全、网络、服务、数据等领域,主要包括以下重点任务。

(1) 构建统一的安全体系结构。美军计划采取以下手段提高安全性:一是分离服务器与终端用户设备的信息流,确保拒止服务等网络攻击无法攻击核心设施;二是将任务相关、需求相同的不同个体在网上进行跨域集成,形成多个易于管理、安全可靠的"共同体",并强制使用一致的安全策略;三是放置网络安全监控"传感器",以实时监控并捕获异常流量;四是为负责网络运行防御的机构、人员提供统一的方法工具和运行模式。

(2) 标准化和优化企业网络系统。重点是利用云计算技术整合网络、减少网络数量,并在多个独立网络之间实现资源的共享和服务的共用。经过标准化和优化的网络将更易于实现信息基础设施和国防部信息服务的共享。美国防部通过基于云服务模式的信息基础设施来提供通用的通信、电子邮件等服务,进而实现网络架构的优化整合和信息资源的共享,提高网络服务的质量,降低人工和成本投入。

(3) 加强身份识别和访问控制。建立统一的身份识别和访问控制机制,确保可以从任何地方访问网络,提供基于属性的数据访问。所有接入 JIE 的设备、系统、应用和服务都必须经过以下几个步骤来实现 IdAM:必须遵守 JIE IdAM 指南,包括其战略远景和目标、参考结构、实现指南、功能描述等,来实现 IdAM 标准的互操作性;采用 IdAM 数据方案和服务接口规范;尽可能采用公钥基础设施 PKI 认证;与企业 IdAM 数据集成等。

(4) 推进数据中心的整合。美国防部的数据中心规模庞大,截至 2014 财年还有 2000 个数据中心,为此,美国防部启动了数据中心整合计划,开始按照云服务交付模型建设"核心数据中心"(Core Data Center,CDC),计划将数据中心减少到 500 个以下。数据中心的整合通过核心数据中心和 JIE 云实现,建立核心企业数据中心 CDC 标准,将数据中心合并计划变成每个部门的重点计划。核心数据中心作为向国防部用户开始提高基于云的能力的基础,按照一体化的模式支援指挥所、营地和站点。国防部将继续整合计算能力,关闭与整合一部分数据中心,同时还要确定现有的哪些数据中心将被转移到 JIE 的核心数据中心。

联合信息环境建设主要有两个方面:一是使国防部更有效、更安全、更好地弥补基础设施的弱点,更好地应对网络威胁;二是简化、集成信息系统,实现信息系统的标准化、自动化,减少国防部信息基础设施的相关费用。

按照联合信息环境发展规划路线图,其建设分为规划、标准化、优化和维持 4 个阶段,时间跨度为 2012 年~2018 年。美国防部在重视联合信息环境的战略规划、组织管理、顶层设计的同时,启动了阶段性试点建设工作,并取得一系列实质性进展。

JIE 第一、第二阶段的建设计划以欧洲地区网络和太平洋地区网络为试点。第一阶段建设目标已于 2013 年 7 月 31 日完成,首个企业运行中心在德国斯图加特建成,标志着 JIE 的第一个组件(增量 1)实现初始运行能力,也标志着美国防部信息网络运行和防御方式的根本性战略转变。2013 年底,美军网络司令部开始建设首个全球性企业运行中心。截至 2014 年 1 季度,国防部至少关闭了其 1000 余个数据中心中的 277 个;由于把重点放在部署于战略位置的核心数据中心,国防部计划关闭更多的数据中心。2014 年美陆军已迁移到国防企业电邮,美国空军网络集成中心人员也完成向空军网络的迁移。在 2014 年及 2014 年后,JIE 能力更加侧重于保密方面,包括电子邮件。随后,美军制订联合信息环境要素的工程技术细节与体系结构细节,目标是使组织特殊的、现有的全方位防御系统转变成标准的、联合的地区防御系统,以提高联合作战的互操作性和相互依赖性。

美军的目标是在 2020 年前,使用 JIE 将所有军种连接在一起,以安全、高效的方式为作战人员提供所需的信息服务(愿景是"三个任意"——使美军的作战人员能够基于任意设备、在任意时间、全球范围的任意地点获取所需信息),从而满足联合作战的需求。目前看来,美军的这一目标尚未完全实现,因此美军继续致力于向联合全域作战发展。

9.3.3 通用操作环境

陆军作战指挥各子系统使用了各自定制的软件,且系统硬件占用了车辆和指挥所内的大量空间,造成了各梯队和职能之间信息共享障碍。为此,美陆军于 2017 年 4 月发布了《通用操作环境(COE)》,将其作为技术标准,为陆军各种作战环境中的任务指挥系统提供通用的基础,支持不同系统之间的信息共享和互操作。

COE 为陆军系统的构建和部署如何转型提供了一种范式。遵循最佳商业实践模式,COE 在关键系统之间建立了共享组件的通用基础,使得他们能够"开箱即用",而不是目前所采用的到最后才集成的模式。COE 将集成放在首位,确保士兵能在系统和梯队之间共享信息,从而在正确的时间、正确的地点获得正确的数据。它还通过消除重复的开发、运营和维护来提高效率。

COE 包含 6 个计算环境:指挥所计算环境、车载计算环境、移动/手持计算环境、数据中心/云/力量生成计算环境、传感器计算环境和实时/安全关键/嵌入式计算环境,如图 9-8 所示。

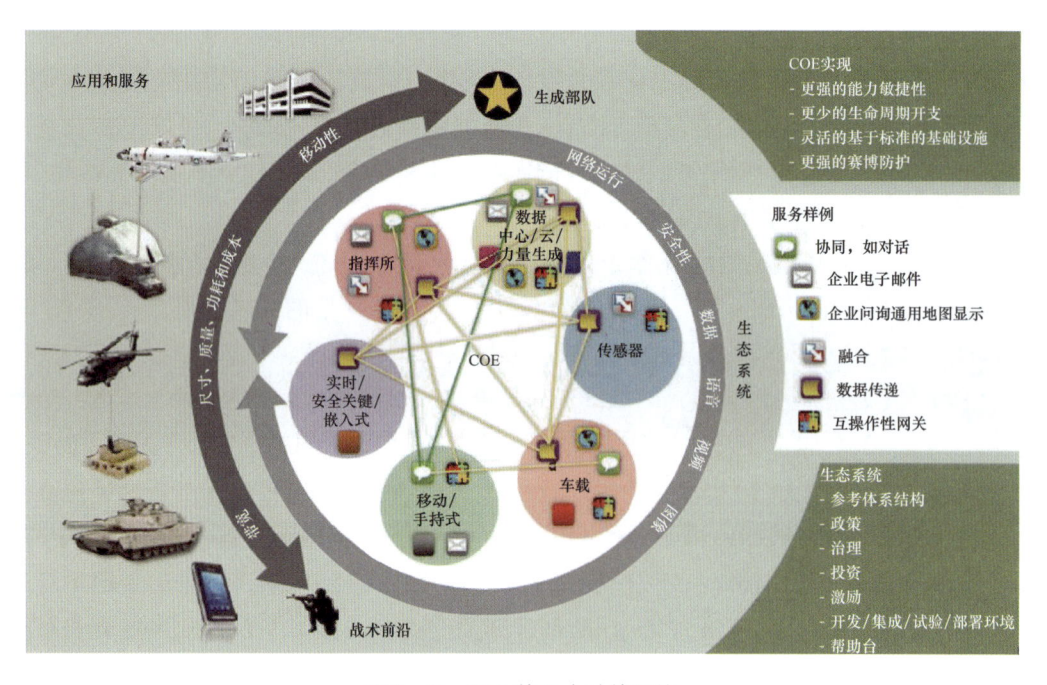

图 9-8 COE 的 6 个计算环境

有关 COE 的多项工作已经完成。诸如"奈特勇士"(机动式/手持计算环境)和联合作战指挥平台(车载计算环境)等系统已经为作战人员所用,且设计之初就考虑到了 COE。规模更小、模块化程度更高的解决方案能够在更高指挥层级或作战的成熟阶段提供更高的能力,指挥所计算环境通过使用上述解决方案完成了作战和情报硬件的初始汇聚,还将数个独立的任务指挥系统转变为一体化软件应用,并将 13 个单独的地图压缩到 6 个。通过几次网络集成评估,作战人员已经对这些改进进行了评估,而这些评估正直接影响着多个计算环境的软件开发。根据计划,COE 在 2018 财年和 2019 财年继续进行集成、认证测试和作战测试,以支持 2019 年后期的部署决定。COE 基于最佳商业实践,在战场部署 COE 的过程中,陆军将继续与业界合作。用于数个计算环境的软件开发包已经到位,陆军正在向第三方合作伙伴提供这些开发包,以便业界合作伙伴视需要开发应用程序,满足不断发展的任务需求。未来美陆军将向云环境发展,向 1 个系统、1 个解决方案、1 个指挥所和 1 套服务器基础设施的目标迈进。

美陆军云环境的近期目标(2021 年)是利用美国防部和陆军云计划,在边缘实现作战行动中可部署的云;减少数据源的数量,降低硬件复杂性并最大限度地开发与各军种和联合部队之间的互操作性;与企业服务(例如身份管理服务、关键网络数据共享、端点安全服务)同步;在可部署网络和固定网络之间同步数据和服务,以纳入本地站点任务式指挥。2021 年以后的远景目标是软件定义网络;按需分配宽带;基于安全的、集成的、标准的环境以确保提供不间断的全球访问能力;在所有环境的所有作战阶段实现协同和果断行动。

9.4 俄军指挥信息系统

俄军将指挥信息系统称为"自动化指挥系统",本节为了统一,仍使用"指挥信息系统"。俄军从苏联继承了大部分的指挥信息系统,是世界上唯一能与美军指挥信息系统抗衡的系统。俄军指挥信息系统起步于防空指挥控制系统,20 世纪 50 年代末成功研制了"天空一号"防空指挥信息系统,20 世纪 60 年代末成功研制了世界上第一套弹道导弹防御指挥信息系统。在 20 世纪 80 年代中期建立了一系列适应机动作战的战役、战术指挥信息系统,由指挥系统、情报收集系统和通信系统组成,主要任务是确保在遂行战役战术任务过程中,不间断地对参战部队实施指挥,其能力十分接近美国的战略指挥信息系统。20 世纪 80 年代中期到 90 年代末指挥信息系统建设的亮点是北高加索军区"金合欢"区域指挥系统的研发,该系统集中了俄军最新研制的数字化指挥通信系统,并在第二次车臣战争中发挥了重要作用,其中暴露的问题也为后来俄军指挥信息系统更好地建设打下了基础。2000 年以前俄军完成了战略级与战役战术级指挥信息系统的联网,从而避免了长期以来各自为战的被动局面。

进入 21 世纪以来,随着军事理论和建军方针的调整,俄军高度重视指挥信息系统的发展,陆续推出了一系列信息化建设专项纲要。俄军在重点发展战略火箭军指挥信息系统、战略通信和空间预警系统等战略级系统的同时,积极发展战术指挥信息系统、地空导弹旅指挥信息系统、航空兵指挥引导系统。这些系统能够将各种防空兵器、技术装备与各级指挥机关联成一个整体,能在有线、无线和卫星等通信系统的支持下,实时收集、分析、传递大容量的情报信息,自动进行辅助决策,实施自动或人工干预指挥和自动控制,实现体系与体系的对抗和网络对抗,极大提高了生存能力。

俄军在各个层次都建立了比较完善的指挥信息系统,可分为战略级、战役级和战术级指挥信息系统,系统中融入了统一的野战机动指挥所、空中指挥所、机动式指挥信息系统和一体化数字野战通信系统及技术设备。各个层次的指挥信息系统又可以与侦察预警系统和火力拦截系统等实现很好的信息互联互通，实现信息共享和防空体系的一体化建设。

9.4.1 俄军战略级指挥信息系统

战略级指挥信息系统由战略预警探测系统、指挥控制系统和战略通信系统组成，如图9-9所示。其主要任务是为用户提供语音、电报、数据、图像和视频通信业务，传递和交换各类作战指挥、作战保障和部队管理信息，保证国家最高指挥当局对战略核部队实施不间断的指挥控制。

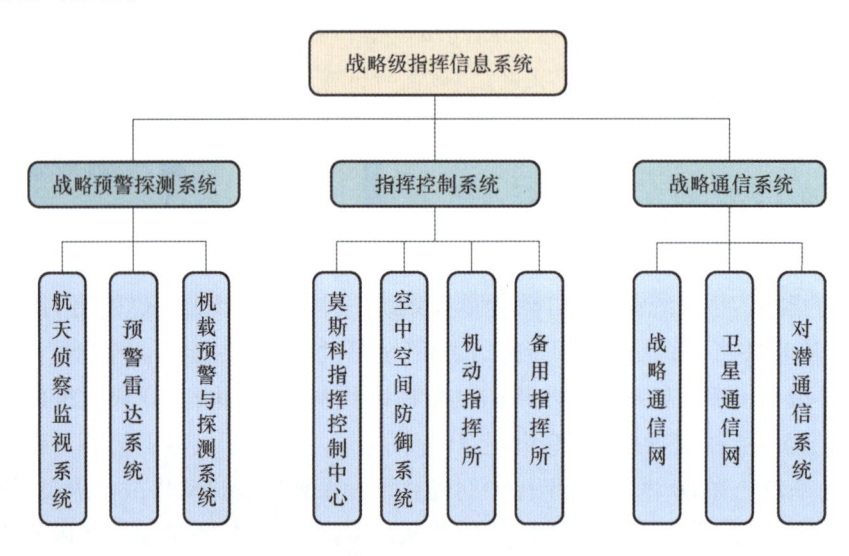

图9-9 俄军战略指挥信息系统

1. 战略预警探测系统

俄战略预警探测系统主要包括航天侦察监视系统、预警雷达系统和机载预警与探测系统，以应对来自各个方向的导弹攻击。

（1）航天侦察监视系统主要是指战略预警卫星，由部署在高椭圆轨道上的"眼睛"卫星系统和部署在地球同步轨道上的"预测"卫星系统组成。这两代预警卫星协同工作，提供弹道导弹的天基预警能力。

（2）预警雷达系统是一个全国规模的陆基防空雷达网，包括一万多部雷达，覆盖了原苏联各加盟共和国。预警雷达系统包括多部后向散射超视距雷达、远程预警雷达和大型相控阵雷达，主要执行弹道导弹预警任务，并为莫斯科反导预警系统提供拦截所需的信息数据。

（3）机载预警与探测系统安装在预警飞机上，主要对飞机、巡航导弹等空中目标进行预警和探测。俄军预警机装备了高性能雷达、新型敌我识别系统和先进的电子战设备，能探测陆地、海面上空目标，并能指挥引导战斗机攻击来袭目标，对付低空飞行的巡航导弹。

2. 指挥控制系统

俄军战略指挥控制系统主要包括莫斯科指挥控制中心、空中空间防御系统、机动指挥所和备用指挥所。

(1) 莫斯科指挥控制中心为总统和国家军政首脑、各兵种司令部提供信息。指挥控制中心时刻监视和获取各种信息，包括空间目标运动情况和各地面跟踪站状态及工作情况，跟踪站负责跟踪低轨道卫星和运载火箭的发射情况，及时显示、分析作战态势，并可直接向国防部长和总参谋长通话报告情况，以保证俄军高层能够对瞬息万变的情况做出及时的回应和正确的决策。2014 年，俄军建成"俄联邦国防指挥中心"，以承担在战时及平时指挥和控制所有国防力量和武器的任务。

俄联邦国防指挥中心由三大中心构成：战略核力量指挥中心，用于根据国家最高军政领导的决策指挥核武器的运用；作战指挥中心对世界军政局势进行监测、分析、预测对俄联邦及其盟国威胁的发展，保障指挥武装力量、其他不属于俄联邦国防部编制部队的运用；日常活动管理中心对国家军事组织活动中涉及武装力量全面保障的所有方向实施监控，协调联邦权力机关，满足不隶属国防部编成其他部队、机关和专业组织的需求。

俄联邦国防指挥中心使得俄军指挥信息系统成为世界上首个对军队编制内所有部分队（包括三位一体核力量）实施统一指挥的系统。所有来自战略、战役和战术环节军队指挥信息系统的信息流昼夜不停、实时汇入俄联邦国防指挥中心。叙利亚战争中，国防指挥中心经受了实战的检验。

(2) 俄空中空间防御系统以防空军为基础，把各军种和军事航天力量合在一起，采取区域部署原则，在各防空地域内，根据统一的目标和计划，统一使用防空兵力兵器，综合利用各军种的空中空间侦察机构和防空系统。其主要装备是防空导弹系统，可以对付来自作战飞机、预警机、战术导弹和其他精确制导武器的空中威胁，能拦截和摧毁空中目标。

(3) 机动指挥所可以增强指挥所的战时生存能力，分为车载指挥所、机载指挥所和舰载指挥所三类。车载指挥所包括预警车厢（警戒和防御系统）、发射车厢（发射装置和火箭系统）、指挥车厢（作战系统的控制中心）和通信车厢（配备现代化的通信技术装备），保证系统与高级指挥所不间断通信联络。机载指挥所有国家级和军区级两种，国家级供国家指挥当局、国防部和总参谋部以及各军种总部使用。舰载指挥所供五大军种的下属部队和各战区、各军区司令部等使用，由两艘巡洋舰作为指挥舰，具有支援国家一级指挥控制和备用能力。

(4) 俄罗斯的备用指挥所通常配置有各种主要指挥设施和通信设备，并存有当前情况的情报数据。俄政府领导和指挥人员都有远离城市中心的备用加固指挥所，某些备用指挥所及其有关通信系统只有经过最高当局批准，并由总参谋部下令方可使用。

3. 战略通信系统

俄军战略通信系统继承了苏军军民共用通信系统的特点，同时把政府的通信设备也综合进去，主要包括战略通信网、卫星通信网和极低频对潜通信系统等。

（1）俄军战略通信网主要是由国家公用电话网及各军种、战区的专用通信系统构成，冗余程度相当高。国家公用电话网平时和战时都可充分使用，各交换中心之间的传输干线也就是战略话音通信网的主干线。

（2）俄军的战略通信主要依赖于卫星，包括战略通信卫星、战术通信卫星和数据中继卫星等，是俄军战略战术通信的重要手段。卫星通信网分三层不同轨道：第一层主要担负对舰和对潜通信；第二层主要担负战略通信任务，重点用于军事指挥、控制和通信；第三层主要担负军事通信任务。

（3）对潜通信是俄军战略通信的重要组成部分，为了对导弹潜艇进行控制，海军总部乃至最高指挥当局必须能与潜艇部队保持联系，对潜通信至关重要。潜对岸通信是利用"闪电"卫星转发潜艇信息。岸对潜通信主要采用高频、特高频、低频、甚低频和极低频，在岸对潜和潜对岸之间建立双向通信线路。

9.4.2 俄军战役级指挥信息系统

俄罗斯新型部队指挥信息系统摒弃了苏联陆军编制指挥结构，转而采用了按照高、中和下层的等级序列结构：高层指挥信息系统、中层指挥信息系统、下层指挥信息系统。目前，俄军正在全力推进三层指挥信息系统的建设，其中高层指挥信息系统是"金合欢-M"战略和战役指挥信息系统，中层指挥信息系统是"仙女座-Д"战役战术层指挥信息系统，下层指挥信息系统是"星座-M2"战术层指挥信息系统。

"金合欢-M"系统是整个俄军指挥信息系统的基础，布设到国防指挥中心和相应的所属指挥机关中心——军区-集团军-师（旅）里。随着"伊斯坎德尔-M"战役战术导弹系统于2019年换装俄罗斯陆军所属的13个导弹旅，"金合欢-M"系统在每一个合成集团军也部署完毕。"金合欢-M"分为固定版和机动版，两者相互配合，可保障对全军兵种部队的指挥。其中机动版具有高机动能力，可以在数分钟内任何方向上部署完毕。

"金合欢-M"系统可以保障遂行以下主要任务：接收、处理、存储和显示上级指挥机关命令和指示；接收、处理和显示空情和地面局势情况、防空和航空兵器兵力战备信息、防空和航空兵器兵力作战能力信息、战斗行动过程与总结信息、气象情况信息，以及飞行任务准备等信息；解决决心支持任务；解决所属部队兵力兵器指挥任务；拟制并向所属部队传达指令和指示；功能监测；编制信息文件；综合自主训练等。

"金合欢-M"系统实际上是一个基于网络中心战指挥原则搭建的以国防指挥中心为信息中枢的军事互联网，将敌我双方的所有信息汇聚起来，形成了统一的信息空间。"金合欢-M"实时不间断地获取、分析当前情况数据并将处理的数据标注到电子地图上：敌方信息——来自各类侦察信息源的敌军行动、空情、干扰、核生化情况信息；己方信息——汇总己方部队装备战备、弹药、油料数据以及官兵精神心理状况的信息。各指挥层级、不同军兵种和武器平台可不间断地实时交换信息，如果有必要，集团军司令可以向一个班下达命令。在这样的统一信息空间里，指挥各要素同时并行运转，实时同步进行侦察、规划和摧毁敌人。指挥员可以实时地在几分钟内完成情况判断、进行决策并在战场上落实，这就保障了在战争中可以缩短指挥周期,做到先敌决策,先敌打击。部队测试和实战运用表明,该系统能够将作战指挥周期缩短到一半以上。

"金合欢-M"系统可以保障不同军兵种指挥信息系统之间进行相互交互,甚至集团军司令可以指挥一个班,国防指挥中心可以联系到单兵,反过来也是如此。得益于此,集团军司令及其参谋部可以指挥有海军、空天军和空降兵参加的军队集团。"金合欢-M"系统是俄军十几年磨一剑的大成果,具有优异的技术战术参数和性能特点,在国内和叙利亚战场上经过了多次复杂的演习测试和实战应用测试,均取得良好的效果。

9.4.3 俄军战术级指挥信息系统

俄军认为,战术级指挥信息系统是军队信息化建设的关键,是提升部队战斗力的基本依托。目前,俄陆军正在研制战术级统一指挥系统和战术级侦察指挥通信综合系统,前者供陆军、空降兵和海军陆战队的旅级部队使用,后者供营以下分队使用。

俄军要求战术级统一指挥系统所有的指挥通信设备都配置在野战车辆上,各种作战和保障单元可在动态的战场上通过战术互联网实现互联互通,最终实现作战指挥、战场侦察、火力打击、对空防御、综合保障等各种功能的集成与融合,为各兵种指挥员明确任务、评估战场态势、做出合理的决定,组织和指挥所属部队、分队进行战斗准备和实施合成作战提供高效的指控手段。

在基本结构上,战术级指挥信息系统包括首长与参谋部分系统、侦查指挥分系统、炮兵指挥分系统、航空兵支援分系统、防空指挥分系统、无线电电子对抗分系统、工程保障分系统、后勤保障分系统和技术保障分系统等,通用于陆军、空降兵和内卫部队等作战部队。

"星座 M2"战术级指挥信息系统已基本完成研制并在演习中得到检验,证实系统基本满足军方的要求,但也暴露出一些不足,其主要弱点是操作复杂、程序不完善和小故障频发。因此,经过改进后该系统便能够装备部队,与战略/战役级指挥信息系统实现互连互通。作为提升"新面貌"旅战斗力的核心要素之一,"星座 M2"通用于陆军、空降兵和内卫军等旅级作战部队。系统的全部软硬件均可装配在机载指挥所、指挥参谋车和其他机动车辆上,分队和士兵设备由人员随身携带,各种作战和保障单元可在动态战场上通过战术互联网实现互联互通,将作战指挥、战场侦察、火力打击、对空防御和综合保障等功能融为一体。

"巴尔瑙尔"新一代防空指挥信息系统主要用于装备防空旅及旅以下战术分队。该系统可与陆军所有类型的防空导弹系统和雷达系统兼容并协同工作,并可在任何战斗条件下有效保障通信和数据交换,提高防空兵战术分队对各种力量和武器装备的指挥效率,协调行动能力、机动能力和生存能力。

2019年以来,俄各大军区司令和集团军军长陆续配发一款"战斗指挥信息系统",其特点在于:可借助人工智能和大数据技术分析战场情况,提供多个行动方案并对战场局势进行预测,帮助指挥员快速定下战斗决心。战斗指挥信息系统可以快速从各部门提取数据并进行分析,按照预设的优先顺序,在数秒内提供多项具体方案,由预估最顺利的一项开始逐一列出,内容包括完成任务的时间、损失预估和资源消耗等。该系统还可以评估部队完成占领指定地域等任务的能力,其准确度取决于初始数据和植入算法,具体算法后期还会不断完善。

目前,战斗指挥信息系统已与俄军其他军兵种配备的指挥信息系统实现兼容,俄各大军区司令和集团军军长可以通过它指挥由海军、空天军和空降兵等组成的部队集群。该系统还能实时与俄国防指挥中心交换信息。尽管这套系统距实现真正意义上的人工智能尚有差距,但它从根本上简化了指挥员的决策流程,使决策和摧毁等环节之间几乎实现了无缝衔接。

9.5 日本自卫队指挥信息系统

日本自卫队指挥信息系统始建于20世纪60年代初期,进入20世纪80年代后发展较快,现已建成了战略级指挥信息系统和陆上、海上、航空自卫队三军的指挥信息系统。

9.5.1 日本自卫队战略级指挥信息系统

战略级指挥信息系统是中央指挥信息系统,又称防卫省信息系统,是防卫大臣在中央指挥所实施指挥控制的系统,是日本自卫队指挥信息系统的核心。该系统通过防卫信息通信基础网与全军各主要作战指挥系统联网,对作战行动进行实时或近实时指挥,下设陆上自卫队指挥信息系统、海上自卫队指挥信息系统、航空自卫队指挥信息系统和情报支援系统。

1. 中央指挥所

中央指挥信息系统的核心是中央指挥所,是日本军事指挥信息系统的神经中枢,是防卫省长官指挥自卫队作战的战略指挥中心。战时,该指挥所负责向所有部队发送作战指令。中央指挥所将陆、海、空自卫队的信息全部集中在一起,以便紧急时中央指挥所能立即查明情况,采取措施,实施一体化指挥,其目的主要是加强陆、海、空三个自卫队的密切联系和协同作战能力。

中央指挥信息系统的通信基础设施是"综合防卫数字网"。中央指挥所与有关省厅、各军区、联合舰队、航空总队、航空方面队等主要作战部队建有多路多手段指挥通信网,并与航空自卫队自动警戒管制系统("佳其"系统)和海上自卫队联合舰队作战指挥系统联网。指挥所内可实时显示陆上、海上和航空自卫队的配置、作战态势、后方兵站、入侵兵力等信息,并提供从中央到一线部队的信息流动与共享。必要时,还可通过专用线路与首相官邸和驻日美军司令部之间进行数据通信。

中央指挥所的作战程序如下:当出现外敌进攻、治安行动、海上警备、大规模救灾等情况时,情报部门实施搜集、整理、综合分析情报,并迅速向防卫省长官报告;防卫省长官迅速召集内部部局、参联会陆海空自卫队参谋部人员开会,随时分析与把握最新情况,定下决心,向各部队下达命令;各作业室迅速进行作业,并适时进行必要的调整,以协助防卫省长官指挥。整个指挥所已实现数字化和指挥自动化。

2. 预警探测系统

为了扩大预警覆盖范围和对目标的探测跟踪及指挥控制能力,日本防卫省建立的预警探测系统拥有卫星、预警机、侦察机、雷达、监听站等多种手段,能对超高空、空中、海面和水下目标进行 24h 不间断的监视,预警范围达 3000～4000km。

(1) 侦查监视卫星:情报收集卫星包括光学卫星和雷达卫星两种类型,具备全天时、全天候成像侦查能力。光学卫星方面,2020 年已发射到第三代"光学 7 号",分辨率为 0.4m;雷达卫星方面,2018 年已发射到第三代"雷达 6 号",分辨率达 0.5m。此外,"先进陆地观测卫星"-2 可利用星载合成孔径雷达进行高分辨率成像,可在 12h 内提供日本及周边区域图像;"先进光学卫星"可以在一天内获取日本任意地点图像。

(2) 预警机:现有 E-2C 预警机和 E-767 预警机两种,其中 E-2C 预警机主要用于舰载或岸基空中预警和控制,装备有 Link 4A、Link 11 和 Link 16 数据链,具有协同作战能力;E-767 预警机具有全天候监视、指挥、控制和通信能力,可同时跟踪 600 个目标,处理其中 300～400 个,根据情况采用机动运用方式,执行引导战斗机攻击目标等任务。

(3) 航空侦察设备:日本的航空侦察设备主要是侦察机、侦察直升机、无人侦察机,并利用各种作战飞机加装侦察设备。

(4) 地面雷达:由固定雷达站和机动警戒队构成,各型雷达探测范围相互重叠,形成远程高空和近程低空相互配合的雷达侦察预警网,可覆盖日本全岛和周边空域。

(5) 地面监听站:监听站昼夜不停地监听俄、中、朝鲜半岛、东南亚以及印度洋地区的通信情报。

(6) 海上预警:"宙斯盾"舰即可用于作战,也可用于预警,另外还列装了"响"级音响测定舰,主要用于监测潜艇。

3. 综合防卫数字网

综合防卫数字网是连接防卫省中央指挥所和陆上、海上、航空自卫队的综合业务数字网,其基础设施是防卫微波线路和卫星通信线路,基本形成了覆盖日本本土及海上交通线的加密通信网络,可避免战时通信受到对手的干扰和攻击。

防卫微波通信线路总长约 4300km,主干线容量为 960 路,构成日本自卫队的干线通信网。该线路与各自卫队的固定通信系统和移动通信系统连通,以东京为中枢,将全国主要司令部与防卫省中央指挥所连在一起,形成了自卫队专用的通信网络。支持话音、图像、数据、电报、传真等多种业务。

在卫星通信系统的空间部分,"煌"系列卫星专门用于军事通信,属于"X 频段防卫通信卫星";"超鸟"系列卫星是军民两用通信卫星,通过搭载的 X 频段转发器,为防卫省和自卫队提供安全保密的卫星通信服务。地面部分是 8 个固定式地面站、3 个车载移动站和 1 个图像接收站。卫星通信系统能提供电话、传真、图像、高速数据和电视等多种业务服务。日计划重点发展卫星通信能力,以实现信息共享的广域化、大容量化和超高速化。

9.5.2 日军兵种指挥信息系统

1. 陆上自卫队指挥信息系统

陆上自卫队指挥信息系统可分为战略级、战役级和战术级三类。战略指挥信息系统由陆上自卫队参谋部管理运用,由通信和情报系统构成,并与中央指挥所和陆上自卫队各军区相连接;战役指挥信息系统由各军区司令部管理运用,并与各作战师、旅和支援部队指挥信息系统相连接;战术指挥信息系统包括野战数据自动处理系统、火力控制系统和防空系统等,可灵活快捷地实施作战指挥。

陆上自卫队指挥信息系统覆盖了从军区至作战团部分单兵,主要包括军区指挥信息系统、师(旅)指挥信息系统、基层团级指挥信息系统、新野战通信系统、防空作战指挥信息系统、野战火力指挥信息系统、自动数据处理系统,并通过防卫信息通信基础网与中央指挥信息系统和其他军种指挥信息系统联网,实现包括最高指挥官在内的各级指挥官与一线作战单元之间的有效通联。

师指挥信息系统主要担负支援大规模作战任务;基层团级指挥信息系统以美陆军斯特瑞克旅指挥信息系统为模板;野战通信系统实现从军到排各级之间的各种类型的通信保障;防空作战指挥信息系统用于自动完成防空情报收集综合识别、威胁评估、目标分配、目标指定、处理结果显示、控制事项的处理、发出防空警报、指挥对空作战等任务;野战火力指挥信息系统用于实时处理、传递支援射击指挥的目标情报;自动数据处理系统实现陆上自卫队参谋部与所属部队的情报信息共享。

2. 海上自卫队指挥信息系统

海上自卫队指挥信息系统目前是亚洲各国海上指挥信息系统中最完善、性能最好的系统,主要包括海上作战指挥系统、指挥控制支援终端系统和各级舰载指挥信息系统。

日本海上自卫队的舰艇都配备海上作战指挥系统,包括战术情报处理系统、目标显示系统、战斗指挥系统、指挥决策系统、情报显示系统和战术数据传输系统等,可确保作战舰艇和飞机情报信息综合处理与收发、威胁评估与作战方案优选、对各作战军舰和飞机实施快速指挥管制、从联合舰队司令部到各级司令部和各作战舰机之间实施共享情报信息。海上作战指挥系统以联合舰队司令部为核心,包括陆上自卫队司令部、航空自卫队司令部及各海上舰队等终端,具有舰机、舰岸间跨军种多元通信能力,解决陆海空部队的互联互通问题。舰艇和飞机上还装备了数据链系统,在战区级和美国海军有很强的协同作战能力。

指挥控制支援终端系统一般配置在舰队旗舰上,为海上部队指挥官提供通信支持。该系统对海上自卫队的指挥系统实现高度现代化起着重要的推动作用,大大提高了海上自卫队现代化综合作战能力,尤其是远洋作战能力。

日本海上自卫队 6 艘"宙斯盾"驱逐舰装备的舰载指挥信息系统,是日本海上自卫队最先进的单舰指挥信息系统,可通过卫星通信与基地及联合舰队联网。该系统由决策系统、显示系统、适应性保持系统、武器控制系统、垂直发射系统、导弹发射控制装置、导弹和相控阵雷达等8个部分组成,融指挥控制、侦察、通信、电子战、火力控制为一体,是一个能全面防御空中、水下和水面威胁的综合指挥控制和作战系统。

3. 航空自卫队指挥信息系统

航空自卫队指挥信息系统是自动警戒管制系统,称为佳其系统,由"巴其"航空自卫队指挥信息系统(Base Air Defense Ground Environment,BADGE)改进而成。第一代"巴其"系统1968年投入使用,第二代"巴其"系统1991年投入使用,第三代"巴其"系统2007年投入使用,其后,升级改进并与美国防空反导指挥控制系统联网,使其具备防空反导一体化指挥控制能力。2009年7月,新"佳其"系统投入使用,取代使用了20多年的"巴其"系统。

"佳其"系统将全国雷达站、航空总队的作战指挥所和各防空方面队的防空管制与作战指挥所连为一体,用于指挥分布于海上和陆地的各子系统作战,由数台服务器构成分布式网络信息处理系统,可自动综合处理地面所有固定和机动雷达以及空中预警机采集的目标信息,为指挥官做出判断、选择最佳方案提供依据,可实现反导作战自动化。

该系统融合了联合作战、综合指挥控制能力,主要包括地面与空中警戒系统、通信系统、计算机系统、显示系统、防空兵器选择系统以及指挥控制系统等,以航空总队作战指挥所为中心,上连防卫省中央指挥所、航空自卫队参谋部作战室,下接各航空方面队作战指挥所及航空团、导弹群指挥所,并与陆海军参谋部及其所属各级指挥机构联网,保证日本最高当局在必要时能直接指挥航空自卫队。此外,可与驻日美军联网,组成一个紧急联合管理系统。该系统提高了截击能力和灵活性,可靠性和抗毁性好,充实并强化了指挥功能,提高了系统的指挥自动化功能。

该系统由多部雷达及各种指挥与控制设备构成,能自动地探测、跟踪及识别飞越日本及其周围海域的空中目标,自动综合处理预警系统所获空情,将雷达站发现的目标实时转发至航空自卫队各级指挥所内,并显示空中敌导弹来袭情况、地空导弹待命情况、基地设施被毁情况及战区气象等全部作战资料。据此,指挥员可及时做出判断,并选择最佳作战方案,实现"目标性质判断-目标数据参数计算-威胁企图判断-选择作战方案-下达作战命令-指挥引导拦截"等反导作战全过程的自动化。

该系统融合陆、海、空三军各型警戒管制系统和网络,可作为联合作战综合指挥控制系统的核心;与"宙斯盾"系统、"爱国者"系统及陆基预警雷达链接,能够接受美军Link-16数据链信号,共享美军预警卫星、X波段雷达截获的导弹预警情报。

该系统的指挥控制系统分为四级。航空总队作战指挥所负责整个国土防空作战,内设航空作战管制所,负责防空作战指挥;每个防空扇区设有航空方面队作战指挥所,内设防空指挥/指令所,负责本扇区的防空作战,对下属的防空监视所即雷达站、航空团战斗指挥所及高射群(防空导弹、高炮)战斗指挥所实施指挥。

"佳其"系统使用的计算机是民用产品,要定期换装,软件也要在训练和运用中逐步升级,将来还会有系统整体维护的问题,预计新一代"佳其"系统将于21世纪30年代实现列装。

9.5.3 日、美联合作战指挥系统

日本自卫队与美军的联系一向紧密,例如美军的 GCCS 就包括"全球指挥控制系统——日本"部分。受美国"亚太再平衡"战略影响,日美联合作战由二元化的指挥协调体制向"统一司令部"的方向发展,从以往侧重分工协作转向"融合指挥"和"互操作",通过共享情报、共同计划、联合演训、共用基地、共建系统等多种方式,深化推进美日联合指挥一体化。

针对日本可能遭受的武力进攻和周边事态,日美双方建立两大协调机制:一是建立总体协调机制;二是建立日美联合协调所,协调双方的军事行动。日美联合协调所实际上就是统一司令部,必要时,日美军将在统一机构的指挥下实施联合作战。通过建立日美共同应急机制,加强日美军司令部之间的协同指挥,建立情报共享机制,提高日美联合指挥与作战能力,特别是弹道导弹防御作战能力。日美联合协调所还进一步明确美日合用的作战条例,统一美日空中、海上和地面部队作战用语,研发使用美日双语的指挥与控制系统等。

为了进一步加强日本自卫队海外联合作战能力,日本联合参谋部将根据职能拓展不断强化其中央指挥信息系统、各军种指挥信息系统与日美联合协调所、西太平洋美军的指挥信息系统关联,实现高度一体化的情报交换和必要的信息共享,谋求对实施海外联合军事干预行动进行高效的指挥控制。由美军主导,整合美日韩联合情报体系的趋势也仍将继续。

另外,日本防卫省以应对中日钓鱼岛争端为借口,对"出云"号两栖登陆舰进行改造,加装美军和北约标配的联合战术信息分发系统,使日本自卫队联合作战指挥全面纳入美军指挥体系,并逐步打造成日本海外军事行动的永久性海上联合指挥平台。

日本还直接购买美军系统,如"宙斯盾"舰载指挥系统。该系统是"全自动作战指挥和武器控制系统"的简称,是美国研发的整合式水面舰艇作战系统,用于严重干扰情况下对付快速机动目标,包括飞机和反舰导弹,具有中、进程区域防空能力。

未来日本将继续重点改进现有的指挥信息系统,在整体上形成横向联系的网络体系,组建基于信息技术的、功能强大的、自主式的、高度机动化及一体化的指挥信息系统,建立陆、海、空通用的指挥信息体系设施,加大中央情报组织体系的建设投入,建立高效的情报网络体系、完善的防卫信息基础设施和计算机系统通用操作环境,实现各级指挥信息系统的现代化。

9.6 印军指挥信息系统

印军指挥信息系统从 20 世纪 70 年代开始建设,经过近 50 年的发展,已建成指挥、控制、通信与情报完备的系统,其装备较为先进、功能较为齐全、规模较为庞大。从总体上看,印军指挥信息系统之间互联互通能力不强,整体发展缺乏统筹设计。

9.6.1 情报系统

印军拥有地面、空中、空间和海上多种情报侦察手段,基本形成全方位、大纵深的情报系统。

1. 陆基情报系统

印军从 1985 年开始筹建以多功能雷达为主体的情报系统,采用研制和引进结合的方式发展了多种地面情报侦察设备,形成了地面雷达情报网,包括指挥中心、预警雷达站、引导雷达站和机动观察分队。近程雷达有"英迪拉"-Ⅰ超低空监视雷达和"英迪拉"-Ⅱ三坐标多普勒雷达。"英迪拉"-Ⅰ于 1988 年开始装备于陆军部队。为加强对低空目标的探测预警,1989 年开始在空军部队装备自行研制的"英迪拉"-Ⅱ,该雷达为移动式监视雷达,能克服多路径效应和抗低空杂波干扰,在 40km 距离上可探测 30~50m 低空飞行目标,同时跟踪 40 个目标,并与 12 个武器系统配合工作。中程雷达有 PSM-33 改进型对空警戒雷达,于 20 世纪 90 年代装备于陆军师以上部队,最大有效探测距离为 240km。远程雷达有 TRS-2215 放空雷达,也于 20 世纪 90 年代装备于空军地空导弹基地,最大有效探测距离为 510km。

印军还装备有改进型"姆法"和 PIF-518 野战炮兵雷达,为了能够进行中程战场侦察监视,于 20 世纪 90 年代向以色列购买了数十部 EL/M-2129 型战场监视雷达和数百部便携式侦察雷达。

2. 空基情报系统

空基情报系统主要由预警机、有人侦察机和无人侦察机组成。预警机包括从英国进口的"猎迷"预警机、从意大利进口的 G-222 型预警机、从苏联进口的 A-50 预警机和从以色列进口的"费尔康"预警机。其中,"费尔康"预警机可实现 360°全方位雷达覆盖,探测距离 370km,同时跟踪 100 个目标。除了引进之外,印军从 1985 年开始自行研制预警机,1990 年试飞,但是 1999 年试验时坠毁,由此自行研制预警机的计划严重受挫,随后开展与国外合作的项目,以加快发展预警机。2001 年,由以、俄、印三方共同研制 A-50EHI 预警机,并与 2008 年进行试验。

有人侦察机和无人侦察机主要采用目视、照相、雷达和红外等探测手段进行空中侦察,以获取战略和战术情报。有人侦察机主要集中在空军和海军,包括米格 21MB、米格 23BN、米格 25R、伊尔 38 海上侦察机和"堪培拉"侦察机等。此外,在通用直升机和武装直升机上进行改装,担负空中巡逻和侦察任务。海军和海岸警备队装备海上巡逻机和情形侦察直升机,可以对整个印度洋海域实施有效监控。

为了加强情报侦察能力,印军于 20 世纪 90 年代自行研制了"尼栅特"无人侦察机,执行监视、预警、目标识别、通信中继等任务。由于其活动半径仅有 32km,不能满足作战需要,印军后续从以色列购买"搜索者"-Ⅰ/Ⅱ和"猎人"无人侦察机,活动半径扩大到 300km,能将获得的信息实时传送到指挥部和前线作战部队。为了执行全天候的战略侦察任务，继续从以色列购买"苍鹭"无人机，作为第四代大型战略无人侦察机，可实现高空、长航侦察，向国家情报中心、战区指挥官和一线作战部队提供实时、纵深和大范围的情报保障服务。

3. 天基情报系统

印军的天基情报系统是从2001年开始发展起来的，主要包括照相侦察卫星和雷达成像侦察卫星。2001年之前没有专用的军事侦察卫星，主要依靠民用的"印度遥感卫星"获取敏感地区的信息以形成军事情报，其遥感卫星已达到或接近国际先进水平，除了负责印度的陆地、海洋及大气情况的综合检测，还担负提供邻国军事活动情报的任务。

2001年10月22日，印军成功发射首颗照相侦察卫星"试验评估卫星"-1作为军用照相侦察卫星，成为第5个拥有军用照相卫星的国家，后逐步建成由6颗试验卫星组成的侦察卫星系统。该卫星运行于低轨道，覆盖全球60%以上的地区，主要用于中印和印巴边境侦察，向印军提供清晰的图像。

2009年4月印军成功发射"雷达成像卫星-2号"，可以监控印巴交界地带以及阿富汗境内的山脉和峡谷，还可以跟踪海面上可能具有威胁性的船艇。该卫星可以在雨、雪、雾等不利气象条件下进行昼夜观察，还能轻易识别用布或树叶伪装过的隐蔽营地和运输工具。

9.6.2 军种指挥信息系统

印军各军种总部至军区一级的自动化指挥网已经基本建成，各军种总部军建立了功能齐全的计算机网络和软件中心，以及进行数据交换和传输的局域网和广域网。战区指挥信息系统的数据可以近乎实时地传输，指挥员可以在显示屏上看到远方战场上的最新态势。军、师之间已经建立自动化数据网，各级指挥所和基层连队都配置了与上级联网的计算机系统，营以上战术指挥所装备了机动指挥系统。

1. 陆军指挥信息系统

印度陆军为了实现指挥管理和通信的自动化，从20世纪80年代开始进行指挥信息系统的建设。陆军司令部建设了功能齐全的计算机网络和软件中心，更新数据库并建立网络连接，实现了办公信息网络化传递。陆军司令部和各大军区建立大型计算机中心，并实现联网，使陆军司令部和各大军区一级的作战计划、人事管理、物资控制、财务预算、数据统计、武器论证等工作初步实现计算机化。陆军司令部内建立固定的通信中心，实现计算机为基础的通信过程中各个环节的自动化，并逐步实施野战指挥自动化。

2002年，印度陆军制订了"信息技术-2008"方案，以"陆军战略信息系统"为基础进行横向扩展，实现与海军、空军指挥信息系统的网络连接，并逐步建立全军统一的指挥信息系统网络。

2. 空军指挥信息系统

印度空军为加快指挥信息系统的建设，从20世纪90年代在印度空军司令部各主要局、各地区司令部、各部队安装了国产的计算机系统,各个系统之间通过广域网连接起来,基本实现了空军司令部－地区空军司令部－作战部队的三级计算机网络,能够对全空军实施统一指挥、控制与管理。

通过直接引进先进的航空电子设备,改装原有机载电子设备,逐步使机载电子系统现代化。印空军的"自动化指挥通信网"已部署在边境地区的各主要作战部队,通过卫星、光纤、微波等方式传输信息,实现指挥控制的自动化。印空军的防空地面设施系统是具有数据处理功能的分布式雷达系统,与通信网综合起来,可探测和识别入侵飞机的威胁,处理获取的信息,把重要信息发送到防空指挥和控制中心、空军基地、导弹基地、高炮部队和无源防空中心。印空军的空中指挥控制系统以预警机为核心,基本实现了空中指挥自动化。

3. 海军指挥信息系统

印度海军作为全球较为有实力的海军力量,在20世纪90年代初已经建立了计算机网络系统,包括7个国产的超级计算机网络系统,每个系统有16个终端,基本覆盖了海军司令部所属的各大单位。到20世纪90年代中后期,实现了海军司令部、地区司令部、控制中心、后勤基地、给养部门和舰艇之间的广域互联。任何一个地区司令部的任意一支作战部队均可与其他作战中心或海军司令部作战室交换情报和接受指令。

为了提高海上舰艇的电子化水平,印度海军引进了多种型号的电子设备,极大提高了导航、通信和水下控制等系统的自动化程度。其中戈达瓦里级护卫舰上装备了从多个国家进口的传感器,这些传感器与作战指挥系统联网,有效提升了舰艇的作战能力。

近年来,印度三军都非常重视指挥信息系统的建设。陆军建立了专门用于行政事务管理的"管理信息系统"和用于陆军作战信息管理的"陆军战略信息系统";空军建立了"综合地面环境系统",由雷达和通信网组成,为各防空部队提供情报监测服务,并可提供近距离空中支援;海军已实现了主要指挥控制中心、后勤基地、给养部门和舰艇之间的联网,并通过"联合后勤管理系统"把主要后勤基地连接起来。后续,印度国防部:一是继续发展军种指挥信息系统的建设,向三军提供新的指挥信息系统;二是集成三军的电子战系统;三是将"陆军无线电工程网"和遥感卫星系列的低轨道卫星纳入新的指挥信息系统的建设之中。但是目前各军种的指挥控制系统之间还缺乏高度的互联互通,无法实现信息的有效共享,而且各军种采用的装备来自于多个国家,国产自主化的道路还很漫长。

9.6.3 通信系统

印军的通信系统是在大量引进国外通信装备的基础上建立起来的,目前已经建立起有线、无线、卫星等多种通信手段并存的通信网络。通信系统初具规模,战略通信系统已实现全军联网,通过通信卫星、有线、光纤、微波等方式,在三军司令部、各大军区、舰队、地区司令部、军以及主要作战方向上的师、旅,构成了一个庞大的战略指挥通信网络,可沟通上下、前后、友邻和军种之间的联系。

1. 陆军无线电工程网络

印度陆军为保障野战通信，于20世纪70年代仿照英军"松鸡"和法军"里达"战术通信系统，研制"陆军无线电工程网络"，用于提供自动、快速、安全、可靠的通信链接，并于20世纪90年代初全面开通，实现了装备小型化、标准化、通用化以及指挥通信的数字化。该网络以陆军司令部为中心，通过通信中继实现陆军的军、师、旅、营及海军、空军有关战术单位之间的信息传输。

陆军还建有专用于陆、空联合作战的指挥通信网、地面联络官通信网以及空中支援通信网。固定的野战通信系统可覆盖西部和北部战场及机动部队。

2. 卫星通信

印军最重要的通信手段是卫星通信，20世纪80年代，印度已研制出自己的第一代通信卫星，此后又发展了第二代和第三代通信卫星。其中，前两代是多功能卫星，兼具通信和气象观测功能，第一代已停用，第二代通信卫星的通信能力达到了中等容量水平，目前的第三代通信卫星"印度卫星－3"是印军专用通信卫星。

1987年后，印军开始在前沿地区配备应急卫星终端设备，使前沿部队的师、旅、营单位具备卫星通信手段；1994年开通了东部地区军以上单位的卫星通信线路；此后开通边境地区驻军和军队军区部队之间的野战通信线路；建立舰对舰、舰对岸通信和防空作战指挥中心对各机场通信的卫星通信设施。2005年，依托通信卫星，开通代号为"闪光信使"的战略宽带卫星网，向用户提供安全可靠的语音、数据、视频和其他通信服务，各军兵种之间实现上下级和友邻单位之间直接或间接的通信，使印军具备了实时传输"网络中心战"所需信息的最基本和最重要的条件。

3. 战术通信系统

战术通信系统是印军2007年3月开始建立的，目标是把战场指挥区域和已部署的部队连接起来，是印度陆军需求建立的网络中心战系统的一部分，也是未来印度陆军数字化战场通信网络的骨干。战术通信系统由保密无线电、卫星终端系统和光缆连接组成，使用防护系统对抗电子干扰，与雷达、无人机等系统进行集成。

印军还在不断引入各种最新的通信网络，如空中综合指挥控制和通信系统及德里地区防御中心。这些网络中心战系统使用光纤和卫星链路把战场中的陆海空三军指挥中心有效连接在一起，集成指挥控制和通信系统，提升现有防空地面环境系统的通信网络现代化。

9.7 我国台湾军队指挥信息系统

我国台湾军队（简称台军），近年来把指挥信息系统建设作为军队建设的重要组成部分。从近年情况看，其在信息系统建设上高度模仿美军，建设理念借鉴美军信息栅格思维，强化网络中心环境支撑下的指、管、通、情、资等综合能力建设，谋求建立覆盖台海及周边,横向联结海、陆、空三军,纵向贯穿战略、战役、战术三级的综合信息系统。

台军指挥信息系统发展按照"情报资源共享、各系统间互通"的原则,建设了拥有预警机、地面预警雷达和舰载雷达组成的预警探测系统及初具规模的区域通信网,建成了具有先进水平的作战指挥信息系统。台军指挥信息系统主要由"衡山"总体系统("衡山"战勤管理总体系统)、陆军"陆资"系统(陆军战情信息自动化系统)、海军"大成"系统(海军自动化指挥系统)、空军"强网"系统(空军防空自动化指挥系统)4个部分组成。"陆资""大成""强网"系统作为台湾陆、海、空三军各自独立的指挥系统,担负情报信息的收集与传送、部队的指挥控制及与友邻的沟通协调等任务,通过系统综合实现互通,达到了"一个系统,三军共用"。台湾当局通过"衡山"系统将陆军的"陆资"系统、海军的"大成"系统和空军的"强网"系统联结起来,综合成一个能互通的一体化指挥信息系统。

9.7.1 台军战略级指挥信息系统

台军战略级指挥信息系统是"衡山"系统,该系统是台军的战略中枢和战略性自动化指挥控制中心,主要任务是辅助参谋本部进行决策指挥,平时收集更新从"陆资""大成""强网"传来的各种信息,对诸军兵种进行日常指挥与管理;战时根据作战态势,拟定最佳作战方案,对台三军联合作战实施指挥控制。

"衡山"系统主要由作战、人事、后勤和通信4个分系统以及一个用于存储各种实时与非实时性战术信息的国防数据库所组成。通过专用通信网络、计算机、数据处理和显示设备与各军兵种、第一至第五战区、金门和马祖防卫司令部等单位连接,实现信息分发传输和指挥控制,如图9-10所示。

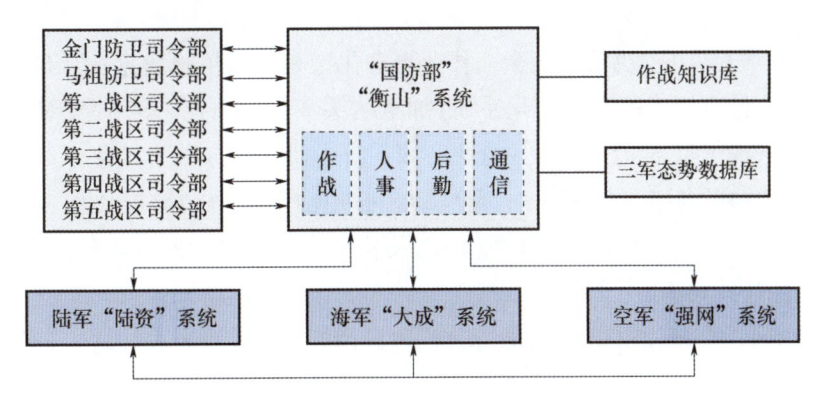

图9-10 台军 C^4I 系统总体结构

"衡山"总体系统设在台湾"国防部"地下室内,主要设施有计算机、图形、数据处理等设备以及战略战术通信网,通过地下(海底)同轴电缆与光缆、数字微波通信系统以及卫星通信系统等3种主要数据通信系统与各军种的指挥信息系统联网运行。

"衡山"系统之内设有庞大的"国防信息库",其中主要是作战知识库和三军态势数据库。作战知识库中输入了台、澎、金、马地区的作战预案、武器装备、兵力部署、通信网络诸元、后勤保障和各种军事资料、图表、图形以及祖国大陆军队的基本资料;三军态势数据库,包括海情、空情和台湾三军的实时动态。它与各军兵种指挥信息系统相联,能实时汇集状态数据、信息报告、部队动态等。指挥控制的作战管理命令不但可直达台湾岛各"战区司令部"、军团部以及海军、空军基地,而且通过地下电缆与外岛的海底电缆相连接来指挥金门、马祖、东引等岛的台军部队。

"衡山"系统也是台军情报汇集中心和联合作战指挥中心,负责对各军兵种、战区和防卫司令部的指挥和控制,其中衡山地下指挥所可以直接指挥旅以下的作战部队。为了提高系统的生存能力,"衡山"系统还建立海上指挥船队,具有对陆、海、空、天的联合通信能力,战时一旦陆上指挥中心被摧毁,海上指挥船队可继续执行指挥任务。

9.7.2 台军军兵种指挥信息系统

1. 陆军"陆资"系统

台湾陆军指挥信息系统"陆资"系统,全称"陆军战情资讯自动化系统",是用于地面作战的指挥信息系统。"陆资"系统是一个大型数据资料库,存有敌情资料、编制实力、驻地部署、武器装备、作战预案、后勤保障、战场设施等方面的内容,并具体到每一门火炮和班哨据点的详细数据以及各单位每日情况报告和基本数据的变动。为便于存储、更新、调用各项数据,实现统一标准和系统互通,陆军总部统一了计算机报文格式和规程,系统的情报传送手段以计算机和传真机为主。

"陆资"系统采取统分结合的方式,陆军总部"信息中心"有130多个子系统,军团与防卫部通信有战情信息系统,陆军旅以上单位均建有子系统,未来将进一步扩展到营一级。

"陆资"系统可实现"决策支援全面作业自动化",是传递情报信息、拟定各种预案、进行协调控制、实施决策指挥的自动化系统,加上购买或自行研制"多用途"综合战术通信系统,可提高指挥信息系统的互联互通性。该系统平时用作办公自动化系统与日常战勤勤务,战时用作协助各级指挥机构对部队实施自动化指挥、协调与控制。"陆资"系统使台陆军基本上实现了总司令部对师(旅),以及外岛防卫部对营的自动化指挥,基本实现了作战信息的高效共享。

2001年5月,台湾陆军重新启动"安捷"项目指挥信息系统研发计划。"安捷"项目是集指挥、控制、通信、情报于一体的通信工程研究项目,除能提供传统语音电路外,它还可提供图片、影像,使台湾"国防部"在最短时间内能看到前线提供的影像、照片,同时还可与营一级作战单位相连接。

2. 海军"大成"系统

"大成"系统是海军大型综合性指挥控制信息系统,目的是提高海空侦察搜索能力,严密监视大陆及海峡的动态,适应海空一体化作战的需要。中心设在台北海军总部作战中心内,由情报收集与处理系统、指挥控制系统、导航定位系统、数据传输系统等组成。

"大成"的情报侦察系统由3个部分组成:一是海军观通雷达系统,由台湾本岛和金门、马祖、乌丘等岛屿的 10 个中心雷达站为骨干,构成雷达情报网;二是海军技侦情报部队,对大陆和外籍舰船的通信进行侦听、破译、测向,组成技侦情报网;三是驱逐舰舰载雷达和电子截获设备,可对局部海域目标实施严密监控,形成机动侦察网,以弥补固定侦察的不足。上述 3 种手段获取的情报由"大成"系统计算机进行处理。海军雷达站还与空军雷达站联合组成"海空雷情传递通信网",具有对低空目标的侦控能力。

台湾海军在主要舰艇上装备了"大成"舰载指挥控制系统,它主要由控制/显示系统和战术数据链组成。其对海侦察监视能力体现在拥有对海监视雷达网,严密的反潜侦察巡逻、先进的潜艇声纳警戒哨,较先进的编队防空、反潜侦察监视系统,一定的对海无线电技术侦察能力以及岸基部队加紧侦察监视设备的换装。

"大成"系统建成了海军总部作战中心至战区作战中心、海军联络组、中程雷达站、技侦系统、岸基导弹、主要作战舰的"指挥、控制、通信、情报"一体化的网络,并与"衡山"系统、"陆资"系统、"强网"系统、各战区、防卫部队实现联网。系统能及时获取情报资料,全面监视台、澎、金、马海域目标动态,迅速下达作战命令,管制海上舰船,统一指挥与协调海上作战。

由于实现了编队内部情报共享,实现了岸基观通系统、指挥中心对舰艇作战中心的实时指挥和情报传递,还因为舰载指挥信息系统对武器系统的支援,使海战能力、协同作战能力明显提高,对突发事件的反应时间由原来的半小时缩短到数十秒。舰艇在 5~30min 即可快速出港,指挥部门能够通过"大成"系统及时组织编队实施防空、反导、反舰、反潜行动。

3. 空军"强网"系统

台湾空军早期使用的指挥信息系统为"天网"系统,2002 年在其基础上建立"强网"系统,由 5 个指挥中心(1 个指挥中心,4 个分区指挥中心)、1 个雷达预警网以及连接指挥中心与各雷达站和各作战部队的数据通信网组成,利用先进的计算机技术和网络技术把雷达阵地、飞行基地、防空中心等作战要素连接,统一指挥三军防空作战,形成较为完善的一体化防空体系,具有中、远程探测能力。

预警系统主要包括预警机和雷达,预警机方面从美国购进 6 架 E-2T 预警机,以形成多层次、大纵深、立体化的预警系统;雷达配置原则是"环岛部署、重点配置",重点在北部地区。

通信系统采用数字微波、数字光缆通信,提高了信息传输的时效性和可靠性。通信网络分为 4 层:第一层为军民共用光缆网;第二层为军民共用数字微波通信网;第三层为"国防"通信网,主要承担战略通信任务;第四层为空军专用网。

指挥控制系统以防空为主,在武器控制上共设立了四道防线:第一道是远程地空导弹拦截线;第二道为战斗机"海峡中线"截击线;第三道是近程地空导弹拦截线;第四道是高炮拦截线。

台湾空军为了提升其战管雷达性能以及建立自动化区域管制系统,依据"安宇四号""安邦"等一系列计划,打造了"寰网"新一代防空作战指挥系统,并于 2007 年全面启动,取代原有的"强网"系统担负战备任务,"强网"系统将转为备份状态。该系统实现了对台军"联指中心"、三军各战略执行单位联指中心、雷达阵地、飞行基地、防空导弹阵地等单位的组网。"寰网"投入使用后,位于中国台湾北、中、南的3个半自动化区域作战控制中心可全部实现自动化,从而实现台湾防空系统的指挥和控制自动化,为陆、海军各作战中心提供防空情报,形成整体、即时、有效的早期预警能力,同时可强化联合防空作战能力。再加上新建的作战指挥中心,就构成了信息集中、地点分散的多重自动化防空系统。升级后的三个小型"衡山"指挥所,就是为台军的指挥控制机制增加了3个备份,即使遭到攻击,导致中央控制作战中心指挥所无法工作,区域作战控制中心仍可担负起该作战区的指挥任务,使台湾作战指挥能力不会即时瘫痪,这样就构成了资讯集中、地点分散的多重自动化防空系统,从而有效提升台军指挥信息系统的生存能力。

台湾空军原"强网"系统的通信连接主要依托平面通信网、地-空(空-空)通信网、卫星通信网等手段。"寰网"系统建成后,在此基础上加紧了对Link-16数据链系统的建设,一旦完成,将可运用联合战术信息分发系统将战术导引、空对空数据链及空对地数据链连接综合在保密的网络内,使台湾军方在电子作战环境中能持续有效地执行任务。另外,Link-16数据链系统不仅是美军及其北约主要盟国的现役数据链,日本自卫队也大量装备。因此,当台空军Link-l6数据链系统建成后,不仅将完成自己内部指管机制的整合,还建立了与美军和日本自卫队的战术信息交流界面。未来台海一旦有事,美、日军的飞机、舰艇和侦察监视设施都能成为台军方的耳目,短期内实现数据互通和协同作战。

9.7.3 台军"博胜案"计划

台军虽然建立了"衡山""陆资""大成"和"寰网"4个指挥信息系统,但由于系统之间不能完全相连,根本不能构成三军统一的指挥机构。因此,台军的重点放在提升"三军联合整体战斗力"上,以使三军信息互通共享。为了整合三军联合作战指挥信息系统,台军通过自主研发、外购等手段,加紧对各军兵种指挥信息系统进行建设以及升级改造。"博胜案"就是由美国协助台军建设指挥信息系统,也就是台军所称的"三军联合作战指(挥)管(制)通(信)情(报)系统",使用Link-16实现台军指挥信息系统的网络化,以提高台军的联合作战能力。

"博胜案"计划主要目标就是以"衡山""陆资""大成"和"寰网"等指挥信息系统为基础,通过Link-16数据链,整合区域作战管制中心、空中预警机、陆军作战中心、海军作战中心及重要武器平台,在地面、空中、海上平台与指挥中心之间实现数据信息的实时传递,增强指挥信息系统能力,主要用于三军联合和陆-海、陆-空、海-空联合作战。

"博胜案"计划包括"博胜"一号和"博胜"二号两部分。"博胜"一号主要包括购买和安装Link 16数据链,其关键设备是联合战术信息分发系统和多功能信息分发系统;"博胜"二号就是整合各行其是的"衡山""陆资""大成"和"寰网"四大指挥信息系统,建设"三军联合指挥信息系统"。"博胜案"计划分为需求评估、整合研究和系统构建3个阶段,总投资高达21.5亿美元。主要执行项目包括:购买目标探测设备,如地面雷达、空中预警机、军用侦察卫星;购买 K 波段通信卫星;引进 Link-16 数据链,并将其安装到主战装备;更新程式检测与侦察搜索传感器。2009 年底,"博胜"一号基本完成。

台军预计"博胜案"可以大力提升联合作战能力:一方面由于其主战飞机、预警机和主要水面作战舰艇等主战装备安装数据链后,其联合作战能力可以得到提升;另一方面,由于 Link-16 也是美军及其北约主要盟国和日本自卫队的现役数据链路,"博胜案"不仅能整合自己内部指挥机制,建成三军联合指挥信息系统,还能建立与美军、北约军队和日本自卫队的信息交流平台,并分享美国所提供的部分卫星预警信息。

"迅安"联战指管系统就是台军按"网状化作战"要求,通过"博胜案"建设的一种新型 C^4ISR 系统。该系统以空军"强网"、海军"大成"与陆军"陆资"系统为基础,建立数据通信链路,使地面、空中和海面的平台及指管中心构成信息实时通联,增强通信、指挥、管制、计算机、情报、监控及侦察战力。"迅安"系统的目标是以"衡山"系统为核心,整合区域作战管制中心、空中预警机、陆军作战中心、海军作战中心及重要武器平台,建立链接地面、空中及海上的一体化指管系统。但是,"讯安"系统的维护仍需要从美国购买。

总体来说,"博胜案"计划距既定目标尚远:一方面陆军建设滞后,仅有军团级单位列装了"博胜"系统,旅级单位配备"陆资"系统,旅以下各级部队的指挥和跨军种的协同仍是 20 世纪 80 年代的水平,离建立"全军地面联合战场系统"差距很大;另一方面,美军选择性参与"博胜案",再加上军费不足,只有从美国购买的武器安装了"博胜"系统,从法国等其他国家购买的武器以及台军自行研制的武器无法安装,导致多数主战平台并未装设"博胜数据链",台军指挥信息系统依然运作不畅。

9.8 外(台)军指挥信息系统的主要特点和发展趋势

9.8.1 外(台)军指挥信息系统的主要特点

1. 综合集成与一体化建设

指挥信息系统的本质特征是综合集成,只有将各子系统各要素综合集成为一体,形成作战体系之间的整体对抗,才能最大限度地发挥指挥信息系统的效能。目前,为了适应未来信息化战争中联合作战的需要,世界各主要军事强国均以网络为中心建设一体化指挥信息系统。

美军逐步将各军种条块分割的指挥信息系统整合成一体化综合集成的指挥信息系统,目标是将 1996 年的 170 多张网统一成一张网,把 21000 个"烟囱式"系统整合为 600 个。通过积极适应"以平台为中心"向"以网络为中心"作战理念的转变,坚持在统一的框架下,通过整合部署在全球的指挥信息系统,以进一步提高指挥网、传感器网和火力网的一体化程度。俄军在指挥信息系统的建设中非常注重总体设计,制订统一的标准和体系结构,以便各军兵种系统的信息互通。日本和韩国的指挥信息系统已经与美军指挥信息系统相连,具备一定的联合作战能力。台军强调"一个系统,三军共用",借由"博胜案"计划整合全军的指挥信息信息系统。美军和日韩以及中国台湾的部分装备均使用 Link 16 数据链,在技术上为一体化作战提供了保障。

2. 注重统一规划与顶层设计

设立权威机构,加大"统"的力度,已成为推进指挥信息系统建设的基本规律。在系统建设之前,先搞好顶层设计,从体系结构源头上解决问题,规划好发展格局,充分考虑不同军兵种信息需求的差异,颁布法规性的技术标准体系,形成统一运行的局面。新建的指挥信息系统都从系统集成的角度出发,与各军兵种和上层指挥信息系统集成设计。

在这方面,美国和很多国家都曾经走过弯路,各军兵种独自建设出了各类"烟囱林立"的指挥信息系统。为了保证各类指挥信息系统的互联互通互操作,美军先后成立了"C^4ISR 一体化任务委员会"和"C^4ISR 体系结构工作组",为开发全球信息栅格体系又成立了"体系结构和互操作管理局",这些机构制订了指挥信息系统体系结构标准,以便约束和规范指挥信息系统的研制、采购和使用。俄军制订和颁布一系列指导性文件,从不同层面和角度规划和设计了指挥信息系统的发展方向和目标,时间跨度为 10～20 年,并且每 5 年更新一次。

我军颁布的《指挥信息系统体系结构》(2.0 版)涵盖了软件、硬件和逻辑结构等内容,是一套较完整的技术指南。不管是新上项目,还是已建系统改造升级,都必须以《指挥信息系统体系结构》为准绳,遵循全军统一的技术体制和标准,确保系统优化设计和与全军系统互联互通,凡未列入《体系结构》的标准和数据格式不得使用。

3. 军事需求和技术发展起推动作用

信息技术在军事领域的应用推动着武器装备、体制编制和军事理论的发展变革,同时,军事理论的发展创新又会不断提出新的军事需求,指导和推动新技术的发展和完善。因此,指挥信息系统的建设发展受到军事需求和科学技术的限制。

从军事需求方面来说,有什么样的军事需求,客观上就有什么样的指挥信息系统与其相适应。美军最早建设的是"赛其"自动化防空指挥控制系统,俄罗斯最早建设的是"天空"一号防空指挥信息系统,这说明了指挥信息系统的发展都源自于防空作战的军事需求。后来,美军指挥信息系统从冷战时期的空地一体战到 1997 年提出的网络中心战,这些军事理论的提出体现了美军军事需求不断适应战场的发展和变化,推动着指挥信息系统在概念和功能上不断完善。

从技术发展方面来说,指挥信息系统的实现必须依赖于当时的科技能力,科技水平决定了其指挥信息系统的发展水平。美军在信息技术和信息化水平方面处于世界领先地位,其指挥信息系统较其他国家领先很多。美军指挥信息系统建设的长远目标是在更加广阔的范围内实现指挥信息系统的一体化,以满足多军兵种联合作战和多国部队联合作战的任务需求,这一目标的实现有赖于其空间感知技术、全球通信技术和指挥控制技术等进一步提升。目前,在"大数据"背景下,美军正不断加强在信息融合、任务指挥辅助决策和人工智能应用等重点领域的建设,加快战场信息流转,提高"从数据到决策"的能力。

4. 逐步发展与不断完善

从各国军事信息系统的发展历程来看,都经历了从低级到高级、从分散到集中、从单一到综合的发展过程,各个系统的建设也不是一蹴而就,大多采用分段建设的方法。不管是 JC^2 的建设还是 FCS 的开发,美军基本采用"螺旋式推进,滚动式发展"的系统建设模式,严格按照系统工程方法组织实施系统建设,建立协同的开发、测试、评估等环节。俄军的指挥信息系统不断完善,不仅接入各类武器装备(新型和经改进的老旧型号)、各军兵种的分队,而且将紧急情况部中心、军工企业和运输后勤部门纳入其中。台军采用总体规划、分段建设的策略,在系统建设中采用统一的装备技术体制和标准,边建设边使用边发展,逐步完善系统功能,如"博胜案"计划就分三个阶段进行。

其中,俄军在指挥信息系统的建设和发展过程中尤其注重自主可控。为了提高可靠性、抗干扰能力等一系列性能,在制订和落实搭建俄联邦武装力量未来型指挥信息系统方案时,就充分考虑到了一系列因素,采取了"先期尽量采用国产软硬件,然后逐步过渡到全部采用国产化产品"的原则。特别是在搭建战略级部队指挥信息系统时,只使用可信的国产软硬件。例如,战略火箭兵指挥信息系统中使用的电子元器件、软件全部是俄罗斯产的,不能使用进口的,这一原则将逐步过渡到其他军兵种指挥信息系统。预计到 2022 年,俄罗斯将结束指挥信息系统所需国产技术装备的研制工作,届时所需的软/硬件系统全部实现国产化。

9.8.2 外(台)军指挥信息系统的发展趋势

进入 21 世纪以来,各个国家和地区的指挥信息系统大多采用"陆、海、空天并重,多代并存,综合集成"的建设思路,呈现出从单一平台、单一系统向综合集成、信息共享转变的趋势。

1. 智能化

指挥信息系统的智能化是作战指挥手段实现跃升、形成决策优势的关键。未来战争,战场空间空前扩展、战争要素极大丰富、对抗节奏明显加快、作战体系动态变化,迫切需要智能技术在战场感知、指挥决策和人机交互等方面深度运用。

在智能感知方面,采用智能传感与组网技术,广泛快速部署各类智能感知节点,面向任务主动协同探测,构建透明可见的数字化作战环境;依托数据挖掘、知识图谱等技术,开展多源情报融合、战场情况研判等方面的智能化处理,拨开战争迷雾,透析敌作战意图,预测战局发展。在智能决策方面,通过构建作战模型规则,以精算、细算、深算和专家推理方式,辅助指挥员在战略、战役、战术等多级筹划规划和临机处置中实现快速决策。运用机器学习、神经网络等技术打造"指挥大脑",从谋局布势、方略筹划、战局掌控等方面学习运用战争规律和指挥艺术,以机器智能拓展指挥员智慧。在智能交互方面,综合利用特征识别、语义理解、虚拟增强现实、全息触摸、脑机接口等智能交互技术,归纳分析指挥人员行为特征,构建全息投影数字沙盘、沉浸式战场感知指挥、穿戴式智能设备等新型人机交互环境,为指挥员感知战场、掌控战局提供智能化手段支撑。

2. 无人化

智能化无人作战系统是未来战争装备发展新趋势，其核心在于瞄准未来战争"零伤亡""全覆盖""快响应"等要求，在人机协同和自主行动两个方面不断取得突破，规模化打造新型智能无人之师，实现无人作战系统的体系化协同作战。

未来的指挥信息系统必须满足无人化作战系统的需求，在人机协同方面，依托天地一体信息网络、自组网和协同交互技术，打通人机交互链路，建立"人为主导、机器协助、混合编组、联合行动"的有人－无人协作体系，面向复杂作战任务、全域战场环境，加强安全可靠的信息传输、精准高效的行为控制、高度协同的人机混编等机制和技术研究，实现高契合度的人机协同作战。在自主行动方面，依托任务规划、分布计算和智能组网技术，研究发展反应速度快、适应能力强、可靠程度高、编组计划灵活、行动规划合理的无人作战系统及集群编队技术，充分应对地形、天气、灾害、毁伤等各种变化，智能动态调整运动姿态、行进路线、火力运用、能源分配和自愈自毁等策略，实现智能机器替换人类，拓展作战空间，避免人员伤亡。

3. 云端化

作为多种信息发源地的美军，率先将云计算技术部署在实际应用中。在基础设施服务方面，可根据用户的实际需求，应用虚拟化、自动化的云计算技术向用户分配资源；支持指挥信息系统实现动态扩展，满足信息处理容量增加的需求。在云存储服务方面，将需要的数据存储在云中，以实现对数据的管理和维护；在数据集中和安全资源增加的情况下，云计算能够为数据的安全性和可靠性提供保障，以实现数据的共享。

云计算在未来指挥信息系统建设中的发展包括应用服务和分布式分析处理平台。应用服务是技术人员深入分析挖掘指挥信息系统中各类作战需求，基于云计算进行情报信息分析、作战信息分析、平台信息分析和可视化展现等应用服务建设，提升系统能力，为指挥信息系统的发展提供支持。分布式分析处理平台是在数据中心的基础环境中，挖掘大量的数据以提供信息支持，主要包括：数据接入和预处理，其涉及数据转换、清洗以及非实时数据接入；资源调度管理，主要有计算资源调度和存储资源调度；分布式分析挖掘处理，主要是提供分布式分析挖掘处理算法库；大数据分析处理任务管理，主要涉及服务解析、分析挖掘任务构建和任务调度管理上层应用服务以及汇集处理分布式分析挖掘结果。

4. 全域化

从 2020 年开始，美军开始致力于联合全域指挥控制的研究，旨在将来自所有军种（空军、陆军、海军陆战队、海军和太空部队）的传感器连接到同一个网络上。从军种上看，全域协同发生在陆、海、空、天、电之间；从作战空间上看，全域协同发生在物理域、信息域和认知域之间。全域作战指挥控制系统将突破指挥控制领域的经典理论，建立与全域作战形态相适应的指挥控制理论，在提升指挥控制敏捷性的同时，实现作战力量的全域协同。

影响全域作战效能的因素有权限和指挥关系、跨域同步作战节奏、不同领域具有不同的程序、不同战区和地区使用不同的指挥控制结构,以及鲁棒和弹性的通信系统和程序等。未来联合全域指挥控制系统需要重构适应未来作战需求的联合全域指挥控制结构,建设全域作战可用的数据源和计算基础设施以及开发用于支持多域决策者"在环中"的智能算法。其中,通信是基础,5G、区块链、物联网等新一代基础通信网络技术将增强多维全域作战领域、系统和装备链接到更广泛网络的能力,实现多维、全域联合作战实时共享信息,提升全域通信能力。

综上所述,指挥信息系统的建设不是一蹴而就的事情,各国在取得成果的同时均走过一些弯路。对于我军指挥信息系统的建设,应广泛借鉴世界上其他军队指挥信息系统建设的经验和教训,从自身的实际情况出发,在加大顶层设计和统筹的基础上,循序渐进的发展。

参考文献

[1] 龚旭,荣维良,李金和,等. 聚焦俄军防空指挥信息系统[J]. 指挥控制与仿真,2006,28(6):116-120.

[2] 裴燕,徐伯权. 美国 C^4ISR 系统发展历程和趋势[J]. 系统工程与电子技术,2005,27(4):666-671.

[3] 栾胜利,李孝明,周琪. 美军综合电子信息系统发展概述[J]. 舰船电子工程,2008,28(11):47-52.

[4] 蒋庆全. 日本现代国土防空系统探析[J]. 现代防御技术,2003,31(2):6-12.

[5] 马元申,陈文清,张文静. 台湾海军 C^3I 系统装备现状和发展特点[J]. 火力与指挥控制,2004,29(1):105-108.

[6] 总参军训部. 台军通信系统[M]. 北京:解放军出版社,2001.

[7] 黄建冲,王跃鹏. 台军 C^4ISR 系统[J]. 飞航导弹,2005,10:14-16.

[8] 李德毅,曾战平. 发展中的指挥自动化[M]. 北京:解放军出版社,2004.

[9] 罗爱民,黄力,罗雪山. 信息系统互操作性评估方法研究[J]. 计算机技术与发展,2009,19(7):17-19,23.

[10] 张传富,于江,张斌. 军事信息系统[M]. 2版. 北京:电子工业出版社,2019.

[11] 倪天友. 指挥信息系统教程[M]. 北京:军事科学出版社,2013.

[12] 张晓明,王志国,杜燕波. 美国陆军斯特瑞克旅战斗队装备体系研究[M]. 北京:军事科学出版社,2012.

[13] 蓝羽石,毛永庆,黄强,等. 联合作战指挥控制系统[M]. 北京:国防工业出版社,2019.

[14] 殷璐嘉. 云计算在外军信息系统建设中的应用及启示[J]. 电子质量,2019,382:23,45.

思考题

1. 美军全球指挥控制系统的组成和功能是什么？
2. GIG 如何支撑美军的指挥信息系统？
3. 台军指挥信息系统的特点是什么？
4. 根据外军指挥信息系统的理论和实践，对我军指挥信息系统的建设和使用有何建议？
5. 俄军指挥信息系统的主要特点是什么？
6. 试分析比较外军指挥信息系统的共性与个性，并对我军指挥信息系统可借鉴之处进行归纳总结。